Das sollten Sie beachten!

Wie soll mit der Aufgabensammlung gearbeitet werden?

Jedem Studierenden fällt es anfangs schwer, zu mancher gestellten Aufgabe den richtigen Lösungsansatz zu finden. Zur Überwindung dieser Schwierigkeit sollen einige allgemeine Regeln für das systematische Vorgehen bei der Lösung einer Aufgabe gegeben werden:

- **Verstehen der Aufgabe**

  Aufgabentext und zugehörige Skizze sind vom Studierenden sorgfältig *durchzuarbeiten,* um die Aufgabenstellung und das Aufgabenziel eindeutig erfassen zu können. Der Studierende muß imstande sein, die Aufgabe mit eigenen Worten formulieren zu können.

- **Aufstellen des Lösungsplanes**

  Das Finden des Lösungsweges setzt planmäßige, bewußte Gedankenarbeit voraus. Die Aufgabe möglichst in Teilaufgaben mit entsprechender Zielsetzung zerlegen. Alle Gleichungen zur Lösung der Teilaufgaben mit Quellenangabe zusammentragen, wobei kritisch zu prüfen ist, ob diese Gleichungen den vorliegenden Sachverhalt voll erfassen.

  Wird selbst nach eingehender Durcharbeitung der Aufgabe der Lösungsgang nicht gefunden, dann erste Information dem zugehörigen Lösungshinweis entnehmen. *Lösungshinweis nur als Denkanstoß betrachten!*

- **Lösung**

  Jeder Lösungsschritt ist *übersichtlich* niederzuschreiben. Alle zur Lösung erforderlichen Werte mit entsprechender Quellenangabe zusammentragen. Zwischen- und Endergebnisse klar herausstellen. Bei zeichnerischen Verfahren auf den Maßstab achten. Nie genauer als unbedingt notwendig rechnen!

- **Überprüfen der Lösung**

  Errechnete Zahlenwerte möglichst durch Überschlagsrechnung kontrollieren. Prüfen, ob Endergebnis in der errechneten Größe (Zahlenwert und Einheit) überhaupt möglich ist! Alle eigenverantwortlich gewählten Werte (Sicherheiten, Rauhtiefen, Fertigungsart und -verfahren, Reibungszahlen usw.) nochmals überprüfen. Ergebnis mit den Werten im Ergebnisteil dieser Aufgabensammlung vergleichen. Abweichungen sind möglich; anhand der Zwischenwerte verfolgen, wie diese Abweichungen zustande kommen.

Diese vier Stufen zur Lösung des Aufgaben sollte sich jeder Studierende einprägen, um sich bei laufender Anwendung des Verfahrens eine entsprechende Technik des praktischen Aufgabenlösens anzueignen.

Viel Erfolg! *Die Autoren*

Hermann Roloff Wilhelm Matek
Dieter Muhs Herbert Wittel

Aufgabensammlung Maschinenelemente

Aufgaben – Lösungshinweise – Ergebnisse

4., neubearbeitete Auflage

Mit 393 Aufgaben und 329 Bildern

V

Springer Fachmedien Wiesbaden GmbH

Verlagsredaktion: Michael Langfeld, Willy Ebert

1975

Ursprünglich erschienen bei Friedr. Vieweg & Sohn Verlagsgesellschaft mbH, Braunschweig 1975

Satz: Vieweg, Braunschweig
Buchbinderische Verarbeitung: W. Langelüddecke, Braunschweig

ISBN 978-3-663-00044-0 ISBN 978-3-663-00193-5 (eBook)
DOI 10.1007/978-3-663-00193-5

Vorwort

Die vorliegende 4. Auflage der Aufgabensammlung Maschinenelemente ist die Ergänzung zur 6. Auflage des Lehrbuchs „Maschinenelemente“, dessen Inhalt auf die gesetzlichen Einheiten entsprechend den Normblättern DIN 1301 und DIN 1304 umgestellt wurde. Die Sammlung wurde überarbeitet und zum Teil durch neue Aufgaben erweitert.

Vor den Aufgaben zum betreffenden Kapitel im Lehrbuch werden wieder einleitende Vorbemerkungen gebracht, in denen auf allgemeine Besonderheiten für die Lösung hingewiesen wird.

Die jeweils folgenden Aufgaben sind in vielen Fällen zunächst sogenannte Grundaufgaben ohne Bindung an einen bestimmten Anwendungsfall, aus denen vor allem die Zusammenhänge verschiedener Einflußgrößen erkannt werden sollen. Bei den zahlreichen Aufgaben, die sich auf einen praktischen Anwendungsfall beziehen, werden die Ziele zur Lösung begrenzt, obwohl in vielen Fällen auch dann noch verschiedene Lösungswege möglich sein können. Abbildungen, teils als schematische Skizzen, teils als konstruktiv ausführlichere Darstellungen sollen zum Verständnis der Aufgabe beitragen. Mit fortschreitendem Stoffumfang werden auch Aufgaben gestellt, in denen das Zusammenspiel verschiedener zusammengehöriger Elemente durch Berechnung gefordert wird, so daß die Möglichkeit zur Wiederholung und Vertiefung des umfangreichen Stoffes gegeben ist.

Neu sind die zu jeder Aufgabe gegebenen Lösungshinweise in einem gesonderten Abschnitt der Sammlung, die nähere Erläuterungen zur Aufgabe oder Lösung bzw. Hinweise auf den zu beherrschenden Abschnitt im Lehrbuch sein können. Besonders bei schwierigeren Aufgaben werden auch Lösungsgänge angedeutet und auch noch notwendige Ergänzungen zum entsprechenden Kapitel oder betreffenden Abschnitt im Lehrbuch gegeben. Alle Hinweise beziehen sich jedoch auf die 6. Auflage des Lehrbuches.

Die am Schluß der Sammlung zusammengestellten Ergebnisse mit in Klammern gesetzten Zwischenergebnissen und die Skizzen sollen zur Nachprüfung der eigenen Lösung dienen bzw. die Lösung selbst wiedergeben.

Die Verfasser hoffen, daß auch diese überarbeitete Auflage der Aufgabensammlung Maschinenelemente den Benutzern in Ausbildung und Praxis eine wertvolle Hilfe sein wird. Sie sind weiterhin für Anregungen und Hinweise, die zur Verbesserung und Vervollständigung beitragen könnten, stets dankbar.

Wilhelm Matek
Dieter Muhs
Herbert Wittel

Nürnberg/Braunschweig/Reutlingen, im August 1975

Inhaltsverzeichnis

Aufgaben

1. Allgemeine Grundlagen

In den Aufgaben der folgenden Abschnitte liegt das Schwergewicht in der *Berechnung* von Maschinenteilen, und zwar besonders in der Berechnung auf Festigkeit und Lebensdauer. Darüber darf jedoch nicht vergessen werden, daß am Schluß stets die *konstruktive Gestaltung* steht, die häufig sogar entscheidender und wichtiger ist als die Berechnung. So sind z. B. im Feinmaschinenbau und auch in vielen Gebieten des allgemeinen Maschinenbaues in erster Linie konstruktive Probleme zu lösen. Etwaige Berechnungen dienen hier vielfach zur Ermittlung von mechanischen Daten, wie Drehzahlen, Übersetzungen oder von Getriebemechanismen, wohingegen Festigkeitsberechnungen von untergeordneter Bedeutung sind.

Entsprechend der Wichtigkeit der Konstruktion wären Aufgaben hierüber, z. B. über die Ausbildung einer Lagerstelle, unbedingt wünschenswert. Jedoch bilden Aufgabenstellung und Lösung in einer Aufgabensammlung ein kaum zu lösendes Problem. Häufig sind dabei mehrere Lösungsmöglichkeiten gegeben, und wenn eine bestimmte Lösung gefordert wird, müßte diese durch vorbereitende Skizzen, ausführliche Hinweise und richtunggebende Beschreibung förmlich entwickelt werden. Schließlich müßte zur Kontrolle auch noch die fertige Konstruktion gegeben werden, wodurch dann Sinn und Zweck der Aufgabe völlig verfehlt wären. Zudem erfordern konstruktive Arbeiten eine größere praktische Erfahrung, die der Studierende, der junge Techniker und Ingenieur noch nicht haben können. Solche Aufgaben sind bestenfalls nur im Unterricht durchzuführen, wobei Schritt für Schritt entwickelt werden kann und muß, da ja die Lösung noch nicht bekannt und vorhanden ist und auch nicht vorher „abgeguckt“ werden kann. Aus diesen Gründen sind in den Aufgaben Konstruktionen dort gefordert, wo diese möglichst eindeutig und einfach sind und praktisch nur eine bestimmte Lösung zulassen.

In der Praxis kommen sowohl Nachprüfungen als auch Vorausberechnungen von Maschinenelementen vor. So sind beide Arten von Aufgaben gegeben. Normalerweise ergibt sich eine Aufgabenstellung aus der konstruktiven und rechnerischen Entwicklung einer ganzen Maschine, die allmählich zur Einzelheit, also zur einzelnen Aufgabe führt. So ergibt sich eine Berechnung, z. B. der Schweißverbindung eines Stabes mit einem Knotenblech in einem Fachwerk, erst aus der Gesamtkonstruktion und -berechnung des Fachwerkes. Solche umfassenden Aufgaben würden aber über den Rahmen einer Aufgabensammlung hinausgehen. Daraus ergibt sich zwangläufig, daß viele Aufgaben eigentlich nur Teilaufgaben einer größeren umfassenden Gesamtaufgabe sind. Aus diesem Grunde müssen insbesondere solche Aufgaben, in denen Bauteile nachgeprüft werden sollen, in gewisser Hinsicht „vorbereitet“ sein. So müssen z. B. bei der Nachprüfung einer Seilrollenlagerung die vorgegebenen

Abmessungen, wie Rollen- und Achsendurchmesser, zu den gegebenen Belastungsdaten „passen“. Man kann eine solche Aufgabe auch so auffassen, daß die vorgegebenen Größen bereits vorher ermittelt wurden und daß nun damit weitergerechnet werden soll. Es ist darum durchaus zu erwarten, daß die Nachprüfung auch zu einem vernünftigen Ergebnis führt, ja einfach führen muß, wenn die Aufgabe einen praktischen Wert haben soll.

In der Konstruktionspraxis sind aber neben den Fragen der Festigkeit und Lebensdauer ebenso die Werkstoffwahl, Wirtschaftlichkeit, Fertigungsart, Formgebung, Transportmöglichkeit u. a. von Bedeutung. Diese nicht minder wichtigen Gesichtspunkte können jedoch aus ähnlichen Gründen, wie sie oben für die konstruktive Gestaltung aufgeführt sind, in den Aufgabenstellungen nur in geringem Umfang berücksichtigt werden.

2. Normzahlen und Passungen

Vorbemerkungen

Die nachstehenden einfachen und teilweise stilisierten Beispiele 2.1 bis 2.8 sollen in das Arbeiten mit Normzahlen einführen und einige Anwendungsmöglichkeiten aufzeigen.

Z. B. können Konstruktionen verschiedener Größe, die derselben Beanspruchung bzw. demselben Druck ausgesetzt sind, wenn sie für gleiche Arbeitsgeschwindigkeit ausgelegt werden, geometrisch ähnlich ausführbar und damit dann mechanisch gleichwertig sein. Die Spannungsgleichheit ist jedoch nicht das einzige Kriterium dafür. Manchmal tritt als wesentliches Kriterium die Gleichheit des Verhaltens hinsichtlich Verformung oder Arbeitsaufnahme an die Stelle oder an die Seite des Spannungskriteriums bzw. sind thermische oder elektrische Ähnlichkeitsgesetze wirksam. Es würde zu weit führen, besondere Probleme der Ähnlichkeitsmechanik zu untersuchen, da diese oft die volle Beherrschung des ganzen Fragenkomplexes erfordern, wenn festzulegen ist wie z. B. in Kreiselpumpen einer nach Fördermengen gestuften Reihe mit gleichem Druck Laufraddurchmesser, Wellendurchmesser, Länge und Breite der Gehäuse usw. wachsen.

Es ist jedoch empfehlenswert, zusätzliche einfache Aufgaben mit Hilfe der Ähnlichkeitsgesetze an passenden Stellen des laufenden Unterrichts verschiedener Fachgebiete zwecks Vertiefung zu behandeln, um für die Konstruktionspraxis wichtige Erkenntnisse zu gewinnen. Hinweise können aus der umfangreichen Literatur über Normzahlen entnommen werden.

Bei den in der Praxis gestellten „Passungsaufgaben" handelt es sich normalerweise darum, für betriebsmäßig zusammenpassende Teile geeignete, der Art des Zusammenspiels entsprechende, möglichst genormte ISO-Toleranzen bzw. -Passungen zu bestimmen.

Bisweilen sind jedoch Forderungen gestellt, die nicht ohne weiteres durch genormte Passungskombinationen zu erfüllen und auch nicht sogleich zu übersehen sind. In solchen Fällen müssen die Passungen rechnerisch ermittelt werden.

2.1 Von folgenden begrenzten abgeleiteten Reihen sind die Normzahlfolgen und die Stufungsfaktoren zu bestimmen:

a) R 20/3 (140 ...) mit 8 Größen (Gliedern)
b) R 10/2 (200 ... 2000)
c) R 5/4 (0,16 ...) mit 5 Größen
d) R 40/3 (11,8 ...) mit 6 Größen
e) R 20/−2 (1600 ...) mit 6 Größen
f) R 10/−3 (400 ...) mit 4 Größen

2.2 a) Für blanken Flachstahl nach DIN 174 sind die Dicken h nach $R_a 10$ gestuft. Welche h = 3 bis 25 mm (ganze Werte) sind lieferbar?

b) Rundungshalbmesser nach DIN 250 sind von R = 0,4 bis 16 mm nach $R_a 5$ gestuft. Welche R in mm sind vorgesehen?

2.3 Das Kurzzeichen der folgenden Normzahlreihen ist ohne Angabe der Grenzen mit dem jeweiligen Stufungsfaktor anzugeben:

a) 5 8 12,5 20 31,5
b) 0,053 0,071 0,095 0,125
c) 6,3 40 250 1600
d) 200 140 100 71 50
e) 18 25 36 50 70
f) 560 450 355 280 220

2.4 Sechs Wellendurchmesser d sollen nach der abgeleiteten Grundreihe R 20/3 gestuft werden. Der kleinste Durchmesser ist 20 mm. Die zugehörigen Wellenquerschnitte A in cm^2 sind nach Ermittlung des kleinsten Querschnitts normzahlgestuft anzuschreiben und die Stufungsfaktoren zu bestimmen.

2.5 Die Inhalte V in l von 4 zylindrischen Behältern, deren kleinster 2 l faßt, sollen nach Normzahlen so gestuft werden, daß sich ihr Inhalt jeweils verdoppelt. Bei allen Behältern soll dem Größenempfinden entsprechend das Verhältnis Höhe h zum Durchmesser d gleich dem Stufungsfaktor der Normzahlgrundreihe für die Inhalte gewählt werden.

Nach Nennung des Kurzzeichens der jeweiligen Reihe sind für die Inhalte in l die zugehörigen Maße d und h in mm tabellarisch anzuschreiben. Eine Probenrechnung, z. B. für den 3. Behälter, ist durchzuführen.

2.6 Das Modell einer Maschine hat eine Leistung $P_1 = 4$ kW bei einer Drehzahl $n_1 = 1250\ \text{min}^{-1}$. Geplant wird der Bau einer größeren Maschine aus gleichen Werkstoffen, deren Hauptabmessungen in Normzahlen das 5fache der Modellabmessungen betragen soll. Die Leistung P_2 und die Drehzahl n_2 für die geplante Maschine sind zu ermitteln.

2.7 Eine Maschine soll in 5 steigenden Größen hergestellt werden, wobei die Leistungen zweckmäßig nach der abgeleiteten abgewandelten Reihe $R_a20/4$ gestuft sind. Die Hauptgrößen der kleinsten Maschine sind: Leistung $P = 5$ kW, Drehzahl $n = 560\ \text{min}^{-1}$, Schwungraddurchmesser $D = 900$ mm.

Nach Nennung der Reihenkurzzeichen sind die Hauptgrößen der abgeleiteten Maschinen zu den entsprechenden Leistungen tabellarisch anzuschreiben, wenn berücksichtigt wird, daß D in mm und n in min^{-1} bei nahezu gleicher Umfangsgeschwindigkeit des Schwungrades v in m/s nach abgeleiteten Grundreihen gestuft werden sollen. Durch Proberechnung ist z. B. für die 1. und 4. Maschinengröße nachzuweisen, daß $v_1 \approx v_4$.

2.8 Ein gußeiserner Lagerbalken wurde für die Biegebeanspruchung bei der Belastung $F = 2$ kN mit folgenden Abständen und max. Querschnittabmessungen nach Normzahlen festgelegt: $l_1 = 1400$ mm, $l_2 = 900$ mm, $b_1 = 125$ mm, $h_1 = 200$ mm, $b_2 = 100$ mm, $h_2 = 140$ mm.

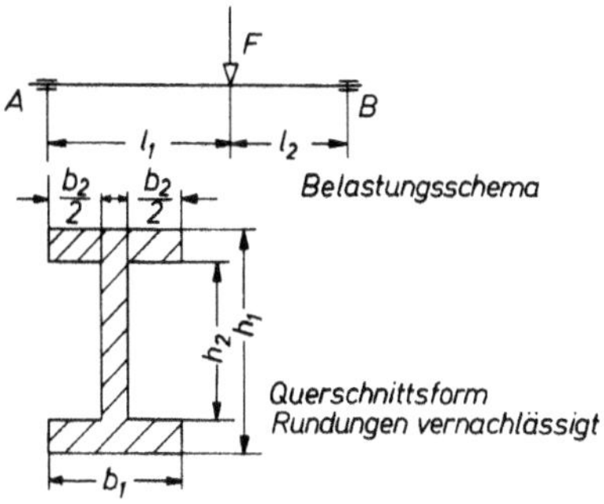

Zwecks Typung und Aufnahme in die Werknorm sollen für insgesamt 4 Belastungen $F = 2 \;\; 2{,}5 \;\; 3{,}2 \;\; 4$ kN bei nahezu gleicher Biegebeanspruchung die Abstände und die Querschnittabmessungen zu den entsprechenden Belastungen sowie die zugehörigen Widerstandsmomente $W_x = \dfrac{b_1 \cdot h_1^3 - b_2 \cdot h_2^3}{6\,h_1}$ in cm^3 nach abgeleiteten Grundreihen gestuft tabellarisch zusammengestellt werden.

2.9 Für folgende Zusammenbaubeispiele sind geeignete ISO-Passungen zwischen Außen- und Innenteil (Bohrung und Welle) für das System Einheitsbohrung zu wählen:

a) eine Lagerbuchse soll ohne nachträgliche Sicherung gegen Verdrehen in eine Gehäusebohrung eingepreßt werden,

b) ein Zahnrad ist auf eine kürzere Getriebewelle aufzusetzen, eine Sicherung gegen Verdrehen durch Paßfeder ist vorgesehen,

c) eine Kupplungsnabe soll mit Paßfeder auf einem Wellenende möglichst fest sitzen,

d) der Zentrieransatz eines Lagerdeckels soll in eine Gehäusebohrung eingesetzt werden,

e) eine Los-(Leerlauf-)Scheibe, auf einer Transmissionswelle sitzend.

2.10

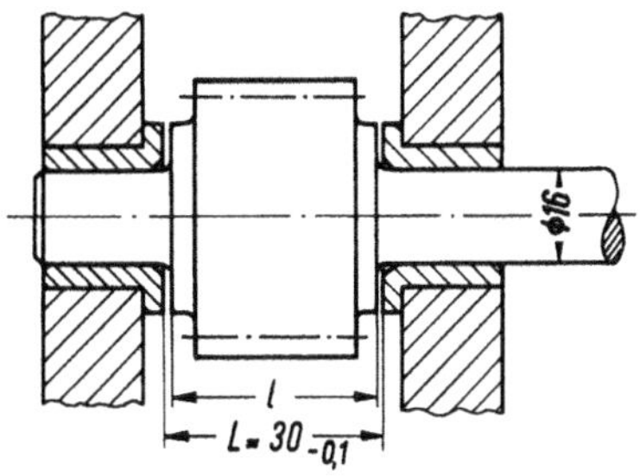

Für den Einbau eines Ritzels sind zu ermitteln:

a) eine geeignete ISO-Passung zwischen Welle und Buchsenbohrung für einen normalen Laufsitz,

b) die auf das Nennmaß 30 mm bezogene Maßtoleranz für die Nabenlänge l, so daß ein seitliches Spiel von mindestens 0,2 mm und höchstens 0,4 mm entsteht; die normgerechte Maßeintragung ist anzugeben.

2.11

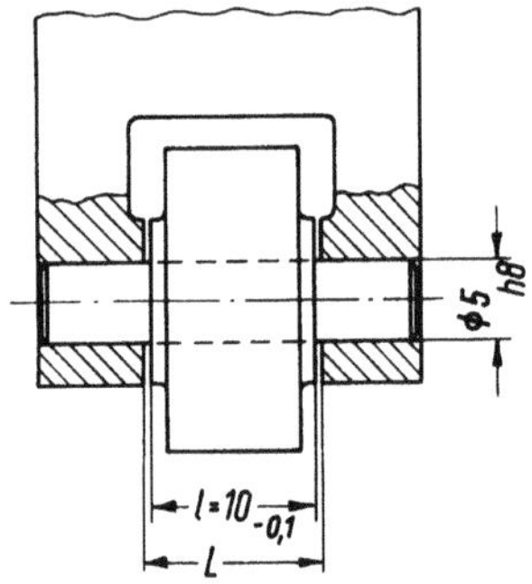

Für die Lagerung einer Schaltrolle in einem Kontakthebel sind zu ermitteln:

a) geeignete ISO-Toleranzen für die Hebelbohrungen und die Rollenbohrung, wenn die Achse aus blankem Rundstahl ϕ 5 h8 in der Rolle festsitzen und in den Hebelbohrungen sich drehen soll,

b) die auf das Nennmaß 10 mm bezogene Maßtoleranz für die Gabelweite *L*, wenn ein seitliches Spiel von 0,2 ... 0,4 mm eingehalten werden soll; die normgerechte Maßeintragung ist anzugeben.

2.12

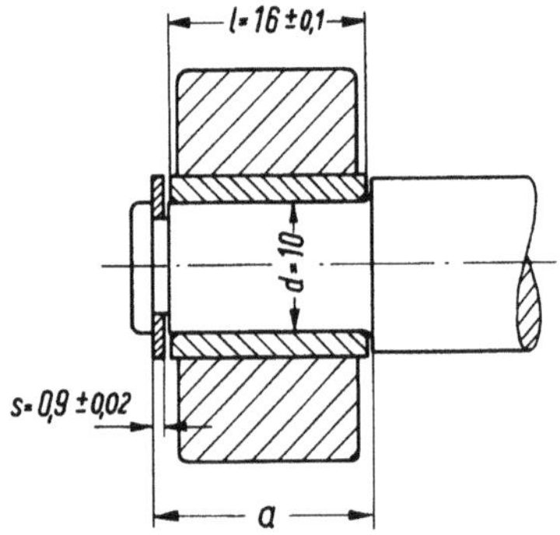

Die auf dem Achszapfen gelagerte Steuerrolle soll durch eine Sicherungsscheibe nach DIN 6799 axial festgelegt werden.

Zu ermitteln sind:

a) eine geeignete ISO-Spielpassung zwischen Laufrollenbuchse und Zapfen,

b) das Nennmaß (ganze Zahl) und die erforderliche Maßtoleranz für den Abstand *a* von der Achsschulter bis zur äußeren Nutkante, wenn das seitliche Spiel der Buchse 0,2 ... 0,5 mm betragen darf; die normgerechte Maßeintragung ist anzugeben.

2.13

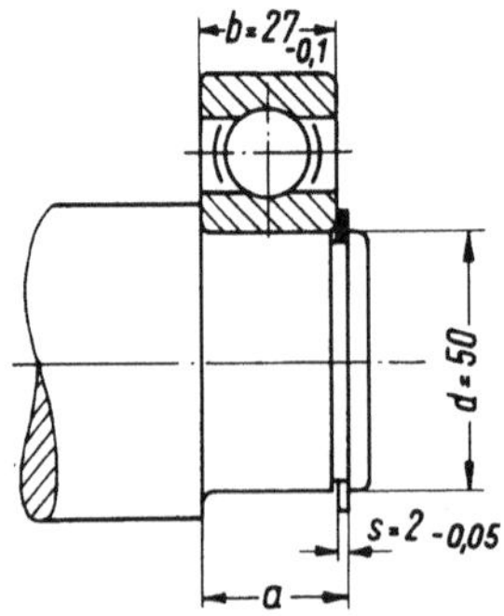

Ein Rillenkugellager 6310 soll auf dem Lagerzapfen einer Getriebewelle durch einen Sicherungsring axial festgelegt werden. Nach DIN hat der Lagerinnenring die Breite $b = 27_{-0,1}$ mm, der Sg-Ring die Dicke $s = 2_{-0,05}$ mm.

Zu ermitteln ist für den Abstand *a* von der Wellenschulter bis zum äußeren Nutrand das Nennmaß und die Maßtoleranz, bei der das seitliche Lagerspiel 0 bis höchstens 0,2 mm beträgt; die normgerechte Maßeintragung ist anzugeben.

2.14

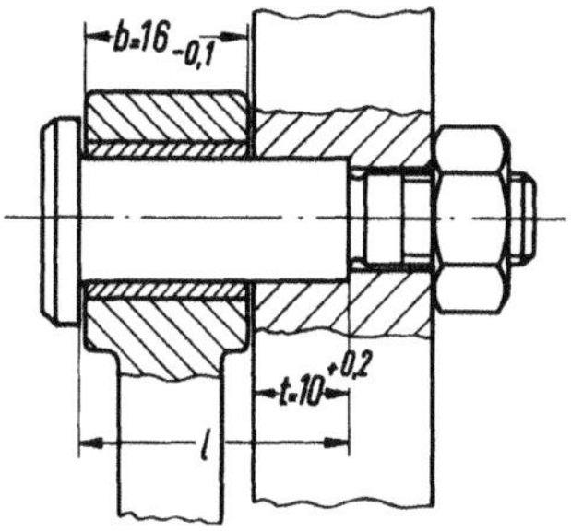

Für die Hebellagerung sind das Nennmaß und die Maßtoleranz für die Schaftlänge l des Bolzens zu ermitteln, wodurch für die Hebelnabe ein seitliches Mindestspiel von 0,2 mm und ein Höchstspiel von 0,6 mm gewährleistet sind; die normgerechte Maßeintragung ist anzugeben.

2.15

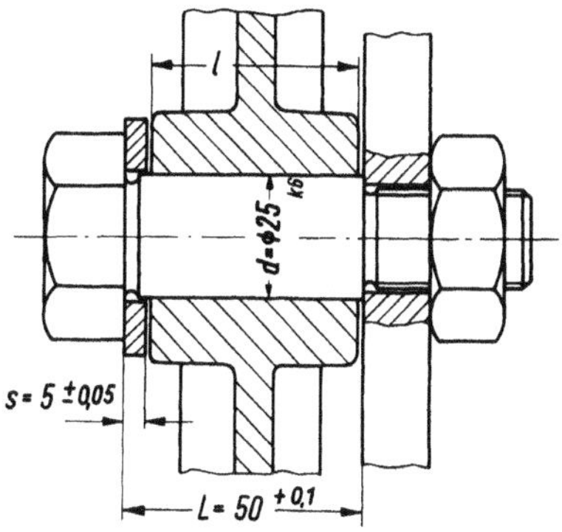

Eine Paßschraube mit der Schaftlänge $L = 50^{+0,1}$ mm soll zur Lagerung einer Seilrolle verwendet werden. Für die Nabenlänge l ist das Nennmaß und die Maßtoleranz zu ermitteln für ein seitliches Spiel von 0,2 ... 0,6 mm; die normgerechte Maßeintragung ist anzugeben.

2.16

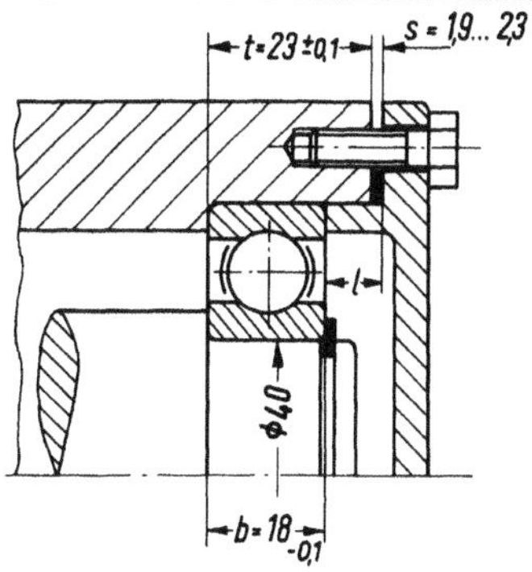

Ein ölgeschmiertes Lager ist durch eine Dichtungsscheibe zwischen Lagerdeckel und Gehäuse abzudichten.

Der Dichtring mit der (Nenn-)Dicke s = 2,4 mm kann bis auf 1,9 mm zusammengepreßt werden. Für die Länge l des Zentrieransatzes des Deckels sind das Nennmaß und die Maßtoleranz zu ermitteln, so daß eine „gepreßte" Ringdicke zwischen 1,9 mm und 2,3 mm eingehalten wird; die normgerechte Maßeintragung ist anzugeben.

2.17 Eine Paßschraube mit dem Schaftdurchmesser $d = \phi\ 25\ \mathrm{k}\,6$ soll zur Lagerung einer Seilrolle verwendet werden. Die Passung zwischen Schaft und Nabenbohrung soll etwa der Spielpassung H8/e8 entsprechen. Für die Nabenbohrung ist die entsprechende ISO-Toleranz zu ermitteln.

2.18

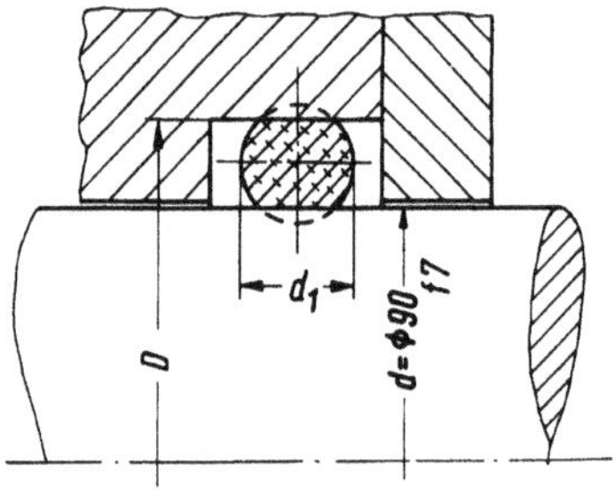

Die radiale Pressung eines Dichtringes mit dem Profildurchmesser $d_1 = 7 \pm 0{,}25$ mm soll, um ausreichend abzudichten, wenigstens 10 %, zur Vermeidung übermäßiger Beanspruchung aber höchstens 20 % des Profildurchmessers betragen.

Zu berechnen sind das Nennmaß D der Eindrehung und die Maßtoleranz, bei der die Mindestpressung δ_{min} nicht unter-, die Höchstpressung δ_{max} nicht überschritten wird.

2.19

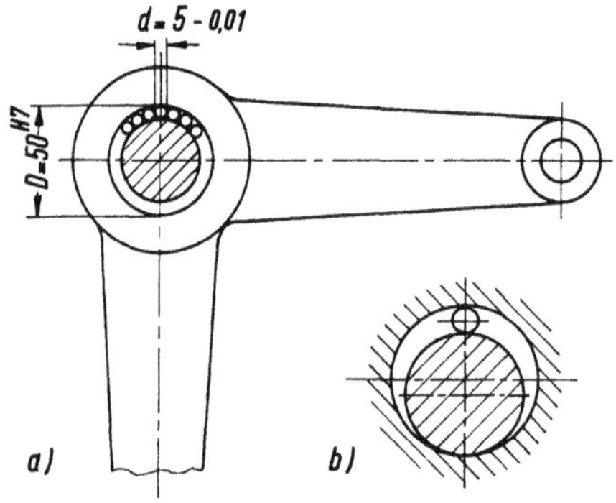

Ein Winkelhebel führt um eine Achse Pendelbewegungen aus und soll durch Nadeln gelagert werden. Die Hebelbohrung wird mit ϕ 50 H7 ausgeführt. Die vorgesehenen Nadeln haben einen Durchmesser von $5_{-0,01}$ mm.

Für ein günstiges Radialspiel der Nadeln zwischen Welle und Bohrung von 0,05 ... 0,12 mm sind das Nennmaß und die etwa entsprechende ISO-Toleranz der Welle zu ermitteln.

2.20

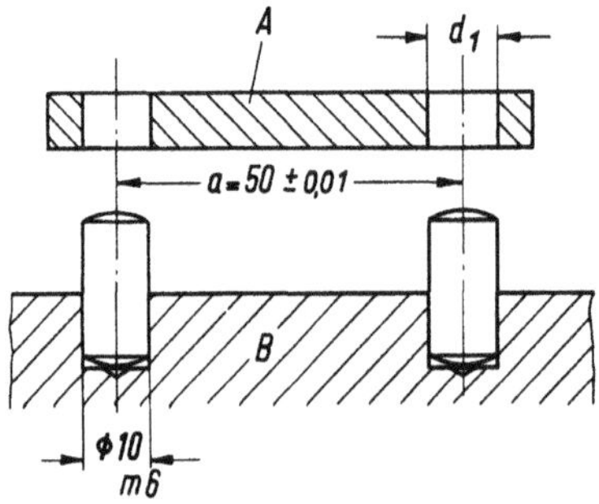

Der Größt- und Kleinstdurchmesser der Bohrung d_1 in der Lasche A sind zu ermitteln, damit diese mit einem Spiel von 0 ... 0,08 mm auf die Platte B mit den Zylinderstiften $d = \phi\ 10_{m6}$ gesetzt werden kann.

Es ist festzustellen, ob diese Bedingung mit einer ISO-Toleranz angenähert erfüllt werden kann.

2.21

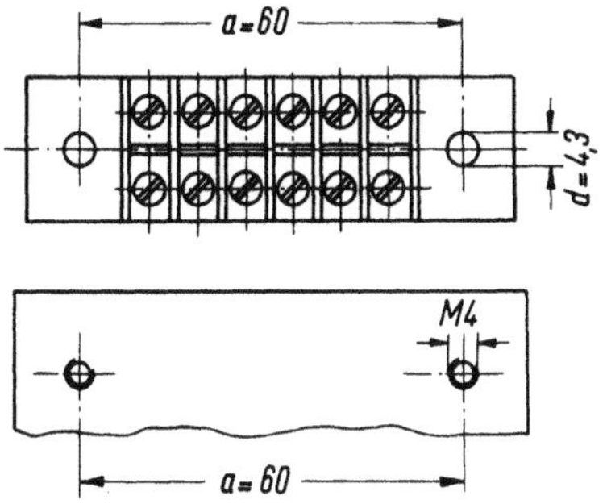

Eine Klemmleiste soll mit 2 Zylinderschrauben M4 auf einer Grundplatte befestigt werden. Für die Lochabstände *a* sind für Leiste und Grundplatte gleichgroße Maßtoleranzen anzugeben. Die normgerechte Maßeintragung ist anzugeben.

2.22

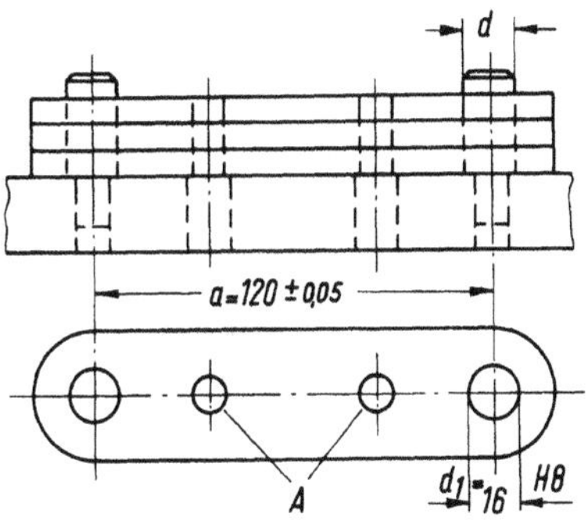

Welchen Größt- und Kleinstdurchmesser *d* müssen die Aufnahmestifte einer Bohrvorrichtung haben, damit die Kettenlaschen zum Bohren der Löcher A (zur Befestigung von Mitnehmern) in der Vorrichtung ein Spiel von 0 bis höchstens 0,3 mm haben?

3. Festigkeit und zulässige Spannung

Vorbemerkungen

Die folgenden Aufgaben sollen insbesondere dazu dienen, das Aufsuchen von Festigkeitswerten zu üben sowie die Zusammenhänge, besonders zwischen den dynamischen Festigkeitswerten, und die Einflußgrößen beherrschen zu lernen, was für Festigkeitsberechnungen an Maschinenteilen unerläßliche Voraussetzung ist. Es sollen also in erster Linie die Grundlagen gefestigt werden. Am Schluß sind auch einige „praktische" Anwendungsaufgaben zur Festigkeitsberechnung von Bauteilen gegeben. Die eigentliche Anwendung, d. h. der Ansatz der zulässigen Spannung, erfolgt in den Aufgaben der nachfolgenden Kapitel, z. B. in den Aufgaben über Schrauben-, Federn- oder Wellenberechnungen und stellt damit praktisch immer nur einen Teil, eine „Nebenrechnung", innerhalb dieser dar.

3.1 Für die Baustähle St 37, St 50 und St 60, für Stahlguß GS-45, GS-52 und GS-60 sind folgende Festigkeitswerte festzustellen:

a) die Streckgrenze σ_S,
b) die Biegefließgrenze σ_{bF},
c) die Verdrehfließgrenze τ_{tF}.

3.2 Für die Baustähle St 42, St 60 und St 70, für die Vergütungsstähle Ck 45, 40 Mn 4 und 50 CrMo 4 sind folgende Festigkeitswerte festzustellen:

a) die Zugschwellfestigkeit $\sigma_{z\,Sch}$,
b) die Biegewechselfestigkeit σ_{bW},
c) die Verdrehschwellfestigkeit $\tau_{t\,Sch}$.

3.3 Für die Werkstoffe St 37, GGG-42, GS-38, C 22, 25 CrMo 4 und Ck 15 sind folgende Festigkeitswerte festzustellen:

a) die Bruchfestigkeit σ_B (Mindestwerte),
b) die Biegeschwellfestigkeit $\sigma_{b\,Sch}$,
c) die Biegewechselfestigkeit σ_{bW},
d) die Verdrehschwellfestigkeit $\tau_{t\,Sch}$,
e) die Verdrehwechselfestigkeit τ_{tW}.

3.4 Für ein Bauteil beträgt die Schwellfestigkeit $\sigma_{Sch} = 360 \frac{N}{mm^2}$. Wie hoch ist dessen Ausschlagfestigkeit σ_A?

3.5 Für einen Probestab ergab ein Dauerbiegeversuch eine gerade noch ertragbare Ausschlagspannung von $\pm 150 \frac{N}{mm^2}$ bei einer Mittelspannung von $70 \frac{N}{mm^2}$.
Zu ermitteln sind:

a) die Biegedauerfestigkeit σ_{bD} des Stabes,
b) die Ausschlagfestigkeit σ_{bA},
c) die Oberspannung σ_o und die Unterspannung σ_u.

3.6 Ein Bauteil erträgt bei einem Dauerzugversuch eine Oberspannung von $\sigma_o = 300 \frac{N}{mm^2}$ und eine Unterspannung von $120 \frac{N}{mm^2}$ gerade noch beliebig lange. Wie groß sind:

a) die Zugdauerfestigkeit σ_{zD},
b) die Mittelspannung σ_m,
c) die Ausschlagfestigkeit σ_{zA}?

3.7 Bei einem glatten, kerbfreien Probestab aus Vergütungsstahl 50 CrMo 4 schwankt die Belastung um eine Mittelspannung $\sigma_m = 700 \frac{N}{mm^2}$. Zu ermitteln sind:

a) die gerade noch dauernd ertragbare Oberspannung σ_o und Unterspannung σ_u bei Biegebeanspruchung,
b) die Ausschlagfestigkeit σ_{zA} bei Zugbeanspruchung.

3.8 Bei einem Zugversuch mit einem Probestab von 10 mm Durchmesser aus Baustahl ergab sich eine Bruchlast $F_{max} = 42$ kN. Zu ermitteln sind:

a) die Bruchfestigkeit σ_B des Stahles,
b) der Baustahl, aus dem wahrscheinlich der Probestab bestand.

3.9 Für einen Stab aus einer Aluminium-Knetlegierung AlMn ist die zulässige Zugspannung bei vorwiegend ruhender Belastung und einer mittleren Sicherheit festzulegen.

3.10 Ein Bauteil aus Stahlguß GS-45 wird vorwiegend ruhend auf Verdrehung beansprucht. Es ist die zulässige Verdrehspannung bei einer möglichst hohen Sicherheit zu ermitteln.

3.11 Für eine mit einer Paßfedernut versehene Getriebewelle aus Vergütungsstahl 50 CrMo 4 ist die zulässige Biegespannung bei Wechselbelastung zu ermitteln. Die Welle soll mit $R_t \approx 6\,\mu m$ feingedreht werden; zu erwartender Durchmesser $d \approx 60$ mm. Die Häufigkeit der Höchstlast wird mit 50 % angenommen.

3.12 Bei einem Dauerfestigkeitsversuch ergab sich für eine mit einer rechteckigen Eindrehung für Sg-Ring versehene, feingedrehte Welle von 50 mm Durchmesser aus Einsatzstahl 20 MnCr 5 bei Biegeschwellbelastung eine Gestaltfestigkeit σ_G von $240 \frac{N}{mm^2}$. Auf welche Kerbwirkungszahl kann geschlossen werden?

3.13 Ein Dauerfestigkeitsversuch an einer mit einer Rauhtiefe $R_t \approx 6\ \mu m$ geschliffenen Welle von 30 mm Durchmesser aus Einsatzstahl Ck 15 ergab bei Verdrehwechselbeanspruchung eine Gestaltfestigkeit von $\tau_G = 90 \frac{N}{mm^2}$. Welche Kerbwirkungszahl ergibt sich damit für die durch eine auslaufende Paßfedernut gebildete Kerbstelle?

3.14

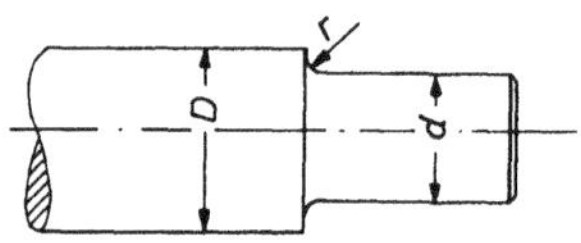

	d	D	r
	mm	mm	mm
I	10	12	0,3
II	30	35	1
III	50	55	1

In DIN 5418 sind die Anschlußmaße für Wälzlager (Rundungen und Schulterhöhen) festgelegt. Für die angegebenen Lagerzapfenabmessungen sind für eine angenommene Biegebeanspruchung die Kerbwirkungszahlen β_k für die Übergangsstelle „genau" nach Schaubild zu ermitteln für die Werkstoffe

a) St 50
b) Ck 22
c) 50 CrMo 4

Die ermittelten Werte sind mit den „Erfahrungswerten" (Lehrbuch-Anhang) zu vergleichen.

3.15

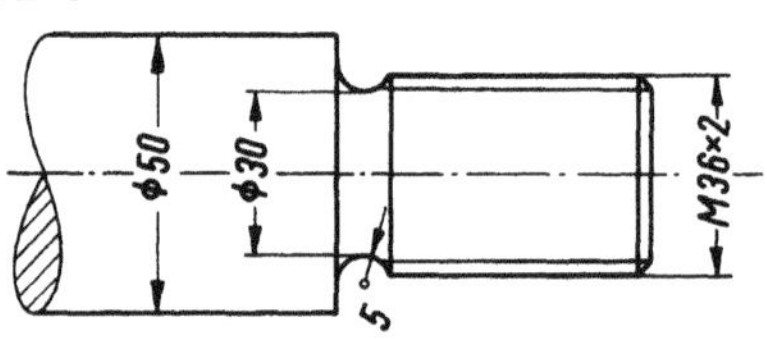

Zum Erreichen eines einwandfreien Gewindeauslaufes ist der Gewindezapfen aus St 42 hinterdreht. Für diese Stelle ist die Kerbwirkungszahl β_k zu bestimmen:

a) bei Biegebeanspruchung schätzungsweise nach Tabelle,
b) bei Biegebeanspruchung genauer nach Schaubild,
c) bei Verdrehbeanspruchung schätzungsweise nach Tabelle,
d) bei Verdrehbeanspruchung genauer nach Schaubild.

3.16 Eine mit $R_t \approx 4\ \mu m$ feingedrehte Welle mit aufgeschrumpfter festsitzender Nabe darf aus konstruktiven Gründen einen Durchmesser $d = 30$ mm nicht überschreiten. Sie soll bei einer Drehzahl $n = 800\ \text{min}^{-1}$ eine zwischen $P_1 = 0$ kW und $P_2 = 63$ kW ständig schwankende Leistung übertragen, wobei mit einer Häufigkeit der Höchstlast von $\approx 50\ \%$ zu rechnen ist. Es ist die geeignete Stahlsorte für die Welle zu bestimmen.

3.17

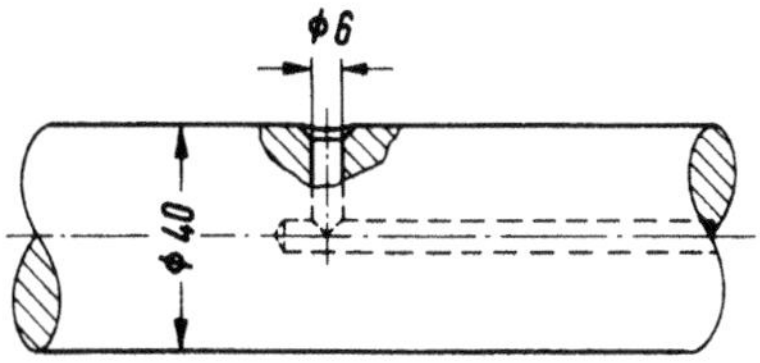

Für eine schwellend auf Biegung beanspruchte Seilrollenachse aus St 60 mit Schmierloch ist die zulässige Biegespannung zu ermitteln. Vorgesehen ist ein blankgezogener Rundstahl mit $R_t \approx 1 \dots 2\ \mu m$; zu erwartender Durchmesser $d \approx 40$ mm; Häufigkeit der Höchstlast ≈ 25 %.

3.18 Eine Schaltstange aus warmgewalzten Rundstahl ohne besondere Kerbstellen wird schwellend zwischen 0 und 6000 N auf Zug beansprucht. Wie groß ist die zulässige Spannung bei mittlerer Sicherheit, die der Berechnung des Durchmessers zugrunde gelegt wird?

3.19 Es ist durch Spannungsvergleich zu prüfen, ob der Durchmesser d = 15 mm einer kurzen Exzenterstange aus St 42 zum Antrieb eines Schüttelsiebes ausreichend bemessen ist, wenn die größte Stangenkraft F = 8500 N beträgt und die Oberfläche der im Gesenk geschmiedeten Stange etwa der einer Walzhaut entspricht.

3.20

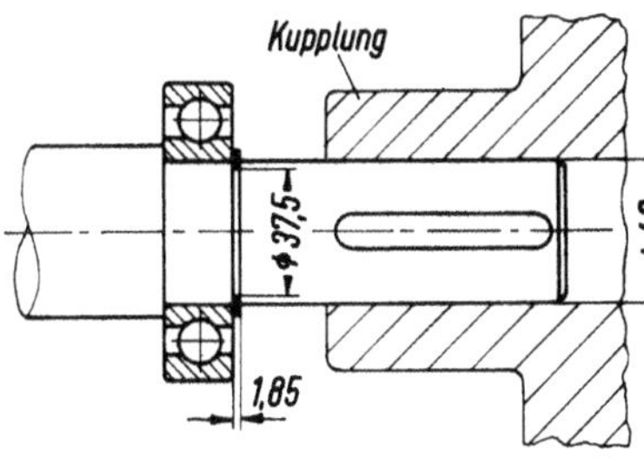

Das Wälzlager der Antriebswelle eines Fahrwerksgetriebes ist durch Sicherungsring 40 × 1,75 DIN 471 axial gesichert. Es ist zu prüfen, ob eine ausreichende Sicherheit gegenüber Dauerbruch gewährleistet ist, wenn die mit $R_t \approx 6\ \mu m$ feingeschlichtete Welle aus St 60 eine Leistung von P = 5 kW bei n = 280 min^{-1} wechselnd übertragen soll. Die Häufigkeit der Höchstlast wurde mit ca. 25 % ermittelt.

4. Klebverbindungen

Vorbemerkungen

Das Metallkleben dient im allgemeinen weitaus mehr der reinen Gestaltung, des Zusammenfügens von Teilen. Auf Grund der Entwicklung neuartiger hochfester synthetischer Klebstoffe und der besonderen Vorteile von Klebverbindungen gegenüber anderen Verbindungsarten gestattet die heutige Klebtechnik die Übertragung hoher Belastungen,auch wenn die Eigenfestigkeit der Klebstoffe erheblich kleiner als die Festigkeit der metallischen Werkstoffe ist.

Die optimale Bemessung und die Berechnung von Klebverbindungen erweist sich jedoch als ein schwierig zu lösendes Problem, da die Festigkeit der Verbindung von vielen in der Gesamtheit noch nicht erfaßbaren Einflußfaktoren bestimmt wird (vgl. Abschnitt 4.4.2 im Lehrbuch).

Zur Berechnung von Metallklebverbindungen wurden verschiedene Methoden entwickelt. Meist werden in den Rechnungen Fügeteile und Klebschicht gesondert betrachtet, obwohl die metallische Oberfläche über die Grenzschicht hinaus die Festigkeit der Verbindung beeinflußt. Die Rechenverfahren basieren auf Versuchen mit statischen Kurzzeitbelastungen. In allen Fällen muß berücksichtigt werden, daß vom Hersteller angegebene Festigkeitswerte nur erreicht werden können, wenn der Klebvorgang nach den beschriebenen Vorschriften in allen Einzelheiten verläuft und daß die ermittelten Festigkeitswerte an genormten Prüfkörpern gemessen wurden. Unterschiedliche Abmessungen ergeben stets andere Festigkeiten, selbst wenn die Qualität der Klebverbindungen gleich ist.

Aus allen diesen Gründen sind Festigkeitsangaben für den Entwurf und Berechnungen nur mit entsprechenden Sicherheitsfaktoren ausreichend. (Vgl. die Abschnitte 4.5 und 4.6 im Lehrbuch.)

Nachfolgend sind nach einführenden Grundaufgaben, in denen Festigkeitswerte ermittelt und damit Grundbegriffe eingeprägt werden sollen, noch einige Aufgaben gegeben, worin ausgeführte typische Kleb*verbindungen* überschlägig geprüft werden.

4.1 Wie groß ist die Bindefestigkeit τ'_B eines Reaktionsklebstoffs, wenn beim Zerreißversuch am Prüfstab eine Bruchlast F_{max} = 5200 N ermittelt wurde?

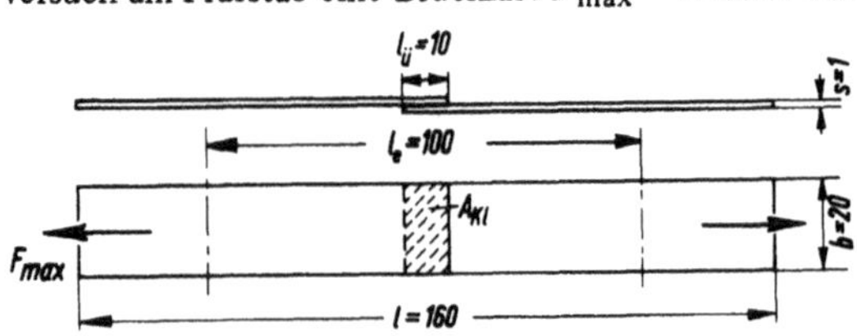

4.2

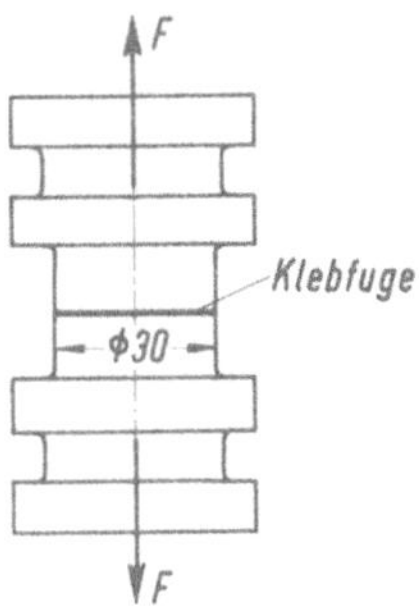

Zur Feststellung der Binde-Zugfestigkeit zerriß die Klebverbindung am Prüfkörper bei einer Zugkraft $F = 36800$ N.

Welche Binde-Zugfestigkeit σ'_{zB} der Klebverbindung ergab sich aus dem Versuch?

4.3

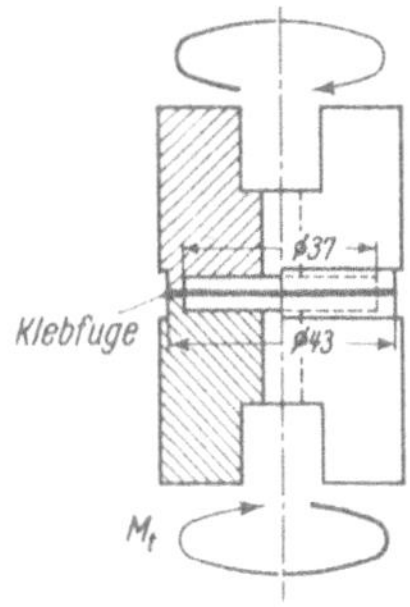

Wie groß ist die Verdreh-Bindefestigkeit τ'_{tB} des Klebers, wenn bei einem Laborversuch die Klebverbindung bei dem Prüfkörper bei einem Drehmoment $M_t = 185 \cdot 10^3$ Nmm brach?

4.4

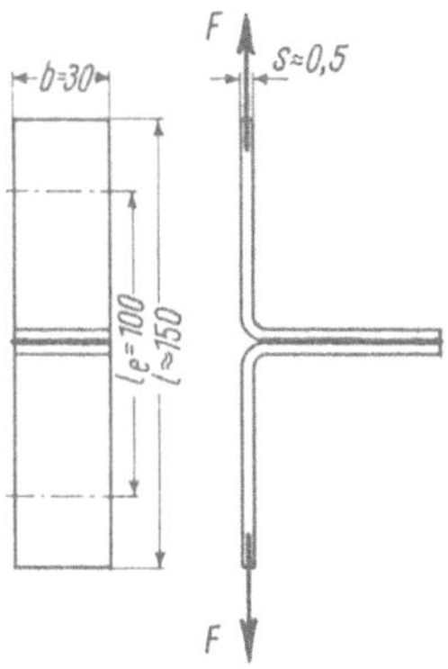

Bei einem Schälversuch an dem Prüfkörper war zum Einreißen der Klebverbindung eine Kraft $F_1 = 450$ N, zum fortlaufenden Schälen die Kraft $F_2 = 180$ N erforderlich.

Wie groß sind:

a) die absolute Schälfestigkeit σ'_{abs},
b) die relative Schälfestigkeit σ'_{rel}?

4.5 Bei einer Versuchsreihe zur Ermittlung des Einflusses der Überlappungslänge $l_ü$ auf die Bindefestigkeit τ'_B eines Klebstoffes wurden an Prüfstäben aus AlCuMg (vergleiche Bild zu Aufgabe 4.1) unter sonst gleichen Verhältnissen für $l_ü = 10$ mm, 15 mm, 20 mm, 25 mm und 30 mm die entsprechenden Zerreißkräfte F_{max} =

4,6 kN, 6,1 kN, 7,0 kN, 7,2 kN und 7,3 kN gemessen. Da bei wachsender Überlappungslänge $l_ü$ bzw. Klebfläche A_{Kl} und (nicht proportional) steigender Kraft F_{max} die Bindefestigkeit τ'_B kleiner wird, soll die durchschnittliche prozentuale Abnahme von τ'_B nach je 5 mm größerer Überlappungslänge bestimmt werden.

4.6

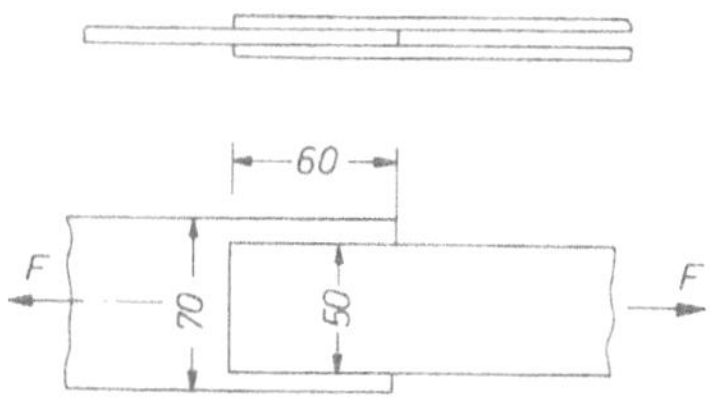

An einen Flachstahl 70 X 10 X 500 DIN 174-St 37 K (blanker scharfkantiger Flachstahl) sollen an einem Ende zwei Flachstähle 50 X 6 X 400 DIN 174-St 37 K ($\sigma_{zB} = 500 \frac{N}{mm^2}$) 60 mm überlappt geklebt werden. Verwendet wird ein Klebstoff, für den nach Herstellerangabe eine Bindefestigkeit $\tau'_{B_7} = 40 \frac{N}{mm^2}$ am Prüfkörper (vgl. Bild zur Aufgabe 4.1) bestimmt wurde, die jedoch nach je 10 mm größerer Überlappung um durchschnittlich 8 % absinkt. Die Verbindung soll mit $F = 15$ kN statisch auf Zug belastet werden.

Zu ermitteln sind:

a) die Sicherheit ν_1 gegen Bruch der überlappt geklebten Flachstähle,
b) die Sicherheit ν_2 der Klebverbindung mit $\tau'_{B(60)}$ bei $l_ü = 60$ mm.

4.7 Zwei Flachstangen nach DIN 1769 aus AlCuMg 2 F 45 nach DIN 1747, Bl. 1 von 100 mm Breite und 5 mm Dicke sollen an einem Ende 50 mm überlappt durch Kleben verbunden werden. Nach Herstellerangabe wurde für den verwendeten Klebstoff $\tau'_B = 30 \frac{N}{mm^2}$ ermittelt. Welche dynamische Zugkraft F in kN kann die Klebverbindung übertragen, wenn für die dynamische Bindefestigkeit τ'_{dyn} der Mittelwert aus Versuchen (siehe Abschnitt 4.4.2 im Lehrbuch, Dauerfestigkeit) angenommen und, weil weitere Angaben nicht bekannt sind, sicherheitshalber mit dem doppelten Wert der maximal üblichen Sicherheit gerechnet wird?

4.8

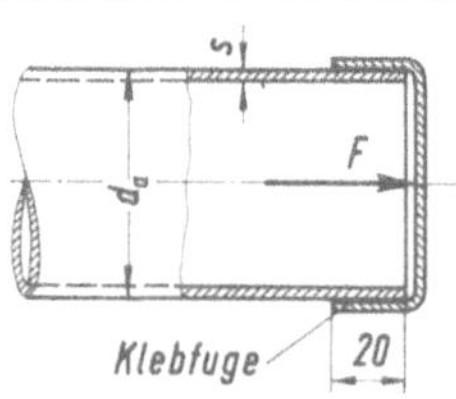

Das Ende eines Wasserrohres aus Polyvinylchlorid (PVC) von $d_a = 63$ mm Außendurchmesser und $s = 3$ mm Wanddicke wird mit einer geklebten Kappe verschlossen. Es ist zu prüfen, ob die Klebverbindung bei einem höchsten Wasserdruck $p = 4$ bar sicher hält, wenn die Bindefestigkeit des Klebers $\tau'_B = 8 \frac{N}{mm^2}$ beträgt.

4.9

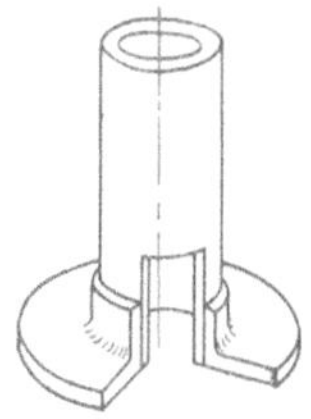

Bei einer Rohrleitung aus einer Aluminium-Legierung AlCuMg soll ein Flansch mit dem Rohr von 50 mm Außendurchmesser und 2 mm Wanddicke durch Kleben verbunden werden.

Wie groß ist die von der Klebverbindung aufzunehmende größte Rohrkraft F bei einer Klebstoff-Bindefestigkeit $\tau'_B \approx 20 \frac{N}{mm^2}$ und einer mittleren Sicherheit ν?

4.10

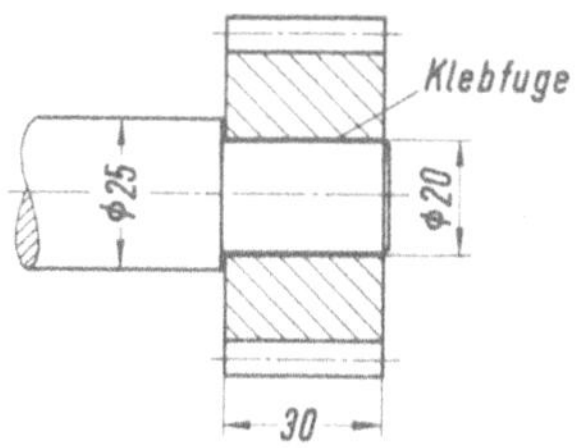

Für die Klebverbindung eines Zahnrades aus Polyamid mit einem Wellenzapfen aus Stahl ist ein Kaltkleber verwendet, der bei diesen Werkstoffen eine Bindefestigkeit $\tau'_B \approx 15 \frac{N}{mm^2}$ hat. Welche Leistung in kW kann von der Verbindung bei einer Drehzahl $n = 125 \text{ min}^{-1}$ übertragen werden, wenn eine 2fache Sicherheit gegenüber der Bindefestigkeit verlangt wird?

4.11

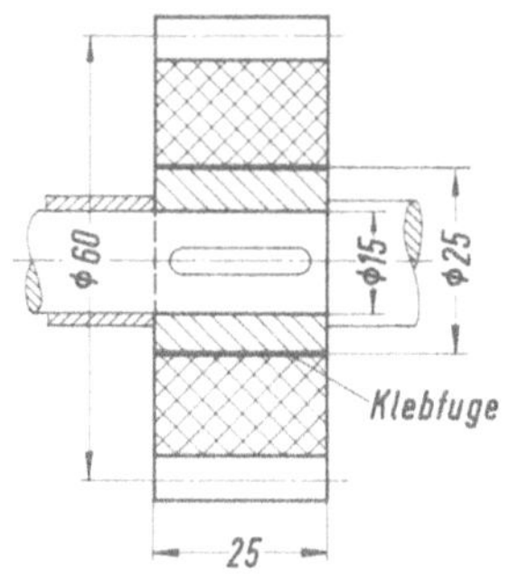

Ein Schaltritzel mit Modul $m = 3$ mm und einer Zähnezahl $z = 20$ hat eine größte Leistung $P = 0{,}12$ kW bei einer Drehzahl $n = 160 \text{ min}^{-1}$ zu übertragen. Da die Drehrichtung ständig umkehrt und das Ritzel möglichst geräuscharm und elastisch arbeiten soll, ist der Zahnkranz aus Polyamid mit einer Nabe aus Stahl verklebt. Der verwendete Klebstoff hat nach Angaben des Herstellers eine dynamische Bindefestigkeit $\tau'_{dyn} \approx 0{,}3 \cdot \tau'_B$ die statische Bindefestigkeit beträgt $\tau'_B \approx 12 \frac{N}{mm^2}$. Wie groß ist die gegen Dauerbruch vorhandene Sicherheit ν?

4.12

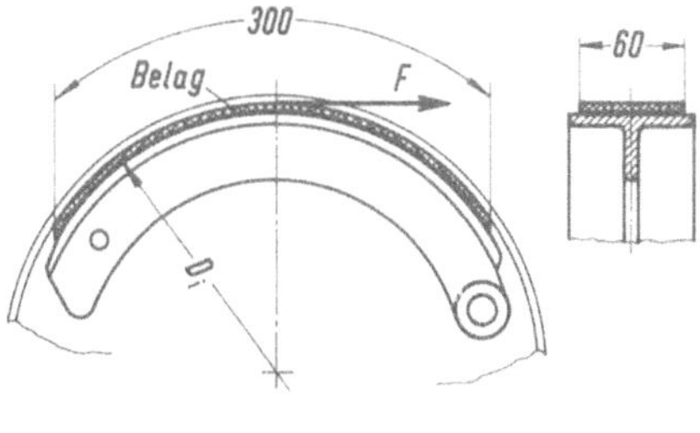

Der Bremstrommel-Innendurchmesser eines Lastkraftwagens beträgt $D_i = 280$ mm. Die auf die Bremsbacken aufgeklebten Beläge haben 60 mm Breite und 300 mm Länge. Im ungünstigsten Fall kann damit gerechnet werden, daß ein einziger Belagstreifen durch eingedrungenes Wasser an der Trommel anfriert und das größte Rad-Drehmoment $M_t \approx 3{,}5 \cdot 10^6$ Nmm von der Klebverbindung zu übertragen ist.

Es ist zu prüfen, ob für die Klebverbindung Bruchgefahr bei den im Lehrbuch angegebenen und erfahrungsgemäßen Bindefestigkeiten der Kleber besteht.

4.13

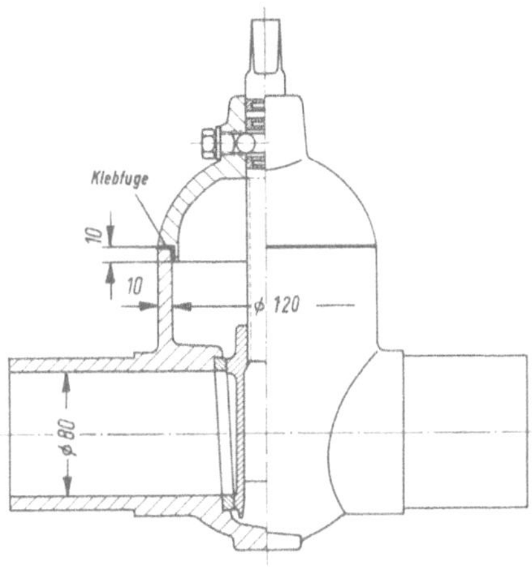

Bei dem in moderner Klebkonstruktion ausgeführten Absperrschieber mit 80 mm Nennweite für einen Betriebsdruck $p = 10$ bar ist die Klebverbindung zwischen Gehäuse und Gehäusedeckel zu prüfen. Der Prüfdruck beträgt $p_{Pr} = 16$ bar. Die Bindefestigkeit des Klebers ist für die zu erwartenden höheren Betriebstemperaturen mit $\tau'_B \approx 10 \frac{N}{mm^2}$ angegeben. Wie groß ist die Sicherheit ν bzw. ν_{Pr} gegen Bruch?

5. Lötverbindungen

Vorbemerkungen

Das Löten stellt ein Verfahren zur unlösbaren Verbindung von Bauteilen dar, ähnlich wie das Schweißen oder Kleben. Für den Konstrukteur ist die Kenntnis der Lötarten und der Lötverfahren wichtig, damit er entscheiden kann, welches Lot für die zu verbindenden Werkstoffe zu verwenden ist und welches Verfahren und welche Verbindungsart für die vorliegenden Bauteile am zweckmäßigsten und wirtschaftlichsten ist. Danach richtet sich dann die Gestaltung der Lötstellen und häufig sogar die Form der zu verbindenden Bauteile selbst. Es sind also in erster Linie konstruktive Probleme zu klären, die Festigkeit der Lötverbindung dagegen wird bestimmt durch die Festigkeit des Lotes und der zu verbindenden Grundwerkstoffe. Beachtet man, daß Lötverbindungen möglichst nur auf Schub beansprucht und *schälende* Beanspruchungen vermieden werden sollen, so lassen die Aufgaben erkennen, daß die konstruktiv festgelegten Werte den Anforderungen ohnehin genügen und eine *Berechnung* der Lötverbindung vielfach gar nicht erforderlich ist.

5.1

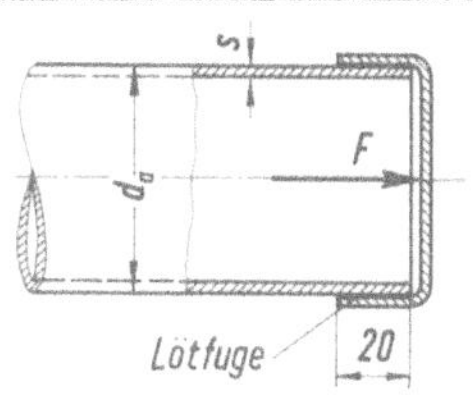

Das Ende eines Rohres aus St 37-2 von $d_a = 63$ mm Außendurchmesser und $s = 3$ mm Wanddicke wird mit einer weich aufgelöteten Kappe verschlossen. Es ist zu prüfen, ob die Lötverbindung bei einem höchsten Wasserdruck von $p = 4$ bar sicher hält, wenn als Lot Zinnlot mit $\tau_{aB} = 40 \frac{N}{mm^2}$ vorgesehen wird und eine Sicherheit von mindestens $\nu = 6$ vorhanden sein soll.

5.2

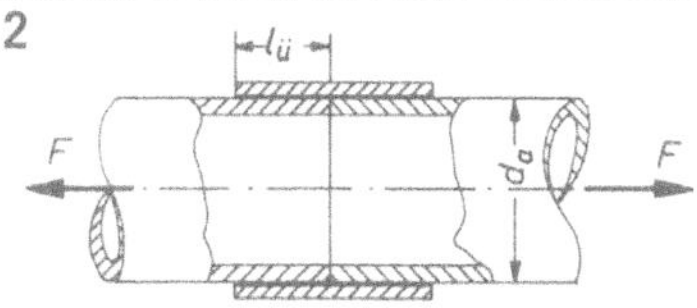

Zwei Rohre aus St 37-2 mit $d_a = 8$ mm Außendurchmesser und $s = 1$ mm Wanddicke sollen mittels Muffe miteinander verbunden werden. Welche Überlappungslänge $l_ü$ ist mindestens erforderlich, wenn die Belastbarkeit von Rohr und Lötverbindung gleich groß sein soll? Als Lot wird Kupferlot mit $\tau_{aB} = 150 \frac{N}{mm^2}$ vorgesehen. Welche Überlappungslänge $l_ü$ wird konstruktiv festgelegt?

5.3

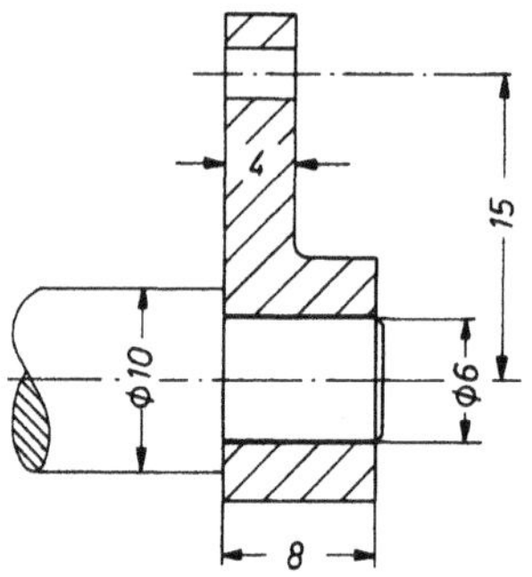

Für die Verbindung eines Schalthebels aus St 37-2 mit der Schaltwelle wurde Kupferlot mit einer Abscherfestigkeit $\tau_{aB} = 150 \frac{N}{mm^2}$ vorgesehen. Es ist zu prüfen, ob von der Verbindung ein Moment von 12 Nm bei 4facher Sicherheit übertragen werden kann.

5.4

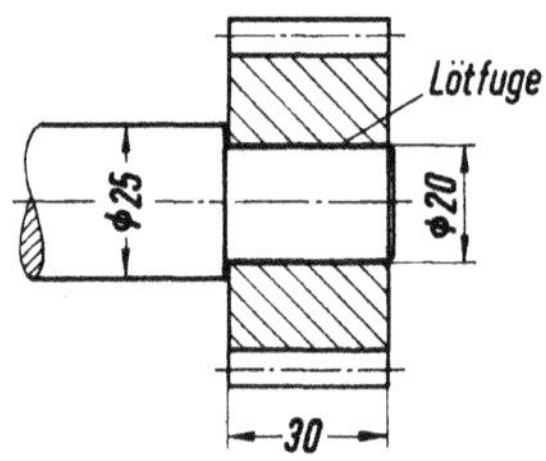

Für die Lötverbindung eines Zahnrades aus St 60 mit einem Wellenzapfen aus St 42-2 ist Hartlot mit einer Abscherfestigkeit von $\tau_{aB} = 200 \frac{N}{mm^2}$ vorgesehen. Es ist zu prüfen, ob von dieser Verbindung eine Leistung von 3 kW bei einer Drehzahl $n = 120\ min^{-1}$ und 4facher Sicherheit übertragen werden kann.

6. Schweißverbindungen

Vorbemerkungen

Während sich die Anwendung der Schweißtechnik anfangs auf die Reparatur gebrochener Werkstücke beschränkte, ist sie durch die stürmische Entwicklung der letzten Jahrzehnte zum wichtigsten Fügeverfahren geworden. Schweißgerecht ausgeführte Verbindungen ermöglichen sichere und wirtschaftliche Konstruktionen auf fast allen Gebieten der modernen Technik. Ihre Festigkeit hängt hauptsächlich von der Gestaltung, vom Werkstoff und vom Fertigungsverfahren ab.

An Hand der nachfolgend gegebenen Aufgaben soll das Berechnen und Gestalten einfacher Schweißverbindungen geübt werden. Aus den an der Schweißkonstruktion (z. B. Fachwerkbinder, Hebel) angreifenden äußeren Kräften (z. B. Eigengewichte, Seilkräfte, Massenkräfte) werden nach den Regeln der Statik die an der Schweißverbindung angreifenden inneren Kräfte (z. B. Stabkräfte, Biegemomente) ermittelt. Mit der Annahme einer gleichmäßigen bzw. linearen Spannungsverteilung in den Nähten lassen sich daraus die Nennspannungen σ_w (τ_w) errechnen. Diese werden dann mit den in den Planungsnormen festgelegten zulässigen Nennspannungen $\sigma_{w\,zul}$ ($\tau_{w\,zul}$) verglichen. Es wird gefordert $\sigma_w \leqslant \sigma_{w\,zul}$ ($\tau_w \leqslant \tau_{w\,zul}$).

Bei statisch und dynamisch beanspruchten Schweißverbindungen im Maschinenbau wird das Verhältnis der ertragbaren Nennspannung in der Schweißnaht zur ertragbaren Nennspannung im Grundwerkstoff durch versuchsmäßig ermittelte Abminderungsfaktoren berücksichtigt. Die ertragbaren Nennspannungen im Grundwerkstoff können entsprechend der Beanspruchungs- und Belastungsart aus Dauerfestigkeitsschaubildern entnommen werden. Die zulässige Schweißnahtspannung ist je nach Häufigkeit der Höchstlast um einen entsprechenden Sicherheitsfaktor kleiner.

Im Rahmen dieses Buches konnte auf folgende Berechnungsgrundlagen für dynamisch beanspruchte Schweißkonstruktionen nicht eingegangen werden:

1. DIN 150 18 – Betriebsfestigkeitsnachweis für Stahltragwerke von Kranen (ab 20 000 Spannungsspielen gefordert).
2. DV 848 – Vorschrift für geschweißte Eisenbahnbrücken. Deutsche Bundesbahn.
3. DV 952 – Vorschrift für das Schweißen von Fahrzeugen, Maschinen und Geräten. Deutsche Bundesbahn.

Von überragender Bedeutung für die Festigkeit von Schweißkonstruktionen ist die Verwendung von schweißgeeigneten Werkstoffen. Dies wurde lange Zeit nicht erkannt und führte zu katastrophalen Schäden (Brückeneinstürze, Schiffsuntergänge, Bersten von Behältern). In den Aufgaben am Schluß dieses Kapitels wird gezeigt, daß jeder Schweißvorgang zur Entstehung von Schrumpfspannungen und Verwerfungen führt. Diese zu vermindern oder klein zu halten (Schweißfolge, Vorwärmen, Entspannen) ist ein Problem der Fertigung und zeigt auch ihren bedeutenden Einfluß auf die Güte einer Schweißkonstruktion.

Mit der Erstellung geschweißter Tragwerke dürfen deshalb auch nur Betriebe betraut werden, die von den Fachkräften und der Einrichtung her die Gewähr für eine fachgemäße Ausführung bieten. Aber auch bei fachgemäß ausgeführten Schweißverbindungen kommt es in der Nahtzone zur Ausbildung eines räumlichen (dreiachsigen) Zugspannungszustandes. Ein ungeeigneter Werkstoff kann dadurch nicht mehr Fließen und verhält sich, besonders bei großen Wanddicken, spröde. (Gleichnis: Windschutzscheibe aus vorgespanntem Sicherheitsglas.) Der gefürchtete Sprödbruch (verformungsloser Trennbruch) kann dann durch Lastspitzen oder tiefe Temperaturen ausgelöst werden.

Bei einem Werkstoff, der über die Fähigkeit plastischer Formänderung vor dem Bruch verfügt, sind die Schrumpfspannungen weniger gefährlich. Beim Aufbringen der Last überlagern sie sich mit den dadurch hervorgerufenen Betriebsspannungen. In der Nahtzone wird dann die Fließgrenze überschritten, sie verformt sich plastisch (gibt ohne Kraftsteigerung nach). Bei weiterer Belastung steigen nur die Spannungen in den umgebenden Bereichen mit elastischer Formänderung weiter an. Die Schrumpfspannungen werden bei schweißgeeigneten Stählen mit ausreichendem Formänderungsvermögen durch plastische Verformung rißfrei abgebaut.

6.1 Zwei 14 mm dicke Bleche aus St 37-2 sind stumpf zu stoßen. Es wird die Güteklasse II gefordert.

Für offenes Lichtbogenschweißen von Hand (E), Gasschweißen (G), Unterpulverschweißen (UP) und Schutzgasschweißen (SG) ist

a) je eine geeignete Nahtform zu wählen,
b) die entsprechende Fugenform maßstäblich aufzuzeichnen und zu bemaßen,
c) die gewählte Nahtausführung zu erläutern.

6.2 Für die Ermittlung des Zusatzwerkstoffgewichtes für eine geplante Schweißkonstruktion gelten in der Praxis folgende Erfahrungswerte:

Werkstückart	Zusatzwerkstoffgewicht in % des Werkstückgewichtes
Maschinengehäuse, stark verrippt	4,8
Maschinenfundament, stark verrippt	3,8
Wagenuntergestell (Blechträger)	3,4
Hochbaufachwerk	0,6
Vollwandträger	1,2
Behälter, nur Längs- und Rundnähte	1,1
Behälter mit Stutzen, Flanschen, Füßen	1,5

(Spritz- und Abbrandverluste, sowie Elektrodenreste sind berücksichtigt)

Wie groß ist der Bedarf an umhüllten Stabelektroden E Ti VII m DIN 1913, mit Kernstabdurchmesser 3,25 (5) mm und Stablänge 450 mm, für jede der folgenden Schweißkonstruktionen:

a) Stark verrippter Getriebekasten (einstufig), Achsabstand 480 mm, $G = 280$ kg.
b) Fachwerkbinder mit 15 m Stützweite, $G = 1220$ kg.
c) Vollwandträger (Blechträger), Stützweite 10 m, Höhe 0,95 m, $G = 1220$ kg.
d) Silo für Kunststoffgranulat mit Flanschen und Füßen, Fassungsvermögen 10 m^3, $G = 1020$ kg.

6.3 Ein Zugstab mit rechteckigem Querschnitt ist durch offenes Lichtbogenschweißen an ein gleichdickes Blech anzuschließen.

Alle ausführbaren Schweißstoßarten sind unter Angabe des Kraftflußverlaufes zu skizzieren und auf ihre Eignung im Maschinen-(Kran-) und Stahlhochbau zu prüfen.

6.4

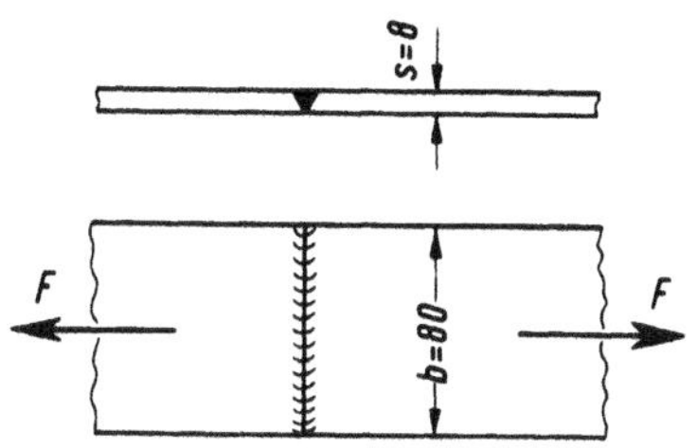

Zwei stumpfgeschweißte Flachstähle 80 × 8 aus St 37 sollen im Lastfall H (Stahlbau) eine statische Zugkraft von 50 kN übertragen. Die Naht ist nicht durchstrahlt.

Es ist nachzuprüfen, ob der Stab ausreichend bemessen ist.

6.5 Zwei Flachstähle 80 × 6 aus St 52 sind stumpfgeschweißt (ähnlich Aufgabe 6.4). Zu ermitteln ist die von der Schweißverbindung übertragbare statische Zugkraft F_{max} im Lastfall H (Stahlbau) bei

a) nachgewiesener Nahtgüte und
b) nicht nachgewiesener Nahtgüte.

6.6

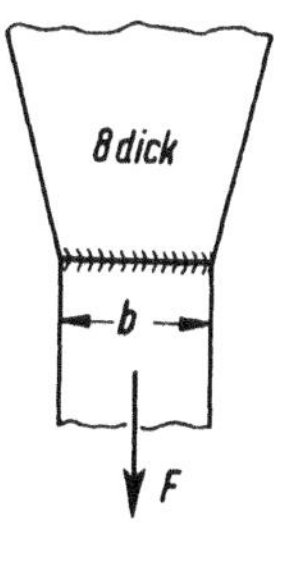

Ein Zugstab soll mit einem 8 mm dicken Knotenblech stumpf verschweißt werden. Die Zugkraft beträgt $F = 45$ kN im Lastfall H (Stahlbau). Die Bauteile sind aus St 37. Welche Flachstahlbreite b ist erforderlich, wenn Stab und Knotenblech gleich dick sein sollen und die Nahtgüte nicht nachgewiesen ist?

Flachstahlbreite b nach Normzahlreihe R 20.

6.7

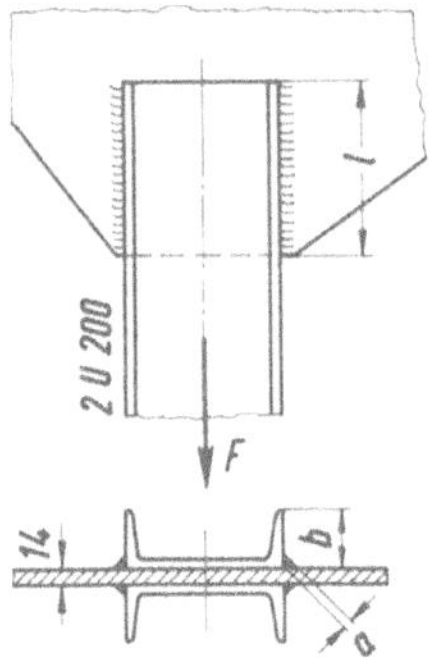

Zwei U 200, DIN 1026, sollen durch Flankenkehlnähte mit dem Knotenblech 14 mm dick so verbunden werden, daß die von den Stäben übertragbare höchste zulässige Zugkraft auch von der Schweißverbindung aufgenommen werden kann.

Für den Lastfall H (Stahlbau) und den Werkstoff St 37 sind zu ermitteln:

a) die von den U-Stählen übertragbare höchste zulässige Zugkraft F,
b) die größte zulässige Dicke a der Flankenkehlnähte,
c) die zur Aufnahme der Zugkraft F erforderliche Überlappungslänge gleich Nahtlänge l.

6.8

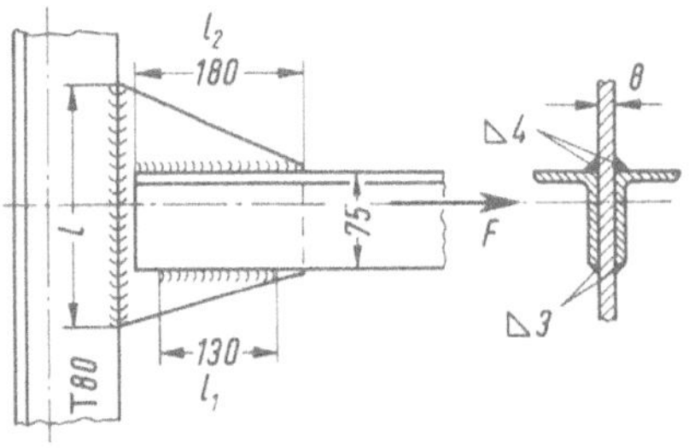

Zur Aufnahme einer Zugkraft im Fachwerk eines Mastes sind 2 ∟ 75 × 55 × 5 aus St 37 vorgesehen.

Zu berechnen bzw. zu prüfen sind:

a) die zulässige Höchstlast F für den Stab im Lastfall HZ (Stahlbau),
b) die Flankenkehlnähte für die Höchstlast,
c) falls die Nähte nicht nahezu spannungsgleich sind, ist die Länge l_1 der unteren Naht so zu ändern, daß die Spannung in dieser Naht etwa gleich der Spannung in der oberen Naht ist,
d) die Länge l der Anschluß-Stumpfnaht an den Stab T 80 für die Höchstlast F; die Nahtgüte wird nicht nachgewiesen.

6.9

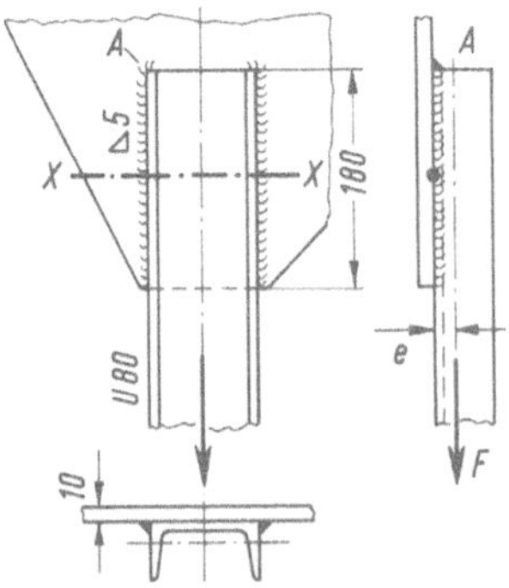

Eine Stabkraft $F = 100$ kN wird im Lastfall H (Stahlbau) durch ein U 80, DIN 1026, mit Flankenkehlnähten an ein 10 mm dickes Knotenblech angeschlossen. Bauteilwerkstoff St 37.

Die Nähte sind zu prüfen.

6.10

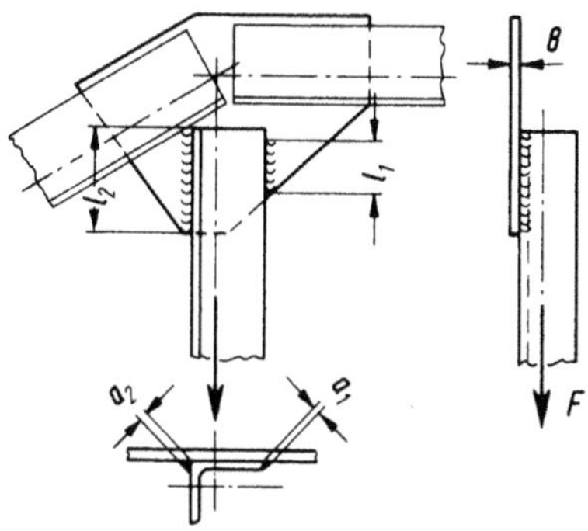

An das 8 mm dicke Knotenblech eines Krantragwerkes soll ein ungleichschenkliger Winkelstahl zur Übertragung einer Zugkraft F = 164 kN einseitig angeschweißt werden. Die Bauteile sind aus St 52-2. Für den Lastfall HZ (Stahlbau) sind zu ermitteln:

a) der gut ausgenutzte ungleichschenklige Winkelstahl, dessen breiter Schenkel anliegt,
b) die Dicken a_1 und a_2 der Flankenkehlnähte,
c) die Längen l_1 und l_2 der Flankenkehlnähte, wobei die Spannungen in den Nähten möglichst gleich sein sollen.

6.11

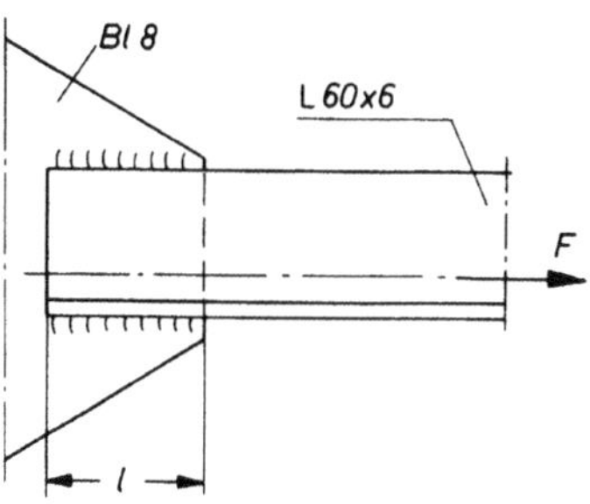

Ein L 60 × 6 aus St 37-2 soll an ein 8 mm dickes Knotenblech angeschlossen werden. Der Winkel hat im Lastfall H (Stahlbau) eine Zugkraft F = 80 kN zu übertragen.

a) Es ist nachzuprüfen, ob der Winkel ausreichend bemessen ist.
b) Die beidseitig gleich dick und gleich lang auszuführenden Flankenkehlnähte sind zu berechnen.

6.12 Welche Anschlußlänge l ergibt sich für den Stab in Aufgabe 6.11, wenn zusätzlich eine Stirnkehlnaht gezogen wird?

6.13

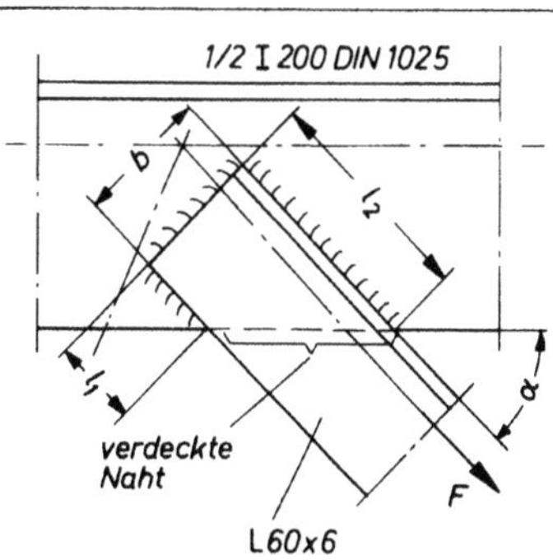

Ein Zugstab entsprechend Aufgabe 6.11 soll mit einer ringsumlaufenden Kehlnaht a = 3 mm unter dem Winkel $\alpha = 55°$ an ein 1/2 T 200 angeschlossen werden. Der Schweißanschluß ist zu entwerfen.

6.14

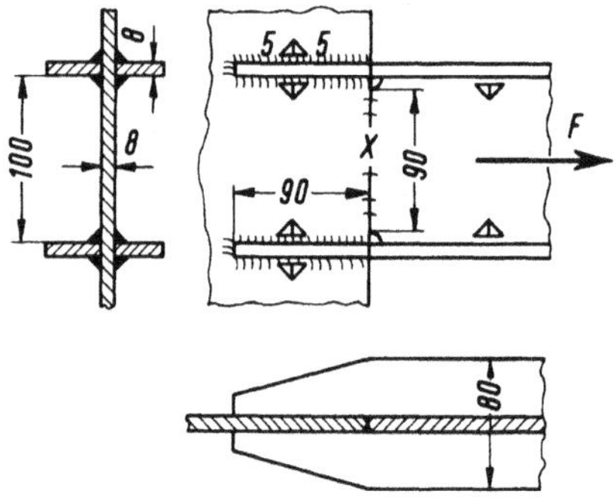

Die Anschlußnaht des geschweißten I-förmigen Trägers ist zu prüfen. Geschweißt ist mit einer X-Naht und mit Flankenkehlnähten von 5 mm Dicke. Aufzunehmen ist eine Zugkraft $F = 230$ kN im Lastfall H (Stahlbau); die Bauteile sind aus St 37.

6.15 Der Anschluß des Diagonalstabes T 60 DIN 1024 an den Gurtstab 1/2 I 200 DIN 1025 ist im Lastfall H (Stahlbau) für eine Zugkraft $F = 112$ kN zu bemessen. Die Bauteile sind aus St 37-1.

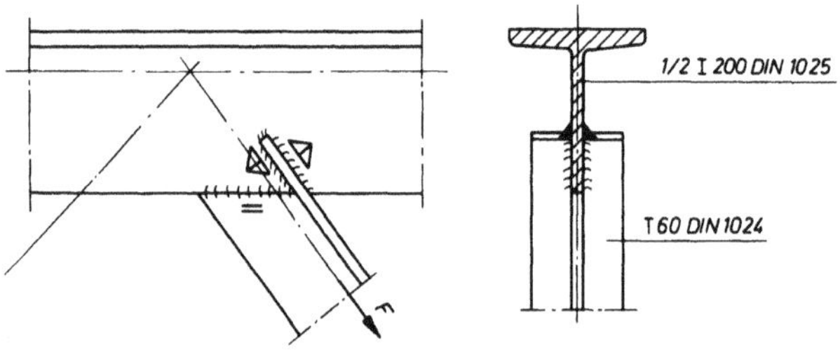

6.16

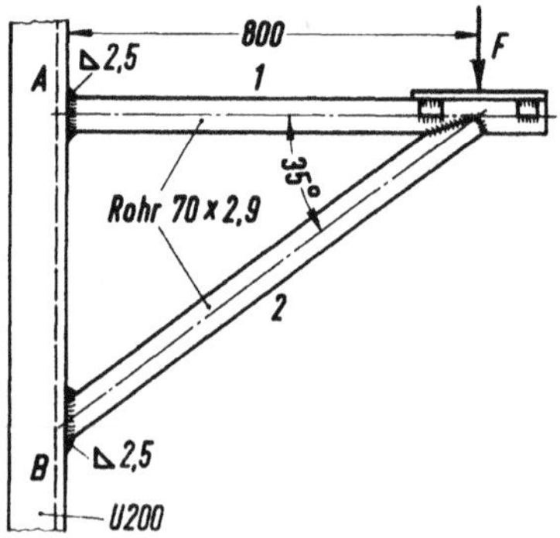

Ein Konsol aus Stahlrohren 70 × 2,9 DIN 2448 – St 35 soll an eine Stütze U 200 angeschweißt und mit $F = 37{,}5$ kN belastet werden.

a) Es ist zu prüfen, ob Stäbe und Anschlußnähte ausreichend bemessen sind (zulässige Spannungen nach DIN 1050 und DIN 4100, Lastfall H).
b) Die Abweichungen von den Richtlinien für geschweißte Stahlbauten sind anzugeben.

6.17

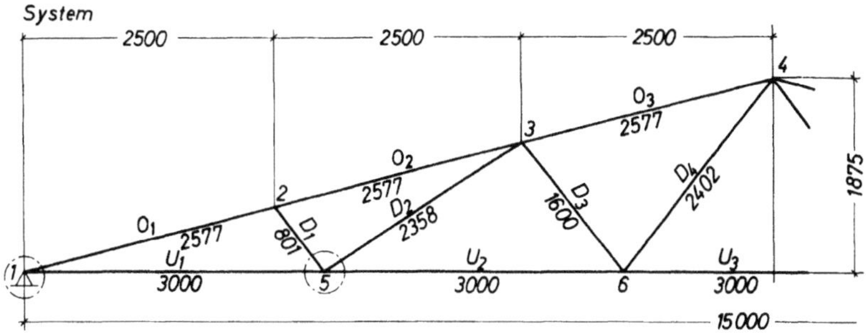

Auszug aus der „Vorstatik“:

Stab	Stabkraft in kN	Last-fall	Querschnitt
O_1	- 378		I PBl 180 DIN 1025 [1])
O_1	- 353		I PBl 180 DIN 1025 [1])
U_1	+ 367		U 160 DIN 1026
U_2	+ 293,6	H	U 160 DIN 1026
D_1	- 39,3		T 50 DIN 1024
D_2	+ 57,6		T 60 DIN 1024

[1]) Breite I-Träger mit parallelen Flanschflächen, leichte Reihe, im Anhang nicht aufgeführt. Abmessungen: h = 171 mm, b = 180 mm, s = 6 mm, t = 9,5 mm, r = 15 mm.

Für den geschweißten Dachbinder aus St 37 sind für den Lastfall H

a) die Stäbe U_1, D_1 und D_2 festigkeitsmäßig nachzuprüfen,
b) die Knoten 1 und 5 im Maßstab 1:1 schweißgerecht zu gestalten,
c) die schrägen Stabanschlüsse in den Knoten 1 und 5 zu bemessen.

6.18

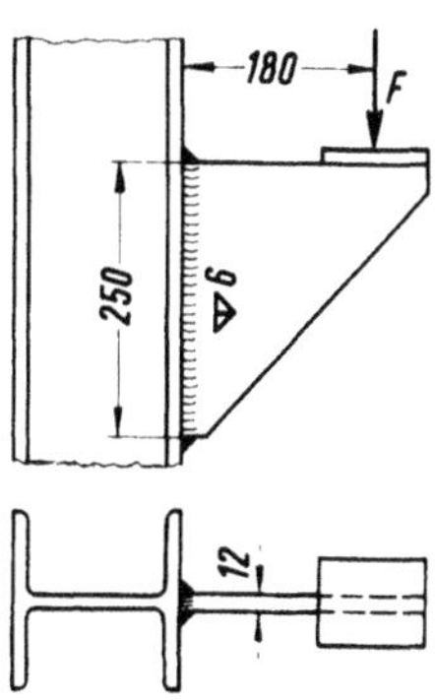

Zum Aufstellen eines Behälters sind Konsolbleche 12 mm dick vorgesehen, die mit einer umlaufenden Kehlnaht von a = 6 mm Dicke an einen Stützträger geschweißt sind. Die Höchstlast beträgt F = 38 kN im Lastfall H. Die Bauteile sind aus St 37. Die Anschlußnaht ist nachzuprüfen.

6.19

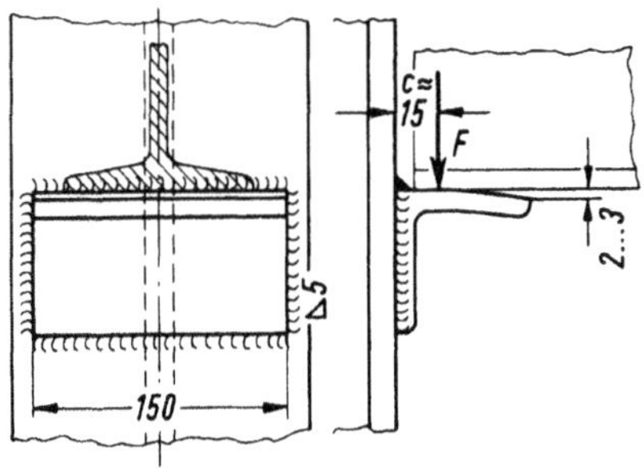

Ein Träger I 260 soll durch einen an eine Säule geschweißten Stützwinkel L 80 × 12 getragen werden. Die Stützkraft beträgt $F = 65$ kN im Lastfall H. Die Bauteile sind aus St 37. Der Stützwinkel ist mit einer allseitigen Kehlnaht von $a = 5$ mm Dicke geschweißt. Zur Verkürzung des Stützabstandes ist der abstehende Schenkel um 2 ... 3 mm abgebogen, so daß der Abstand $c \approx 15$ mm beträgt. Die Schweißverbindung ist zu prüfen.

6.20

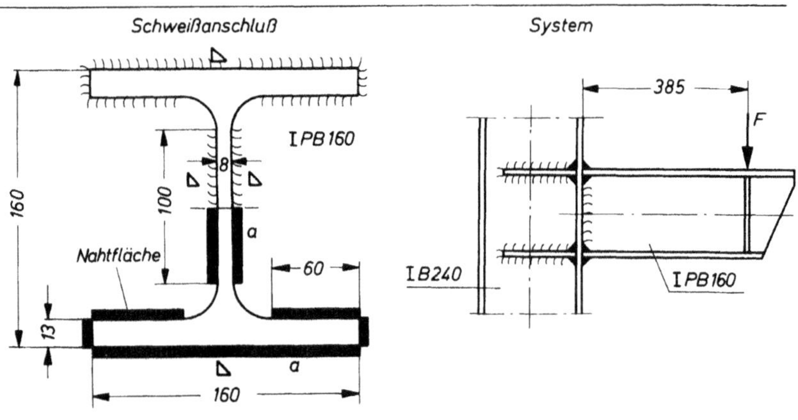

Ein I PB 160 DIN 1025 – U St 37-2 soll mit Kehlnähten biegesteif an einen Rahmenstiel angeschlossen werden. Die Kraglast $F = 76$ kN (Lastfall H) hat einen Hebelarm von 385 mm.

a) Warum sind die Nähte nicht durch die Rundungen geführt?

b) Nach der Wahl der Nahtdicken a ist der Anschluß an Hand des skizzierten Nahtbildes nachzuprüfen.

6.21

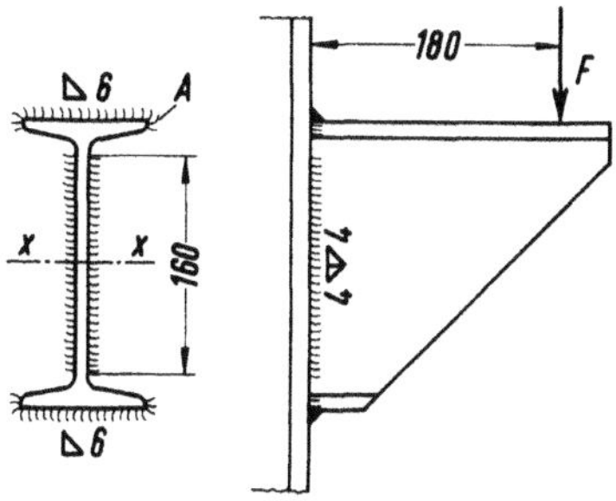

Ein aus einem I 200 DIN 1025 hergestelltes Konsol aus St 37 trägt im Lastfall H (Stahlbau) die Kraglast $F = 52$ kN.

Der Schweißanschluß ist zu prüfen.

6.22

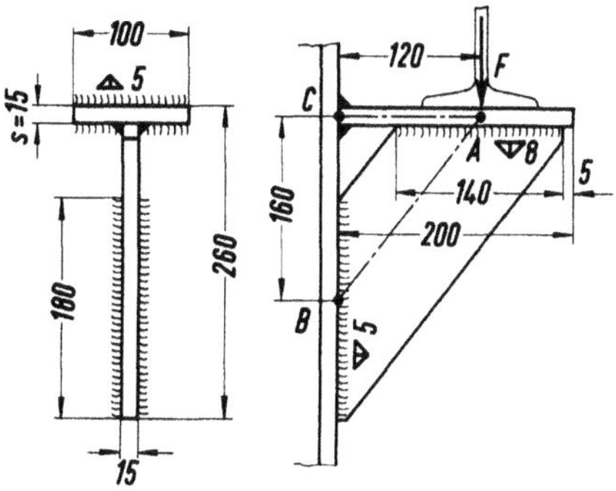

Die entwurfsmäßig festgelegten Schweißnähte des Träger-Konsols sind nachzuprüfen. Die Kehlnähte bei A sind mit $a_1 = 8$ mm, bei B und C mit $a_2 = 5$ mm Dicke ausgeführt. Die aufzunehmende Last beträgt $F = 100$ kN im Lastfall H (Stahlbau). Die Bauteile sind aus St 37.

6.23

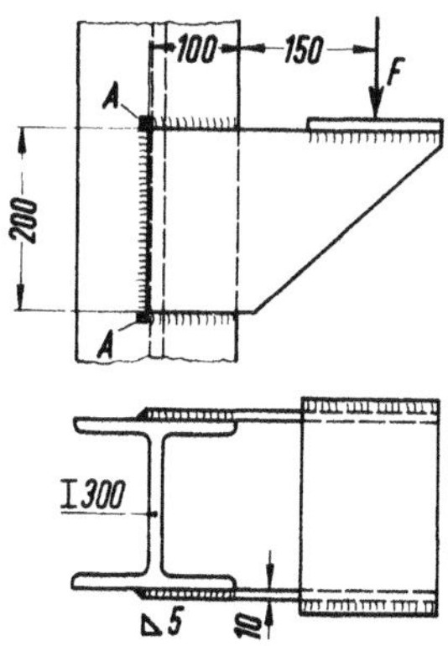

Ein mit $F = 72$ kN im Lastfall H (Stahlbau) belastetes Konsol aus St 37-2 wird durch U-förmiges Umschweißen der Kragplatten mit einer Stütze I 300 verbunden. Die 5 mm dicken Anschlußnähte sind überschlägig nachzuprüfen.

6.24 Die Kragplatten in Aufgabe 6.23 werden ganz umschweißt. Welche Beanspruchung erfahren die 5 mm dicken Kehlnähte?

6.25 Die Wanddicke der stumpfgeschweißten Trommel eines Dampferzeugers aus 19 Mn 5 ist zu bestimmen. Der Außendurchmesser ist D_a = 1600 mm; die Dampftemperatur beträgt t = 320 °C, die nach den AD-Merkblättern bei der außerhalb des Feuerraumes liegenden Trommel für die Berechnung um 20 °C zu erhöhen ist. Der Genehmigungsdruck sei $p_ü$ = 118 bar. Für den verwendeten Werkstoff liegt ein Abnahmezeugnis vor.

6.26 Ein geschweißter Druckluftbehälter aus 15 Mo 3 mit D_i = 1200 mm Innendurchmesser ist mit einer Wanddicke von 20 mm ausgeführt. Der Behälter ist für einen höchstzulässigen Betriebsdruck $p_ü$ = 32 bar nachzuprüfen. Für den verwendeten Werkstoff liegt ein Abnahmezeugnis nicht vor. Das Beschickungsmittel tritt mit einer Temperatur von 150 °C in den Behälter ein.

6.27

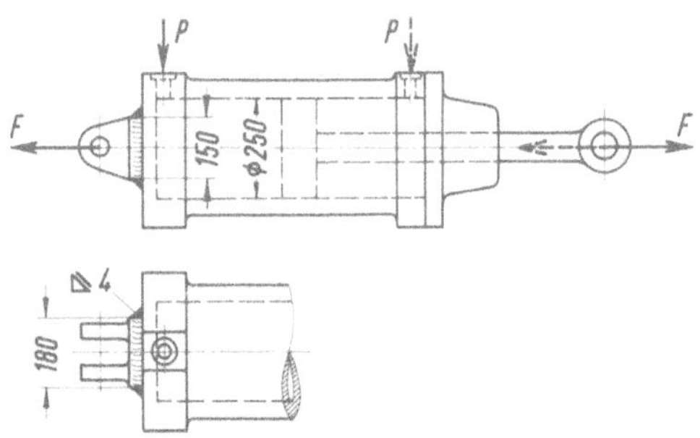

An einem Druckluftzylinder aus St 50 ist die Schwenkgabel durch 4 mm dicke Flachkehlnähte der Güteklasse II angeschlossen.

Die durch einen mit 100 % Häufigkeit auftretenden Betriebsdruck $p_ü$ = 6 bar wechselnd beanspruchte Verbindung ist zu prüfen.

6.28 Zur Herstellung einer Gelenkwelle werden die Gelenke aus GS-52 mit dem Verbindungsrohr 50 × 3 aus St 52 durch V-Nähte (Güteklasse II) verschweißt.

Die Welle hat bei wechselnder Drehrichtung eine Leistung P = 30 kW zu übertragen. Die Drehzahl ist n = 1000/min. Es ist mit stoßfreiem Betrieb und einer Häufigkeit der Höchstlast von 50 % zu rechnen. Die Dauerhaltbarkeit der Nähte ist zu prüfen!

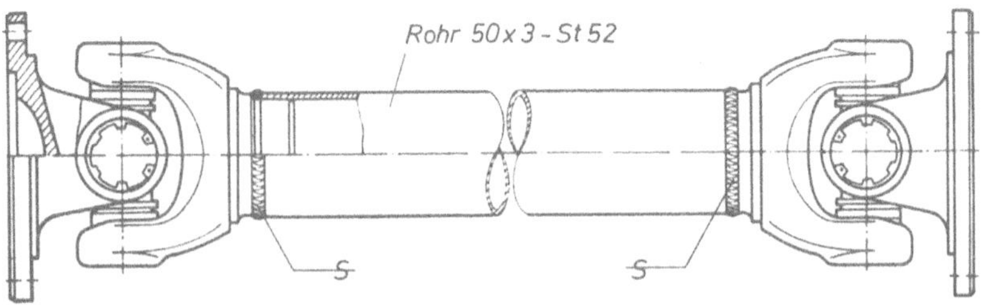

6.29

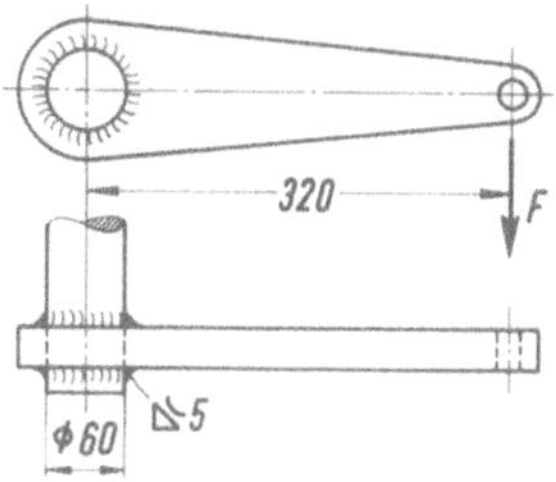

Die Schweißverbindung des Hebels mit der Welle von 60 mm Durchmesser ist nachzuprüfen. Werkstoff der Bauteile ist St 50; vorgesehen sind Hohlkehlnähte mit $a = 5$ mm Dicke. Die Höchstkraft $F = 7{,}2$ kN tritt mit 50 % Häufigkeit schwellend auf.

6.30

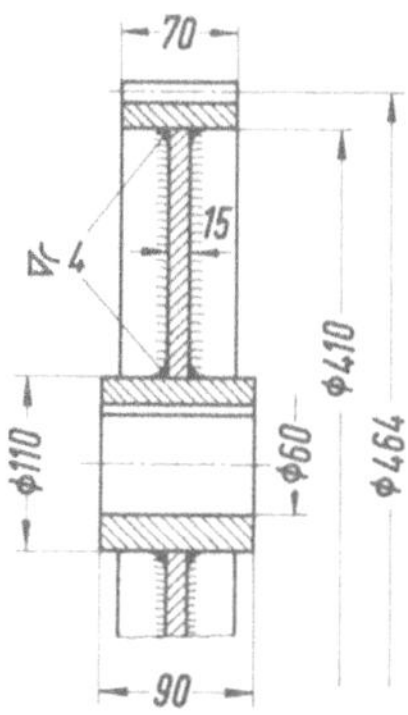

Die Ringnähte an Nabe und Kranz des Stirnrades sind nachzuprüfen. Das Rad hat eine Leistung von maximal 10 kW bei $n = 80$/min zu übertragen. Der Zahnkranz ist aus St 60-2, Nabe und Scheibe aus St 37-2. Es sind Hohlkehlnähte $a = 4$ mm der Güteklasse II vorgesehen. Die Häufigkeit der Höchstlast beträgt 100 % bei gleichbleibender Umlaufrichtung.

6.31

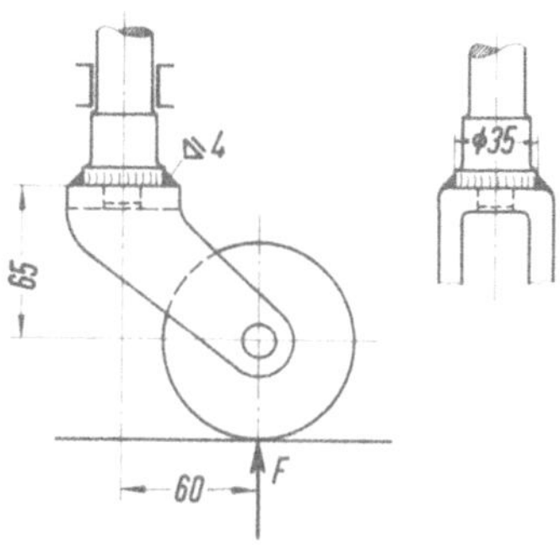

Die Flachkehlnaht der Güteklasse III einer Laufrollengabel aus St 50 ist für 25 % Häufigkeit der größten Radkraft $F = 2{,}5$ kN nachzuprüfen.

6.32

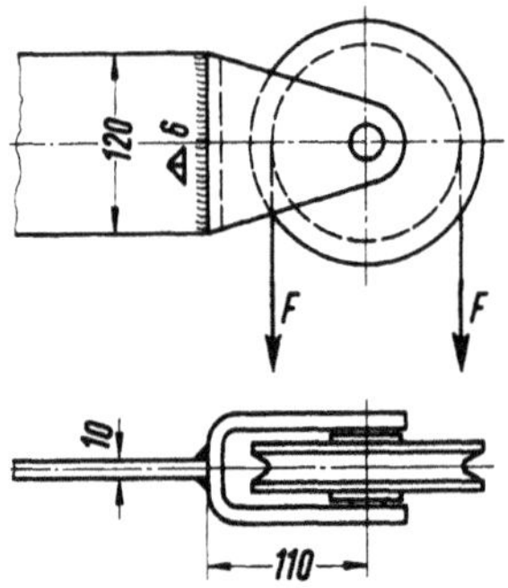

Die Doppelkehlnaht der Güteklasse II einer Seilrollengabel aus St 37 ist für 25 % Häufigkeit der größten Seilzugkraft $F = 6{,}3$ kN nachzuprüfen.

6.33

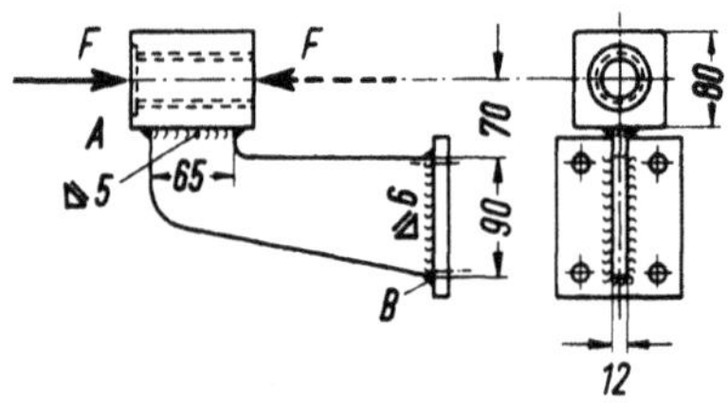

Die Flachkehlnähte A und B (Güteklasse II) eines Führungskonsols aus St 37-2 sind für 100 % Häufigkeit der wechselnd auftretender Kraft $F = 9{,}5$ kN nachzuprüfen.

6.34

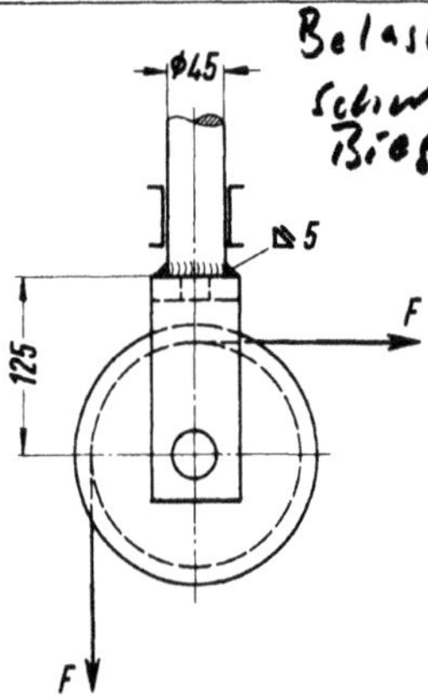

Belastung schwellend Biegung

Die Flachkehlnaht, Güteklasse II, der Gabel einer Umlenkrolle aus St 37-2 ist für 25 % Häufigkeit der größten Seilkraft $F = 5$ kN nachzuprüfen.

$D = d + 2 \cdot$ Schweißnahtdicke

$= d + 2 \cdot a$

$\sigma_{wz} = \frac{F}{A} = \frac{5000\,N}{785} = 6{,}36\,\frac{N}{mm}$

$A = ⌀ = \frac{\pi}{4} \cdot (D^2 - d^2)$

6.35

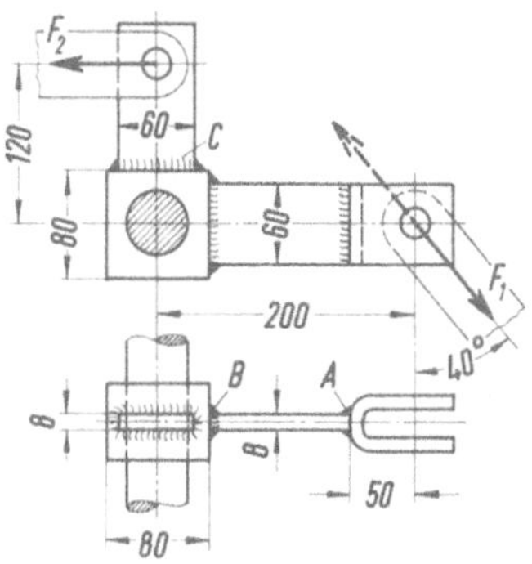

Der geschweißte Winkelhebel aus St 37-2 hat eine ständig wechselnde Stangenkraft F_1 = 2,5 kN bei 100 % Häufigkeit aufzunehmen. Die Flachkehlnaht an der Gabel bei A wird a = 4 mm, an der Nabe bei B und C a = 5 mm ausgeführt.

Für die geprüften Nähte ist die Spannungskontrolle durchzuführen.

6.36

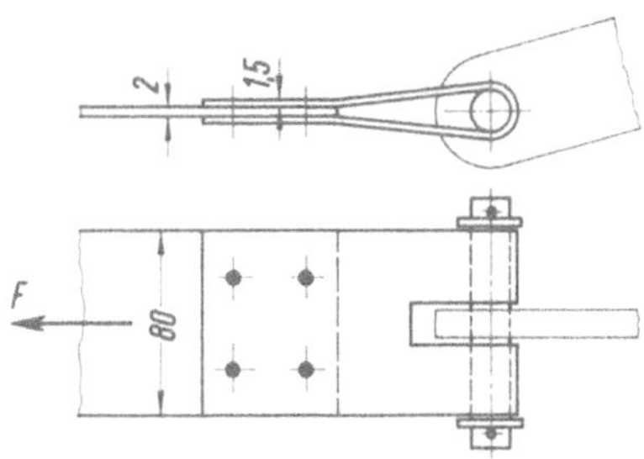

Für einen festen Bremsbandanschluß (siehe auch Aufgabe 7.20 unter Nietverbindungen) ist die 1,5 mm dicke Schlaufe mit dem 2 mm dicken und 80 mm breiten Bremsband durch 4 Schweißpunkte mit d = 5 mm Durchmesser verbunden. Das Band und die Schlaufe sind aus St 37-2. Die stoßartig auftretende Höchstkraft beträgt F = 6 kN. Der Anschluß ist nachzuprüfen; im Interesse einer hohen Betriebssicherheit sind dabei die im Lastfall H zulässigen Spannungen auf die Hälfte herabzusetzen.

6.37

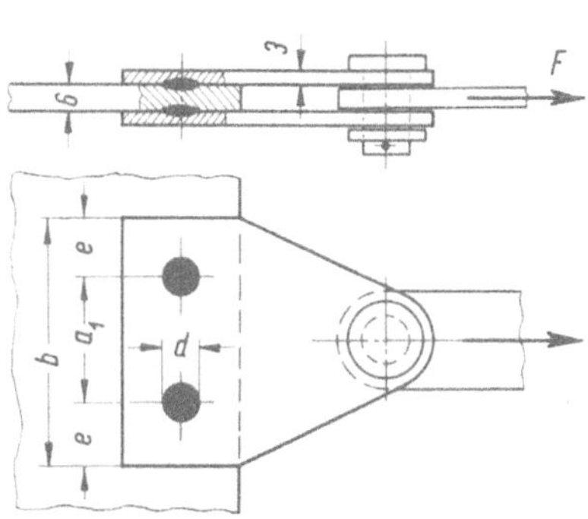

Die Punktschweißverbindung des Gabelkopfes aus St 33 soll für eine größte Betriebslast F = 18 kN (Lastfall H) bemessen werden.

6.38

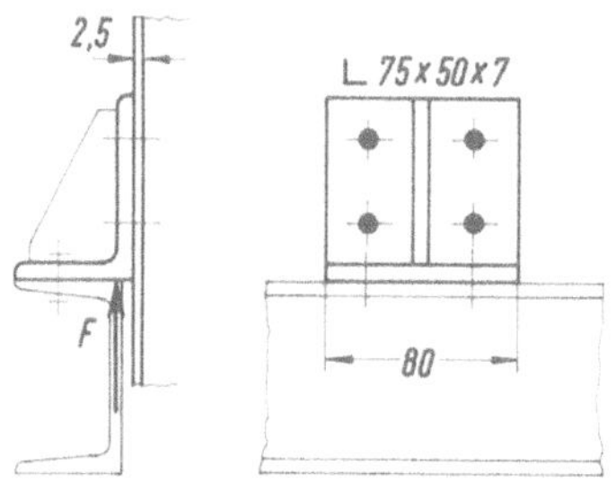

Zur Aufhängung eines Behälters sind an dessen 2,5 mm dicken Blechwänden Stützen aus L 75 X 50 X 7 punktgeschweißt. Vorgesehen sind je 4 Schweißpunkte. Behälter und Stützwinkel sind aus St 37. Die von einem Winkel aufzunehmende Höchstlast beträgt $F = 8$ kN im Lastfall H.

Es ist ein günstiger Schweißpunktdurchmesser zu wählen und festigkeitsmäßig nachzuprüfen.

6.39

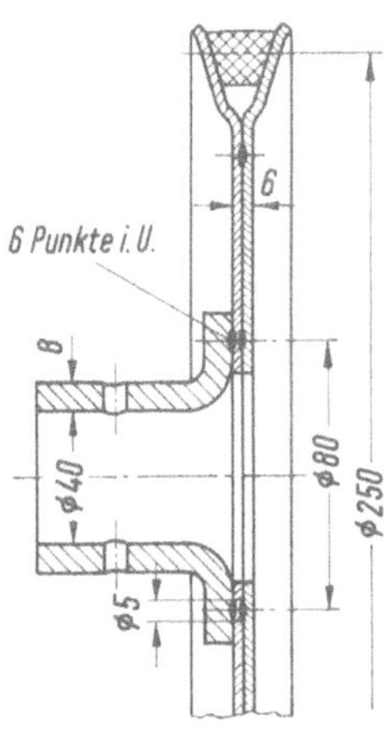

Zur Herstellung einer Keilriemenscheibe aus St 37 werden zwei 3 mm dicke Blechscheiben mit der Nabe durch 6 Schweißpunkte $d = 5$ mm verbunden. Die Riemenscheibe hat ein größtes Drehmoment von 50 Nm zu übertragen. Die Nabennaht ist nachzuprüfen. Um etwaiger Wechselbelastung Rechnung zu tragen, sollen die für den Lastfall H geltenden zul. Spannungen auf die Hälfte reduziert werden (siehe auch Aufgabe 7.21 unter Nietverbindungen).

6.40

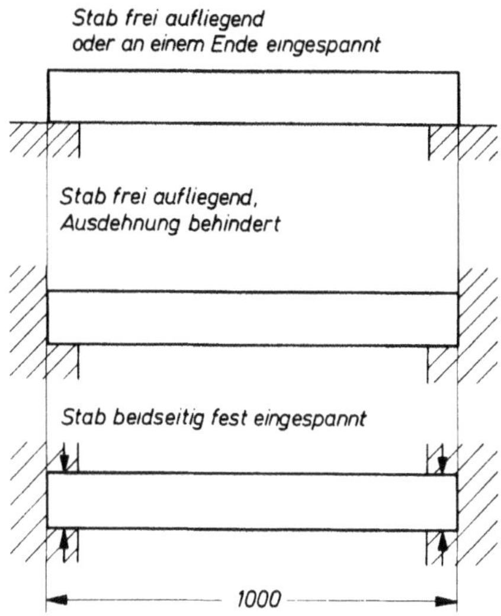

Nach nebenstehenden Bedingungen gelagerte Stäbe aus St 37 werden auf ihrer ganzen Länge von 20 °C auf 400 °C erwärmt und wieder auf 20 °C abgekühlt.

a) Wie groß ist die Längenausdehnung des frei aufliegenden Stabes bei der Erwärmung von 20 °C auf 400 °C? (Längen-Ausdehnungskoeffizient $\alpha = 13 \cdot 10^{-6}\,K^{-1}$)

b) Welche Zugspannung würde im Stab die gleiche Längenzunahme wie unter a) hervorrufen?

c) Die Auswirkung der Erwärmung (nur in Längsrichtung des Stabes) ist für alle Lagerungsbedingungen rein qualitativ zu untersuchen und das Ergebnis mittels Skizzen in tabellarischer Form darzulegen.

d) Welche Maßnahmen zur Vermeidung des Verzugs und der Eigenspannungen von geschweißten Werkstücken lassen sich aus obigem Modellversuch ableiten?

6.41

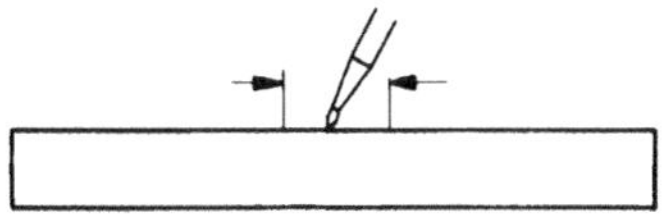

Die Auswirkung eines einseitig in kurzer Länge auf einen Stahlstab aufgebrachten Wärmebandes soll an Hand von Skizzen dargestellt werden.

6.42

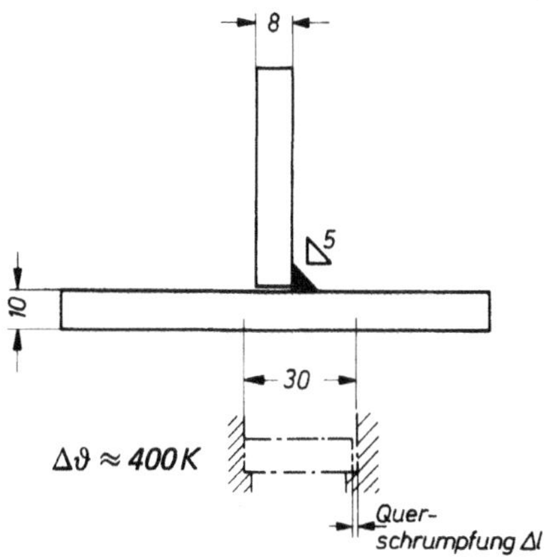

Für einen T-Stoß soll die durch das Schweißen der Kehlnaht entstehende Querschrumpfung Δl des Flanschbleches ermittelt werden.

Das erwärmte Blechstück im Nahtbereich kann dabei als ausdehnungsbehinderter 30 mm langer Stab aufgefaßt werden, welcher im Mittel um 400 K erwärmt wird ($\alpha = 13 \cdot 10^{-6}\,K^{-1}$).

6.43

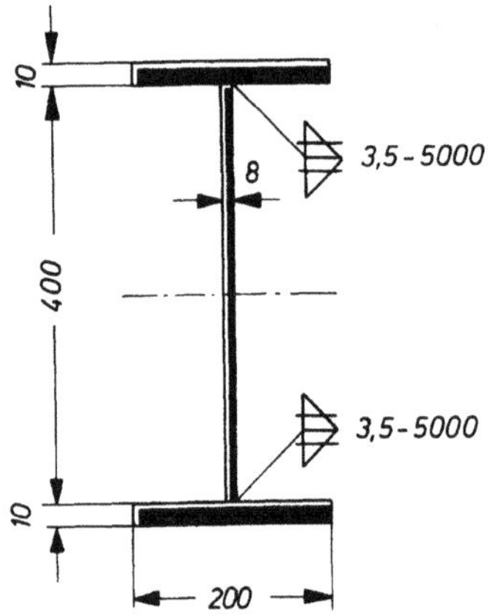

An dem geschweißten Blechträger aus St 37-2 verursacht erfahrungsgemäß jeder aufgetragene mm^2 Nahtquerschnitt eine Längsschrumpfkraft von 6 kN[1]).

Zu bestimmen sind:

a) die im Träger auftretende Längsschrumpfkraft,
b) die Längsschrumpfung (Verkürzung) des 5 m langen Trägers,
c) Maßnahmen zur Verringerung der Längsschrumpfung.

1) nach *Malisius* (DVS, Band 10)

6.44

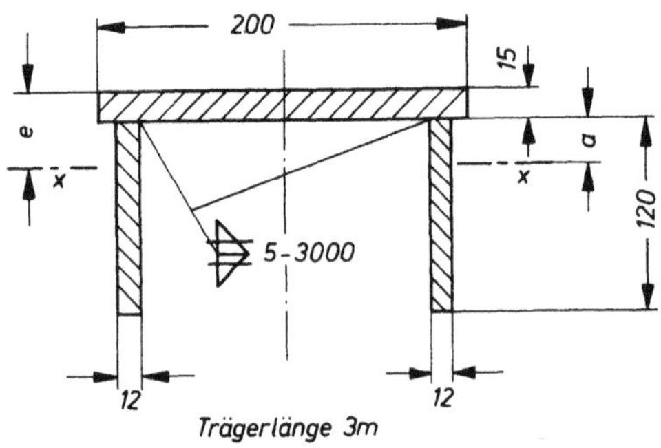

Für den geschweißten Blechträger sind anzugeben:

a) alle Auswirkungen des Schweißvorganges in zeitlicher Folge,
b) die im Nahtbereich auftretende Längsschrumpfkraft, wenn jeder mm^2 Schweißnahtquerschnitt 6 kN Schrumpfkraft verursacht,
c) die Krümmung (Durchbiegung).

7. Nietverbindungen

Vorbemerkungen

Die Nietverbindungen haben noch im Stahl- und Leichtmetallbau Bedeutung. Dichte Vernietungen (Behälterbau, Rohre) sowie feste und dichte Vernietungen (Druckbehälter) sind weitgehend durch Schweißverbindungen abgelöst worden. Auch in der Feinwerktechnik wurden sie durch andere Verbindungsarten, wie Kleben und Punktschweißen, zurückgedrängt.

Im folgenden ist eine Anzahl Aufgaben gegeben, in denen nicht nur die Berechnung, sondern auch die Gestaltung der Verbindungen geübt werden soll. Um die spezifischen Unterschiede der Fügeverfahren zu zeigen, wird bei mehreren Aufgaben auch eine schweißtechnische Lösung verlangt. Einige Aufgaben zeigen, daß feste Nietverbindungen dank ihrer Zuverlässigkeit und einfachen Herstellung auch im Maschinen- und Kraftfahrzeugbau noch Anwendung finden.

Die Aufgabe 7.13 ordnet die Nietberechnung in den Konstruktionsablauf ein. Sie zeigt exemplarisch den „Werdegang" eines Fachwerkbinders vom Projektstadium bis hin zu Werkstattzeichnung.

Abweichend von Tabelle A3.3b gelten im Kranbau (DIN 15018) beim Allgemeinen Spannungsnachweis der einschnittigen Nietverbindungen folgende zulässige Spannungen in N/mm^2:

Zeile	Spannungsart		Niete (DIN 124 und DIN 302) USt 36-1		RSt 44-2	
			H	HZ	H	HZ
1	Abscheren	einschnittig	84	96	126	144
2	Lochleibungsdruck	einschnittig	210	240	315	360

7.1

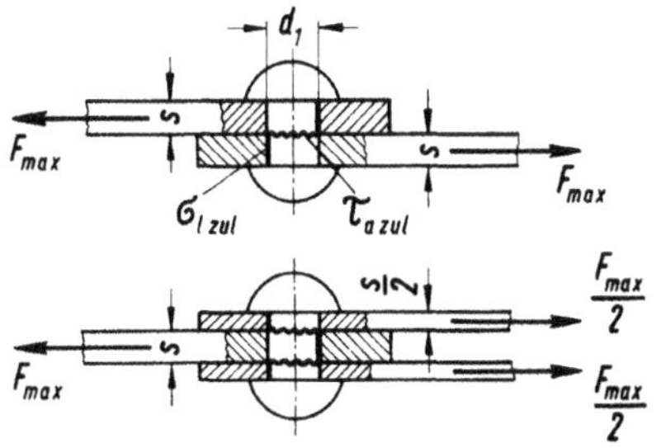

Niete werden auf Abscheren und Lochleibungsdruck berechnet. Eine wirtschaftliche Verbindung ergibt sich dann, wenn man Scherspannung und Lochleibungsdruck bis zur zulässigen Grenze ausnützt. Ein Niet mit dem Durchmesser d_1 kann aber die seinem Querschnitt entsprechende Höchstkraft F_{max} nur übertragen, wenn die Bauteile eine bestimmte Mindestdicke s aufweisen.

a) Für ein- und zweischnittige Verbindungen des Stahl-, Kran- und Leichtmetallbaues sind die Grenzwerte s/d_1 zu ermitteln.

b) Nach welchen Gesichtspunkten werden Nietdurchmesser in der Praxis bestimmt?

c) Die unter a) und b) gewonnenen Erkenntnisse sollen für ein- und zweischnittige Verbindungen des Stahlbaues in einem Schaubild dargestellt werden.

(Waagerechte Achse: Blechdicke $s = 4 \dots 20$ mm, senkrechte Achse: zugehörige Nietlochdurchmesser d_1.)

d) Welche Hilfen bietet das Schaubild bei der Bemessung von Nietverbindungen?

7.2

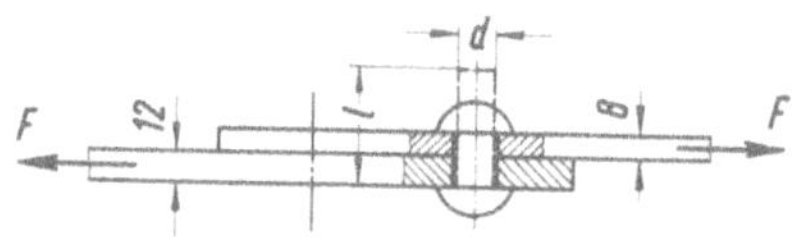

Für die Nietverbindung der beiden Platten aus St 37 sind zu bestimmen bzw. anzugeben:

a) der zweckmäßige Nietdurchmesser d und die Rohnietlänge l bei einem Halbrundkopf als Schließkopf, wobei eine genormte Länge festzulegen ist;

b) die vollständige, normgerechte Bezeichnung des Nietes bei Bestellung;

c) die übertragbare zulässige Kraft F eines Nietes für Lastfall H im Stahlhochbau.

7.3

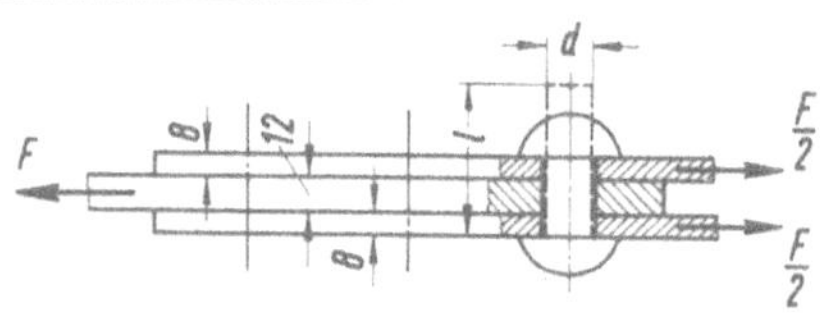

Für die Nietverbindung sind bei einem Bauteilwerkstoff St 37 zu bestimmen bzw. anzugeben:

a) der günstige Nietdurchmesser d und die Rohnietlänge l bei einem Halbrundkopf als Schließkopf, wobei eine genormte Nietlänge festzulegen ist;

b) die vollständige normgerechte Bezeichnung des Nietes bei Bestellung;

c) die übertragbare zulässige Kraft F der Verbindung für den Lastfall H (HZ) im Kranbau bei $n = 3$ Niete.

7.4

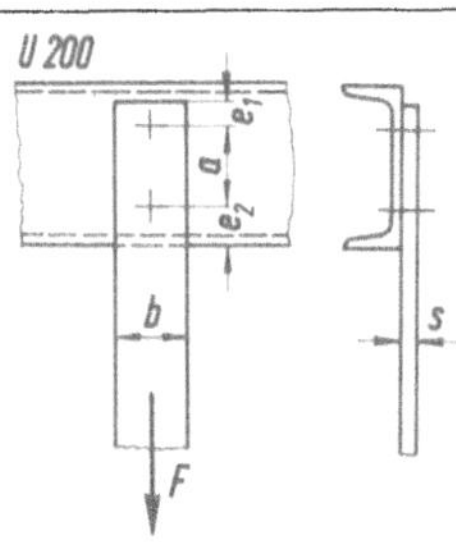

Zur Aufhängung eines Behälters sollen an Träger U200 Flachstähle genietet werden. Diese haben im Lastfall H (Stahlbau) jeweils eine Zugkraft von 68 kN zu übertragen. Die Bauteile sind aus St 37.

Die Nietverbindung ist zu bemessen und dann im Maßstab 1:2,5 zu entwerfen.

Hinweis: Die Anzahl der eingezeichneten Niete braucht nicht mit der berechneten übereinzustimmen.

7.5 Ein Flachstahl 120 × 8 soll mit einem 10 mm dicken Knotenblech vernietet werden. Es ist eine Zugkraft $F = 126$ kN im Lastfall H (Stahlbau) zu übertragen. Die Bauteile sind aus St 37.

Nach dem Bemessen der Niete ist der Zugstab für beide Nietanordnungen zu prüfen, die gewählte Anordnung ist danach im Maßstab 1:2,5 zu entwerfen.

Hinweis: Die Anzahl der eingezeichneten Niete braucht nicht mit der berechneten übereinzustimmen.

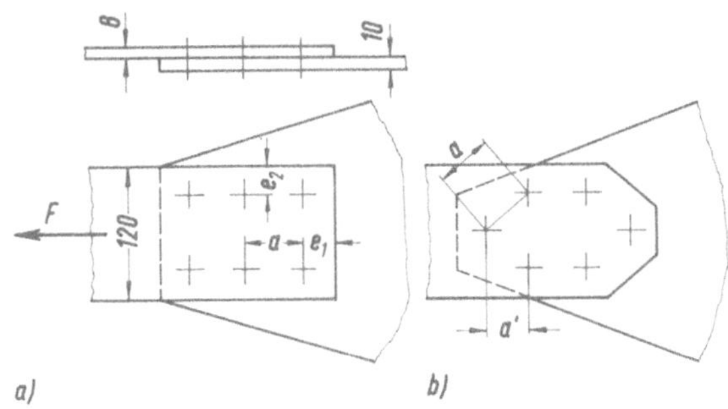

7.6 Der Diagonalstab eines Fachwerkes hat eine Zugkraft $F = 85$ kN im Lastfall H (Stahlbau) zu übertragen. Um Gewicht zu sparen ist der Bauteilwerkstoff St 52 vorgeschrieben.

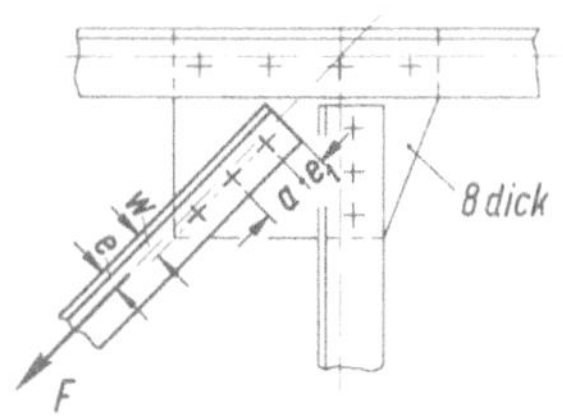

Unter Berücksichtigung der Lagerliste sind alle für die Ausführung des Anschlusses erforderlichen Werte zu ermitteln.

Lagerhaltige Profile: L 55 × 6, L 70 × 6, L 80 × 7, L 50 × 40 × 5,
L 60 × 40 × 5, L 80 × 40 × 6, L 100 × 65 × 7

Hinweis: Die Anzahl der eingezeichneten Niete braucht nicht mit der berechneten übereinzustimmen.

7.7 Der Vertikalstab eines Fachwerkes hat eine Druckkraft $F = 125$ kN im Lastfall HZ (Stahlbau) zu übertragen. Die Systemlänge beträgt $l_0 = 1850$ mm. Die Bauteile sind aus St 37.

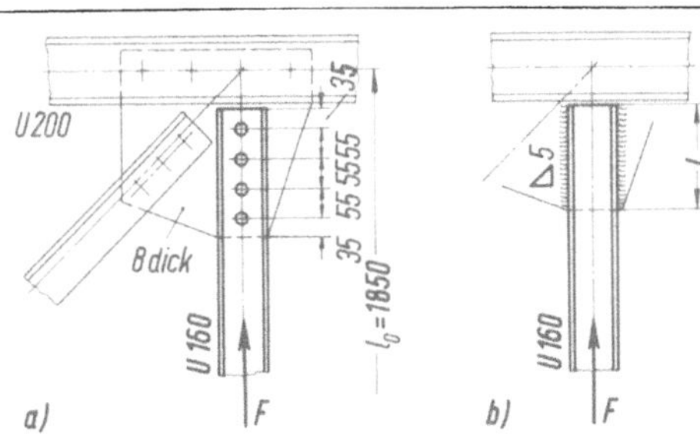

Zum Anschluß an das 8 mm dicke Knotenblech sind vorgewählt:

4 Halbrundniete d = 16 mm oder wahlweise 2 Flankenkehlnähte a = 5 mm.

Nachzuprüfen bzw. zu bestimmen sind:

a) der als U 160 vorgewählte Druckstab,
b) der Nietstoß,
c) die Länge l der Flankenkehlnähte,
d) welches Fügeverfahren den kürzeren Anschluß ermöglicht.

7.8 Es soll versucht werden, durch geschickte Profilwahl das Gewicht des Druckstabes in Aufgabe 7.7 zu verringern. Unter Berücksichtigung der unten wiedergegebenen Lagerliste sind für die Daten in Aufgabe 7.7 Querschnitte für folgende Stabausführungen zu bestimmen:

a) einteiliger Stab aus einem gleichschenkligen Winkel,
b) einteiliger Stab aus einem ungleichschenkligen Winkel,
c) zweiteiliger Stab ⅃L aus ungleichschenkligen Winkeln.

Lagerhaltige Profile: L 90 X 8, L 100 X 10, L 120 X 11, L 65 X 50 X 5,
L 80 X 65 X 6, L 100 X 65 X 7, L 120 X 80 X 10,
L 130 X 90 X 10, L 150 X 90 X 10

Es ist ein Gewichtsvergleich durchzuführen.

7.9

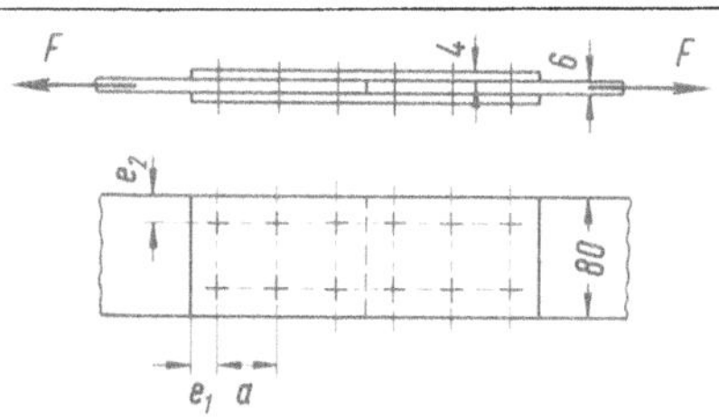

In einer Leichtmetall-Konstruktion sollen 2 Bänder 80 X 6 aus AlCuMg1 durch Laschennietung verbunden werden. Die zu übertragende Zugkraft beträgt F = 52 kN im Lastfall H.

Die Nietverbindung ist zu bemessen und im Maßstab 1:2,5 zu entwerfen.

Hinweis: Die Anzahl der eingezeichneten Niete braucht nicht mit der berechneten übereinzustimmen.

7.10

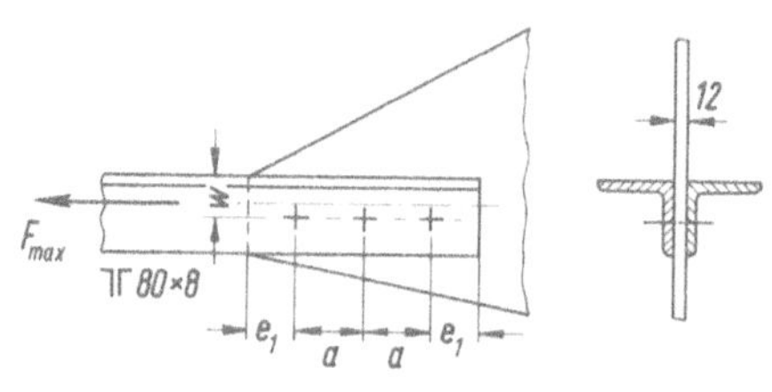

Für den Zugstab eines Kranfachwerkes aus St 37 wurde ein Doppelstab ⅃L 80 X 8, DIN 1028, vorgewählt, der an ein Knotenblech 12 mm dick anzuschließen ist.

Zu ermitteln bzw. anzugeben sind:

a) der größte in Frage kommende Nietdurchmesser d bzw. Lochdurchmesser d_1,
b) die größte zulässige Stabkraft F_{max} für den Lastfall H,

c) die für F_{max} erforderliche Nietzahl n,
d) die Nietlänge l für beidseitigen Halbrundkopf und die normgerechte Bezeichnung der Niete bei Bestellung.
e) Die Nietverbindung ist zu entwerfen; die Maße a, e_1 und w sind festzustellen; die Sinnbilder für die auf Baustelle zu schlagenden Niete sind einzutragen.

Hinweis: Die eingezeichnete Nietzahl braucht nicht mit der berechneten übereinzustimmen.

7.11 Für den Knotenpunkt eines Kranfachwerkes wurden folgende Stabkräfte für den Lastfall HZ ermittelt: $F_1 = 85$ kN, $F_2 = 88{,}8$ kN, $F_3 = 52$ kN und $F_4 = 14{,}5$ kN. Die Bemessung der Bauteile ergab folgende Profile: ⅃L 75 X 50 X 7 für Stab $S_1 - S_4$, ⅃L 45 X 5 für Stab S_2, ⅃L 50 X 40 X 5 für Stab S_3. Die Knotenblechdicke ist mit 10 mm festgelegt. Die Bauteile sind aus St 37.

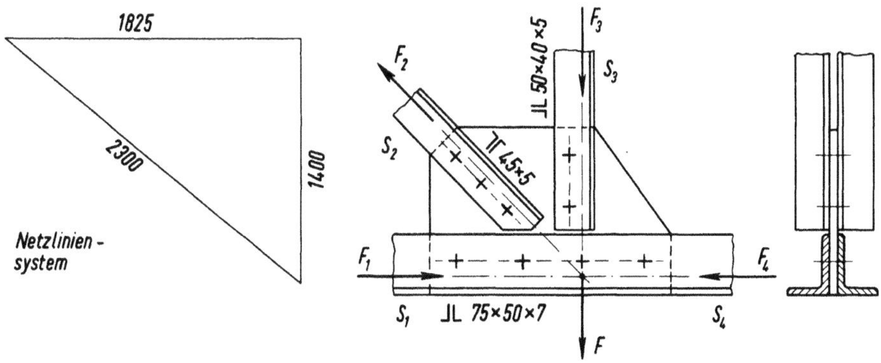

Die Nietanschlüsse sind zu berechnen und der Knotenpunkt im Maßstab 1:2,5 zu entwerfen.

Hinweis: Die eingezeichnete Nietzahl braucht nicht mit der berechneten übereinzustimmen.

7.12 Ein Zugstab (ähnlich Aufgabe 7.10), der mit $F = 335$ kN im Lastfall H (Stahlbau) belastet ist und aus zwei gleichschenkligen Winkeln ⅃L 90 X 8 besteht, soll mit Beiwinkeln an das 10 mm dicke Knotenblech angeschlossen werden. Der Nietdurchmesser ist mit 20 mm festgelegt. Die Bauteile sind aus St 37. Der Nietstoß ist zu berechnen und im Maßstab 1:2,5 zu entwerfen.

7.13 Der genietete Fachwerkbinder einer Shed-Halle soll nach den anerkannten Regeln und behördlichen Vorschriften des Stahlbaues berechnet und baulich durchgebildet werden.

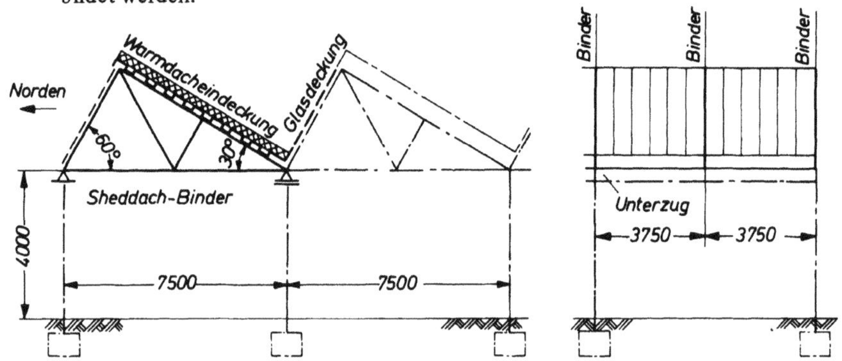

Bauteilwerkstoff:	St 37
Verbindungsmittel:	Halbrundniete nach DIN 124 aus TUSt 34
Lastannahmen:	
Ständige Lasten:	Warmdacheindeckung (Trapezblech mit Scheibenwirkung, Dämmung und Dachhaut) pro m² geneigte Dachfläche ≈ 500 N
	Glasdach, einschl. Stahlsprossen und Stützprofile (DIN 1055 Bl. 1) pro m² geneigte Dachfläche ≈ 400 N
	Bindereigenlast (Erfahrungswert) pro m² Dachgrundrißfläche ≈ 100 N
Verkehrslasten:	Windlast (DIN 1055 Bl. 4) Staudruck von 0 bis 8 m Höhe über dem Gelände $q = 500$ N/m² Gestaltbeiwert $c = 1{,}2$ Windlast $w = c \cdot q$ pro m² zur Windrichtung rechtwinkligen Fläche ≈ 600 N (Windrichtung waagerecht!)
	Schneelast (DIN 1055 Bl. 5) Da die Gefahr besteht, daß sich Schneesäcke bilden, soll unabhängig von der Dachneigung mit der doppelten Schneelast gerechnet werden; pro m² Dachgrundrißfläche ≈ 1500 N
Lastfälle:	Für die Berechnung und den Festigkeitsnachweis werden unterschieden:
	Lastfall H Summe der Hauptlasten (ständige Last + Schneelast)
	Lastfall HZ Summe der Haupt- und Zusatzlasten (ständige Last + Schneelast + Windlast)

Dachverband: Stahltrapezbleche werden zu einer schubfesten Scheibe verbunden, welche horizontale Lasten quer zum Binder auf die Hallenkonstruktion ableitet und die Binderobergurte gegen Ausknicken in Dachebene sichert.

7.14

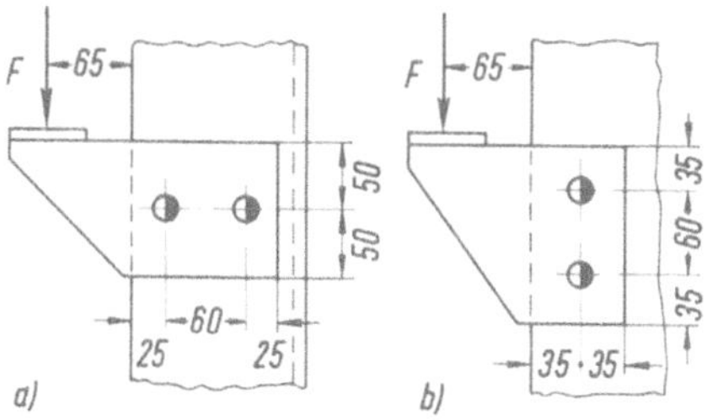

Ein durch eine Kraft F = 12 kN im Lastfall H (Stahlbau) belastetes Konsolblech, 8 mm dick, soll an den breiten Schenkel eines ∟ 130 × 90 × 10 aus St 37 genietet werden. Vorgesehen sind 2 Niete ϕ 16, und zwar einmal in der Anordnung nach Bild a), zum anderen in der Anordnung nach Bild b).

Für die beiden Nietverbindungen ist der Spannungsnachweis zu führen:

a) bei Anordnung nach Bild a),
b) bei Anordnung nach Bild b).
c) Welche Anordnung ist nach dem Ergebnis der Nachprüfungen die günstigere?

7.15

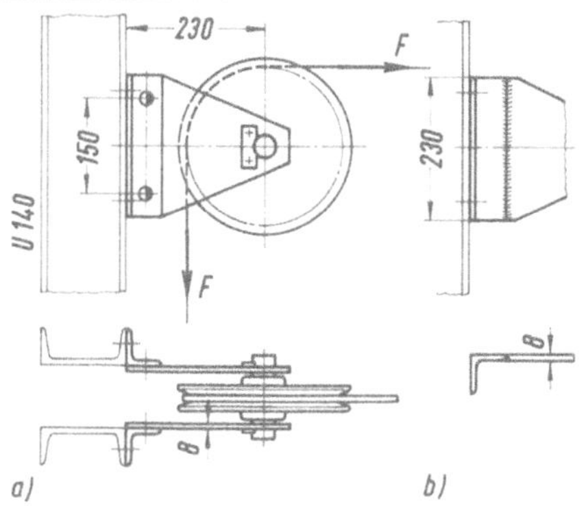

Die Umlenkrolle für das Hubseil eines Kranes hat eine höchste Seilzugkraft F = 15 kN (Lastfall H) zu übertragen. Die 8 mm dicken Lagerbleche sind durch ∟ 60 × 6 mit der Säule aus 2 U 140 verbunden.

Bauteile aus St 37.

Nachzuprüfen sind:

a) die Nietverbindung der Lagerbleche mit dem ∟ 60 × 6, wenn je 2 Niete ϕ 16 vorgesehen sind (Bild a);
b) bei etwaiger Ausführung als Schweißkonstruktion die Stumpfnaht zwischen Lagerblech und Anschlußwinkel (Bild b).

7.16

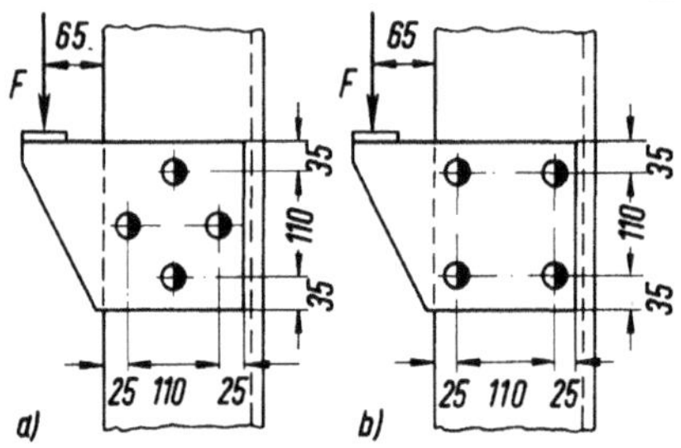

Ein durch eine Kraft $F = 35$ kN im Lastfall H (Stahlbau) belastetes Konsolblech 8 mm dick, soll an den breiten Schenkel eines ∟ 180 × 90 × 12 aus St 37 genietet werden. Gewählt sind 4 Niete ϕ 16, und zwar einmal in Anordnung nach Bild a) zum anderen in Anordnung nach Bild b).

a) Welche Niete sind bei Anordnung a) nach dem zu zeichnenden Kräftebild am stärksten gefährdet? Für diese ist der Spannungsnachweis zu führen.
b) Wie für Anordnung a) ist das gleiche bei Anordnung b) durchzuführen.
c) Welche Anordnung ist auf Grund der Nachprüfungen die günstigere?

7.17 Zur Aufnahme einer Schiene sollen Konsole an Stützen aus 2 U 200 genietet werden. Die von der Konsole aufzunehmende Höchstlast beträgt $F = 72$ kN im Lastfall H (Stahlbau); die Bauteile sind aus St37. Der Anschluß der 10 mm dicken Seitenbleche soll zunächst mit einer einreihigen Nietverbindung mit 4 Niete ϕ 20 nach Bild a) (Ausführung A) versucht werden. Falls die Verbindung nicht ausreicht, ist eine zweireihige Verbindung (Ausführung B), ebenfalls mit Niete ϕ 20, nach Bild b) entworfen.

a) Die Nietverbindung nach Ausführung A ist zu prüfen;
b) falls Ausführung A nicht ausreicht, ist die Verbindung nach Ausführung B zu prüfen.

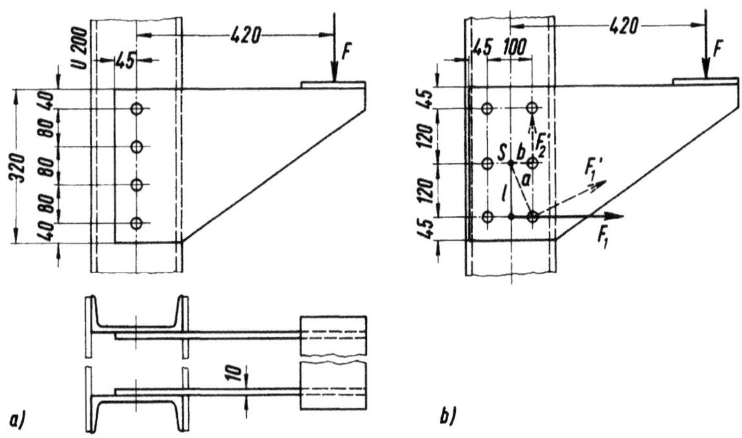

7.18

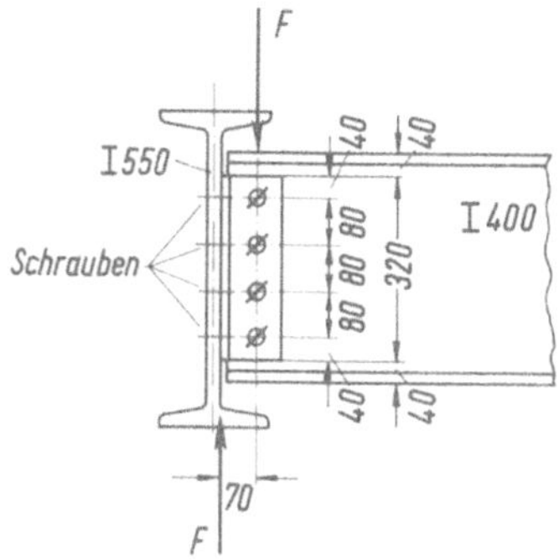

Der Anschluß eines Trägers I400 an einen Träger I550 ist wie nebenstehend ausgeführt. Die beiden durch Halbrundniete von 22 mm Durchmesser mit dem I400 verbundenen L 110 X 12 sind an den I550 geschraubt. Die Auflagerkraft beträgt $F = 250$ kN im Lastfall H (Stahlbau); Bauteile aus St 37. Die Nietverbindung ist nachzuprüfen.

7.19

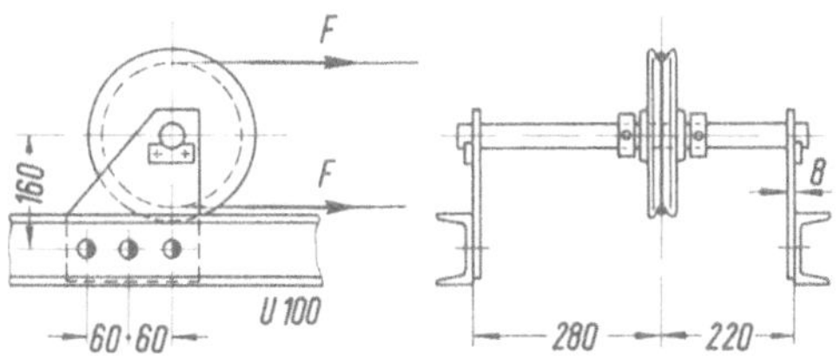

Das mit $F = 6{,}5$ kN im Lastfall H (Kranbau) belastete Fahrseil einer Seillaufkatze wird über eine Umlenkrolle geführt. Die 8 mm dicken Lagerschilde für die Achsen sind mit je 3 Halbrundniete 16 mm an den Träger U 100 genietet. Der Bauteilwerkstoff ist St 37.

Die Nietverbindung ist nachzuprüfen.

7.20

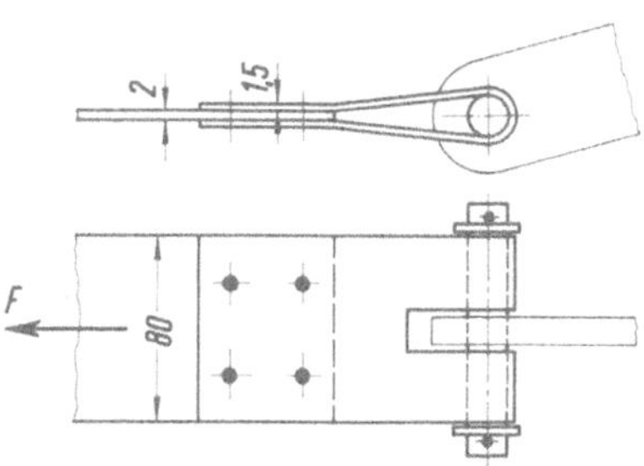

Für einen Bremsbandanschluß (siehe auch Aufgabe 6.36 unter Schweißverbindungen) soll die 1,5 mm dicke Schlaufe mit dem 2 mm dicken und 80 mm breiten Bremsband durch Halbrundniete nach DIN 660 verbunden werden. Die Bänder sind aus St 37. Die stoßartig auftretende Spannkraft beträgt $F \approx 6$ kN. Wegen der Stoßbelastung sollen die Spannungen 50 % der nach DIN 15018, Lastfall H, zugelassenen Werte nicht überschreiten.

Die Verbindung ist zu bemessen und im Maßstab 1:2,5 zu entwerfen.

Hinweis: Die Anzahl der eingezeichneten Niete braucht nicht mit der berechneten übereinzustimmen.

7.21

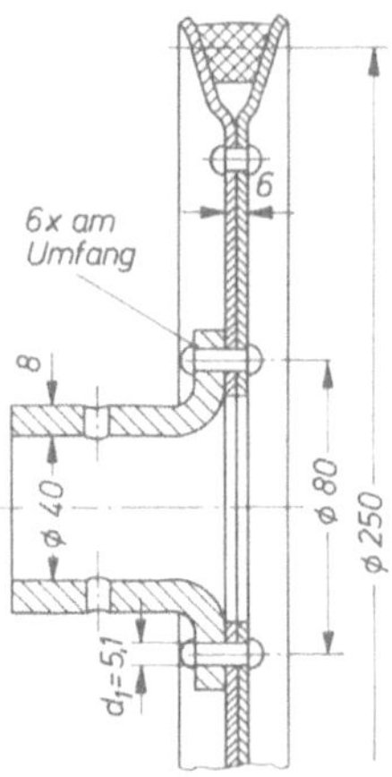

Zur Herstellung einer Keilriemenscheibe aus Aluminium, welche ein wechselndes Drehmoment M_t = 50 Nm zu übertragen hat, wird die Nabe (GK-AlMg3) mit der aus zwei gepreßten Blechen (AlMg3 F18) gefertigten Scheibe durch 6 Halbrundniete 5 X 22 DIN 660 AlMg3 F23 verbunden. (Siehe auch Aufgabe 6.39 unter Schweißverbindungen.)

Die Nietverbindung ist nachzuprüfen.

7.22

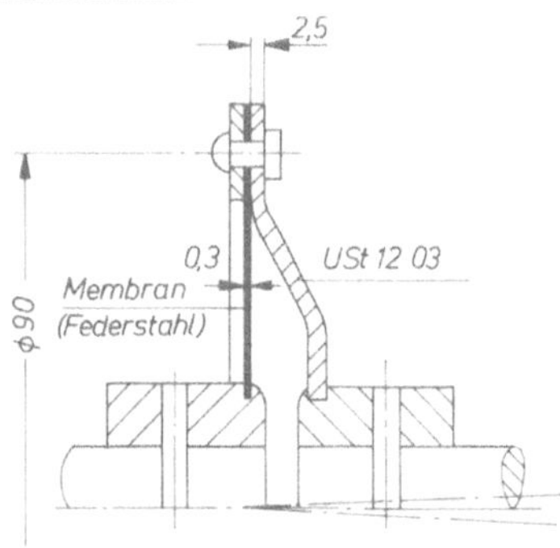

Zwischen zwei Wellen ist ein größtes Drehmoment von 40 Nm zu übertragen. Wegen auftretender winkliger Wellenverlagerungen ist eine biegeelastische Membrankupplung vorgesehen. Bei dieser wird die Membran (Federstahl) mit der starren Scheibe (USt1203) durch Halbrundniete nach DIN 660 am Umfang verbunden.

Da Drehmomentstöße auftreten können, sollen die Spannungen 50 % der nach DIN 15018 (St 37, Lastfall H) zugelassenen Werte nicht überschreiten.

Die Nietverbindung ist auszulegen.

7.23

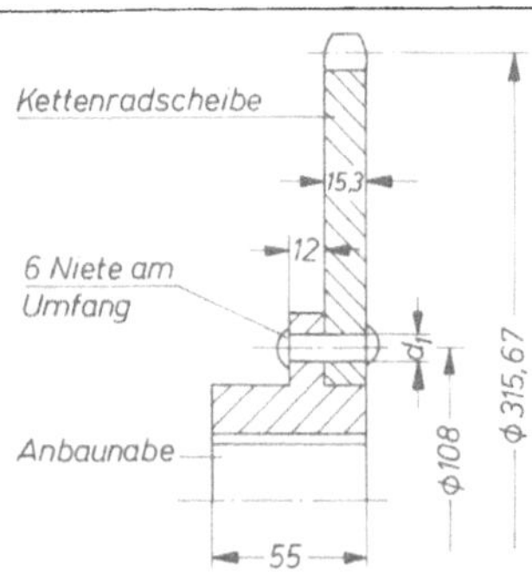

Das große Rad eines Kettentriebes kann wegen abnormer Zähnezahl nur als Kombination Kettenradscheibe – Anbaunabe bezogen werden.

Kette: Einfach-Rollenkette nach DIN 8187, Teilung $P = 1''$

zu übertragende Leistung: P = 0,45 kW bei $n = 8\ \text{min}^{-1}$

Drehrichtung: wechselnd

Bauteilwerkstoff: St 50

a) Welche Vorteile hat die Kombination Kettenradscheibe-Anbaunabe gegenüber einteiligen Kettenrädern?

b) Welchen Durchmesser *d* müssen die 6 am Umfang angeordneten Halbrundniete nach DIN 660 aus MUSt 34 bekommen, wenn in Anlehnung an DIN 15018 (Stahltragwerke für Krane) für diese wechselnd beanspruchte, einschnittige Verbindung $\tau_{a\,zul} = 50\ N/mm^2$ und $\sigma_{l\,zul} = 125\ N/mm^2$ als Anhaltswerte gesetzt werden können?

7.24

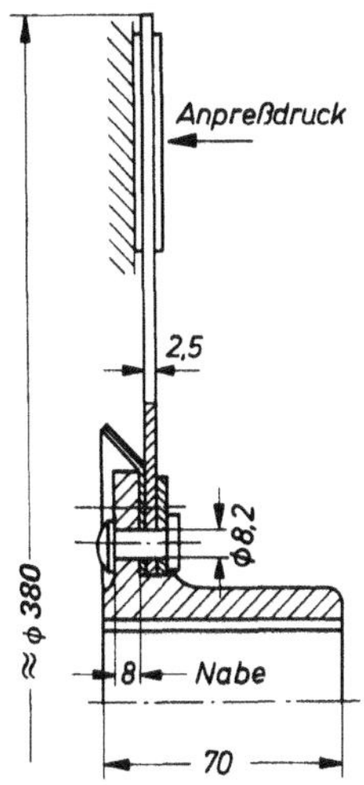

Um das Gewicht möglichst gering zu halten wird für Kraftfahrzeug-Schaltkupplungen weitgehend Stahlblech verwendet.

Für die Kupplungsscheibe eines schweren Nutzfahrzeuges, welche ein Drehmoment von 600 Nm zu übertragen hat, soll die Nietbeanspruchung ermittelt werden.

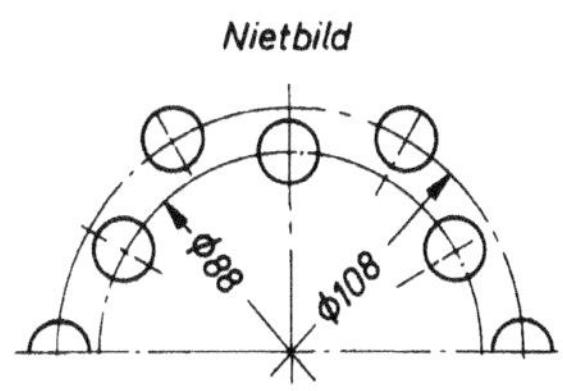

Anmerkung: Die Ermittlung der in Kfz-Kupplungen wirklich auftretenden Nietbeanspruchung ist problematisch. Man kann zwar die Umfangskraft aus dem maximalen Motormoment errechnen, es sind jedoch Momentüberhöhungen durch den Ungleichförmigkeitsgrad des Motors und die Art des Einkuppelns zu berücksichtigen. So kann bei schlagartigem Einkuppeln ein gegenüber dem Motormoment zwei- bis dreifach höheres Moment auftreten. Dieser Umstand wird bei der Auslegung der Nietverbindung durch einen Zuschlag berücksichtigt. Stets müssen jedoch Versuche die Dauerhaltbarkeit der Nietverbindung bestätigen.

7.25

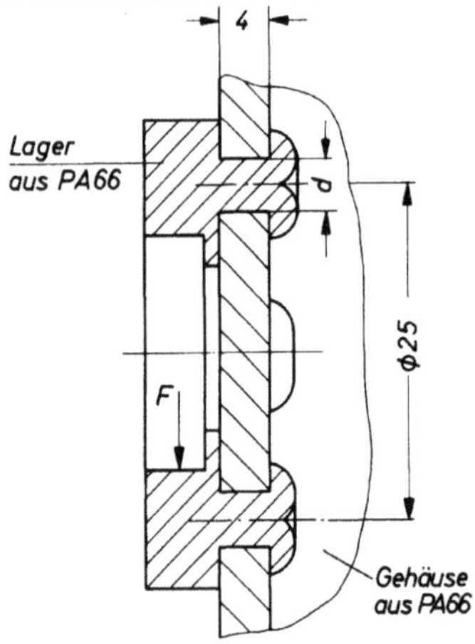

Bei einer Konstruktion aus Polyamid (PA66) werden Gehäuse und Lager durch Spritzgießen getrennt hergestellt. Das Lager mit seinen vier angegossenen Nietschäften soll dann mit dem Gehäuse durch Nieten mit Ultraschall verbunden werden. Versuche und Nachrechnungen ausgeführter Konstruktionen ergaben, daß bei den Spannungswerten $\tau_{a\,zul} = 8\ \text{N/mm}^2$ und $\sigma_{l\,zul} = 20\ \text{N/mm}^2$ keine unzulässig großen Verformungen zu befürchten sind.

Welcher Nietdurchmesser d ist bei einer Lagerlast $F = 280\ \text{N}$ erforderlich?

8. Schraubenverbindungen

Vorbemerkungen

Schraubenverbindungen sind die wohl wichtigsten lösbaren Verbindungen in der Technik. Aus zwei oder mehreren Teilen wird durch eine oder meist mehrere Schrauben ein Verbundteil gebildet. Damit dieses die auftretenden Betriebskräfte sicher übertragen kann, sind die Schrauben (und die Bauteile) entsprechend zu bemessen und notfalls gegen Lösen zu sichern. Bei tragenden Schraubenverbindungen im Bauwesen, Druckbehälter- und Dampfkesselbau sind dabei unbedingt folgende DIN-Normen, Richtlinien oder Vorschriften zu befolgen:

DIN 1050: Stahl im Hochbau
DIN 15018: Stahltragwerke für Krane
DASt-Richtlinie 010: Anwendung hochfester Schrauben im Stahlbau (Deutscher Ausschuß für Stahlbau)
DV 804: Berechnungsgrundlagen für stählerne Eisenbahnbrücken (Deutsche Bundesbahn)
AD-Merkblatt B7: Berechnung von Druckbehältern, Schrauben
TRD 309: Technische Regeln für Dampfkessel, Schrauben (Vereinigung der Technischen Überwachungsvereine e.V. Essen)

Eine Reihe von Aufgaben aus dem Stahl- und Kranbau behandelt Stab- und Konsolanschlüsse durch rohe Schrauben, Paßschrauben und hochfeste Schrauben. Ihre Berechnung erfolgt wie bei Nietverbindungen auf Abscheren und Lochleibungsdruck. Verbindungen mit hochfesten Schrauben können grundsätzlich als Scher/Lochleibungs-Verbindungen (SL-Verb.) oder als gleitfeste Verbindungen (GV-Verb.) mit einem Lochspiel von 1 mm und als Paßverbindungen (SLP- bzw. GVP-Verb.) mit einem Lochspiel $\leqslant$ 0,3 mm ausgeführt werden. Bei gleitfesten Verbindungen müssen die Reibflächen entsprechend vorbereitet (z. B. gestrahlt) und die Schrauben auf die vorgeschriebene Vorspannkraft angezogen werden. Mit hochfesten Paßschrauben ausgeführte gleitfeste Verbindungen (GVP-Verb.) können durch gleichzeitigen Kraft- und Formschluß sehr hohe Kräfte übertragen.

Schraubenverbindungen im Maschinenbau haben meist dynamische Betriebskräfte zu übertragen. Ihre Berechnung erfolgt in Anlehnung an die VDI-Richtlinie 2230: Systematische Berechnung hochbeanspruchter Schraubenverbindungen. Die Schraubengröße wird dabei unter Berücksichtigung folgender Einflußfaktoren bestimmt:

Festigkeitsklasse der Schraube
Art der Krafteinleitung
Setz- und Lockerungsverhalten der Verbindung
Pressung an den Auflageflächen des Schraubenkopfes bzw. der Mutter
Dauerhaltbarkeit bei dynamischer Belastung
Streuung der Vorspannkraft beim Anziehen

Bei den zugehörigen Aufgaben handelt es sich meist um zentrisch belastete und zentrisch verspannte Verbindungen, bei denen die steifen Bauteile direkt aufeinanderliegen. Durch die elastische Verformung der Bauteile verursachte Biegemomente im Schraubenschaft werden nicht berücksichtigt. Durch einfache Zerlegung der Betriebskraft (gleichmäßige Lastverteilung) lassen sich dann auch Vielschraubenverbindungen nach den im Lehrbuch angegebenen Verschraubungsfällen berechnen. Häufig ist die von der Schraube aufzunehmende Längs- bzw. Querkraft auch direkt gegeben. Exzentrisch belastete und verspannte Verbindungen oder solche, bei denen die Bauteile nicht direkt aufeinanderliegen (z. B. Pleuellager-Deckelverschraubungen, Rohrflanschverbindungen), sind sehr schwierig zu berechnen und bleiben deshalb ausgespart.

Bei dynamisch querbeanspruchten Schraubenverbindungen empfiehlt es sich, auch wenn die Klemmkraft als statisch anzusehen ist, den Lockerungsfaktor k_L einzuführen.

8.1

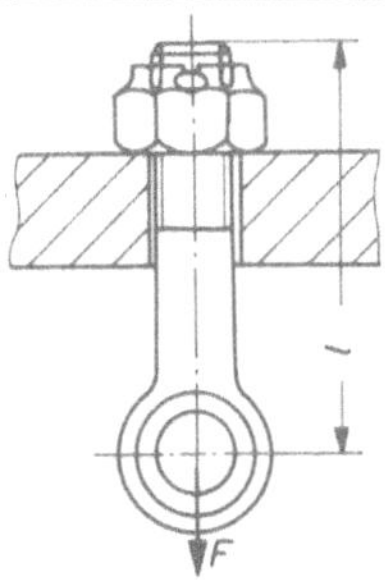

Eine Augenschraube nach DIN 444 soll bei Montagearbeiten eine ruhende Last $F = 27$ kN tragen. Vorrätig sind folgende Schraubengrößen der Festigkeitsklasse 5.6:

M8, M12, M16, M20 und M30.

Welche Schraube ist unter Beachtung wirtschaftlicher Gesichtspunkte zu wählen?

8.2

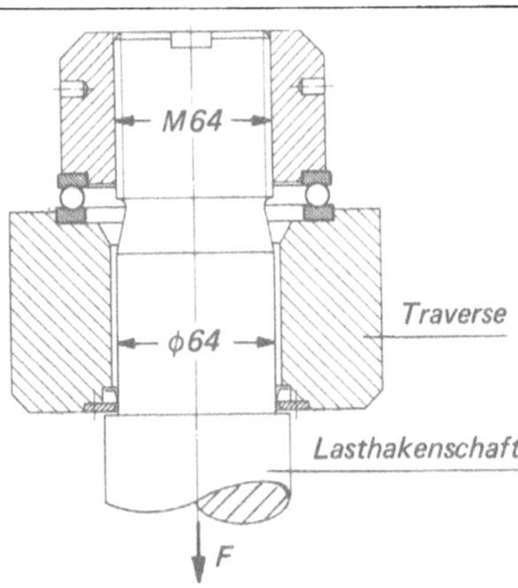

Der Lasthaken aus C22N ($\sigma_B = 420 \dots 530$ N/mm², $\sigma_S = 240$ N/mm²) ist für eine Nennlast $F = 80$ kN bestimmt.

a) Ist das Gewinde dauerbruchsicher bemessen?

b) Durch welche Maßnahmen kann die Dauerhaltbarkeit der Verbindung erhöht werden?

8.3 Ein Spannschloß nach DIN 1480, Ausführung A mit Anschweißenden der Festigkeitsklasse 3.6, soll unter Last angezogen eine ruhend wirkende Spannkraft $F = 16$ kN aufnehmen. Es wird durch Drahtschlaufen gesichert.

Welche Gewindegröße ist unter Beachtung wirtschaftlicher Gesichtspunkte zu wählen, wenn folgende Spannschlösser auf Lager vorrätig sind: AM10 × 125, AM12 × 125, AM16 × 170, AM20 × 200 und AM24 × 255 (125, 170 usw. sind die Längen L_1 der Spannschlösser).

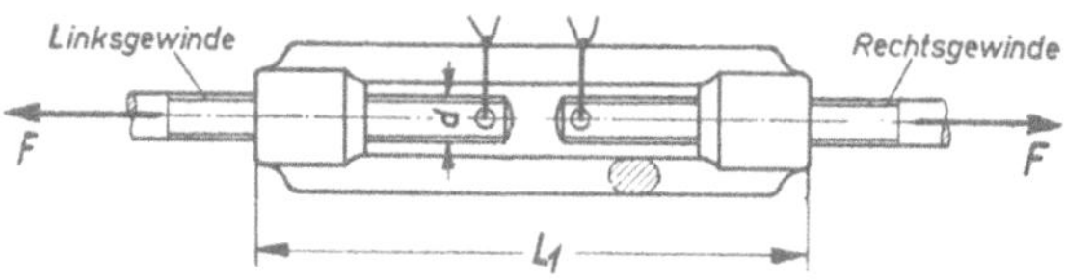

8.4 Die Federsteifigkeit C_S einer Sechskantschraube M12 × 55 DIN 931-8.8 soll für eine Klemmlänge $l_k = 40$ mm ermittelt werden.

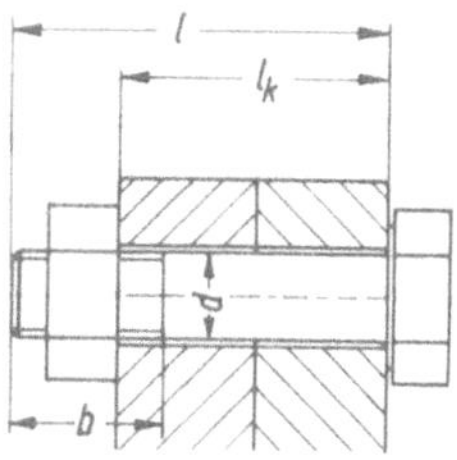

8.5 Die Dehnschraube, Festigkeitsklasse 5.6, soll bei einer Klemmlänge $l_k = 165$ mm mit einer Vorspannkraft F_V festgezogen werden, die etwa 70 % der Kraft an der Mindest-Streckgrenze des Schraubenwerkstoffes beträgt.

Zu berechnen ist die Verlängerung f_S der Schraube in mm, wobei die Übergänge (Rundungen) zu vernachlässigen sind.

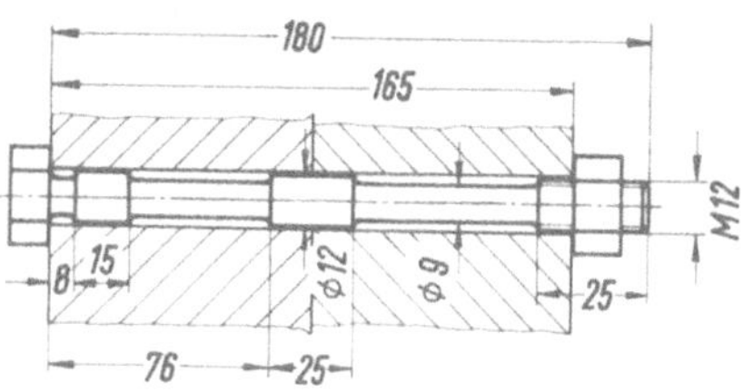

8.6 Die Dehnschraube in Aufgabe 8.5 soll durch eine Betriebskraft F_B auf 80 % der Kraft an der Mindeststreckgrenze $F_{0,2}$ belastet werden. Die Betriebskraft tritt schwellend auf. Vereinfachend wird angenommen, daß die Betriebskraft durch die äußeren Ebenen der verspannten Teile eingeleitet wird (Krafteinleitungsfaktor $q = 1$).

Unter Benutzung der in Aufgabe 8.5 gegebenen und ermittelten Werte sind zu bestimmen bzw. zu prüfen:

a) die Gesamtschraubenkraft $F_{S\,ges}$ und die Zusatzkraft F_{BS};

b) die größte Betriebskraft F_B für die Verbindung, wenn für die verspannten Bauteile die dreifache Federsteifigkeit der Schraube angenommen wird;

c) die größte Beanspruchung der Schraube (Gewinde geschmiert);

d) die Dauerhaltbarkeit der Schraube.

8.7

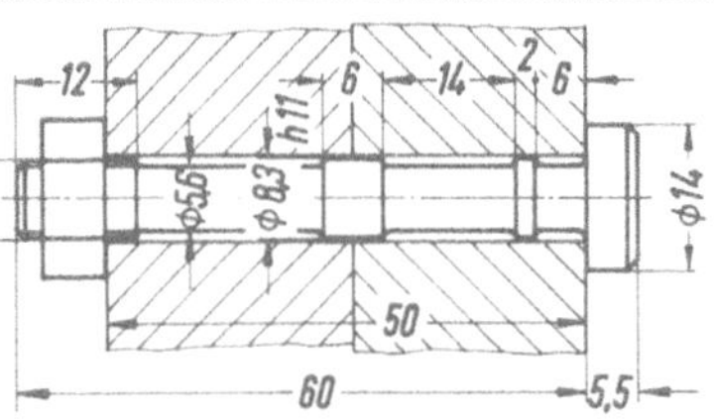

Die phosphatierte Konstruktionsschraube, Festigkeitsklassc 10.9, wird bei einer Klemmlänge l_k = 50 mm mit etwa 2/3 der Kraft an der Mindest-Streckgrenze des Schraubenwerkstoffes angezogen.

Zu ermitteln bzw. zu prüfen sind:

a) die Verlängerung f_S der Schraube in mm, wobei die Übergänge (Rundungen) zu vernachlässigen sind,

b) die reduzierte Spannung σ_{red} bei geöltem Gewinde,

c) die Dauerhaltbarkeit des Schraubengewindes für eine schwellende Betriebskraft F_B = 5 kN, wenn für die verspannten Bauteile die vierfache Federsteifigkeit der Schraube angenommen und der Krafteinleitungsfaktor q = 1 gesetzt wird.

8.8 Zwei Flansche aus St50 von je 40 mm Dicke sollen mit Zylinderschrauben M10 × 80 DIN 912-10.9 und Sechskantmuttern nach DIN 934 ohne Scheibe, Durchgangsloch mittel nach DIN 69, vorgespannt verschraubt werden. Die Senkung für den Schraubenkopf D = 16 mm beträgt t_1 = 11 mm bei D_1 = 18 mm nach DIN 74.

Zu ermitteln sind nach einem Entwurf die Federsteifigkeiten C_S und C_T sowie die Verlängerung der Schraube f_S und die Zusammendrückung der Flansche f_T in mm, wenn jede Schraube mit maximaler Vorspannkraft $F_{V\,0,9}$ (Tabelle) angezogen wird.

8.9

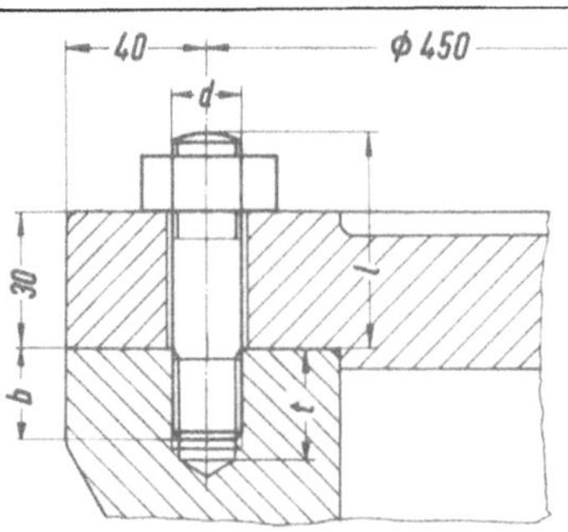

Der 30 mm dicke Deckel aus GG-20 soll mit dem Gußgehäuse durch Stiftschrauben der Festigkeitsklasse 5.6 verbunden werden. Jede Schraube hat eine ruhende Betriebskraft F_B = 9 kN zu übertragen. Die Sechskantmuttern nach DIN 934 werden mit dem Kraftbegrenzungsschlüssel angezogen (Gewinde ohne Nachbehandlung, geschmiert)

Die Verbindung ist zu berechnen und zu entwerfen.

8.10 Die Schrauben zur Verbindung von gleichstarken Gehäuseflanschen aus GG-25, Klemmlänge $l_k = 60$ mm, haben je eine schwellende axiale Betriebskraft $F_B \approx 22$ kN aufzunehmen. Die Krafteinleitung wird für den Normalfall angenommen.

Vorgesehen sind Sechskantschrauben nach DIN 931, Festigkeitsklasse 8.8 mit Mutter nach DIN 934 (ohne Scheibe). Die Verbindung mit geschlichteten Trennfugen wird mit Drehmomentschlüssel bei unbehandeltem, geöltem Gewinde vorgespannt.

Die Verbindung ist zu berechnen und zu entwerfen.

8.11

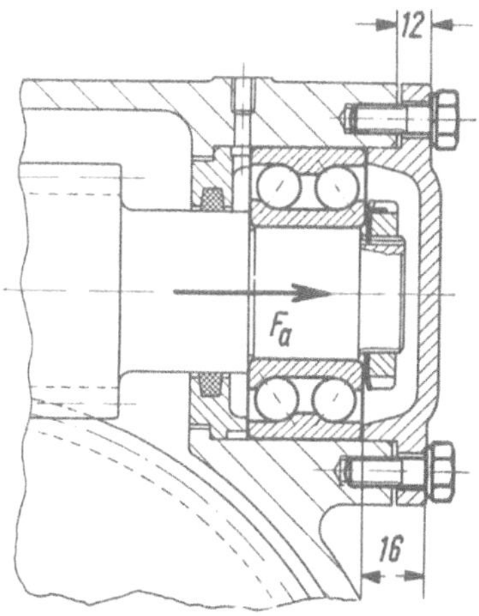

Zur Verschraubung des Deckels für das Axiallager eines Schneckengetriebes sind 6 Sechskantschrauben nach DIN 931, Festigkeitsklasse 5.6, vorgesehen, die mit einem Handschlüssel nach DIN 895 (Doppelmaulschlüssel) angezogen werden sollen. Die vom Deckel aufzunehmende, vorwiegend statische Axialkraft beträgt $F_a \approx 8{,}3$ kN.

Die Verbindung ist überschlägig zu berechnen.

8.12

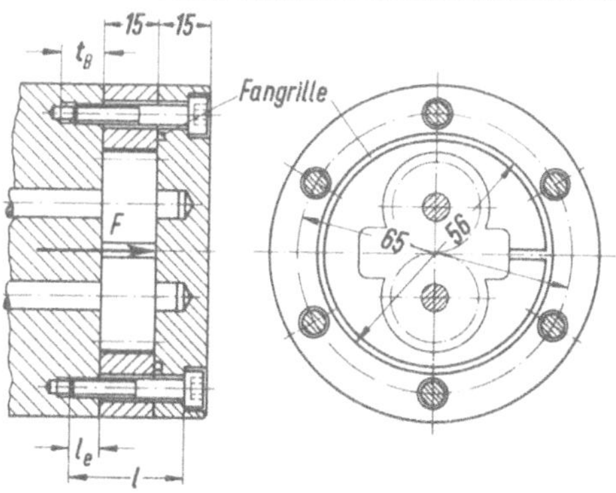

Der Deckel einer Zahnradpumpe soll mit 6 Zylinderschrauben DIN 912, Festigkeitsklasse 6.9, mit dem Gehäuse verbunden werden. Deckel und Gehäuse sind aus GG. Der größte Innendruck beträgt 2,5 N/mm².

Zu ermitteln sind:

a) die auf den Deckel wirkende Druckkraft F, wenn der Innendruck bis zur Fangrille wirksam ist;

b) der erforderliche Schraubendurchmesser bei Anziehen von Hand, wenn die Belastung überwiegend statisch auftritt und beim Höchstdruck noch eine Klemmkraft F_{Kl} = 500 N pro Schraube vorhanden sein soll;

c) die Normbezeichnung der Schraube (Kopf und Deckel bündig) und die Einschraubmaße.

8.13

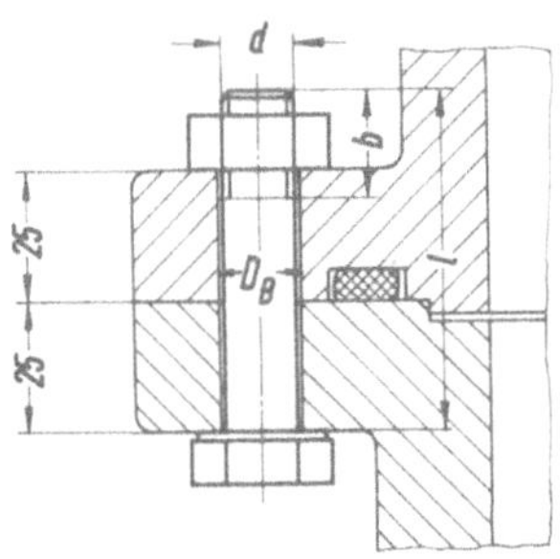

In einer Flanschverbindung erfährt jede Schraube eine zwischen dem Höchstwert $F_{B\,max}$ = 25 kN und dem Kleinstwert $F_{B\,min}$ = 5 kN schwankende Betriebskraft. Um eine einwandfreie Abdichtung zu erzielen soll bei der größten Betriebskraft noch eine Klemmkraft F_{Kl} = 10 kN wirksam sein. Vorgesehen sind Sechskantschrauben nach DIN 931 (ohne Nachbehandlung) der Festigkeitsklasse 8.8, die bei geölten Oberflächen mit einem anzeigenden Drehmomentschlüssel angezogen werden. Die Dichtflächen der 25 mm dicken Gehäuseflansche aus GS-52 sind geschlichtet.

Die Verbindung ist zu berechnen und zu entwerfen.

8.14

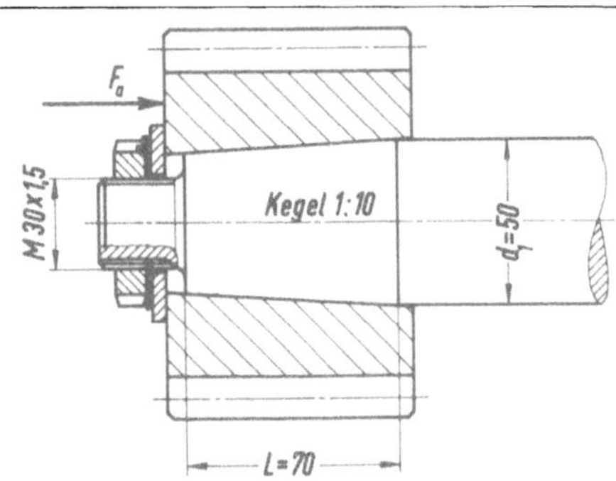

Eine Welle aus St50 soll über eine Kegelverbindung ein schwellend auftretendes Drehmoment M_t = 640 Nm auf ein Ritzel übertragen. Die erforderliche axiale Aufpreßkraft $F_a \approx 40$ kN soll über den Gewindezapfen der Welle durch eine Nutmutter M30 × 1,5 DIN 1804 (mit Sicherungsblech A 30 DIN 70952) aufgebracht werden.

a) Das mit einem Drehmomentschlüssel bei geöltem Gewinde erforderliche Anzugsmoment der Mutter ist zu bestimmen.

b) Der Gewindezapfen ist auf Festigkeit nachzuprüfen.

8.15 Die Naben aus GG-25 einer elastischen Kupplung sollen auf den Wellen aus St60 von 65 mm Durchmesser mit je 2 Ringfeder-Spannelementen 65 X 73 befestigt werden.

Die zur Übertragung einer Leistung $P = 22$ kW bei $n = 112$ min^{-1} erforderliche axiale Gesamtspannkraft $F_a = 198$ kN soll durch 6 Sechskantschrauben nach DIN 931 aufgebracht werden.

Zu ermitteln bzw. anzugeben sind:

a) Größe, Festigkeitsklasse und Anzugsmoment der Spannschrauben, wenn diese in geöltem Zustand mit dem Drehmomentschlüssel angezogen werden;

b) der auf Grund der Pressung unter dem Schraubenkopf erforderliche Werkstoff für den Druckflansch;

c) Montagerichtlinien für das Anziehen der Spannschrauben.

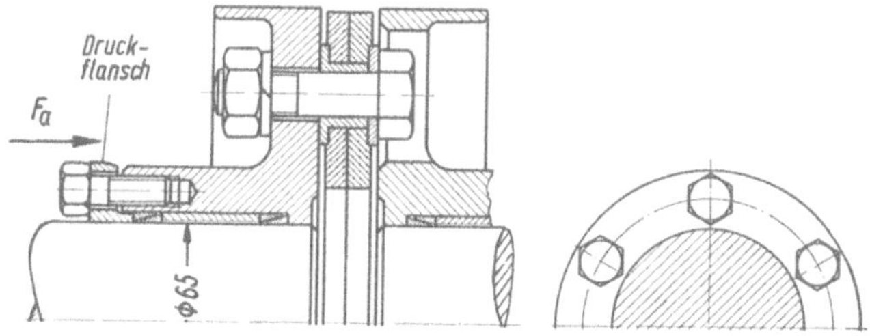

8.16 Eine Ölwanne soll mit einem Motorgehäuse durch 12 Sechskantschrauben M8 X 20 DIN 933-8.8 verschraubt werden. Für die verwendete Flachdichtung aus Asbest-Accopac (Asbest-Kautschuk) beträgt nach Angaben des Herstellers die „kritische Vorpressung" $p_k \approx 9$ N/mm^2 und die höchstzulässige Pressung $p_{max} \approx 70$ N/mm^2. Die Dichtungsfläche hat $A = 9500$ mm^2.

Zu ermitteln bzw. zu prüfen sind:

a) das maximale Anzugsmoment M_A und die damit erreichbare Vorspannkraft F_V je Schraube;

b) die sich ergebende Pressung p für die Dichtung, womit festzustellen ist, ob einwandfreie Abdichtung erreicht bzw. die Zerstörung der Dichtung vermieden ist.

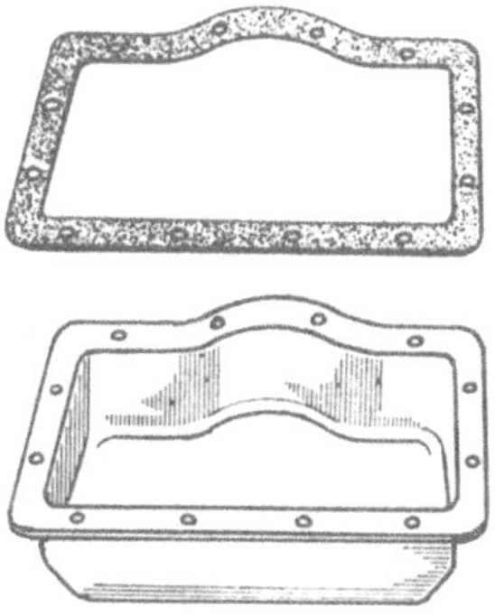

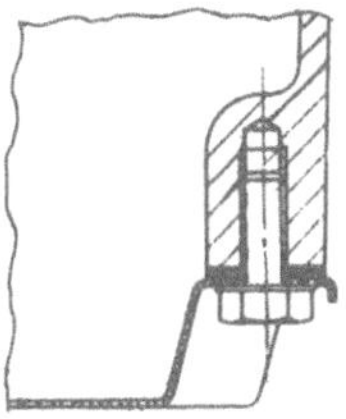

8.17

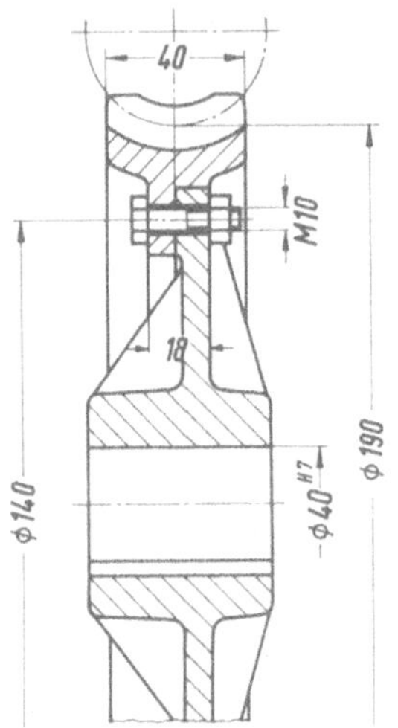

Die Verschraubung eines Schneckenrad-Zahnkranzes aus G-CuSn12 mit dem Radkörper aus GG-20 hat ein wechselnd wirkendes Drehmoment $M_{t\,max}$ = 550 Nm zu übertragen.
Es ist zu prüfen, ob die Verbindung mit lagerhaltigen Sechskantschrauben M 10 × 30 DIN 931-10.9 ausgeführt werden kann.

8.18 Welche Leistung P in kW kann mit einer Zahnkranzverschraubung ähnlich Aufgabe 8.17 (Radkörper GG-20, Zahnkranz G-CuSn12) bei n = 50 min^{-1} übertragen werden, wenn 8 Sechskantschrauben M 12 × 40 DIN 931-5.6 (Klemmlänge l_k = 26 mm) auf einem Lochkreis D = 220 mm vorgesehen sind?

8.19

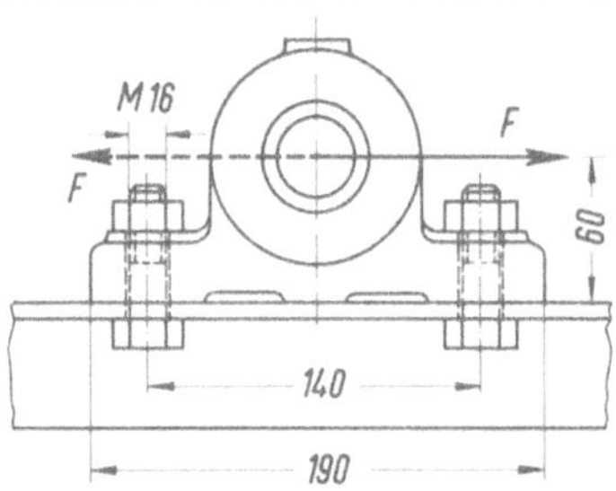

Ein Augenlager A35 DIN 504 aus GG (A mit Buchse, Bohrungsdurchmesser 35 mm) soll eine Exzenterwelle aufnehmen, welche eine annähernd waagerecht gerichtete, ständig wechselnde Lagerkraft F_{max} = 9 kN verursacht. Mit den nach DIN 504 vorgesehenen zwei Sechskantschrauben M 16 × 65 DIN 931 (Klemmlänge 50 mm) soll mit vorbereiteten Reibflächen eine unbedingt gleitfeste Verbindung mit dem Maschinenrahmen hergestellt werden. Es ist die Festigkeitsklasse der Schrauben zu ermitteln und die Verbindung auf Festigkeit nachzuprüfen.

8.20

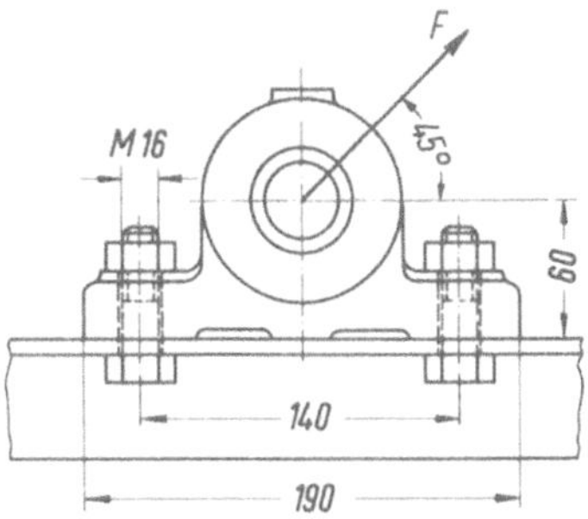

Welche Festigkeitsklasse ist für die Schrauben des Augenlagers der Aufgabe 8.19 erforderlich, wenn die schwellend wirkende Lagerkraft F_{max} unter 45° nach oben wirkt?

8.21 Ein mit F = 750 kN im Lastfall H belasteter Zugstab ⅃L 150 × 100 × 12 eines Stahlbau-Fachwerkes aus St37 soll an ein 20 mm dickes Knotenblech wahlweise mit folgenden Verbindungsmitteln angeschlossen werden:

a) Sechskantschrauben nach DIN 7990 (rohe Schrauben),
b) Sechskant-Paßschrauben nach DIN 7968,
c) Sechskantschrauben nach DIN 6914.

Jede Verbindung ist zu berechnen und im Maßstab 1:5 zu entwerfen. Über die erforderlichen Verbindungsmittel sind alle für die Stückliste notwendigen Angaben zu machen.

8.22

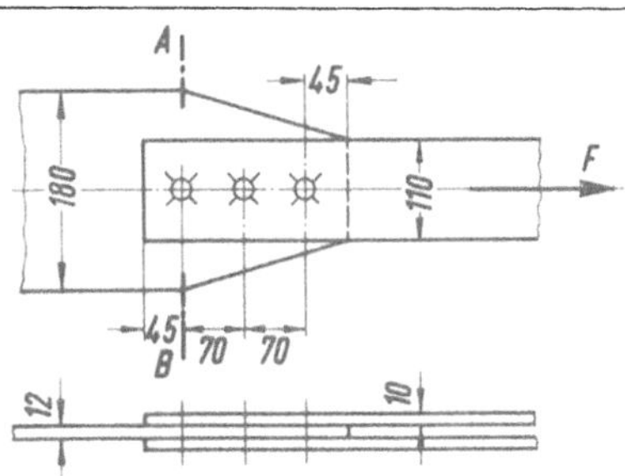

Ein aus 2 Flachstählen 110 × 10 DIN 1017-St37 gebildeter Zugstab wird durch 3 hochfeste Sechskantschrauben M20 × 65 DIN 6914 (mit Muttern M20 DIN 6915 und gehärteten Unterlegscheiben 21 DIN 6916) an ein 12 mm dickes Knotenblech aus St37 angeschlossen.

Welche Stabkraft F kann die Verbindung im Lastfall H (Stahlbau) übertragen, wenn sie

a) als Scher/Lochleibungsverbindung (SL-Verbindung ohne Vorspannung) und
b) als gleitfeste Verbindung (GV-Verbindung)

ausgeführt wird?

8.23

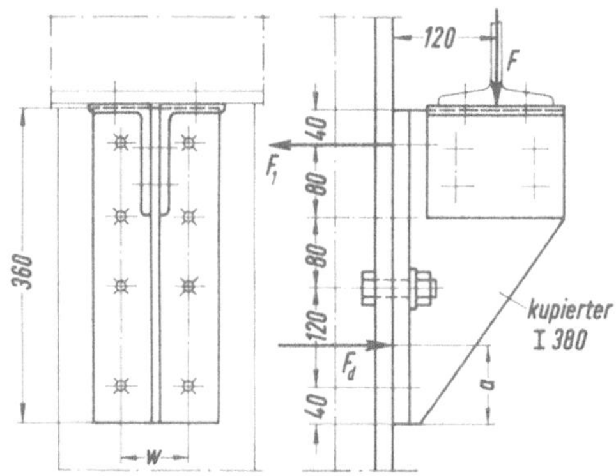

Eine aus einem I 380 DIN 1025-St37 geschnittene (kupierte) Konsole soll am Flansch einer Stütze I PB 240 DIN 1025-St37 (breiter I-Träger mit parallelen Flanschflächen, Flanschdicke 17 mm) mit 8 Sechskantschrauben nach DIN 7990 befestigt werden, deren Abstände gefühlsmäßig festgelegt wurden. Die Schraubenverbindung ist für eine Auflagerkraft F = 140 kN im Lastfall H (Stahlbau) mit allen für die Konstruktion erforderlichen Angaben auszulegen.

8.24

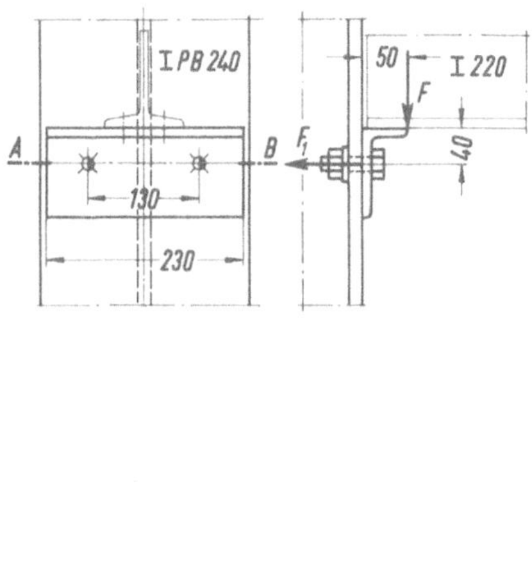

Zur Lagerung eines I 220 ist ein Stützwinkel L 100 × 50 × 10 DIN 1029-St37 vorgesehen, welcher mit 2 Sechskantschrauben M 16 × 55 Mu DIN 7990 (stets mit Scheiben A nach DIN 7989) an den Flansch eines I PB 240 DIN 1025-St37 (breiter I-Träger mit parallelen Flanschflächen) angeschlossen werden soll. Die Auflagerkraft beträgt F = 10 kN im Lastfall H (Stahlbau). Festigkeitsmäßig nachzuprüfen sind:

a) der Stützwinkel,

b) die Verschraubung.

8.25

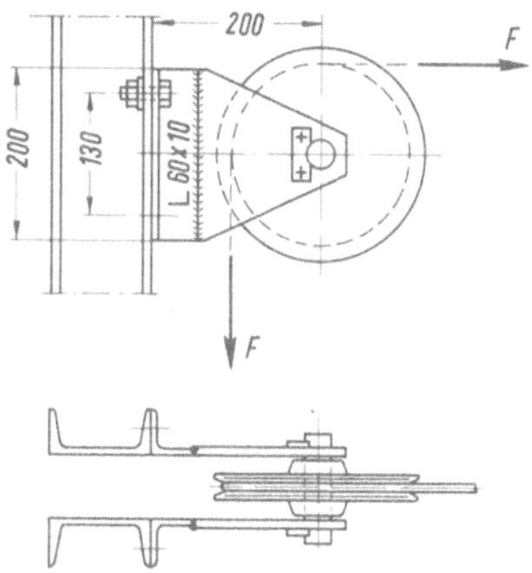

Der Lagerbock aus St37-2 einer Umlenkseilrolle soll durch Paßschrauben nach DIN 7968 mit einer Stütze aus 2 U 140 DIN 1026-St37-2 verbunden werden. Die Schraubenverbindung ist für eine größte Seilkraft $F = 7{,}5$ kN im Lastfall H (Stahlbau) auszulegen.

8.26

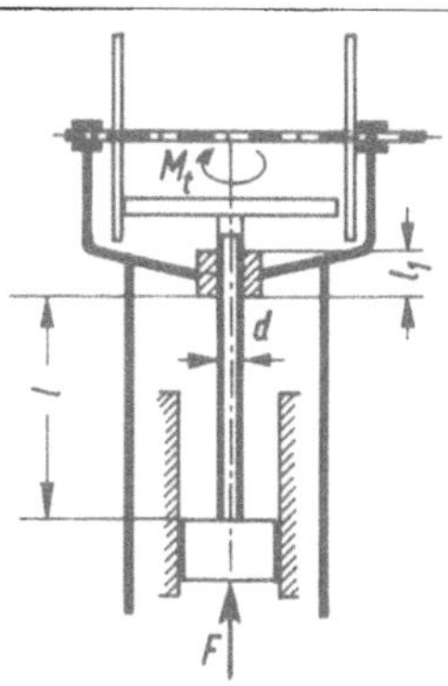

Eine Reibspindelpresse für Zieharbeiten soll über eine Gewindespindel Tr 48 X 24 P8 DIN 103 eine größte Betriebskraft $F = 50$ kN aufbringen.

Zu prüfen sind:

a) die geschmierte Spindel aus St60-2 mit einer größten Länge $l = 1500$ mm;
b) die Mutter aus GZ-CuSn12 mit der Länge $l_1 = 100$ mm;
c) die Möglichkeit der Selbsthemmung des Gewindes.

8.27

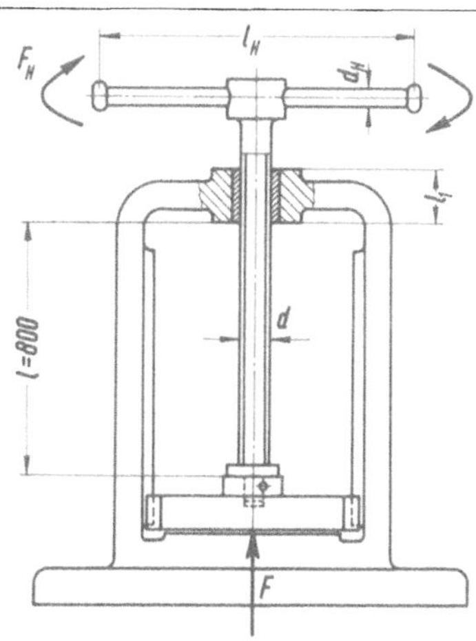

Zu einer Handspindelpresse für einfache Werkstattarbeiten sind Spindel, Mutter und Hebel für eine größte Betriebskraft $F = 31{,}5$ kN auszulegen. Der Entwurf sieht vor:

Spindel aus St42-2, größte Länge $l = 800$ mm, Spindelanschluß am Stößel wälzgelagert;

zweiarmigen Hebel aus Rundstahl St37, rechnerische Handkraft $F_H \approx 200$ N an beiden Hebelenden.

8.28

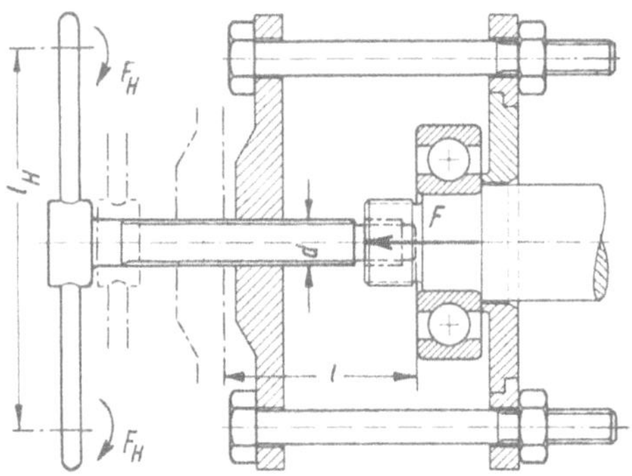

Für eine mechanische Abziehvorrichtung, zum Ausbau kleiner Wälzlager, sollen die Gewindespindel (St50, größte freie Länge $l \approx 200$ mm) und die beiden Halteschrauben (5.6) für überwiegend ruhende Belastung ausgelegt werden.

Die zum Abziehen der Wälzlager erforderliche Kraft ist meist sehr groß, weil sich die Ringe im Laufe der Zeit festsetzen. Dies gilt auch für lose gepaßte Ringe, wenn sich während der Betriebszeit Passungsrost gebildet hat.

Um eine Überbeanspruchung der Bauteile beim gewaltsamen Lösen der Ringe zu verhindern, sollen für die Bemessung die bei größter Anstrengung erreichbaren Handkräfte $F_H \approx 400$ N am wirksamen Hebelarm $l_H \approx 350$ mm zugrunde gelegt werden.

Das Reibungsmoment an der Stirnflächenauflage der Spindel wird auf 25 % des Gewindereibungsmomentes geschätzt. Die das Muttergewinde tragende Traverse ist aus GTS-35.

8.29

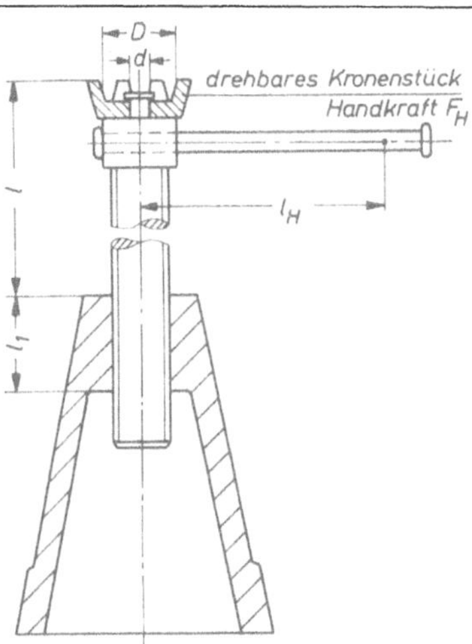

Für eine einfache Schraubenwinde mit 5 t Tragkraft sind alle für die Konstruktion erforderlichen Angaben zu ermitteln.

Entwurfsmäßig festgelegt sind:

1. Spindel aus St42 mit größter freier Länge $l = 600$ mm.
2. Hebelarm der Handkraft $l_H \approx 710$ mm.
3. Außendurchmesser $D = 60$ mm und Innendurchmesser $d = 16$ mm des als Spurplatte dienenden Kronenstücks.
4. Ständer aus GG-25 mit eingeschnittenem Muttergewinde.

9. Bolzen-, Stiftverbindungen und Sicherungselemente

Vorbemerkungen

Die Bolzen- und Stiftverbindungen sind die wohl einfachsten und deshalb auch ältesten Verbindungsarten im Maschinenbau. Sie sind problemlos ein- und auszubauen und finden als Massenartikel dank ihrer vielfältigen Formen und Abmessungen eine breite Verwendung. Allein von den seit ungefähr 50 Jahren angebotenen Kerbstiften gibt es etwa 2500 unterschiedliche Ausführungen und Abmessungen.

Bei den Bolzenverbindungen bleibt ein Teil meist beweglich (Stangenverbindungen, Gabelköpfe, Gliederketten und Laufrollenlagerungen; Aufg. 9.1 bis 9.11). Während im Motorenbau gehärtete und geschliffene Hohlbolzen (optimale Werkstoffausnutzung; Aufg. 9.5) verwendet werden, reichen im Stahlbau rohe Schrauben aus (Aufg. 9.11). Im Kupplungsbau übernehmen Brechbolzen die Aufgabe einer Überlastsicherung (Aufg. 9.10 und 9.15).

Lose gelagerte Bolzen sind durch Scheibe mit Splint, Sicherungsringe, Stellringe, Stifte u. dgl. zu sichern. Die Tatsache, daß die bisher größte Katastrophe in der zivilen Luftfahrt auf einen fehlenden Sicherungsstift zurückzuführen ist, zeigt eindringlich die hohe sicherheitstechnische Bedeutung dieser Elemente.

Mit Stiftverbindungen werden überwiegend feste Verbindungen hergestellt (Aufg. 9.12 bis 9.17). Um zwischen einem Zylinderstift und der stählernen Lochwand eine Fugenpressung von 100 $\frac{N}{mm^2}$ zu erzeugen, muß ein Übermaß von ca. 1,5 ‰ vorhanden sein. Für den festen Sitz eines Kerbstiftes reicht dagegen ein 5 bis 10 ‰ über dem Stiftnenndurchmesser liegender Bohrlochdurchmesser aus! Spannhülsen und Spannstifte haben vor dem Einbau einen um 0,1 bis 0,5 mm größeren Durchmesser als die Bohrungen. Alle diese Stiftarten müssen mit einer, mit zunehmender Eindringtiefe größer werdenden Kraft, in das Bohrloch eingetrieben werden. Beim Austreiben ist der Vorgang umgekehrt. Hierbei ist über die ganze Stiftlänge eine erhebliche Arbeit (Kraft × Stiftweg) zu leisten, bis der Stift herausfällt.

Der Kegelstift dagegen wird kraftlos in das konische Bohrloch eingeführt bis er anliegt. Zur Erzeugung einer Fugenpressung von 100 $\frac{N}{mm^2}$ muß ein Kegelstift ϕ 6 mm noch mit einem Kraftaufwand von 13 kN um 1,5 mm eingetrieben werden. Zum Lösen des Stiftes reicht ebenfalls eine geringfügige Verschiebung in Achsrichtung aus. Kegelstifte sind deshalb nicht rüttelsicher!

Die nachstehende Aufstellung gibt für verschiedene Stifte ϕ 6 × 40 einen vergleichenden Überblick.

Die Abmessungen der Bolzen und Stifte wählt man meist in Abhängigkeit der Bauteilgrößen auf Grund von Erfahrungswerten. Erst bei größeren Belastungen wird ein Spannungsnachweis durchgeführt. Die tatsächlich auftretenden Beanspruchungen sind oft nur schwer zu erfassen. Spannhülsen z. B. entziehen sich einer elementaren Spannungskontrolle. Bewußt läßt man deshalb den Einfluß der Vorspannungen und elastischen Verformungen außer acht und vergleicht nur die elementar ermittelten Beanspruchungen mit zulässigen Erfahrungswerten (Richtwerte Tab. 9.1, Lehrbuch).

Bei der Berechnung der Bolzen ist zu beachten, daß die größte Biegebeanspruchung in der Randfaser, die größte Schubbeanspruchung dagegen in der Schwerachse auftritt. Wo die Biegespannung ihren Größtwert erreicht, ist keine Schubspannung vorhanden und umgekehrt. Aus den nicht an der gleichen Stelle auftretenden Spannungsgrößtwerten darf also keine Vergleichsspannung gebildet werden.

Stiftart (Abmessung ϕ 6 X 40)	Stiftwerkstoff	Statische Abscherkraft in kN (einschnittig)	Ungefähre Eindrückkraft in kN (Werkstück: St)	Bohrung Passung notwendige Werkzeuge	Stückgewicht in g	Preisvergleich in %
Zylinderstift DIN 7 Toleranzfeld m6	St50K (9S20K)	14,5 (12)	20	P6 Spiralbohrer Reibahle	9,08	100
Zylinderkebstift DIN 1473 (Aufkerbdurchm. 6,3)	6.8	13,5	20	(1,005...1,01)d $d \leqslant 3$: H9 $d > 3$: H11 Spiralbohrer	9,08	100
Spannhülse DIN 1481	55 Si7	15	8	H12 Spiralbohrer	5,54	85
Spannhülse DIN 7346 (vor Einbau ϕ 6,4)		10	2		3,72	
Spiralspannstift DIN 7343	CK 67	11	7		5,33	75
Spiralspannstift DIN 7344 (vor Einbau ϕ 6,25)		13,5	10		6,72	90

9.1

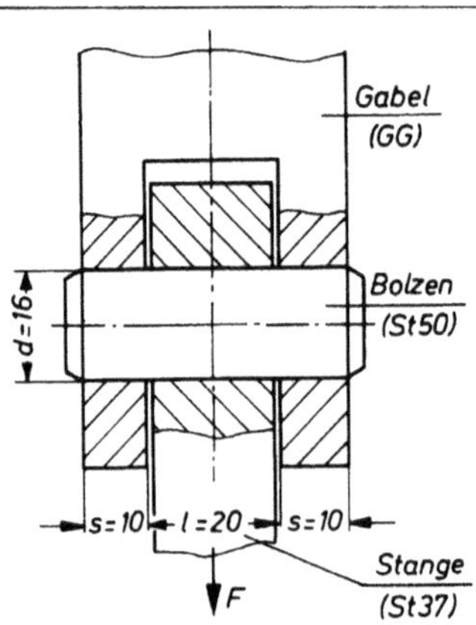

Eine Bolzenverbindung wird durch eine ruhende Stangenkraft F = 10 kN belastet. Je nach der Passung zwischen dem Bolzen und der Stangen- bzw. Gabelbohrung lassen sich im wesentlichen folgende Einbaufälle unterscheiden:

1. der Bolzen sitzt in der Gabel und in der Stange mit einer Spielpassung,
2. der Bolzen sitzt in der Stange mit einer Preßpassung und in der Gabel mit einer Spielpassung,
3. der Bolzen sitzt in der Gabel mit einer Preßpassung und in der Stange mit einer Spielpassung.

a) Der freigemachte Bolzen stellt einen geraden Biegestab (Träger) dar, welcher durch die Stangenkraft F belastet wird. Unter Berücksichtigung der Einspannbedingungen (Belastungsfall) sollen für jeden Einbaufall Größe und Verlauf der Querkräfte und Biegemomente ermittelt werden. Für die Einbaufälle 1 und 3 soll die Stangenkraft F zuerst als Streckenlast $q = F/l$ und dann als Einzellast F auf den Bolzen wirken.

b) Der ungefähre Verlauf der Biegelinie des verformten Bolzens soll für alle Einbaufälle stark überhöht gezeichnet werden. Welche Folgerung ergibt sich daraus für die Verteilung der Flächenpressung?

c) Welche wesentlichen Gestaltungsgrundsätze für Bolzenverbindungen ergeben sich aus der kritischen Gegenüberstellung der Einbaufälle?

d) Für die Einbaufälle sollen praktische Anwendungsbeispiele gesucht werden. Die erforderlichen Bolzensitze (System Einheitswelle) sind zu bestimmen.

9.2

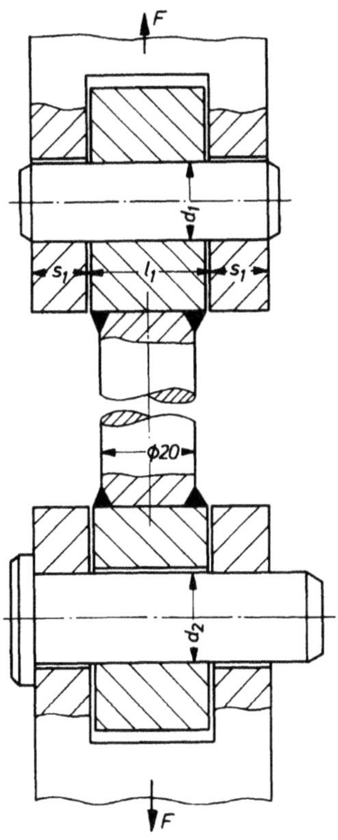

Die Zugstange einer landwirtschaftlichen Maschine wird durch eine schwellend wirkende Betriebslast $F = 16$ kN beansprucht. Sie ist mit der oberen Gabel durch einen Bolzen (1) ohne Kopf nach DIN 1433 und mit der unteren Gabel mit einem Bolzen (2) mit kleinem Kopf nach DIN 1434 verbunden.

Der Bolzen (1) sitzt in der Stange fest (Preßpassung) und in der Gabel lose, der Bolzen (2) sitzt lose in Stange und Gabel.

Die Bolzen sind aus St 50, die Stange aus St 37 und die Gabeln aus Stahlguß.

Zu bestimmen sind:

a) die Bolzendurchmesser d_1 und d_2, die Nabenlängen l der Stange und die Gabeldicken s,

b) die Bolzensitze (System Einheitswelle),

c) ein geeignetes Sicherungselement für den Bolzen (2).

9.3

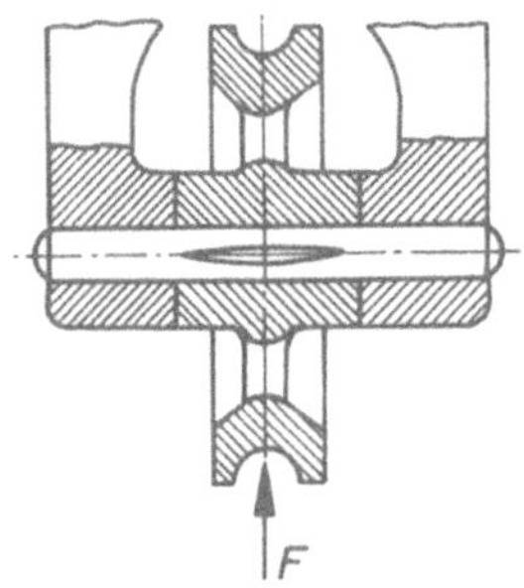

Eine Laufradlagerung soll bemessen werden. Das gußeiserne Laufrad ϕ 63 mm erfährt einen schwellend wirkenden Raddruck $F = 2$ kN. Als Achse dient ein Knebelkerbstift DIN 1475 aus 6.8. Die Gabel ist aus GG-20.

9.4

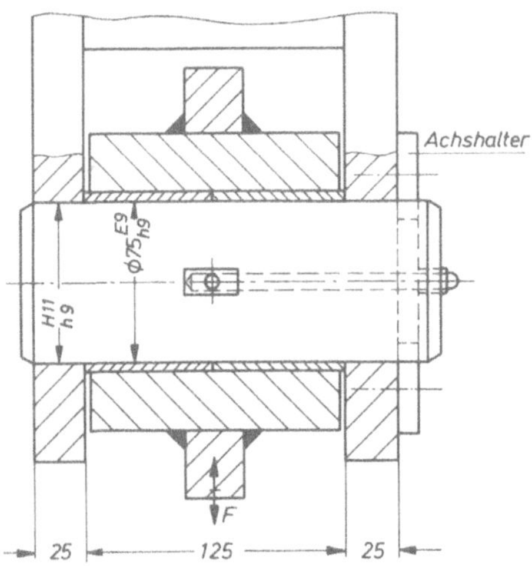

Die Lagerung einer Drehmomentstütze ist nachzuprüfen.

Betriebsbedingungen:
mittlere Belastung: $F_m \approx 80$ kN
Stoßbelastung: $F_{max} \approx 145$ kN
Lastrichtung: wechselnd
Schwenkwinkel: ± 4°
Die Stoßbelastung tritt selten und kurzzeitig auf!

Werkstoffe:
Bolzen aus St 50
Gabel aus St 37
Nabenbuchse aus G-CuSn7ZnPb

9.5

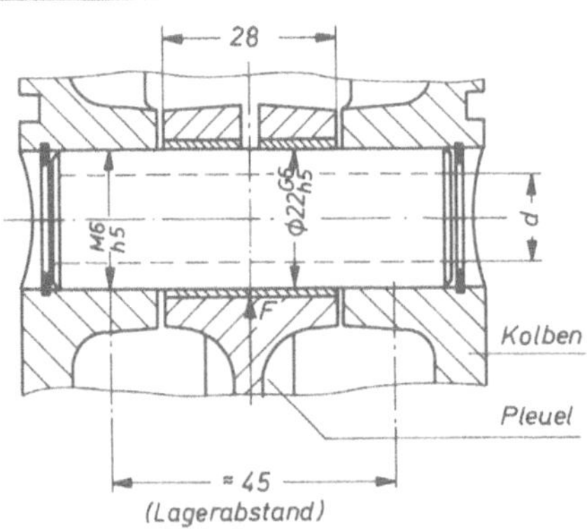

Für die obere Pleuellagerung eines Dieselmotors soll eine Kontrollrechnung durchgeführt und der Bohrungsdurchmesser d des Kolbenbolzens endgültig festgelegt werden.

Konstruktionsdaten:
Größte Bolzenkraft: $F \approx 22$ kN

Werkstoffe:
Bolzen aus 15Cr3, oberflächengehärtet
Buchse aus G-CuPb20Sn
Kolben aus GK-AlSi

Zulässige Spannungen:

$\sigma_{bW\,zul} \approx 200 \frac{N}{mm^2}$

$p_{zul} \approx 40 \frac{N}{mm^2}$ (Buchse)

$\tau_{a\,zul} \approx 140 \frac{N}{mm^2}$

9.6

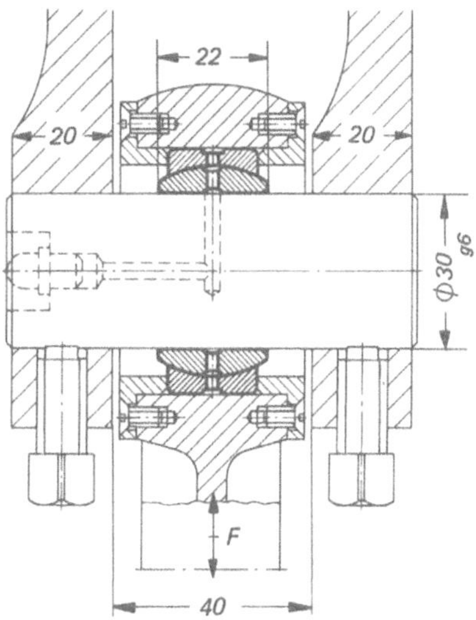

Die Kurbelstange eines Webstuhles übt über ein Gelenklager eine wechselnde Kraft $F_{max} \approx 5$ kN auf den Lagerbolzen aus.

Der einsatzgehärtete und geschliffene Bolzen ist aus 15 Cr 3, die Gabel aus Stahlguß.

Unter Berücksichtigung der Kerbwirkung durch die Querbohrung soll die Dauerbruchsicherheit des Bolzens nachgewiesen werden. Schließlich ist noch die Flächenpressung in der Gabel zu kontrollieren.

9.7

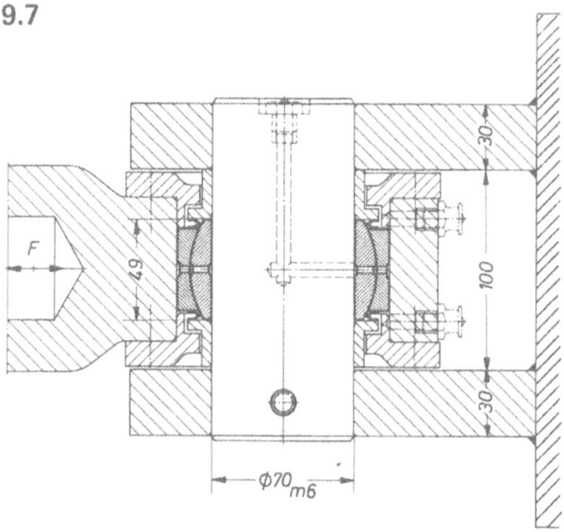

Die mit einem Gelenklager ausgestattete Schubstange einer Steinsäge belastet den Lagerbolzen mit der wechselnd wirkenden Kraft $F_{max} \approx 60$ kN.

Für den geschliffenen Bolzen aus St 50 soll unter Berücksichtigung der Querbohrung (Schmierloch) die Dauerbruchsicherheit nachgewiesen werden.

9.8

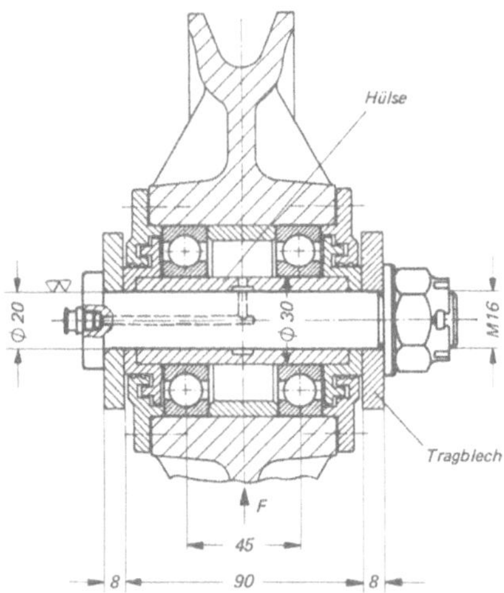

Die Laufrolle einer Seilschwebebahn ist auf einem Bolzen mit Gewindezapfen nach DIN 1438 gelagert.

Die Rollenkraft tritt schwellend auf. Ihr Größtwert beträgt $F = 3$ kN. Bolzen (geschlichtet) und Hülse sind aus St 50.

Die Lagerung soll nachgeprüft und beurteilt werden.

9.9 Für den Antrieb einer Baumaschine wurde eine Rotary-Kette ausgewählt, weil die große Elastizität der gekröpften Laschen die auftretenden Belastungsstöße auffängt. Die Betriebskraft der Kette beträgt $F_{max} \approx 32$ kN.

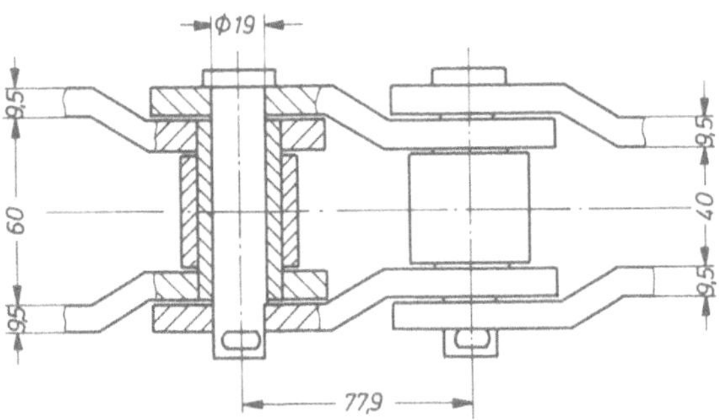

Zu ermitteln bzw. zu vergleichen sind:

a) die Sicherheit gegen Bruch, wenn die Bruchlast der Kette $F_B = 453$ kN beträgt,
b) die bei der größten Betriebskraft in der Bolzenverbindung auftretenden Spannungen,
c) die auftretenden Spannungen mit den Richtwerten im Lehrbuch (Bolzen vergütet, Hülse einsatzgehärtet, Laschen aus St 60).

9.10

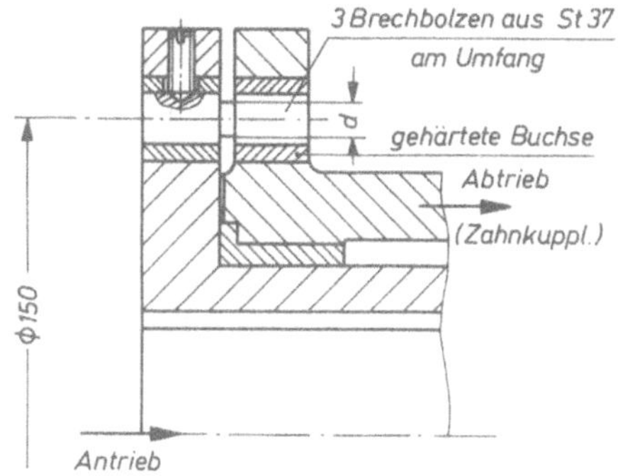

Die in eine Zahnkupplung eingebaute Brechbolzen-Sicherheitskupplung soll das übertragbare Drehmoment auf $M_{t\,max}$ = 1800 Nm begrenzen um bei Überlast oder Blockieren der Arbeitsmaschine die dazwischengeschalteten Maschinenteile zu schützen.

a) Welchen Durchmesser d muß die Sollbruchstelle der drei Abscherbolzen aus St 37 bekommen?

b) Welche Nachteile haben Brechbolzenkupplungen?

9.11 a) Für einen Gelenkträger aus St 37 (Lastfall H) sollen auf Grund der untenstehenden Angaben geeignete Gelenkbolzen bestimmt werden. (Nach DIN 1050 beträgt der zulässige Lochleibungsdruck bei Gelenkbolzen im vorliegenden Fall $\sigma_l = 210 \frac{\text{N}}{\text{mm}^2}$.)

b) Für die Gelenkverbindung soll eine konstruktiv einfachere Lösung gesucht werden.

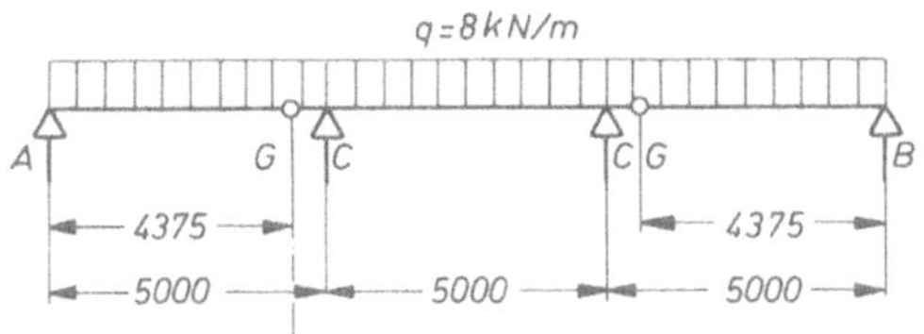

Gelenkträger über 3 Felder mit gleichmäßig verteilter Belastung q

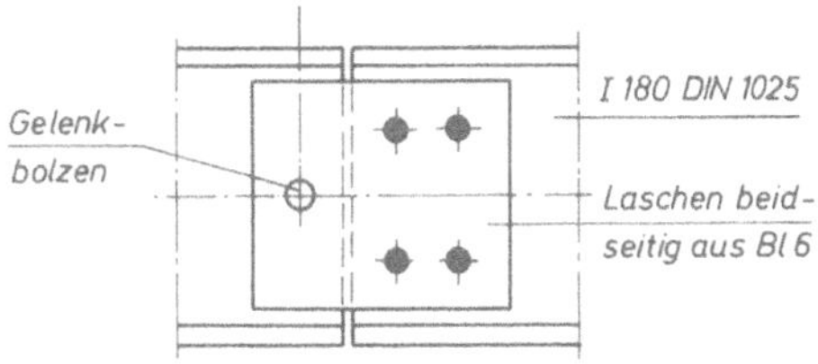

Bolzengelenk

9.12

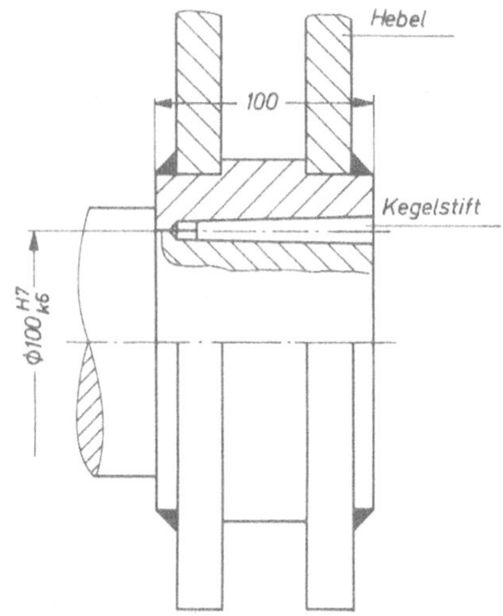

Der Betätigungshebel aus St 37 einer Drosselklappe soll über kegelige Längsstifte ein wechselnd wirkendes Drehmoment $M_{t\,max}$ = 5600 Nm auf den Drosselklappenzapfen aus St 50 übertragen.

a) Was spricht bei einer derartigen Verbindung für den Einsatz von Rundkeilen?
b) Welche Kegelstiftausführung ist geeignet?
c) Anzahl und Abmessungen der Kegelstifte sind zu ermitteln.

9.13

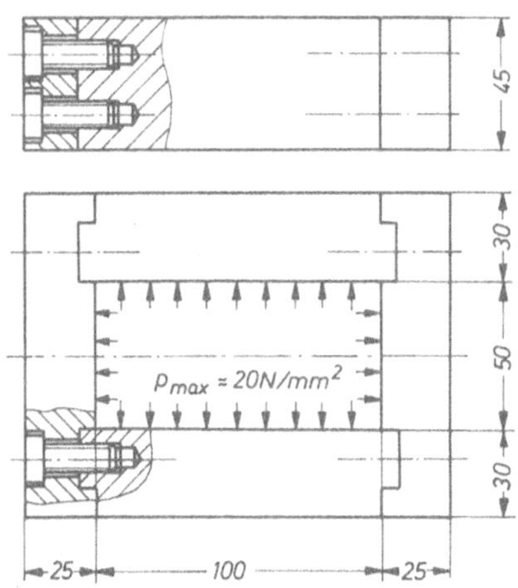

Eine Preßform aus vergüteten Stahlleisten (C 45), durch Zylinderschrauben M 10 X 25 DIN 6912 – 8.8 zusammengehalten, soll konstruktiv so vereinfacht werden, daß der feste Verbund ausschließlich durch Rundkeile (z. B. Zylinderstifte) erreicht wird.

9.14

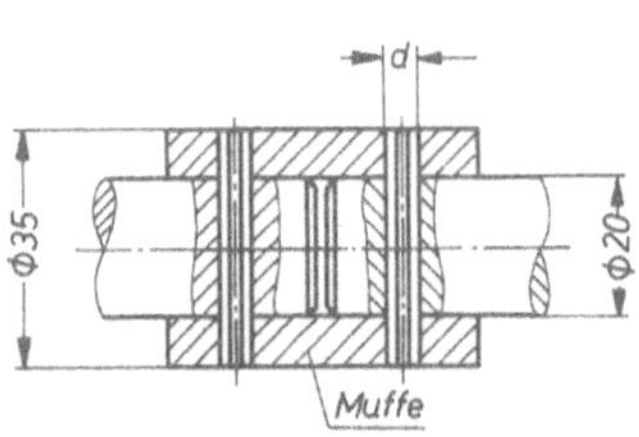

Zwei Wellen aus St 50 sollen mit einer Muffe aus GG-20 durch Zylinderkerbstifte DIN 1473 verbunden werden.

Welcher Stiftdurchmesser d ergibt sich, wenn die Stiftkupplung ein schwellend auftretendes Drehmoment $M_{t\,max} \approx 45$ Nm zu übertragen hat?

9.15 Durch welche Maßnahme wird die Kupplung nach Aufgabe 9.14 zur Sicherheitskupplung, welche das übertragbare Drehmoment auf $M_t \approx 100$ Nm begrenzt?

9.16 Die Gelenkwelle eines Vorschubantriebs hat bei wechselnder Drehrichtung eine größte Leistung $P_{max} = 2{,}8$ kW bei $n = 224$ min^{-1} zu übertragen. Zur Verbindung der Wellenzapfen aus St 50 mit dem Kugelgelenk aus C45 sind Querstifte vorgesehen.

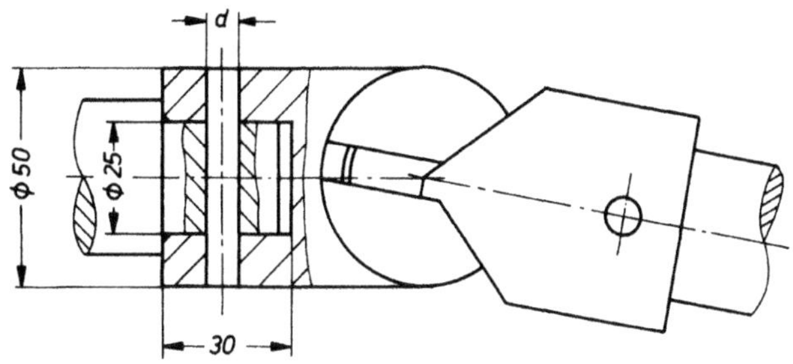

Zu ermitteln sind:

a) eine geeignete Stiftart, wenn das Gelenk mehrmals im Jahr ausgebaut werden muß,

b) die Stiftabmessungen.

9.17 Welche größte Axialkraft F_a kann ein Stellring B 25 DIN 705 aufnehmen, der mit einem Kegelkerbstift 6 × 40 DIN 1471 auf einer Welle aus St 50 befestigt ist?

9.18

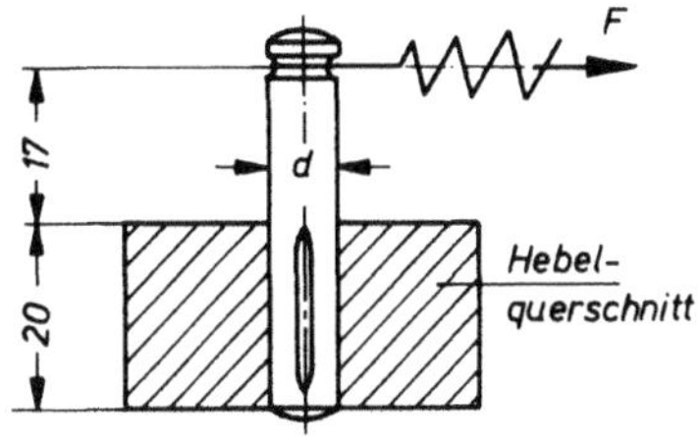

Ein Nockenhebel aus St 37 im Zustellgetriebe einer Rundschleifmaschine wird über einen Paßkerbstift mit Hals C 8 × 40 DIN 1469 durch eine Feder betätigt.

Es ist zu prüfen, ob der Stift für eine größte Federkraft $F = 920$ N ausreichend bemessen ist.

Gegebenenfalls ist der Stiftdurchmesser zu korrigieren!

9.19

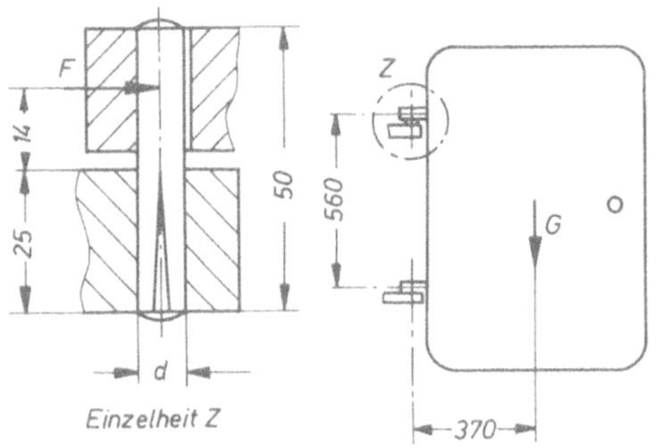

Die zur Lagerung der 60 kg schweren Tür einer Gußkonstruktion erforderlichen Paßkerbstifte sind zu bestimmen.

9.20

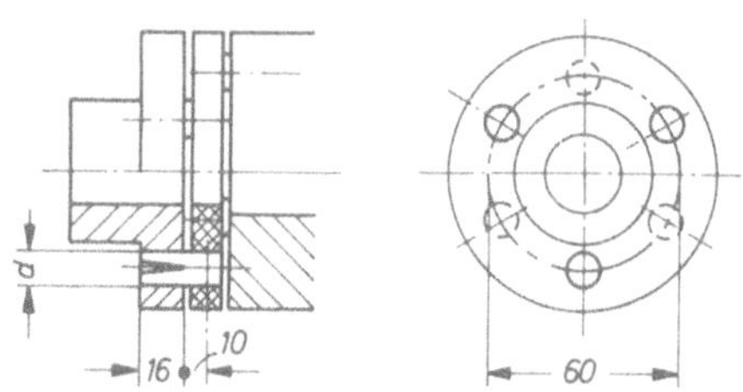

Bei einer Scheibenkupplung aus GG-20 ist die elastische Zwischenscheibe über jeweils 3 Paßkerbstifte mit den Kupplungshälften verbunden. Welcher Stiftdurchmesser d ergibt sich unter der Annahme, daß bei der Übertragung eines wechselnd wirkenden Stoßmomentes M_t = 20 Nm nur jeweils 2 Stifte tragen?

10. Elastische Federn

Vorbemerkungen

Elastische Federn haben in der Praxis vielfältige Aufgaben zu erfüllen, die häufig kaum miteinander vereinbar und daher nicht im gleichen Maße optimal erreichbar sind. So kann gefordert werden, daß die Feder einen vorgegebenen Federweg, ein bestimmtes Kraft-Weg-Verhalten (Kennlinie) oder eine festgelegte Kraft- bzw. Arbeitsaufnahmefähigkeit einhalten muß. Bei dynamischen Betriebsverhältnissen muß zusätzlich die Dauerhaltbarkeit oder ein bestimmtes Schwingverhalten geprüft oder ein vorgeschriebenes Weg- bzw. Kraft-Zeit-Verhalten untersucht werden. In den meisten Fällen ist die Einhaltung vorgegebener Einbauverhältnisse mitbestimmend.

Für die Dimensionierung einer Feder ist die Kenntnis der statischen bzw. dynamischen Belastungsgröße und Belastungsrichtung Voraussetzung. Die Berechnung besteht dann aus dem *Funktionsnachweis,* d. h. Untersuchung des Federweges, der Arbeitsaufnahmefähigkeit bzw. des Schwingungsverhaltens *und* aus den *Haltbarkeitsnachweis,* d. h. Nachprüfung der statischen bzw. dynamischen Beanspruchung. Für die Ermittlung und gegenseitige Abstimmung der zahlreichen Einflußgrößen stehen jeweils Verformungs-, Spannungs- und Arbeitsgleichungen zur Verfügung, die miteinander verknüpft sind. Sie sind meist Näherungslösungen, die den praktischen Anforderungen genügen, solange keine zu großen Federwege und bei dynamischen Beanspruchungen keine zu hohe Frequenzen auftreten. Lassen sich bisweilen gestellte Forderungen nicht erfüllen, ist eine Änderung der gesamten Konstruktion und u. U. ein wiederholtes Rechnen erforderlich. Insbesondere bei unregelmäßigen (nichtperiodischen) dynamischen Belastungen kann wegen vielfach genäherter Annahmen der Rechenaufwand unwirtschaftlich hoch und die Ergebnisse zu ungenau ausfallen, so daß Versuche durchgeführt werden müssen.

Den nachfolgenden „praktischen“ Aufgaben, bei denen im allgemeinen schon gewisse Lösungswege und Ergebnisse vorgezeichnet sind, werden sogenannte Grundaufgaben vorangestellt, an denen ohne Bindung an bestimmte Anwendungsfälle zunächst die Zusammenhänge der Federdaten gezeigt und die Rechentechnik geübt werden sollen.

10.1 Eine einarmige Rechteckblattfeder aus 65 Si 7 mit der Federlänge $l = 500$ mm, Breite $b = 60$ mm und der Dicke $h = 5$ mm soll am freien Ende mit $F = 200$ N statisch belastet werden.

Die Größe der Durchbiegung f in mm ist zu ermitteln und die Zulässigkeit der vorhandenen Biegespannung an der Einspannstelle zu prüfen!

10.2 Statt der Rechteckblattfeder nach Aufgabe 10.1 soll für dieselbe Belastung und Dicke eine Trapezblattfeder mit $b'/b = 0{,}3$ bei annähernd gleicher Biegespannung und Durchbiegung verwendet werden.

a) Welche Länge l in mm, maximale Breite b in mm und Breite am freien Federende b' in mm sind als naheliegende Normmaße nach DIN 3 zu wählen?

b) Die ausgeführte Trapezfeder ist hinsichtlich l, b in mm und des Gewichtes m in % mit der Rechteckblattfeder zu vergleichen!

10.3 Eine einarmige Rechteckblattfeder mit der federnden Länge $l = 80$ mm soll bei einer größten Federkraft $F_{max} = 10$ N höchstens einen Federweg $f_{max} \approx 35$ mm erreichen. Zur Verfügung stehen kaltgewalzte Stahlbänder, deren statische Festigkeitswerte nach DIN 17222 im Bereich der Angaben nach DIN 17221 liegen und nach DIN 1544 mit folgenden Abmessungen lieferbar sind:

Dicke h = 0,2 0,25 0,3 0,4 0,5 0,6 0,8 1,0 1,2 1,5 und 2 mm,
Breite b = 6 8 10 12 15 20 25 30 40 und 50 mm.

a) Welche Dicke h und Breite b der Feder sind zu wählen, wenn ein mittlerer Festigkeitswert für die zulässige Spannung angenommen wird?

b) Für die gewählten Abmessungen ist unter Ausnutzung der zulässigen Spannung der sich tatsächlich ergebende Federweg f_{max} zu ermitteln!

10.4

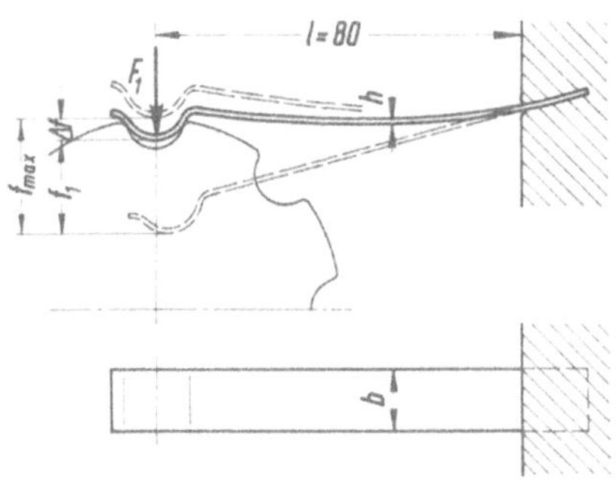

Für eine Vorrichtung ist eine Rechteckblattfeder als Rastfeder zu ermitteln, die bei Rastlage in den Nuten einer Teilscheibe eine Anlagekraft $F_1 \approx 10$ N haben soll.

Nach den konstruktiven Gegebenheiten ergibt sich eine federnde Länge $l = 80$ mm mit der Federbreite $b = 20$ mm. Verwendet werden soll ein kaltgewalztes Stahlband nach DIN 1544 mit den statischen Festigkeitswerten nach DIN 17 222, die im Bereich der Angaben nach DIN 17 221 liegen.

a) Welche Dicke h der Blattfeder ist entsprechend der Angaben in Aufgabe 10.3 zu wählen, wenn mit einem maximalen Festigkeitswert für die zulässige Spannung gerechnet wird?

b) Da beim Weiterschalten der zusätzliche Hub $\Delta f = 5$ mm beträgt, ist beim Ausrasten der Feder für die größte Federkraft F_{max} bei f_{max} die Biegespannung σ_b an der Einspannstelle mit den gewählten Abmessungen auf Zulässigkeit zu prüfen, wobei eine Überschreitung der zulässigen Spannung bis 10 % noch vertreten werden kann!

10.5

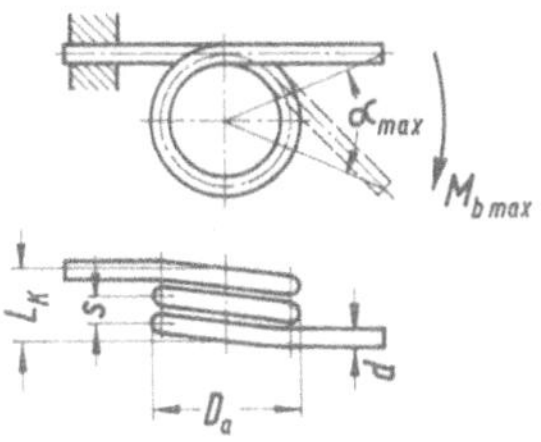

Eine Schenkelfeder aus Draht 4 A DIN 2076-A hat einen Außendurchmesser D_a = 44 mm und zwei federnde Windungen mit einer Steigung s = 5 mm.

Zu ermitteln sind:

a) die Länge des unbelasteten Federkörpers L_K bei Windungen mit Zwischenräumen,

b) der durch $M_{b\,max}$ entstehende Verdrehwinkel α_{max}!

10.6

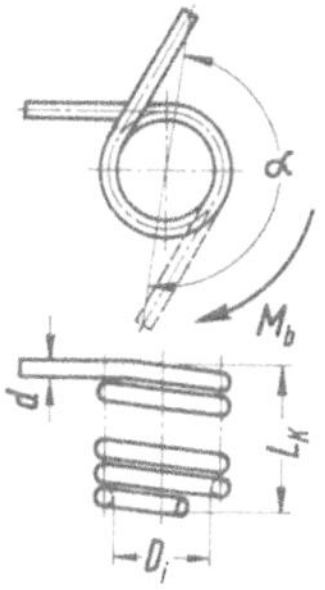

Eine Schenkelfeder mit aneinanderliegenden Windungen und einem Innendurchmesser $D_i \approx 25$ mm soll bei einem Verdrehwinkel $\alpha = 180°$ ein Biegemoment M_b = 4 Nm aufnehmen. Vorgesehen ist Federstahldraht nach DIN 2076, Maßgenauigkeitsklasse A.

a) Die noch fehlenden Federabmessungen sind zu ermitteln!

b) Welche Drahtsorte nach DIN 2076 wird entsprechend der Biegespannung am besten ausgenutzt?

10.7

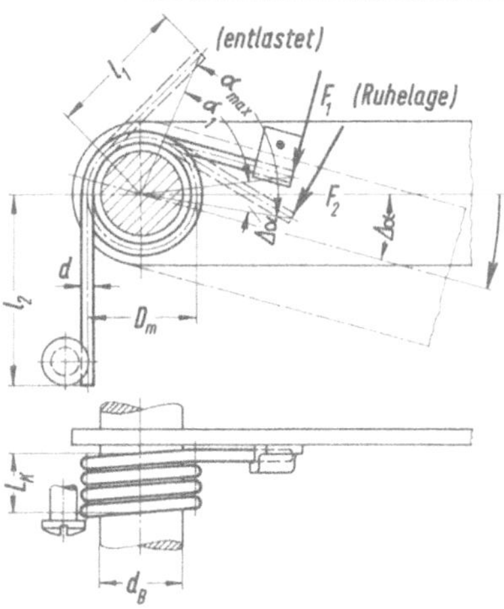

Ein Schenkel mit (lose) aneinanderliegenden Windungen soll als Rückholfeder einen Hebel bewegen. In der Ruhelage soll sie eine Kraft $F_1 \approx 1{,}5$ N und nach einem Hubwinkel $\Delta\alpha = 15°$ eine Rückholkraft $F_2 \approx 2{,}5$ N ausüben. Die angegebenen Kräfte dürfen nach oben bis etwa 25 % abweichen.

Für den Bolzen ergab sich aus der Konstruktion ein Durchmesser d_B = 6 mm, für die Schenkellängen l_1 = 10 mm und l_2 = 15 mm. Vorgesehen ist Federstahldraht B nach DIN 2076, Maßgenauigkeitsklasse A.

a) Welcher größte Verdrehwinkel α_{max} und Vorspann-Verdrehwinkel α_1 (Winkel zwischen der Lage des Schenkels l_1 bei entlasteter Feder und bei Feder in Ruhelage) ergeben sich, wenn sich bei linearem Kennlinienverlauf die Verdrehwinkel wie die zugehörigen Kräfte bzw. deren Unterschiede verhalten?

b) Die erforderlichen Federabmessungen (siehe Bild) sind zu bestimmen, wobei davon ausgegangen wird, daß D_i etwa um 20 % größer sein soll als d_B.

c) Es ist zu prüfen, ob die Kräfte F_1 und F_2 für die mit den gewählten Abmessungen sich ergebenden Verdrehwinkel α_{max} und α_1 noch im Bereich der zugelassenen Abweichung liegen und ob die vorhandene Biegespannung für die vorgesehene Drahtsorte noch zulässig ist!

10.8 Für eine Ofenklappe sind zwei, an beiden Seiten anzuordnende Schenkelfedern als Scharnierfedern auszulegen.

Die Klappe hat ein Gewicht $m = 4$ kg. Die Federn, für die Federstahldraht B nach DIN 2076, Maßgenauigkeitsklasse A vorgesehen ist, sollen so bemessen werden, daß sich die Klappe bei einem Öffnungswinkel $\Delta\alpha \approx 30°$ durch die Federkraft F_2 gerade zu schließen beginnt. Zum Beschicken des Ofens soll die Klappe in waagerechter Lage mit Sicherheit geöffnet bleiben, wobei das größte Biegemoment $M_{b\,max}$ der Feder um rund 25 % kleiner sein soll als das durch die Gewichtskraft gegebene Klappenmoment. Ohne Berücksichtigung der Reibung sind zu ermitteln:

a) das Biegemoment einer Feder M_{b2} und die zugehörige Federkraft F_2 bei $\Delta\alpha = 30°$ Öffnungswinkel sowie das maximale Biegemoment $M_{b\,max}$ und die zugehörige Federkraft F_3;

b) der Verdrehwinkel α_1 (Winkel zwischen den Hebellagen bei entlasteter Feder und geschlossener Klappe) und der Gesamt-Verdrehwinkel α_{max}, wenn berücksichtigt wird, daß die Biegemomente bzw. deren Unterschiede sich verhalten wie die zugehörigen Verdrehwinkel;

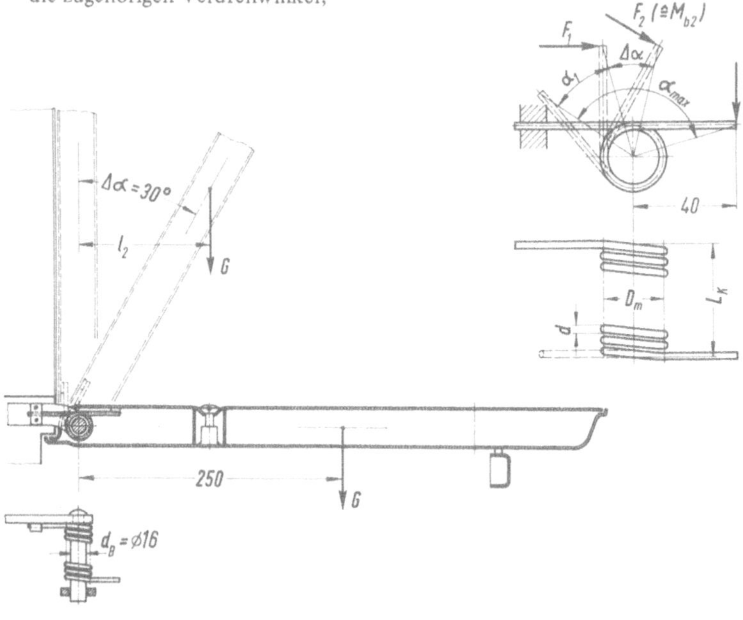

c) die Federabmessungen, wenn bei Festlegung von D_m nach DIN 3 davon ausgegangen wird, daß der Federinnendurchmesser D_i höchstens um 25 % größer sein soll als der Scharnierbolzendurchmesser d_B und L_K mit aneinanderliegenden Windungen auszuführen ist;

d) ob die mit den festgelegten Federabmessungen sich ergebenden Federkräfte F_1 aus M_{b1}, mit die Klappe geschlossen wird, sowie F_2 und F_3 sich ändern, wenn berücksichtigt wird, daß die Federkräfte sich verhalten wie die zugehörigen Verdrehwinkel (vgl. zu b);

e) die Biegespannung σ_b, wobei ihre Zulässigkeit für die gegebene Drahtsorte zu prüfen ist!

10.9

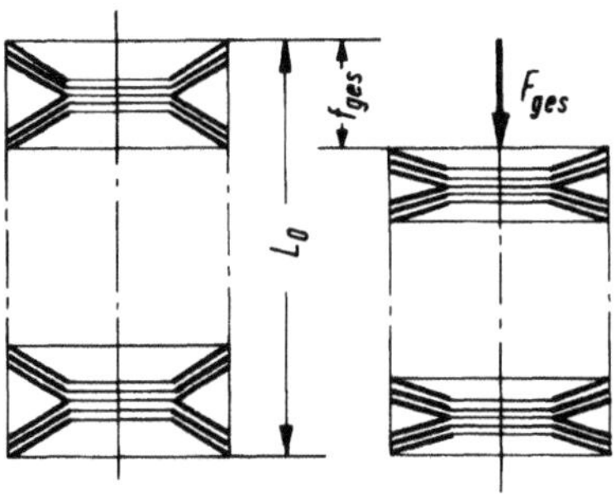

In eine Vorrichtung wird eine Tellerfedersäule aus 12 wechselsinnig aneinandergereihten Paketen zu je 3 Tellerfedern A 28 DIN 2093 eingebaut (siehe sinnbildliche Darstellung nach DIN 29 im Bild).

a) Wie groß sind der Gesamtfederweg f_{ges} in mm und die Gesamtfederkraft F_{ges} in kN bei größtmöglicher Ausnutzung der Tellerfedern?

b) Welche Längen in mm haben die unbelastete und belastete Federsäule?

10.10

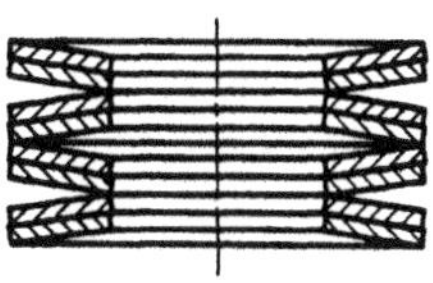

Für eine Federsäule aus 4 wechselsinnig aneinandergereihten Paketen zu je 2 Tellerfedern B 125 DIN 2093 soll die Länge der belasteten Federsäule in mm bei 5,8 mm Federweg bestimmt werden (siehe Darstellung im Schnitt nach DIN 29 im Bild).

10.11

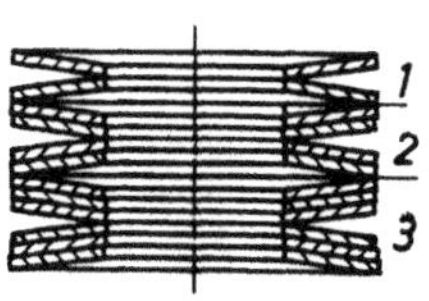

Um eine progressive Federkennlinie zu erreichen, wird mit verschiedenen Paketen aus gleich großen Tellerfedern A 45 DIN 2093 eine Federsäule zusammengesetzt.

Ohne Berücksichtigung der Reibung sind zu ermitteln:

a) die größte von der Säule aufzunehmende Federkraft F_{max} bei maximal zulässigem Federweg;

b) der Gesamtfederweg f_{ges} der Säule aus den Einzelfederwegen f_1, f_2, f_3 der Teilsäulen 1, 2, 3 bei F_{max};

c) die Länge der belasteten Federsäule!

10.12

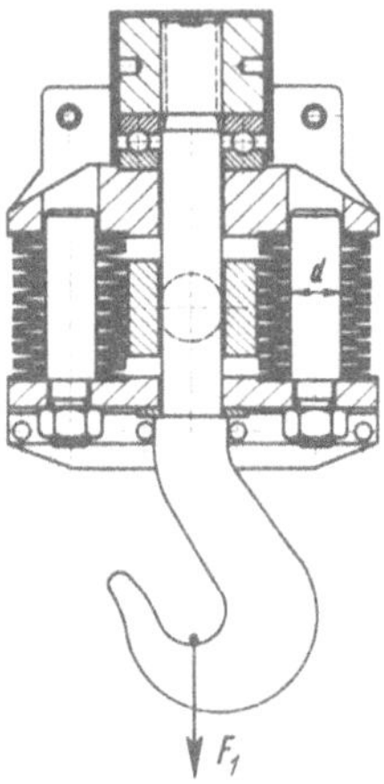

Zur Dämpfung von Stößen ist ein Kranhaken für eine Höchstbelastung m_1 = 5 t (Tragfähigkeit) durch Tellerfedersäulen abgefedert. Nach den konstruktiven Gegebenheiten darf der größte Federweg f_{max} = 27 mm nicht überschritten werden und der Durchmesser der Führungsbolzen soll d = 40 ... 50 mm betragen.

Das Eigengewicht des Kranhakens einschließlich Lagerung, Tragplatte usw. beträgt $m \approx 40$ kg.

a) Welche Tellerfedern nach DIN 2093 sind geeignet, wenn die zulässige Federkraft durch F_{max} mindestens 75 % ausgenutzt werden soll?

b) Welche Anzahl i der wechselsinnig aneinandergereihten Tellerfedern ergibt sich je Säule entsprechend dem Federweg f_1 je Einzelteller bei F_{max}?

c) Es ist zu prüfen, ob f_{max} nicht überschritten wird und, ob die unbelastete Länge der Säule nicht zu groß ausfällt!

10.13 Welche Federkräfte F in kN müßten ohne Berücksichtigung der Reibung aufgebracht werden, wenn folgende Einzelteller mit rund 70 % des maximal zulässigen Federweges vorgespannt eingebaut werden sollen:

a) Tellerfeder B 45 DIN 2093, b) Tellerfeder A 80 DIN 2093?

10.14 In eine Vorrichtung soll eine Säule aus Tellerfedern nach DIN 2093 eingebaut werden, die eine statische Federkraft von rund 5000 N bei einem Federweg von 10 mm aufzubringen hat, und die bei günstiger Ausnutzung der Einzelteller eine möglichst kurze Einbaulänge benötigt. Nach den konstruktiven Gegebenheiten kann der Durchmesser des Führungsbolzens höchstens 20 mm betragen.

Welche Abmessungen der Federsäule sind bei Berücksichtigung der Reibung zu wählen?

10.15 Eine Tellerfedersäule aus 8 wechselsinnig aneinandergereihten Tellerfedern B 56 DIN 2093, soll mit einer Vorspannkraft F_1 = 1800 N eingebaut und bis zu einer Betriebskraft F_2 = 3400 N schwingend belastet werden.

a) Es ist zu prüfen, ob die Tellerfedern bei dieser Belastung im dauerfesten Bereich bis $Z = 2 \cdot 10^6$ Lastspiele arbeiten!

Annahme: Für die Tellerfeder liegen nur Angaben nach DIN 2093 vor, so daß die angenäherte Feder- und Spannungskennlinie mit geeigneten Maßstäben aufzuzeichnen sind. Aus der Kennlinien-Darstellung sollen für die gegebenen Kräfte die entsprechenden Werte der Federwege und Spannungen abgelesen und durch Rechnung kontrolliert werden.

b) Welche Länge L_0 der unbelasteten und der belasteten Federsäule L_1 und L_2 durch F_1 und F_2 ergeben sich ohne Berücksichtigung der Reibung?

10.16 In ein Stanzwerkzeug soll für den Auswerfer eine Federsäule aus 10 wechselsinnig aneinandergereihten Federpakete zu je 2 Tellerfedern B 45 DIN 2093 mit einem Vorspannfederweg $f_1 = 0{,}2 \cdot h$ eingebaut werden. Die vorgespannte Federsäule wird mit $F_{2\,ges} \approx 5000$ N schwingend belastet.

Bei Vernachlässigung der Reibung ist der Hubfederweg Δf_{ges} der Säule zu berechnen und die Dauerfestigkeit bei $Z = 5 \cdot 10^5$ Lastspielen zu prüfen!

10.17

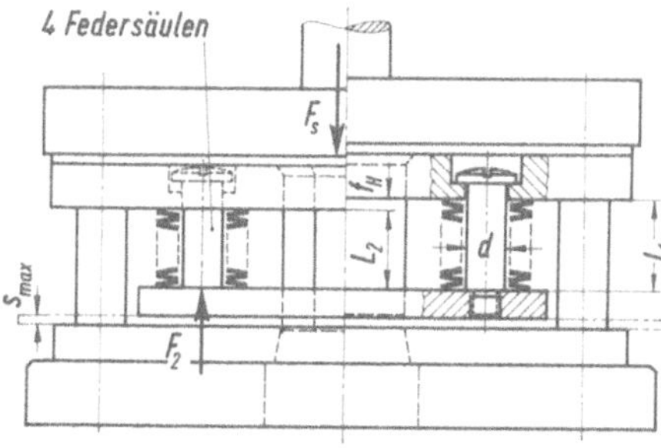

In einem Schneidwerkzeug sollen für den Abstreifer der zu schneidenden Bleche zum Erreichen einer möglichst geringen Bauhöhe (statt einer Säule aus i Paketen zu je n Einzeltellern) 4 Tellerfedersäulen aus wechselsinnig aneinandergereihten Einzelteller vorgespannt angeordnet werden, die je einen Hub $f_H = \Delta f_{ges} \approx 2$ mm ausführen. Das Werkzeug ist für eine größte Blechdicke $s = 1{,}4$ mm und einen größten Schneidkantenumfang $l_K = 135$ mm bei Stahlblech DIN 1541 aus St 50-2 nach DIN 1623 ($\tau_{aB} \approx 0{,}85 \cdot \sigma_{ZB}$) ausgelegt. Für die Abstreifkraft F_{ab} kann allgemein rund 10 % der Schnittkraft $F_S \approx 0{,}7 \cdot l_K \cdot s \cdot \tau_{aB}$ in N bei Schrägschliff des Schnittstempels angenommen werden.

Unter Berücksichtigung der Reibung sollen geeignete Tellerfedern mit den entsprechenden Säulenabmessungen bei Mindest-Vorspannung σ_{dI} und für die Betriebslast F_2' je Federsäule bestimmt und die Dauerhaltbarkeit der Tellerfedern bei $Z = 10^5$ Lastspielen geprüft werden!

10.18

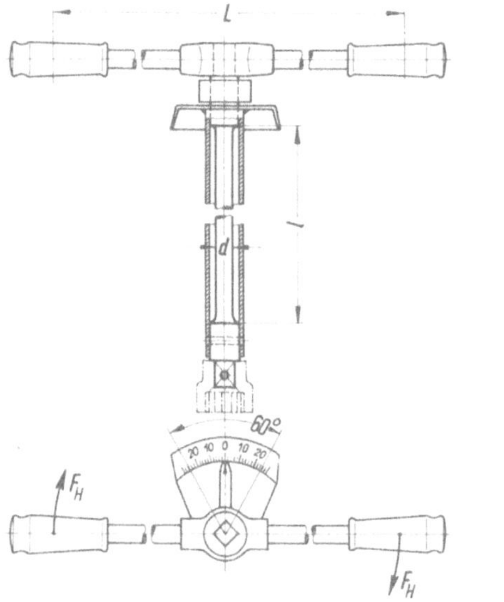

Zum Messen des Drehmomentes bei einem doppelarmigen Drehmoment-Schraubenschlüssel dient eine Drehstabfeder aus Federstahl 50 CrV 4 nach DIN 17 221. Der Schlüssel ist für ein maximales Anzugsmoment M_A = 250 Nm auszulegen. Zum Erreichen einer ausreichenden Ablesegenauigkeit soll der gesamte Skalenwinkel rund 60° betragen.

a) Für welchen größten Durchmesser von Schaftschrauben mit Regelgewinde im Bereich der Festigkeitsklasse 6.9 bis 12.9 kann der Drehmomentenschlüssel eingesetzt werden?

b) Welcher Schaftdurchmesser d nach DIN 3 für den größten zulässigen Spannungswert und welche federnde Länge l ergeben sich für den Drehstab, wenn die geringe Verdrehung der Übertragungsteile außerhalb des eigentlichen Drehstabes vernachlässigt wird?

c) Welche Länge L des Hebels ist bei einer beidseitigen größten Handkraft $F_H \approx 500$ N erforderlich?

10.19

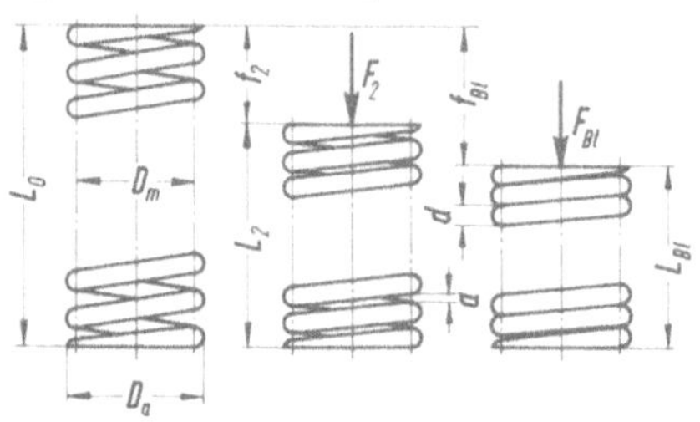

Eine überwiegend statisch belastete zylindrische Schrauben-Druckfeder aus Federstahldraht nach DIN 2076, Maßgenauigkeitsklasse A mit einem Drahtdurchmesser d = 2 mm hat einen Außendurchmesser D_a = 16 mm und i_f = 12 federnde Windungen.

Zu ermitteln sind:

a) die größte Betriebskraft F_2 und die Federrate c, wenn der zugehörige Federweg f_2 = 24 mm betragen soll;

b) die fehlenden Abmessungen der Feder, wobei die zulässigen Abweichungen nach DIN 2095, Gütegrad „mittel“ festzustellen sind;

c) die geeignete Federdrahtsorte mit Angabe der Normbezeichnung des Drahtes;

d) die Knicksicherheit nach Art der Führung!

10.20 Gesucht wird eine selten wechselnd belastete zylindrische Schrauben-Druckfeder, die bei eine Belastung $F_2 \approx 120$ N einen Federweg $f_2 = 24$ mm bringt. Da die Feder in einer Hülse von 12,5 mm Durchmesser geführt werden soll, darf der Federaußendurchmesser $D_a = 12$ mm nicht überschreiten.

Wegen Ähnlichkeit zur Aufgabe 10.19 hinsichtlich Federkraft und Federweg soll zunächst der gleiche Durchmesser $d = 2$ mm für eine geeignete Drahtsorte nach DIN 2076, Maßgenauigkeitsklasse A gewählt werden. Stellt sich heraus, daß aufgrund der gefundenen Federabmessungen eine ungenügende Werkstoffausnutzung vorliegt, soll allein der Drahtdurchmesser d geändert werden.

Welche Federabmessungen ergeben sich, wenn eine ausreichende Werkstoffausnutzung für die zu wählende Drahtsorte gefordert wird? Die Knicksicherheit ist zu prüfen!

10.21 Eine überwiegend statisch belastete Schrauben-Druckfeder aus Federstahldraht C nach DIN 2076, soll eine Federkraft $F_2 \approx 2400$ N bei einem Federweg $f_2 = 50$ mm ausüben. Da die Feder über eine Welle mit 75 mm Durchmesser passen muß, darf der Federinnendurchmesser $D_i = 78$ mm nicht unterschreiten. Welcher Drahtdurchmesser d und welche ungespannte Länge L_0 ergeben sich für die Feder? Die Eignung der Drahtsorte ist mit den gewählten Abmessungen zu prüfen!

10.22 In eine Vorrichtung sollen 4 Schrauben-Druckfedern parallel geschaltet eingebaut werden, die zusammen eine statische Gesamtbelastung von rund 7400 N bei einem Federweg je Feder $f_2 = 90$ mm aufnehmen können. Aus konstruktiven Gründen kann jede Feder höchstens einen Außendurchmesser $D_a = 70$ mm haben.

a) Die günstigsten Federabmessungen sind für einen geeigneten Federstahldraht nach DIN 2076, Maßgenauigkeitsklasse B festzulegen!

b) Die Knicksicherheit ist zu prüfen!

10.23

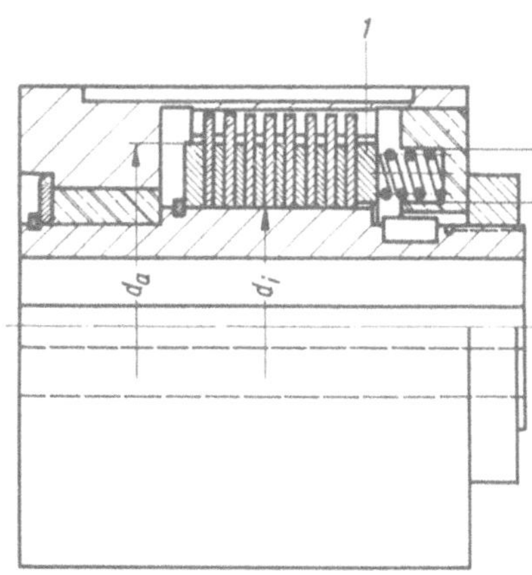

Eine Sicherheits-Lamellenkupplung hat insgesamt $n = 17$ Lamellen (Innen- und Außenlamellen). Die geschliffenen Lamellen aus GG-30 mit einem Außendurchmesser $d_a = 255$ mm und einem Innendurchmesser $d_i = 185$ mm sollen im leicht gefetteten Zustand bei einer Reibungszahl $\mu \approx 0{,}08$ ein Drehmoment $M_t = 1550$ Nm übertragen, wenn auf die Druckscheibe (Innenlamelle 1) 10 gleichmäßig auf den Umfang verteilte zylindrische Schrauben-Druckfedern wirken.

Aus konstruktiven Gründen können Federn mit höchstens $D_a \approx 25$ mm eingebaut werden, deren Federweg $f_2 = 6$ mm bei gelüfteter und eingeschalteter Kupplung beträgt.

a) Nach Berechnung der erforderlichen Anpreßkraft F_{ges} aus der wirksamen Umfangskraft F_u für das geforderte Drehmoment bei einem mittleren Reibflächendurchmesser d_R ist zunächst die auf die Druckscheibe ausgeübte Kraft F für $(n - 1)$ Lamellen und damit die Betriebskraft je Feder F_2 zu bestimmen!

b) Alle erforderlichen Abmessungen der überwiegend statisch belasteten Federn sind für einen geeigneten Federstahldraht nach DIN 2076, Maßgenauigkeitsklasse A festzulegen!

10.24

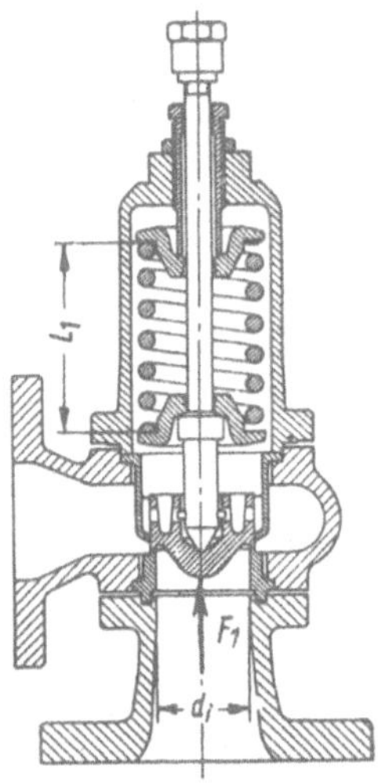

Ein federbelastetes Sicherheitsventil mit einem Innendurchmesser des Ventilsitzes $d_i = 20$ mm soll bei einem Lüftdruck öffnen, der rund 10 % über dem Betriebsdruck $p_ü = 16$ bar liegt.
Die in der geschlossenen Haube sitzende zylindrische Schrauben-Druckfeder kann höchstens mit einem Außendurchmesser $D_a = 35$ mm ausgeführt werden.

Die Öffnungskraft F_1 soll bei einem Vorspannweg $f_1 = 20$ mm mit der Länge L_1, die Federkraft F_2 bei voll geöffnetem Ventil nach einem Hub $\Delta f = d_i/4$ erreicht werden.

a) Nach Ermittlung der Federkräfte F_1 und F_2 sind die Federabmessungen für einen geeigneten Federstahldraht nach DIN 2076, Maßgenauigkeitsklasse A bei ausreichender Werkstoffausnutzung festzulegen!

b) Ist die Feder mit geführten Einspannenden knicksicher?

10.25 Für eine Federkraft $F_2 \approx 26{,}5$ kN soll eine warmgeformte zylindrische Schrauben-Druckfeder aus Qualitätsstahl nach DIN 17 221 mit einem Stabdurchmesser $d = 25$ mm und einem Außendurchmesser $D_a = 160$ mm verwendet werden, die einen Federweg $f_2 = 120$ mm ausführt. Die Belastung der Feder wechselt zwischen einer veränderlichen Vorspannkraft F_1 und der Federkraft F_2 in 24 Stunden höchstens mit 40 Lastspielen.

a) Die Zulässigkeit der gewählten Stahlsorte ist zu prüfen!

b) Die ungespannte Länge L_0 und die gespannte Länge L_2 sind zu ermitteln!

c) Ist die Feder mit veränderlichen Auflagebedingungen knicksicher?

10.26 Eine zylindrische Schrauben-Druckfeder soll als Ventilfeder zwischen einer Vorbelastung $F_1 = 300$ N und der Höchstbelastung $F_2 = 640$ N bei einem Hub $h \mathrel{\hat{=}} \Delta f = 14$ mm mit hoher Lastspielzahl arbeiten. Aus konstruktiven Gründen kann die Feder mit einem Außendurchmesser $D_a \leqslant 37$ mm eingebaut werden.

a) Die erforderlichen Federdaten sind für ölvergüteten Ventilfederdraht (VD) nach DIN 17 223 gestrahlt, zu bestimmen! Die Normbezeichnung des Drahtes ist anzugeben!

b) Die Dauerfestigkeit für die Feder mit praktisch unbegrenzter Lebensdauer und die Knicksicherheit mit veränderlichen Auflagebedingungen sind zu prüfen!

10.27 Für das Tellerventil einer Pumpe soll eine zylindrische Schrauben-Druckfeder mit praktisch unbegrenzter Lebensdauer ermittelt werden.

Bei geschlossenem Ventil soll die Feder mit $F_1 = 440$ N vorbelastet werden und bei geöffnetem Ventil nach einem Hub $h \mathrel{\hat{=}} \Delta f = 13$ mm die Höchstlast $F_2 = 660$ N erreichen. Für die schwingende Belastung soll Federstahldraht C nach DIN 2076, gestrahlt verwendet werden. Der konstruktiv festgelegte Einbauraum läßt einen Feder-Außendurchmesser von höchstens $D_a = 30$ mm und bei geöffnetem Ventil eine Länge $L_2 \geqslant 50$ mm zu.

a) Unter Verwendung der im Bild dargestellten Kennlinie mit Verdrehspannungs-Zeit-Schaubild sind nach Wahl von d (Normbezeichnung des Drahtes!) und D_m nach DIN 3 die zu den Federkräften gehörigen Federwege und Verdrehspannungen sowie die fehlenden Federabmessungen zu ermitteln!

b) Mit den gewählten Abmessungen ist die Dauerfestigkeit der Feder zu prüfen!

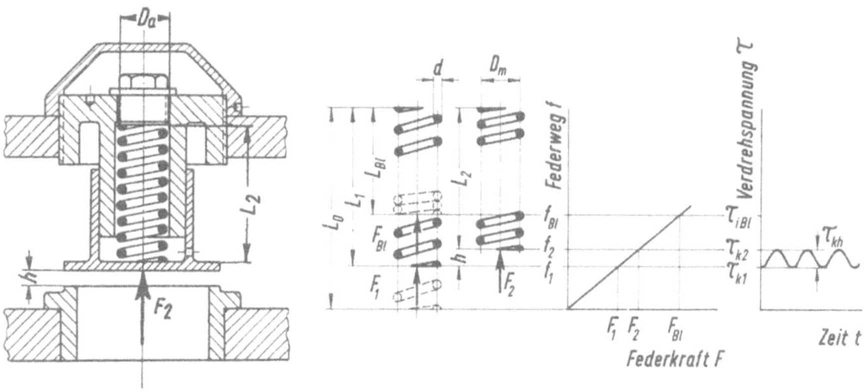

10.28 Eine schwingend belastete zylindrische Schrauben-Druckfeder aus Draht 1,1 C DIN 2076-II, gestrahlt, mit einem Außendurchmesser $D_a = 9{,}1$ mm und $i_f = 10$ federnden Windungen soll eine Hubspannung $\tau_{kh} = 300 \frac{\text{N}}{\text{mm}^2}$ nicht überschreiten. Mit der zulässigen Schwinglast $F_h \mathrel{\hat{=}} \Delta F$ und dem zugehörigen Hub $h \mathrel{\hat{=}} \Delta f$ ist die Federungsarbeit W in Nmm zu ermitteln!

10.29 Eine mit innerer Vorspannung hergestellte zylindrische Schrauben-Zugfeder aus Draht 4,5 A DIN 2076-A mit ganzer deutscher Öse hat folgende Abmessungen: Außendurchmesser D_a = 36,5 mm, unbelastete Länge L_0 = 150 mm und i_g = 23 Gesamtwindungen. Bei einer Belastung F_1 = 250 N wurde eine Länge L_1 = 180 mm und bei einer Belastung F_2 = 550 N eine Länge L_2 = 233 mm gemessen.

Es ist zu prüfen, ob die aus der inneren Vorspannkraft F_0 sich ergebende innere Vorspannung τ_{io} für die auf der Wickelbank kaltgeformte Feder zulässig ist und, ob die Zugkraft F_2 von der Feder ohne Schaden aufgenommen werden kann!

10.30 Es soll eine mit innerer Vorspannung gewickelte zylindrische Schrauben-Zugfeder aus Federstahldraht nach DIN 2076, Maßgenauigkeitsklasse A und ganzer deutscher Öse ermittelt werden, die für die überwiegend statische Höchstbelastung $F_2 \approx 150$ N bei einem Federweg f_2 = 60 mm eine gespannte Länge $L_2 \approx 140$ mm erreicht. Aus konstruktiven Gründen kann nur eine Feder mit einem maximalen Außendurchmesser D_a = 25 mm eingebaut werden.

a) Die erforderlichen Federdaten sind zu ermitteln!

b) Da die Feder aus technischen Gründen der Ösung auf dem Wickelautomaten gefertigt werden soll, ist zu prüfen, ob die Feder zunächst hinsichtlich der inneren Verdrehspannung und danach auch für die Belastung maßgebende ideelle Verdrehspannung ausreichend bemessen ist!

10.31 Für die fußbetätigte Sperrvorrichtung einer Rollenbahn für Sacktransporte ist die mit innerer Vorspannkraft $F_0 = 0{,}25 \cdot F_2$ gewickelte zylindrische Schrauben-Zugfeder zu berechnen.

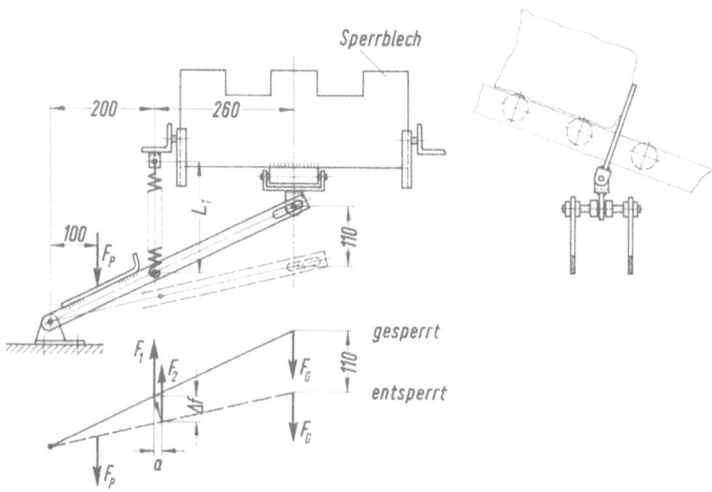

Die Einbauverhältnisse und die zweckmäßige Skizze der Belastungszustände mit entsprechenden Federwegen zeigt die Abbildung.

Die Feder soll das Sperrblech vom Gewicht m = 10 kg mit Sicherheit in der oberen Sperrlage halten und so ausgelegt werden, daß zum Freigeben der Bahn eine Fußkraft (Pedalkraft) $F_P \approx 200$ N nicht überschritten wird.

Die Reibungskräfte an Führungen, Gelenken u. dgl. sollen unberücksichtigt bleiben.

Nach den konstruktiven Gegebenheiten soll der Federaußendurchmesser $D_a \leqslant 30$ mm sein; außerdem ist eine Einbaulänge L_1 = 200 ... 300 mm verfügbar.

Unter Vernachlässigung der geringen seitlichen Verschiebung „a" sind im einzelnen zu ermitteln:

a) die Zugkraft F_1 der Feder, die um rund 10 % erhöht (zu einem glatten Zahlenwert abgerundet) angegeben werden soll, damit das Sperrblech mit Sicherheit in Sperrlage gehalten wird;

b) die Federkraft F_2 für die entsperrte Lage und der zusätzliche Federweg Δf zwischen den Lagen gesperrt und entsperrt;

c) die erforderlichen Federabmessungen für die geeignete Drahtsorte nach DIN 2076, Maßgenauigkeitsklasse A!

10.32 Die zwei Schrauben-Zugfedern mit ganzen deutschen Ösen für ein Garagen-Schwingtor sind zu berechnen. Das Torblatt mit den Abmessungen 2,1 X 2,35 m hat ein Gewicht $m \approx 60$ kg. Die Abbildung zeigt das Tor im geöffneten Zustand (Vollinien) und in halbgeöffneter Lage (Strichlinien).

Die Federn sollen so ausgelegt werden, daß das Tor in halbgeöffneter Lage, also bei waagerechter Hebelstellung (Strichlinien), durch die Federkraft F_2 gerade im Gleichgewicht gehalten wird (vgl. Skizze mit Maßen und Kraftangriff). Im geöffneten Zustand ist noch eine (Vorspann-)Federkraft $F_1 \approx 0,5\ F_2$ vorhanden, um

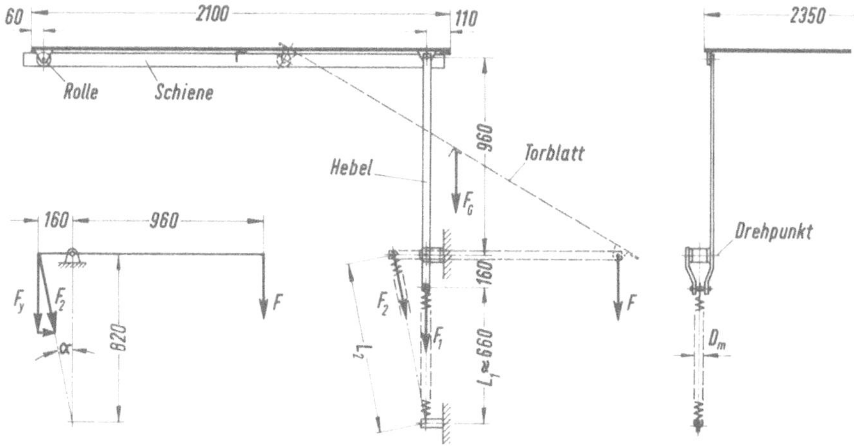

das Tor in dieser Lage zu halten, wobei die Einbaulänge $L_1 \approx 660$ mm beträgt. Die nur mit geringer (vernachlässigbarer) innerer Vorspannkraft bei aneinanderliegenden Windungen gewickelten Federn sollen einen Außendurchmesser $D_a \leqslant 52$ mm haben.

Im einzelnen sind ohne Berücksichtigung der Reibungskräfte in Gelenken u. dgl. zu ermitteln:

a) die Federkräfte F_2 und F_1, wenn die Gewichtskraft F_G in der Mitte des Torblattes angreift;
b) die Federlänge L_2 bei waagerechter Hebelstellung und der Federweg f_2 zwischen offenem Tor und waagerechter Haltestellung;
c) die für den Federweg f_{max} vorhandene größte Federkraft F_{max} bei geschlossenem Tor;
d) unter Berücksichtigung der konstruktiven Gegebenheiten geeignete Federabmessungen d, D_m (nach DIN 3), i_g, L_0 für die zu wählende Drahtsorte nach DIN 2076, Maßgenauigkeitsklasse A!

10.33

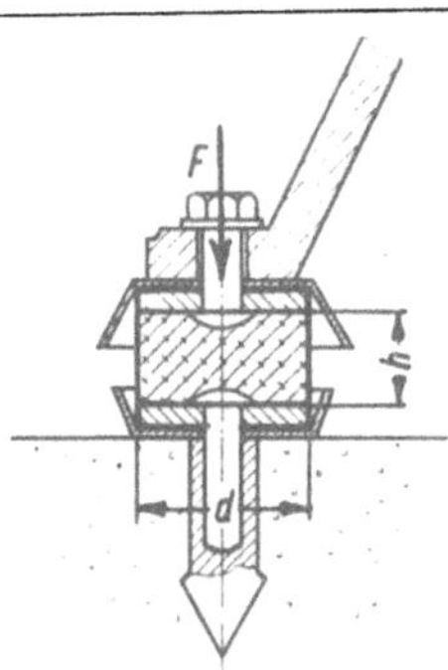

Zur Dämpfung von Schwingungen soll eine Werkzeugmaschine mit einem Gewicht $m = 2200$ kg auf 4 Gummi-Druckfederelemente gesetzt werden, wobei sich das Gewicht annähernd gleichmäßig auf die Federn verteilt. Der Gummi hat nach Angabe des Herstellers eine Shore-Härte von rund 60.

Nach Katalog haben die Federn des schätzungsweise in Frage kommenden Bereichs folgende Abmessungen:

$d = 30, 40, 50, 70, 75, 100$ mm und zugehörig
$h = 27, 27, 41, 41, 49, 51$ mm.

Wegen der Abweichung vom Verhältnis $d/h \approx 1$ ist der E-Modul nach Bild 10-25 zum Abschnitt 10.8.1 im Lehrbuch um etwa 20 % zu erhöhen.

a) Welche Druckfeder-Abmessungen kommen in Frage, wenn zunächst mit einem mittleren zulässigen Spannungswert gerechnet wird?
b) Nach Feststellung der Zulässigkeit der tatsächlichen Druckspannung σ_d in der gewählten Feder ist auch zu prüfen, ob die Voraussetzung für die Berechnung des Federweges f gegeben ist; andernfalls sind Federabmessungen zu wählen, die diese Voraussetzung erfüllt!

10.34

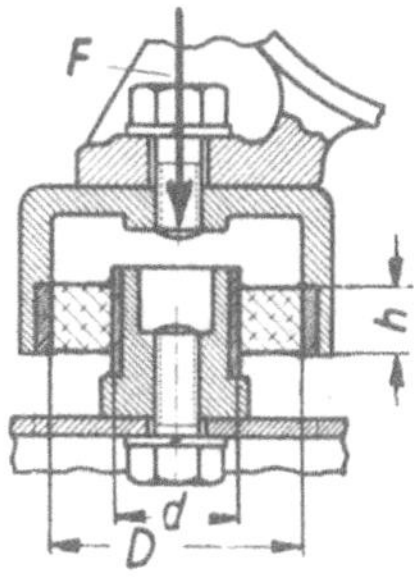

Das Gerüst eines Interferenz-Meßgerätes muß besonders sorgfältig gegen Bodenerschütterungen u. dgl. isoliert werden, da selbst geringste Schwingungen des im Gerüst untergebrachten Spiegelsystems die Lichtinterferenzen stören können.

Das Gerät mit einem Gewicht $m = 600$ kg soll darum auf gut dämpfende Gummi-Ringelemente gesetzt werden. Nach Katalog werden Federelemente mit den Abmessungen $D = 60$ mm, $d = 30$ mm, $h = 16$ mm bei einer spezifischen Schub-Federzahl $c_S = \frac{\tau}{f} = \frac{G}{h} = 0{,}04 \frac{\text{N}}{\text{mm}^3}$ gewählt.

a) Die Zulässigkeit der auftretenden Schubspannung τ ist zu prüfen, wenn ein Federweg $f = 10$ mm zugelassen wird!

b) Die erforderliche Zahl n der Federelemente zum Tragen des Gerätes ist zu bestimmen!

c) Welche Shore-Härte des Gummis ist aufgrund der vorliegenden Daten notwendig?

11. Achsen, Wellen und Zapfen

Vorbemerkungen

Die Dimensionierung und Gestaltung von Achsen, Wellen und Zapfen ist eine der häufigsten Aufgaben des in der Praxis stehenden Konstrukteurs. Überschlägige Berechnung – konstruktive Gestaltung – anschließende Festigkeits- und evtl. Formänderungskontrolle sind in der Regel die einzelnen Stationen zur endgültigen Festlegung der Abmessungen. Bei jeder Festigkeitsberechnung sollte zunächst die Beanspruchungs- und Belastungsart des Bauteiles festgestellt werden, um somit sofort zu erkennen, welche der drei Hauptgleichungen (11.3), (11.6) oder (11.12) maßgebend ist. Bei Nachrechnungen konstruktiv bereits vorgewählter Abmessungen sind mehrere Möglichkeiten gegeben, so z. B. der Spannungsvergleich (vorhandene Spannung – zulässige Spannung), Durchmesservergleich (konstruktiv gewählter Durchmesser – erforderlicher Mindestdurchmesser) oder aber die Ermittlung der vorhandenen Sicherheit gegenüber Dauerbruch. In den folgenden Aufgaben sind alle Wege beschritten worden und in den betreffenden Lösungshinweisen sind diese entsprechend vorgezeichnet.

Einzelne Berechnungsergebnisse können durchaus von denen im Ergebnisteil der Aufgabensammlung abweichen, da unterschiedliche Annahmen von Betriebsfaktoren, Kerbwirkungszahlen, Sicherheitswerten und dgl. getroffen werden können. Andere Ergebnisse sind in keinem Fall etwa falsch, denn es liegt nun eben in der Art der „praktischen“ Aufgaben begründet, daß verschiedene Lösungsmöglichkeiten gegeben sind, die zu einem brauchbaren Ergebnis führen; es sollten jedoch abweichende Werte einer kritischen Kontrolle unterzogen werden.

11.1 Der Durchmesser d der Achse aus St 50 für das Umlenk-Kettenrad in der Spannstation eines Ketten-Trogförderers ist zu berechnen. Durch Kettenvorspannung und Reibungswiderstände, insbesondere am oberen Trumm (durch Kettenführung, Schanzen des Fördergutes), ist mit einer Achskraft $F_A \approx 10$ kN zu rechnen. Die Nabenabmessungen des Kettenrades aus GS-45 (Durchmesser und Länge) sind anschließend festzulegen.

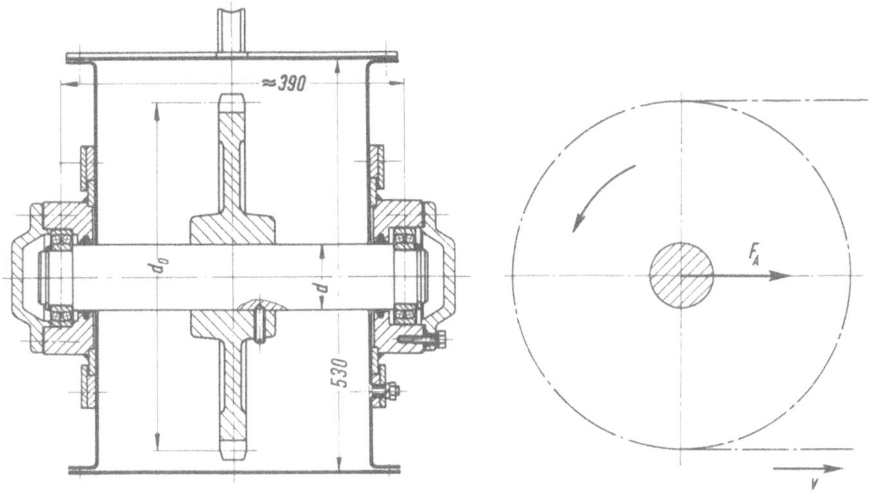

11.2

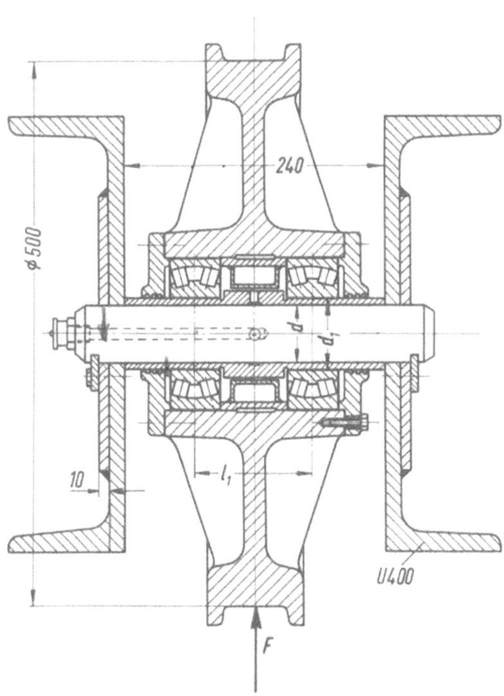

Für einen Laufkran von 75 kN Tragkraft, 80 m/min Fahrgeschwindigkeit und 500 mm Laufraddurchmesser ergeben sich durch die verschiedenen Stellungen der Laufkatze eine größte Radkraft $F_{max} \approx 70$ kN. Der Abstand der U-Träger wurde konstruktiv mit $l = 240$ mm festgelegt.

Welcher Durchmesser d der Laufradachse, für die mit $R_t \approx 4\ \mu$m blankgezogener Rundstahl aus St 50 K nach DIN 670 vorgesehen wird, ist vorzusehen, wenn der Lagerabstand $l_1 = 100$ mm beträgt und sicherheitshalber die auf der Achse sitzende Buchse für die Berechnung unberücksichtigt bleibt?

11.3 Die Achse aus St 42 eines Transportwagens wird durch Wagengewicht und Zuladung mit $F = 15$ kN belastet. Für den Achszapfen ergab sich konstruktiv ein Durchmesser $d_1 = 50$ mm. Welche Sicherheit gegenüber Dauerbruch liegt für den Durchmesser d_1 vor?

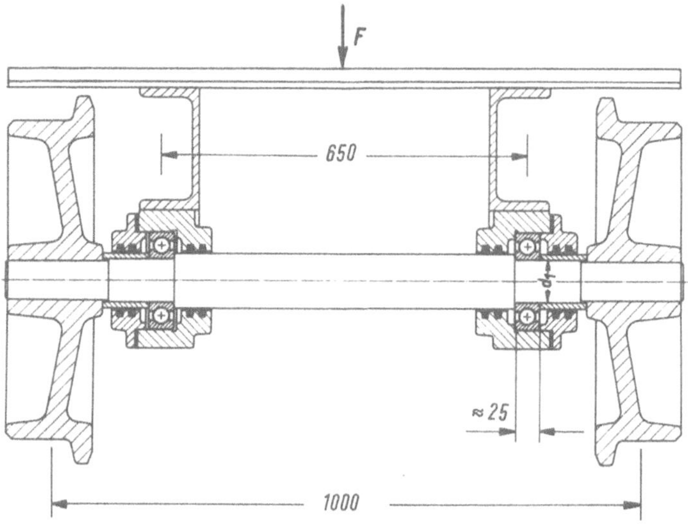

11.4 Für den dargestellten Lagerzapfen einer Laufradachse aus St 50 ist der vorgewählte Durchmesser $d_1 = 120$ mm festigkeitsmäßig zu überprüfen. Die größte Lagerkraft beträgt etwa $F \approx 60$ kN. Die im Betrieb auftretenden Stöße werden durch die Annahme einer Häufigkeit der Höchstlast von 100 % berücksichtigt. Die Innenringe der Zylinder-Rollenlager sind warm aufgezogen.

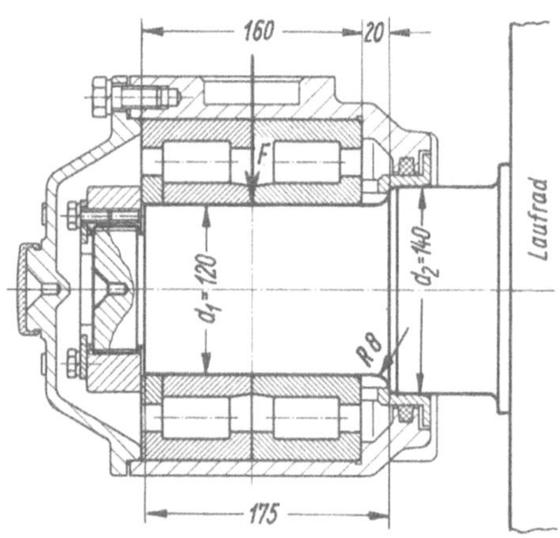

11.5 Für eine Umlenk-Riemenscheibe von 125 mm Durchmesser und 160 mm Breite wurden Lagerung (Nadellager) und Lagerbolzen nach rein konstruktiven Gesichtspunkten gestaltet und danach die Abmessungen festgelegt.

Der Lagerbolzen, für den der Baustahl St 42 gewählt wird, ist nachzuprüfen. Es ist davon auszugehen, daß die größte Riemenzugkraft F_R = 3,5 kN beträgt und die Häufigkeit der Höchstlast mit ≈ 50 % anzunehmen ist.

Hinweis: Die durch das Anziehen der Nutmutter in der Achse auftretende Zugspannung ist durch eine entsprechend hohe Sicherheit zu berücksichtigen.

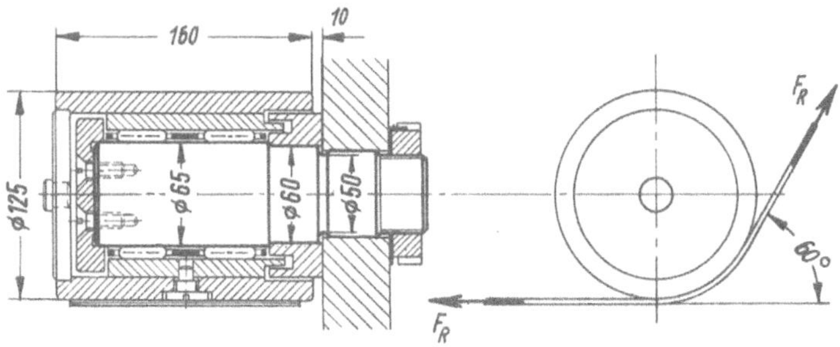

11.6

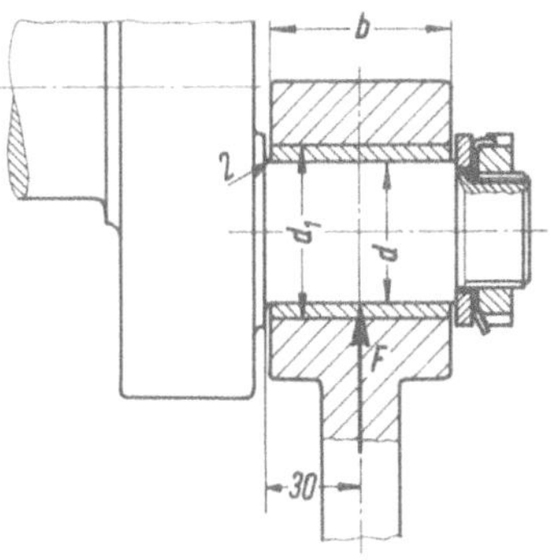

Der Exzenterzapfen zur Aufnahme der Koppelstange einer Kniehebelschere ist nachzuprüfen. Die größte Lagerkraft beträgt F = 15 kN bei einer Drehzahl n = 50 min^{-1}. Als Werkstoff für die Exzenterwelle wurde Vergütungsstahl 40 Mn 4 vorgesehen.

Für die vorliegenden Betriebsverhältnisse (hohe, stoßartige dynamische Belastung) wurde für die Lagerbuchse Guß-Zinnbronze G-SnBz 14 gewählt. Auf Grund der zulässigen mittleren Flächenpressung dieses Buchsenwerkstoffes wurden der Durchmesser des Zapfens mit d = 40 mm und die Breite der Lagerung mit b = 55 mm festgelegt.

11.7

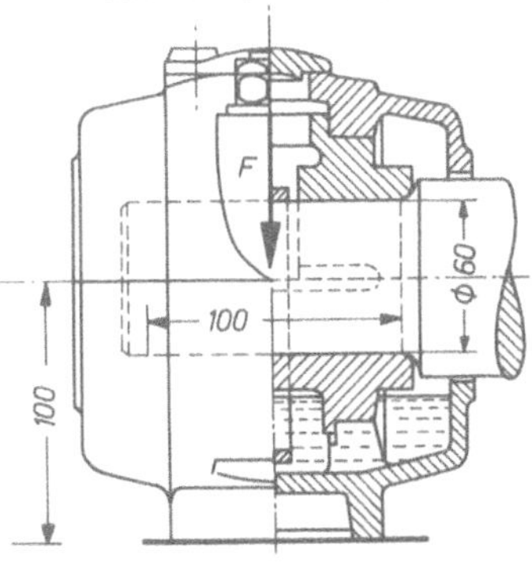

Als Endlager einer Transmissionswelle wird ein Stehlager mit Ringschmierung nach DIN 118 aus GG-25 verwendet. Die höchste aufzunehmende Radialkraft beträgt F = 25,5 kN bei einer Drehzahl n = 120 min^{-1}. Der Lagerzapfendurchmesser ist d = 60 mm, die tragende Lagerbreite b = 100 mm. Der Lagerzapfen aus St 50 ist auf Dauerbruchsicherheit nachzuprüfen.

11.8

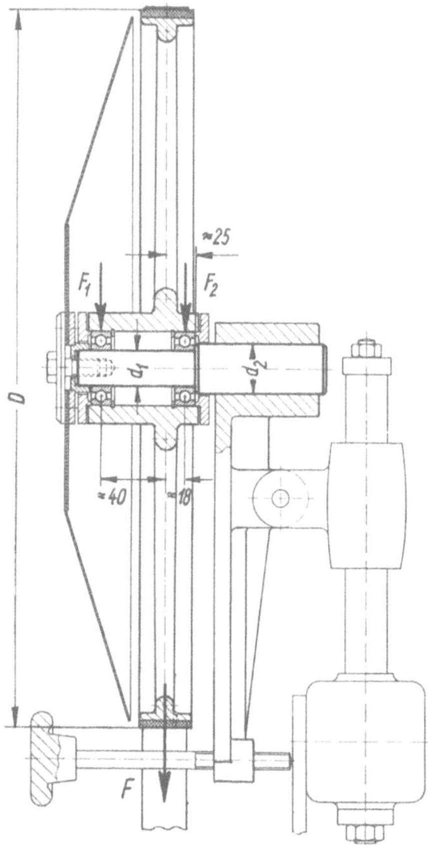

Nebenstehende Abbildung zeigt die Lagerung der oberen Bandrolle einer Bandsäge mit $D = 400$ mm Durchmesser. Bei einer Antriebsleistung der Säge von $P = 3$ kW bei $n = 750\ \text{min}^{-1}$ ist auf Grund der erforderlichen Vorspannung des Sägebandes mit einer Rollenkraft $F \approx 1$ kN zu rechnen.

Mit einem zunächst gefühlsmäßig zu erwartenden Achszapfendurchmesser $d \approx 20$ mm wurden durch Vorentwurf die für eine genaue Berechnung erforderlichen Abstände festgelegt.

Zu ermitteln sind:

a) der auf volle 10 bzw. 5 mm aufzurundende Durchmesser d_1 der Achse aus St 37;

b) die geeigneten ISO-Toleranzen für den festsitzenden Achsenteil mit $d_2 = d_1 + 5$ mm Durchmesser und für die Bohrung der Halterung.

11.9

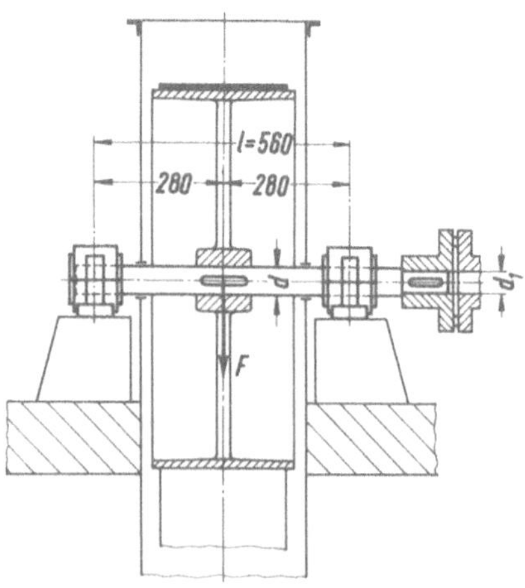

Der Zapfendurchmesser d_1 der Antriebswelle aus St 50 eines Elevators (Becherwerkes) ist zu ermitteln. Der Antrieb des Elevators erfolgt durch Drehstrommotor mit $P = 7{,}5$ kW Leistung bei einer Drehzahl $n = 1500\ \text{min}^{-1}$ über Getriebe mit $i_{ges} = 18$ und elastische Kupplungen.

11.10

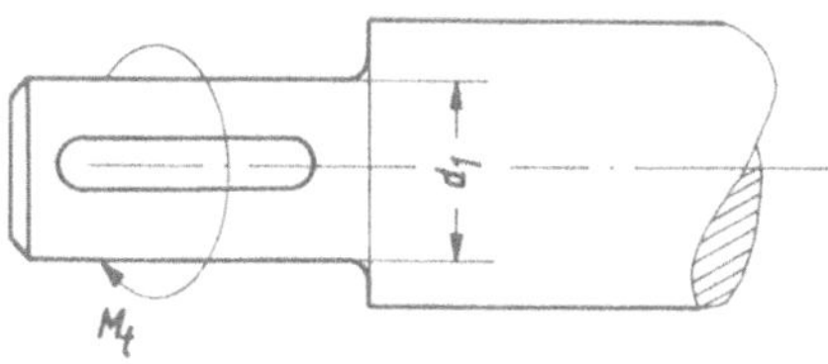

Die Antriebswelle aus St 60 eines 2-stufigen Stirnradgetriebes hat ein Moment von M_t = 650 Nm schwellend zu übertragen. Der Zapfendurchmesser der Antriebswelle wurde konstruktiv mit d_1 = 45 mm festgelegt. Das Moment wird über eine elastische Kupplung eingeleitet, die mittels Paßfeder nach DIN 6885 mit der Welle verbunden ist. Welche Sicherheit gegen Dauerbruch ist vorhanden?

11.11

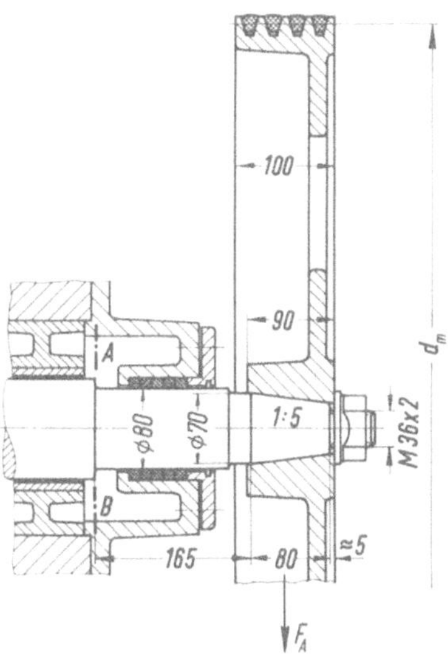

Für die zum Antrieb eines Kolbenverdichters verwendete Keilriemenscheibe aus GG-25 mit d_m = 800 mm Durchmesser ist eine Kegelverbindung mit der Antriebswelle vorgesehen. Zum leichteren Abnehmen der Scheibe wurde für das Wellenende der Kegel 1:5 gewählt. Nach überschlägiger Berechnung der Welle ergaben sich die konstruktive Gestaltung und die Hauptabmessungen für das Wellenende. Der Verdichter hat eine Antriebsleistung von P = 55 kW und eine Drehzahl n = 740 min^{-1}. Für die Antriebs-Kurbelwelle ist wegen der hohen und schwingenden Belastung der Vergütungsstahl Ck 22 gewählt.

Für den gefährdeten Querschnitt A–B ist zu prüfen, ob die Welle dauerbruchsicher ist.

11.12 Der Antriebszapfen der Sägewelle aus St50 einer Mehrblatt-Kreissäge mit P = 22 kW Antriebsleistung und n = 5000 min^{-1} wurde nach der Berechnung des Wellendurchmessers und auf Grund der konstruktiven Gegebenheiten mit d = 35 mm Durchmesser und l = 80 mm Länge ausgeführt. Die aufgesetzte Riemenscheibe aus GG hat einen Durchmesser D = 90 mm und eine Breite B = 125 mm. Bei einem vorgesehenen Spannwellentrieb ist mit einer Achskraft $F_A \approx 3{,}5 \cdot F_R$ (F_R = Riemenzugkraft gleich Umfangskraft an der Scheibe) zu rechnen.

Mit dieser Annahme sind für den Wellenzapfen zu prüfen bzw. zu bestimmen:

a) der Nutquerschnitt,
b) der Übergangsquerschnitt,
c) eine geeignete ISO-Passung zwischen Zapfen und Scheibenbohrung.

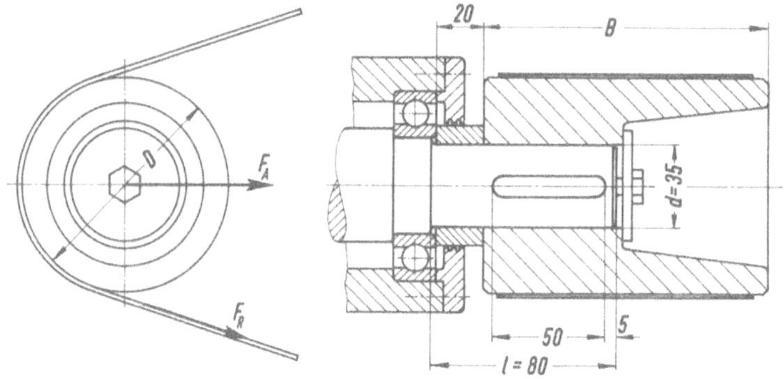

11.13

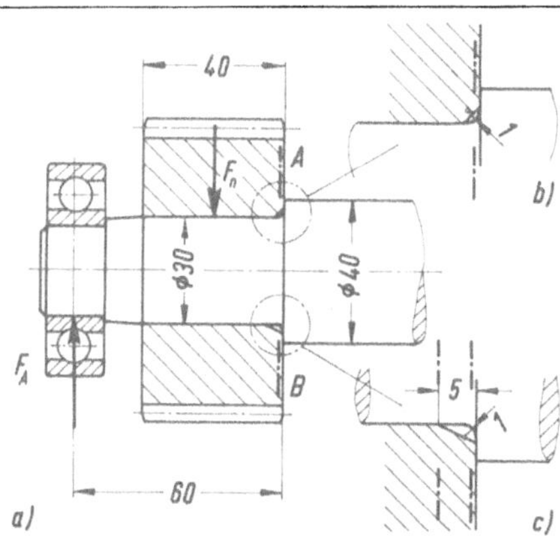

Auf eine Getriebewelle aus St60 ist ein Geradstirnrad mit Modul $m = 2{,}5$ mm und $z = 32$ Zähne aufgeschrumpft. Die Welle soll eine Leistung von $P = 5{,}5$ kW bei $n = 275\ \text{min}^{-1}$ übertragen. Die Lagerkraft wurde mit $F_A = 4250$ N ermittelt, die in gleicher Ebene wirkende Zahnkraft ergab sich mit $F_n \approx 5200$ N. Die Welle, für die durch überschlägige Berechnung der „Richtdurchmesser“ $d = 40$ mm ermittelt wurde, ist an der Zahnradstelle auf $d_1 = 30$ mm abgesetzt.

a) Es ist zu untersuchen und zu begründen, welche der Ausführungsformen b) oder c) hinsichtlich der Gestaltfestigkeit günstiger ist.

b) Neben den Ausführungsformen b) und c) sind weitere Gestaltungsvorschläge anzugeben, um die Überlagerung der Kerbebenen zu vermeiden.

c) Für den gefährdeten Querschnitt A–B ist die Sicherheit ν_1 gegen Dauerbruch zu ermitteln, wenn Wellenübergang und Nabenbohrung nach Abb. b) ausgeführt werden.

d) Für den Querschnitt A–B ist die Sicherheit ν_2 gegen Dauerbruch zu ermitteln für den Wellenübergang bei Ausführung nach Abb. c).

11.14

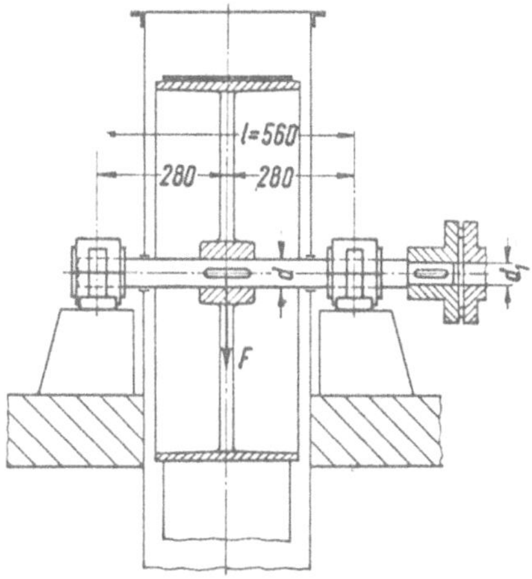

Die Welle aus St50 der Antriebsstation eines Elevators wird über Getriebe mit $i_{ges} = 18$ und elastische Kupplungen von einem Drehstrommotor mit $P = 7{,}5$ kW Leistung bei einer Drehzahl $n_{Motor} = 1500\ \text{min}^{-1}$ angetrieben. Der Gurtscheibendurchmesser beträgt $D = 800$ mm.

Zu ermitteln bzw. zu prüfen sind:

a) der Durchmesser d der Welle unter der Annahme, daß die von der Welle aufzunehmende Achskraft $F_A \approx 3{,}5 \cdot F_u$ beträgt;

b) die Sicherheit ν gegen Dauerbruch des Wellenzapfens, wenn dieser zur Aufnahme der Kupplung auf $d_1 = d - 10$ mm abgesetzt wird.

11.15 Die Antriebswelle eines Kettenelevators ist zu berechnen. Die Antriebsleistung beträgt $P = 7{,}5$ kW bei $n = 80\ \text{min}^{-1}$. Die am auf- und absteigenden Kettentrumm wirkenden Kräfte sind in der Abbildung angegeben. Der Antrieb erfolgt über eine elastische Kupplung.

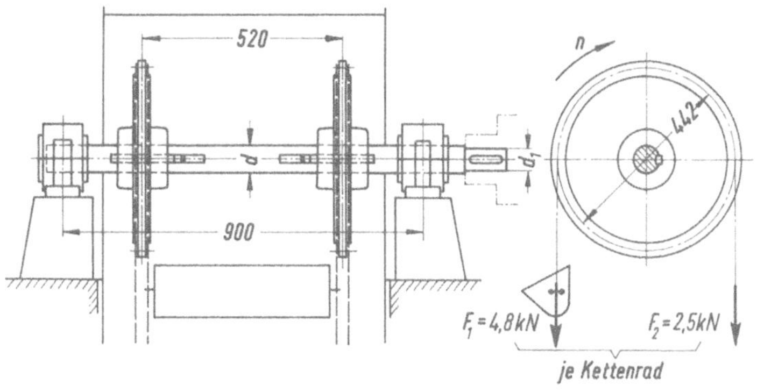

Zu ermitteln bzw. zu prüfen sind:

a) der Durchmesser d der Welle, die aus blankem Rundstahl aus St42 mit geschliffener Oberfläche und der Toleranz h9 nach DIN 671 gefertigt werden soll; die Kettenvorspannung ist durch einen Zuschlag von erfahrungsgemäß ca. 10 % zur Gesamtkettenzugkraft je Kettenrad zu berücksichtigen;

b) der Übergangs- und Nutquerschnitt des Wellenzapfens, der zur Aufnahme der Kupplungsnabe auf $d_1 = d - 10$ mm abgesetzt wird, ist festigkeitsmäßig zu prüfen;

c) die geeigneten ISO-Toleranzen für die Nabenbohrungen der Kettenräder und für den Wellenzapfen; die Kupplung wird mit Bohrungen der Toleranz H7 geliefert.

11.16 Die Welle eines Sauglüfters mit einer Antriebsleistung $P = 11$ kW und einer Drehzahl $n_2 \approx 800\ \text{min}^{-1}$ ist zu berechnen. Der Antriebsmotor hat eine Drehzahl $n_1 = 1450\ \text{min}^{-1}$. Der Antrieb erfolgt über Mehrschichtriemen und ist wahlweise für „fliegende" Scheibe vorzusehen.

Zu berechnen bzw. zu prüfen sind:

a) Die Durchmesser D_1 und D_2 von Motor- und Lüfterscheibe sind festzulegen, wobei genormte Scheibendurchmesser, und zwar für die Motorscheibe der für den Drehstrommotor nach DIN 42 673 vorgesehene „normale" Durchmesser, zu wählen sind;

b) der Durchmesser d der Lüfterwelle ist zu berechnen; die Welle soll aus blankem Rundstahl nach DIN 670 aus St 50 K gefertigt werden; es ist mit 100 % Häufigkeit der Höchstlast zu rechnen;

c) für die vorzusehende „fliegende" Scheibenanordnung ist das Wellenende auf den Durchmesser $d_1 = d - 5$ mm abzusetzen und die Länge l_1 nach DIN 748 (zylindrische Wellenenden) festzulegen; der Zapfen ist für den am stärksten gefährdeten Querschnitt zu prüfen.

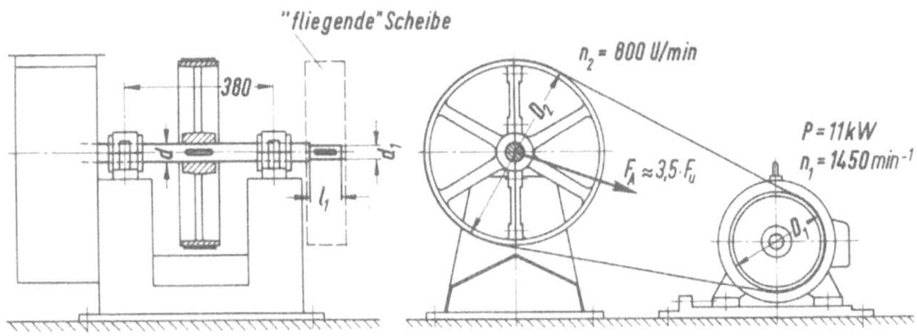

11.17 Die Antriebselemente für einen Ketten-Trogförderer sind zu berechnen. Der Antrieb erfolgt durch einen Drehstrommotor mit $P_1 = 7{,}5$ kW Leistung und einer Drehzahl $n_1 = 960\ \text{min}^{-1}$ über ein Kegel-Stirnradgetriebe und über elastische Kupplungen. Das Kettenrad hat einen Teilkreisdurchmesser $D_0 = 415{,}25$ mm; die Fördergeschwindigkeit soll $v \approx 0{,}6$ m/s betragen. Nach den Werknormen des Herstellers stehen Getriebe mit folgenden Übersetzungen zur Verfügung: $i = 25,\ 28,\ 31{,}5,\ 35{,}5,\ 40$ und 45. Der Lagerabstand beträgt $l_a \approx 350$ mm.

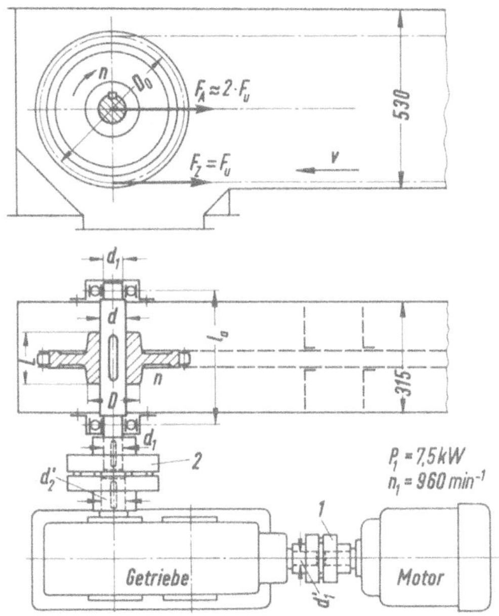

Zu berechnen bzw. zu ermitteln sind:

a) der Durchmesser d der Antriebswelle aus Rundstahl nach DIN 670; Werkstoff: St 50 K nach DIN 1652;

b) die Wellenenden sind zur Aufnahme der Lager auf $d_1 = d - 10$ mm abzusetzen und der Antriebszapfen ist nachzuprüfen;

c) der Nabendurchmesser D und die Nabenlänge L des durch Paßfeder mit der Welle verbundenen Kettenrades aus GS-45 sind festzulegen;

d) die Abmessungen der Paßfeder für das Kettenrad sind festzulegen und die normgerechte Bezeichnung anzugeben.

11.18 Die Fahrwerkswelle eines Laufkranes wurde mit $d = 60$ mm Durchmesser ausgeführt. Die Welle hat eine Leistung von $P = 5{,}5$ kW bei $n = 200\ \text{min}^{-1}$ zu übertragen. Die Länge des belasteten Wellenstranges beträgt $l = 5$ m. Es ist zu prüfen, ob der Verdrehwinkel in zulässigen Grenzen bleibt.

11.19 Für den Fahrantrieb eines Laufkranes für eine Tragkraft von 100 kN und eine Spannweite von 12 m ist die Fahrwerkwelle zu berechnen. Das Fahrwerkgetriebe (DEMAG) hat eine Leistung von 5 kW und eine Wellendrehzahl $n = 220\ \text{min}^{-1}$.

Festzustellen, zu ermitteln bzw. zu prüfen sind:

a) der Durchmesser d der Welle unter Berücksichtigung des zulässigen Verdrehwinkels, wobei der zum berechneten nächstliegende Normdurchmesser zu wählen ist;

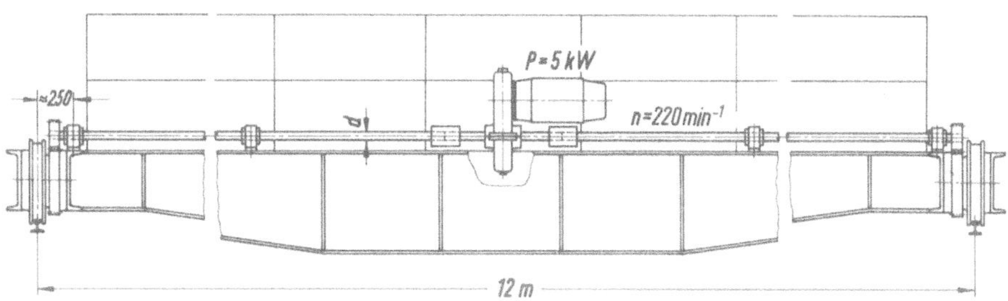

b) ob für die Welle ein Stahl geringerer Festigkeit, z. B. St 37, oder ein Stahl höherer Festigkeit, z. B. St 60, zweckmäßiger ist (Begründung);

c) welche Kupplungsart zum Verbinden der Wellenstränge zweckmäßig ist, wobei zu prüfen ist, ob die in Frage kommende Kupplung (nach *Flender*, Bocholt) den Anforderungen genügt.

11.20 Eine mit $R_t \approx 4\ \mu m$ feingedrehte Getriebe-Zwischenwelle aus Vergütungsstahl 41 Cr 4 hat ein Drehmoment M_t = 3000 Nm zu übertragen, das durch das Geradstirnrad z_2 ein- und durch das Geradstirnrad z_3 weitergeleitet wird. Für die durch Preßpassung mit der Welle verbundenen Geradstirnräder ergaben sich folgende Zahnkräfte: F_{u2} = 12 kN, F_{r2} = 4,4 kN, F_{u3} = 31,6 kN, F_{r3} = 11,5 kN.

Zu ermitteln ist der Wellendurchmesser d unter der Annahme, daß das Moment schwellend auftritt und mit einer Häufigkeit der Höchstlast von 100 % zu rechnen ist.

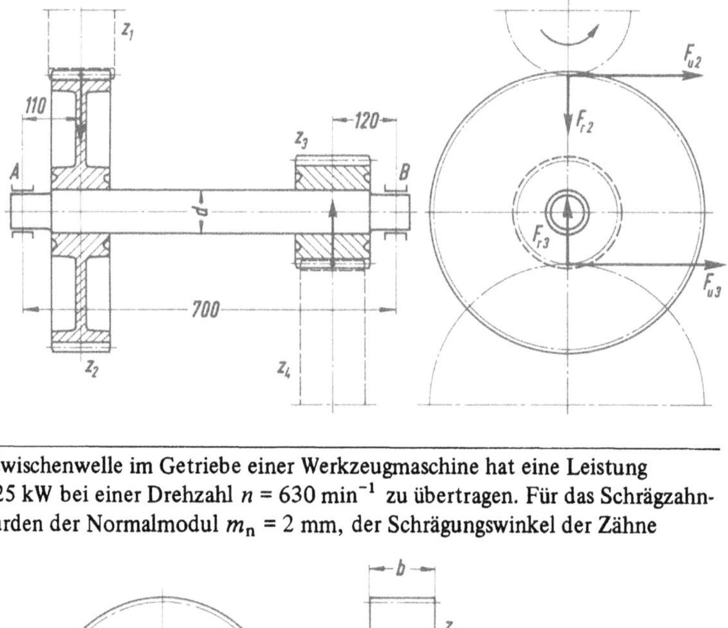

11.21 Eine Zwischenwelle im Getriebe einer Werkzeugmaschine hat eine Leistung P = 6,25 kW bei einer Drehzahl n = 630 min^{-1} zu übertragen. Für das Schrägzahnrad wurden der Normalmodul m_n = 2 mm, der Schrägungswinkel der Zähne

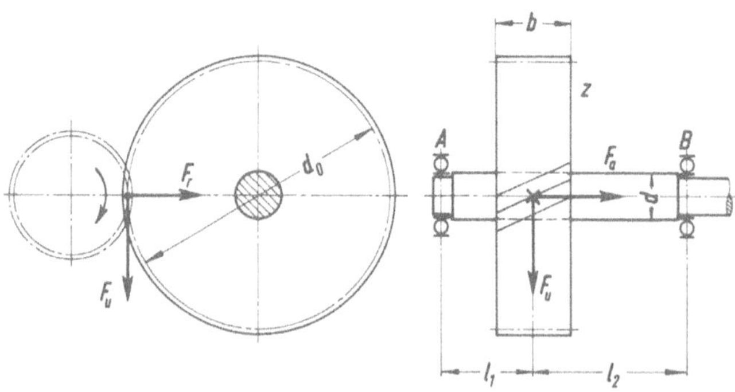

$\beta_0 = 15°$, die Zähnezahl $z = 83$, die Breite $b = 50$ mm ermittelt, womit sich ein Teilkreisdurchmesser $d_0 = 171{,}8$ mm ergibt. Für das getriebene Rad sind folgende Zahnkräfte ermittelt: Umfangskraft $F_u = 1{,}12$ kN, Radialkraft $F_r = 0{,}42$ kN, Axialkraft $F_a = 0{,}3$ kN. Die Lagerabstände ergaben sich aus dem Entwurf mit $l_1 = 60$ mm und $l_2 = 100$ mm.

Zu berechnen bzw. zu ermitteln sind:

a) der Durchmesser d der Welle aus St 50 für angenommene Schwellbelastung, wenn für das Zahnrad eine Paßfederverbindung vorgesehen ist;

b) die Abmessungen b, h und l der Paßfeder nach DIN 6885 für das Stirnrad sind festzulegen und die normgerechte Bezeichnung ist anzugeben;

c) für die Verbindung Welle/Zahnrad ist eine geeignete ISO-Passung anzugeben.

11.22

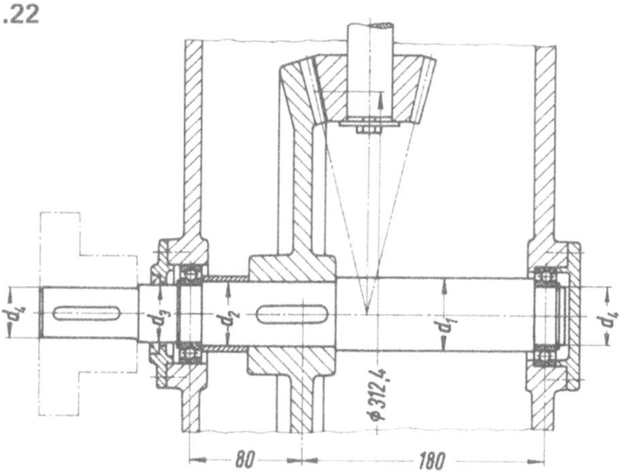

Für die Abtriebswelle eines einstufigen Kegelradgetriebes für eine Leistung $P = 7{,}35$ kW bei einer Abtriebsdrehzahl $n = 250\ \text{min}^{-1}$ ergab die überschlägige Berechnung zunächst ohne Berücksichtigung der Biegung einen Richtdurchmesser $d \approx 50$ mm. Den mit diesem Wellendurchmesser angefertigten Entwurf der Welle zeigt nebenstehendes Bild. Für das schrägverzahnte Kegelrad wurden berechnet: mittlerer Teilkreisdurchmesser $d_m = 312{,}4$ mm Umfangskraft $F_u \approx 1{,}85$ kN, Radialkraft $F_r \approx 0{,}85$ kN und Axialkraft $F_a \approx 0{,}7$ kN. Der Abtrieb soll über eine Kupplung erfolgen.

Zu berechnen bzw. zu ermitteln sind:

a) der Durchmesser d_2 der Welle aus blankgezogenem Rundstahl nach DIN 670 aus St 50 K unter der Annahme überwiegender Schwellbelastung;

b) der Zapfendurchmesser d_4 zur Aufnahme der Kupplung, wenn dieser erfahrungsgemäß auf $d_4 = d_2 - 6 \dots 10$ mm abgesetzt wird. Die endgültig gewählten Durchmesser d_2 und d_4 sind festzulegen.

11.23 Die Abtriebswelle aus St 50 mit Lagerung eines Stirnrad-Motorgetriebes für eine Leistung von $P = 5{,}5$ kW bei einer Abtriebsdrehzahl $n = 125\ \text{min}^{-1}$ wurde konstruktiv nach überschlägiger Berechnung festgelegt. Die Zahnradberechnung ergab einen Teilkreisdurchmesser $d_0 = 252$ mm und eine Breite $b = 80$ mm. Welle und Lager sind so auszulegen, daß der Abtrieb im ungünstigsten Fall auch über Riemenscheibe mit $D = 250$ mm und $B = 160$ mm erfolgen kann, wodurch Welle und Lager erheblich höher beansprucht werden, als bei dem üblichen Abtrieb über eine Kupplung. Die Leistung tritt schwellend auf. Werkstoff der Welle: St 50.

Die Wellendurchmesser d und $d_1 = d - 5$ mm sind für die Querschnitte A–B bis G–H zu ermitteln bzw. zu prüfen für den belastungsmäßig ungünstigsten Fall (Achskraft durch den Riementrieb und Zahnradkraft wirken in gleicher Richtung).

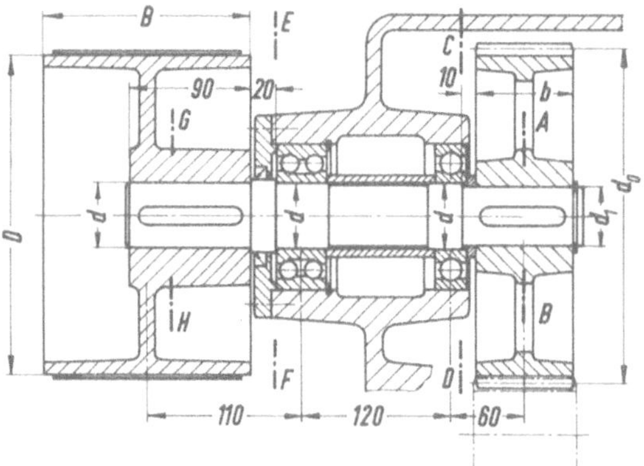

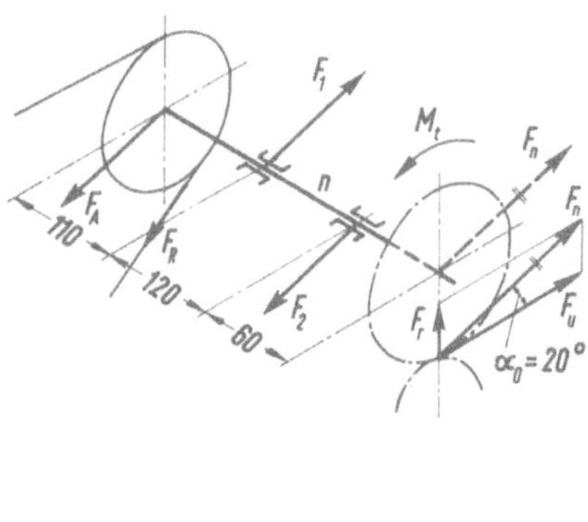

12. Elemente zum Verbinden von Welle und Nabe

Vorbemerkungen

Vielfach werden Verbindungen von Welle und Nabe, insbesondere die formschlüssigen Verbindungen mit Paßfedern, Keilen, Stiften u. dgl. nach rein konstruktiven Gesichtspunkten gestaltet und brauchen in den meisten Fällen nicht berechnet zu werden. Für fast alle Elemente dieser Art sind nicht nur die Abmessungen selbst, sondern außerdem diese in Abhängigkeit von der Größe der zu verbindenden Teile genormt. Wenn die Welle entsprechend den vorliegenden Beanspruchungen berechnet ist und die zu befestigende Nabe mit den vom Wellendurchmesser abhängigen, üblichen Erfahrungswerten bemessen ist, wird auch die Verbindung, z. B. mit einer Paßfeder, mit Sicherheit den Anforderungen genügen. Nur in extremen Fällen, bei sehr kurzen Naben und damit kurzen Paßfedern oder bei stark stoßartigen Belastungen, wird eine Festigkeitsberechnung erforderlich. Die Berechnung von Keilverbindungen hat wenig Sinn, da das übertragbare Drehmoment weitgehend von der Eintreibkraft der Keile abhängt, die rechnerisch kaum zu erfassen ist. Darum sind solche praktisch wertlosen Aufgaben nicht gestellt. Anders liegen die Verhältnisse bei kraft-(reib-)schlüssigen Verbindungen, wie Klemm-, Kegel- und insbesondere Preßverbindungen. Bei diesen ist eine Berechnung bei größeren zu übertragenden Drehmomenten unerläßlich, und darum sind auch in erster Linie Aufgaben hierüber gegeben. Dabei ist auch meist die Berechnung der zum Spannen vieler Kraftschlußverbindungen verwendeten Schrauben mit aufgenommen, wodurch erst die Aufgaben in sich abgeschlossen sind.

Zum Schluß sei noch bemerkt, daß häufig konstruktive Maßnahmen zur einwandfreien Gestaltung wichtiger sind als die Berechnung, insbesondere bei den formschlüssigen Verbindungen, worauf in einer Aufgabensammlung natürlich nur am Rande eingegangen werden kann.

12.1

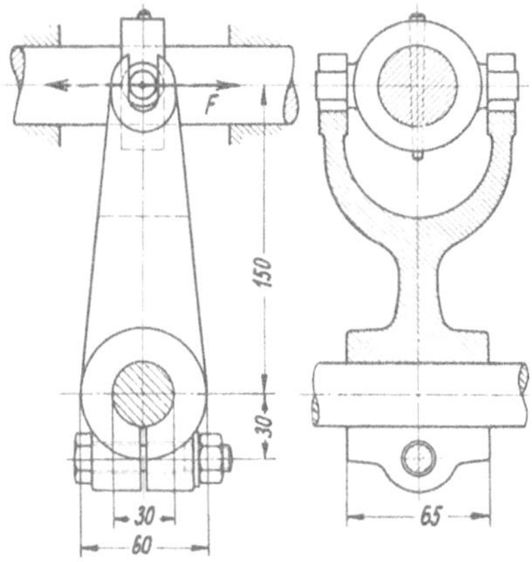

Der Schalthebel aus GG-25 ist auf die Welle aus St 50 mit $d = 30$ mm Durchmesser aufgeklemmt. Die größte Hebelkraft beträgt $F \approx 450$ N bei einem Hebelarm $l = 150$ mm.

Es ist zu prüfen, ob eine gewählte Schraube M 12 × 65 DIN 931–5.6 ausreicht, wenn die trockene Schraube mit Drehmomentenschlüssel bei 90 % Ausnutzung der Streckgrenze festgezogen wird.

12.2

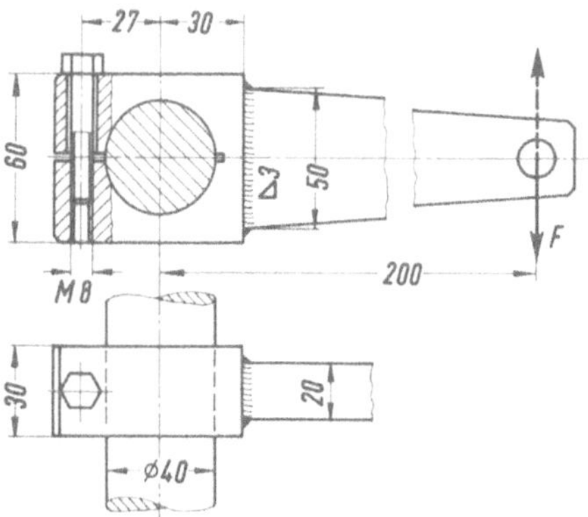

Auf eine Welle aus St 42 mit $d = 40$ mm Durchmesser soll ein geschweißter Hebel aus St 37 mit einer Länge $l = 200$ mm aufgeklemmt werden, so daß eine wechselnde, größte Hebelkraft $F = 250$ N übertragen werden kann.

a) Welche Festigkeitsklasse ist für die Schraube vorzusehen, wenn nach den konstruktiven Gegebenheiten eine Schraube M 8 × 45 DIN 931 gewählt wird? Es ist davon auszugehen, daß die geölte Schraube mit einem Drehmomentenschlüssel angezogen wird.

b) Welches Anzugsmoment M_A ist zum Erreichen der Vorspannkraft F_{VM} erforderlich?

12.3

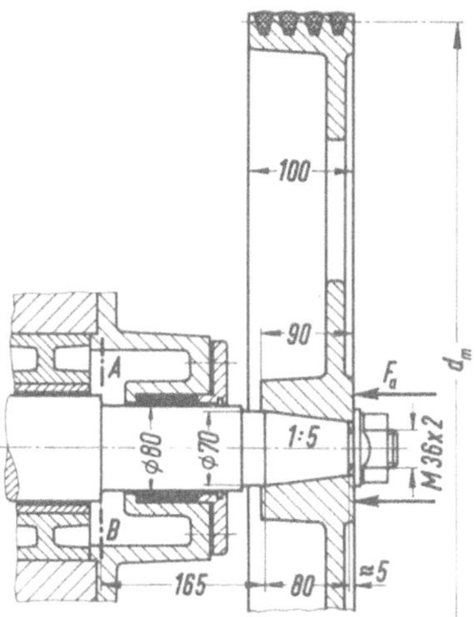

Für die zum Antrieb eines Kolbenverdichters verwendete Keilriemenscheibe aus GG mit d_m = 800 mm Durchmesser ist eine Kegelverbindung mit der Antriebswelle vorgesehen. Zum leichteren Abnehmen der Scheibe wurde für das Wellenende der Kegel 1:5 gewählt. Nach der Festigkeitsberechnung der Welle ergaben sich die konstruktive Gestaltung und die Hauptabmessungen für das Wellenende. Der Verdichter hat eine Leistung von P = 56 kW bei einer Drehzahl $n = 740\ \text{min}^{-1}$. Für die Antriebs-Kurbelwelle ist wegen der hohen und schwingenden Belastung der Vergütungsstahl Ck 22 gewählt.

a) Zu berechnen ist das erforderliche Anzugsmoment M_A für die Spannmutter durch genaue Berechnung, wobei trockenes Gewinde anzunehmen ist und die Mutter mit Drehmomentenschlüssel angezogen werden soll.

b) Der Gewindezapfen ist durch ausführlichen Spannungsvergleich auf Festigkeit nachzuprüfen.

(Spannungsnachweis für den Wellenquerschnitt A–B siehe Aufgabe 11.11.)

12.4

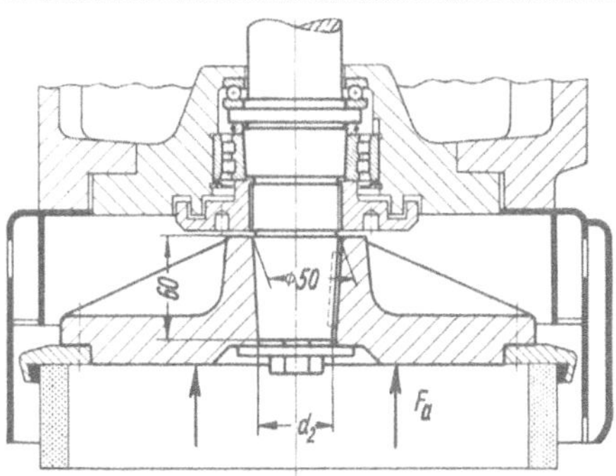

Für die Befestigung des Tellers zur Aufnahme der Schleifscheibe ist zur Erzielung eines festen und genau zentrischen Sitzes auf der Motorwelle eine Kegelverbindung vorgesehen. Konstruktiv festgelegt sind der große Durchmesser des Wellenendes d_1 = 50 mm, die Länge l = 60 mm bei einem Kegel 1:10. Zum Aufspannen wird eine Sechskantschraube M 16 × 25 DIN 933–5.6 gewählt. Der Antriebsmotor hat eine Leistung von P = 11 kW bei einer Drehzahl $n = 1450\ \text{min}^{-1}$.

a) Kann mit der vorgewählten Schraube die erforderliche Anpreßkraft zum Erreichen einer sicheren reibschlüssigen Verbindung aufgebracht werden, wenn die trockene Schraube mit Drehmomentenschlüssel angezogen und die Streckgrenze des Schraubenwerkstoffes nach Herstellerangabe zu 90 % ausgenutzt werden soll?

b) Ist die auftretende Flächenpressung zwischen Welle aus St 50 und der Tellernabe aus GG bei anzunehmendem kleinsten Reibwert zulässig?

12.5

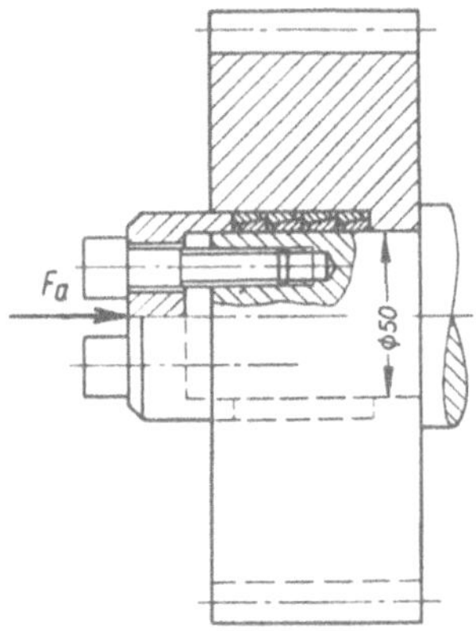

Welches maximale Drehmoment läßt sich von der Ringfeder-Spannverbindung des Zahnrades aus 25 CrMo 4 mit der Welle aus St 60 übertragen und wie groß muß die axiale Anpreßkraft sein? Die Spannelemente werden im geölten Zustand montiert.

12.6

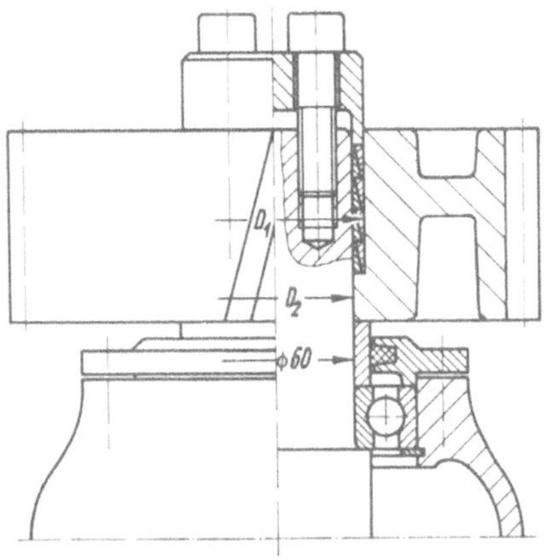

Für einen Trommelantrieb soll ein Stirnrad durch Ringfeder-Spannelemente mit der Antriebswelle verbunden werden. Die Welle aus St 42 hat einen Durchmesser d = 60 mm. Die zu übertragende Leistung beträgt P = 22 kW bei der Drehzahl n = 100 min^{-1}. Das Zahnrad ist aus GGG-60.

a) Wieviel Spannelemente sind erforderlich? (die im Bild dargestellte Anzahl braucht nicht mit der berechneten übereinzustimmen). Elemente werden geölt montiert.

b) Welche Schraubenfestigkeitsklasse ist erforderlich, wenn aus konstruktiven Erwägungen drei wellenseitig angeordnete mit Drehmomentenschlüssel festzudrehende, geölte Spannschrauben M 16 × 55 DIN 912 (Zylinderschrauben mit Innensechskant) vorgesehen werden?

c) Die geeigneten ISO-Toleranzen für das Wellenende und für die Bohrungen D_1 und D_2 sind festzulegen. Die Bohrung D_2 dient der Vorzentrierung zum Erreichen eines genauen Rundlaufes. Mit Rücksicht auf das Wälzlager ist für das Wellenende eine möglichst feine Toleranz zu wählen.

12.7

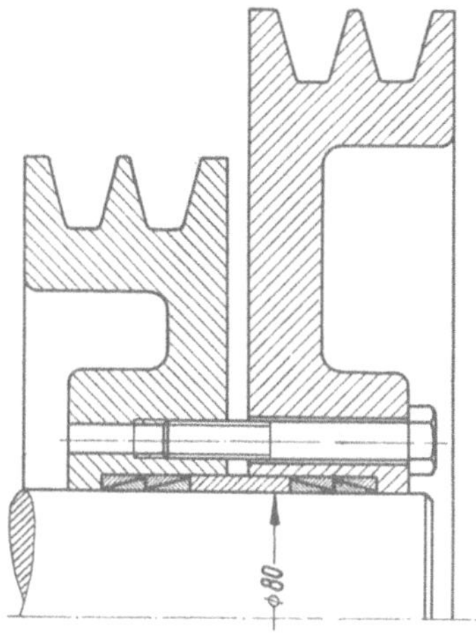

Für die im Bild dargestellte zweiseitig verspannte Ringfeder-Spannverbindung einer Welle von 80 mm Durchmesser aus St 60 mit den Naben zweier Keilriemenscheiben aus GS-45 sind zu ermitteln:

a) das größte von der Verbindung übertragbare Drehmoment für geölte Elemente;

b) die Festigkeitsklasse des Schraubenwerkstoffes der 6 auf dem Umfang verteilten geölten Spannschrauben M 16 × 100 DIN 931, wenn diese mit Drehmomentenschlüssel angezogen werden;

c) die geeigneten ISO-Toleranzen für die Welle und die Nabenbohrungen der Keilriemenscheiben.

12.8

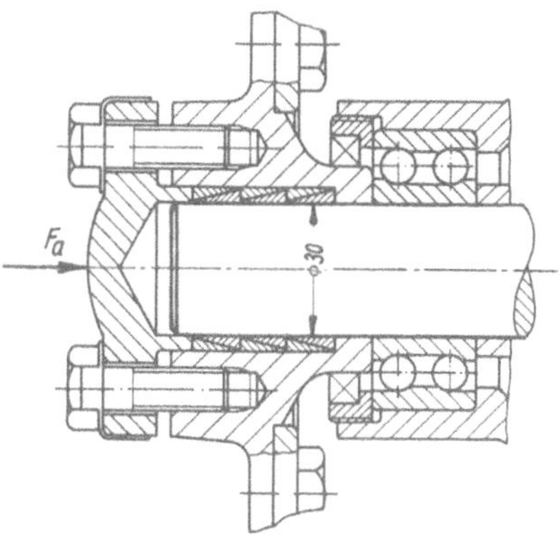

Die Befestigung der Bremsscheibe eines Fahrzeuges mit der Triebwelle wurde durch Ringfeder-Spannelemente vorgenommen. Die Welle ist aus C 45, die Bremsscheibennabe aus GGG-60. Die Verbindung ist für ein größtes auftretendes Moment von ca. 600 Nm auszulegen.

a) Wieviel geölte Spannelemente sind erforderlich?

b) Sind die nach konstruktiven Gegebenheiten vorgesehenen 4 Sechskantschrauben M 10 × 30 DIN 931–10.9 ausreichend, wenn sie geölt und mit Drehmomentenschlüssel angezogen werden?

12.9

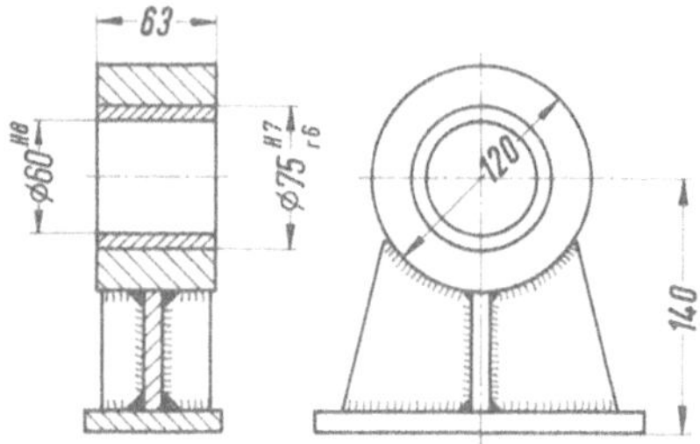

In die mit dem Mittelwert der Rauhtiefe feingeriebene Bohrung von 75 mm Durchmesser eines geschweißten Lagerbockes aus St 37 soll eine, außen mit dem Kleinstwert der Rauhtiefe feingedrehte Lagerbuchse aus Bronze (G-CuSn 12) mit 60 mm Bohrung eingepreßt werden. Für Gehäusebohrung und Buchse wurde die übliche Preßpassung H 7/r 6 gewählt.

Welche größte Einpreßkraft in kN ist zum Fügen der Teile erforderlich?

12.10

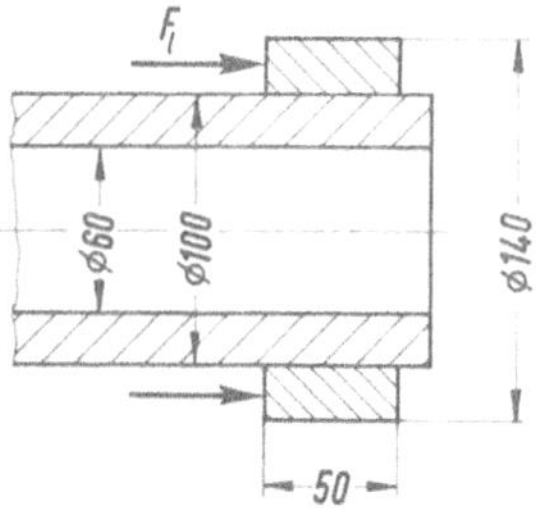

Auf eine mit dem Kleinstwert der Rauhtiefe feingedrehte Hohlwelle aus St 60 soll, um Werkstoffkosten und Fertigungskosten zu sparen, ein mit einer mittleren Rauhtiefe geschlichteter Auflaufbund aus St 37 durch eine Längspreßpassung aufgesetzt werden. Der Bund hat eine stoßartig auftretende Längskraft $F_l \approx 5$ kN aufzunehmen.

a) Für das System Einheitsbohrung ist eine geeignete ISO-Passung festzulegen.

b) Die zum Fügen der Teile erforderliche größte Einpreßkraft ist zu errechnen.

12.11

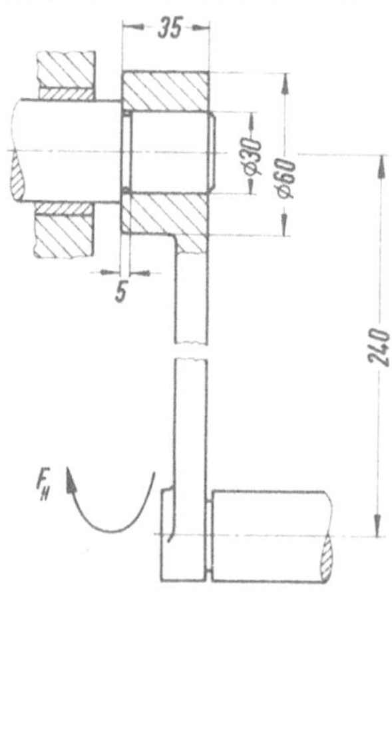

Eine Handkurbel aus GG-15 soll mit dem Zapfen einer Welle aus St 50 durch Längspreßpassung verbunden werden. Zapfen und Kurbelbohrung sind mit dem Kleinstwert der Rauhtiefe geschlichtet bzw. gebohrt. Die Preßverbindung ist für eine größte Kurbelkraft F_H = 100 N auszulegen.

a) Welche geeigneten ISO-Toleranzen sind für Kurbelbohrung und Wellenzapfen bei kleinster Haftsicherheit vorzusehen?

b) Welche größte Einpreßkraft ist bei einem etwa mittleren Haftwert erforderlich?

12.12 Der Zahnkranz aus G-CuSn 12 eines Schneckenrades ist auf dem Radkörper aus GG-20 aufgeschrumpft. Als Preßpassung ist zunächst H 7/r 6 gewählt; die Fugenflächen sind mit dem Höchstwert der Rauhtiefen feingedreht.

Es ist zu prüfen, ob die erfahrungsgemäß festgelegte Preßpassung bei mittlerer Haftsicherheit eine Leistung von $P = 5$ kW bei einer Drehzahl $n = 77$ min^{-1} übertragen kann.

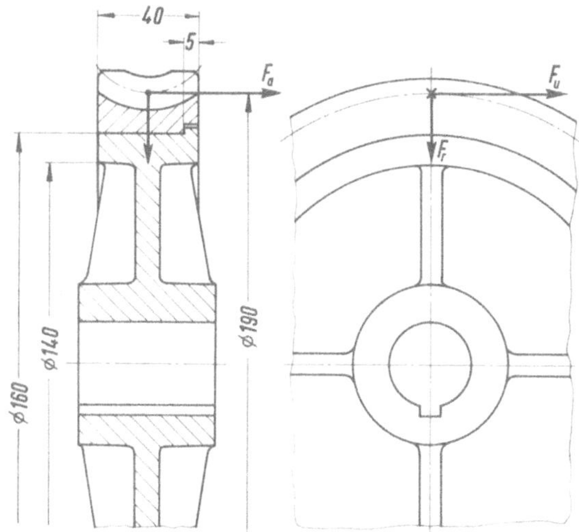

12.13

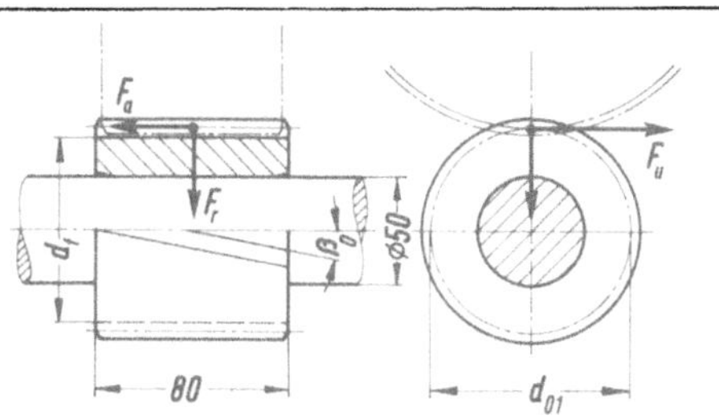

Das Ritzel eines Schrägstirnradgetriebes aus C10 soll auf die Welle aus St 60 mit $d = 50$ mm Durchmesser aufgeschrumpft werden. Bei einer zu übertragenden Leistung $P = 20$ kW bei $n = 560$ min^{-1} ergeben sich am Ritzel mit $d_{01} = 91{,}4$ mm Teilkreisdurchmesser und einem Fußkreisdurchmesser $d_f = 84{,}65$ mm unter Berücksichtigung der ungünstigen Betriebsverhältnisse eine Umfangskraft $F_u = 13{,}1$ kN, eine Axialkraft $F_a = 2{,}3$ kN und eine Radialkraft $F_r = 4{,}8$ kN. Die Welle ist mit mittlerer Rauhtiefe feingedreht, die Bohrung mit doppelt so großer Rauhtiefe gedreht.

Zu ermitteln sind:

a) die geeignete ISO-Preßpassung für das System Einheitsbohrung,

b) die Temperatur t_A zum Fügen der Teile bei angenommener Raumtemperatur $t = 20$ °C.

12.14 Die Nabe einer Scheibenkupplung soll durch eine Querpreßpassung mit dem Ende des in dem Drucklager sitzenden Teiles einer Schiffswelle verbunden werden. Die Welle aus C22 hat an der Sitzstelle einen Durchmesser von d = 135 mm. Die Kupplungsnabe aus 40 Mn 4 ist mit einem Außendurchmesser D = 200 mm und einer Länge L = 160 mm ausgeführt. Die von der Welle zu übertragende Leistung beträgt P = 220 kW bei einer Drehzahl n = 560 min^{-1}.

a) Für Bohrung und Welle sind für das System Einheitsbohrung geeignete ISO-Toleranzen bzw., wenn keine annähernd passende ISO-Toleranz gefunden wird, die erforderlichen, auf ein hundertstel Millimeter gerundeten Abmaße zu ermitteln.

b) Welche Temperatur t_A zur Erwärmung der aufzusetzenden Kupplungsnabe ist zum Fügen der Teile erforderlich, wenn von einer Raumtemperatur t = 20 °C ausgegangen wird?

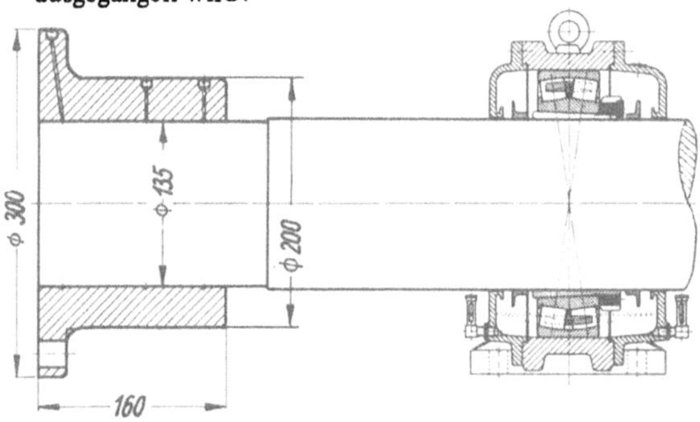

12.15

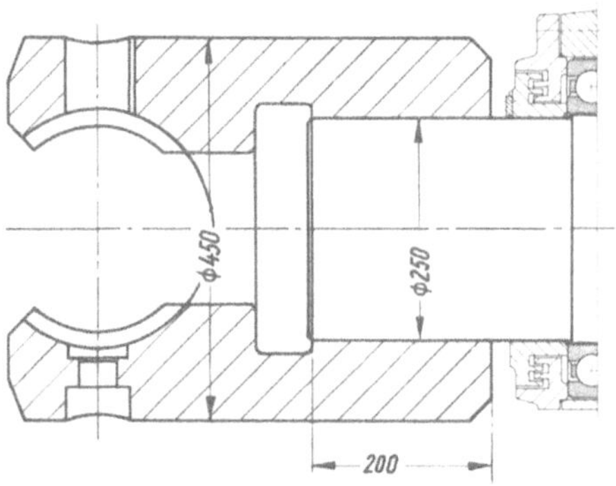

Die Gelenkkupplung aus GS-60.3 der Walze eines Warmwalzwerkes für Flachstähle soll durch eine Schrumpfpassung mit dem Wellenzapfen aus 46 Cr 2 verbunden werden. Das von der Kupplung zu übertragende stoßartige Moment beträgt maximal $M_t \approx 120$ kNm.

a) Für Welle und Bohrung sind geeignete ISO-Toleranzen festzulegen.

b) Die zur Erwärmung der Kupplungsnabe erforderliche Temperatur t_A zum Fügen der Teile ist für eine angenommene Raumtemperatur t = 20 °C zu ermitteln.

12.16 Eine mit der Rauhtiefe $R_t \approx 2\ \mu m$ geschliffene Keilwelle aus St50 einer Werkzeugmaschine mit dem Keilwellen-Profil A 28g6 × 32 × 10 DIN 5471 soll eine Leistung von $P = 10$ kW bei einer Drehzahl $n = 750\ \text{min}^{-1}$ und wechselnder Drehrichtung übertragen.

Wie groß ist die Sicherheit gegen Dauerbruch, wenn für diese Querschnittsform eine Kerbwirkungszahl $\beta_k \approx 3{,}5$ angenommen wird; reicht die Sicherheit aus, wenn mit 50 % Häufigkeit der Höchstlast zu rechnen ist?

12.17

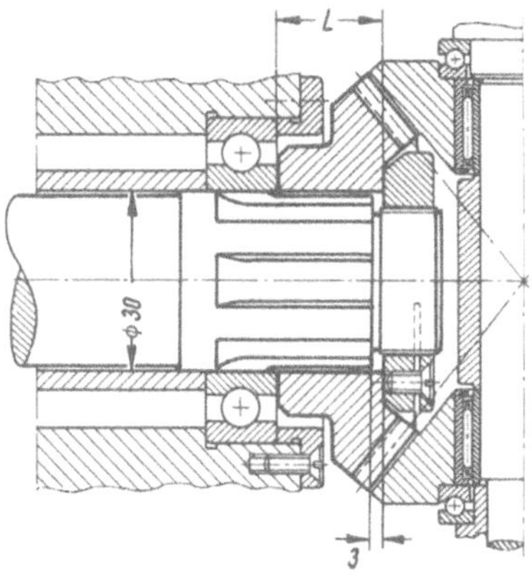

In einem Ausgleichsgetriebe ist zur Befestigung eines Kegelrades aus GS mit der Hauptwelle ein Keilwellenprofil B 6 × 26 × 30 DIN 5462 vorgesehen. Die Verbindung hat eine Leistung $P = 22$ kW bei einer Drehzahl $n = 3000\ \text{min}^{-1}$ zu übertragen, wobei die Belastung stoßartig auftreten kann.

Zu ermitteln sind:

a) die erforderliche Länge L der Nabe des Kegelrades, wobei der Kleinstwert der zulässigen Flächenpressung nicht überschritten werden soll, und wenn die tragende Höhe der Keile durch Abfasungen an Welle und Nabe sich um insgesamt 0,6 mm verringert,

b) die erforderliche (genormte) Länge l_1 der für die entsprechende Vollwelle in Frage kommenden rundstirnigen Paßfeder und die hierfür sich ergebende Nabenlänge L_1 des Kegelrades bei einer etwaigen Ausführung als Paßfederverbindung.

12.18

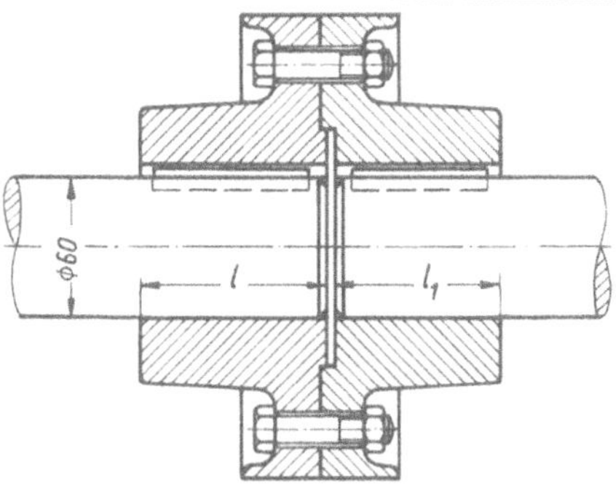

Eine Scheibenkupplung A60 nach DIN 116 (Kupplung mit Zentrieransatz und 60 mm Bohrung) soll das nach Angabe des Herstellers (*A. Friedr. Flender*, Bocholt) mögliche höchste Drehmoment übertragen. Für schwellende Belastung ist eine geeignete Verbindung zwischen der Kupplungsnabe aus GG und der Welle aus St 50 festzulegen.

Zu ermitteln sind:

a) eine entsprechende Paßfeder- oder Keilverbindung,

b) für Welle und Bohrung geeignete ISO-Passungen für die gewählte Verbindungsart.

12.19

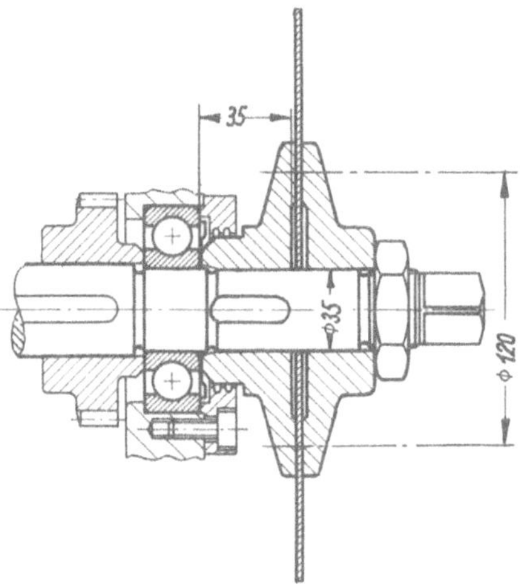

Zur Befestigung des Sägeblattes auf dem Wellenzapfen aus St 50 einer Universal-Kreissäge mit einer Leistung $P = 4$ kW und einer Drehzahl $n = 2850\ \text{min}^{-1}$ ist eine Paßfeder A 10 × 8 × 32 DIN 6885-St 60 vorgesehen.

Es ist zu prüfen, ob die gewählte Paßfederverbindung festigkeitsmäßig ausreicht, wenn eine stoßartige Belastung anzunehmen ist.

13. Kupplungen

Vorbemerkungen

Kupplungen werden heute in der Regel einbaufertig bezogen. Die stürmische Entwicklung der Antriebstechnik brachte eine große Anzahl von Kupplungen für die unterschiedlichsten Einsatzmöglichkeiten auf den Markt. Im Lehrbuch sind stellvertretend für jeden Typ einige verbreitete Bauarten mit ihren Konstruktionsmerkmalen, Eigenschaften und Einsatzmöglichkeiten behandelt. Das Problem des in der Praxis stehenden Konstrukteurs besteht darin, aus dieser schwer überschaubaren Fülle von Kupplungen für seinen Bedarf diejenige auszuwählen, welche bei geringsten Kostenaufwand noch störungsfreien Betrieb ermöglicht.

Treten bei Kraft- oder/und Arbeitsmaschinen periodisch schwankende Drehmomente auf (z. B. Dieselmotor, Kolbenverdichter) so wird das von beiden gebildete System zu Schwingungen angeregt. Diese können zur Zerstörung von Bauteilen (Wellen, Lager, Kupplungen) führen. Aufgrund von Schwingungsrechnungen lassen sich auch derartige Antriebe mittels elastischer Kupplungen, welche schwingungsdämpfende Eigenschaften haben, betriebssicher auslegen. Da Schwingungsrechnungen fundierte Kenntnisse und große Erfahrung erfordern, sollte man die Wahl der Kupplungsgröße in solchen Fällen den Herstellern überlassen. Auch für die Auswahl von schaltbaren Kupplungen empfiehlt sich wegen der damit verbundenen Probleme (Reibpaarung, Wärmebelastung, Schaltzeiten) die Mithilfe der Kupplungshersteller. Diese fügen ihren Katalogen Fragebögen bei, in welche alle für die Auslegung erforderlichen Daten eingetragen werden können.

In diesem Kapitel soll die Ermittlung von Massenträgheitsmomenten und Anlaufzeiten, sowie die Auslegung von nicht schaltbaren Kupplungen mit Hilfe des fiktiven und des maximalen Kupplungsmomentes geübt werden.

13.1

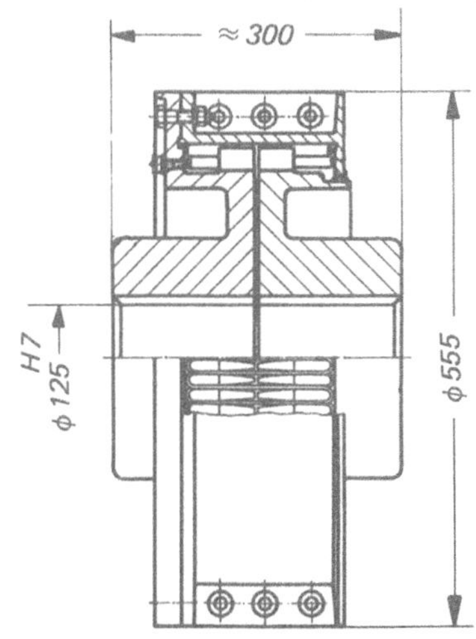

Das in einem älteren Katalog für eine 220 kg schwere elastische Stahlbandkupplung (Bibby-Kupplung Größe 2, Ausführung EB, der Fa. Malmedie & Co.) angegebene „Schwungmoment" $GD^2 \approx 23$ kpm^2 soll in das Massenträgheitsmoment J umgerechnet werden.

13.2 Für eine glatte Welle aus St50 mit dem Durchmesser d = 100 mm und der Länge l = 900 mm sollen bestimmt werden:

a) Das Massenträgheitsmoment J,
b) der Trägheitsradius i und der Trägheitsdurchmesser D,
c) das Schwungmoment GD^2.

13.3 Wie groß ist das Massenträgheitsmoment der Baugruppe „Schleifspindel mit Schleifkörper und Keilriemenscheibe", wenn für den Schleifkörper (Scheibe und Aufspannung) $J \approx 4{,}7$ kgm² und für die Keilriemenscheibe $J \approx 0{,}07$ kgm² ermittelt wurden?

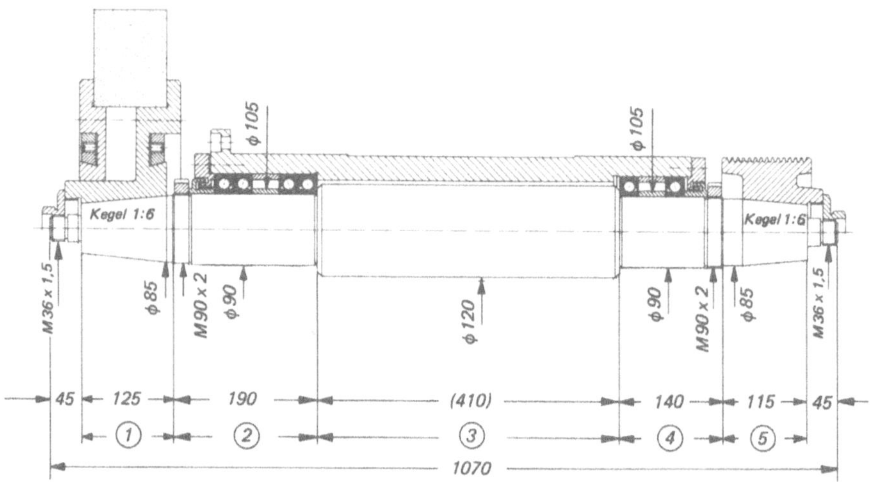

13.4 Die Schleifspindel einer Flächenschleifmaschine nach Aufgabe 13.3 wird über einen Keilriementrieb mit dem Übersetzungsverhältnis 1:1 von einem polumschaltbaren Drehstrom-Käfigläufermotor angetrieben, der bei 1465/2940(1500/3000) min^{-1} eine Leistung von 18,5 kW aufbringt.

Das Massenträgheitsmoment der Motorwelle (Läufer) mit Keilriemenscheibe beträgt 0,26 kgm². Die Schleifspindel hat einschließlich Schleifkörper (Scheibe und Aufspannung) und Keilriemenscheibe ein Massenträgheitsmoment von 4,9 kgm².

Es ist jeweils die Beschleunigungszeit bei lastfreiem Anlauf und direkter Einschaltung zu bestimmen, wenn der Motor

a) auf 1465 min^{-1} mit dem 2fachen Nennmoment und
b) auf 2940 min^{-1} mit dem 2,3fachen Nennmoment hochläuft.

13.5 Ein Drehstrom-Käfigläufermotor der 5,5 kW bei 960 min^{-1} leistet, treibt über eine elastische Bolzenkupplung mit angebauter Bremsscheibe das Fahrwerk einer mit 20 m/min fahrenden Laufkatze an. Die Tragkraft der Katze beträgt 50 t, ihr Eigengewicht 11 t. Als Massenträgheitsmomente findet man in den Katalogen für den Motorläufer 0,05 kgm^2 und für die Kupplung 0,08 kgm^2. Die Massenwirkung der übrigen Triebwerksteile ist unerheblich, da diese wesentlich langsamer laufen.

Für die mit 50 t belastete Laufkatze sind zu ermitteln:

a) das Kupplungsmoment M_{Ku}, wenn mit 2,2fachen Motorenmoment angefahren wird und das durch den Fahrwiderstand verursachte Lastmoment ca. 25 Nm beträgt;

b) die Anlaufzeit t_a;

c) der Anlaufweg s_a.

13.6 a) In welcher Zeit erreicht der Drehstrom-Käfigläufermotor nach Aufgabe 13.5 seine Leerlauf-(Synchron-)drehzahl $n_S = 1000\ min^{-1}$, wenn er ohne Lastmoment und Fremdmassen hochläuft?

b) Welchen Winkel durchläuft die Motorwelle während des Leeranlaufs?

13.7 Für den direkten Antrieb einer Schraubenpumpe durch einen Einzylinder-Dieselmotor mit $P = 6$ kW bei $n = 1500\ min^{-1}$ ist eine geeignete Kupplung zu bestimmen. Das Aggregat läuft täglich ununterbrochen 8 Stunden mit stoßfreier Vollast.

13.8 Für den direkten Antrieb einer Kreiselpumpe durch einen Drehstrom-Schleifringläufermotor ist eine elastische Kupplung nach untenstehenden Betriebsverhältnissen

a) mit Hilfe des fiktiven Kupplungsmomentes vorzuwählen und

b) mit dem maximalen Kupplungsmoment nachzuprüfen.

Betriebsverhältnisse:

Motor: $P = 60$ kW, $n = 730\ min^{-1}$, $J = 4{,}1\ kgm^2$, Kippmoment $M_k \approx 3 \cdot M_n$
Pumpe: $J \approx 9\ kgm^2$
Laufzeit: bis 24 Stunden unter Vollast

14. Lager

Vorbemerkungen

Entsprechend der großen Bedeutung und vielfältigen Verwendung der Lager auf allen Gebieten des Maschinen-, Apparate- und Fahrzeugbaues wird eine hinreichende Anzahl verschiedenster Aufgaben hierüber gegeben. Wie auch in den vorangehenden Kapiteln sind den zahlreichen Aufgaben, die das Lager als ein Teil der Maschine ausweisen, also den praktischen Anwendungsfall darstellen, einige Grundaufgaben vorangestellt, aus denen die Zusammenhänge und Abhängigkeiten der einzelnen Lagerdaten erkannt werden sollen. In mehreren Aufgaben sind außer der eigentlichen Lagerberechnung auch die Berechnung und Prüfung anderer, mit der Lagerung unmittelbar zusammenhängender Bauteile, insbesondere der Achsen und Wellen gefordert, um das Zusammenspiel einzelner Elemente zu zeigen bzw. eine Wiederholung und Übung zu gewährleisten.

In den Aufgaben sind nur die zur Lösung unbedingt erforderlichen Daten gegeben.

Wälzlager werden sowohl vorausberechnet als auch nachgeprüft. Bei der Vorausberechnung werden die Lagerbauform und die Lagergröße auf Grund der vorliegenden Betriebsverhältnisse (Art der Lagerung, Belastung, Drehzahl, Lebensdauer) ermittelt. Die Nachprüfung der aus konstruktiven Erwägungen oder erfahrungsgemäß gewählten Lager bezieht sich auf die Prüfung der Ermüdungslaufzeit, aber auch der Verschleißlaufzeit, d. h. auf die Abschätzung der voraussichtlichen Gebrauchsdauer, deren Werte der betreffenden Erfahrungstabelle bzw. dem Schaubild im Lehrbuch-Anhang je nach Verwendungszweck zu entnehmen sind, sofern keine bestimmten Angaben hierüber gemacht werden. Bei statisch belasteten Wälzlagern wird die vorhandene mit der zulässigen Belastungskraft verglichen.

Da die Wälzlager-Tabelle im Lehrbuch-Anhang nur eine Auswahl gebräuchlicher Lager enthält, empfiehlt es sich zur Lösung der Aufgaben möglichst Wälzlager-Kataloge der Hersteller zu verwenden.

Gleitlager lassen sich leider nicht so einfach berechnen, wie dies bei Wälzlagern zu sein scheint. Der verschleißfreie und sichere Betrieb eines Gleitlagers ist nur im Bereich der Flüssigkeitsreibung gewährleistet, wobei Welle und Lagerschale (bzw. Segmente bei Axiallagern) durch einen Ölfilm vollständig getrennt sind. Dabei ist der im Ölfilm entstehende Druckaufbau für die Tragfähigkeit des Lagers entscheidend. Während der konstruktive Aufbau des Gleitlagers sich durch einfache Gestaltung auszeichnet, ist die rechnerische Erfassung des Schmierproblems schwierig.

Da die Flüssigkeitsreibung im allgemeinen ein mechanischer Vorgang ist, tritt in der Berechnung als einzige Kenngröße des Öles die Viskosität auf. Die im Ölfilm erzeugte Reibungswärme bedingt eine Temperatursteigerung, die die Viskosität beeinflußt. Wird der Schmierstoff als ein Teil des Konstruktionselementes „Schmierspalt" betrachtet und die Viskosität als eine unter mehreren Veränderlichen, läßt sich die Schmierölwahl nicht von der Lagerdimensionierung trennen.

Aufgaben

Aus zahlreichen Untersuchungen sind Berechnungsunterlagen auf der Grundlage der hydrodynamischen Theorie der Schmiermittelreibung entwickelt worden, die eine angenäherte Auslegung der Gleitlager zulassen. Zweck der Berechnung ist es nun, das Gleitlager so zu bemessen, daß die Lagerwerkstoffe und der Schmierstoff den Belastungskräften unter allen Bedingungen standhalten und gewährleistet ist, daß immer Flüssigkeitsreibung herrscht.

Dafür können für stationäre Lagerbelastung heute relativ einfache Gleichungen (Formeln) angegeben werden, die im Lehrbuch bei Verzicht auf Ableitungen zu finden sind, so daß zur Lösung einer Aufgabe nur auf den betreffenden Abschnitt hingewiesen zu werden braucht (siehe Lösungshinweise). So wird auch eine schwierigere Berechnung geläufig, wenn man sich einige Zeit mit den immer wiederkehrenden Begriffen wie relative Schmierschichtdicke, Sommerfeldzahl u.a.m. beschäftigt; außerdem kann diese Methode bei später eingehenderen Umgang mit dem Problem die Verständigung erleichtern.

Bei zahlreichen Aufgaben wird eine durchgeführte Konstruktion zugrunde gelegt und eine Abbildung des zu berechnenden Gleitlagers gegeben.

14.1 Für das Rillenkugellager 6208 DIN 625 sind zu bestimmen:

a) die nominelle Lebensdauer L in 10^6 (Millionen) Umdrehungen bei einer radialen Lagerbelastung (Lagerkraft) $F_r = 10$ kN;

b) die zulässige radiale Lagerbelastung $F_{r\,zul}$ in kN, wenn die halbe unter a) ermittelte Lebensdauer in 10^6 Umdrehungen erreicht werden soll.

Die Höhe der Lagerkraft ist hinsichtlich der Abnahme der Lebensdauer zu vergleichen!

14.2 Welche Hauptabmessungen (Lagerbohrung gleich Wellendurchmesser, Außendurchmesser gleich Gehäusebohrung, Breite) ergeben sich bei einer radialen Lagerbelastung $F_r = 10$ kN, wenn eine nominelle Lebensdauer $L = 60 \cdot 10^6$ Umdrehungen gefordert wird

a) für Rillenkugellager DIN 625 der Reihe 60, 62, 63, 64;

b) für Zylinderrollenlager DIN 5412 der Reihe NU 10, NU 2, NU 3?

Vergleiche die Hauptabmessungen und Kosten (siehe Katalog)!

14.3 Für das Rillenkugellager 6310 DIN 625 sind rechnerisch zu ermitteln:

a) die nominelle Lebensdauer L_h in Betriebsstunden (Ermüdungslaufzeit), bei einer Lagerkraft F_r = 10 kN und einer Drehzahl n = 1000 U/min;

b) die zulässige Lagerkraft $F_{r\,zul}$ in kN, wenn die doppelte unter a) ermittelte Lebensdauer L_h gefordert wird.

Die Höhe der Lagerkraft ist hinsichtlich der Zunahme der Lebensdauer zu vergleichen!

14.4 Statt des Rillenkugellagers 6310 DIN 625 soll ein Zylinderrollenlager der Bauart NU, DIN 5412 mit gleicher Bohrungskennziffer gewählt werden.

a) Welche nominelle Lebensdauer in Betriebsstunden errechnet sich, wenn ein Zylinderrollenlager mit naheliegender dynamischer Tragzahl für die Lagerkraft F_r = 10 kN bei einer Drehzahl n = 1000 U/min verwendet wird?

b) Welche nominelle Lebensdauer L_h in Betriebsstunden ergibt sich für die gleichen Bedingungen, wenn ein Zylinderrollenlager der gleichen Maßreihe wie das Rillenkugellager gewählt worden wäre?

Die Lagerabmessungen sind zu vergleichen!

14.5 Für die Lagerung einer Welle von 50 mm Durchmesser könnte auf Grund der betrieblichen Anforderung ein Rillenkugellager, ein Zylinderrollenlager, Bauart NU oder ein Pendelkugellager gewählt werden. Die radiale Lagerkraft beträgt F_r = 4,6 kN, die Drehzahl n = 500 U/min. Es soll eine Lebensdauer von mindestens L_h = 8000 h erreicht werden.

Für den vorliegenden Fall sind geeignete Wälzlager zu ermitteln!

Mit den Hauptabmessungen ist jeweils festzustellen, welche Lagerbauform den geringsten Einbauraum benötigt und welches Lager das preiswerteste (vgl. Preisliste einer Herstellerfirma) und somit günstigste ist!

14.6 Ein Rillenkugellager 6406, DIN 625 hat bei einer Drehzahl n = 630 U/min eine radiale Lagerkraft F_r = 2,5 kN und eine axiale Kraft F_a = 1,2 kN aufzunehmen.

Für die äquivalente Lagerbeanspruchung ist die zu erwartende Lebensdauer L_h in Betriebsstunden zu ermitteln!

14.7 Bei einem Drehstrommotor mit einer Leistung P = 22 kW und einer Drehzahl n = 1465 U/min hat die Läuferwelle an den Lagerstellen einen Durchmesser d = 55 mm. Durch ein auf das Wellenende aufgesetztes Schrägstirnrad sind für das antriebsseitige Lager eine Radialkraft $F_r \approx 4$ kN und eine Axialkraft $F_a \approx 800$ N im ungünstigsten Fall zu erwarten.

Es ist zu prüfen, ob ein für diese Lagerstelle gewähltes zweireihiges Schrägkugellager der Reihe 32 hinsichtlich der üblichen Lebensdauer für mittlere Elektromotoren ausreicht!

14.8

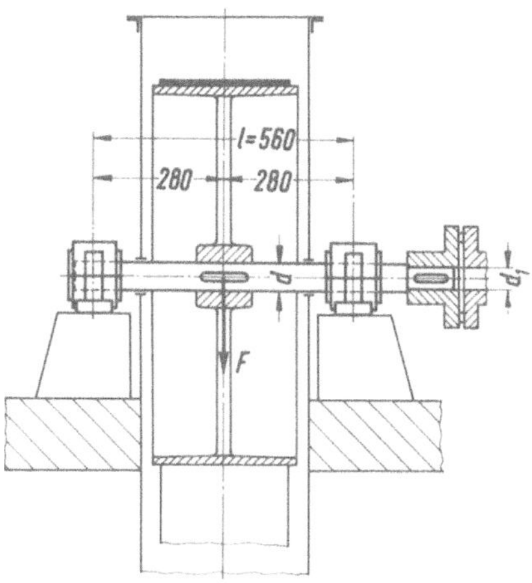

Das Bild zeigt die Antriebswelle mit Lagerung eines Elevators (Becherwerkes)-Stetigförderer.

Entsprechend der Förderleistung ergab sich bei einer Drehzahl $n = 80$ U/min eine Gurtscheibe von 800 mm Durchmesser und 315 mm Breite und hierfür eine Schachtbreite von 360 mm. Der Antrieb erfolgt durch einen Drehstrommotor mit $P = 7{,}5$ kN über Getriebe und elastische Kupplungen mit einem Wirkungsgrad $\eta \approx 0{,}95$.

Aus den Eigengewichten von Scheibe, Gurt, Becher usw. und aus der Gurtvorspannung wurde eine Wellenkraft $F \approx 12$ kN ermittelt.

Nach überschlägiger Berechnung wurde wegen der Nabenverbindung für die kaltgezogene polierte Welle aus St 50 K mit Toleranz h 9 nach DIN 671 ein Durchmesser $d = 70$ mm gewählt, die zur Aufnahme der Kupplung am Ende mit $d_1 = 60$ mm abgesetzt wird. Der Entwurf ergab den Lagerabstand l.

Zu ermitteln bzw. zu prüfen sind:

a) die geeignete Lagerbauform, wenn die Lager auf Sockel oder Träger gesetzt werden und die erforderliche Lagergröße, wenn eine für eine Fördermaschine möglichst hohe Lebensdauer berücksichtigt werden soll;

b) die Gebrauchsdauer der Lager, wenn mittlere Betriebsverhältnisse angenommen werden;

c) die geeignete Toleranz für die Gurtscheiben-Bohrung und die Dauerhaltbarkeit der Welle Mitte Nabe!

14.9

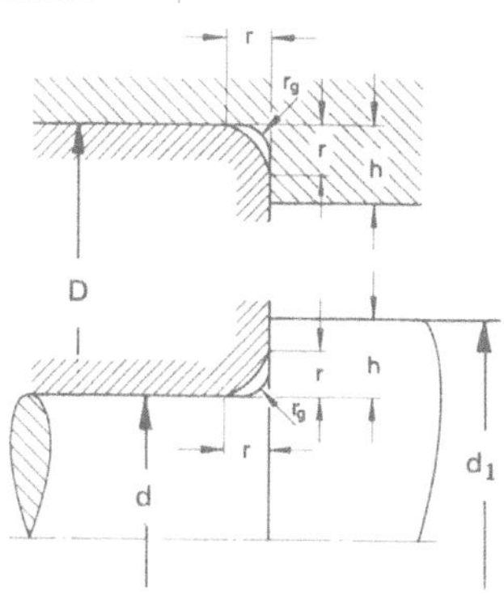

Für die Lagerung der Welle eines Universalgetriebes, die mit einer Drehzahl $n = 1000$ U/min umläuft, ist ein Rillenkugellager der Reihe 63 vorgesehen, das eine radiale Lagerkraft $F_r = 4$ kN und eine Axialkraft $F_a = 2{,}2$ kN aufnehmen soll.

a) Welche Lagergröße (d, D, b) ist geeignet, wenn für das Getriebelager die Mindest-Lebensdauer L_h erreicht werden soll?

b) Welche Abmessungen der angrenzenden Teile (Rundungen, Schulterhöhen) sind nach DIN 5418 einzuhalten, um unbedingt einwandfreien Einbau zu gewährleisten?

14.10

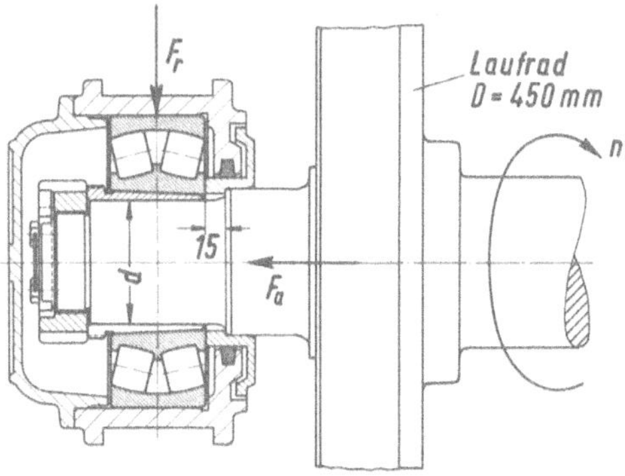

Für die gefederte Lagerung der umlaufenden Achse aus St 50 eines Förderwagens sind Pendelrollenlager 22314 HLK/AHX 2314 (Lager mit Abziehhülse) bei einem Achszapfendurchmesser $d = 65$ mm vorgesehen.

Die auftretende höchste radiale Lagerkraft beträgt $F_r \approx 30$ kN. Die durch Schlingern und bei Kurvenfahrt zusätzlich auftretende Axialkraft F_a kann bei der verhältnismäßig geringen Fahrgeschwindigkeit $v \approx 40$ km/h mit rund 10 % der Radialkraft (geschätzt) angenommen werden.

a) Bei der entsprechend der Fahrgeschwindigkeit vorhandenen Drehzahl sind für die Lager hinsichtlich der für Förderwagen üblichen Lebensdauer die Ermüdungslaufzeit sowie die etwa zu erwartetende Verschleißzeit bei mittleren Betriebsbedingungen zu ermitteln und die Gebrauchsdauer anzugeben!

b) Die Zulässigkeit der vorhandenen Biegebeanspruchung am Zapfenübergang von $d_1 = 80$ mm auf d mit einem Rundungs-$r = 2{,}5$ mm ist zu prüfen, wenn der Achszapfen mit $R_t \approx 6\ \mu$m fein geschlichtet und wegen der stoßartigen Belastung mit einer möglichst hohen Sicherheit gerechnet wird!

14.11 Die Antriebswelle $d = 45$ mm eines Kegelradgetriebes hat eine Drehzahl $n = 1440$ U/min. Für den belastungsmäßig ungünstigsten Fall bei einer auf das Wellenende aufgesetzten Riemenscheibe ergeben sich am Kegelrad und an der Riemenscheibe eine Axialkraft $F_a = 2{,}3$ kN, für das Lager A eine resultierende radiale Lagerkraft $F_{Ar} = 4{,}5$ kN und für das Lager B eine resultierende radiale Lagerkraft $F_{Br} = 3{,}4$ kN. Aus konstruktiven Gründen muß das Lager A trotz höherer Radialbelastung als Festlager ausgebildet werden und damit die Axialkraft aufnehmen.

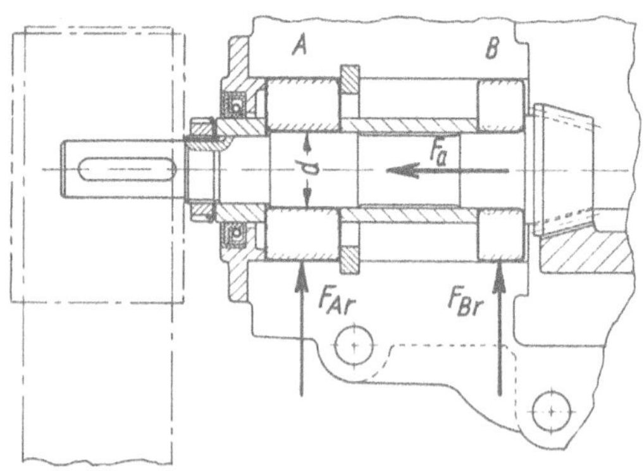

Für das Universalgetriebe sind die Lager mit etwa 15 000 Betriebsstunden auszulegen.

a) Es ist zunächst zu prüfen, ob ein Rillenkugellager für die Lagerstelle A ausreicht! Reicht das Lager nicht aus, ist ein geeignetes Kugellager anderer Bauform zu wählen!
b) Für die Lagerstelle B ist ein Rillenkugellager der gleichen Durchmesserreihe des gewählten Lagers an der Lagerstelle A zu verwenden, um eine durchgehende Gehäusebohrung für den gleichen Wellendurchmesser ausführen zu können. Welche Lebensdauer ist zu erwarten?
c) Für die Sitzstellen der Welle und der Gehäusebohrungen sind geeignete ISO-Toleranzen und die Anschlußmaße nach DIN 5418 (vgl. Bild zu Aufgabe 14.9 mit Lösungshinweis) anzugeben!

14.12 Die Lager der Spannstation eines Trogkettenförderers müssen zum Spannen der Förderkette einzeln in Förderrichtung verschiebbar sein. Das Kettenrad hat einen Teilkreisdurchmesser $d_0 = 415{,}25$ mm. Bei einer Fördergeschwindigkeit (gleich Kettengeschwindigkeit) $v = 0{,}6$ m/s beträgt die Achskraft $F_A \approx 10$ kN. Die Achse mit $d = 50$ mm ist aus St 37 K (blanker Rundstahl, gezogen 1/4 der normalen, maximalen Rauhtiefe, Toleranzfeld h 8) nach DIN 670.

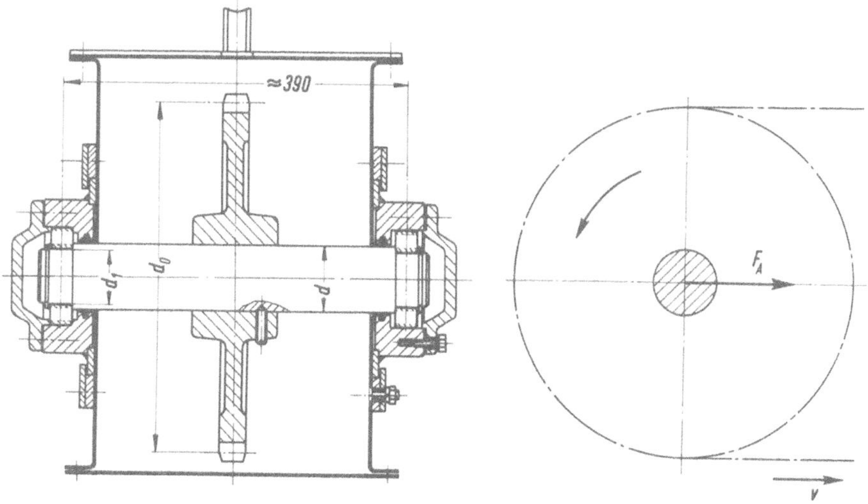

a) Geeignete Wälzlager sind für eine bei Fördermaschinen übliche, jedoch möglichst hohe Lebensdauer zu ermitteln! Für den Achszapfen d_1 sind entsprechend d die Anschlußmaße nach DIN 5418 zu prüfen und geeignete ISO-Toleranzen für den Achszapfen und die Gehäusebohrung anzugeben!
b) Bei einer für Förderer üblichen Sicherheit ist die Dauerhaltbarkeit für die praktisch kerbfreie Achse zu prüfen!

14.13 Der Durchmesser der Achse für die Umlenk-Seilrolle des Hubseiles eines Kranes wurde mit $d = 50$ mm festgelegt. Für die in die Seilrollennabe einzubauenden Lager wurden 2 Rillenkugellager der Reihe 63 gewählt. Die Seilzugkraft schwankt etwa zwischen $F_{min} \approx 2{,}0$ kN und $F_{max} \approx 14$ kN bei einer annähernd konstanten Rollendrehzahl $n = 60$ U/min. Da die Rolle vor der Seiltrommel angeordnet ist, entsteht durch schrägen Seilzug infolge Wandern des Seiles beim Aufwickeln auf die Trommel eine zusätzliche Axialkraft $F_{a\,min} \approx 0{,}2$ kN bis $F_{a\,max} \approx 1{,}7$ kN entsprechend der Höhe der Seilzugkräfte.

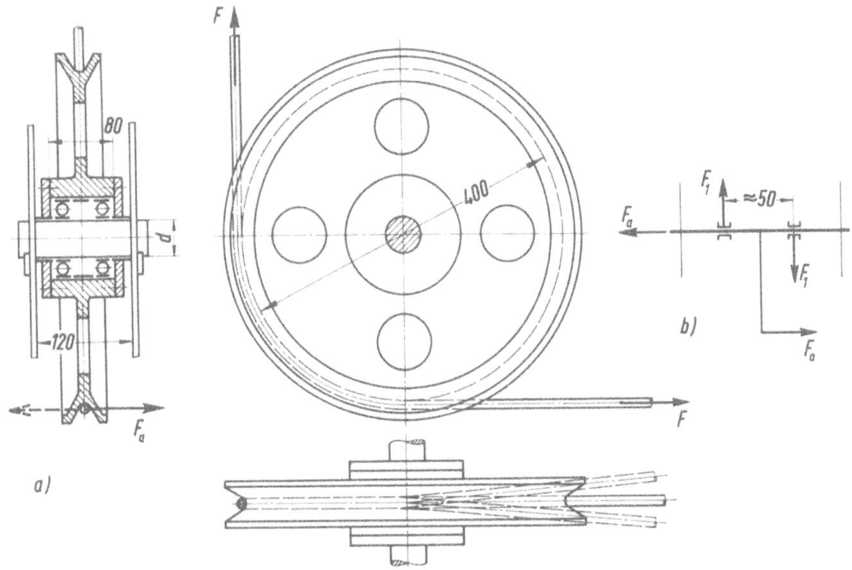

a) Mit der ideellen Seilzugkraft F und der ideellen Axialkraft F_a – entsprechend der ideellen Lagerbeanspruchung aus veränderlichen Lagerkräften – sind zunächst die resultierende Seilzugkraft $F_{res\,1}$ je Lager und die durch die Kippwirkung der Axialkraft wirksamen zusätzlichen Radialkräfte F_1 zu ermitteln, wenn vorerst der Abstand von Lagermitte zu Lagermitte mit rd. 50 mm angenommen wird (siehe Bild b). Danach ist die größte für ein Lager auftretende Radialkraft F_r (wegen der verschiedenen Richtungen zweckmäßig zeichnerisch) zu bestimmen!

b) Mit den ermittelten Lagerkräften sind die gewählten Rillenkugellager hinsichtlich der für Hebezeuge üblichen Lebensdauer zu prüfen, wobei wenigstens der Mindestwert erreicht werden soll!

c) Die Lagerung ist unter Einhaltung der im Bild a) vorgegebenen Maße und den angedeuteten Einzelheiten zu entwerfen! Dabei sollen die Lagerung nach außen durch Filzringe abgedichtet und geeignete ISO-Toleranzen für den Achsendurchmesser und Nabenbohrung angegeben werden!

14.14

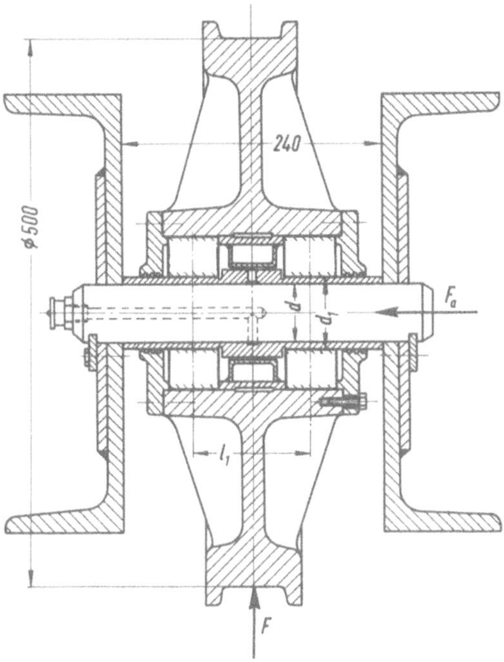

Für einen Laufkran von 7,5 t Traglast ergeben bei 80 m/min Fahrgeschwindigkeit durch die verschiedenen Stellungen der Laufkatze eine größte Radkraft $F_{max} \approx 70$ kN und eine kleinste Radkraft $F_{min} \approx 42$ kN. Durch schrägen Lauf der Kranbrücke sowie durch Beschleunigungs- und Bremskräfte der Laufkatze ist ferner mit einer Axialkraft $F_a \approx 5$ kN zu rechnen. Für die Konstruktion sind die Abmessungen nach Bild vorgesehen.

a) Welcher Durchmesser d der Achse ergibt sich zunächst überschlägig bei Annahme einer mittig wirkenden Last F_{max} und ohne Berücksichtigung der festigkeitsmindernden Einflußgrößen, wenn blanker Rundstahl St 50 K nach DIN 670 vorgesehen ist? Danach ist d genauer für einen Lagerabstand $l_1 \approx 100$ mm zu ermitteln, wenn eine gezogene Rundstahloberfläche, Toleranzfeld h8 mit 1/4 der größtzulässigen Rauhtiefe und die Querbohrung (Schmierloch) in der Achse berücksichtigt wird!

b) Wegen der hohen radialen Tragfähigkeit und zusätzlicher Axialbelastung sollen 2 Pendelrollenlager mit zylindrischer Bohrung DIN 635 der Reihe 222 bzw. 223 gewählt werden, wenn für die auf der Achse sitzende Buchse ein Außendurchmesser $d_1 = d + 10$ ausgeführt werden soll. Es ist zu prüfen, ob die gewählte Lagergröße entsprechend dem Betriebsfall mindestens etwa die mittlere Lebensdauer für Hebezeuge erreicht!

c) Die für den Buchsen-Außendurchmesser und die Nabenbohrung geeigneten ISO-Toleranzen sind anzugeben!

14.15

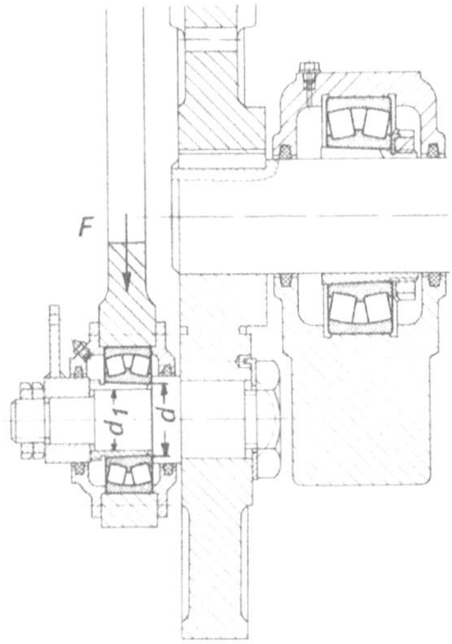

Die maximale Belastung am Kurbelzapfen eines Sägegatters wurde im unteren Totpunkt mit $F \approx 70$ kN bei einer Drehzahl $n = 280$ U/min ermittelt und für den Kurbelzapfen ein Durchmesser $d_1 = 80$ mm errechnet. Wegen der hohen Belastung und möglicher Fluchtfelder soll ein Pendelrollenlager DIN 635 der Reihe 223 mit Abziehhülse AH 23 nach DIN 5416 gewählt werden.

a) Für das gewählte Lager ist die vollständige Bezeichnung und der kleine Durchmesser d der kegeligen Bohrung 1:12 anzugeben;

b) für das sorgfältig abgedichtete und gewartete Lager ist die Gebrauchsdauer für Holzbearbeitungsmaschinen zu bestimmen!

14.16

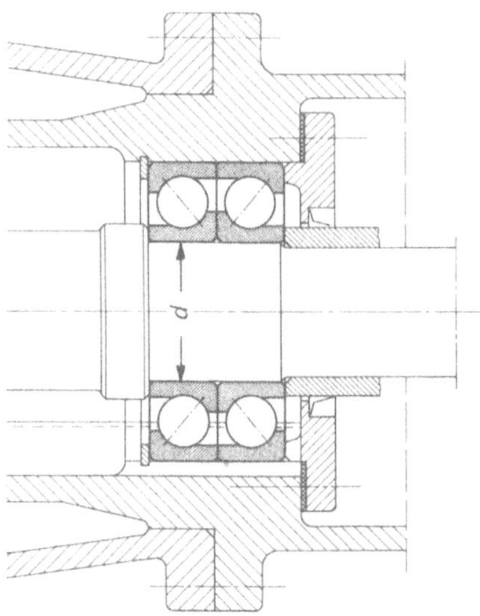

Eine Kreiselpumpe fördert bei der Antriebsleistung 45 kW einen Volumenstrom von $24 \cdot 10^3$ l Wasser/min bei der Drehzahl $n = 1450$ U/min. Auf der Kupplungsseite der Pumpenwelle $d = 70$ mm sollen zwei Schrägkugellager 73B. UA in X-Anordnung als Festlager eingebaut werden, die eine radiale Last $F_r = 5{,}8$ kN und einen Axialschub $F_a = 7{,}5$ kN aufzunehmen haben.

Die Gebrauchsdauer der gut geschmierten und abgedichteten Lager ist für günstige Betriebsbedingungen zu ermitteln!

14.17

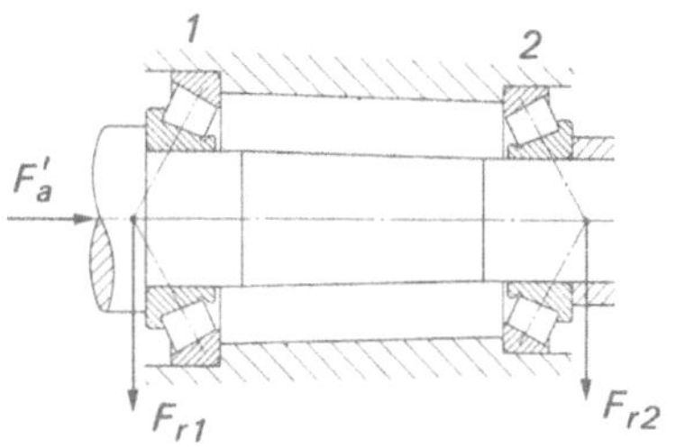

Die dargestellte Welle läuft mit einer maximalen Drehzahl n = 1200 U/min.

Lager 1 ist ein Kegelrollenlager 30210 DIN 720, das radial mit F_{r1} = 6,8 kN belastet wird. Für das Lager 2 ist ein Kegelrollenlager 30207 DIN 720 zur Aufnahme der Radiallast F_{r2} = 5,2 kN vorgesehen. Die Lagerung in O-Anordnung hat zusätzlich eine Axialkraft F'_a = 1,6 kN aufzunehmen.

Welche nominelle Lebensdauer ist von den Lagern 1 und 2 zu erwarten?

14.18 Auf die Lager 1 und 2 der Welle mit n_{max} = 1200 U/min nach Bild der Aufgabe 14.17 wirken nur die Radiallasten F_{r1} = 6,8 kN und F_{r2} = 1,5 kN.

Welche nominelle Lebensdauer kann für die gewählten Kegelrollenlager 30210 und 30207 erwartet werden?

14.19 Die Wälzlager der Abtriebswelle eines Universalgetriebes mit einer Leistung P = 5,5 kW bei einer Drehzahl n = 125 U/min sind zu wählen und zu berechnen.

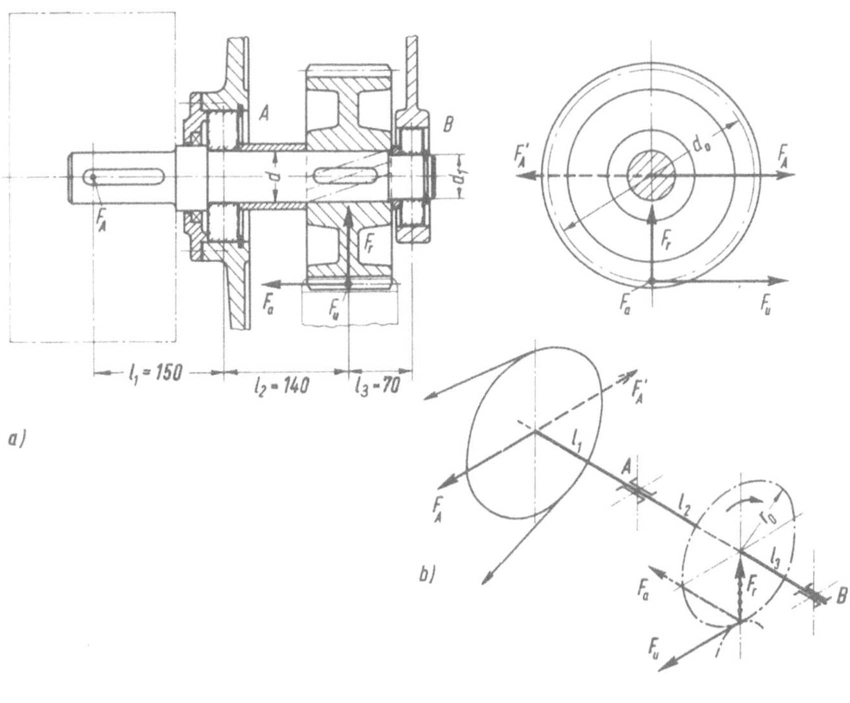

Für die Welle wurde ein Durchmesser $d = 50$ mm ermittelt, der an der Lagerstelle B auf $d_1 = 45$ mm abgesetzt ist. Aus dem Entwurf ergaben sich die Lager- und Radabstände l_1, l_2 und l_3. Für das Schrägstirnrad mit dem Teilkreisdurchmesser $d_0 = 227{,}8$ mm wurden eine Umfangskraft $F_u = 4{,}4$ kN, eine Radialkraft $F_r = 1{,}65$ kN und eine Axialkraft $F_a = 1{,}2$ kN berechnet. Bei einem belastungsmäßig ungünstigem Abtrieb durch Flachriemen ist am Zapfen mit einer Achskraft $F_A = F_A' = 8$ kN zu rechnen. Aus konstruktiven Gründen soll das Lager A als Festlager ausgebildet werden.

a) Welches Lager hat die Axialkraft F_a aufzunehmen und welche Wälzlagerbauformen eignen sich zweckmäßig für die Lagerstellen A und B?

b) Nach Ermittlung der resultierenden Lagerkräfte F_{Ar} und F_{Br} (vgl. Bild b als Hilfe) für den ungünstigen Fall der Achskraft-Richtung F_A oder F_A' sind geeignete Wälzlager für die Lagerstellen A und B (ggf. zwei Vorschläge) zu wählen, die im Bereich der üblichen nominellen Lebensdauer für Universalgetriebe liegen bzw. besser eine etwa gleiche mittlere Lebensdauer aufweisen!

c) Die etwa zu erwartende Gebrauchsdauer für günstige Betriebsverhältnisse ist festzustellen und geeignete ISO-Toleranzen an den Lagerstellen der Welle sowie für die Gehäusebohrungen sind anzugeben!

14.20

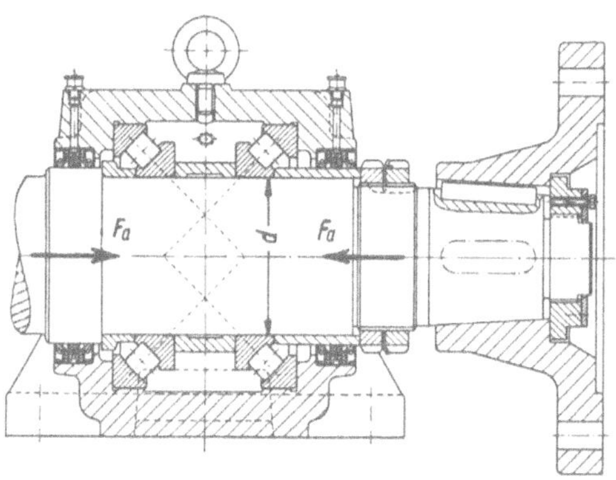

Das Drucklager einer Schiffswelle mit $d = 140$ mm Durchmesser an der Lagerstelle hat bei Normalleistung eine durch den Schub der Schiffsschraube hervorgerufene Axialkraft $F_{aN} = 40$ kN bei einer Wellendrehzahl $n_N = 375$ U/min und bei voller Leistung eine Axialkraft $F_{aV} = 53$ kN bei $n_V = 500$ U/min aufzunehmen. Die Wirkungsdauer der Normalleistung kann erfahrungsgemäß mit 75 %, die der Volleistung mit 25 % angenommen werden.

Eine Probeberechnung ergab, daß die billigere und einfachere Ausführung mit einem Pendelrollenlager für die verlangte Lebensdauer von $\approx 50\,000$ h nicht ausreicht. Es soll daher eine Ausführung mit Axial-Pendelrollenlagern vorgesehen werden. Das anteilig aufzunehmende Wellengewicht von etwa 1 kN ist gegenüber der Axialbelastung so gering, daß es vernachlässigt werden kann.

Die geeigneten Axial-Pendelrollenlager DIN 728 sind zu ermitteln!

14.21 Die Achse eines Brennofenwagens wird durch Wagengewicht und Zuladung mit m = 1,5 t belastet. Beim Befahren des Ofens ist mit einer Betriebstemperatur für die Lagen von $t \approx 300$ °C zu rechnen.

Aus der Festigkeitsberechnung ergaben sich die Durchmesser der Lagerzapfen d_1 = 35 mm.

Für die Achsenlagerung sind geeignete Rillenkugellager DIN 625 bei normalem Betrieb zu bestimmen!

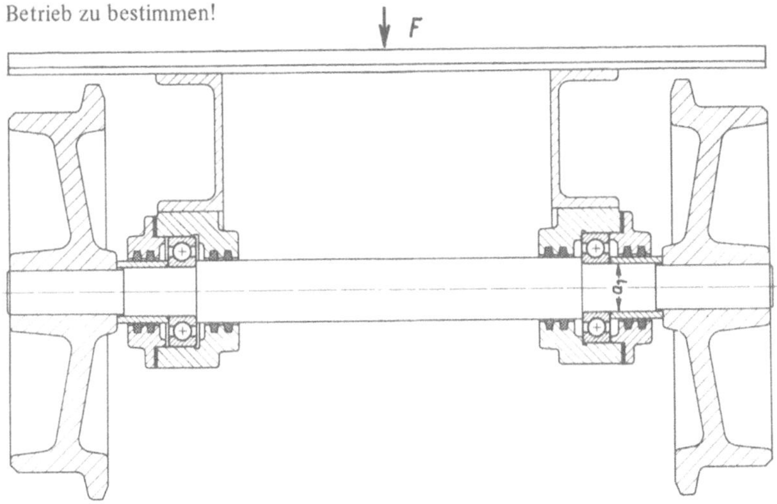

14.22

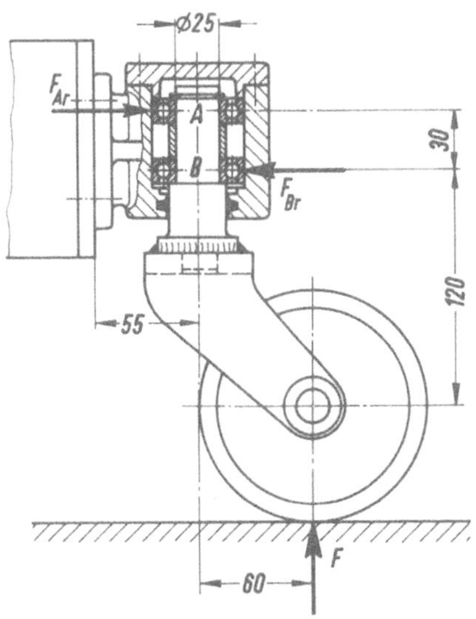

Die Lagerung des Gabelbolzens einer schwenkbaren Laufrolle ist mit zwei Rillenkugellagern der Reihe 62 ausgebildet. Der Durchmesser des Gabelbolzens wurde mit 25 mm festgelegt.

Aus dem Entwurf ergaben sich die im Bild bezeichneten Abmessungen. Die größte Radkraft beträgt F = 2,5 kN. Für normalen Betrieb ist die Tragfähigkeit beider Lager auf Grund der Lagerkräfte F_{Ar}, F_{Br} zu prüfen, wobei zunächst festzustellen ist, welches der beiden Lager die Axialkraft aufnimmt!

Bemerkung: Zur Übung kann die Konstruktion des Lagergehäuses aus GG und des Gabelbolzens (außer Rollengabel) unter Einhaltung der gegebenen Abmessungen als werkstattreife Zeichnung ausgeführt werden.

14.23

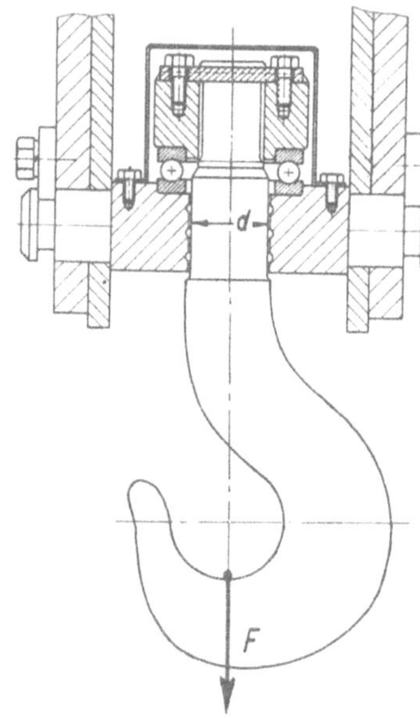

Ein Lasthaken für eine Nutzlast $m = 5$ t hat einen Schaftdurchmesser $d = 48$ mm.

Um die am Haken schwebende Last vor dem Absetzen leicht drehen zu können, wird ein einseitig wirkendes Axial-Rillenkugellager, DIN 711 eingebaut.

Die Lagergröße und die ISO-Toleranzen für die Lagersitzstellen sind zu bestimmen!

14.24

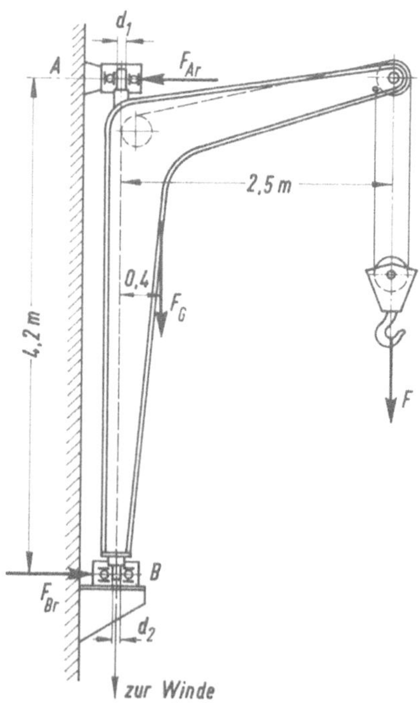

Für den dargestellten schwenkbaren Wandkran sind Halslager A und Spurlager B zu berechnen.

Die Höchstlast beträgt $m_{max} = 5$ t, das Eigengewicht $m = 1{,}2$ t. Für den Halszapfen wurde $d_1 = 60$ mm, für den Spurzapfen $d_2 = 70$ mm ermittelt. Das Hubseil wird durch die Säule und das Spurlager zur Winde geführt.

Auf Grund der Lagerkräfte F_{Ar}, F_{Br} und F_a ist zu prüfen, ob für das Halslager A ein Tonnenlager DIN 635 und für das Spurlager B ein Axial-Pendelrollenlager DIN 728 verwendet werden kann!

14.25

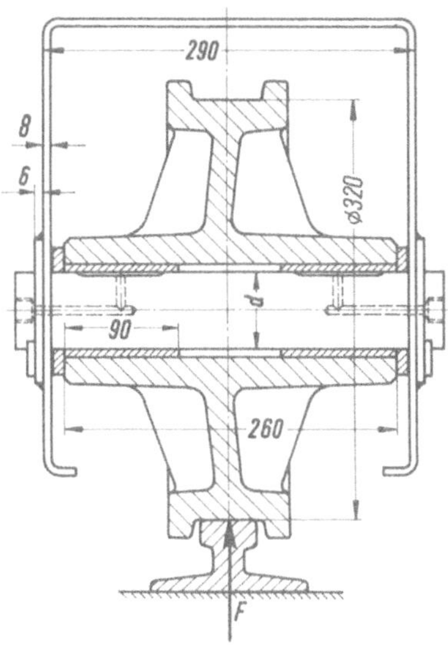

Auf einer im Kastenträger eines Laufkranes gelagerten Achse von $d = 60$ mm Durchmesser aus St 50 K (blanker Rundstahl nach DIN 670, Toleranz h8) mit $R_t \approx 4\ \mu$m geschliffener Oberfläche wird ein Kranlaufrad von 320 mm Durchmesser nach DIN 15046 auf zwei Lagerbuchsen aus G-CuSu12Pb nach DIN 1850 von je 90 mm Länge gelagert. Die größte aufzunehmende Radkraft ist $F = 55$ kN.

Zu prüfen sind:

a) die Zulässigkeit der Flächenpressung p_{m1} für die Buchsen und der Flächenpressung p_{m2} zwischen Achse und Träger, wenn Schwellbelastung anzunehmen ist;

b) die Dauerhaltbarkeit der Achse unter Berücksichtigung etwaiger Kerbwirkungen bei 50 % Häufigkeit der Höchstlast!

14.26

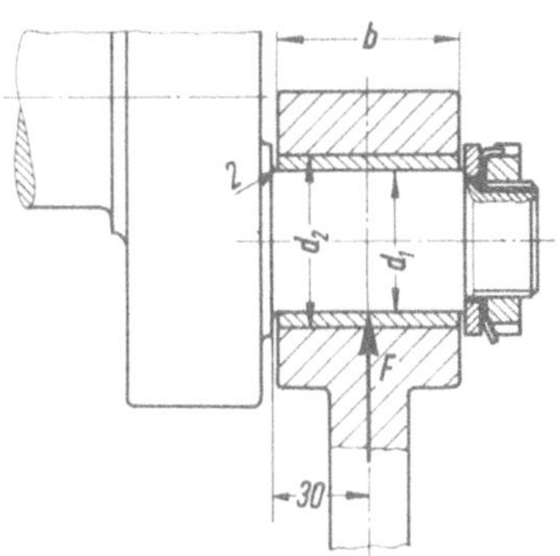

Die Lagerung der Koppelstange auf dem Exzenterzapfen einer Kniehebelschere ist zu berechnen und auszulegen, wenn die größte Lagerkraft $F = 15$ kN bei einer Drehzahl $n = 50\ \text{min}^{-1}$ der Exzenterwelle aus 40 Mn 4 beträgt.

a) Nach Wahl eines geeigneten Werkstoffes für Lagerbuchse entsprechend den vorliegenden Betriebsverhältnissen (hohe, stoßartige dynamische Belastungskräfte) ist die zweckmäßig zu verwendende Schmierungsart, die günstigste Schmierstoffzuführung und Schmiervorrichtung anzugeben!

b) Der Durchmesser d_1 und die Breite b der Lagerung sind auf Grund der zulässigen mittleren Flächenpressung und eines für die gewählte Schmierungsart günstigen, etwa mittleren Bauverhältnisses zu berechnen!

c) Der Exzenterzapfen ist auf Dauerhaltbarkeit für die wesentliche Beanspruchungsart zu prüfen, wenn mit kleinster Rauhtiefe feingedreht wird!

Ist die Dauerhaltbarkeit nicht gewährleistet, soll nur d_1 geändert werden.

Für die gewählten Abmessungen sind geeignete Passungen zwischen Buchsenbohrung und Zapfen sowie Buchse und Stangenkopf anzugeben!

14.27 Als Endlager einer Transmissionswelle wird ein Stehlager mit Ringschmierung nach DIN 118 aus GG-25 verwendet.

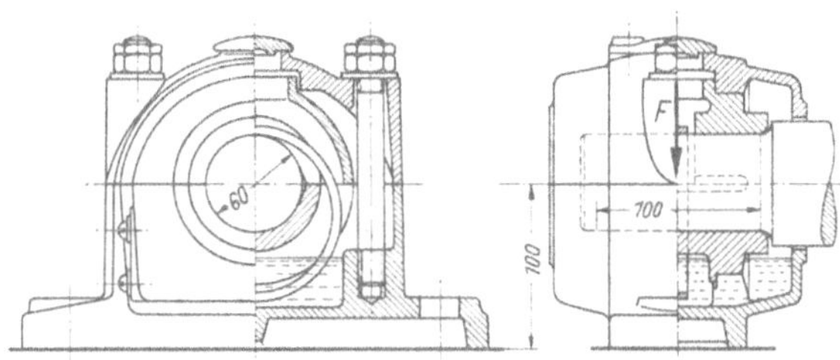

Die aufzunehmende größte Radialkraft beträgt $F = 25{,}5$ kN bei einer Drehzahl $n = 120\ \text{min}^{-1}$. Der Lager-Nenndurchmesser ist $d = 60$ mm, die tragende Lagerbreite $b = 100$ mm. Der Lagerzapfen der Welle aus St 50 wird mit dem Kleinstwert der Rauhtiefe feingedreht. Zu prüfen sind:

a) die mittlere Flächenpressung p_m des Lagers und, ob der Lagerwerkstoff den bei der zu erwartenden Flüssigkeitsreibung auftretenden höchsten Schmierdruck mit Sicherheit erträgt;

b) der Lagerzapfen auf Dauerhaltbarkeit, wenn die kleinste Sicherheit genügen soll!

14.28 Nach Angabe des Herstellers hat ein Öl eine kinematische Viskosität $\nu = 160$ cSt/50 °C und eine Dichte $\rho = 0{,}895$ g/cm^3 bei 20 °C. Das Öl wird in einem Lager bis zu 150 °C erwärmt und erreicht dabei die Viskosität $\nu = 7{,}2$ cSt.

Welche dynamische Viskosität η in P ergibt sich bei 50 °C und 150 °C, wenn die Dichte ρ in g/cm^3 bei Erwärmung um etwa 0,00065 g/cm^3 je 1 °C sinkt?

14.29 Ein Öl soll eine Viskosität von rd. 0,7 St/50 °C bei einer Dichte $\rho_{(20)} \approx 900$ kg/m^3 haben.

Welches Normalschmieröl nach dem Temperatur-Viskositäts-Schaubild könnte verwendet werden und mit welcher Viskosität in St ist danach bei Erwärmung auf 70 °C zu rechnen?

14.30 Für das Stehlager nach den Abmessungen und der Belastung der Aufgabe 14.27 wird als Passung zwischen Lagerzapfen und der ebenfalls mit dem Kleinstwert der Rauhtiefe feingedrehten Lagerbohrung H8/f7 gewählt.

Die wärmeabgebende Gesamtfläche des Lagers und der Welle ist mit $A \approx 0{,}16\ \text{m}^2$ festgestellt.

Zur Beurteilung der Gleit- und Temperaturverhältnisse des Lagers sind zu ermitteln:

a) die für den Betriebszustand erforderliche Ölzähigkeit η in P;
b) das für die Lagerung geeignete Normalschmieröl bei der zu erwartenden Betriebstemperatur t bei normalen Bedingungen!

14.31 Für ein Radial-Gleitlager mit dem Nenndurchmesser $d = 50$ mm und der Lagerbreite $b = 25$ mm sind die Gleitverhältnisse bei einer Lagerkraft $F = 5$ kN und einer Drehzahl $n = 1000\ \text{min}^{-1}$ zu untersuchen. Die Welle ist mit dem Kleinstwert der Rauhtiefe feingeschliffen, dsgl. die Lagerbohrung feingerieben. Gewählt ist die Passung E8/h9.

Zur Schmierung wird ein Normalöl N 144 verwendet, für das sich im Betrieb eine Austrittstemperatur $t_2 \approx 75\ ^\circ\text{C}$ einstellt.

Im einzelnen sind zu ermitteln bzw. zu prüfen:

a) auf Grund des Größt- und Kleinstspieles für die gewählte Passung die entsprechenden relativen Lagerspiele ψ_{max} und ψ_{min};
b) entsprechend der sich ergebenden Sommerfeldzahlen So_{max} und So_{min} aus den vorliegenden Betriebsdaten die relativen Schmierschichtdicken δ_{max} und δ_{min} im Vergleich mit den üblichen Grenzwerten;
c) die Mindest-Schmierschichtdicke h_{min}, wonach festzustellen ist, ob für die Gleitflächen-Rauhigkeiten ein sicherer Betrieb im Bereich der Flüssigkeitsreibung gewährleistet ist!

14.32 Ein Schlager mit dem Nenndurchmesser $d = 60$ mm und einer Breite $b = 60$ mm wird bei einer Drehzahl $n = 750\ \text{min}^{-1}$ mit einer Kraft $F = 8$ kN radial belastet.

Die Lagerbohrung ist mit dem Größtwert der Rauhtiefe feingedreht, desgl. die Welle geschliffen.

Welches Normalschmieröl ist geeignet, wenn mit einer zu erwartenden Betriebstemperatur t des Lagers bei einer aus Erfahrungswerten zu bestimmenden wärmeabgebenden Gesamtfläche und einer Raumtemperatur $t_0 \approx 25\ ^\circ\text{C}$ gerechnet wird?

14.33

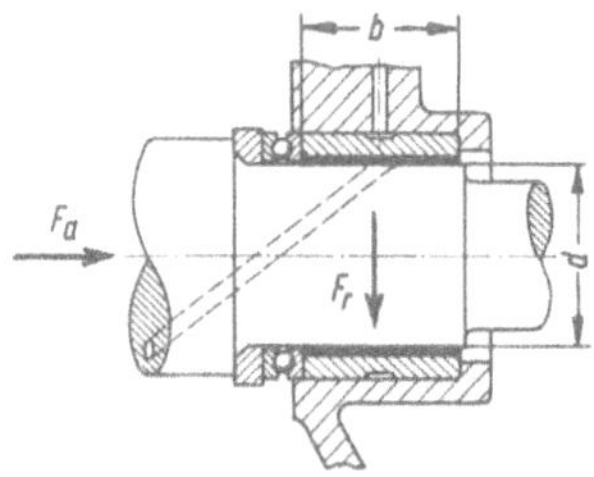

Das Kurbelwellenlager eines schweren Kolbenkompressors hat eine Radialkraft $F_r = 72$ kN und eine Axialkraft $F_a = 20$ kN bei einer Drehzahl $n = 450 \text{ min}^{-1}$ aufzunehmen.

Die Radialkraft wird von einem Gleitlager mit dem Nenndurchmesser $d = 200$ mm, Lagerbreite $b = 180$ mm und die Axialkraft von einem Wälzlager aufgenommen.

Für die Schmierung soll ein Kompressoröl (Zylinderöl) von etwa 0,9 St/50 °C Viskosität verwendet werden. Für das im Kurbelgehäuse sitzende Lager ist eine Betriebstemperatur $t \approx 80$ °C zu erwarten.

a) Welcher Gleitlagerwerkstoff ist geeignet, der die Forderungen nach guten Gleit- und Notlaufeigenschaften, hoher Verschleißfestigkeit und guter statischer sowie dynamischer Belastbarkeit erfüllt?

b) Welche dem relativen Lagerspiel ψ entsprechende Passung kann gewählt werden, wenn bei einer möglichen Wahl zwischen zwei Passungen die feinere festgelegt werden soll?

c) Welche größten noch zulässigen Rauhtiefen R_t in μm, die für Welle und Lagerbohrung gleich sein sollen, ergeben sich auf Grund des gewählten Normalschmieröls und der Mindest-Schmierschichtdicke h_{min}, um einen sicheren Betrieb im Bereich der Flüssigkeitsreibung zu gewährleisten?

d) Ein geeignetes Axial-Rillenkugellager zur Aufnahme der Axialkraft ist für eine Lebensdauer $L_h \approx 15\,000$ h zu ermitteln!

14.34 Bei einem gleitgelagertem Elektromotor soll die rechnerisch ermittelte Übergangsdrehzahl $n_ü$ durch einen Versuch nach dem Auslaufverfahren geprüft werden. Nach Abstellen ließ man den Motor aus der Drehzahl $n = 1000 \text{ min}^{-1}$ frei auslaufen. Bis zum Stillstand wurden 78 s gemessen. Zunächst wurde nach 10 s die jeweilige Drehzahl gemessen: $n_{10} = 690 \text{ min}^{-1}$, $n_{20} = 530 \text{ min}^{-1}$, $n_{30} = 410 \text{ min}^{-1}$, $n_{40} = 320 \text{ min}^{-1}$ und $n_{50} = 260 \text{ min}^{-1}$; danach jeweils 5 s: $n_{55} = 235 \text{ min}^{-1}$, $n_{60} = 220 \text{ min}^{-1}$, $n_{65} = 195 \text{ min}^{-1}$, $n_{70} = 160 \text{ min}^{-1}$, $n_{75} = 50 \text{ min}^{-1}$, $n_{78} = 0$.

Nach Aufzeichnen der Kennlinie der Auslaufdrehzahl ist die Übergangsdrehzahl $n_{ü2}$ angenähert zu bestimmen!

14.35 Ein Gleitlager für einen Wellendurchmesser $d = 100$ mm, Lagerbreite $b = 130$ mm wird bei der Betriebsdrehzahl $n = 750 \text{ min}^{-1}$ mit $F = 14{,}5$ kN belastet.

Beim Abstellen hat das Öl im Lager eine Temperatur $t = 60$ °C.

a) Welches Normalschmieröl kann verwendet werden, wenn die Übergangsdrehzahl $n_{ü2}$ beim Auslauf mit rd. 20 % der Betriebsdrehzahl angenommen wird?

b) Welcher Übergangsdrehzahl $n_{ü1}$ beim Anlaufen ergibt sich, wenn die Umgebungstemperatur $t_0 \approx 25$ °C ist?

14.36 Das Gleitlager einer Rohrmühle aus LgPbSn10 hat bei einer tragenden Lagerbreite $b = 700$ mm eine Lagerkraft $F = 1100$ kN bei einer Drehzahl $n = 20\ \text{min}^{-1}$ aufzunehmen. Da das Mahlgut durch den Lagerzapfen der Trommel zu- und abgeführt wird, ist dieser hohl und mit einem verhältnismäßig großen Durchmesser $d = 1100$ mm ausgeführt.

Die Mühle arbeitet im Dauerbetrieb, so daß unbedingt zu gewährleisten ist, daß das Lager im Bereich der Flüssigkeitsreibung läuft, weshalb sicherheitshalber der Übergang in Flüssigkeitsreibung für eine Betriebslagertemperatur $t = 50 \ldots 60$ °C bei einer Drehzahl erfolgen soll, die 1/3 der Betriebsdrehzahl betragen soll.

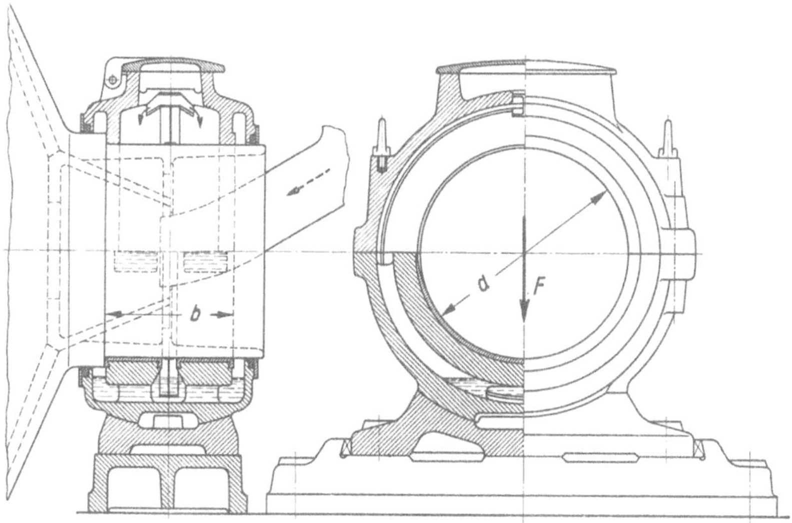

a) Nach Prüfung der Zulässigkeit der Flächenpressung für den gewählten Lagerwerkstoff ist ein geeignetes Normalschmieröl für die Betriebslagertemperatur t entsprechend der erforderlichen Viskosität zu ermitteln!

b) Die Reibungsleistung P_R in kW ist für das Lager zu errechnen, wenn das Lagerspiel $S = 1$ mm gewählt wird!

14.37 Für die Pleuellager eines Sechszylinder-Dieselmotors mit dem Lagerdurchmesser $d = 50$ mm, Lagerbreite $b = 30$ mm, Lagerpassung H7/f7 ist bei der Drehzahl $n = 3400\ \text{min}^{-1}$ die Gesamt-Reibungsleistung P_R in kW zu errechnen!

Durch die umlaufenden Massen schwankt mittlere Flächenpressung zwischen $p_m \approx 7\ \text{N/mm}^2$ und $10\ \text{N/mm}^2$, kurzzeitig sogar bis auf $25\ \text{N/mm}^2$, so daß mit $p_m = 10\ \text{N/mm}^2$ gerechnet werden kann. Geschmiert wird mit Motoröl der Viskositätsstufe SAE 10. Im Betrieb wird eine Lagertemperatur $t = 100$ °C angenommen.

14.38 Das Walzenstuhllager einer Zuckerrohrmühle hat eine Lagerkraft $F = 2$ MN bei einer Drehzahl $n = 6\ \text{min}^{-1}$ aufzunehmen.

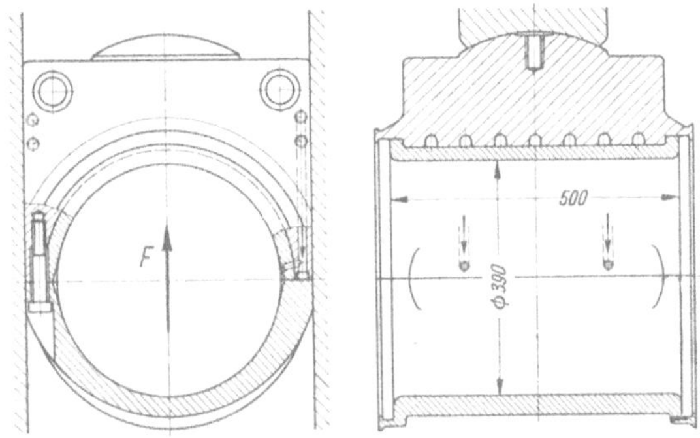

Nachdem Versuche mit Wälzlagern gescheitert waren, wurden Gleitlager für den Lagerzapfen $d = 390$ mm, Lagerbreite $b = 500$ mm festgelegt, wobei sich unter Berücksichtigung der Rundungen an den Schalenenden eine tragende Breite $b = 470$ mm ergab. Nach Angaben der Braunschweigischen Maschinenbauanstalt wurde die Passung H8/e8 gewählt. Um bei der sehr kleinen Drehzahl Flüssigkeitsreibung zu erreichen, wird ein Öl mit hoher Viskosität $\nu \approx 1650$ cSt/50 °C verwendet. Die Lagertemperatur $t_2 = 50$ °C soll im Betrieb gehalten werden, wenn die Temperaturdifferenz zwischen Ein- und Austritt $\Delta t = 15$ °C nicht überschreiten soll.

a) Nach Bestimmung der Übergangsdrehzahl $n_{ü2}$ aus η mit $\rho \approx 900\ \text{kg/m}^3$ ist zu prüfen, ob mit dem gewählten Öl Flüssigkeitsreibung im Betriebszustand erreichbar ist!

b) Nach Feststellung der Ölmenge Q in l/min zur Aufrechterhaltung der Flüssigkeitsreibung ist zu entscheiden, ob ggf. eine zusätzliche Kühlung erforderlich wird. Ist dies der Fall, soll die erforderliche Kühlwassermenge Q_{KW} in l/min zum Abführen der Gesamt-Reibungswärme Q_R berechnet werden, wobei die Lagertemperatur t_2 eingehalten und die Wassereintrittstemperatur $t_1 = 30$ °C sein soll, wenn das Wasser in den im Bild dargestellten Kanälen die Lagerschale umspült.

14.39 Das Flanschlager $d = b = 80$ mm, Passung H7/e8 mit feingedrehten Gleitflächen $R_t \approx 6\ \mu$m dient zur Aufnahme der Zwischenwelle für einen Trommelantrieb und hat eine Lagerkraft $F = 3{,}5$ kN bei $n = 1250\ \text{min}^{-1}$ aufzunehmen. Die wärmeabgebende Gesamtfläche beträgt etwa $A \approx 0{,}2\ \text{m}^2$.

a) Die im Betriebszustand erforderliche Ölzähigkeit in cSt ($\rho \approx 900\ \text{kg/m}^3$) ist zu ermitteln!

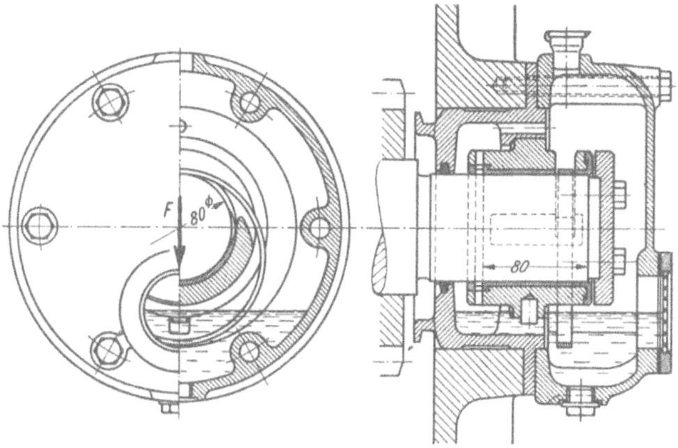

b) Das geeignete Normalschmieröl ist unter Berücksichtigung der tatsächlichen Viskosität bei Betriebstemperatur t zu bestimmen, wenn die Raumtemperatur $t_0 = 25$ °C bei leicht bewegter Luft angenommen wird!

c) Die Übergangsdrehzahl $n_{ü2}$ ist zu berechnen!

14.40 Für das Flanschlager nach Aufgabe 14.39 soll aus betrieblichen Gründen das Normalschmieröl N49 verwendet werden, wie für die andern schwerer belasteten Lager der Anlage. Die Betriebs- und Lagerdaten bleiben unverändert.

Es ist zu untersuchen, ob das Lager mit diesem Öl einwandfrei arbeitet, d. h. insbesondere, ob damit nicht die übliche Höchsttemperatur $t_{max} = 70$ °C überschritten wird!

14.41

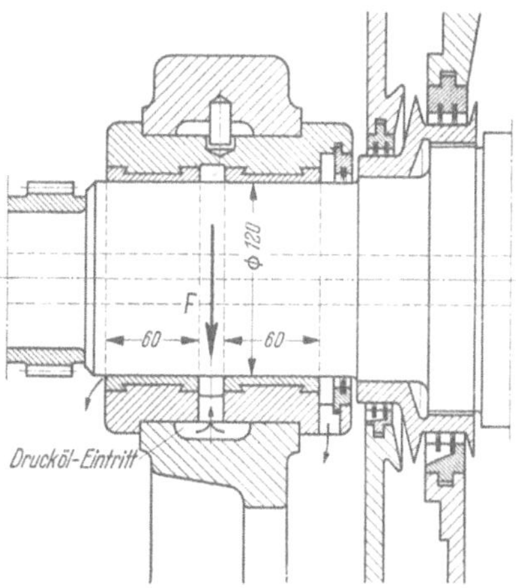

Für eine Dampfturbine mit der Leistung $P = 7000$ kW bei der Drehzahl $n = 3000$ min^{-1} soll das Außenlager für den Durchmesser $d = 120$ mm gleich tragende Breite b, Passung H8/d9 mit dem Lagerwerkstoff LgSn80 ausgeführt werden.

Welle und Lagebohrung sind mit dem Größt- bzw. Kleinstwert der Rauhtiefe feingeschliffen bzw. feingedreht.

Durch das Wellen- und Läufergewicht beträgt die radiale Lagerkraft $F = 4{,}2$ kN. Zur Schmierung wird ein mittleres

Turbinenöl mit der Viskosität $\nu \approx 0{,}3$ St/50 °C ($\rho \approx 900$ kg/m³) verwendet, womit die Lagertemperatur auf $t = 70$ °C gehalten werden soll.

a) Welche wesentliche betriebliche Forderungen haben zur Wahl des Lagerwerkstoffes geführt? Ist die Flächenpressung zulässig?

b) Es ist zu prüfen, ob für die Mindest-Schmierschichtdicke h_{min} die Gleitflächen im Betriebszustand mit Sicherheit getrennt sind und, ob die Übergangsdrehzahl $n_{ü2}$ günstig liegt!

c) Die zur Aufrechterhaltung der Flüssigkeitsreibung erforderliche Ölmenge Q in l/min ist zu ermitteln, wonach zu untersuchen ist, ob die Reibungswärme Q_R damit abgeführt werden und, ob die Temperaturdifferenz zwischen Ein- und Austritt des Öls ($t_2 \mathrel{\hat{=}} t$) den üblichen höchsten Wert nicht überschreitet!

d) Falls sich herausstellt, daß die Ölmenge Q nicht genügt, also die Temperaturdifferenz größer ist, sollen die erforderliche Kühlölmenge Q_K in l/min mit der üblichen höchsten Temperaturdifferenz und der erforderliche Druck des Kühlöls $p_{2ü}$ in bar beim Eintritt in das Lager bestimmt werden!

14.42 Nach der Zerstörung der Wälzlager für das Wasserrad eines kleinen Elektritätswerkes wurden zur schnellen Behebung des Schadens wesentlich billigere Gleitlager in Schweißkonstruktion eingesetzt.

Zum Ausgleich von Fluchtfehlern wurden Pendelschalen mit einer Bronzeaufschicht vorgesehen.

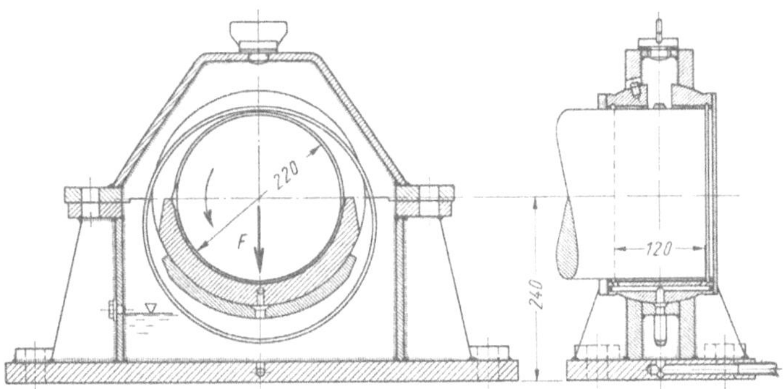

Das Lager mit $d = 220$ mm, $b = 120$ mm hat die Lagerkraft $F = 90$ kN bei der Drehzahl $n = 6{,}5$ min^{-1} aufzunehmen.

a) Welche Viskosität η des Öles in P ist erforderlich, wenn der Übergang in Flüssigkeitsreibung sicherheitshalber bei $n_{ü2} \approx 2$ min^{-1} erfolgen soll?

b) Welches Normal-Schmieröl ist geeignet, wenn für die Ermittlung der Betriebstemperatur t des Lagers die Raumtemperatur $t_0 \approx 20$ °C angenommen wird und bei leicht bewegter Luft in der Lagerumgebung mit einer wärmeabgebenden Oberfläche $A \approx 0{,}65$ m² gerechnet werden soll?

14.43

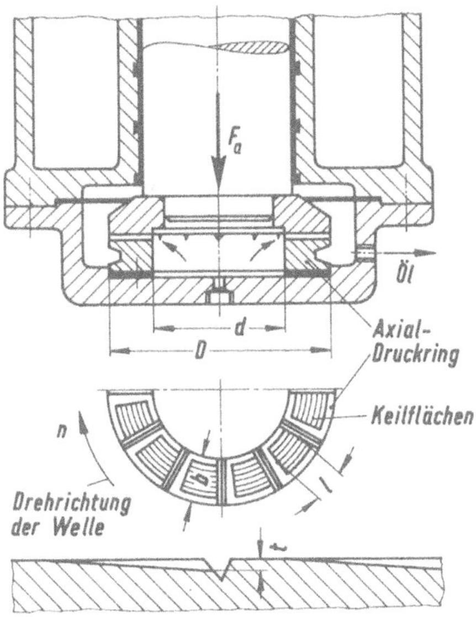

Das Stützlager einer großen Zentrifuge hat eine Axialkraft $F_a = 80$ kN bei $n = 430\ \text{min}^{-1}$ aufzunehmen.

Nach den konstruktiven Gegebenheiten wurden für den Axial-Druckring der Außendurchmesser $D = 320$ mm und der Innendurchmesser $d = 200$ mm festgelegt. Um möglichst günstige Bauverhältnisse zu erreichen, wurde der Druckring in 12 Segmente unterteilt, wobei die Segmentlänge l etwa gleich der Segmentbreite b sein soll.

a) Welches Normalschmieröl ist geeignet, wenn die Betriebstemperatur $t \approx 58$ °C erreicht und die erforderliche Viskosität η des Öles in P für den Übergang in Flüssigkeitsreibung sicherheitshalber bei 20 % der Betriebsdrehzahl erfolgen soll?

b) Welche zweckmäßige Tiefe t der Keilflächen auf dem Druckring in μm ergibt sich, wenn die im Betrieb sich einstellende geringste Schmierschichtdicke h_0 gleich der Abhebung des Wellenringes vom Axial-Druckring entspricht?

c) Welche Ölmenge Q in l/min muß den Gleitflächen zur Aufrechterhaltung der Flüssigkeitsreibung zugeführt werden?

14.44 Die Oberwalze einer Walzwerk-Blockstraße wird durch Schraubenspindeln gehoben und gesenkt, die über ein Schneckengetriebe angetrieben werden. Da der Antrieb sehr oft und stets nur für wenige Sekunden erfolgt, ergeben sich durch die kurze Ein- und Ausschaltdauer plötzliche und stoßartige Belastungen für die Getriebelager. Zunächst eingebaute Axial-Rillenkugellager 52328 DIN 711 zur Aufnahme der Axialkraft $F_a = 22$ kN der Schneckenwelle bei der Drehzahl $n = 785\ \text{min}^{-1}$ waren nach kurzer Zeit zerstört und wurden durch Gleitlager mit Axial-Druckringen aus G-CuSn12Pb mit Doppelkeilflächen ersetzt, für die 12 Segmente vorgesehen sind.

Das Bild zeigt das Axiallager in Wälzlager- und Gleitlagerausführung.

Das Gleitlager wurde mit einem Innendurchmesser $d = 170$ mm und einem Außendurchmesser $D = 270$ mm ausgeführt. Zur Schmierung dient das auch für die anderen Lager der Anlage verwendete Normalschmieröl N36. Beobachtet wurde eine Getriebetemperatur $t \approx 60$ °C.

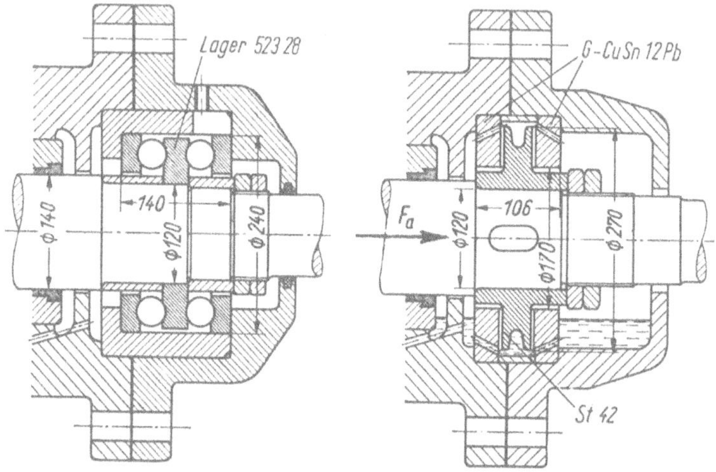

a) Durch Ermittlung der Ermüdungslaufzeit in Betriebsstunden ist nachzuweisen, daß das eingebaute Axial-Rillenkugellager entsprechend der Grenzdrehzahl (Höchstdrehzahl) n_g bei Ölschmierung hätte genügen müssen. Begründen Sie den frühen Ausfall!

b) Es ist zu prüfen, ob für die Druckringe des Gleitlagers günstige Einbauverhältnisse gegeben sind, wenn für die Schmiernuten rd. 10 % vom mittleren Umfang angenommen wird!

c) Nach Festlegung der Tiefe t der Keilflächen in μm und Ermittlung der tragbaren Höchstkraft F_{max} in kN ist nachzuweisen, daß das Gleitlager mit Sicherheit im Bereich der Flüssigkeitsreibung läuft!

14.45 Das Radiallager mit einer Breite b = 20 mm der Welle d = 15 mm einer Wasserpumpe soll als nicht schmierendes Kunststoff-Verbundlager (DU-Trockenlager) ausgeführt werden, das bei der Wellendrehzahl $n \approx 1000\ \text{min}^{-1}$ mit der anteiligen Kraft $F \approx 120$ N belastet wird.

a) Die Tragfähigkeit des Lagers ist für eine geschliffene, ungehärtete Welle zu prüfen!

b) Eine geeignete Passung ist festzulegen, wobei der für die Kunststofflager (entsprechend Polyamidlager) empfohlene Mindestwert für das relative Lagerspiel nicht unterschritten werden soll!

14.46 Für die radiale Lagerung der gehärteten Welle mit d = 12 mm Durchmesser eines Frischluftventilators ist ein Kunststoff-Verbundlager von 18 mm Breite vorgesehen. Der Ventilator läuft mit $n = 2950\ \text{min}^{-1}$. Durch das anteilige Eigengewicht von Welle, Lüfterflügel und Motoranker wird das Lager mit F = 35 N belastet.

Für das Lager ist einmalige Fettschmierung vorgesehen.

a) Die Tragfähigkeit des Lagers ist überschlägig zu prüfen!

b) Entsprechend dem mittleren absoluten Lagerspiel der Polyamidlager ist eine geeignete ISO-Passung zu wählen!

14.47

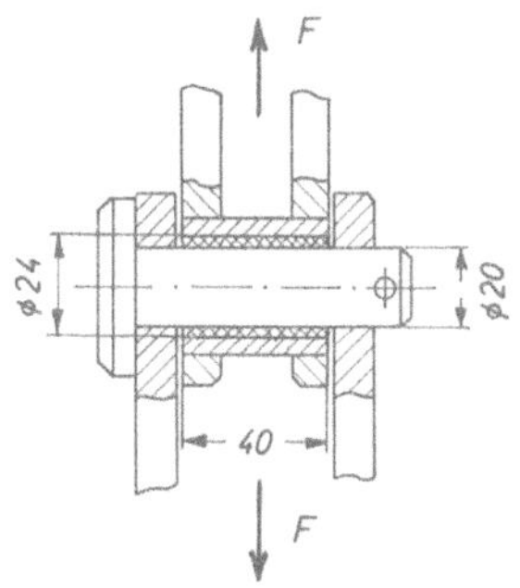

Das Gelenk einer Förderkette ist mit einer schwimmenden Lagerbuchse aus 6,6-Polyamid versehen.

Hinsichtlich der höchstzulässigen Flächenpressung für die Polyamid-Buchse ist die maximale Zugkraft F in kN für die Kette zu ermitteln!

14.48 Ein Gleitlager aus 6,6-Polyamid mit $d = 50$ mm Nenndurchmesser und $b = 40$ mm Breite wird durch eine Radialkraft $F = 300$ N bei einer Drehzahl $n = 180\ \text{min}^{-1}$ belastet. Das Lager soll eine einmalige Fettschmierung erhalten.

a) Nach Ermittlung der günstigsten Buchsenwanddicke s (auf volle mm gerundet) ist für eine Betriebstemperatur $t = 80$ °C bei der Raumtemperatur $t_0 = 20$ °C durch Vergleich des vorhandenen mit dem zulässigen Belastungswert festzustellen, ob das Lager ausreichend bemessen ist!

b) Die tatsächlich zu erwartende Lagertemperatur t' ist zu berechnen!

c) Auf 1/100 mm gerundet sind im einzelnen zu ermitteln: das Kleinst-Einbaulagerspiel S_k, das Kleinstmaß d_k und das Größtmaß d_g der Buchsenbohrung, wenn diese nach dem Einpressen fertig bearbeitet wird und die Toleranz IT8 bei einer Welle h8 haben soll sowie das Kleinstmaß D_k und das Größtmaß D_g des Buchsendurchmessers mit der Toleranz IT8, wenn die Gehäuse-Bohrung mit H8 ausgeführt wird.

14.49

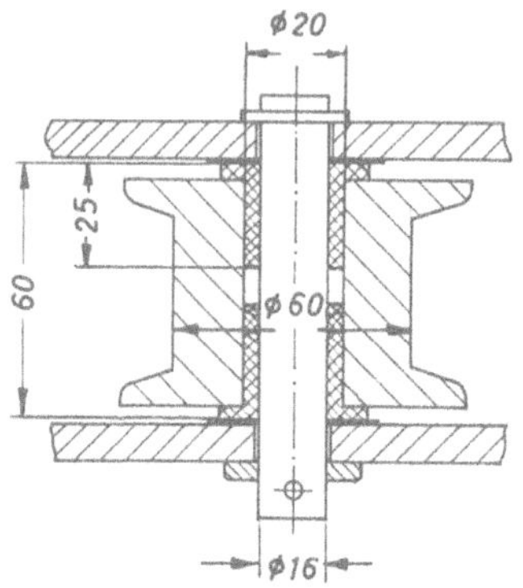

Die Tragrollen eines Kreisförderers mit der Fördergeschwindigkeit $v_F = 0{,}3$ m/s sollen Gleitlagerbuchsen aus 6,6-Polyamid mit den Abmessungen nach Bild erhalten.

Von einer Rolle ist die Kraft $F = 350$ N aufzunehmen.

a) Zu prüfen ist für Trockenlauf, ob die Lagerung für Dauerbetrieb ausreicht, wenn mit der Raumtemperatur $t_0 = 20$ °C gerechnet wird!

b) Auf 1/100 mm gerundet sind im einzelnen zu ermitteln: das Kleinst-Einbauspiel S_k, das Kleinstmaß d_k und das Größtmaß d_g der nach dem Einpressen fertig zu bearbeitenden Buchsenbohrung mit der Toleranz IT8, wenn für den Lagerbolzen h8 vorgesehen ist sowie das Kleinstmaß D_k und das Größtmaß D_g des Buchsenaußendurchmessers mit der Toleranz IT8, wenn die Rollenbohrung mit H7 ausgeführt wird.

14.50 Ein Stehlager aus 6,6-Polyamid mit den im Bild angegebenen Hauptabmessungen soll hinsichtlich seiner Belastbarkeit untersucht werden.

a) Der zulässige Belastungswert ist für die üblichen Temperaturverhältnisse zu ermitteln, wobei als Lagerwanddicke die des zylindrischen Lagerteiles zu setzen ist; der Belastungswert soll 1. bei Trockenlauf und 2. bei einmaliger Fettschmierung festgestellt werden;

b) es ist die vom Lager aufzunehmende größte Radialkraft zu ermitteln bei einer Wellendrehzahl $n = 250\ \text{min}^{-1}$ und zwar 1. bei Trockenlauf und 2. bei einmaliger Fettschmierung;

c) das Kleinst- und Größtmaß der Lagerbohrung bei einer Toleranz IT8 sind festzulegen, wenn für die Wellen die Toleranz h8 vorgesehen wird, wobei davon auszugehen ist, daß wegen der allseitigen Ausdehnungsmöglichkeit des Lagers die Volumenänderung nur etwa zu dreiviertel in das Lagerspiel eingeht (die Maße sind auf 1/100 mm zu runden)!

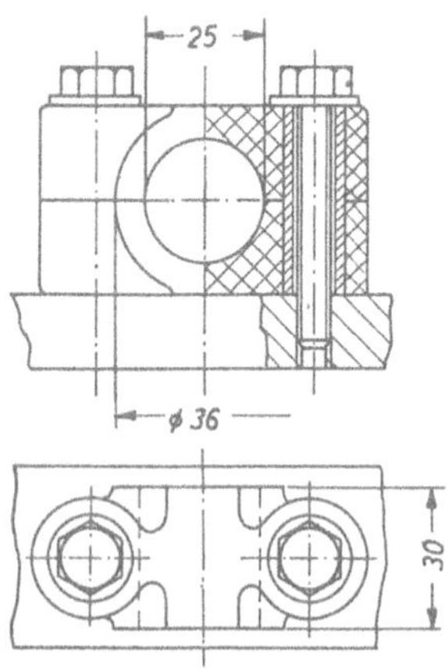

15. Zahnräder und Zahnradgetriebe

Vorbemerkungen

Zahnräder gehören zu den wichtigsten und am häufigsten verwendeten Maschinenelementen, vielleicht deshalb, weil das Zahnradgetriebe allen und gerade auch höchsten Anforderungen genügen kann. So finden sich Zahnräder sowohl in den kleinsten Meßgeräten wie auch in den größten Getrieben, die Spanne aller Leistungen, Drehzahlen und Übersetzungsverhältnisse umfassend. Aus diesem Grunde ist auch die Anzahl der hierüber gegebenen Aufgaben weitaus größer gegenüber der von Aufgaben über andere Elemente.

Die Reihenfolge der behandelten Aufgaben entspricht etwa der der betreffenden Abschnitte im Lehrbuch, in denen auch versucht wird, durch angemessene Ableitungen die Folgerichtigkeit der Rechnungsmethoden verständlich zu machen. Ausnahmen bilden nur Erkenntnisse, die durch eingehende Versuche gewonnen, in entsprechend verwickelte Gleichungen so angegeben werden, daß sie für die Praxis anwendbar sind. Vielfach wird in den Lösungshinweisen auf die betreffenden Abschnitte bzw. Gleichungen im Lehrbuch verwiesen.

Wie zu allen Kapiteln werden zunächst jeweils Verzahnungsdaten und Berechnungsgrundlagen in einfachen Grundaufgaben verlangt, denen dann umfangreichere Aufgaben aus möglichst vielen Gebieten des Maschinenbaues folgen. Dabei sind oft mehrere, verschiedenartige Berechnungen z. B. neben der Tragfähigkeitsberechnung auch die einer Profilverschiebung oder die Berechnung anderer mit den Getrieben zusammenhängender Elemente z. B. Wellen, Lager bzw. Verbindungselemente zur Wiederholung durchzuführen. Zahlreiche Bilder bzw. Skizzen sollen das Verständnis zur Aufgabe besser vermitteln. Bei vielen Aufgaben, insbesondere bei solchen, die eine Vorwahl von Getriebeabmessungen fordern, sind durchaus etwas voneinander abweichende Lösungsmöglichkeiten gegeben, die auch zu abweichenden Ergebnissen führen können. Es entspricht der Art der Zahnradberechnung, daß einige Verzahnungs- und Getriebedaten z. B. die Ritzelzähnezahl, die Zahnbreiten, die Werkstoffe oder die Verzahnungsqualität unterschiedlich vorgewählt bzw. festgelegt werden können, ohne daß das Ergebnis zur Aufgabe dadurch falsch wird. Allgemein sind jedoch bewußt möglichst einengende Forderungen gestellt, die dann auch einen bestimmten Lösungsweg vorzeichnen.

Der heutige Stand der Berechnungsweisen für Zahnräder ist unter dem Druck der Anforderungen, Getriebe mit geringem Werkstoffaufwand, großer Betriebssicherheit und hoher Lebensdauer zu entwickeln, keineswegs als abgeschlossen zu betrachten, sondern läßt noch Änderungen, Ergänzungen und Verfeinerungen also sicher kompliziertere Verfahren erwarten. Da aber nur eine beschränkte Zeit zum Studium dieses Teilgebietes zur Verfügung steht und praktisch nur Grundlagen vermittelt werden können, bleiben die Aufgaben bewußt auf einem Niveau, das von den Studierenden bei gewissen Abgrenzungen erreicht werden kann.

15.1 Für ein Nullgetriebe mit Geradstirnrädern wurden für das Ritzel $z_1 = 20$ Zähne, Modul $m = 6$ mm gewählt. Bei einer Antriebsdrehzahl $n_1 = 710\ \text{min}^{-1}$ soll eine Übersetzung $i = 4{,}25$ eingehalten werden.

Zu ermitteln sind:

a) die Abtriebsdrehzahl n_2 und die Zähnezahl z_2 des Rades;
b) die allgemeinen Verzahnungsmaße sowie der Achsabstand des Radpaares.

15.2 Für ein Geradstirnradpaar mit Nullrädern, Modul $m = 4$ mm soll aus Einbaugründen ein Achsabstand $a_0 = 162$ mm genau eingehalten werden. Bei einer Antriebsdrehzahl $n_1 = 960\ \text{min}^{-1}$ soll die Übersetzung $i \approx 3{,}5$ betragen.

a) Die Zähnezahlen z_1 des Ritzels und z_2 des Rades sind zu berechnen;
b) die Abtriebsdrehzahl n_2 ist zu ermitteln.

15.3 Ein Geradstirnradgetriebe für eine Antriebsleistung $P_1 = 5{,}5$ kW bei einer Drehzahl $n_1 = 720\ \text{min}^{-1}$ muß für die Abtriebsdrehzahl $n_4 = 16\ \text{min}^{-1}$ als dreistufiges Nullgetriebe, im Prinzip nach Bild, ausgebildet werden. Um günstige Bauverhältnisse zu erreichen, sind für die 1. Stufe mit der Übersetzung $i_1 = 4{,}5$ ein Radpaar mit einem Ritzel $z_1 = 18$, Modul $m_1 = 3{,}5$ mm und die 2. Stufe mit der Übersetzung $i_2 = 3{,}6$ ein Radpaar mit einem Ritzel $z_3 = 20$, Modul $m_2 = 4$ mm vorgesehen. Für die 3. Stufe wird ein Modul $m_3 = 4{,}5$ mm festgelegt, wobei aus baulichen Gründen zu berücksichtigen ist, daß der Teilkreisdurchmesser des letzten Rades z_6 möglichst gleich dem des 4. Rades sein soll.

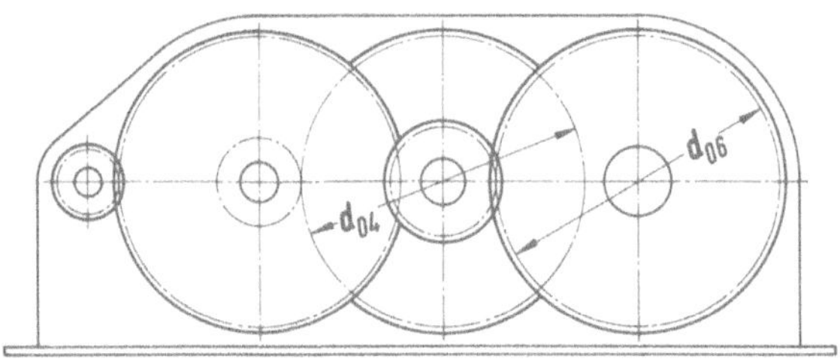

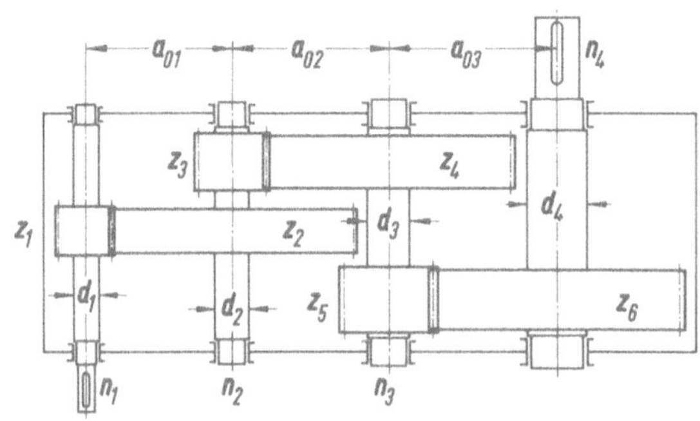

a) Welche Zähnezahlen ergeben sich für die einzubauenden Stirnräder und welche Achsabstände ergeben sich?

b) Die Drehzahlen n_2 und n_3 der Zwischenwellen sind zu ermitteln!

c) Durch maßstäblichen Entwurf ist entsprechend dem Bild zu prüfen, ob die Ausführung des Getriebes möglich ist, wenn als Wellendurchmesser $d_1 = 35$ mm, $d_2 = 45$ mm, $d_3 = 60$ mm berechnet wurden und für die Radbreiten der 1.Stufe etwa 50 mm, der 2. Stufe etwa 60 mm und der 3. Stufe etwa 75 mm angenommen werden.

15.4 Für das Getriebe nach Bild zu Aufgabe 15.3 ist die Abtriebsleistung P_2 in kN erfahrungsgemäß zu ermitteln, wenn Leistungsverluste an den Eingriffstellen der bearbeiteten Zähne, durch Lagerung der Wellen mit zwei Wälzlagern und durch die Dichtungen einschließlich Planschwirkung eines Rades insgesamt berücksichtigt werden.

15.5 Um einen ruhigen und gleichförmigen Lauf eines Nullgetriebes mit Geradstirnrädern $z_1 = 18$, $m = 4$ mm gewährleisten zu können, soll für die Übersetzung $i = 5$ der Überdeckungsgrad rechnerisch und überschlägig geprüft werden!

15.6 Ein Geradstirnradpaar mit $z_1 = 12$, $z_2 = 30$, Modul $m = 8$ mm soll als V-Nullgetriebe ausgebildet werden.

a) Es ist festzustellen, ob das V-Null-Getriebe ausgeführt werden kann.

b) Die Abmessungen der Zahnräder einschließlich Achsabstand sind zu ermitteln.

15.7 Für das Geradstirnrad-Getriebe einer Schneckenpresse soll als V-Getriebe mit einer Übersetzung $i = 4{,}9$ ausgebildet werden. Aus der Festigkeitsberechnung für die Ritzelwelle ergab sich ein Durchmesser $d = 80$ mm. Konstruktiv günstige Abmessungen wurden für das Ritzel mit einem Teilkreisdurchmesser $d_{01} \approx 110$ mm bei einem Modul $m = 10$ mm erreicht.

a) Nach Ermittlung der Zähnezahlen des Ritzels z_1 sowie des Nullrades z_2 sind die Abmessungen des Ritzels zu bestimmen und der Rundungsradius r für den Übergang von der Welle zum Ritzel ist festzulegen, wenn dieser etwa am Ritzelfuß auslaufen soll.

b) Der Achsabstand a_v des Radpaares nach der Gebrauchsformel und genauer zu berechnen. Die Ergebnisse sind zu vergleichen.

15.8 Bei einem ins Langsame übersetzenden Getriebe mit den Geradstirnrädern $z_1 = 21$ und $z_2 = 49$, Modul $m = 5$ mm soll zur Erzielung einer hohen Tragfähigkeit an beiden Rädern eine positive Profilverschiebung vorgenommen werden. Entsprechend einer Empfehlung nach DIN 3992 wurde eine Profilverschiebungssumme $x_1 + x_2 = 0{,}8$ gewählt.

a) Wie sind die Profilverschiebungsfaktoren entsprechend der Empfehlung nach DIN 3993 für Ritzel und Rad aufzuteilen?

b) Der Achsabstand a_v des Radpaares ist durch genaue Berechnung und mittels Gebrauchsformel zu ermitteln, wobei für die genaue Bestimmung der Betriebseingriffswinkel α_b berechnet und danach graphisch kontrolliert werden soll.

c) Die absolute Abweichung der ermittelten Ergebnisse von a_v soll bestimmt und die prozentuale Abweichung bezogen auf den größeren Wert ermittelt werden.

15.9 Für ein Schaltgetriebe soll eine Stufe mit einem Geradstirnradpaar $z_1 = 19$, $z_2 = 52$, Modul $m = 4$ mm ausgeführt werden. Aus baulichen Gründen muß jedoch ein Achsabstand von 145 mm eingehalten werden.

Es ist zunächst zu prüfen, ob ein Nullgetriebe ausgeführt werden kann. Bei Ausbildung als V-Getriebe sind die Profilverschiebungen v_1 für das Ritzel z_1 und v_2 für das Rad z_2 zu ermitteln, wobei bei Aufteilung der rechnerisch bestimmten Verschiebungssumme eine möglichst gleiche Tragfähigkeit anzustreben ist.

15.10 Ein Geradstirnradpaar mit $z_1 = 24$, $z_2 = 36$, Modul $m = 3$ mm soll als Stufe eines Regelgetriebes zum Erreichen eines genauen und möglichst spielfreien Laufes einen hohen Überdeckungsgrad erhalten. Entsprechend der Empfehlung nach DIN 3992 wurde darum eine negative Profilverschiebungssumme $x_1 + x_2 = -0{,}3$ gewählt.

a) Bei möglichst gleicher Tragfähigkeit sind die Abmessungen einschließlich des genauen Achsabstandes für das Radpaar zu ermitteln.

b) Der Überdeckungsgrad des Radpaares ist zu bestimmen und mit dem Überdeckungsgrad bei Ausführung als Nullgetriebe zu vergleichen, wobei die prozentuale Erhöhung gegenüber dem kleinerem Wert angegeben werden soll.

15.11 Für ein Geradstirnradpaar $z_1 = 16$, $z_2 = 44$, Modul $m = 4$ mm muß aus konstruktiven Gründen ein Achsabstand von 125 mm erreicht werden.

a) Um diese Forderung erreichen zu können, sollen zunächst die Profilverschiebungen v_1 für das Ritzel z_1 und $v_2 = 0{,}7 \cdot v_1$ für das Rad z_2 ermittelt und danach mit $v_{1\,max}$ geprüft werden, ob für das profilverschobene Ritzel die Gefahr zur Spitzenbildung besteht.

b) Die Abmessungen für das Ritzel und das Rad sind zu berechnen.

15.12

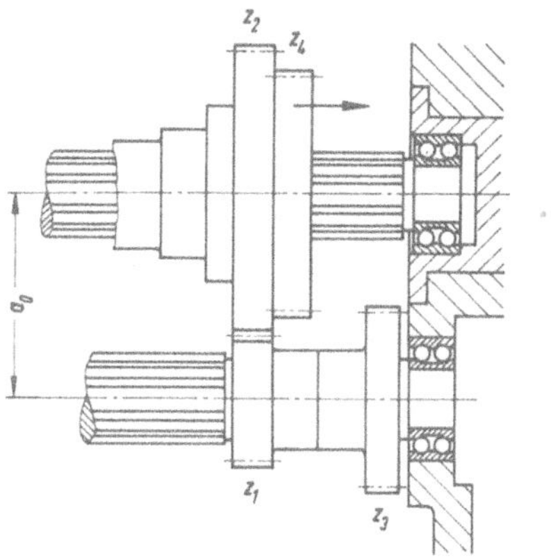

In einem Schieberäder-Getriebe für den Spindelantrieb einer Fräsmaschine ergaben sich zum genauen Einhalten der geforderten Übersetzung für eine Zwischenstufe Geradstirnräder mit den Zähnezahlen $z_1 = 18$, $z_2 = 50$, $z_3 = 29$, $z_4 = 42$, Modul $m = 3$ mm, siehe Bild.

Um zu erreichen, daß der durch das Radpaar z_3, z_4 gegebene Achsabstand $a_{02} = a_{01} = a_0$ wird, soll am Radpaar z_1, z_2 die erforderliche Profilverschiebung v_1 zunächst nur am Ritzel z_1 vorgenommen werden.

a) Die Profilverschiebung v_1 ist zu ermitteln und danach zu prüfen, ob die Gefahr der Spitzenbildung am Ritzel besteht; ist dies der Fall, soll untersucht werden, ob die Aufteilung der Verschiebung so vorgenommen werden kann, daß für das Ritzel $v_1 = 1{,}5 \cdot v_2$ des Rades z_2 wird.

b) Die Abmessungen der vier Räder sind zu berechnen.

15.13 Der Zwischenwelle A–B mit den Geradstirnrädern $z_2 = 81$, Modul $m_1 = 3{,}5$ mm und $z_3 = 20$, Modul $m_2 = 4$ mm wird eine Leistung $P_2 = 5$ kW bei $n_2 = 160\ \text{min}^{-1}$ zugeführt. Sie wird von einem Ritzel $z_1 = 18$ angetrieben, das im Uhrzeigersinn läuft – vgl. Getriebeskizze nach Bild.

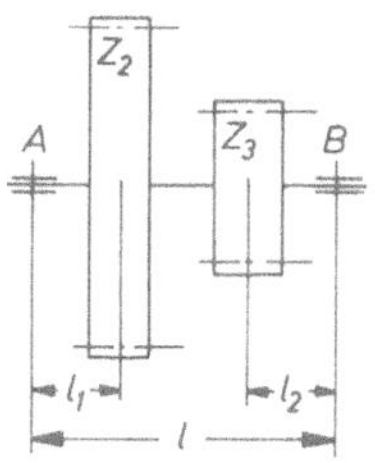

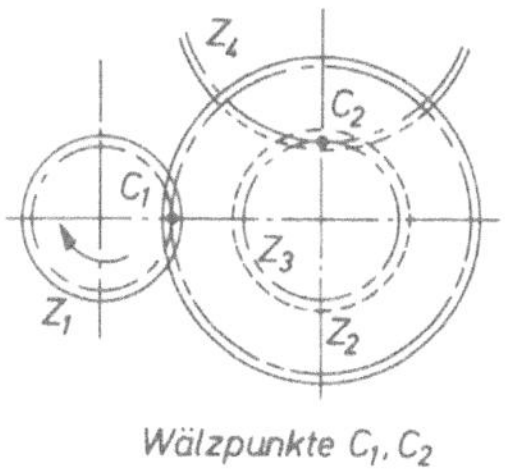

a) Für die Zahnräder z_2 und z_3 sind nach der Getriebeskizze die Zahnkraftkomponenten F_{u2}, F_{r2} und F_{u3}, F_{r3} entsprechend ihrer Richtung einzutragen und rechnerisch für den Betriebsfaktor $c_1 = 1{,}0$ zu ermitteln.

b) Die äußere Belastung der Welle A–B ist für die horizontale und vertikale Wirkebene zu skizzieren.

15.14 Das handbetätigte Zahnstangengetriebe für den Verschlußschieber eines Bunkerauslaufes ist für eine größte Verschiebekraft $F \approx 1{,}2$ kN zu berechnen. Aus überschlägiger Berechnung ergab sich der Durchmesser der Welle für das Ritzel $d = 25$ mm.

Wegen der kleinen Umfangsgeschwindigkeit wird die Zähnezahl des Ritzels $z = 16$ gewählt.

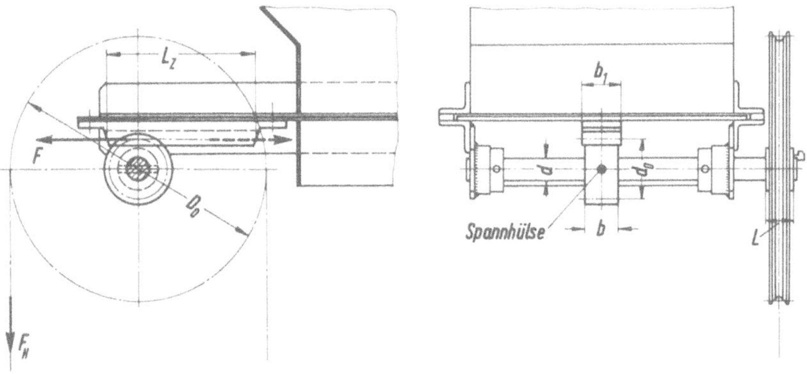

a) Nach überschlägiger Berechnung des Teilkreisdurchmessers d_0 ist der nächstgrößere Modul m nach DIN 780 zu bestimmen und danach endgültig d_0 sowie die Breite b des Ritzels festzulegen, wobei entsprechend den Lagerungs- und Einbauverhältnissen ein möglichst kleines Breitenverhältnis ψ_m zu wählen ist; die Breite der Zahnstange b_1 soll um etwa 5 mm größer sein.

b) Die Anzahl der Zähne z_1 der Zahnstange für einen Verschiebeweg $s \approx 250$ mm und die Länge L_z des Verzahnungsteiles der Zahnstange gemessen auf der Profilmittellinie sind zu berechnen, wenn sicherheitshalber zwei Zähne mehr als errechnet vorgesehen werden.

c) Die Zahnfuß-Tragfähigkeit für das Ritzel ist zu prüfen, wenn für das Ritzel als Werkstoff St50 und eine für die Betriebsverhältnisse ausreichende Verzahnungsqualität 12 gewählt wird.

15.15

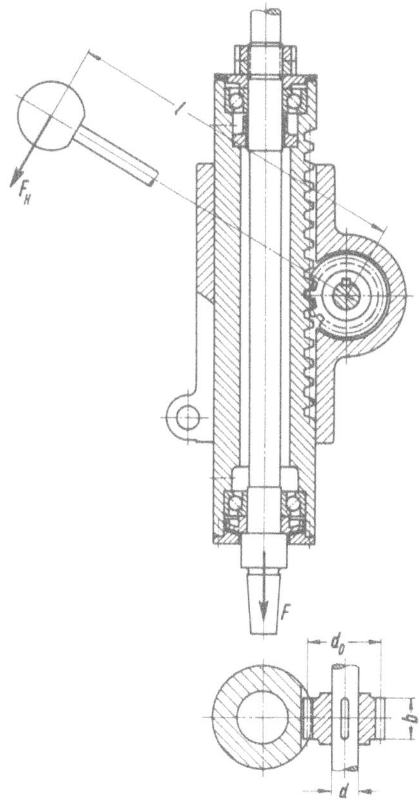

Der Vorschub einer Bohrspindel erfolgt durch ein Zahnstangengetriebe. Für einen größten Bohrdurchmesser von 16 mm ergibt sich eine max. Vorschubkraft $F \approx 2$ kN bei einer Spindeldrehzahl $n_S \approx 500\,\text{min}^{-1}$ und einem Vorschub von $\approx 0{,}2$ mm/U. Für den Zahnstangentrieb wurde ein Modul $m = 3$ mm, eine Ritzelzähnezahl $z = 18$ und eine Radbreite gleich Zahnstangenbreite $b = 30$ mm vorgewählt. Als Werkstoff ist für die Stange GG-25, für das Ritzel St50 vorgesehen. Der Durchmesser der Welle für das Ritzel ist mit $d = 20$ mm festgelegt.

a) Sind die Verzahnungsmaße richtig vorgewählt, um das Ritzel auf die Welle setzen zu können?

b) Die Zahnfuß-Tragfähigkeit des Ritzels und der Zahnstange ist zu prüfen, wenn entsprechend den Betriebsverhältnissen eine Verzahnungsqualität 10 vorgesehen wird.

c) Welche Hebellänge l ist für eine Handkraft $F_H \approx 200$ N zweckmäßig?

15.16 Das Zahnstangengetriebe für den Tisch einer Langhobelmaschine, ist zu berechnen. Die größte Durchzugkraft des Tisches beträgt $F = 15$ kN bei einer Arbeitsgeschwindigkeit $v_A = 20$ m/min und einer Rücklaufgeschwindigkeit $v_R = 40$ m/min. Nach den konstruktiven Gegebenheiten soll der Teilkreisdurchmesser des Rades etwa 320 mm betragen. Als Werkstoff für die Zahnstange ist GS-60 vorgesehen. Für die Verzahnung ist die Qualität 8 gewählt.

a) Auf der zulässigen Biegebeanspruchung der Zähne für die Zahnstange ist der erforderliche nächstliegende Modul m nach DIN 780 zu ermitteln, wenn ein Modul-Breitenverhältnis von 15 angenommen wird und danach die Zähnezahl z des Rades sowie der genaue Teilkreisdurchmesser und die Zahnbreite gleich Zahnstangenbreite festzulegen.

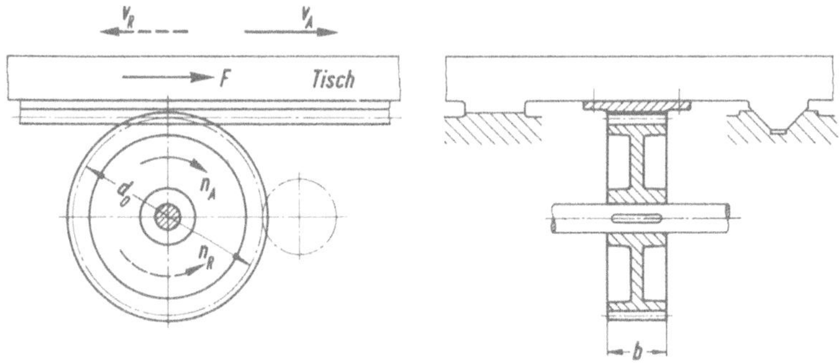

b) Bei gleichen Bedingungen ist auf Grund der Biegespannung für die Zähne des Rades ein geeigneter Gußwerkstoff zu wählen und die Zulässigkeit der Flanken-Tragfähigkeit des Rades und der Zahnstange für Dauerbetrieb bei mittlerer Ölzähigkeit zu prüfen, wonach ggf. die vorgewählten Werkstoffe zu ändern sind.

c) Welche Drehzahl n_A des Rades beim Arbeitshub und welche Drehzahl n_R beim Rücklauf des Tisches ist vorhanden?

15.17 Für den Fahrantrieb eines Laufkranes mit 7,5 t Traglast, 14 m Spannweite und 80 m/min Fahrgeschwindigkeit hat das Fahr-Motorgetriebe eine Leistung $P = 3\text{kW}$ bei einem Wirkungsgrad $\eta = 0{,}95$ zu übertragen; Abtriebsdrehzahl $n = 235\ \text{min}^{-1}$.

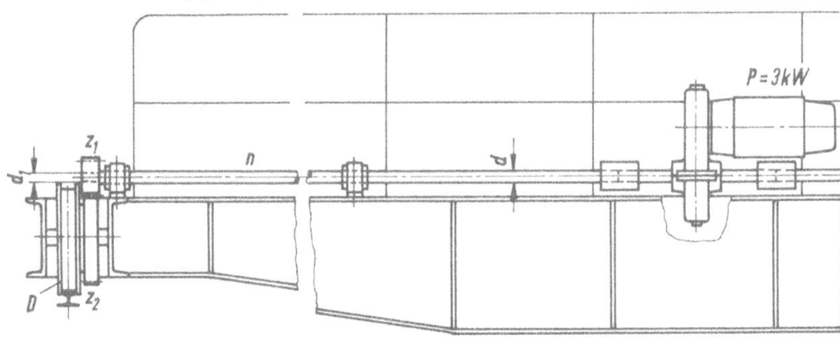

Festgelegt sind der Durchmesser der Fahrwerkwelle $d = 45$ mm und der Laufraddurchmesser $D = 500$ mm. Die Vorwahl der Hauptabmessungen des Geradstirnradgetriebes ergab für das Ritzel aus St60, das auf das Ende der Fahrwerkwelle mit $d_1 = 40$ mm aufgesetzt werden soll, Zähnezahl $z_1 = 20$, Modul $m = 5$ mm, Zahnbreite $b_1 = 55$ mm. Für das Rad z_2 mit der Breite $b_2 = 50$ mm ist als Werkstoff GS-60 vorgesehen. Nach den betrieblichen Anforderungen wird die Verzahnungsqualität 11 gewählt.

a) Die Übersetzung i bei der Laufraddrehzahl n_2 gleich Drehzahl des angeflanschten Zahnrades z_2 und die vom Getriebe zu übertragende Leistung P_1 in kW sind zu ermitteln.

b) Es ist zu prüfen, ob das Ritzel zum Aufsetzen auf das Ende der Fahrwerkwelle groß genug ist.

c) Unter Berücksichtigung der Betriebsverhältnisse nach Richter-Ohlendorf [Antrieb Elektromotor, Anlauf mittel, mäßige Stöße, Zahnrad (Bruch), 3 h tägliche Laufzeit] sind die Zahnfuß-Tragfähigkeit der wechselnd beanspruchten Zähne und die Flanken-Tragfähigkeit bei normaler Schmierung zu prüfen, wonach ggf. die Werkstoffe zu ändern sind, wenn erfahrungsgemäß für die Vollastlebensdauer $L_h \approx 200$ h nicht erreicht werden.

15.18

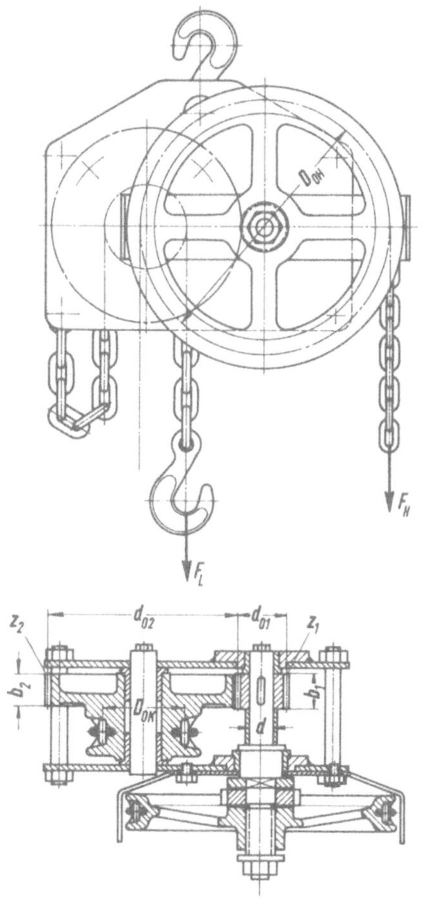

Für einen Stirnrad-Flaschenzug mit einer Traglast $m_L = 500$ kg sind der Durchmesser des Handkettenrades (Haspelrades) $D_{0H} = 294$ mm auf der Welle $d = 24$ mm und der Durchmesser des Lastkettenrades (der Kettennuß) $D_{0K} = 88$ mm festgelegt.

Für das einstufige Geradstirnradgetriebe wurden das Ritzel aus St50 mit der Zähnezahl $z_1 = 18$, Modul $m = 3{,}5$ mm, Radbreite $b_1 = 40$ mm und das Rad aus GG-25 mit der Zähnezahl $z_2 = 99$, Radbreite $b_2 = 35$ mm sowie die Verzahnungsqualität 10 vorgewählt.

Erfahrungsgemäß wird je Welle einschließlich Lagerung ein Wirkungsgrad $\eta_1 = 0{,}95$ angenommen.

Nach Untersuchung, ob das Ritzel z_1 auf die Welle d paßt sind auf Grund des Lastmomentes M_L (Moment an der Kettennuß) und des Kraftmomentes M_H (Moment am Haspelrad) für die vorgewählten Werkstoffe die Zahnfuß-Tragfähigkeit der Zahnräder zu prüfen, wobei für die geschätzte Haspelraddrehzahl $n \approx 50\ \text{min}^{-1}$ extreme Betriebsverhältnisse nicht anzunehmen sind.

15.19 Für eine handbetätigte Wandwinde mit einer größten Seillast $m_S \approx 225$ kg sind der Handkurbelradius $R = 350$ mm und der Trommeldurchmesser $D = 200$ mm festgelegt. Bei einer Kurbelgeschwindigkeit $v_K \approx 0{,}5$ m/s mit einer Handkraft $F_H = 150$ N ergaben sich bei einem Wirkungsgrad der Winde $\eta \approx 0{,}9$ für die Stirnräder eine Übersetzung $i = 4{,}78$ und überschlägig der Durchmesser der Handkurbelwelle $d = 25$ mm.

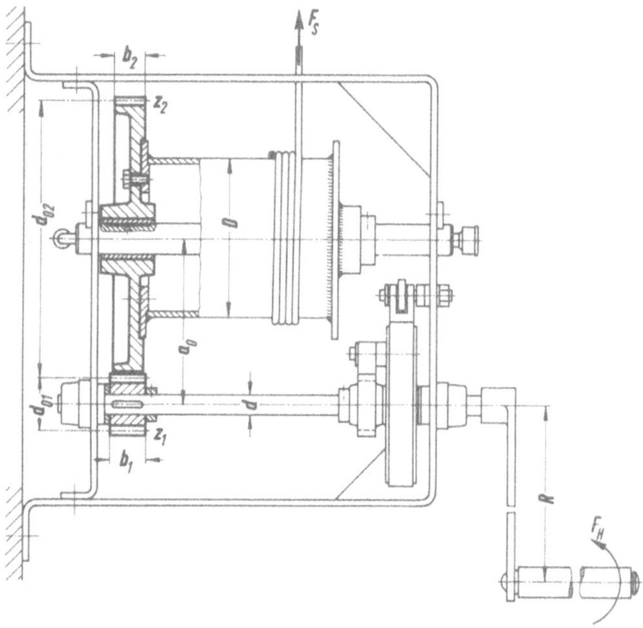

a) Für allgemein mittlere Verhältnisse sind die Hauptabmessungen einschließlich Achsabstand sowie die Werkstoffe der Zahnräder z_1, z_2 vorzuwählen und die Verzahnungsqualität festzulegen.

b) Auf Grund des vom Ritzel z_1 zu übertragenden Drehmomentes M_{t1} aus dem Kraftmoment M_H bei einem Wirkungsgrad der Wellenlagerung $n_L \approx 0{,}96$ sollen ohne Annahme extremer Betriebsverhältnisse die Zulässigkeit der Zahnfuß-Tragfähigkeit und der Flanken-Tragfähigkeit geprüft werden, wonach ggf. die Werkstoffe zu ändern sind.

15.20 Für eine handbetätigte Silo-Einfahrtwinde mit der Tragfähigkeit $m = 250$ kg ergab sich ein Seiltrommeldurchmesser $D = 250$ mm. Bei einer Kurbelgeschwindigkeit $v_K \approx 0{,}6$ m/s mit einer Kurbelkraft $F_K = 200$ N wurde der Handkurbelradius $R = 350$ mm festgelegt.

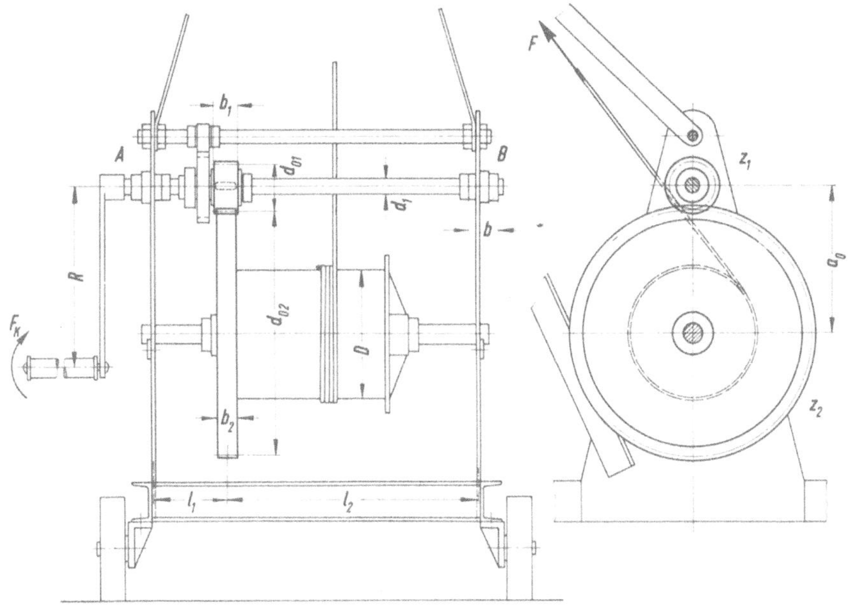

Geschätzter Wirkungsgrad der Winde $\eta \approx 0{,}85$; Wirkungsgrad der Lagerung der Handkurbelwelle $\eta_L \approx 0{,}96$.

a) Nach Ermittlung der Übersetzung i des Geradstirnradpaares und der überschlägigen Berechnung des Durchmessers d_1 der Handkurbelwelle aus St60K nach DIN 3 sind die Hauptabmessungen der Zahnräder einschließlich Achsabstand und eine mittlere Verzahnungsqualität festzulegen, wenn für das Ritzel die größtmögliche Zähnezahl z_1 und etwa mittleres ψ_m gewählt werden.

b) Nach Vorwahl geeigneter Zahnradwerkstoffe sind ohne Annahme extremer Betriebsverhältnisse die Zahnfuß-Tragfähigkeit und die Flanken-Tragfähigkeit zu prüfen, wonach ggf. die Werkstoffe zu ändern wären.

c) Die mittleren Flächenpressungen p_{mA} und p_{mB} in den Flanschlagern nach DIN 502 mit Buchse aus G-CuSnPb und die Dauerhaltbarkeit der Kurbelwelle aus blankgezogenem Rundstahl mit $R_t \approx 2\ \mu m$ sind für Mitte Ritzel zu prüfen, wenn sich nach dem Entwurf die Lagerabstände $l_1 = 125$ mm und $l_2 = 475$ mm ergaben.

15.21 Eine Stab- und Formstahlschermaschine wird durch einen Drehstrommotor mit $P = 5{,}5$ kW bei $n_1 = 960\ \text{min}^{-1}$ angetrieben und soll 50 Hübe/min machen.

Als 1. Stufe ist ein Keilriemengetriebe mit den Scheibendurchmessern $d_{m1} = 140$ mm und $d_{m2} = 560$ mm vorgesehen. Die 2. Stufe bildet ein Geradstirnradpaar, dessen Ritzel mit der Zähnezahl $z_1 = 20$ auf dem mit $R_t \approx 10\ \mu m$ geschlichtetem Wellen-

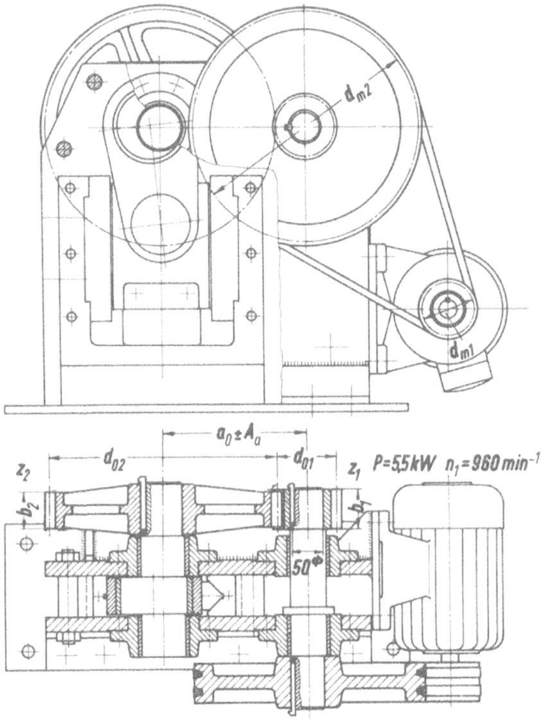

ende $d_1 = 50$ mm der Zwischenwelle aus St50 mittels Nasenkeil nach DIN 6887 befestigt werden soll.

a) Nach Ermittlung der Übersetzung i_2 der Stirnradstufe sind zunächst die Hauptabmessungen der Zahnräder unter Berücksichtigung mittlerer Werte einschließlich Achsabstand für die auf Grund der Umfangsgeschwindigkeit für Werkzeugmaschinen empfohlene Verzahnungsqualität mit Abmaßen $\pm A_a$ für das K-Feld festzulegen (siehe Bild).

b) Unter Berücksichtigung der durch die Art der Maschine gegebenen ungünstigen Betriebsverhältnisse nach Richter-Ohlendorf [mittlerer Anlauf, starke Stöße bei Vollast, Zahnrad (Bruch), evtl. 8 h tägliche Laufzeit] ohne Beachtung der Wirkungsgrade sind entsprechend der Biegespannung am Ritzel-Zahnfuß ein geeigneter Stahl und entsprechend der Biegespannung am Rad-Zahnfuß ein geeigneter Gußwerkstoff vorzuwählen und danach die Flanken-Tragfähigkeit der Zahnräder nachzuprüfen, wonach ggf. die Werkstoffe entsprechend zu ändern wären.

c) Die Dauerhaltbarkeit ist sowohl für den Keilnutquerschnitt als auch für eine relativ kleine Übergangsrundung am Übergangsquerschnitt des Wellenendes entsprechend der stoßartigen Beanspruchung nachzuprüfen.

15.22 Für den Antrieb eines Trogkettenförderers mit einer Förderleistung $Q = 25$ t/h Schwergetreide bei einer Förderlänge $L = 50$ m und einer Fördergeschwindigkeit (Kettengeschwindigkeit) $v = 0{,}6$ m/s ist ein Antriebsmotor $P = 3$ kW bei $n_1 = 1435\ \text{min}^{-1}$ ermittelt. Das Kettenrad hat einen Teilkreisdurchmesser $D_0 = 276{,}83$ mm.

Als 1. Stufe des Antriebs wird ein Keilriemengetriebe mit der Übersetzung $i_1 = 4{,}75$ verwendet. Für die 2. Stufe soll ein Geradstirnradgetriebe als Anbaugetriebe vorgesehen werden, für das eine Ritzelwelle mit $z_1 = 17$ Zähnen nach überschlägiger Berechnung des Durchmessers $d = 35$ mm ausgeführt werden.

Aus Einbaugründen wird der Teilkreisradius $r_{02} = d_{02}/2$ etwa 10 mm kleiner als die Achshöhe $h = 200$ mm ausgeführt.

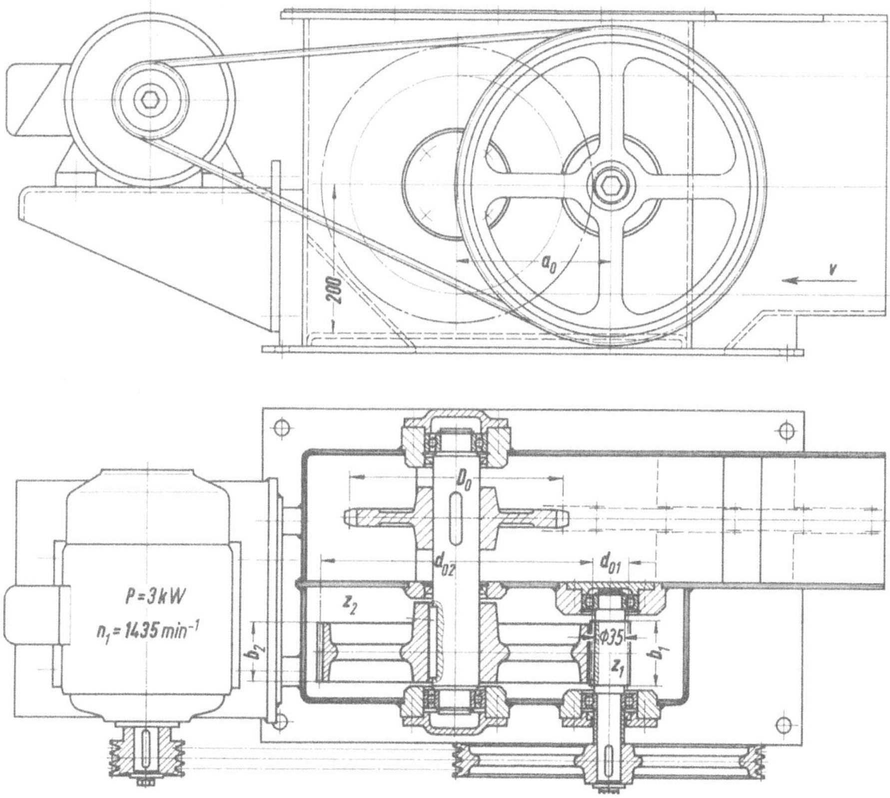

a) Die Hauptabmessungen der Zahnräder einschließlich Achsabstand sind zu ermitteln, wenn für die vorliegenden Lagerungs- und Betriebsverhältnisse etwa mittlere Breitenverhältnisse bei guter, handelsüblicher Ausführung und eine möglichst gute Verzahnungsqualität gewählt werden. Ist die Ausführung als Ritzelwelle möglich?

b) Die Zahnradwerkstoffe sind festzulegen und die Tragfähigkeiten der Zähne für eine geeignete Schmierung zu untersuchen, wobei Wirkungsgrade zu vernachlässigen und extreme Betriebsverhältnisse nicht anzunehmen sind.

15.23 Ein einstufiges Universal-Stirnradgetriebe ist für eine Übersetzung $i = 3{,}15$ und einem Belastungskennwert $P/n_1 \approx 0{,}005$ bei einer höchsten Antriebsdrehzahl $n_{1\,max} \approx 1440\ min^{-1}$ (Synchrondrehzahl $n_S = 1500\ min^{-1}$) auszulegen.

Um besonders raumsparend bauen zu können, wird das Großrad mit Innenverzahnung versehen.

Die Entwurfsberechnung ergab für den Durchmesser der Antriebswelle $d = 30$ mm, der an der Sitzstelle des Ritzels auf $d_1 = 28$ mm abgesetzt wurde. Entsprechend der etwa zu erwartenden höchsten Umfangsgeschwindigkeit v_u soll für das Ritzel die Zähnezahl z_1 so gewählt werden, daß die Übersetzung i genau eingehalten wird.

a) Die Hauptabmessungen der Zahnräder einschließlich Achsabstand und eine möglichst gute Verzahnungsqualität sind zu ermitteln.

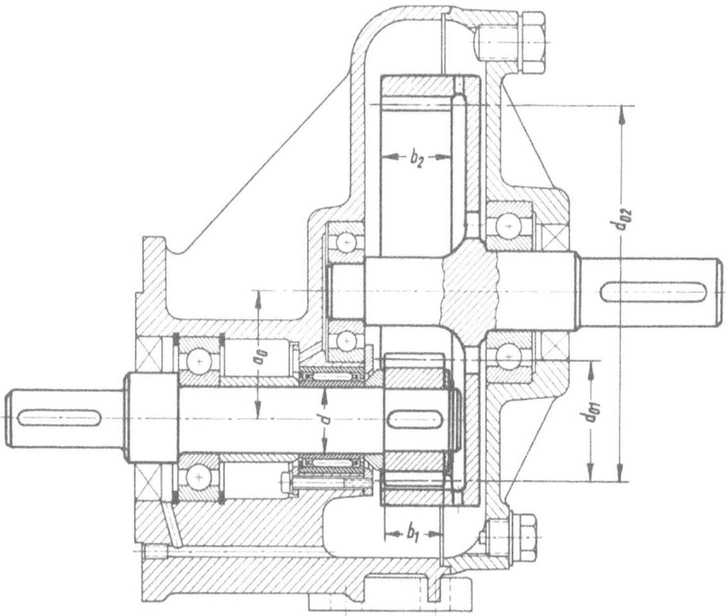

b) Für den Antrieb durch Elektromotor mit der übertragbaren Normleistung P bei $n_{1\,max}$ (Anlauf mittel, Vollast mäßige Stöße und 8 h tägliche Laufzeit) ist die Zulässigkeit der Zahnfuß-Tragfähigkeit und die Flanken-Tragfähigkeit des Ritzels aus Ck45 bei Wechselbelastung zu prüfen. Reicht der vorgewählte Werkstoff nicht aus, ist ein anderer geeigneter Stahl zu verwenden.

15.24 Für eine Säulenbohrmaschine ist als Eingangsstufe ein Schrägstirnradpaar vorgesehen. Auf Grund der Belastungsdaten sind hierfür ermittelt: Normalmodul $m_n = 4$ mm, Zähnezahl des Ritzels $z_1 = 26$, Zähnezahl des Rades $z_2 = 86$, Zahnbreiten $b_1 = b_2 = 50$ mm, Schrägungswinkel der Zähne $\beta_0 = 15°$.

a) Die Abmessungen der beiden Nullräder einschließlich Achsabstand sind zu berechnen.

b) Der Gesamtüberdeckungsgrad der Schrägstirnräder ist rechnerisch und mittels Schaubild zu ermitteln.

c) Die prozentuale Abweichung des Überdeckungsgrades für das Schrägstirnradpaar gegenüber dem des entsprechenden Geradstirnradpaares nach Schaubild ist zu ermitteln.

15.25 Ein Nullgetriebe mit Schrägstirnrädern $z_1 = 19$, $z_2 = 78$, Modul $m_n = 2$ mm und den Zahnbreiten $b_1 = b_2 = 30$ mm soll einen Achsabstand $a_0 = 100$ mm haben. Zu ermitteln sind:

a) die auf 1/100 mm genauen Radabmessungen;

b) der Gesamtüberdeckungsgrad mittels Schaubild.

15.26 Die Abmessungen einschließlich Achsabstand der Schrägstirnräder eines V-Null-Getriebes mit $z_1 = 11$, $z_2 = 45$, Modul $m_n = 4{,}5$ mm, $\beta_0 = 10°$ sind auf 1/100 mm genau zu berechnen.

15.27 Für das Zweigang-Verteilergetriebe zum Allradantrieb eines Kipper-Lastkraftwagens sind Schrägstirnräder mit dem Schrägungswinkel $\beta_0 = 16°$ vorgesehen. Die Tragfähigkeitsberechnung ergab für beide Radpaare den Normalmodul $m_n = 4$ mm. Für den Straßengang sind eine Übersetzung $i_1 \approx 1{,}95$ und eine Ritzelzähnezahl $z_1 = 19$, für den Geländegang eine Übersetzung $i_2 \approx 2{,}56$ und eine Ritzelzähnezahl $z_3 = 16$ gewählt. Zur Erhöhung der Tragfähigkeit sollen die Räder mit Profilverschiebung ausgeführt werden. Für das Radpaar z_1 und z_2 wird daher eine Verschiebung mit der Profilverschiebungssumme $x_1 + x_2 = 1$ vorgesehen.

a) Nach zweckmäßiger Aufteilung der Verschiebungssumme auf die Räder z_1, z_2 sind die Verschiebungen v_1, v_2 und der Achsabstand a_v zu bestimmen.

b) Um für das Radpaar z_3, z_4 den gleichen Achsabstand a_v zu erhalten, ist nach Ermittlung der Verschiebungssumme die Aufteilung vorzunehmen und die Größe der Verschiebungen v_3, v_4 anzugeben. Zugehöriges Bild siehe umseitig.

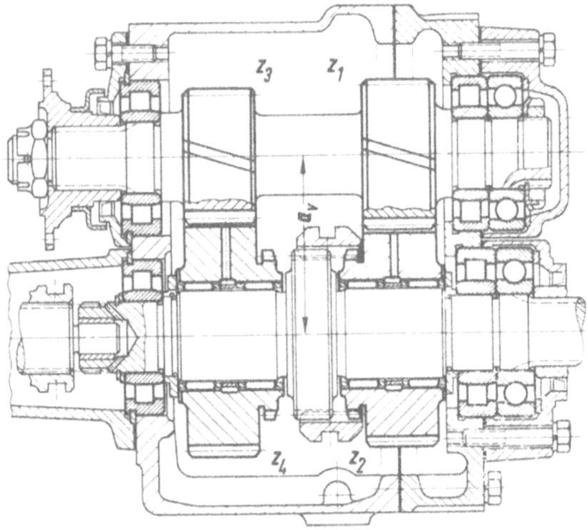

15.28 Für die Eingangsstufe zum Spindelantrieb einer Fräsmaschine mit der Antriebsdrehzahl $n_1 = 500\ \text{min}^{-1}$ ist ein Schrägstirnradpaar mit $z_1 = 18$, $z_2 = 57$, Modul $m_n = 5$ mm, Schrägungswinkel $\beta_0 = 15°$ vorgesehen.

Mit den Geradstirnrädern z_3, z_4 des Schaltgetriebes, Modul $m = m_n$, soll eine Drehzahl $n_3 = 63\ \text{min}^{-1}$ erreicht werden.

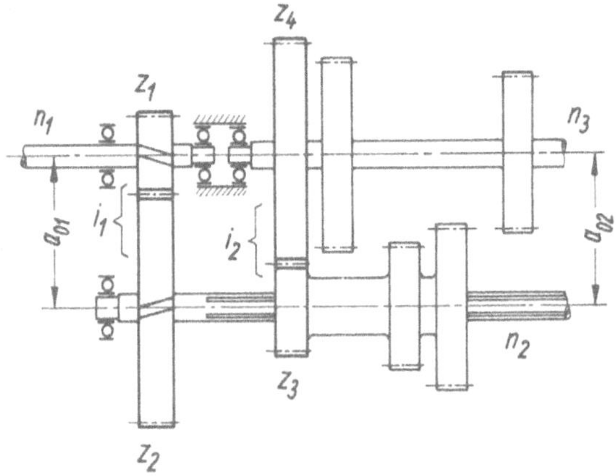

Unter der Voraussetzung, daß aus konstruktiven Gründen der Achsabstand $a_{01} = a_{02}$ sein soll und die Übersetzung i_2 möglichst genau eingehalten werden soll, sind die Zähnezahlen z_3, z_4 zu ermitteln. Ist Profilverschiebung erforderlich, soll für die Räder möglichst gleiche Tragfähigkeit erreicht werden.

15.29 Das Schrägstirnrad $z_2 = 83$, Modul $m_n = 2$ mm, Schrägungswinkel $\beta_0 = 15°$ rechtssteigend ist auf der Welle A–B befestigt und hat eine Leistung $P = 6{,}25$ kW bei $n_2 = 630\ \text{min}^{-1}$ zu übertragen. Es wird von einem Ritzel z_1 angetrieben, das sich im Uhrzeigersinn dreht.

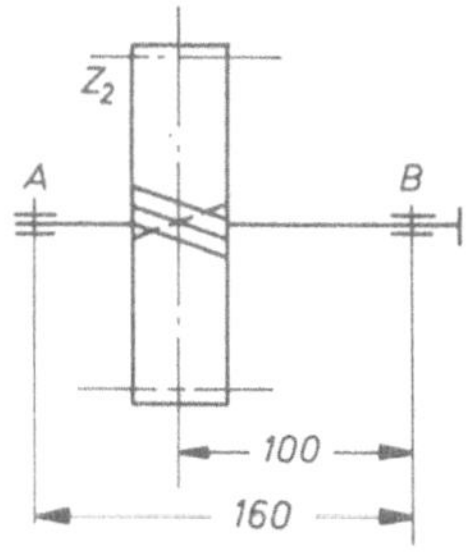

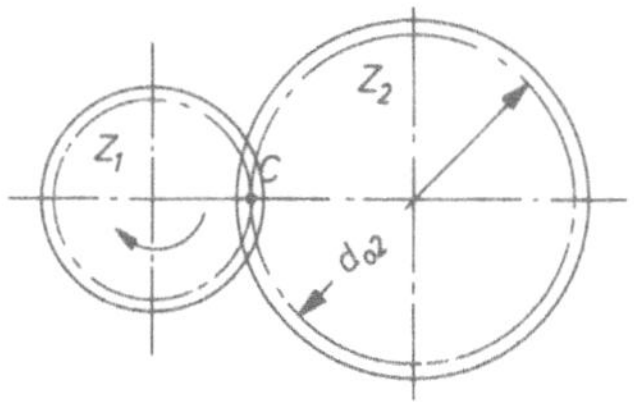

a) Die Richtung der Zahnkraft-Komponenten für das Rad z_2 ist in eine Getriebeskizze einzuzeichnen und deren Größe in N ohne Berücksichtigung extremer Betriebsverhältnisse zu berechnen.

b) Die Wellenbelastung durch die Zahnkraft-Komponenten ist in der horizontalen und vertikalen Zeichenebene zu skizzieren und die Größe der resultierenden Lagerkräfte F_{Ar}, F_{Br} zu berechnen.

c) Der Verlauf der Biegemomente in den senkrecht aufeinander stehenen Ebenen sind zu skizzieren und die resultierenden Biegemomente für Mitte Rad zu berechnen.

15.30

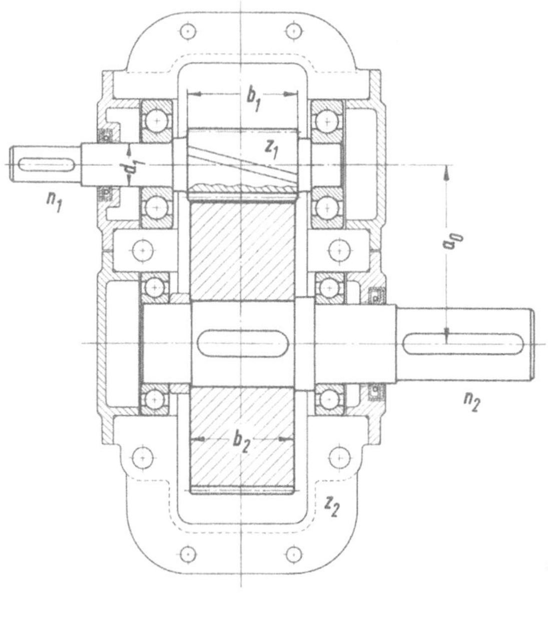

Ein Schrägstirnradgetriebe als Universalgetriebe soll für eine Antriebsleistung $P = 18{,}5$ kW bei der Antriebsdrehzahl $n_1 = 1460\ \text{min}^{-1}$ (Synchrondrehzahl $n = 1500\ \text{min}^{-1}$) und eine Übersetzung $i = 5$ ohne Berücksichtigung der Wirkungsgrade berechnet werden. Die überschlägige Berechnung der Antriebswelle läßt an den Lagerstellen einen Durchmesser $d_1 = 35$ mm erwarten, wenn eine Ausführung als Ritzelwelle vorgesehen ist.

Bei Schwellbelastung ist für das Getriebe mit ungünstigen Betriebsverhältnissen (Antrieb durch Elektromotor bei schwerem, häufigem Anlauf, mäßigen Stößen, Zahnrad(Bruch) und 8 h täglichen Laufzeit) zu rechnen.

Für die Tauchschmierung soll Getriebeöl von 200 cSt/50 °C verwendet werden.

a) Die Abmessungen der Nullräder einschließlich Achsabstand sind auf 1/100 mm genau zu berechnen, wenn eine aus dem üblichen Bereich entsprechend der annähernd ermittelten Umfangsgeschwindigkeit gewählten Zähnezahl z_1 des Ritzels für etwa mittlere Breitenverhältnisse zur Wellenlagerung mit hoher Genauigkeit bestimmt und der Schrägungswinkel auf volle Grade gerundet angenommen wird. Eine möglichst gute Verzahnungsqualität ist anzugeben.

b) Die Zahnfuß- und Flanken-Tragfähigkeiten des Ritzels und des Rades aus Einsatzstahl sind zu prüfen.

15.31 Es ist ein Universal-Flanschmotorgetriebe mit einer Motorleistung $P_1 = 7{,}5$ kW bei einer Drehzahl $n_1 = 1440\ \text{min}^{-1}$ und einer Abtriebsdrehzahl $n_3 = 125\ \text{min}^{-1}$ zu berechnen, wenn die bei Universalgetrieben zu erwartenden besonderen Betriebsverhältnisse (schwerer Anlauf, mäßige Stöße und 8 h tägliche Laufzeit) berücksichtigt werden soll.

Das Wellenende des Normmotors hat einen Durchmesser $d = 38$ mm (Toleranz k6) mit einer Länge $l = 80$ mm, auf das das Ritzel z_1 aufgesetzt werden soll.

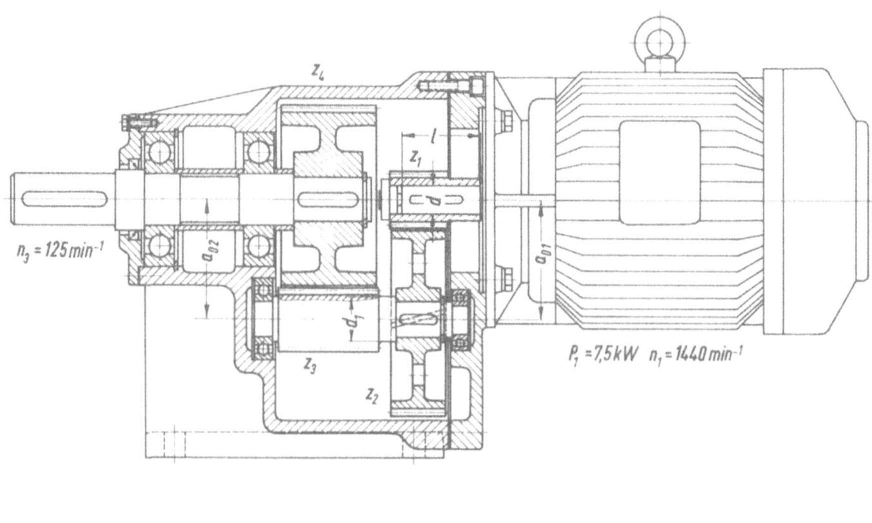

Wegen der hohen Drehzahl und des ruhigeren, geräuschärmeren Laufes gegenüber geradverzahnten Rädern sind für die 1. Stufe Schrägstirnräder und für die 2. Stufe wegen der kleineren Drehzahlen Geradstirnräder vorgesehen.

Entsprechend der Gesamtübersetzung i_{ges} sind zweckmäßige Einzelübersetzungen i_1 und i_2 nach Schaubild, vergleichbar mit der abgewandelten Normzahlreihe R_a20 (DIN 323), so zu wählen, daß sie möglichst genau eingehalten werden können, wenn sich aus überschlägiger Berechnung für die Zwischenwelle an der Sitzstelle des Ritzels z_3 ein Durchmesser $d_1 = 50$ mm ergab.

Da der Achsabstand a_{01} der 1. Stufe aus konstruktiven Gründen gleich dem Achsabstand a_{02} der 2. Stufe sein soll, ist zu prüfen, ob für das Ritzel z_3 Profilverschiebung erforderlich wird, wenn auf Grund des zu übertragenden Drehmomentes M_{t2} gegenüber der 1. Stufe ein nächstgrößerer Modul m nach DIN 780, Reihe 2, gewählt werden soll.

Im einzelnen sind zu ermitteln:

a) für die 1. Stufe bei möglichst guter Verzahnungsqualität entsprechend der Umfangsgeschwindigkeit die Teilkreisdurchmesser d_{01}, d_{02} einschließlich Achsabstand a_{01}, wenn ein auf volle Grad gerundeter Schrägungswinkel zu bestimmen ist, sowie die Zahnbreiten b_1 des Ritzels z_1 und b_2 des Rades z_2, wenn untere Werte für die Breitenverhältnisse gewählt werden;

b) für die 2. Stufe die Teilkreisdurchmesser d_{03}, d_{04} und die zugehörigen Kopfkreisdurchmesser sowie die Zahnbreiten b_3 des Ritzels z_3 und b_4 des Rades z_4, wenn etwa mittlere Breitenverhältnisse für genauere Wellenlagerung gewählt werden;

c) die Zahnfuß- und Flanken-Tragfähigkeit der Räder, wonach zu prüfen ist, ob die jeweils vorgewählten Werkstoffe genügen.

15.32 Im Vorschubgetriebe für den Aufspanntisch einer Horizontal-Fräsmaschine ist für den Eilgang ein Schraubenräderpaar vorgesehen. Für die Eingangsstufe ist ein Geradstirnradpaar mit $z_1 = 18$ und $z_2 = 69$ Zähnen vorgesehen. Nach Getriebeplan soll die Drehzahl der Welle II $n_3 \approx 440\ \text{min}^{-1}$ sein. Für das Schraubradgetriebe sind im einzelnen folgende Werte zu ermitteln:

a) Die Zähnezahl z_4 des getriebenen Rades ist festzulegen, wenn für das treibende $z_3 = 18$ gewählt wird; ferner sind die Schrägungswinkel β_{03} und β_{04} der Zähne beider Räder (auf volle Grade gerundet) und deren Steigungssinn zu bestimmen.

b) Der Teilkreisdurchmesser d_{03} des treibenden Rades ist vorzuwählen, wenn für das Ritzel Stahl (St) und für das Rad eine Cu-Sn-Legierung gewählt werden.

c) Der Normalmodul m_n ist zu ermitteln, wobei der dem berechneten nächstliegende Norm-Modul nach DIN 780, Reihe 1, festzulegen ist, und die endgültigen Teilkreisdurchmesser d_{03}, d_{04}, die Radbreiten b und der Achsabstand a_0.

d) Der Wirkungsgrad der Verzahnung η_Z der Schraubenräder und die von der Welle II zu übertragende Leistung P_2 sind zu bestimmen, wobei der Wirkungsgrad der Eingangsstufe und der anteiligen Lager mit $\eta \approx 0{,}98$ angenommen wird.

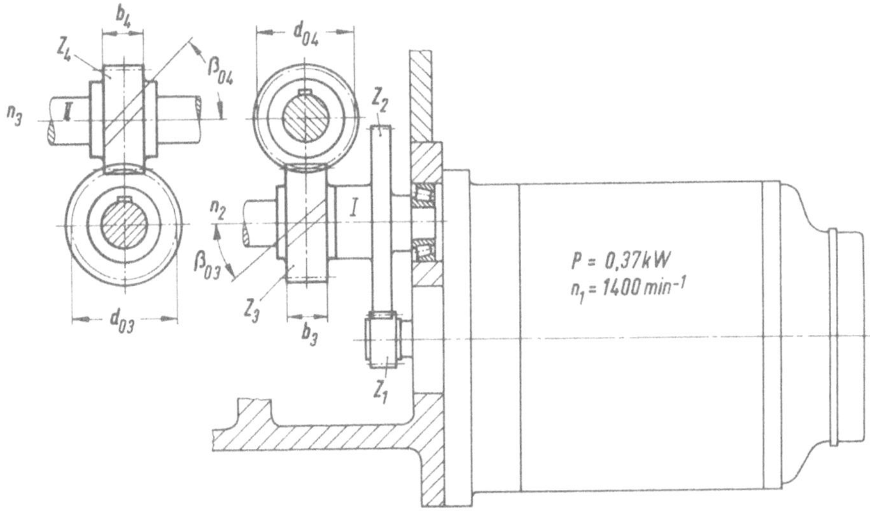

15.33 Ein Kegelradpaar zum Antrieb eines Rührwerkes hat bei einer Antriebsdrehzahl $n_1 = 60\ \text{min}^{-1}$ eine Leistung von $P \approx 3$ kW zu übertragen. Die Übersetzung beträgt $i = 1:1{,}15$ und der Achsenwinkel $\delta_A = 75°$. Der Wellenzapfen zum Aufsetzen des Ritzels ergab sich mit $d_2 = 50$ mm.

Für die Kegelräder, für die Geradverzahnung mit der Qualität 11 vorgesehen ist, sind die Abmessungen sowie geeignete Werkstoffe (St bzw. Gußwerkstoff) zu ermitteln bei Annahme $z_2 = 20$.

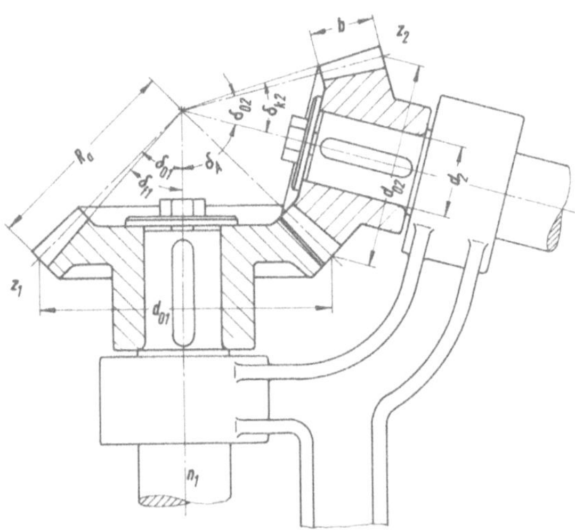

15.34 Es ist ein einstufiges Kegelradgetriebe mit aufgesetztem Drehstrom-Flanschmotor, Bauform V 1, d = 38 mm, Leistung P = 5,5 kW und Drehzahl n_1 = 960 min^{-1} zu berechnen. Die Übersetzung soll i = 4,5 sein. Um einen möglichst ruhigen und geräuscharmen Lauf zu erzielen, sind schrägverzahnte Räder vorzusehen.
Die Hauptdaten der Verzahnung sind zu berechnen.

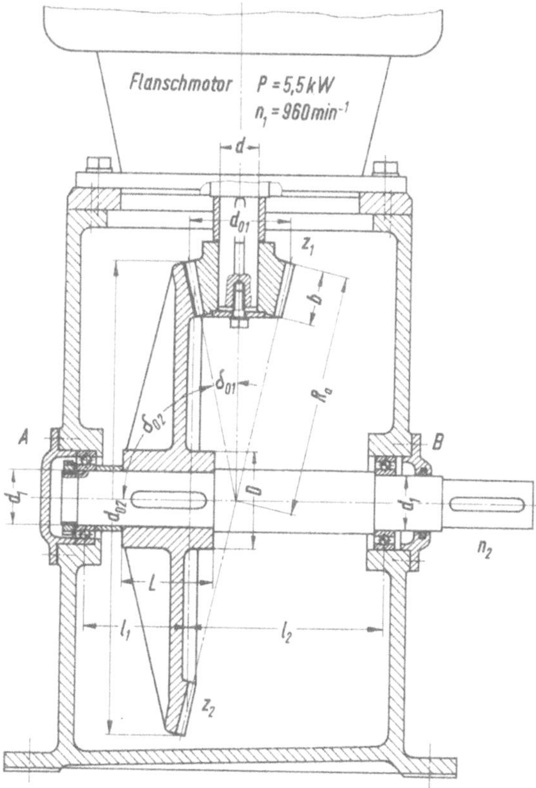

15.35 Für das Kegelradgetriebe nach Aufgabe 15.34 für eine Leistung von 5,5 kW, Antriebsdrehzahl n_1 = 960 min^{-1} und Übersetzung i = 4,5 sind geeignete Werkstoffe für Ritzel und Rad festzulegen. Aus vorhergehenden Berechnungen ergaben sich folgende Hauptabmessungen: äußerer Normalmodul m_n = 8 mm, Zähnezahlen z_1 = 14, z_2 = 63, mittlerer Schrägungswinkel β_m = 19° und Zahnbreite b = 65 mm.

15.36 Für das Kegelradgetriebe einer Kettensäge mit einer Antriebsleistung $P_1 = 1{,}5$ kW bei einer Antriebsdrehzahl $n_1 \approx 2820\ \text{min}^{-1}$ und einer Schnittgeschwindigkeit $v = 400$ m/min sind die Verzahnungsabmessungen zu berechnen. Der Kettenrollendurchmesser beträgt $D = 80$ mm, der Durchmesser des Motor-Wellenendes $d = 24$ mm. Wegen der hohen Drehzahlen sind Schrägzähne vorzusehen.

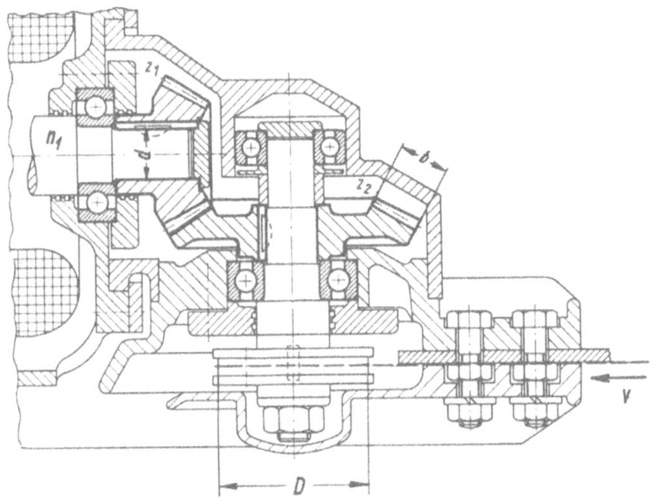

15.37 Für das Kegelradgetriebe der Kettensäge nach Aufgabe 15.36 mit der Antriebsleistung $P_1 = 1{,}5$ kW und der Antriebsdrehzahl $n_1 = 2820\ \text{min}^{-1}$ wurden schrägverzahnte Räder mit dem außeren Normalmodul $m_n = 2{,}5$ mm, den Zähnezahlen $z_1 = 22$, $z_2 = 39$, dem Schrägungswinkel $\beta_m = 30°$, der Zahnbreite $b = 15$ mm und der Verzahnungsqualität 8 vorgewählt.

Es ist zu prüfen, ob die vorgesehenen Werkstoffe – Ritzel St60, Rad GG-35 – ausreichen unter der Annahme einer täglichen Laufzeit von ca. 3 h.

15.38 Als letzte Stufe des Schaltgetriebes für den Spindelantrieb einer Senkrecht-Fräsmaschine ist ein Kegelradpaar vorgesehen. Die von den Rädern zu übertragende Leistung beträgt $P = 3{,}3$ kW, die Spindeldrehzahlen $n_2 = 51 \ldots 1200\ \text{min}^{-1}$. Nach dem Getriebeplan ergibt sich für die Räder eine Übersetzung $i = 2{,}05$. Der Durchmesser der Getriebewelle an der Sitzstelle des Ritzels wurde nach den konstruktiven Gegebenheiten mit $d = 40$ mm festgelegt.

Für das Kegelradpaar sind die Hauptabmessungen festzulegen unter der Voraussetzung, daß das Übersetzungsverhältnis i genau eingehalten wird. Vorher wäre zu entscheiden und zu begründen, ob gerad- oder schrägverzahnte Räder im vorliegenden Fall günstiger sind.

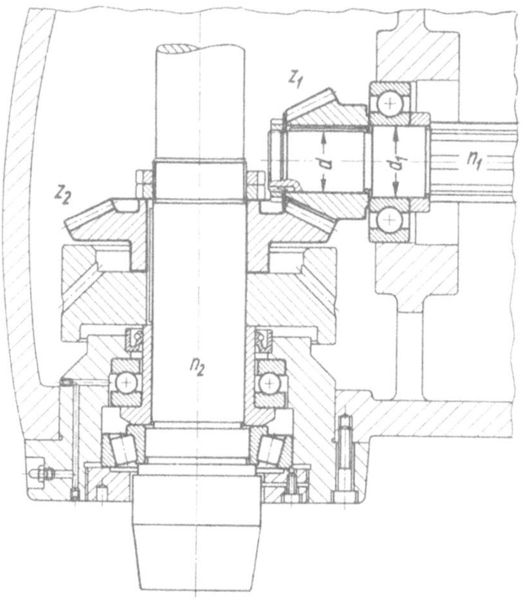

15.39 Für das Kegelradpaar zum Antrieb der Fräsmaschinenspindel nach Aufgabe 15.38 ergab die Vorwahl folgende Daten und Hauptabmessungen: Schrägverzahnte Kegelräder mit Schrägungswinkel $\beta_m = 23°$, die Zähnezahlen $z_1 = 20$, $z_2 = 41$, die Zahnbreiten $b = 40$ mm und den äußeren Normalmodul $m_n = 6$ mm. Die zu übertragende Leistung beträgt $P = 3{,}3$ kW, die Spindeldrehzahlen $n_2 = 51 \dots 1200\ \text{min}^{-1}$.

Die Tragfähigkeit der Räder ist zu untersuchen für anzunehmende Schwellbelastung bei möglichst hoher Sicherheit.

15.40 Für einen Schraubenflaschenzug mit einer Tragkraft $F_L \approx 10$ kN ist das Schneckengetriebe zu berechnen. Der Durchmesser des Haspelrades (Handrades) ergab sich bei einer gewählten Zähnezahl von 25 und einer Rundstahl-Handkette von 6 mm Durchmesser mit $D_{01} = 293{,}6$ mm, für die Kettennuß (Lastrad) wurde bei 5 Zähnen und einer Kette von 10 mm Durchmesser ein Teilkreisdurchmesser $D_{02} = 90{,}5$ mm ermittelt. Die Zugkraft an der Handkette beträgt erfahrungsgemäß $F_H \approx 300$ N.

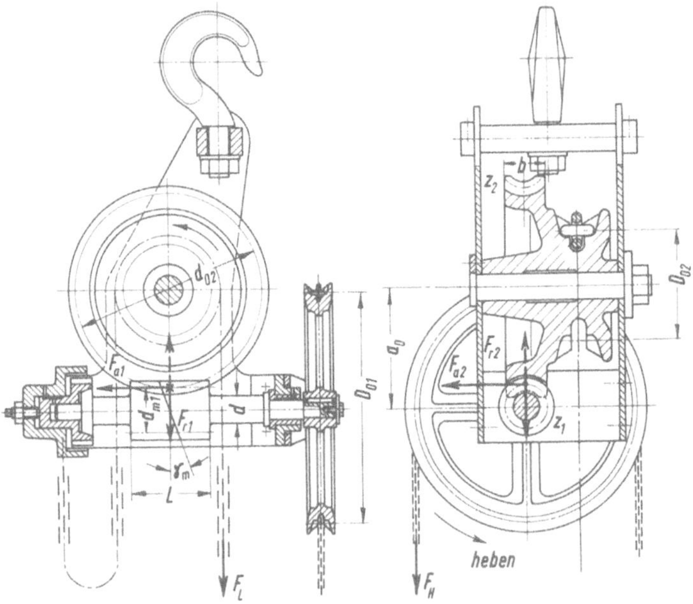

15.41 Für das Schneckengetriebe des Schraubenflaschenzuges nach Aufgabe 15.40 ergab die Vorwahl der Hauptabmessungen den Achsmodul m_a gleich Stirnmodul $m_s = 5$ mm, die Zähnezahl $z_1 = 3$ und den Mittenkreisdurchmesser $d_{m1} = 48$ mm für die Schnecke sowie die Zähnezahl $z_2 = 40$ und die Breite $b = 35$ mm für das Schneckenrad. Für die Schnecke wurde St60, gehärtet und vergütet, für das Schneckenrad Gußeisen GG-25 als Werkstoff vorgewählt.

Für das Getriebe sind zu ermitteln bzw. zu prüfen:

a) der Wirkungsgrad η_Z der Verzahnung, der Gesamtwirkungsgrad η_g des Getriebes und ob dieses selbsthemmend oder nicht selbsthemmend ist (mit Begründung);
b) der Gesamtwirkungsgrad η_{ges} des Flaschenzuges;
c) die auf Grund des Wirkungsgrades η_{ges} tatsächlich an der Handkette bei Vollast aufzubringende größte Handkraft $F_{H\,max}$.

15.42 Für das Schneckengetriebe des Schraubenflaschenzuges nach Aufgabe 15.40 ergab die Vorwahl der Hauptabmessungen den Achsmodul m_a gleich Stirnmodul $m_s = 5$ mm, die Zähnezahl $z_1 = 3$ und den Mittenkreisdurchmesser $d_{m1} = 48$ mm für die Schnecke sowie die Zähnezahl $z_2 = 40$ und die Breite $b = 35$ mm für das Schneckenrad. Für die Schnecke wurde St60, gehärtet und vergütet, für das Schneckenrad Gußeisen GG-25 als Werkstoff vorgewählt. Weiterhin wurden bereits ermittelt: Steigungswinkel $\gamma_m = 17{,}35°$, Reibungswinkel $\rho' \approx 6°$ und der Gesamtwirkungsgrad $\eta_{ges} \approx 0{,}58$.

Für das Getriebe sind zu ermitteln bzw. zu prüfen:

a) die bei Vollast an der Schnecke auftretende Axialkraft F_{a1}, die zur Auslegung der Lastdruckbremse bekannt sein muß;
b) die Axialkraft F_{a2} am Schneckenrad und die Radialkraft $F_{r1} = F_{r2}$;
c) die Flanken-Tragfähigkeit der Zähne, wobei extreme Betriebsverhältnisse nicht anzunehmen sind, wegen des Antriebes von Hand eine Gleitgeschwindigkeit $v_g < 0{,}1$ m/s zu erwarten ist, eine für Hebezeuge übliche, jedoch kleinere Lebensdauer zu wählen ist und sicherheitshalber mit stoßhaftem Betrieb zu rechnen ist, und ob nach dem Ergebnis ggf. eine Änderung der Getriebedaten bzw. der Werkstoffe erforderlich ist.

15.43 Die Abbildung zeigt das Getriebe zum Heben und Senken einer Stauschütze. Die Betätigung erfolgt von Hand durch eine Handkurbel mit $R = 400$ mm Radius, wobei die Handkraft $F_H \approx 150$ N betragen kann. Die erste Getriebestufe bildet ein Schneckengetriebe, die zweite ein Zahnstangentrieb, für den ein Modul $m = 8$ mm, eine Zähnezahl des Ritzels $z_3 = 18$ und eine Breite $b_3 = 60$ mm bei einer größten Zahnstangenkraft $F \approx 18{,}5$ kN ermittelt wurde. Das Schneckengetriebe, das zum Halten der Schütze in jeder Lage selbsthemmend sein soll, ist zu berechnen.

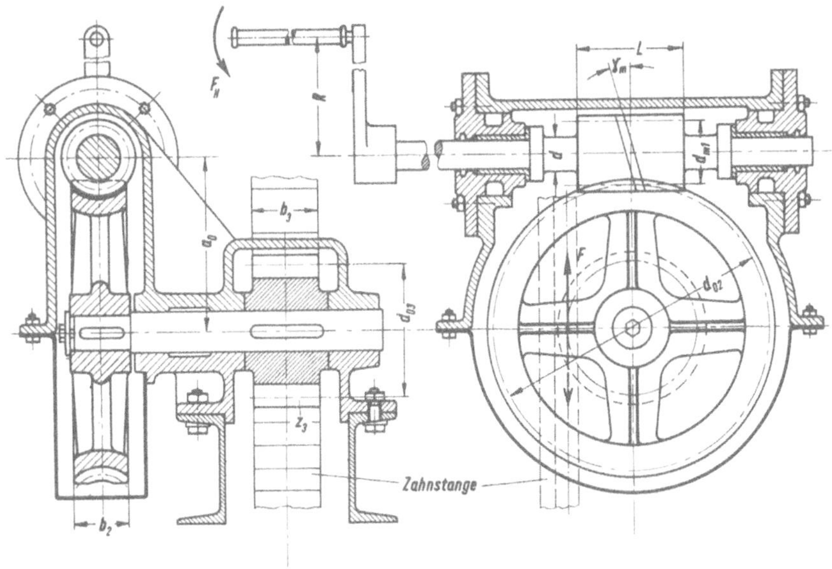

15.44 Für das Schneckengetriebe nach Aufgabe 15.43 ergab die Vorwahl der Hauptabmessungen: Schnecke aus St60, gehärtet und vergütet, Zähnezahl $z_1 = 1$, Modul $m_a = 6{,}3$ mm und Mittenkreisdurchmesser $d_{m1} = 65$ mm; Schneckenrad aus GG-20, Zähnezahl $z_2 = 44$ und Breite $b_2 = 45$ mm, $d_{02} = 277{,}2$ mm.

Für dieses vorgewählte Schneckengetriebe sind zu ermitteln bzw. zu prüfen:

a) der Wirkungsgrad η_Z der Verzahnung und der Gesamtwirkungsgrad η_g des Getriebes und ob das Getriebe, wie gefordert, selbsthemmend ist und warum;

b) die tatsächlich aufzubringende Kurbelkraft F_H bei größter Zahnstangenkraft, wenn der Wirkungsgrad des Zahnstangengetriebes $\eta_2 \approx 0{,}95$ geschätzt wird;

c) die Flanken-Tragfähigkeit des Schneckentriebes, für das wegen des nur seltenen Einsatzes eine Lebensdauer $L_h = 1000$ h eingesetzt werden kann und wegen des Handantriebes eine Gleitgeschwindigkeit $v_g < 0{,}1$ m/s zu erwarten ist.

15.45 Die Spindel einer Läppmaschine mit einer Drehzahl $n_2 \approx 50\ \text{min}^{-1}$ soll über ein Schneckengetriebe angetrieben werden. Die Schneckenwelle ist direkt mit dem Antriebsmotor mit einer Leistung $P_1 = 5{,}5$ kW und einer Drehzahl $n_1 = 1440\ \text{min}^{-1}$ durch eine elastische Kupplung verbunden.

Für das Getriebe sind die Hauptdaten zunächst vorzuwählen und anschließend festzulegen.

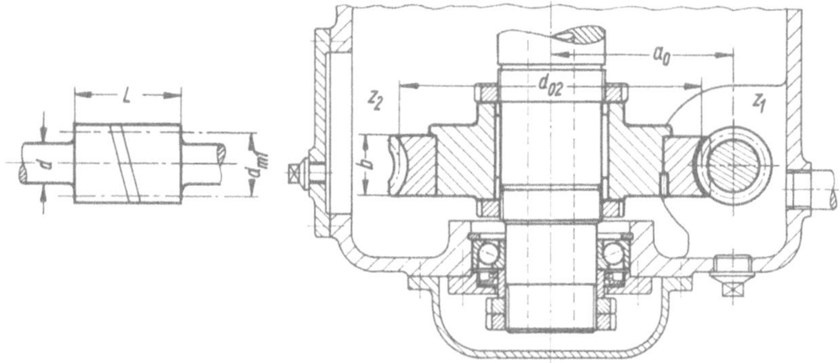

15.46 Für das Schneckengetriebe zum Antrieb der Läppmaschinenspindel nach Aufgabe 15.45 ergaben sich durch Vorwahl folgende Daten: Zähnezahl der Schnecke $z_1 = 2$, Zähnezahl des Rades $z_2 = 57$, Achsmodul $m_a = 4$ mm, Steigungswinkel $\gamma_m = 10{,}08°$, Breite des Schneckenrades $b = 35$ mm; Schnecke aus Einsatzstahl C15, gehärtet und geschliffen, Schneckenrad aus GZ-CuSn12, Getriebe ölgeschmiert, Wellen wälzgelagert.

Es ist zu prüfen, ob die vorgewählten Werkstoffe hinsichtlich der Flankentragfähigkeit ausreichen und die Grenzleistung des Getriebes nicht überschritten wird, wenn die Betriebstemperatur höchstens 80 ... 90 °C betragen darf.

15.47 Für den Antrieb der Transportwalze einer Offset-Druckmaschine sollen aus Gründen der Geräuschdämpfung Kunststoff-Zahnräder verwendet werden. Die zu übertragende Leistung beträgt $P_1 = 0{,}55$ kW bei einer Drehzahl $n_1 = 630\ \text{min}^{-1}$ des Ritzels; die Übersetzung ist $i = 3$. Vorgewählt wurden: Modul $m = 2{,}5$ mm, Ritzel-Zähnezahl $z_1 = 18$, Zahnbreite $b_1 = 25$ mm für das Ritzel, $b_2 = 20$ mm für das Rad; Ritzel aus C10, gehärtet und geschliffen, Rad aus Preßschichtholz.

Zu ermitteln bzw. nachzuprüfen ist:

a) eine für das Radpaar geeignete Schmierungsart;
b) ob die angegebene Leistung von dem Radpaar übertragen werden kann (überschlägige Berechnung).

15.48 Zum Erreichen gleicher Drehzahlen sind die Messerwellen einer Rollenschere für Bleche durch Geradstirnräder verbunden. Um möglichst geräuscharmen Lauf zu erzielen und da wegen der Räderanordnung und der geringen Drehzahl mit Fett oder Trockenschmiermitteln geschmiert werden soll, wird ein Stahl-Kunststoff-Radpaar gewählt, und zwar für ein Rad der Einsatzstahl C15, gehärtet und geschliffen, für das andere ein Hartgewebe. Die vom Radpaar zu übertragende Leistung beträgt $P \approx 0{,}75$ kW. Die Schnittgeschwindigkeit der Messer mit $D = 170$ mm Durchmesser ist $v = 40$ m/min.

Durch überschlägige Berechnung sind die Radabmessungen zu ermitteln.

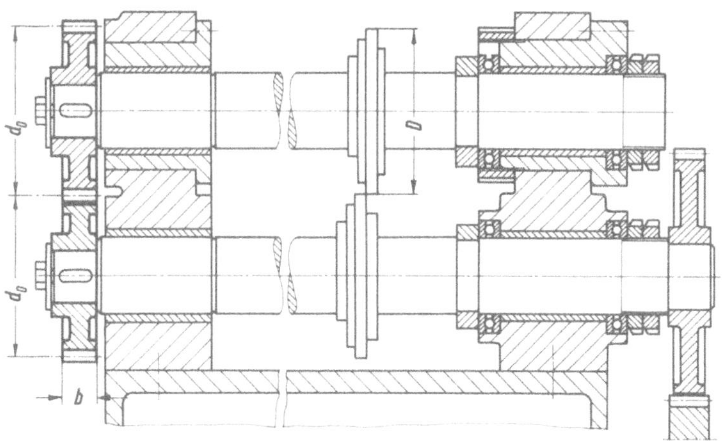

15.49 Für den Antrieb von Nockenwellen zur Ventil-Steuerung bei KFZ-Motoren werden meist Schrägstirnräder aus Kunststoff verwendet, um eine hohe Laufruhe und Geräuschdämpfung zu erzielen. Bei einem Viertakt-Dieselmotor mit ≈ 75 kW Nennleistung und n_1 = 2200 min^{-1} Höchstdrehzahl der Kurbelwelle ist für das Radpaar mit i = 2 ein Normalmodul m_n = 2,5 mm vorgewählt. Auf Grund der konstruktiven Gegebenheiten ergab sich der Abstand zwischen Kurbelwelle und Nockenwelle gleich Achsabstand des Radpaares a_0 = 140 mm. Für das auf dem Kurbelwellenzapfen sitzende Ritzel ist ein Vergütungsstahl, für das Gegenrad ein Hartgewebe, z. B. Novotext, vorgesehen. Die Antriebsleistung der Nockenwelle beträgt etwa P = 1,8 kW. Geschmiert wird mit Öl. Für das Radpaar sind die fehlenden Verzahnungsdaten zu ermitteln.

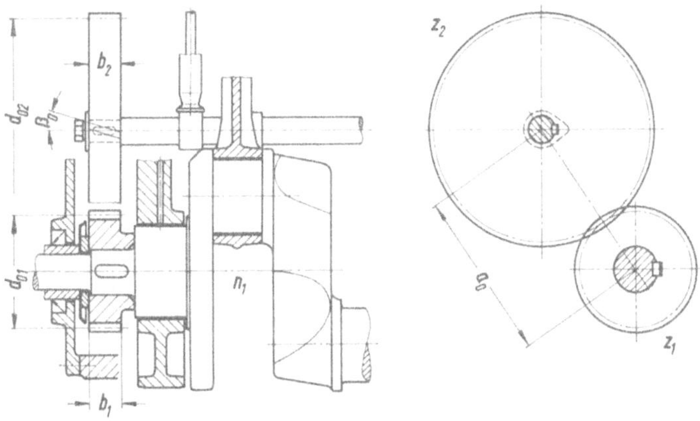

15.50 Es ist die ungefähre Lebensdauer in Stunden eines Gerad-Stirnradpaares mit einem Ritzel aus Stahl mit z_1 = 25 und einem Rad aus 6,6-Polyamid mit z_2 = 54 Zähnen, Modul m = 4 mm und Breite b = 50 mm hinsichtlich der zu erwartenden Zahnflankentemperatur zu ermitteln. Von dem Radpaar wird eine Leistung von P ≈ 1,5 kW bei n_1 = 400 min^{-1} übertragen. Die Räder werden mit Öl (Ölbad) geschmiert und laufen in einem geschlossenen Gehäuse mit einer wärmeabgebenden Oberfläche von A ≈ 0,12 m^2. Die Umgebungstemperatur beträgt t_0 ≈ 25 °C. Es ist mit *normalem* Betrieb zu rechnen.

15.51

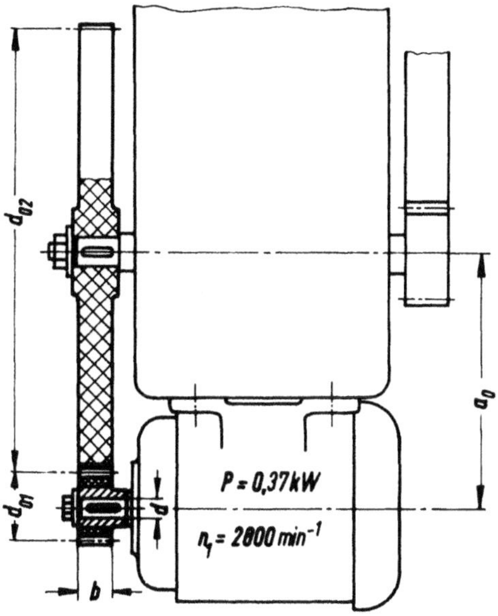

Für einen Schrankenantrieb ist das Geradstirnradpaar der ersten Übersetzungsstufe mit $i = 7{,}2$ zu berechnen. Wegen des geräuscharmen Laufes, der guten Notlaufeigenschaften und der Anspruchslosigkeit hinsichtlich der Schmierung sollen Stirnräder aus Kunststoff verwendet werden. Der Antriebsmotor hat eine Leistung $P = 0{,}37$ kW und eine Drehzahl $n_1 \approx 2800\ \text{min}^{-1}$. Es ist davon auszugehen, daß der Teilkreis des mit einer Stahlnabe versehenen Ritzels zweckmäßig etwa 25 % größer ausgeführt wird als der eines entsprechenden Kunststoffrades. Bei der Ermittlung der Zahnflankentemperatur ist von den in der Praxis zu erwartenden Bedingungen auszugehen. Welche Lebensdauer in Jahren wird vom Räderpaar zu erwarten sein, wenn es an 300 Arbeitstagen jeweils 10 min im Einsatz ist?

16. Riemengetriebe

Vorbemerkungen

Die Riemengetriebe werden wegen ihrer elastischen Leistungsübertragung, ihres geräuscharmen und stoßdämpfenden Laufes vorzugsweise als erste Stufe für Antriebe von Maschinen aller Art, insbesondere zwischen Elektromotoren und den Antriebswellen der Maschinen verwendet. Daher behandeln auch die folgenden Aufgaben fast ausschließlich Riemengetriebe dieser Art. Nach einigen Grundaufgaben, in denen die Zusammenhänge zwischen den verschiedenen Daten, wie Trummkräften, Achskraft usw. gezeigt und geübt werden sollen, folgen praktische Berechnungsaufgaben. Da die Lederriemen in der modernen Antriebstechnik kaum noch eine Bedeutung haben und immer mehr durch Mehrschicht- oder Keilriemen ersetzt werden, sind die Aufgaben vorwiegend über diese Riemenarten gestellt. Die Mehrschicht- und Keilriemengetriebe sind nicht nur leistungsmäßig den Antrieben durch Lederriemen überlegen, sondern kommen auch mit geringeren Abmessungen aus und machen in fast allen Fällen das Spannen durch Spannrollen überflüssig, was einen erheblichen konstruktiven Mehraufwand erspart und damit den Antrieb wirtschaftlicher gestaltet. Aus diesem Grunde ist auf solche Aufgaben mit Spannrollengetrieben verzichtet. In einigen Aufgaben soll der Antrieb einer gleichen Maschine durch verschiedene Riemenarten berechnet werden, was einen interessanten Vergleich, z. B. zwischen Mehrschicht- und Keilriemen gestattet.

Zum Schluß sei noch erwähnt, daß die Lösungen bei einigen Aufgaben durchaus zu leicht abweichenden Ergebnissen gegenüber den am Schluß des Buches gegebenen führen können, da u. U. unterschiedliche Annahmen, z. B. bei der Ermittlung des Betriebsfaktors gemacht werden können.

16.1 Für ein offenes Riemengetriebe mit der Übersetzung $i = 5$ und einem Achsabstand $l_a = 1600$ mm ist der Umschlingungswinkel β_1 an der Antriebsscheibe mit $d_1 = 160$ mm Durchmesser zu ermitteln.

16.2 Für ein offenes Riemengetriebe mit der Übersetzung $i = 5$, dem Achsabstand $l_a = 2300$ mm und dem Durchmesser der Antriebsscheibe $d_1 = 200$ mm ist ohne Berücksichtigung der Überlappungslänge und des Spannweges die „stumpfe" Riemenlänge L zu ermitteln.

16.3 Eine Papiermaschine wird durch einen Drehstrom-Norm-Motor, Baugröße 280 S mit der Nenndrehzahl $n = 1480\ \text{min}^{-1}$ über einen imprägnierten Kunstseiden-Riemen bei einer Übersetzung $i = 1$ angetrieben. Die Riemenscheiben haben einen Durchmesser $d_1 = d_2 = 400$ mm. Wie groß sind die Trummkräfte F_1 und F_2 im Last- und Leertrumm mindestens?

16.4 Ein offenes Leder-Riemengetriebe soll eine Leistung $P = 4$ kW bei einer Antriebsdrehzahl $n_1 = 1200\ \text{min}^{-1}$ übertragen. Die treibende Scheibe hat einen Durchmesser $d_1 = 160$ mm, die getriebene Scheibe $d_2 = 400$ mm; beide Scheiben sind aus GG-15. Der Achsabstand beträgt $l_a = 1$m.

Zu ermitteln sind:

a) die Nutzkraft F_N des Riemens;

b) die Achskraft F_A für den Fall, daß die Riemen-Fleischseite auf den Scheiben läuft.

16.5 Ein Kegel-Stirnradgetriebe soll eine Abtriebsleistung $P_2 \approx 16$ kW haben. Um die erforderliche Eingangsdrehzahl $n_2 \approx 375\ \text{min}^{-1}$ zu erreichen, erfolgt der Antrieb über ein Riemengetriebe mit HGL-Riemen durch einen Drehstrom-Norm-Motor mit der Synchrondrehzahl $n_S = 1000\ \text{min}^{-1}$.

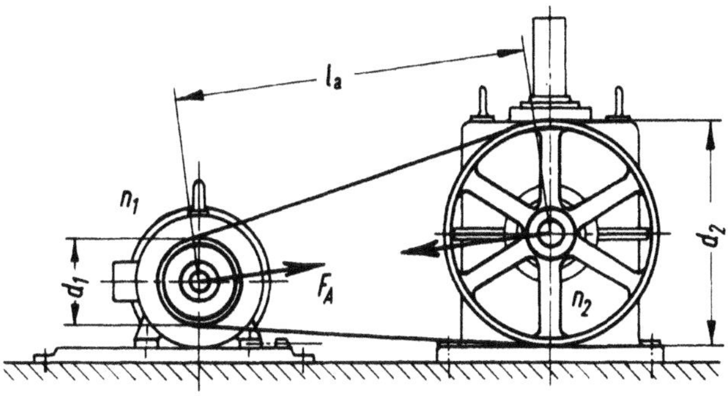

Zu ermitteln sind:

a) die geeignete Baugröße des Motors sowie die Durchmesser d_1 und d_2 der Riemenscheiben;

b) der empfehlenswerte Achsabstand l_a, die (stumpfe) Riemenlänge L und der Mindest-Spannweg;

c) die erforderliche Riemen- und Kranzbreite unter der Voraussetzung, daß nur kleine Leistungsschwankungen und Massenbeschleunigungen auftreten und die Anlage täglich ca. 4 h im trockenen Raum in Betrieb ist;

f) die etwa zu erwartende Achskraft F_A.

16.6 Für den Antrieb einer Textilmaschine mit einer Antriebsdrehzahl $n_2 \approx 250\ \text{min}^{-1}$ und einer Antriebsleistung $P_1 = 3$ kW wurde ein Drehstrom-Norm-Motor, Baugröße 132 S, mit einer Nenndrehzahl $n_1 = 960\ \text{min}^{-1}$ gewählt. Für den vorgesehenen Antrieb soll ein HGL-Lederriemen von 5 mm Dicke verwendet werden. Das Riemengetriebe hat etwa 45° Neigung (Winkel zwischen der Horizontalen und der Verbindungslinie der Achsmitten).

Festzustellen bzw. zu ermitteln sind:

a) die tatsächliche Drehzahl n_2 der Maschinenwelle unter Berücksichtigung des Schlupfes von 2 % und der Riemendicke s, wenn für den Motor die normal vorgesehene Riemenscheibe mit dem Durchmesser d_1 und der Breite B gewählt wird;

b) die vom Riemen übertragbare Nutzleistung P, wenn mit leichtem Antrieb, kleinen Belastungsschwankungen, kleinen Massenbeschleunigungen, trockener Luft und einer täglichen Laufzeit von etwa 8 h gerechnet wird. Es ist zu prüfen, ob der Riemen mit der für die unter a) gewählten Scheibe vorgesehenen Riemenbreite b ausreichend ist.

c) Die Riemenlänge L bei einem Achsabstand l_a = 1 m ohne Berücksichtigung etwaiger Zuschläge für Überlappung und Spannweg.

16.7 Ein Kolbenkompressor soll durch einen Elektromotor mit P_1 = 110 kW Leistung bei einer Drehzahl $n_1 = 1490 \text{ min}^{-1}$ über einen Mehrschichtriemen angetrieben werden. Die Drehzahl der Kompressorwelle beträgt etwa $n_2 \approx 480 \text{ min}^{-1}$, der Achsabstand $l_a \approx 1400$ mm.

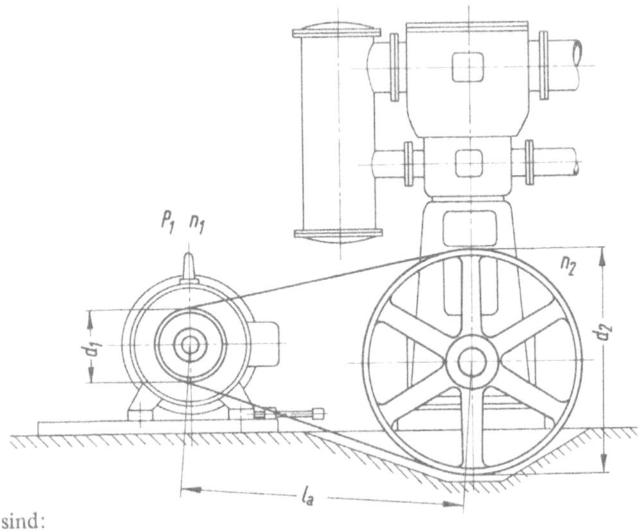

Zu ermitteln sind:

a) die Durchmesser d_1 und d_2 der Riemenscheiben aus GG nach DIN 111, wenn die Umfangsgeschwindigkeit $v \approx 26 \dots 28$ m/s nicht überschritten werden soll und die zu den berechneten Durchmessern nächstliegenden genormten Durchmesser zu wählen sind;

b) die für den Antrieb in Frage kommende Riementype (Sieglingriemen) aufgrund der Biegehäufigkeit, die Riemenbreite b und die Kranzbreite B der Scheiben, wobei die nächstgrößeren genormten Breiten zu wählen sind;

c) die Balligkeit h_1 und h_2 der beiden Scheiben.

16.8 Die Messerwelle einer Abrichthobelmaschine soll eine Drehzahl $n_2 \approx 6000\ \text{min}^{-1}$ haben und durch einen Drehstrom-Norm-Motor mit möglichst hoher Drehzahl über einen Mehrschichtriemen angetrieben werden. Die Antriebsleistung beträgt $P_1 \approx 5{,}5$ kW.

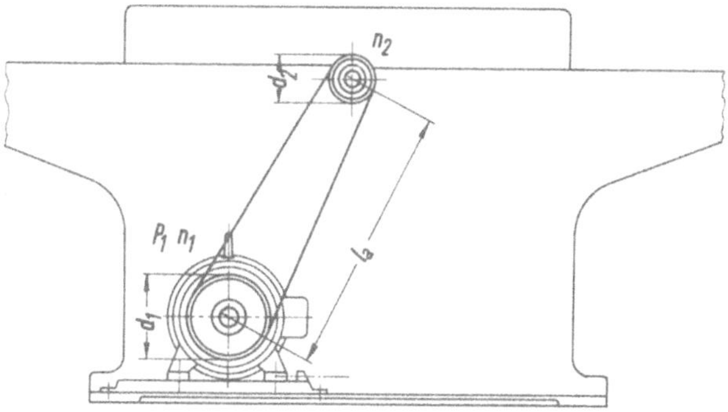

Zu ermitteln sind:

a) der geeignete Drehstrom-Norm-Motor und die Durchmesser d_1 und d_2 der Motor- und Gegenscheibe sowie die tatsächliche Drehzahl n_2 der Maschinenwelle, wenn die für den Motor übliche Scheibengröße zu wählen ist und seine Nenndrehzahl n_1 um 4 % kleiner als die Synchrondrehzahl anzunehmen ist;

b) die geeignete Riementype (Sieglingriemen) aufgrund der Biegehäufigkeit, die genormte Riemenbreite b und die Kranzbreite B der Scheiben, wenn mit 5 h täglicher Laufzeit zu rechnen ist;

c) der vorzusehene Spannweg s_{Sp} und der sich damit ergebende größte Achsabstand $l_{a\,max}$, wenn der „normale" Achsabstand auf Grund der baulichen Anordnung $l_a \approx 600$ mm beträgt.

16.9 Der Antrieb eines Sägegatters soll durch einen Mehrschichtriemen erfolgen. Als Antriebsmotor wurde ein Drehstrom-Norm-Motor der Baugröße 315 M mit einer Synchrondrehzahl $n_S = 1000\ \text{min}^{-1}$ vorgesehen. Die Antriebswelle des Gatters soll eine Mindestdrehzahl $n_2 = 300\ \text{min}^{-1}$ haben. Aus räumlichen Gegebenheiten darf der Achsabstand $l_a \approx 4000$ mm nicht überschritten werden.

Zu ermitteln sind:

a) die Durchmesser d_1 und d_2 für Motor- und Gatterscheibe;

b) die geeignete Riementype (Sieglingriemen), die Riemenbreite b und die Kranzbreite B, wenn mit einer täglichen Einsatzdauer von ca. 8 h zu rechnen ist;

c) die zu bestellende ungefähre Riemenlänge L unter Berücksichtigung des Spannweges s_{Sp}.

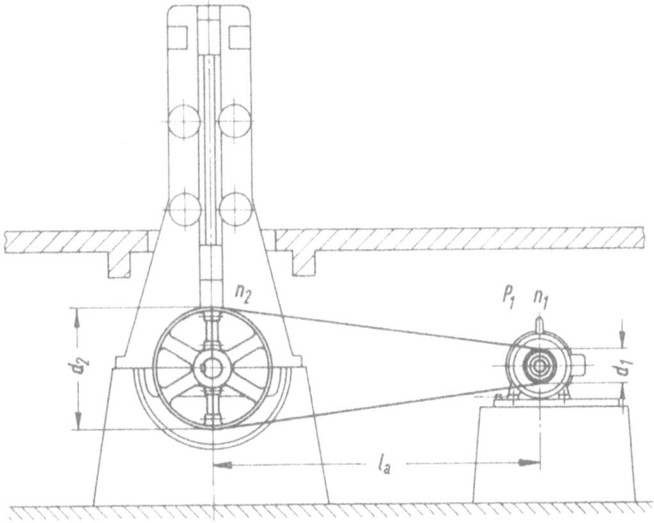

16.10 Für den Antrieb eines Kaltpilgerwalzwerkes mit einer Antriebsleistung $P_1 = 160$ kW bei einer Drehzahl $n_1 \approx 1480\ \text{min}^{-1}$ ist als erste Stufe zwischen Elektromotor und Zahnradgetriebe ein Flachriemengetriebe mit Mehrschicht-(Siegling-)Riemen vorgesehen, um die starken Belastungsstöße elastisch abzufangen. Für die Motorscheibe wurde der Durchmesser $d_1 = 400$ mm festgelegt. Die Drehzahl der Getriebescheibe soll $n_2 \approx 240\ \text{min}^{-1}$ betragen. Aus baulichen Gründen darf der Achsabstand $l_a \approx 4200$ mm nicht überschritten werden. Unter Berücksichtigung der vorliegenden Betriebsverhältnisse ist das Riemengetriebe zu berechnen.

16.11 Der Antrieb einer Kolbenpumpe erfolgt durch einen Drehstrom-Norm-Motor, Baugröße 180 L, mit der Nenndrehzahl n_1 = 1465 min^{-1} über 6 Keilriemen 20 X 4500 DIN 2215.

Zu berechnen bzw. festzustellen sind:

a) die Durchmesser d_{m1} und d_{m2} der Motor- und Pumpenscheibe, wenn die Drehzahl der Pumpenwelle $n_2 \approx 300\ \text{min}^{-1}$ betragen soll und die für den Motor übliche Scheibengröße gewählt wird;

b) der größte sich ergebende maximale Achsabstand und die Verstellbarkeit s zum Auflegen der Riemen;

c) ob die vorgesehenen 6 Keilriemen die Motorleistung übertragen können, wenn für die vorliegenden Betriebsverhältnisse mit einer Überbelastung nicht zu rechnen ist.

16.12 Zur Übertragung einer Leistung von P_1 = 150 kW soll bei einer Antriebsdrehzahl n_1 = 750 min^{-1} ein Riemengetriebe mit Keilriemen nach DIN 2215 verwendet werden. Vorgesehen sind Keilriemenscheiben nach DIN 2217, und zwar die Antriebsscheibe mit d_{m1} = 560 mm, die getriebene Scheibe mit d_{m2} = 3550 mm Durchmesser. Der Achsabstand soll etwa $l_a \approx 4000$ (... 5000) mm betragen.

Zu ermitteln bzw. festzustellen sind:

a) die Größe (Breite b) des Keilriemens auf Grund des Durchmessers der kleinen Scheibe d_{m1} sowie die Anzahl der Riemen, wobei extreme, ggf. durch einen Betriebsfaktor zu erfassende Betriebsverhältnisse, nicht anzunehmen sind und auch mit kurzzeitiger Überbeanspruchung nicht zu rechnen ist;

b) die für die Bestellung des Keilriemens maßgebende Innenlänge sowie der sich damit ergebende maximale Achsabstand.

16.13

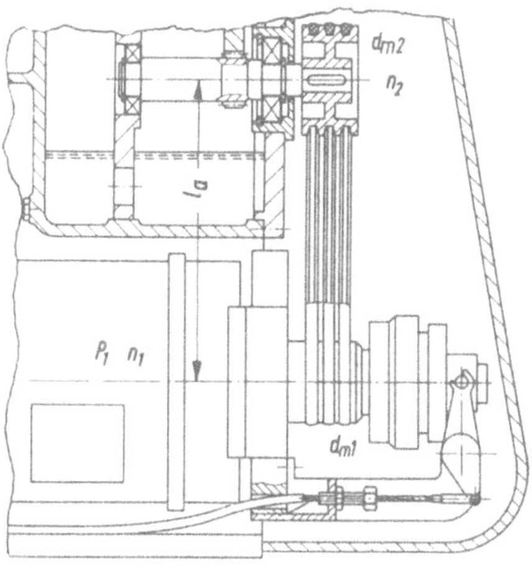

Für den Antrieb einer Kunststoff-Schneckenpresse ist als erste Stufe ein Normalkeilriemengetriebe mit einer Übersetzung $i \approx 1{,}4$ vorgesehen. Der regelbare Drehstrom-Nebenschlußmotor hat eine Leistung P_1 = 15 kW bei der max. Drehzahl n_1 = 2000 min^{-1}. Für die Motorscheibe wurde nach DIN 2217 der Durchmesser d_{m1} = 224 mm festgelegt. Der Achsabstand ergibt sich nach der baulichen Anordnung mit $l_a \approx 900$ mm.

Zu ermitteln sind:

a) der Durchmesser d_{m2} der getriebenen Scheibe und die für die kleine Scheibe in Frage kommende Größtbreite b der Keilriemen nach DIN 2215;

b) die erforderliche Anzahl der Riemen, wenn davon ausgegangen wird, daß eine kurzzeitige Überbelastung von ≈ 25 % zu erwarten und mit „mittlerem Anlauf, stoßfreier Vollast und 8 h täglicher Laufzeit" zu rechnen ist;

c) die Innenlänge L_i der endlosen Riemen;

d) der sich mit der gewählten Innenlänge ergebende maximale Achsabstand sowie der vorzusehende Spannweg und die Verstellbarkeit des Achsabstandes zum Auflegen der Riemen.

16.14 Der Antrieb der Kunststoff-Schneckenpresse nach Aufgabe 16.13 soll anstelle der Normalkeilriemen mit Schmalkeilriemen ausgelegt werden. Mit den Getriebedaten $P_1 = 15$ kW, $n_1 = 2000$ min^{-1}, $i \approx 1{,}4$, d_{w1} ($\hat{=} d_{m1}$) = 224 mm und $l_a \approx 900$ mm sind zu ermitteln:

a) der Wirkdurchmesser d_{w2} der Gegenscheibe und das aufgrund des kleineren Wirkdurchmessers d_{w1} größtmögliche Riemenprofil;

b) die Wirklänge L_w der zu bestellenden Schmalkeilriemen;

c) die Anzahl der Schmalkeilriemen bei den sonst gleichen Bedingungen, wie zur Aufgabe 16.13 angegeben;

d) der sich mit der gewählten Wirklänge ergebende maximale Achsabstand sowie der vorzusehende Spannweg und die Verstellbarkeit des Achsabstandes zum Auflegen der Riemen.

16.15 Für den Antrieb des Sägegatters soll ein Keilriemengetriebe vorgesehen werden. Als Antriebsmotor wurde ein Drehstrom-Norm-Motor der Baugröße 315 M mit einer Synchrondrehzahl $n_S = 1000$ min^{-1} vorgesehen. Die Antriebswelle des Gatters soll eine Mindestdrehzahl $n_2 = 300$ min^{-1} haben. Aus räumlichen Gegebenheiten darf der Achsabstand $l_a \approx 4000$ mm nicht überschritten werden.

Zu ermitteln sind:

a) die Durchmesser d_{m1} und d_{m2} für Motor- und Gatterscheibe,sowie die der kleinen Scheibe entsprechende, nächstgrößere Keilriemenbreite b nach DIN 2215;

b) die Anzahl z der Keilriemen, wenn mit einer täglichen Einsatzdauer von ca. 8 h zu rechnen ist, wobei eine kurzzeitige Überbeanspruchung von ca. 25 % anzunehmen ist;

c) die Innenlänge L_i der zu bestellenden Normalkeilriemen;

d) der sich mit der gewählten Innenlänge ergebende maxiamel Achsabstand sowie der vorzusehende Spannweg und die Verstellbarkeit des Achsabstandes zum Auflegen der Riemen.

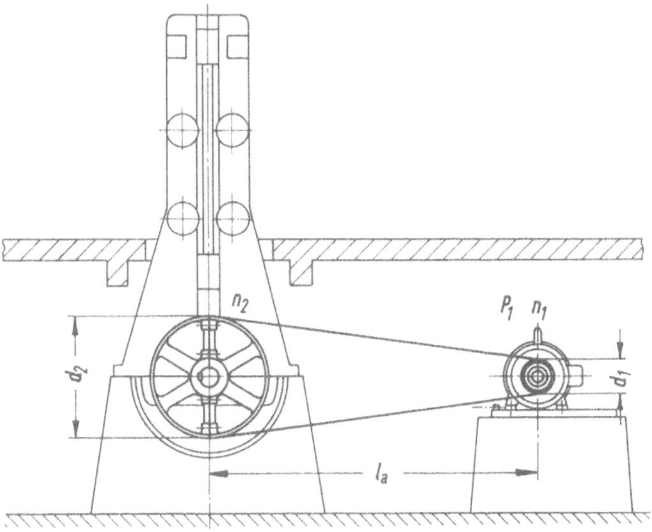

16.16 Für den Antrieb der Spindel einer schweren Barren-Fräsmaschine ist als erste Stufe ein Riemengetriebe mit Keilriemen nach DIN 2215, als zweite Stufe ein Stirnradpaar mit $i = 5{,}9$ vorgesehen. Als Antriebsmotor ist ein Drehstrom-Norm-Motor der Baugröße 280 S mit einer Synchrondrehzahl $n_S = 1500\ \text{min}^{-1}$ vorgesehen. Die Spindeldrehzahl soll $n_3 \approx 200\ \text{min}^{-1}$ betragen. Der Achsabstand für das Keilriemengetriebe ergibt sich auf Grund der baulichen Gegebenheiten mit $l_a \approx 950$ mm. Das Keilriemengetriebe ist für den vorliegenden Fall zu berechnen unter Annahme einer täglichen Einsatzdauer von 8 h.

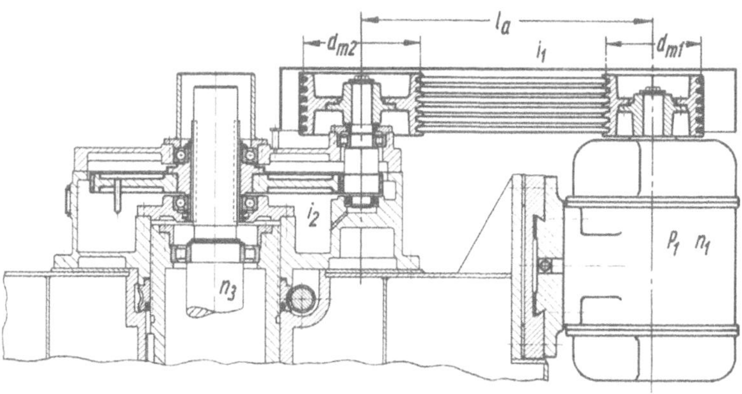

16.17 Für den Antrieb der Fräsmaschine nach Aufgabe 16.16 sollen an Stelle der Normalkeilriemen nach DIN 2215 Schmalkeilriemen nach DIN 7753 eingesetzt werden. Unter sonst gleichen Voraussetzungen wie in Aufgabe 16.16 aufgeführt, ist das Keilriemengetriebe zu berechnen.

16.18 Der Antrieb eines Ketten-Trogförderers erfolgt durch einen Drehstrom-Norm-Motor mit einer Leistung von $P = 2{,}2$ kW bei einer Synchrondrehzahl $n = 1500\ \text{min}^{-1}$ über ein Keilriemengetriebe als erste Getriebestufe. Die Drehzahl der Antriebswelle des Förderers muß $n_2 \approx 320\ \text{min}^{-1}$ betragen. Für das Keilriemengetriebe mit Normalkeilriemen nach DIN 2215 sind alle Daten zu ermitteln unter der Annahme einer täglichen Einsatzdauer des Förderers von ca. 8 h. Aus baulichen Gründen sollte der Achsabstand $l_a \approx 650$ mm betragen.

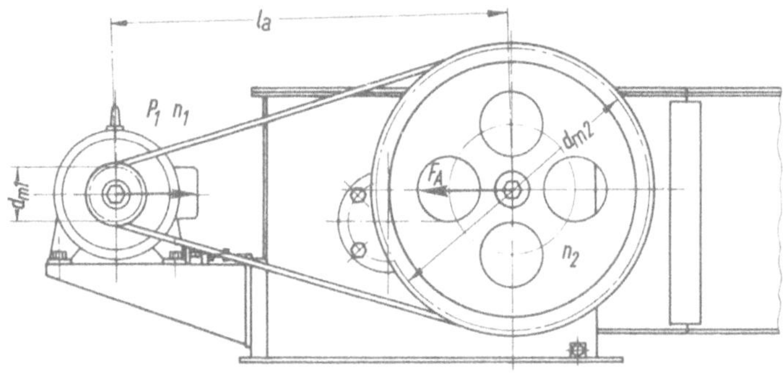

16.19 Eine Vielspindel-Bohrmaschine soll durch Keilriemen nach DIN 2215 angetrieben werden. Als erforderliche Antriebsleistung wurde $P_1 \approx 5 \dots 6$ kW bei einer Drehzahl $n_1 = 1440\ \text{min}^{-1}$ und einer Übersetzung $i = 2$ ermittelt. Der durch die bauliche Anordnung gegebene Achsabstand beträgt $l_a \approx 450$ mm.

Unter Annahme einer täglichen Laufzeit von 8 h sind für den vorliegenden Fall die Baugröße des Norm-Motors sowie die erforderlichen Daten des Keilriemengetriebes für Normalkeilriemen nach DIN 2215 zu ermitteln.

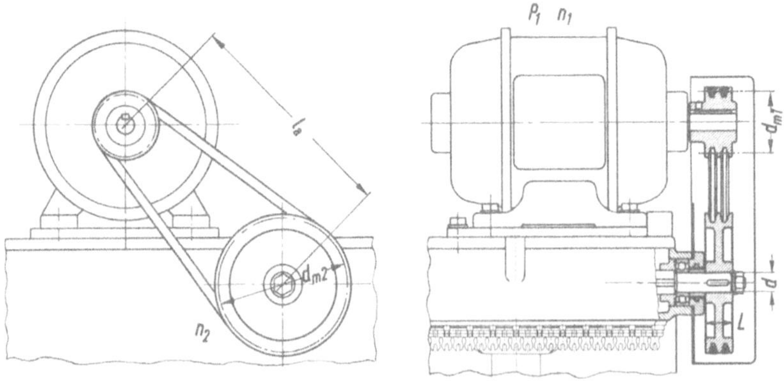

16.20

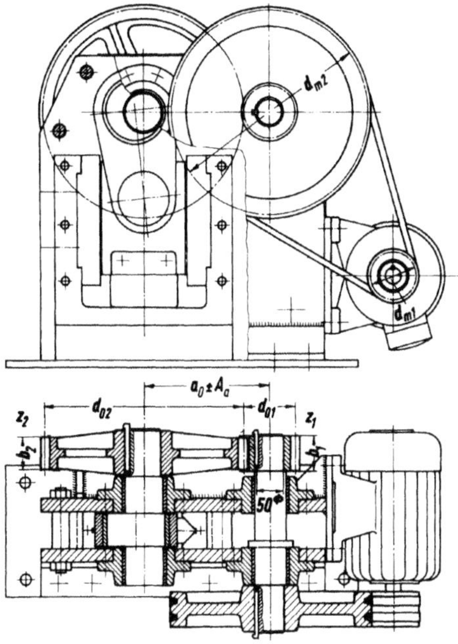

Der Antrieb der Formstahl-Schermaschine soll durch Normalkeilriemen nach DIN 2215 erfolgen. Als Antriebsmotor wurde ein Drehstrom-Norm-Motor, Baugröße 132 M mit einer Synchrondrehzahl $n_S = 1000\ \text{min}^{-1}$. Die Schere macht 50 Hübe je Minute. Für die Stirnradstufe ist eine Übersetzung $i_2 = 4{,}8$ festgelegt. Der Achsabstand der Keilriemenscheiben ist durch die bauliche Gegebenheit mit $l_a \approx 400 \ldots 500$ mm gegeben.

Für das Keilriemengetriebe sind alle für den vorliegenden Fall erforderlichen Daten zu ermitteln unter Annahme einer täglichen Einsatzdauer von ca. 4 h.

16.21

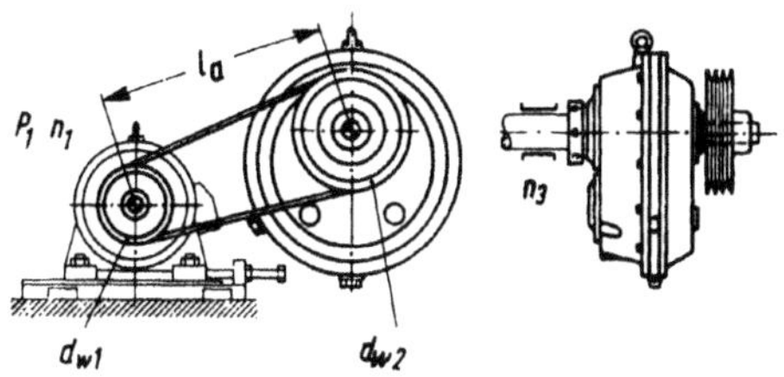

Als Vorgelege für ein Aufsteckgetriebe mit der Übersetzung $i = 20$ zum Antrieb eines Betonmischers ist ein Schmalkeilriemengetriebe vorgesehen. Der Antriebsmotor hat eine Leistung von $P_1 = 4$ kW bei einer Nenndrehzahl $n_1 = 1440\ \text{min}^{-1}$. Die Abtriebsdrehzahl des Aufsteckgetriebes soll $n_3 \approx 55 \ldots 60\ \text{min}^{-1}$ betragen. Der Achsabstand ergibt sich aus baulichen Gründen mit $l_a \approx 300 \ldots 400$ mm.

Für das Keilriemengetriebe zu berechnen und festzulegen sind:

a) die Scheibendurchmesser d_{w1} und d_{w2}, das Riemenprofil sowie die erforderliche Anzahl der Schmalkeilriemen;

b) die erforderliche Wirklänge und der sich damit ergebende maximale Achsabstand.

17. Kettengetriebe

Vorbemerkungen

Im Lehrbuch ist nur die Berechnung der am häufigsten verwendeten Rollenketten behandelt. Aus diesem Grunde sind die nachfolgenden Aufgaben auch nur für Antriebe mit diesen Ketten gestellt. Wie üblich sind einige Grundaufgaben vorangestellt, in denen die Zusammenhänge, insbesondere der Trummkräfte, Fliehkräfte und Achskräfte ermittelt werden sollen. Es folgen dann einige Aufgaben über Antriebe aus der Praxis. Bei diesen Aufgaben können die Ergebnisse durchaus von denen am Schluß der Aufgabensammlung gegebenen etwas abweichen, da häufig Hilfsgrößen zur Berechnung unterschiedlich interpoliert werden können. Die abweichenden Ergebnisse brauchen damit nicht unbedingt falsch zu sein.

17.1 Das Kettenrad aus GS-60 mit einseitiger Nabe und einer Zähnezahl $z = 38$ ist für eine Rollenkette 24B-1 × 120 DIN 8187 auszulegen. Das Kettenrad wird mit einem Wellenzapfen nach DIN 748 mit dem Durchmesser $d = 55$ k6 und der Länge $l = 110$ mm durch eine Paßfeder, Form A, DIN 6885, verbunden.

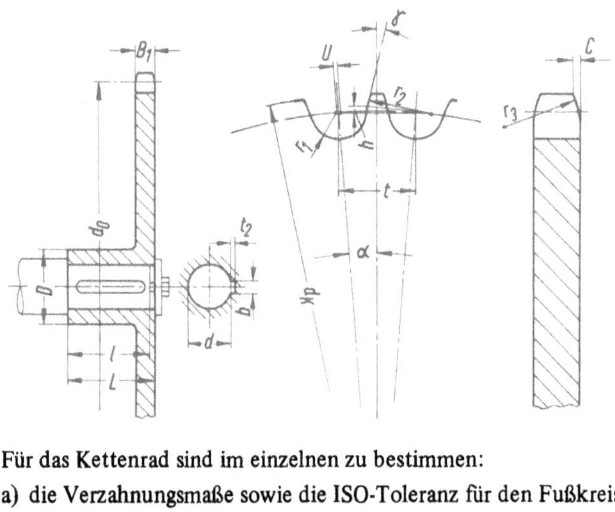

Für das Kettenrad sind im einzelnen zu bestimmen:

a) die Verzahnungsmaße sowie die ISO-Toleranz für den Fußkreisdurchmesser d_f, wenn normale Beanspruchung angenommen wird;

b) die Nabenabmessungen, wenn die axiale Befestigung auf dem Wellenende mit einer Spannscheibe vorgesehen ist;

c) die Abmessungen und die Normbezeichnung der Paßfeder sowie die Nabennutmaße t_2 und b.

17.2 Für eine Rollenkette 06B-1 DIN 8187 ist die auftretende Flächenpressung in den Gelenken auf Grund des Fliehzuges zu ermitteln und mit dem Richtwert für die Gelenkflächenpressung zu vergleichen. Die Kette soll für ein Kettengetriebe mit der Übersetzung $i = 1$ und den Zähnezahlen $z_1 = z_2 = 25$ bei einer Drehzahl der Kettenräder $n = 3000\ \text{min}^{-1}$ eingesetzt werden.

17.3 Für den Antrieb einer Wasserpumpe ist eine Rollenkette 16B-1 DIN 8187 verwendet. Für das Antriebskettenrad ist eine Zähnezahl $z_1 = 19$, für das Pumpenrad $z_2 = 95$ gewählt. Aus baulichen Gründen ist der Achsabstand mit $l_a' \approx 1200$ mm vorgegeben.

Zu berechnen bzw. festzustellen sind:

a) die Anzahl der Kettenglieder, der sich damit ergebende Achsabstand und die vorzusehende Einstellmöglichkeit;

b) der Durchhang f für das annähernd waagerechte Getriebe, wenn ein normaler relativer Durchhang von 2 % gefordert wird.

17.4 Eine Rollenkette 32B-1 DIN 8187 überträgt ein Drehmoment $M_{t1} = 3{,}6 \cdot 10^3$ Nm. Die Kettenräder haben die Zähnezahlen $z_1 = 13$ und $z_2 = 51$. Der Achsabstand beträgt $l_a = 1{,}8$ m, der relative Durchhang des Leertrumms $f_{rel} = 2$ %. Aus räumlichen Gründen soll der Antrieb aus seiner ursprünglichen Lage mit dem Neigungswinkel $\psi = 40°$ so versetzt werden, daß der Leertrumm eine annähernd waagerechte Lage erhält. Eine dynamische Belastung ist für das langsam laufende Getriebe nicht anzunehmen.

Zu ermitteln sind:

a) die Achskräfte F_{Ao} und F_{Au} bei der schrägen Lage und F_A bei der waagerechten Lage des Kettengetriebes;

b) der statische Bruch-Sicherheitsfaktor ν_B bei schräger Lage und ν_B' bei der waagerechten Lage.

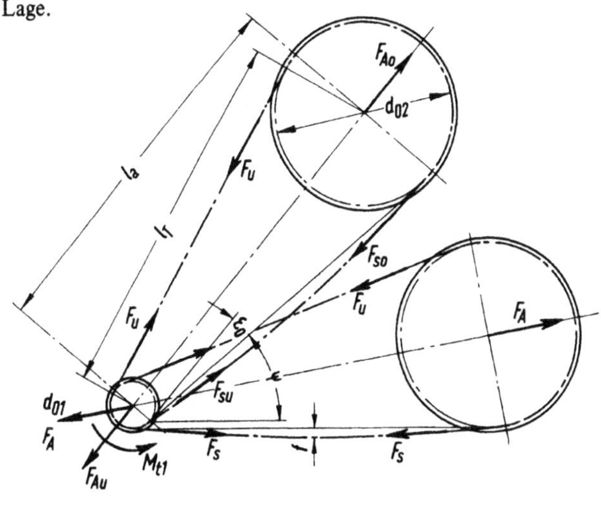

17.5 Ein Stetigförderer wird durch einen Elektromotor mit einer Leistung $P_1 = 11$ kW bei $n = 1440$ min^{-1} über ein Zahnradgetriebe mit $i_{ges} = 9$ angetrieben. Die Welle des Förderers soll eine Drehzahl von 40 min^{-1} haben. Die Zähnezahl des Kettenrades auf der Abtriebswelle des Zahnradgetriebes beträgt $z_1 = 21$. Aufgrund der vorliegenden Verhältnisse ist mit einem Betriebsfaktor $c_S \approx 1{,}6$ zu rechnen, außerdem ist mit mangelhafter Schmierung und Verschmutzung der Kette zu rechnen.

Unter Berücksichtigung dieser Verhältnisse sind die nach DIN 8187 in Frage kommenden Rollenketten nach Leistungsdiagramm vorzuwählen.

17.6 Ein Förderband für Stückgut soll durch einen Getriebemotor mit $P_1 = 2{,}2$ kW und einer Abtriebsdrehzahl $n_1 = 90$ min^{-1} über eine Einfach-Rollenkette nach DIN 8187 angetrieben werden. Die Drehzahl der Bandrolle beträgt $n_2 = 30$ min^{-1}; für das auf der Getriebewelle sitzende Kettenrad wurden $z_1 = 19$ Zähne gewählt.

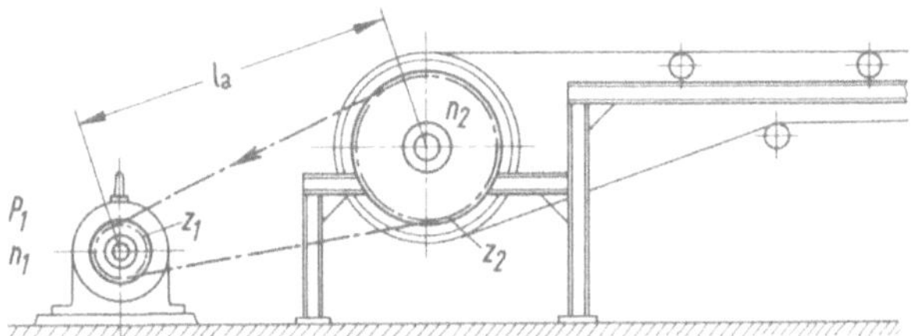

Für eine angenommene tägliche Laufzeit von ca. 8 h ist für mittlere Anlaufverhältnisse bei leichten Stößen eine geeignete Einfach-Rollenkette nach DIN 8187 vorzuwählen und für einen günstigen Achsabstand die normgerechte Bezeichnung der Kette anzugeben. Eine einwandfreie Schmierung kann vorausgesetzt werden.

17.7 Der Antrieb einer Winde soll durch einen Elektromotor mit der Leistung $P_1 = 5{,}5$ kW und der Nenndrehzahl $n_1 = 1440$ min^{-1} über ein Kettengetriebe mit annähernd waagerechter Lage des Leertrumms erfolgen. Die Übersetzung beträgt $i = 5$; für das auf der Motorwelle sitzende Kettenrad ist die Zähnezahl $z_1 = 17$ gewählt. Aus baulichen Gründen soll der Achsabstand $l_a' \approx 600$ mm betragen. Für das Kettengetriebe ist eine geeignete Rollenkette nach DIN 8187 vorzuwählen und anschließend nachzuprüfen, ob der Bruch-Sicherheitsfaktor ausreichend ist. Es ist mit „mittlerem Anlauf, Vollast bei mittleren bis starken Stößen und einer täglichen Laufzeit von 6 h" zu rechnen. Die normgerechte Bezeichnung der Kette sowie die geeignete Schmierungsart für die Kette ist anzugeben.

17.8 Für ein schweres Förderband muß ein Zweitrommelantrieb vorgesehen werden. Die Trommel 1 wird durch einen Elektromotor über ein Planetengetriebe direkt angetrieben, während die Trommel 2 vom Steg über eine Kette angetrieben wird, um einen schlupffreien Lauf zu gewährleisten. Die Antriebsleistung beträgt $P_1 = 18{,}5$ kW

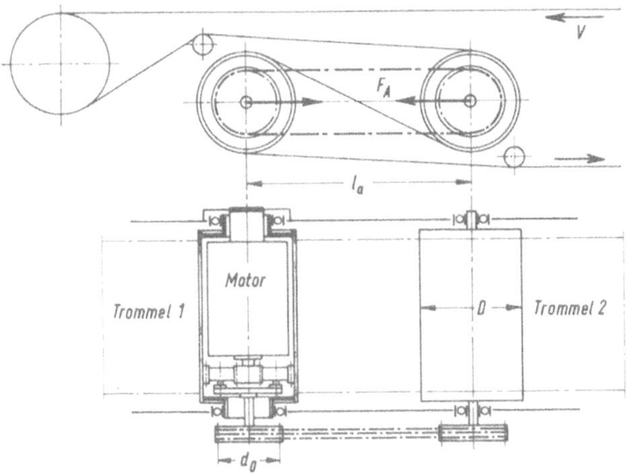

bei einer Fördergeschwindigkeit $v = 1{,}5\ \frac{m}{s}$. Die Durchmesser der Antriebstrommeln betragen $D = 400$ mm; der Achsabstand beträgt nach den baulichen Erfordernissen $l'_a \approx 1000$ mm.

Zu ermitteln bzw. festzulegen sind:

a) eine geeignete Rollenkette nach DIN 8187, wenn für die Kettenräder die Zähnezahl $z = 19$ gewählt wird, gleichmäßiger Lauf bei leichten Stößen angenommen wird und mit mangelhafter Schmierung gerechnet werden muß. Die für die Bestellung maßgebende Normbezeichnung ist anzugeben.

b) Die Achskraft F_A.

17.9 Eine Rohrtrommel wird durch einen Getriebemotor mit einer Abtriebsdrehzahl $n_1 = 25\ \text{min}^{-1}$ über eine Rollenkette 16B-1 DIN 8187 angetrieben. Der Antriebsmotor hat eine Leistung von $P_M = 0{,}37$ kW bei $n_M = 1440\ \text{min}^{-1}$. Die Zähnezahlen der Kettenräder wurden mit $z_1 = 17$ und $z_2 = 57$ vorgewählt.

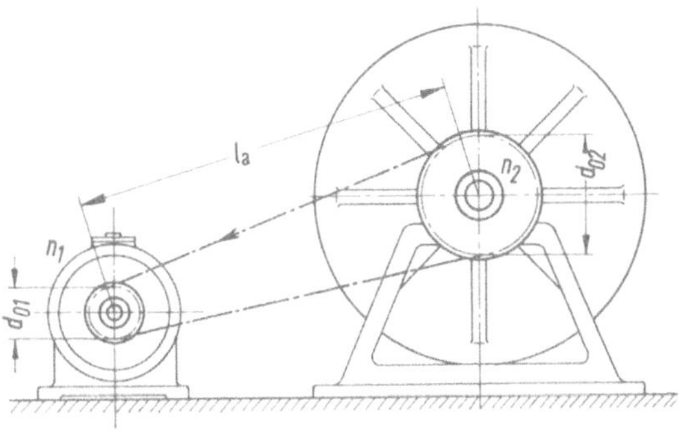

Unter Berücksichtigung eines Betriebsfaktors $c_S \approx 1{,}7$ ist zu kontrollieren, ob die vorgesehene Kette hinsichtlich der dynamischen Bruchfestigkeit und der Verschleißfestigkeit ausreichend bemessen ist bei einem Achsabstand $l'_a \approx 1000$ mm, wenn mit mangelhafter Schmierung zu rechnen ist, die Kette jedoch gegen Verschmutzung geschützt ist.

17.10 Zum Antrieb des Elevatorbandes (Stetigförderers) einer Landmaschine ist ein Kettengetriebe vorgesehen. Die Antriebsleistung beträgt $P_1 = 0{,}15$ kW, die Antriebsdrehzahl $n_1 = 54\ \text{min}^{-1}$, die Drehzahl der Elevatorwelle $n_2 \approx 15\ \text{min}^{-1}$. Der Achsabstand soll aus baulichen Gründen $l'_a \approx 530$ mm betragen. Mit mangelhafter Schmierung und Verschmutzung der Kette ist zu rechnen. Das Getriebe hat eine annähernd waagerechte Lage.

Nach Festlegung der günstigsten Zähnezahlen, wobei die Übersetzung möglichst genau einzuhalten ist und die Zähnezahlen handelsüblicher Kettenräder zu wählen sind, ist eine geeignete Rollenkette nach DIN 8187 vorzuwählen und anschließend nachzuprüfen auf die vorhandene Bruchsicherheit und die Zulässigkeit der Gelenkflächenpressung. Die für die Bestellung maßgebende Normbezeichnung ist anzugeben sowie der sich mit der ermittelten Gliederzahl ergebende Achsabstand ist zu ermitteln.

Lösungshinweise

2. Normzahlen und Passungen

Vorbemerkungen

Die Lösung der Beispiele mit Normzahlen beschränkt sich auf die in den Abschnitten 2.2.1 und 2.2.2 des Lehrbuches ausgeführten Hinweise und auf die Verwendung der Tabelle A2.1 und A2.2 (A2.3) im Anhang.

Bei der Lösung von „Passungsaufgaben“ kann man nicht von einem allgemein gültigen Rezept ausgehen. Man greift vielfach auf Erfahrungswerte zurück (s. Lehrbuch unter 2.9), wenn es darum geht, für häufig in der Praxis vorkommende Passungsfälle entsprechende Passungskombinationen festzulegen. Liegen jedoch Forderungen vor, die nicht ohne weiteres durch genormte Passungskombinationen zu erfüllen sind, müssen die Passungen rechnerisch ermittelt werden. Für diese Fälle sollte man grundsätzlich entweder von einer *Passungsskizze* ausgehen – man legt zunächst die dem Nennmaß entsprechende Nullinie fest und trägt von dieser ausgehend alle gegebenen und gesuchten Toleranzen, Abmaße, Spiele usw. (möglichst mit Maßen) ein, wie im Lehrbuch, Beispiele 2.3 und 2.4 dargestellt –, oder man geht von den beiden Extrembetrachtungen – locker, fest – aus. In diesem Fall kombiniert man alle zusammenhängenden Maße mit ihren Größt- bzw. Kleinstwerten so, daß der Sitz *locker* bzw. *fest* ist (s. Hinweise zu den Aufgaben 2.10 ff.).

2.1 Entwickeln der begrenzten Reihen $R_{n/p}$ mit jedem p-ten Glied nach Tabelle A2.1 (vgl. Abschnitt 2.2.1 im Lehrbuch).

Beachte: Den Stufungsfaktor $f_{n/p}$ erhält man auch, wenn das Verhältnis einer beliebigen Normzahl der Reihe zu ihrer vorhergehenden gebildet wird ($-$p bedeutet: fallende Reihe).

2.2 Siehe Lösungshinweis zu 2.1.

2.3 Kurzzeichen mit Tabelle A2.1, vgl. Lösungshinweis 2.1.

2.4 Stufung der begrenzten Reihe $R_{n/p}$ von d mit Tabelle A2.1, danach für $d = 2$ cm zugehörigen Querschnitt A mit $\pi \approx 3{,}15$ (naheliegender Normzahlwert) ermitteln und entsprechend Tabelle A2.2 mit $f_A = f_{n/2p}$ Reihe $R_{n/2p}$ entwickeln; dsgl. Stufungsfaktoren.

2.5 Nach Tabelle A2.2 Volumina gestuft mit $f_{n/3p}$ nach $R_{n/3p}$, Längen entsprechend mit $f_{n/p}$ nach $R_{n/p}$; nach Einsetzen von h aus $h/d = f_n$ der Grundreihe (p = 1) in $V = \frac{d^2 \pi}{4} \cdot h$ wird mit $\pi \approx 3{,}2$ (naheliegender Rundwert) d bzw. h für den kleinsten Behälter bestimmt und mit Tabelle A2.1 die Reihen $R_{n/p}$ entwickelt; Proberechnung ergibt Rundwert.

2.6 Aus $l_2 = 5 \cdot l_1$ wird der Wert $f_l = \frac{l_1}{l_2}$; nach Tabelle A2.2 sind $f_P = \frac{P_1}{P_2} = f_l^2$ und $f_n = \frac{n_1}{n_2} = \frac{1}{f_l}$, woraus P_2 und n_2 errechenbar (vgl. Abschnitt 2.10 Beispiel 2.1 im Lehrbuch).

2.7 Mit Tabelle A2.1 Leistung P stufen; nach Tabelle A2.2 Leistung mit $f_P = f_{n/2p}$ für $R_{n/2p}$; entsprechend für Grundreihen Längen mit $f_l = f_{n/p}$ für $R_{n/p}$ und Drehzahlen mit $f_n = \frac{1}{f_l}$ für $R_{n/-p}$ entwickeln. Proberechnung mit $v = \frac{D \cdot \pi \cdot n}{60}$ in m/s.

2.8 Nach Tabelle A2.1 Normreihe für F in kN und Kurzzeichen mit p aus Tabelle A2.2 feststellen; Ähnlichkeitszusammenhänge für entsprechende Grundreihen der Abstände, Querschnittabmessungen und nach Errechnung von W_x mit gegebenen Maßen für $F = 2$ kN auch Widerstandsmomente stufen (vgl. Abschnitt 2.10 Beispiel 2.2 im Lehrbuch).

2.9 Erfahrungswerte siehe Lehrbuch, Tabelle 2.3

2.10 a) siehe Lehrbuch, Tabelle 2.3
b) $l = L$-Spiel; Fall 1 *locker:* $l_k = l_g - Sp_g$, Fall 2 *fest:* $l_g = L_k - Sp_k$

2.11 a) siehe Lehrbuch, Tabelle 2.3
b) $L = l +$ Spiel; Fall 1 *locker:* $L_g = l_k + Sp_g$, Fall 2 *fest:* $L_k = l_g + Sp_k$

2.12 a) siehe Lehrbuch, Tabelle 2.3
b) $a = l + s +$ Spiel; Fall 1 *locker:* $a_g = l_k + s_k + Sp_g$, Fall 2 *fest:* $a_k = l_g + s_g + Sp_k$

2.13 $a = b + s +$ Spiel; Fall 1 *locker:* $a_g = b_k + s_k + Sp_g$, Fall 2 *fest:* $a_k = b_g + s_g + Sp_k$

2.14 $l = b + t +$ Spiel; Fall 1 *locker:* $l_g = b_k + t_k + Sp_g$, Fall 2 *fest:* $l_k = b_g + t_g + Sp_k$

2.15 $l = L - s -$ Spiel; Fall 1 *locker:* $l_k = L_g - s_k - Sp_g$, Fall 2 *fest:* $l_g = L_k - s_g - Sp_k$

2.16 $l = t + s - b$; Fall 1 „*locker*": $l_g = t_k + s_g - b_g$ (der Dichtungsring wird minimal zusammengepreßt), Fall 2 „*fest*": $l_k = t_g + s_k - b_k$ (der Dichtungsring wird auf s = 1,9 mm maximal zusammengepreßt).

2.17 Zunächst werden die Abmaße und das sich hieraus ergebende Spiel der Passung H8/e8 für das Nennmaß 25 mm nach der Abmaßtabelle A2.4 im Anhang des Lehrbuches ermittelt. Damit ergeben sich jeweils ein Kleinstspiel S_k und ein Größtspiel S_g, das auch in etwa mit der angegebenen Passung k6 erreicht werden soll. Eine bildliche Darstellung der Lage des Toleranzfeldes k6 in Bezug zur Nulllinie und des gewünschten Größt- und Kleinstspieles erlauben das „Ablesen" des oberen und des unteren Abmaßes (A_{oB} und A_{uB}) der Nabenbohrung. Damit kann aus der Abmaßtabelle für den entsprechenden Nennmaßbereich eine Bohrungstoleranz gesucht werden, deren Abmaße möglichst genau mit den ermittelten übereinstimmen.

2.18 Auch bei der Lösung dieser Aufgabe kann man von der Extrembetrachtung *locker, fest* ausgehen. Ganz allgemein ergibt sich der Durchmesser der Eindrehung aus $D = d + 2\,(d_1 - \delta)$; Fall 1 „*locker*": $D_g = d_k + 2\,(d_{1k} - \delta_{min})$, wobei δ_{min} die kleinstmögliche Pressung darstellt, nämlich $0{,}1 \cdot d_{1k}$, Fall 2 „*fest*": $D_k = d_g + 2\,(d_{1g} - \delta_{max})$, wobei δ_{max} die größtmögliche Pressung darstellt, nämlich $0{,}2 \cdot d_{1g}$.

2.19 $d_w = D - 2 \cdot d -$ Spiel; Fall 1 *locker:* $d_{wk} = D_g - 2 \cdot d_k - Sp_g$, Fall 2 *fest:* $d_{wg} = D_k - 2 \cdot d_g - Sp_k$ (d_w = Wellendurchmesser),

Aus den sich daraus ergebenden Werten lassen sich für ein sinnvoll gewähltes Nennmaß die zugehörigen Abmaße errechnen. Aus der Abmaßtabelle im Anhang des Lehrbuches kann für den entsprechenden Nennmaßbereich eine geeignete Wellentoleranz gesucht werden, deren Abmaße möglichst genau mit den ermittelten übereinstimmen.

2.20

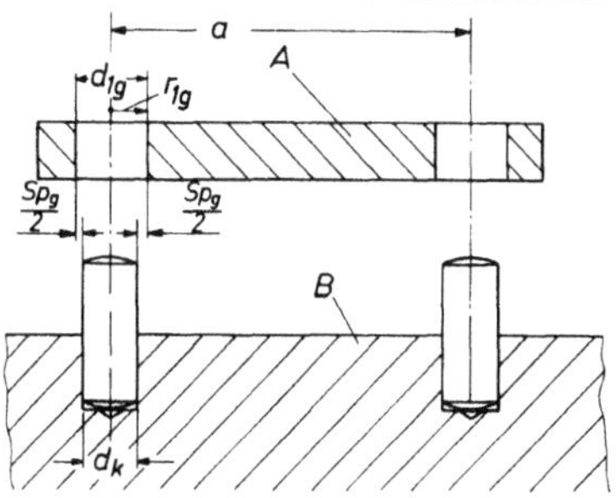

Fall 1 *locker:* entsteht, wenn Bohrungsabstand a im Teil A und B absolut gleich (kein Versatz), kleinster Stiftdurchmesser, größte Bohrung d_1 und größtes Spiel. Bohrung d_{1g} ergibt sich aus Bild

$$d_{1g} = 2 \cdot r_{1g} = 2\left(\frac{d_k}{2} + \frac{Sp_g}{2}\right) .$$

Fall 2 „*fest*": entsteht, wenn Bohrungsabstand a im Teil A

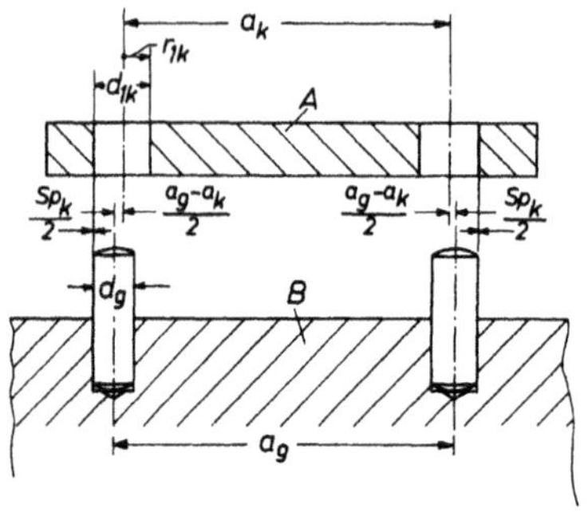

und B entgegengesetzte Grenzwerte – maximal und minimal – einnehmen (größter Versatz), größter Stiftdurchmesser, kleinste Bohrung d_1 und kleinstes Spiel. Bohrung d_{1k} ergibt sich aus Bild

$$d_{1k} = 2 \cdot r_{1k} = 2\left(\frac{d_g}{2} + \frac{Sp_k}{2}\right).$$

2.21

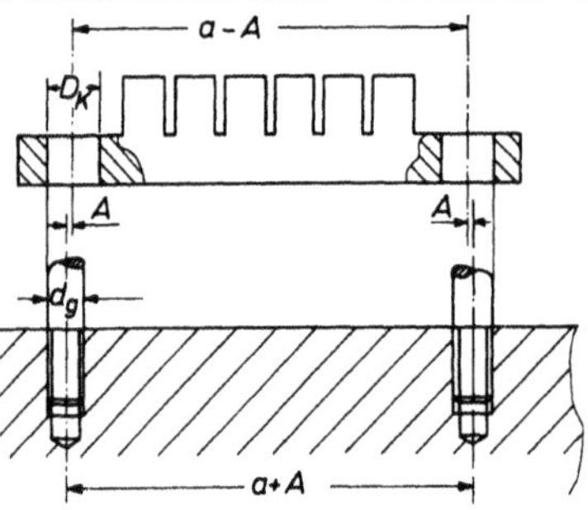

Nach DIN hat der Schraubenschaft die Toleranz h13; das Durchgangsloch H12. Damit wird Schaft $d_g = 4$ mm, Loch $D_k = 4{,}3$ mm. Für den ungünstigsten Fall „*fest*“ (siehe Bild) muß sein:

$$(a - A) + D_k = (a + A) + d_g$$

$$A = \frac{D_k - d_g}{2} = A_u = A_o$$

2.22 siehe Lösungshinweis zu 2.20

3. Festigkeit und zulässige Spannung

3.1 Die entsprechenden Werte sind den Werkstofftabellen bzw. den Dauerfestigkeitsschaubildern zu entnehmen (s. Lehrbuch Anhang). Bei den Dfkt-Schaubildern ist nach jeweiliger Beanspruchungsart (Zug/Druck, Biegung, Verdrehung) zu unterscheiden.

3.2 S. Hinweis zu 3.1. In den Dfkt-Schaubildern sind die Linienzüge I (Streck- bzw. Fließgrenze), II (Schwellfestigkeit) und III (Wechselfestigkeit) zu beachten.

3.3 a) siehe Werkstofftabellen (Lehrbuch-Anhang)
b) bis e) siehe entsprechende Dfkt-Schaubilder (Lehrbuch-Anhang)

3.4 S. Lehrbuch unter „Ausschlagfestigkeit" (Kapitel „Dauerfestigkeitsbegriffe").

3.5

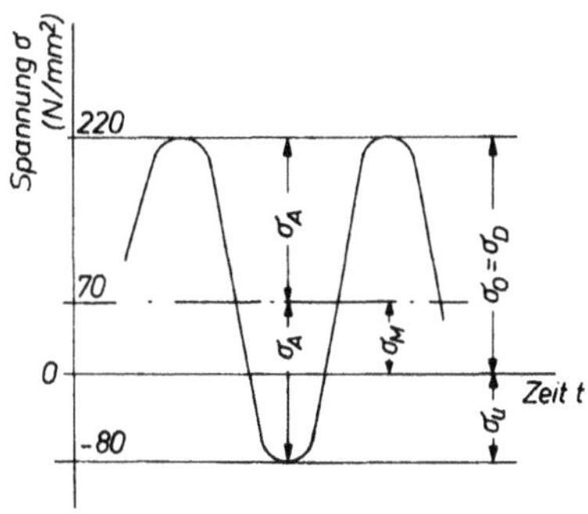

Lösung zweckmäßig anhand eines Spannungs-Zeit-Schaubildes

a) $\sigma_D = \sigma_M + \sigma_A$

b) σ_A = s. Aufgabenstellung

c) $\sigma_o = \sigma_M + \sigma_A$

$\sigma_u = \sigma_M - \sigma_A$

3.6 Lösung zweckmäßig anhand eines Spannungs-Zeit-Schaubildes.

3.7

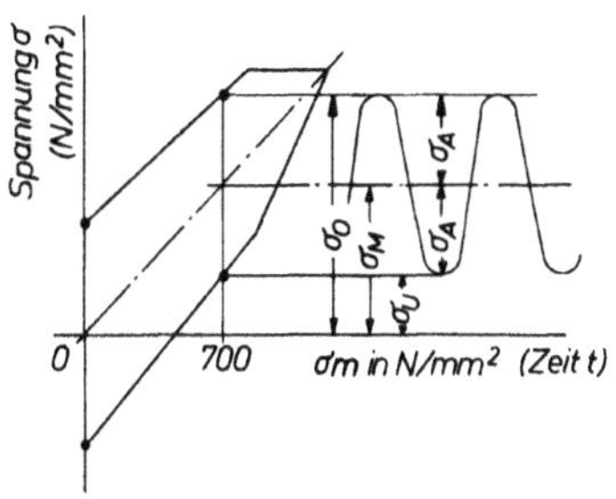

Mittels Probestäben in der beschriebenen Art wurden die Dauerfestigkeitswerte ermittelt, die wiederum Grundlagen für die Dfkt-Schaubilder waren. Somit kann die Aufgabe anhand des Dfkt-Schaubilds des betreffenden Werkstoffes gelöst werden.

3.8 a) $\sigma_B = \frac{F_{max}}{A_o}$;

b) Vergleiche mit den σ_B Werten in den Werkstofftabellen (Mindestwerte).

3.9 Für vorwiegend ruhende Belastung wird nach Lehrbuch, Gleichung 3.1
$\sigma_{zul} = \frac{\sigma_F}{\nu}$ bzw. $\frac{\sigma_{0,2}}{\nu}$.

3.10 Siehe Hinweis zu 3.9, $\tau_{zul} = \frac{\tau_F}{\nu}$ (τ_F aus Dfkt-Schaubild).

3.11 In diesem Fall liegt eine dynamische Belastung (Biegewechselbelastung) vor, so daß nach Gleichung 3.7 die zulässige Biegespannung ermittelt wird aus
$\sigma_{zul} = \frac{\sigma_D \cdot b_1 \cdot b_2}{\beta_k \cdot \nu}$ ($\sigma_{zul} \mathrel{\widehat{=}} \sigma_{b\,zul}$, $\sigma_D \mathrel{\widehat{=}} \sigma_{bW}$).

3.12 Nach Gleichung 3.5 ergibt sich allgemein die Gestaltfestigkeit aus $\sigma_G = \frac{\sigma_D \cdot b_1 \cdot b_2}{\beta_k}$.
Im vorliegenden Fall sind alle Einflußgrößen bekannt, so daß die Kerbwirkungszahl β_k ermittelt werden kann.

3.13 Ermittlung von β_k aus Gl. 3.5 (s. Hinweis zu Aufgabe 3.12).

3.14 Ermittlung von β_k aus $\beta_k = 1 + c_b\,(\beta_{k(2,0)} - 1)$ nach Schaubild A3-3a (Lehrbuch-Anhang). σ_B-Werte nach Tabelle A1.4 unter Beachtung der entsprechenden Fußnote 1) ermitteln.

3.15 Hierbei handelt es sich einerseits um eine „abgesetzte" Welle, andererseits um eine „eingedrehte" Welle. Es ist der jeweils ungünstigere Wert β_k maßgebend.
a) und c) siehe Tabelle A3.5, b) und d) nach Bild A3-3.

3.16 Es liegt Schwellbelastung vor; die maximal auftretende Spannung τ_t darf den zulässigen Wert nicht überschreiten. $\tau_t = \frac{M_t}{W_p} \leqslant \tau_{t\,zul}$; $\tau_{t\,zul} = \frac{\tau_D \cdot b_1 \cdot b_2}{\beta_k \cdot \nu} \geqslant \frac{M_t}{W_p}$,
daraus τ_D. Nach Dfkt-Schaubild geeigneten Werkstoff ermitteln. Der nicht genau erfaßbare Oberflächenbeiwert b_1 muß zunächst geschätzt und anschließend ggf. korrigiert werden.

3.17 $\sigma_{b\,zul} = \frac{\sigma_D}{\beta_k \cdot \nu} \cdot b_1 \cdot b_2$; die Querbohrung ist hinsichtlich der Kerbwirkung als durchgehend zu betrachten; die Längsbohrung kann in dieser Hinsicht vernachlässigt werden.

3.18 Beanspruchung: Zug-Schwellast, dafür $\sigma_{z\,zul} = \frac{\sigma_D}{\beta_k \cdot \nu} \cdot b_1 \cdot b_2$. Der Größenbeiwert muß zunächst geschätzt werden; Ergebnis unter Umständen korrigieren.

3.19 Es muß sichergestellt sein, daß $\sigma_{vorh} \leqslant \sigma_{zul}$

3.20 Aus $\tau_{vorh} \leqslant \tau_{zul} = \frac{\tau_G}{\nu}$ ergibt sich $\nu = \frac{\tau_G}{\tau_{vorh}}$.

3

4. Klebverbindungen

4.1 Die Bindefestigkeit ergibt sich aus $\tau'_B = \frac{F_{max}}{A_{Kl}}$

4.2 $\sigma'_{zB} = \frac{F_{max}}{A_{Kl}}$

4.3 $\tau'_{tB} = \frac{M_t}{W_p}$

4.4 a) $\sigma'_{abs} = \frac{F_1}{b}$; b) $\sigma'_{rel} = \frac{F_2}{b}$

4.5 τ'_B für $l_ü = 10$ mm nach Gleichung 4.1 (Lehrbuch) berechnen, desgl. $\tau'_{B(15)}$ bei $l_ü = 15$ mm, $\tau'_{B(20)}$ usw. Die jeweilige prozentuale Abnahme ergibt sich aus $\frac{\tau'_B - \tau'_{B(15)}}{\tau'_B} \cdot 100$, $\frac{\tau'_{B(15)} - \tau'_{B(20)}}{\tau'_{B(15)}} \cdot 100$ usw. Die mittlere prozentuale Abnahme ist das arithmetische Mittel der Prozentwerte.

4.6 a) Aus $\sigma_z = \frac{F}{2A} = \frac{\sigma_{zB}}{\nu_1}$ wird ν_1 errechnet.

b) Zunächst wird $\tau'_{B(60)}$ bei $l_ü = 60$ mm ermittelt (vgl. Abschnitt 4.7 Lehrbuch). Gegenüber dem Prüfkörper ist die Differenz $l_ü - 10 \text{ mm} = x \cdot 10$ mm zu bestimmen. Die Abnahme von τ'_B beträgt dann $x \cdot 8\,\%$. Aus $\tau'_{(vorh)} = \frac{F}{A_{Kl}} = \frac{\tau'_{B(60)}}{\nu_2}$ wird mit $A_{Kl} = 2 \cdot l_ü \cdot b$ die Sicherheit ν_2 errechnet.

4.7 Mit $A_{Kl} = l_ü \cdot b$ und $\tau'_{dyn} = \frac{0{,}2 \cdot \tau'_B + 0{,}6 \cdot \tau'_B}{2}$ (s. Lehrbuch unter 4.4, Dauerfestigkeit) wird bei $2 \cdot \nu_{max} \approx 2 \cdot 2{,}5 = 5$ F in kN nach Abschnitt 4.5 Lehrbuch $\tau'_{(vorh)} = \frac{F}{A_{Kl}} \leqslant \frac{\tau'_{dyn}}{2 \cdot \nu_{max}}$ errechnet.

4.8 Es ist zu prüfen, ob Sicherheit ν ausreichend ist. $\nu = \frac{F_{max}}{F}$, wobei F_{max} die Kraft ist, bei der die Verbindung zu Bruch gehen würde, also $F_{max} = A_{Kl} \cdot \tau'_B$; F ist die Kraft, mit der die Verbindung belastet wird: $F = A \cdot p$.

4.9 Aus $\tau' = \frac{F}{A_{Kl}} \leqslant \tau'_{zul}$ wird die Rohrkraft F ermittelt. Zur Bestimmung der Klebfläche wird die günstigste Überlappungslänge $l_ü$ nach Abschnitt 4.6 im Lehrbuch ermittelt.

4.10 Die Leistung P ergibt sich aus $M_t = 9550 \frac{P}{n}$ [Nm] mit $M_t = F \cdot r$ bzw. $F = A_{Kl} \cdot \frac{\tau'_B}{\nu}$

4.11 $\nu = \frac{\tau'_{dyn}}{\tau'}$; $\tau' = \frac{F}{A_{Kl}}$; $A_{Kl} = d \cdot \pi \cdot l$

4.12 Bruchgefahr würde bestehen, wenn $\tau' > \tau'_B$. $\tau' = \frac{F}{A_{Kl}}$, wobei F sich ergibt aus $M_t = F \cdot \frac{D_i}{2}$

4.13 Ein Teil der Klebfuge wird auf Zug, der andere auf Abscheren beansprucht. Rechnerisch faßt man beide zu einer zusammen und betrachtet diese als auf Abscheren beansprucht, da hierfür die Bindefestigkeit allgemein am kleinsten ist und somit eine zusätzliche Sicherheit bei der Berechnung gegeben ist.

Aus $\tau' = \frac{F}{A_{Kl}} \leqslant \tau'_{zul} = \frac{\tau'_B}{\nu}$ wird $\nu = \frac{\tau'_B}{\tau'}$ bzw. $\nu_{Pr} = \frac{\tau'_B}{\tau'_{Pr}}$ mit $F = A \cdot p$ und $A_{Kl} = d \cdot \pi \cdot l_ü + d_m \cdot \pi \cdot b$

5. Lötverbindungen

5.1 Stelle die vorhandene Spannung der zulässigen Spannung gegenüber. Zur Ermittlung der von der Lötnaht aufzunehmenden Kraft rechne mit d_a.

5.2 Gleiche Belastbarkeit von Lötnaht und Rohr liegen vor, wenn von beiden Teilen die Bruchlasten F_B gleich sind. $F_{B\,Löt} = F_{B\,Rohr}$. Ermittle für die Lötnaht F_B aus der Hauptgleichung für Abscherbeanspruchung, für das Rohr F_B aus der Hauptgleichung für Zugbeanspruchung. Hinsichtlich der endgültigen Festlegung der Überlappungslänge $l_ü$ siehe Hinweis im Lehrbuch.

5.3 Aus der Hauptgleichung für Abscherbeanspruchung ermittle zunächst die von der Lötnaht maximal zu übertragende Umfangskraft aus $F \leqslant A \cdot \tau_{a\,zul}$. Das Moment ergibt sich dann aus $M_t = F \cdot r$.

Hinweis: Die Hebellänge $l = 25$ mm ist für die Aufgabe ohne Bedeutung.

5.4 Rechne ähnlich wie bei Aufgabe 5.3 zunächst die von der Lötnaht zu übertragende Umfangskraft aus. Die Leistung P in kW aus $M_t = 9550 \cdot \frac{P}{n}$ $\frac{P}{\text{kW}} \Big| \frac{n}{\text{min}^{-1}} \Big| \frac{M_t}{\text{Nm}}$.

5

6. Schweißverbindungen

6.1 Für die Nahtformen und ihre Abmessungen gilt bei Stahl DIN 8551, Blatt 1 bis 5; siehe Lehrbuch 6.5. Die Fugenvorbereitung bei Stumpfnähten ist von folgenden Faktoren abhängig:

Bauteildicke
Art des Schweißverfahrens
Zugänglichkeit
Schweißposition
Werkstoffart

DIN 4100 (geschweißte Stahlbauten) und DIN 15 018 (Stahltragwerke für Krane) fordern bei der Ausführung von Stumpfnähten:

einwandfreies Durchschweißen oder Ausarbeiten der Wurzel und Gegenschweißen einer Kapplage,
kraterfreie Ausführung der Nahtenden,
flache Übergänge zwischen Naht und Blech ohne Einbrandkerben, Freiheit von Rissen, Binde- und Wurzelfehlern und Einschlüssen.

6.2 Erforderliche Elektrodenanzahl $= \dfrac{\text{Werkstückgewicht} \times \text{Prozentsatz}}{\text{Kernstabgewicht einer Elektrode}}$.

6.3 Lehrbuch Tabelle 6.6.

6.4 Der Spannungsnachweis ist getrennt für Bauteil und Schweißnaht zu erbringen. Für die Stumpfnaht gilt:

rechnerische Nahtdicke a = Bauteildicke s, Nahtlänge l = Bauteilbreite b,
zul. Spannungen für Bauteile nach Tabelle A3.2 (DIN 1050),
zul. Spannungen für Schweißverbindungen nach Tabelle A6.1 (DIN 4100).

6.5 Bei Stumpfnähten ist die rechnerische Nahtlänge l gleich der Breite b des zu verschweißenden Bauteils. Bedingungen:

einwandfreies Durchschweißen der Wurzeln;
kraterfreie Ausführung der Nahtenden (siehe Lehrbuch Bild 6-4a);
flache Übergänge zwischen Naht und Blech ohne schädigende Einbrandkerben;
wenn die Spannungen nach Zeile 2 der Tabelle A6.1 angewendet werden, ist die Freiheit von Rissen, Binde- und Wurzelfehlern mit Durchstrahlungs- oder Ultraschalluntersuchung nachzuweisen.

a) $\sigma_{w\,zul}$ nach Zeile 2 der Tabelle A6.1.
b) $\sigma_{w\,zul}$ nach Zeile 3 der Tabelle A6.1.

6.6 Da die zul. Spannung in einer zugbeanspruchten nicht durchstrahlten Naht stets unter der zul. Bauteilspannung liegt, ergibt sich die Breite b des Flachstahls aus der erforderlichen Länge der Stumpfnaht.

6

6.7 a) Der zweiteilige Stab ist mittig angeschlossen und wird deshalb nur auf Zug beansprucht.

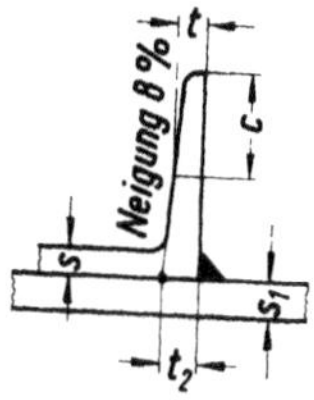

b) Die größte Kehlnahtdicke ist das 0,7fache der zum Verschweißen kommenden kleinsten Profil- bzw. Blechdicke (t_2, s_1).

Für die Stab- und Formstähle gilt als kleinste Profildicke das theoretische Maß der Flanschen- bzw. Schenkelenden. Für das U-Profil ist die Dicke t_2 des Flansches zu ermitteln und mit der Knotenblechdicke s_1 zu vergleichen.

c) Dicke Kehlnähte von kleiner Länge verursachen wesentlich höhere Kosten als dünnere Nähte entsprechend größerer Länge aber gleicher Tragfähigkeit. (Der Schweißgutaufwand wächst im Quadrat der Nahtdicke, die Tragfähigkeit aber nur linear!) Dicke Kehlnähte ermöglichen aber kurze Anschlüsse. $15\,a < l < 100\,a$.

6.8 a) Mittig angeschlossener Zugstab (Lehrbuch 7.5.2.1). Die Stäbe werden nur auf Zug beansprucht. σ_{zul} nach Tabelle A3.2a.

b) Die von den Flankenkehlnähten zu übertragenden Kräfte F_1 und F_2 ergeben sich aus der Bedingung $F_1 \cdot e_1 = F_2 \cdot e_2$. Mit den Nahtflächen $\Sigma a \cdot l$ ergeben sich daraus die Schubspannungen (Lehrbuch Beispiel 6.2c).

c) Nach DIN 4100 brauchen die Schwerlinien von Schweißanschluß und Stab nicht mehr zusammenzufallen.

d) Bei verschieden dicken Bauteilen ist die Dicke der Stumpfnaht gleich der kleineren Bauteildicke: $a = s_{min}$.

6.9 Die Verbindung, als Ganzes betrachtet, wird auf Zug und wegen des einseitigen Stabanschlusses zusätzlich auf Biegung beansprucht. Bei der Lösung muß hier aber die durch die Zugwirkung von F hervorgerufene Spannung in der Naht selbst als Schubspannung betrachtet werden, die parallel zur Anschlußebene wirkt, während die Biegespannung senkrecht dazu gerichtet ist. Als Biegeachse ist die Achse x–x zu betrachten. Die umschweißten Kanten bei A sollen die Einrißgefahr („Abplatzen" durch die Biegung) vermindern und werden rechnerisch als nicht vorhanden betrachtet.

Nach DIN 4100 braucht man die Außermittigkeit der Stabkraft bei der Berechnung der Anschlußnähte nicht zu berücksichtigen!

6.10 a) Außermittig angeschlossener Zugstab (Lehrbuch 7.5.2.2). Wahlweise Bemessung nach folgenden Regeln:

1. Nach Hinweis im Lehrbuch S. 111 ($\sigma_z \leqslant 0{,}8 \cdot \sigma_{zul}$).
2. Vorberechnung nur auf Zug mit $\nu \approx 0{,}7$ nach Gleichung (7.2). Nach der Wahl des Profils Nachweis der max. Spannung am Biegezugrand mit Hilfe der Gleichung (7.4). σ_{zul} nach Tabelle A3.3a.

b) Nach Bild 6-6f im Lehrbuch gilt:

$a_1 \approx 0{,}5 \times$ Schenkeldicke (wegen Rundung),

$a_2 = a_1$ oder $a_2 \leqslant 0{,}7 \times$ Schenkeldicke.

c) $15\,a < l < 100\,a$.

Für spannungsgleich ausgeführte Flankenkehlnähte gilt:

$a_1 \cdot l_1 \cdot e_1 = a_2 \cdot l_2 \cdot e_2$ (Berechnungsbeispiel 6.2c im Lehrbuch).

$\tau_{\text{w zul}}$ nach Tabelle A6.1b.

6.11 a) Hinweis im Lehrbuch, Seite 111 ($\sigma_z \leqslant 0{,}8 \cdot \sigma_{\text{zul}}$).

b) Versuche haben bestätigt, daß die unterschiedliche Beanspruchung der Nähte im elastischen Bereich keinen Einfluß auf die Bruchlast hat. Nach DIN 4100 reicht deshalb der Nachweis: $\tau_w = F/\Sigma a \cdot l \leqslant \tau_{\text{zul}}$ (Lehrbuch 6.6.5, Absatz 5).

6.12 Die rechnerische Nahtlänge beträgt $\Sigma l = b + 2l$. Bedingung: $100\,a \geqslant l \geqslant 10\,a$. Die Naht darf an den Übergängen von Stirnkehlnaht zu den Flankenkehlnähten nicht unterbrochen werden.

6.13 Die Länge der schräg zum Stab liegenden (verdeckten) Naht beträgt $l = b/\sin\alpha$. Nach DIN 4100 wird ihre rechnerische Länge der Stabbreite b gleichgesetzt. $\Sigma l = l_1 + l_2 + 2\,b$, wobei $l_1 \geqslant 10\,a$.

6.14 Beim Zusammenwirken von Stumpf- und Kehlnähten gilt nach DIN 4100: Rechnerische Schweißnahtfläche A_w = Schweißnahtfläche der Stumpfnaht A_{ws} + Schweißnahtfläche der Kehlnaht A_{wk}. Zulässige Spannungen nach Zeile 4 der Tabelle A6.1a. Wird nur der Stumpfnachtanteil A_{ws} berücksichtigt, dann sind die Spannungen nach den Zeilen 1 bis 3 der Tabelle A6.1a zulässig.

Die Flankenkehlnähte sind an den Enden der Flansche herumzuziehen.

6.15 Siehe Hinweis zu Aufgabe 6.14.

Unter der Bedingung Gurtstegdicke $\geqslant$ T-Stahl-Stegdicke, darf die rechnerische Fläche der Stumpfnaht der Querschnittsfläche des T-Stahl-Steges gleichgesetzt werden. Durch sorgfältige Nahtvorbereitung und Ausführung ist sicherzustellen, daß die Wurzel der Stumpfnaht durchgeschweißt ist.

6.16 a) Das Rohrkonsol ist als Fachwerk zu betrachten. Stabkräfte F_1 und F_2 durch zerlegen von F in 2 Komponenten. Stab 2 (Druckstab) wird nach dem Omega-Verfahren berechnet (Lehrbuch 7.5.2.3).

Die Anschlußnaht B ist aus den Komponenten von F_2 auf Druck und Schub beansprucht; vereinfachend wird mit einem kreisringförmigen Nahtquerschnitt gerechnet. Die zulässigen Spannungen und zugehörigen Knickzahlen entsprechen für St 35 den Werten von St 37 (St 35 $\hat{=}$ St 37-2). Kontakt zwischen den zu verbindenden Bauteilen (Naht B) darf nicht berücksichtigt werden!

b) Siehe DIN 1050 (Stahl im Hochbau) und DIN 4100 (Geschweißte Stahlbauten). Lehrbuch 6.6.

6.17 a) Berechnung der Stäbe siehe Lehrbuch 7.5.2.
Die Knotenpunkte am Obergurt sind durch Querverbände bzw. Pfetten seitlich unverschieblich festgehalten. Die Stäbe sind mittig angeschlossen.

b) Die Stäbe werden ohne Knotenbleche durch Kehlnähte mittig angeschlossen.
Gedankenmodell: Knoten 1 aus Gummi.

Die senkrecht zur Anschlußebene wirkende Komponente der Untergurtkraft wölbt den biegeweichen Obergurtflansch nach unten. Nur im Bereich des Steges gibt der Flansch nicht nach. Die dort verlaufende Stirnkehlnaht wird örtlich so hoch beansprucht, daß sie aufreißt. Erst nach weiterer Verformung des Flansches tragen nun die Flankenkehlnähte mit.

Erkenntnis: Die Annahme, daß alle Nahtbereiche des Anschlusses gleichmäßig mittragen ($A_w = \Sigma a \cdot l$) setzt eine gleichmäßige Steifheit der Anschlußebene voraus.

Diese Forderung der DIN 4100 wird weitgehend dadurch erfüllt, daß der untere Flansch des Obergurtstabes im Anschlußbereich durch Rippen ausgesteift wird.

Für die Anschlüsse des Knoten 5 ist diese gleichmäßige Steifheit gegeben.

Zur Entlastung der Stirnkehlnaht im Knoten 1 wird zwischen Ober- und Untergurt ein Blech eingeschweißt. An Hohlkehlen von Walzprofilen aus unberuhigtem Stahl darf bei derartigen Anschlüssen nicht geschweißt werden.

c) Bei solchen sehr schräg liegenden Anschlüssen ist mit der tatsächlichen Länge der Flankenkehlnähte zu rechnen. Die Vereinfachung Flankenkehlnahtlänge = Breite der Flansche des U-Profils, bzw. Stegbreite der T-Profile, wäre zu ungünstig. Nach DIN 1050 müssen die einzelnen Querschnittsteile (z. B. Flansche und Steg) eines Stabes in der Regel für sich angeschlossen werden. Für ein T-Profil zum Beispiel sind die Kraftanteile in Flansch und Steg zu ermitteln und damit die Anschlußnähte zu berechnen.

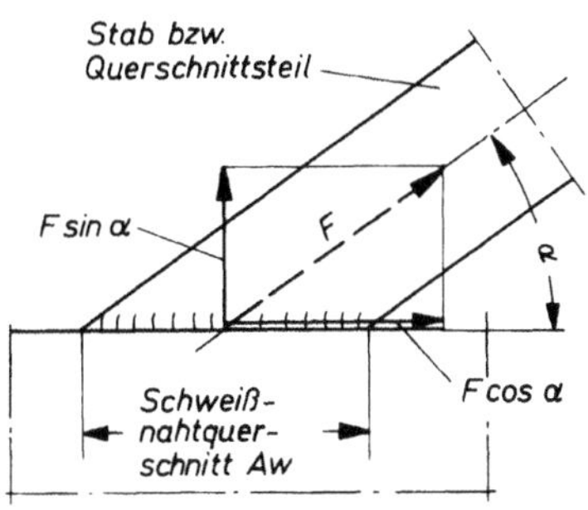

Allgemein gilt für Nähte bei schrägem Anschluß

$$\sigma_w = \frac{F \sin\alpha}{A_w}, \quad \tau_w = \frac{F\cos\alpha}{A_w}$$

$$\sigma_{wv} = \sqrt{\left(\frac{F\sin\alpha}{A_w}\right)^2 + \left(\frac{F\cos\alpha}{A_w}\right)^2},$$

mit $\sin^2\alpha + \cos^2\alpha = 1$ folgt:

$$\boxed{\sigma_{wv} = \frac{F}{A_w}}$$

6.18 Nach Bild 6-5a im Lehrbuch dürfen die umschweißten Nahtteile E zur Bestimmung des Widerstandsmomentes herangezogen werden (Lehrbuch 6.6.4.2). Im vorliegenden Fall sollen jedoch nur die senkrechten Nähte eingesetzt werden (bequem, Annahme auf der sicheren Seite).

Aus der Biegerandspannung σ_{wb} und der mittleren Schubspannung τ_w wird die Vergleichsspannung σ_{wv} gebildet (Lehrbuch 6.6.5, Absatz 4).

6.19

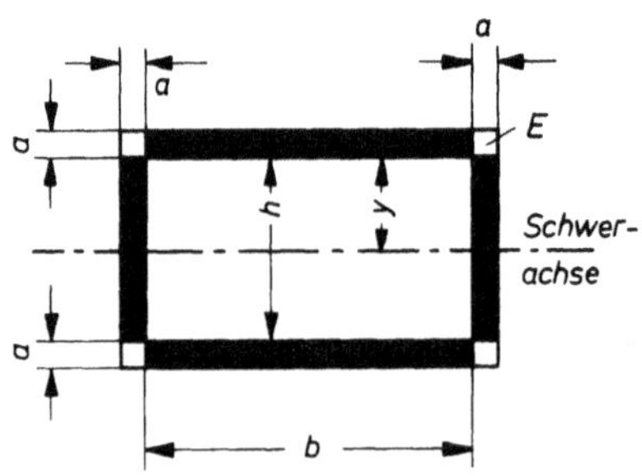

Nahtfläche

Zur Berechnung des Schweißnahtflächen-Trägheitsmomentes I_w sind bei Kehlnähten die Schweißnahtflächen-Schwerachsen an den theoretischen Wurzelpunkten anzusetzen (Lehrbuch 6.6.4.2). Die Fläche der Naht ist also im theoretischen Wurzelpunkt konzentriert zu denken. Die Eigenträgheitsmomente der parallel zur Schwerachse liegenden Schweißnahtflächen dürfen wegen ihres geringen Einflusses vernachlässigt werden. Das gilt auch für andere kleine Nahtteile, z. B. die Ecken E.

$$I_w = 2a \cdot h^3/12 + 2aby^2.$$

Für die Ermittlung der Schubspannungen wird nur die Stegnahtfläche $2a \cdot h$ eingesetzt.

6.20 a) Lehrbuch 6.6.5, Absatz 3.

b) Lehrbuch 6.6.4.2 und Hinweise zu Aufgabe 6.19.

6.21 Die umschweißten Nahtteile (A) bleiben unberücksichtigt. Lehrbuch 6.6.4.2.

6.22

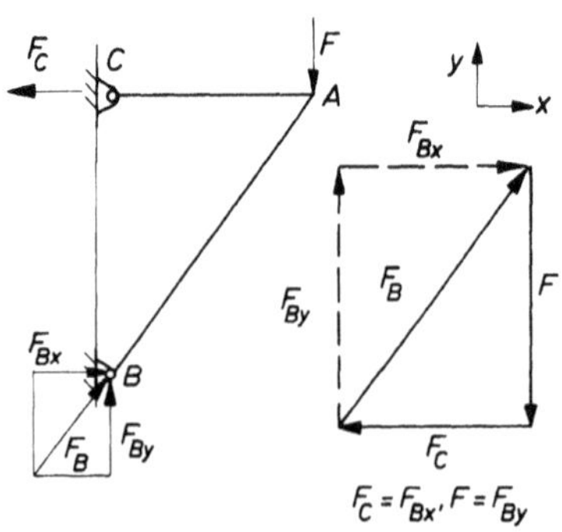

Für eine Abschätzung der Kräfte kann das Konsol als Fachwerk betrachtet werden, dessen System durch die Punkte A, B und C gegeben ist (Strichpunktlinie).

Hinweis: Die Knoten A und B sind biegesteif ausgebildet. Ein ideales Fachwerk setzt jedoch voraus, daß die Knoten reibungsfreie Gelenke bilden. Folge: Zusätzliche Biegespannungen infolge Einspannung der Stabenden.

6.23

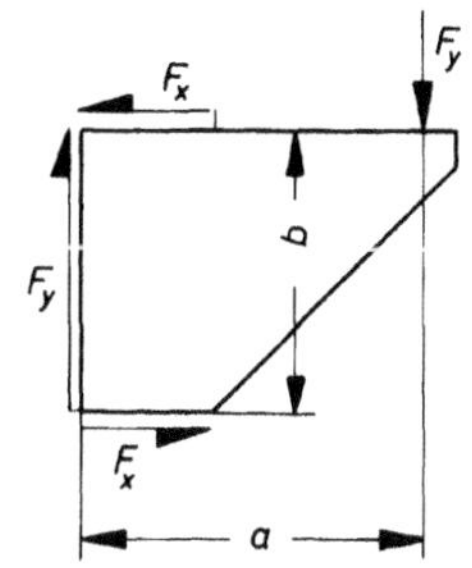

Übliche Näherungsrechnung: Aufgrund ihrer Lage überträgt die lotrechte Naht die Kraft F_y. Das entstehende Drehmoment $F_y \cdot a$ wird in den waagerecht liegenden Nähten durch das Kräftepaar F_x gestützt ($F_y \cdot a = F_x \cdot b$).

Die umschweißten Ecken bei A werden bei der Nahtflächenberechnung nicht berücksichtigt.

6.24

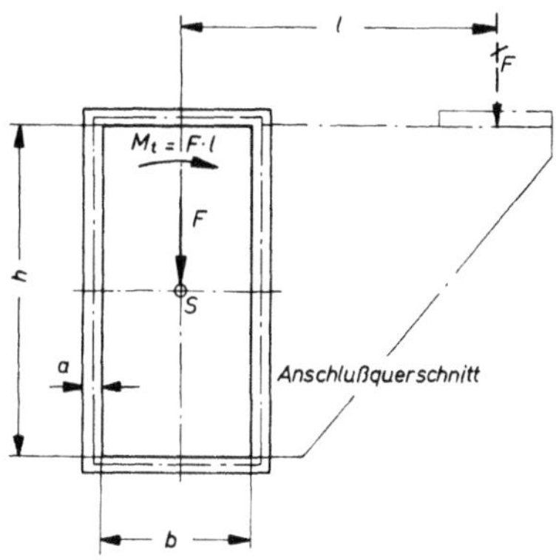

Der Anschlußquerschnitt hat die Form eines Hohlkastens. Er wird durch die lotrechte Kraft F und das Torsionsmoment $M_t = F \cdot l$ beansprucht.

F erzeugt in den lotrechten Nähten Schubspannungen, während M_t analog zur Bredtschen Formel den konstanten Schubfluß $\tau_t a = \dfrac{M_t}{2bh}$ an jeder Stelle des Anschlußquerschnittes verursacht. (Anschaulich durch Strömungsgleichnis!)

6.25 Lehrbuch 6.7.3, Gleichung (6.7)
Der Festigkeitskennwert K wird durch Interpolieren aus der Tabelle A6.2 gefunden. c_1 z. B. Minustoleranz für Bleche nach DIN 1543. Es wird angenommen, daß das verwendete Blech das Dicken-Kleinstmaß nicht unterschreitet, also $c_1 = 0$.
Um zu entscheiden, ob der Abnützungszuschlag zu berücksichtigen ist, ist die Wanddicke zunächst ohne diesen zu ermitteln. Abschließend ist noch zu kontrollieren, ob der Geltungsbereich $D_a : D_i \leq 1{,}2$ erfüllt ist.

6.26 Lehrbuch 6.7.3, Gleichung (6.7), Hinweise zu Aufgabe 6.25.

6.27 Aus Kolbenfläche und innerem Überdruck ergibt sich die Kolbenkraft. Da es sich um eine umlaufende Naht handelt,brauchen keine Endkrater abgezogen zu werden. σ_{zdw} aus Bild A3-4a.

6.28 Im Dauerfestigkeitsschaubild A3-4c ist der Werkstoff St 52 nicht aufgeführt. Seine Verdrehfestigkeit τ_{tw} kann etwas über dem Wert des St 50 angenommen werden.
Rohr und Nähte werden auf Verdrehen beansprucht. Der Nahtquerschnitt ist kreisringförmig und entspricht dem Rohrquerschnitt.

6.29 Denkt man sich die Dicke der Kehlnähte in die Ebene des Hebels umgeklappt, so entsteht ein kreisringförmiger Nahtquerschnitt. Sein Innendurchmesser entspricht dem Wellendurchmesser, die Ringdicke der Nahtdicke a (Lehrbuch Bild 6-8c). Die durch die Querkraft $Q = F$ hervorgerufenen Spannungen dürfen vernachlässigt werden.

Berechnung der Schubspannungen:

1. Nach der im Lehrbuch unter 6.8.2.2 angegebenen Gleichung kann das polare Widerstandsmoment errechnet werden. Daraus ergibt sich nach Gleichung (6.9) die Verdrehspannung (Beispiel 6.4 im Lehrbuch).
2. Man rechnet das Drehmoment in eine am Hebelarm $d/2$ wirkende Umfangskraft um, und bestimmt daraus die Schubspannungen:

$$F_u = \frac{2M_t}{d}, \quad A_w = a\pi(d + a).$$

Für Entwurfsberechnungen reicht dieser einfache Ansatz aus.

6.30 Siehe Hinweis zu Aufgabe 6.29. Maßgebend für die zulässige Schweißnahtspannung ist der Werkstoff St 37.

6

6.31 Die Ringnaht ist schwellend auf Druck und Biegung beansprucht. Der Zentrieransatz des Bolzens und eventueller Kontakt der Bauteile haben rechnerisch keine tragende Funktion.

6.32 Die Naht ist schwellend auf Biegung und Schub beansprucht. Ihre rechnerische Länge ergibt sich nach Abzug der Endkrater. Es ist nachzuweisen, daß die Vergleichsspannung nach Gleichung (6.4) kleiner ist als $\sigma_{w\,zul}$.

6.33 Naht *A:* Umlaufende Naht, entsprechend Bild 6-8b Lehrbuch, ist auf Biegung und Schub beansprucht. Die Schubspannung wird nur aus den Flächen der in Kraftrichtung liegenden Nähte ermittelt (Lehrbuch 6.6.5, Absatz 4).

Naht *B:* Umlaufende Naht, auf Biegung und Zug- bzw. Druck beansprucht. Zulässige Spannung nach Gleichung (6.11).

6.34 Die Ringnaht ist schwellend auf Biegung, Zug und Schub beansprucht. Die Schubspannung kann jedoch vernachlässigt werden.

6.35 Naht *A:* Endliche Naht mit Endkraterabzug.
Nähte *B* und *C:* Umlaufende Nähte. Schubspannungen vernachlässigbar klein.

6.36 Die zweischnittige Verbindung ist auf Abscheren und Lochleibungsdruck nachzuprüfen. Es ist zu kontrollieren, ob die Bedingung $d_1 \leqslant 5\sqrt{s_{min}}$ erfüllt ist. Dabei kann der rechnerische Schweißpunktdurchmesser d_1 niemals größer sein als der ausgeführte Punktdurchmesser d.

6.37 Ermittlung des Schweißpunktdurchmessers nach Lehrbuch 6.9.3. Danach festigkeitsmäßige Nachprüfung sowie Bestimmung der Abstandsmaße nach Tabelle 6.2, Lehrbuch.

6.38 Bei dieser einschnittigen Verbindung soll das durch den kleinen Abstand der Stützkraft F von der Anschlußebene hervorgerufene Biegemoment unberücksichtigt bleiben. Die Wahl des Schweißpunktdurchmessers erfolgt nach Lehrbuch 6.9.3.

6.39 Aus dem Drehmoment ist zunächst die am Schweißpunktkreis wirkende Umfangskraft zu bestimmen. Die einschnittige Verbindung ist dann auf Abscheren und Lochleibungsdruck zu prüfen, wobei die beiden 3 mm dicken Scheibenbleche rechnerisch wie ein 6 mm dickes Blech zu betrachten sind.

6.40 a) Längenausdehnung = Längen-Ausdehnungskoeffizient × Länge × Temperaturdifferenz.

b) Für Stahl gilt im Proportionalitätsbereich das Hookesche Gesetz:

$$\epsilon = \frac{\sigma}{E} = \frac{\Delta l}{l}, \text{ also } \sigma = \frac{\Delta l}{l} E.$$

6.41 Der erwärmte Oberflächenstreifen verhält sich wie ein teilweise eingespannter Stab!

6.42 Die Wärmeausdehnung in der erhitzten Nahtzone kann sich wegen der kalten Umgebung nicht in der Blechebene auswirken. Sie setzt sich in eine Stauchung des erhitzten Blechstreifens um. Da diese beim Abkühlen nicht zurückgeht, schrumpft der erhitzte Blechstreifen und damit das ganze Flanschblech um das Maß der Wärmeausdehnung.

6.43 a) Der angegebene Wert gilt nur für einlagige Kehlnähte an größeren Trägerquerschnitten!

b) Hookesches Gesetz: $\epsilon = \frac{\sigma}{E}$; mit $\epsilon = \frac{\Delta l}{l}$ und $\sigma = \frac{F}{A}$ folgt $\Delta l = \frac{F \cdot l}{E \cdot A}$.

6.44 a) Siehe vorhergehende Aufgaben.

b) Der angegebene Wert gilt nur für einlagige Kehlnähte an größeren Trägerquerschnitten!

c) Statisches System

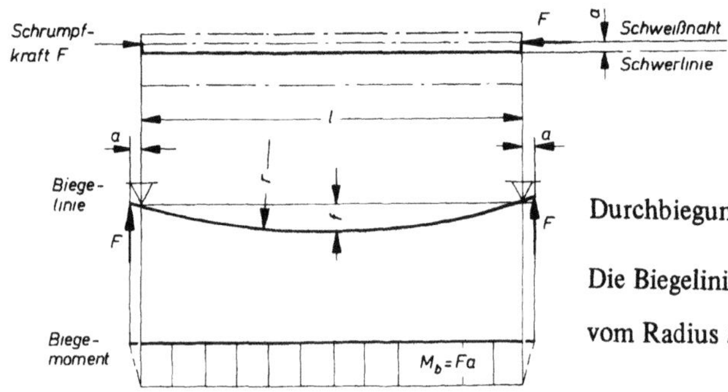

Durchbiegung $f = \frac{F l^2 a}{8 E I}$

Die Biegelinie ist ein Kreisbogen vom Radius $r = \frac{E I}{F a}$.

6

7. Nietverbindungen

7.1 a) Die Gleichungen (7.9) und (7.10) im Lehrbuch werden nach F aufgelöst und gleichgesetzt. Zweckmäßig rechnet man mit einem Niet, also $n = 1$. Zulässiger Lochleibungsdruck $\sigma_{l\,zul}$ und zulässige Abscherspannung $\tau_{a\,zul}$ stehen nach den Normangaben für alle Werkstoffe und Lastfälle in einem festen Verhältnis zueinander:

$\sigma_{l\,zul} = 2\,\tau_{a\,zul}$ (Stahlbau DIN 1050)

$\sigma_{l\,zul} = 2{,}5\,\tau_{a\,zul}$ (Kranbau DIN 15018 und Leichtmetallbau DIN 4113)

$\sigma_{l\,zul}$ läßt sich also durch $\tau_{a\,zul}$ ausdrücken.

b) Siehe Lehrbuch 7.5.3.1 und 7.8.4.1.

c) Für die Funktion $d_1 \approx \sqrt{50\,s} - 1$ wird eine Wertetabelle angelegt. $d_1 = s/0{,}393$ und $d_1 = s/0{,}785$ lassen sich durch Bestimmen von 2 Punkten aufzeichnen. Da allgemein nur ganzzahlige Blechdicken und genormte Nietlochdurchmesser verwendet werden, ergeben sich keine stetigen, sondern treppenförmige Schaulinien.

7.2 a) Nietdurchmesser d nach Tabelle A7.1 oder Gleichung (7.7) festlegen. Eingeklammerte Größen sind zu vermeiden. Bestimmung der Rohnietlänge nach Gleichung (7.8), wobei $l_ü \approx 1{,}4\,d$ (kleine Klemmlänge). Wahl der Normlänge nach Tabelle A7.1.

b) Lehrbuch 7.2.3.

c) Zwei Möglichkeiten:

1. Kleinster Wert für F aus Gleichungen (7.9) und (7.10) ist maßgebend.
2. Nach Aufgabe 7.1a gilt für die voll ausgelastete einschnittige Nietverbindung im Stahlbau: $s = 0{,}393\,d_1$. Durch Gegenüberstellung mit dem auftretenden Verhältnis s/d_1, wird die maßgebende Beanspruchungsart erkannt und aus der betreffenden Gleichung (7.9) oder (7.10) F errechnet.

7.3 Siehe Hinweise zu Aufgabe 7.2.
Bei der zweischnittigen Verbindung sind die Laschen als 1 Bauteil der Dicke 2×8 mm anzusehen, s_{min} also 12 mm.

7.4 Mit Gleichung (7.2) wird zunächst die erforderliche Stabquerschnittsfläche bestimmt und danach ein Flachstahl gewählt. Nach der Wahl eines günstigen Nietdurchmessers mit Gleichung (7.7) wird die Anzahl der Niete durch entsprechendes Umformen der Gleichungen (7.9) bzw. (7.10) bestimmt.

Der geschwächte Stabquerschnitt ist noch nach Gleichung (7.1) nachzuprüfen. Vor dem Anfertigen der Entwurfsskizze sind nach Lehrbuch 7.5.4 und Tabelle A7.3 die Loch- und Randabstände festzulegen.

7.5 Wahl des Nietdurchmessers nach Gleichung (7.7) oder Tabelle A7.1. Bestimmung der Nietzahl durch Umformung der Gleichungen (7.9) bzw. (7.10). Nachprüfung der geschwächten Stabquerschnitte mit Gleichung (7.1). Festlegen der Abstände nach Tabelle A7.3. Sinnbilder für Niete nach Tabelle A7.2.

7.6 Der außermittig angeschlossene Stab ist zunächst unter Beachtung des Verschwächungverhältnisses ν überschlägig zu dimensionieren. Unter Einhaltung der zulässigen Lochdurchmesser für Winkelstähle (Tabelle A7.5) wird der Nietdurchmesser gewählt. Sodann ist für den Stab der Nachweis zu erbringen, daß $\sigma_{max} = \sigma_z + \sigma_{bz} \leqslant \sigma_{zul}$ oder $\sigma_z \leqslant 0{,}8 \cdot \sigma_{zul}$ ist (Lehrbuch 7.5.2.2). Um die Biegespannungen klein zu halten, wird nach Möglichkeit ein ungleichschenkliger Winkel gewählt, welcher mit dem breiten Schenkel angeschlossen wird. Das Anreißmaß w wird der Profiltabelle entnommen (Tabelle A7.5).

7.7 a) Der außermittig gedrückte einteilige Stab ist nach DIN 4114 auf Druck (Knickung) und Biegung nachzuweisen (Gleichung (7.6) Lehrbuch). Für die Knickung in der Momentenebene, also senkrecht zur Fachwerkebene, wird als Knicklänge die Netzlinienlänge eingesetzt.

7

7.8 Nach den Gebrauchsformeln im Lehrbuch 7.5.2.5 werden die Profilquerschnitte angenähert ermittelt. Die außermittig gedrückten einteiligen Stäbe werden nach Gleichung (7.6) nachgeprüft. Für den zweiteiligen Stab ist der Spannungsnachweis nach Gleichung (7.5a) zu erbringen, wobei als Knicklänge für ein Ausknicken in der Fachwerkebene der Schwerpunktabstand der Stabanschlüsse gesetzt wird. Um ein Verschieben oder Ausweichen der Einzelstäbe zu verhindern, sind diese beim zweiteiligen Stab durch Futterbleche zu verbinden.

7.9 Niete und zu fügende Bauteile sollen wegen der Gefahr elektrochemischer Korrosion möglichst aus dem gleichen Werkstoff sein. Um ein sattes Ausfüllen der Nietlöcher zu erreichen, wird der Lochdurchmesser meist nur ein bis zwei Zehntel mm größer als der Nenndurchmesser ausgeführt. Mit hinreichender Genauigkeit werden τ_a und σ mit dem Nenndurchmesser d (statt d_1) bestimmt.

Bemessung der zweischnittigen Verbindung nach Lehrbuch 7.8.

7.10 a) Größter Schenkellochdurchmesser nach DIN 997 aus Profiltabelle (Tabelle A7.5).

b) Beim Zugstab ist mit dem Nutzquerschnitt zu rechnen.

c) Zweischnittige Verbindung. Berechnung von n_a und n_l aus Gleichungen (7.9) und (7.10).

e) Abstände und Sinnbilder werden Tabellen (A7.2, A7.3 und A7.5) entnommen. Für Darstellung und Maßeintragung im Stahlbau beachte DIN 1034.

7.11 Um die Herstellung zu erleichtern, versucht man, am Knoten möglichst mit einem Nietdurchmesser auszukommen. Da der Stab $S_1 - S_4$ ungeteilt durchgeführt ist, haben die Niete nur die Differenz der Stabkräfte zu übertragen. Der Zugstab S_2 ist nachzuprüfen. Mit Rücksicht auf Herstellungsungenauigkeiten sollen die Knotenblechecken um einige Millimeter von den Stabkanten zurücktreten, auch soll der Abstand der Stäbe voneinander größer als 5 mm sein. Knotenbleche sind ebenso tragende Bauteile wie die Stäbe und deshalb entsprechend zu gestalten.

7.12 Für ein Querschnittsteil dürfen in Kraftrichtung höchstens 5 Niete hintereinander angeordnet sein. Ergibt die Berechnung eine größere Nietzahl, so sind Beiwinkel erforderlich. Sie werden oft auch zur Vermeidung von langen Anschlüssen (große Knotenbleche, Nebenspannungen im Fachwerk) verwendet. Um eine gleichmäßige Kraftübertragung zu erreichen, muß der gesamte Anschluß eine einheitliche Steifigkeit aufweisen. Man schließt deshalb einen Schenkel des Beiwinkels mit der anteiligen Kraft, den andern mit deren 1,5fachem Wert an. (Nach DIN 15018 sind Beiwinkel entweder in einem Schenkel mit dem 1,5fachen und im anderen Schenkel mit dem einfachen oder in beiden Schenkeln mit dem 1,25fachen Wert der anteiligen Kraft anzuschließen.) Es ist gleichgültig in welchen Schenkeln der Beiwinkel die Erhöhung der Nietzahl erfolgt (Lehrbuch 7.5.3.3).

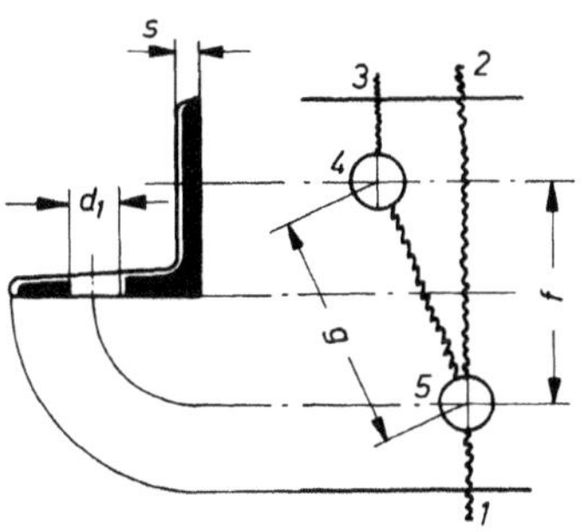

Mit dem kleinsten Nutzquerschnitt ist die Spannung im Stab nachzuprüfen.

Nutzquerschnitt 1–2: $A_n = A - d_1 \cdot s$

Nutzquerschnitt 1–5–4–3:

$$A_n = A + s(g - f) - 2 \cdot d_1 \cdot s$$

Der kleinere Querschnitt ist maßgebend.

7.13 *1. Berechnen der Netzlängen des Fachwerksystems und bezeichnen der Stäbe.*

2. Bestimmen der Knotenpunktlasten

Die Belastung erfolgt zweckmäßig in den Knotenpunkten, weil in den Stäben dann nur Normalkräfte (Zug- oder Druckkräfte) auftreten. Dies führt zu den wirtschaftlichsten Stababmessungen. Eigengewichte und Lasten zwischen den Knotenpunkten verteilt man anteilmäßig auf die Knotenpunkte. Sind Stäbe aber erheblich unmittelbar belastet, so muß bei der Bemessung das auftretende Biegemoment berücksichtigt werden (Stäbe O_2 und O_3). Da die Knotenpunkte als Gelenke gelten, kann man die Stäbe als Träger auf zwei Stützen ansehen.

a) Hauptlasten (H): ständige Last + Schneelast

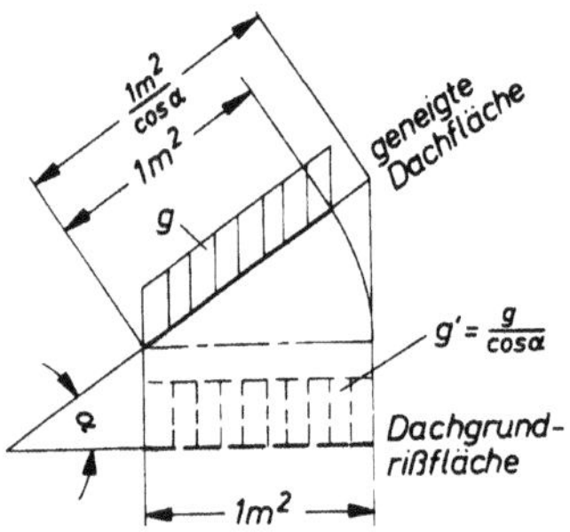

In den amtlichen Vorschriften (DIN 1055 Bl. 1) werden die Berechnungsgewichte der Dacheindeckungen für 1 m² geneigte Dachfläche angegeben. Werden diese mit g und der Dachniegungswinkel mit α bezeichnet, so ergibt sich für 1 m² Grundrißfläche eine gleichmäßig verteilte Eigenlast

$$g' = \frac{g}{\cos\alpha}$$

(Mit wachsendem α wird g' größer!)

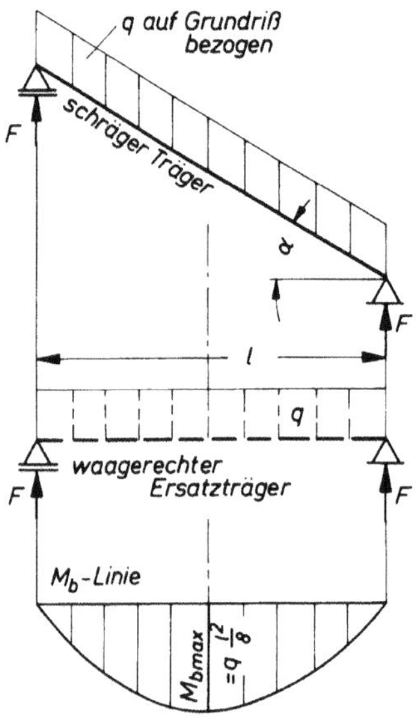

Die Berechnung der Auflagerkräfte und Biegemomente eines schräg liegenden Trägers (Stäbe O_2 und O_3) mit lotrechter Belastung und waagerecht gemessener Spannweite l wird zweckmäßigerweise auf einen waagerechten Ersatzträger zurückgeführt.

Für den schräg liegenden Träger mit lotrechter, auf den Grundriß bezogener Gleichstreckenlast q wird

$$F = \frac{q \cdot l}{2} \quad \text{und} \quad M_{\text{b max}} = \frac{q \cdot l^2}{8}$$

Die ebenfalls auftretenden Normal- und Querkräfte sind ohne Einfluß auf die Bemessung; sie werden üblicherweise nicht berücksichtigt.

b) Zusatzlast (Z): Windlast

Da die Windrichtung waagerecht angenommen wird, die Windkräfte aber stets senkrecht zu den getroffenen Flächen wirken, erhält eine unter dem Neigungswinkel α zur waagerechten liegende Dachfläche die Windlast

$$w = c \cdot q \cdot \sin\alpha \ (\text{N/m}^2)$$

(Für lotrechte Flächen geht dieser Ausdruck mit $\sin 90° = 1$ über in $w = c \cdot q$.)

Die Windbelastung der Glasdeckung wird von dieser auf die benachbarten Knotenpunkte übertragen ohne den Stab O_1 unmittelbar zu belasten.

3. Bestimmen der Stabkräfte

Es kann rechnerisch nach dem Ritterschen Schnittverfahren oder zeichnerisch mit Hilfe eines Cremonaplans erfolgen.

4. Zusammenstellen der Stabkräfte und Biegemomente

Für die Bemessung und den Festigkeitsnachweis werden folgende Lastfälle unterschieden:

Lastfall H Summe der Hauptlasten
Lastfall HZ Summe der Haupt- und Zusatzlasten.

Dabei ist jeweils der Lastfall maßgebend, der die größten Querschnitte ergibt. In einer Zahlentafel werden die Größtwerte der Stabkräfte für die Lastfälle H und HZ zusammengestellt.

Die Stabkraft des Lastfalles HZ ist nur dann für die Bemessung maßgebend, wenn die mit dem Verhältnis der für die Lastfälle geltenden zulässigen Spannungen multiplizierte Stabkraft des Lastfalles H kleiner ist als diese.

Für den Bauteilwerkstoff St 37 gilt also,

bei Zugstäben: $F_{(H)} \frac{180}{160} < F_{(HZ)} \rightarrow$ maßgebend Lastfall HZ

bei Druckstäben: $F_{(H)} \frac{160}{140} < F_{(HZ)} \rightarrow$ maßgebend Lastfall HZ

5. Bemessen der Stabquerschnitte

Um Kosten zu sparen läßt man die Gurtstäbe ungestoßen bis zu den Knickpunkten durchlaufen. Ihre Bemessung erfolgt nach der größten Stabkraft. Für Untergurt- und Diagonalstäbe verwendet man meist gleichschenklige Winkel.

Bei der Wahl von zwei gleichschenkligen Winkeln ⅃L ist bei Druckstäben ein Spannungsnachweis um die stofffreie Achse (y–y) nicht erforderlich, da λ_x stets größer ist als λ_{yi}. Zweiteilige Druckstäbe müssen wenigstens in den Drittelspunkten durch Bindebleche miteinander verbunden werden.

Knicklängen bei

Ausknicken in der Fachwerkebene: für Gurtstäbe l_{kx} = Netzlänge, für Füllstäbe (Diagonalstäbe) l_{kx} gleich Abstand der Schwerpunkte der Stabanschlüsse;

Ausknicken senkrecht zur Fachwerkebene: für Gurtstäbe l_{ky} = Abstand der seitlich unverschieblich festgehaltenen Knotenpunkte, für Füllstäbe l_{ky} = Netzlänge.

Die Dachscheibe verhindert ein Ausknicken der Obergurtstäbe senkrecht zur Fachwerkebene.

6. Berechnen der Stabanschlüsse

An die Knotenbleche angeschlossen werden

in einem Knotenpunkt endende Stäbe mit ihren Stabkräften,
durchlaufende Stäbe mit der Stabkraftdifferenz (z. B. $U_2 - U_1$),
Stäbe mit äußerer Knotenlast mit der Resultierenden aus Stabkraft bzw. Stabkraftdifferenz und Knotenlast.

Jeder Querschnittsteil eines Stabes und jedes Bindeblechs ist mit mindestens 2 Niete anzuschließen. Der kleinste Lochdurchmesser beträgt 13 mm. Innerhalb einer Fachwerkkonstruktion sollen möglichst nicht mehr als 2 verschiedene Nietdurchmesser verwendet werden.

7. Konstruieren des Binders

a) Aufzeichnen des Fachwerknetzes (Maßstab 1:10 oder 1:15).

b) Einzeichnen der Fachwerkstäbe. Grundsätzlich fallen dabei die Stabschwerlinien mit den Netzlinien zusammen. Abweichend davon dürfen bei kleineren Winkelprofilen die Nietrißlinien auf die Netzlinien gelegt werden.

c) Konstruktion aller Knotenpunkte in Naturgröße auf Zeichenkarton. Diese „Naturgrößen“ sind Zeichnungen im Maßstab 1:1, nach denen Einzelmaße bestimmt und auf die Werkstücke übertragen werden. Sie dienen der Werkstatt als Schablonen zum Vorzeichnen der Knotenbleche.

d) Übertragen der Knotenpunkte von der Naturgröße in die Werkstattzeichnung.

7.14 Siehe Lehrbuch 7.5.3.4 und Berechnungsbeispiel 7.2 im Lehrbuch.

7.15 a) Siehe Berechnungsbeispiel 7.2 im Lehrbuch.

Es können auch die Reaktionskräfte aus der Vertikal- und der Horizontalkomponente der Lagerkraft für sich betrachtet und dann geometrisch addiert werden.

Beachte, daß die Niete auf der im genormten Abstand (Wurzelmaß) liegenden Rißlinie sitzen.

b) Die Nahtdicke entspricht der Schenkeldicke des Winkels.

7.16 Siehe Lehrbuch 7.5.3.4 und Berechnungsbeispiel 7.2 im Lehrbuch.

7.17

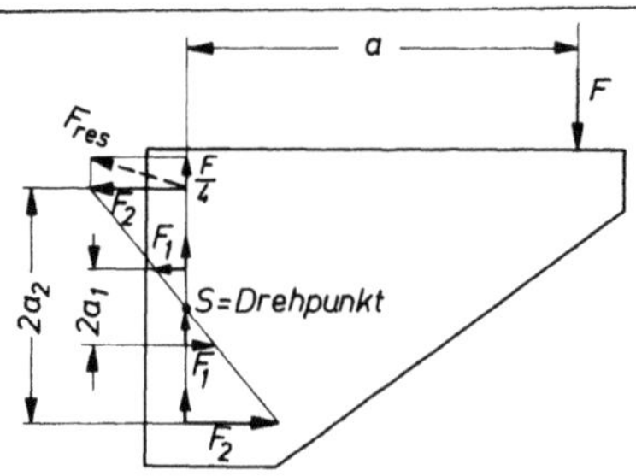

a) Die Nietgruppe wird durch die Kraft F und das Moment $M = F \cdot a$ belastet. Nimmt man an, daß die Kräfte F_1 und F_2 (entsprechend der Spannungsverteilung bei Biegung) proportional ihrem Abstand vom Schwerpunkt s sind, so folgt

$$\frac{F_1}{a_1} = \frac{F_2}{a_2} \qquad (1)$$

Am freigemachten Konsolblech gilt:

$$F \cdot a = 2 F_1 a_1 + 2 F_2 a_2 \qquad (2)$$

Aus Gleichung (1) folgt:

$$F_1 = \frac{F_2}{a_2} a_1 \qquad (3)$$

(3) in (2) eingesetzt:

$$F \cdot a = 2 \frac{F_2}{a_2} a_1^2 + 2 \cdot F_2 \cdot a_2 \quad \text{daraus}$$

$$F_2 = \frac{F \cdot a \cdot a_2}{2\,(a_1^2 + a_2^2)}$$

F_2 wird mit $\frac{F}{4}$ zur größten Nietkraft F_{res} zusammengesetzt.

b) Es ist zweckmäßig eine vereinfachte, im Stahlbau in solchen Fällen durchaus übliche Berechnungsart anzuwenden. Bei genauer Berechnung müßte auf Grund der Bedingung $\Sigma M_{(S)} = 0$ (S Schwerpunkt der Verbindung) mit den Kräften F_1' am Hebelarm a und F_2' am Hebel b gerechnet werden. In vereinfachter Weise rechne man mit den Kräften F_1 und den Hebelarmen l, wobei F_1 von den äußeren Nieten gleichmäßig aufgenommen wird. Der ohnehin geringe Kraftanteil der inneren Niete wird dabei vernachlässigt und geht als Sicherheit in die Rechnung ein. Die Schubwirkung von F verteilt sich auf alle Niete gleichmäßig. Die eingezeichneten Hebelarme und Kräfte gelten sinngemäß selbstverständlich auch für die anderen Niete.

7.18 Siehe Lösungshinweise zu Aufgabe 7.17a. Die Verbindung ist zweischnittig.

7.19 Die mit $2F$ belastete Achse ist als Träger auf 2 Stützen zu betrachten. Es braucht nur die Seite mit der größten Lagerkraft nachgeprüft zu werden. Berechnung der Nietkräfte nach Lehrbuch 7.5.3.4.

7.20 Die Nietdurchmesser unter 10 mm sind wie die Schraubendurchmesser gestuft und die Lochdurchmesser wie für Schrauben zu wählen (Reihe fein, Tabelle A8.3). Da die Niete sich kalt schlecht stauchen lassen, wird in der Praxis aber häufig nur ein Nietspiel von 2,5 % ausgeführt. Die für den Stahlbau geltenden Richtwerte für Lochabstände können der kleinen Blechdicken wegen nicht eingehalten werden.

7.21 Die beiden Scheibenbleche sind rechnerisch wie ein Blech zu betrachten. Ferner sind die unterschiedlichen Werte für $\sigma_{l\,zul}$ für Bauteile und Niete zu beachten.
Wegen möglicher Wechselbelastung sollen die nach DIN 4113 zulässigen Spannungen um 20 % vermindert werden (Lehrbuch 7.8.4).

7.22 Die Verbindung ist einschnittig. Bei Winkelverlagerungen können die Niete zusätzlich auf Zug beansprucht werden. Um ein Klaffen der Bleche zu vermeiden, soll der Nietabstand in Umfangsrichtung $8 \times d_1$ nicht überschreiten.

7.23 b) Drehmoment nach Gleichung (11.1) im Lehrbuch. Nach Ermittlung der Umfangskraft pro Niet Wahl des Nietdurchmessers und Kontrolle der auftretenden Spannungen.

Zwischen Niet und Nietloch empfiehlt sich ein Spiel von höchstens 0,2 mm. Größere Spiele verursachen beim Kaltschlagen unnötige Staucharbeit, stellen das kraftschlüssige Anliegen des gestauchten Nietschaftes an der Bohrwand in Frage und führen bei größeren Klemmlängen zum Verbiegen des Schaftes.

7.24

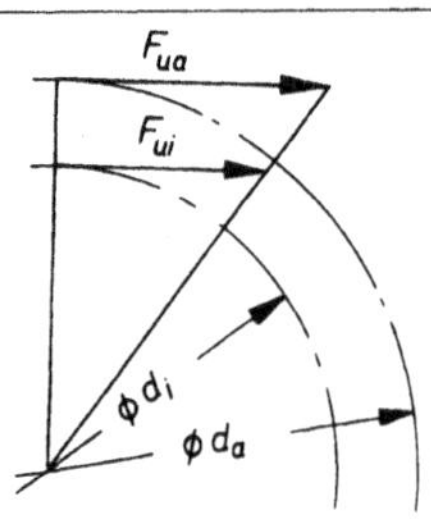

Unter der Voraussetzung, daß die Umfangskräfte – analog den Torsionsspannungen beim Rundstab – von der Mitte aus linear zunehmen, folgt

$$M_t = F_{ua} \cdot \frac{d_a}{2} + F_{ui} \cdot \frac{d_i}{2}, \text{ wobei } \frac{F_{ua}}{F_{ui}} = \frac{d_a}{d_i}.$$

Daraus ergibt sich die größte Umfangskraft

$$F_{ua} = \frac{M_t}{0{,}5 \cdot d_a \cdot \left[1 + \left(\frac{d_i}{d_a}\right)^2\right]}.$$

7.25 Einschnittige Verbindung. Vereinfachte Berechnung wie Metallniet.

8. Schraubenverbindungen

8.1 Die nicht vorgespannte, ruhend belastete Schraube, wird mit der Sicherheit ν gegen die Streckgrenze bemessen.

8.2 Die Mutter wird ohne Vorspannung aufgeschraubt.

a) Durch betriebsmäßiges Be- und Entlasten des Hakens entsteht eine schwellende Beanspruchung.

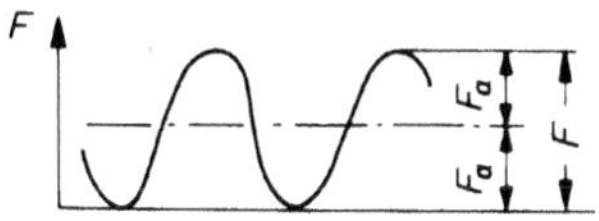

Die durch die Ausschlagkraft $F_a = F/2$ hervorgerufene Ausschlagspannung σ_a darf die zulässige Ausschlagfestigkeit σ_A des Gewindes nicht überschreiten. σ_A wird nach Tabelle 8.3 abgeschätzt.

b) Durch gleichmäßige Kraftverteilung im Gewinde und Vermeidung von Kerbwirkung.

8.3 Die nicht vorgespannte, ruhend belastete und unter Last angezogene Verbindung wird mit der Sicherheit $\nu = 1{,}5$ gegen die Streckgrenze bemessen.

8.4

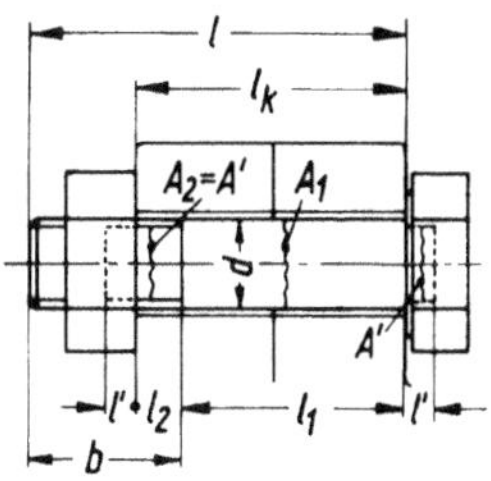

Mit $\Sigma \dfrac{l}{A} = 2\dfrac{l'}{A'} + \dfrac{l_1}{A_1} + \dfrac{l_2}{A_2}$ und $l' \approx 0{,}4 \cdot d$ ergibt sich $C_S = \dfrac{E_S}{\Sigma \dfrac{l}{A}}$. Gewindelänge $b = 30$ mm.

8.5 Da der Schaftquerschnitt kleiner als der Spannungsquerschnitt ist, muß die Vorspannkraft mit dem Schaftquerschnitt ermittelt werden. Zur Berechnung der Werte $\Sigma \dfrac{l}{A}$ fasse man Teillängen gleichen Querschnitts zusammen. f_S wird durch Umstellen der Gleichung (8.2) bestimmt.

8.6 a) Die Zusatzkraft ergibt sich als Differenz zwischen Gesamtschraubenkraft und Vorspannkraft.

b) Die Betriebskraft ergibt sich aus der Zusatzkraft über das Kraftverhältnis Φ.

c) Beim Anziehen wird die Schraube auf Zug und Verdrehung beansprucht. Die aus beiden gebildete Vergleichsspannung soll 90 % der Streckgrenze nicht überschreiten.

d) Die Ausschlagspannung σ_a muß unter der Ausschlagfestigkeit σ_A bleiben.

8.7 Bei tolerierten Schaftdurchmessern ist mit deren Kleinstmaß zu rechnen. Im übrigen siehe Lösungshinweis zu Aufgabe 8.6.

8.8 Zweckmäßigerweise wird die Verbindung zuerst skizziert. Die Längen der federnden Einzelelemente der Schraube lassen sich dann fehlerfrei ablesen. Sind die Außendurchmesser der Kopf- und Mutterauflage nur wenig verschieden, so kann mit deren Mittelwert gerechnet werden. Mit Gewinden versehenen Einzelelementen wird der Spannungsquerschnitt zugeordnet.

8.9 Verschraubungsfall B nach 8.16.2. Es werden genormte Stiftschrauben mit Einschraubenden $\approx 1{,}25\,d$ für Grauguß verwendet. Nach DIN 78 ist das Kleinstmaß der Schraubenlänge l = Klemmlänge + Schraubenüberstand. Das errechnete Kleinstmaß l ist auf die nächstgrößere Schraubenlänge aufzurunden. Die normgerechte Gestaltung des Innengewindes wird nach DIN 76 vorgenommen. Es wird empfohlen, bei Stiftschrauben mit Auslauf das Innengewinde unter $60°$ anzusenken. Siehe auch Lehrbuch 8.10.

8.10 Verschraubungsfall B nach 8.16.2. Die beste Ausnutzung des Schraubenwerkstoffes wird erreicht, wenn die Schrauben auf die max. Vorspannkraft $F_{V\,0,9}$ (red. Spannung erreicht 90 % der Streckgrenze) angezogen werden. Die maximale Schraubenkraft ist zu kontrollieren.

8.11 Im Prinzip Verschraubungsfall B nach 8.16.2. Der Deckel ist als biegebeanspruchte Kreisplatte zu betrachten. Die auskragende, durch Schraubenkräfte belastete Randzone liegt auch nach dem Verspannen nicht am Gehäuse an. Die elastische Dickenänderung ist viel kleiner als die Durchbiegung des ungestützten Plattenrandes. Die zur Bestimmung des Kraftverhältnisses Φ erforderliche Federsteifigkeit des Deckels läßt sich nur durch eine aufwendige Näherungsrechnung bestimmen.

Durch Abschätzen des Verhältnisses der Federsteifigkeiten C_S und C_T kommt man zu einem brauchbaren Ergebnis.

8.12
a) Druckkraft = Druck × beaufschlagte Fläche.

b) Verschraubungsfall A nach 8.16.2. Bei statischer Betriebskraft ist eine genauere Nachprüfung der Schraube normalerweise nicht erforderlich, wenn die Montage-Vorspannkraft F_{VM} kleiner als die maximale Vorspannkraft $F_{V0,2}$ ist.

c) Einschraubmaße nach Lehrbuch 8.10.

8.13 Verschraubungsfall A nach 8.16.2. Wenn beim Vorspannen der Schraube auf $F_{V0,2}$ die Pressung an den Auflageflächen des Schraubenkopfes bzw. der Mutter unzulässig hoch wird, kann man sich häufig dadurch helfen, daß die Schraube nur auf F_{VM} vorgespannt wird.

Eine geschlichtete Trennfugenoberfläche ist als „rauh“ anzusehen.

8.14 Siehe Berechnungsbeispiel 12.1c und d im Lehrbuch

a) Verschraubungsfall C. Die geringen Setzbeträge (ca. 0,005 mm im Gewinde und pro Trennfuge) haben wegen des kleinen Kegelverhältnisses und der elastisch aufgeweiteten Nabe bei genau passendem und glattem Kegelsitz kaum Einfluß auf das übertragbare Drehmoment. Überdies wird die Mutter gesichert. Die Montage-Vorspannkraft darf ohne Lockerungsfaktor ermittelt werden.

Die Nutmutter hat einen Ansatzdurchmesser $d_3 \mathrel{\hat{=}} d_a = 43$ mm. Das Anzugsmoment kann nach (8.21) oder mit μ_A als Mittelwert bei trockener Gleitreibung nach (8.20) errechnet werden.

b) Siehe 8.15.1.

8.15 a) Siehe Berechnungsbeispiel 12.2b. Verschraubungsfall C. Die Spannelementverbindung „setzt" sich meist schon nach kurzer Betriebsdauer. Durch die Elastizität der Verbindung hat dies keinen nennenswerten Einfluß auf das übertragbare Drehmoment. Bei auf $F_{V\,0,9}$ vorgespannten Schrauben sind Maßnahmen gegen Lockern und Lösen nicht erforderlich. Die Montage-Vorspannkraft darf ohne Lockerungsfaktor ermittelt werden.

b) Siehe Lehrbuch 8.9.

c) Das Anziehen muß gleichmäßig, übereck und in mehreren Stufen erfolgen.

8.16 Verschraubungsfall C. Vorspannkraft $F_{V\,0,9}$ und Anzugsmoment M_A nach Tabelle A8.10.

Unter „kritischer Vorpressung" versteht man die Mindestpressung, die zur Anpassung (Verformung) der Dichtung an die Dichtflächen unbedingt vorhanden sein muß, um ein einwandfreies Abdichten zu gewährleisten; sie ist abhängig von der Oberflächengüte der Dichtflächen, vom Medium sowie vom Werkstoff und von den Abmessungen der Dichtung, jedoch nicht vom Innendruck, z. B. dem einer Dampfleitung. Die tatsächliche Pressung muß sicherheitshalber stets höher liegen, darf aber die maximal zulässige nicht überschreiten, um eine Zerstörung der Dichtung zu vermeiden.

8.17 Es handelt sich um eine dynamisch querbelastete Schraubenverbindung. Die Querkraft F_Q muß allein durch Reibungsschluß aufgenommen werden. Die nur statisch auf Zug beanspruchten Schrauben müssen die dazu notwendige Vorspannkraft $F_V \geqslant F_Q/\mu$ aufbringen. Um das „Setzen" der Verbindung zu berücksichtigen, wird bei dynamischer Querkraft der Lockerungsfaktor k_L eingeführt.

Für den hier vorliegenden Verschraubungsfall D läßt sich dann aus der Beziehung

$$F_{VM} \leqslant F_{V\,0,9} = k_A \cdot k_L \cdot \frac{F_{Qges}}{n \cdot \mu}$$

die Anzahl der maximal ausgenutzten Schrauben berechnen. Die Flächenpressung unter der Kopf- und Mutterauflage ist unbedingt zu kontrollieren.

Siehe auch Berechnungsbeispiel 8.3 im Lehrbuch.

Bei dieser sehr kurzen Schraubenverbindung ($l_k/d = 1{,}8$) wäre es wirtschaftlicher, die nicht ausreichende Federung der Schraube durch geeignete Maßnahmen zu erhöhen (federnde Sicherungselemente, federnde Schraubenköpfe) anstatt durch hohe Vorspannung (Setzbeträge müssen durch elastische Längenänderung der Schraube kompensiert werden, berücksichtig durch Lockerungsfaktor) eine Überdimensionierung in Kauf zu nehmen.

8.18 Es handelt sich um eine dynamisch (überwiegend schwellend) querbelastete Schraubenverbindung entsprechend Verschraubungsfall *D*. Wenn die Schrauben auf $F_{V\,0,9}$ vorgespannt werden, läßt sich aus der Beziehung $F_{VM} \leqslant F_{V\,0,9} = k_A \cdot k_L \cdot F_{Kl}$ die mit Sicherheit erreichbare Klemmkraft $F_{Kl} \mathrel{\hat{=}} F_n$ errechnen.

Aus $F_{Q\,ges} = n \cdot \mu \cdot F_n$ und $M_t = D \cdot F_{Q\,ges}/2 = 9550\,P/n$ läßt sich nach entsprechendem Umformen die übertragbare Leistung *P* ermitteln.

Siehe auch Lösungshinweis zu Aufgabe 8.17.

8.19 Die Lagerkraft *F* ruft nicht nur in den Berührungsflächen die Reibungskraft F_R hervor, sondern beansprucht die Schrauben infolge des Momentes Lagerkraft × Augenhöhe mit einer Längskraft F_B. Als Kipp-Punkt kann hierbei jeweils die Mitte der Schraube an der Fußfläche angenommen werden, bei Kraftrichtung nach rechts also die der rechten Schraube.

Von den Schrauben ist die statisch wirkende Klemmkraft $F_{Kl} = F_Q/n\mu$ und die schwellend wirkende Betriebskraft F_B aufzunehmen. Da die Verbindung überwiegend durch die dynamische Querkraft beansprucht wird, rechnet man zweckmäßig

$$F_{VM} = k_A \cdot k_L \left(\frac{F_Q}{n \cdot \mu} + F_B \right).$$

8.20 Siehe Lösungshinweis zu Aufgabe 8.19. Die Aufgabe ist leichter zu lösen, wenn man die schräge Kraft in ihre Vertikal- und Horizontalkomponente zerlegt.

8.21 a) und b) Berechnung nach 8.17.3.1. Um kurze Anschlüsse zu bekommen kann nach Tabelle A7.5 der größte Regel-Lochdurchmesser d_1 gewählt werden. Bei der Festlegung der Schrauben- bzw. Gewindelängen ist darauf zu achten, daß das Schraubengewinde nicht in den tragenden Schaftteil (Klemmdicke) hineinragt. Der durch Löcher geschwächte Stab ist mit dem Nutzquerschnitt nachzuprüfen.

c) Anwendung hochfester Schrauben im Stahlbau (Deutscher Ausschuß für Stahlbau, Richtlinie 010).

	Scher/Lochleibungsverbindung: Lochspiel 1 mm (SL-Verbindung)	Scher/Lochleibungsverbindung: Lochspiel < 0,3 mm (SLP-Verbindung)	Gleitfeste Verbindung: Lochspiel 1 mm (GV-Verbindung)	Gleitfeste Verbindung: Lochspiel < 0,3 mm (GVP-Verbindung)
Anwendungsbereich	Bauteile mit vorwiegend ruhender Belastung	Bauteile mit vorwiegend ruhender und vorwiegend nicht ruhender Belastung		
Vorspannung	ohne oder teilweise ($\geqslant 0{,}5\,F_V$)		F_V	
Vorbereitung der Reibflächen	–		Strahlen mit Strahlmitteln, Flammstrahlen	
Art der Kraftübertragung	Abscheren und Lochleibung		Reibungsschluß	Reibungsschluß + Abscheren und Lochleibung
Berechnung (F_{zul} je Schraube und je Scher- bzw. Reibfläche ⊥ zur Schraubenachse)	$\left.\begin{matrix}F_{SL\,zul}\\F_{SLP\,zul}\end{matrix}\right\} = \tau_{a\,zul}\cdot A$ (A Schaftquerschnittsfläche)		$F_{GV\,zul} = \dfrac{\mu\cdot F_V}{\nu}$	$F_{GVP\,zul} = 0{,}5\cdot F_{SLP\,zul} + F_{GV\,zul}$
zulässige Spannungen τ_a N/mm²	240	280	–	
für St 37, Lastfall H σ_l *) N/mm²	280 (380)	320 (420)	480	

*) Klammerwerte gelten für teilweise Vorspannung $\geqslant 0{,}5\,F_V$, $\mu = 0{,}5$ für St 37.

Für zugbeanspruchte Bauteile darf bei gleitfesten Verbindungen angenommen werden, daß 40 % der zulässig übertragbaren Kraft $F_{GV\,zul}$ derjenigen Schrauben, die im betrachteten Nutzquerschnitt (Querschnitt mit Lochabzug) liegen, vor Beginn der Lochschwächung durch Reibungsschluß angeschlossen sind, jedoch nicht mehr als 20 % (bei GVP-Verbindungen 10 %) der anzuschließenden Gesamtkraft.

8.22 Siehe Lösungshinweis zu Aufgabe 8.21c. Die von der Verbindung übertragbare Kraft ist durch die ausgeführten Querschnitte und die zulässigen Spannungen begrenzt.

Sie wird ermittelt, indem man für jede Beanspruchungsart getrennt die bei voller Auslastung ertragbare Stabkraft ermittelt. Dabei sind Verbindungsmittel (Abscheren, Lochleibungsdruck, Reibschluß) und Bauteile (voller und geschwächter Querschnitt) gleichermaßen zu überprüfen. Die „schwächste Stelle" der Verbindung liefert die maßgebende Stabkraft.

8.23 Siehe 8.17.4. Die Schraubendurchmesser und das Wurzelmaß w werden nach DIN 997 (Tabelle A7.5) festgelegt. Die Lochabstände sind nach 7.5.4 zu überprüfen. Wenn die Schrauben mit dem Maulschlüssel angezogen werden, soll ihr Abstand $a \approx (3{,}5 \ldots 4)\,d_1$ betragen.

Damit die Mutter an den geneigten Flanschflächen glatt anliegt, sind keilförmige Vierkantscheiben nach DIN 435 zu verwenden.

8.24

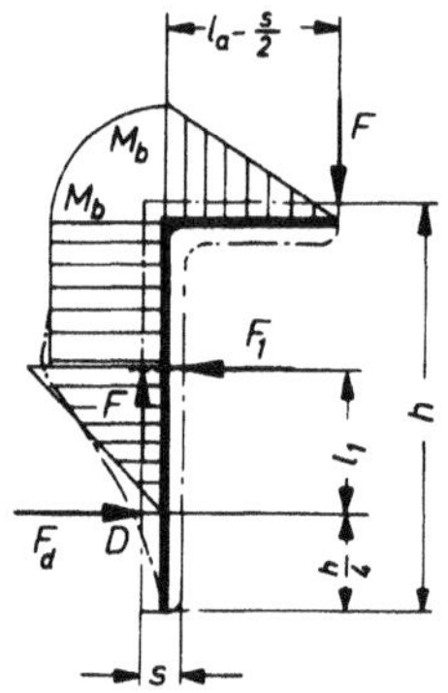

Die Berechnung dieses konsolartigen Anschlusses erfolgt nach Lehrbuch 8.17.4. Sicherheitshalber wird davon ausgegangen, daß sich der aufgelagerte Träger durchbiegt und deshalb an der Vorderkante des Winkels aufliegt.

a) Der durch die Schraubenlöcher geschwächte Querschnitt A–B wird durch das Biegemoment $M_b \approx F\,(l_a - \frac{s}{2})$ und die Normalkraft F beansprucht.

b) Die größte Zugkraft F_{max} in einer Schraube ergibt sich aus der Gleichgewichtsbedingung

$$F \cdot l_a = F_1 \cdot l_1 (F_1 = -F_d, F_{max} = \frac{F_1}{2}).$$

8.25

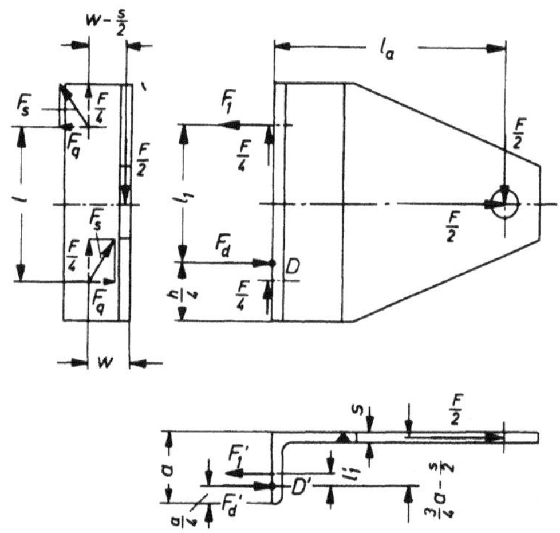

Freigemachte Konsolwand

Die Schrauben werden durch in zwei Ebenen wirkende Biegemomente auf Zug beansprucht.

1. Senkrechte Ebene (Vorderansicht): Aus der Bedingung $\Sigma M_{(D)} = 0$ folgt

$$F_1 = \frac{F}{2\,l_1}\left(l_a + l_1 - \frac{l}{2}\right).$$

2. Waagerechte Ebene (Draufsicht): Aus der Bedingung $\Sigma M_{(D')} = 0$ folgt

$$F_1' = \frac{F}{4 \cdot l_1'}\left(\frac{3}{4}a - \frac{s}{2}\right).$$

Die größte Zugkraft in einer oberen Schraube ergibt sich überschlägig durch Addition der Einzelkräfte $F_1 + F_1'$:

$$F_{max} = \frac{F}{2 \cdot l_1}\left(l_a + l_1 - \frac{l}{2}\right) + \frac{F}{4 \cdot l_1'}\left(\frac{3}{4}a - \frac{s}{2}\right).$$

Die am Hebelarm $w - s/2$ angreifende Seilkraft $F/2$ (Seitenansicht) belastet die Schrauben durch das Kräftepaar $F_q = \frac{F(w - s/2)}{2 \cdot l}$. Unter Vernachlässigung der Reibungskräfte werden die Schrauben in der Anschlußebene durch die Scherkraft $F_S = \sqrt{\left(\frac{F}{4}\right)^2 + F_q^2}$ auf Abscheren und Lochleibungsdruck beansprucht.

8.26 a) Nachprüfung auf Festigkeit: Wenn an der Lagerung der Spindel im Stößel kein nennenswertes Reibmoment auftritt (z. B. Wälzlager) liegt Belastungsfall 1 nach 8.18.2 vor.

Spindelteil	Beanspruchung Anziehen	Beanspruchung Lösen	Belastungsfall
„Verdrehteil“	große Verdrehspannungen	entgegengesetzt gerichtete kleinere Verdrehspannungen	allgemein-dynamisch, jedoch überwiegend *schwellend*
„Druckteil“	große Druckspannungen	kleine Zugspannungen (Massen- und Losbrechkräfte)	

Nachprüfung auf Knickung: Bei geführten Spindeln kann die rechnerische Knicklänge $l_k \approx 0{,}7 \cdot l$ gesetzt werden.

b) Kontrolle der Flächenpressung nach 8.18.4.

c) Bei nicht selbsthemmenden Gewinden ist der Steigungswinkel größer als der Reibungswinkel.

8.27 Da bei derartigen Pressen mit unregelmäßiger Schmierung zu rechnen ist, werden Spindel und Hebel sicherheitshalber für den ungünstigen Fall der trockenen Gewindereibung berechnet. Eine reichliche Bemessung der Bauteile ist auch deshalb zu empfehlen, weil durch unkontrollierbare Maßnahmen (Betätigung durch zwei Mann, Vergrößerung des Hebelarmes durch Aufstecken eines Rohres) die rechnerische Kraftwirkung überschritten werden kann.

Für die Auswahl des Gewindes sind folgende Gesichtspunkte maßgebend:

1. Selbsthemmung zweckmäßig, damit die unbelastete Spindel auf jeder Höhe stehen bleibt.
2. Trotz Forderung 1 möglichst große Gewindesteigung um eine mühelose Höhenverstellung zu erreichen.

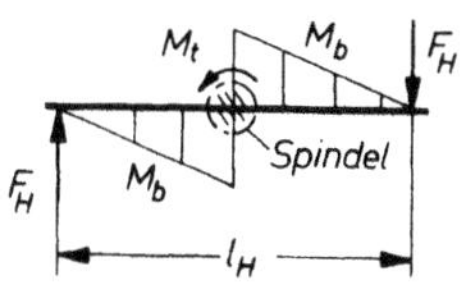

Hebel (Draufsicht)

Man kann den Hebel auffassen

1. als mittig eingespannten und durch ein Kräftepaar F_H belasteten Träger,
2. als 2 Kragträger der Länge $l_H/2$, belastet durch F_H.

Es gilt: $F_H = \dfrac{M_t}{l_H}$

$$M_b = \frac{M_t}{2} = F_H \cdot \frac{l_H}{2}.$$

Siehe auch Berechnungsbeispiel 8.4 im Lehrbuch.

8.28 Lösungsweg:

1. Mit dem durch die Handkräfte aufgebrachten Drehmoment wird für den „Verdrehteil" der erforderliche Kerndurchmesser berechnet und die nächstliegende Gewindegröße bestimmt. (Gewindeart? Selbsthemmung?)
2. Die mit dem gewählten Gewinde erzeugbare größte Druckkraft wird unter Berücksichtigung der Stirnflächenreibung der Spindel ermittelt, wobei mit geschmiertem Gewinde zu rechnen ist ($\rho' \approx 6°$).

   Dabei gilt: $F_H \cdot l_H = (1 + 0{,}25) \cdot F \frac{d_2}{2} \cdot \tan(\varphi + \rho')$.
3. Der „Druckteil" der Spindel (hier durch das Reibungsmoment an der Spindelstirnfläche geringfügig auf Verdrehen beansprucht) wird auf Festigkeit nachgeprüft. Evtl. Änderung des Gewindedurchmessers erforderlich.
4. Die Spindel wird auf Knicken nachgeprüft. Weil das Spindelende nicht sicher geführt ist, wird der „Knickfall 1" (ein Spindelende eingespannt, das andere frei beweglich) angenommen:

   $$l_k = 2\,l,\ \lambda = \frac{4 \cdot 2\,l}{d_3} = \frac{8 \cdot l}{d_3}.$$
5. Die nicht vorgespannten Halteschrauben werden nach der größten Druckkraft bemessen.

8

8.29

1. Es kann mit vorwiegend ruhender Belastung gerechnet werden.
2. Es liegt der „Knickfall 1" vor. (Ein Spindelende eingespannt, das andere frei beweglich, $l_k = 2\,l$). Es wird vorausgesetzt, daß die Kraft zentrisch angreift. Ein exzentrischer Kraftangriff setzt die Knickspannung herab!
3. Das drehbar aufgesetzte Kronenstück bildet mit der Spindel ein einfaches Spurlager. Nach 14.3.4.1 gilt:

   Lagerreibungsmoment $M_{RL} = F \cdot \mu \cdot \frac{D + d}{4}$ ($\mu \approx 0{,}1$).
4. Erforderliches Hebelmoment

   $F_H \cdot l_H$ = Gewindereibungsmoment M_{RG} + Lagerreibungsmoment M_{RL},

   Heben: $F_H \cdot l_H = F \cdot \frac{d_2}{2} \cdot \tan(\varphi + \rho') + F \cdot \mu \cdot \frac{D + d}{4}$,

   Senken: $F_H \cdot l_H = F \cdot \frac{d_2}{2} \cdot \tan(\varphi - \rho') - F \cdot \mu \cdot \frac{D + d}{4}$.
5. Bei einer Spindelumdrehung beträgt die nutzbare Arbeit $W_n = F \cdot P$ und die aufgewendete Arbeit

   $$W_e = F \cdot \tan(\varphi + \rho') \cdot d_2 \cdot \pi + F \cdot \mu \cdot 2\,\frac{D + d}{4}\,\pi.$$

Daraus ergibt sich der Gesamtwirkungsgrad

$$\eta = \frac{W_n}{W_e} = \frac{F \cdot P}{F \cdot \tan(\varphi + \rho') \cdot d_2 \cdot \pi + F \cdot \mu \cdot 2\,\dfrac{D+d}{4}\,\pi}$$

$$= \frac{1}{\dfrac{\tan(\varphi + \rho')}{\tan\varphi} + \dfrac{1{,}57 \cdot \mu \cdot (D+d)}{P}}$$

9. Bolzen-, Stiftverbindungen und Sicherungselemente

9.1 a) Einbaufall 1: Bolzen als frei aufliegender Träger mit symmetrischer Streckenlast $q = F/l$ bzw. mittiger Einzellast F.

Einbaufall 2: Der Bolzen kann als Kragträger (Freiträger) der Länge s betrachtet werden, da er in der starren Stange fest eingespannt ist.

Einbaufall 3: Unter der Voraussetzung sehr starrer Gabelwangen kann der Bolzen als beidseitig eingespannter Träger der Länge l, mit Streckenlast $q = F/l$ bzw. mittiger Einzellast F, betrachtet werden.

b) Gedankenmodell: Bolzen aus Gummi (auch dünner Holzstab o. ä.). Wo berührt der verformte Bolzen die Bohrungswandungen?

c) Beachtung verdienen die Art der Lagerung (lose oder fest) und die Lastverteilung (Strecken- oder Einzellast).

d) Verwendungsbeispiele für Passungen siehe Lehrbuch Tabelle 2.3.

9.2 a) Die Mindestlänge l der Stangennabe ergibt sich aus Stangendurchmesser + 5 ... 10 mm. Die Gabeldicke beträgt erfahrungsgemäß (0,3 ... 0,5) × Nabenlänge. Nun sind die Hebelarme der Biegekräfte bekannt und die Bolzendurchmesser lassen sich bestimmen. Nach Prüfung von Schubspannung und Flächenpressung notfalls Korrektur der angenommenen Werte. Bolzen (1) entspricht Einbaufall 2 und Bolzen (2) entspricht Einbaufall 1 im Lehrbuch.

b) Verwendungsbeispiele für Passungen siehe Lehrbuch Tabelle 2.3.

c) Lehrbuch 9.4.

9.3 Die Gabelbohrung ist als einfaches Gleitlager anzusehen. Richtwerte für die Flächenpressung siehe Tabelle A14.9, Anhang. Rechnungsgang:

1. Stiftdurchmesser schätzen.
2. Gabeldicke s und Nabenlänge l mit Hilfe von p_{zul} bestimmen.
3. M_b, σ_b und τ berechnen.
4. Rechnung notfalls mit anderem Stiftdurchmesser wiederholen.

Zu beachten ist, daß sich die Kerbfurchen im mittleren Drittel der Stiftlänge befinden.

9.4 Der Bolzen ist als frei aufliegender Träger mit Streckenlast anzusehen (Einbaufall 1, Lehrbuch). Die Schmierloch-Querbohrung liegt in der Schwerachse ($\sigma_b = 0!$) und ist als Kerbe unwirksam. Die Buchse aus Guß-Mehrstoff-Zinnbronze, mit ihren guten Notlaufeigenschaften, läßt Lastspitzen bis $p = 40 \frac{N}{mm^2}$ zu und verhindert ein „Fressen" auch bei der hier vorliegenden Mischreibung.

9.5 Der Bolzen entspricht einem frei aufliegenden Träger, dessen Lagerentfernung gleich dem Abstand der Mitten der Berührungsflächen von Bolzen und Kolbenbohrung ist. Die Bolzenkraft wirkt über die Breite des Pleuelkopfes als Streckenlast. In betriebswarmem Zustand ist der Bolzen „schwimmend" gelagert (keine einseitige Abnutzung!). Die Wanddicke des Hohlbolzens soll größer als ein Sechstel des Außendurchmessers sein, weil sonst das Rohr oval gedrückt wird. Der Bolzen muß auf Schub nachgerechnet werden. Für den dünnwandigen Kreisring ergibt sich für die Schwerachse: $\max \tau \approx 2\,Q/A$.

9.6 Die Kurbelstangenkraft F belastet den Bolzen auf der Breite des Gelenklager-Innenringes als Streckenlast. Die zulässige Biegespannung wird nach Lehrbuch 3.4.6.2 bestimmt.

9.7 Siehe Hinweis 9.6.

9.8 Rolle, Wälzlager, Hülse und Labyrinthringe bilden eine einbaufertige, leicht auswechselbare Einheit. Nach dem Verspannen mit den Tragblechen ist die Rolle „schwimmend" gelagert.

Der Bolzen stellt einen Zugstab (Schraube) mit mittelbarer Biegebelastung dar.

Da die Betriebssicherheit der Bahn auch im ungünstigsten Fall gewährleistet sein muß, werden zur Abschätzung der Beanspruchung folgende Grenzfälle untersucht:

1. Die Mutter ist nicht angezogen, unter Vernachlässigung der Stützwirkung der Hülse kann der Bolzen als frei aufliegender Träger mit 2 Einzellasten betrachtet werden.
2. Die Mutter wird so hoch angezogen, daß die Spannung im Gewindeteil 90 % der Streckgrenze erreicht. Die Hülse (biegebeanspruchter Druckstab) stützt sich durch Reibkräfte an den Tragblechen ab. Bei entsprechend großem Spiel zwischen Hülse und Bolzen bleibt dieser biegungsfrei.

Sicherheitshalber können die Spannungen für den Bolzen aus den beiden Grenzfällen addiert werden.

9.9 Siehe Lehrbuch 9.2.

9.10 Die Bolzen sind so zu bemessen, daß sie bei der dem höchstzulässigen Drehmoment entsprechenden Umfangskraft zu Bruch gehen. Ist die Scherfestigkeit τ_B des Bolzenwerkstoffes nicht bekannt, so kann $\tau_B \approx 0{,}8 \cdot \sigma_B$ gesetzt werden. Dabei ist zu beachten, daß die Festigkeit einer Stahlsorte sehr vom jeweiligen Behandlungszustand abhängt und selbst innerhalb dieses beträchtlich schwankt.

9.11 a) Die Gelenkkraft F_G entspricht der Auflagerkraft der Einhängeträger (Träger $\overline{AG}$ bzw. $\overline{GB}$ als Träger auf 2 Stützen mit Streckenlast). Im Stahlbau werden die Bolzen nur nach dem Lochleibungsdruck bemessen (dünne Bleche!).

9.12 c) Die Berechnung von Rundkeilverbindungen ist im Lehrbuch nicht behandelt. Sie läßt sich aber sehr einfach durchführen: Die Umfangskraft $F_u = 2\,M_t/d$ beansprucht den Stiftlängsschnitt $A = d \cdot l$ auf Abscheren. Es ist die Scherspannung

$$\tau_a = F_u/d \cdot l.$$

Die Flächenpressung berechnet sich aus F_u und $A = 0{,}5 \cdot d \cdot l$ zu

$$p = F_u/0{,}5 \cdot d \cdot l.$$

9.13 Siehe Lösungshinweis 9.12.
Sicherheitshalber wird angenommen, daß der Druck p_{max} bis zur Oberkante der Form wirkt.

9.14 Lösung nach Beispiel 9.2 im Lehrbuch.

9.15 Schaffung einer Sollbruchstelle mittels Abscherstift. Welcher Stiftwerkstoff kommt in Frage (Festigkeit, Freßneigung beim Bruch)?

9.16 a) Siehe Lehrbuch 9.3.1.

b) Lösung nach Beispiel 9.2 im Lehrbuch. Bei Kegelstiften ist der rechnerische Durchmesser = Nenndurchmesser = kleiner Durchmesser! Das Drehmoment errechnet sich nach Formel (11.1): $M_t = 9550 \cdot P/n$.

9.17

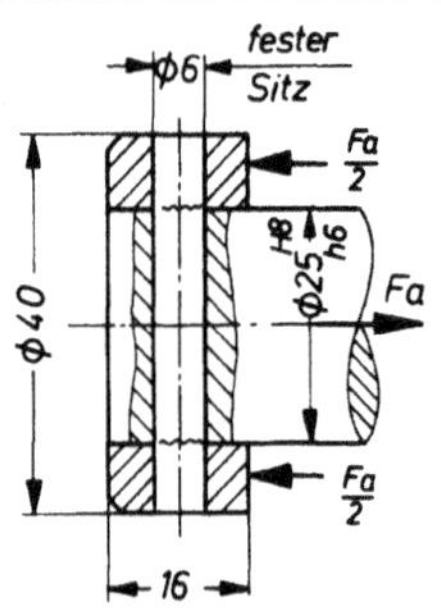

Im Prinzip eine „Bolzenverbindung" (Lehrbuch 9.2.2) mit festem Sitz des „Bolzens" in Welle und Stellring.

Bei sehr steifen Bauteilen und Einspannung des Stiftes auf seiner ganzen Länge kann dieser sich nicht durchbiegen, er bleibt daher biegungsfrei.

Bei derartigen Stiftverbindungen sind also nur nachzuweisen:

$$\tau_a = \frac{F_a}{2A} = \frac{2F_a}{\pi \cdot d^2} \approx 0{,}64\,\frac{F_a}{d^2} \leqslant \tau_{a\,zul}$$

$$p = \frac{F_a}{A_{proj}} \leqslant p_{zul}$$

Stellring z. B. aus 9 S 20 K, Kegelkerbstift aus 6.8.

9.18 Lösung nach Beispiel 9.2c und d im Lehrbuch.

9.19

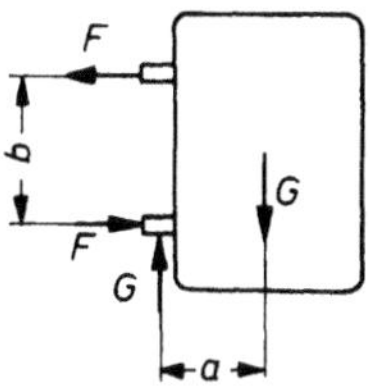

Das horizontale Kräftepaar $F = \frac{G \cdot a}{b}$ beansprucht die Stifte auf Biegung. Bemessung des am höchsten beanspruchten oberen Stiftes nach Beispiel 9.2c und d im Lehrbuch.

9.20 Die Umfangskraft F_u beansprucht die Stifte auf Biegung. Weiterer Rechnungsgang siehe Beispiel 9.2c und d im Lehrbuch.

10. Elastische Federn

10.1 Grundaufgabe mit den Gleichungen (10.5) und (10.3) Festigkeits-Richtwerte für Blattfedern nach Tabelle A10.1 mit $\sigma_B = \sigma_{B\,min}$; siehe Abschnitt 10.6.1.1.

10.2 a) Für die Trapezfeder mit q_2 wird zunächst l aus Gleichung (10.6) mit Werten der Rechteckfeder nach Aufgabe 10.1 (h, $\sigma_{b\,zul} = \sigma_b$, $f_{max} = f$), danach aus Gleichung (10.3) b und aus dem Breitenverhältnis b' errechnet.

b) Die nach DIN 3 festgelegten Abmessungen der Trapezfeder sind mit denen der Rechteckfeder zu vergleichen. Wegen Dichte ρ = konst. für das Gewicht $m = \rho \cdot V$ wird ein prozentualer Volumenvergleich durchgeführt, vgl. Angaben unter Gleichung (10.7); siehe Abschnitt 10.6.1.1.

10.3 a) Festigkeits-Richtwert $\sigma_B = \sigma_{B\,mittel}$ nach Tabelle A10.1 einsetzen; siehe Gleichungen (10.6) und (10.3).

b) Nachprüfung $f_{max} \leqslant 35$ mm.

10.4 a) Festigkeits-Richtwert $\sigma_B = \sigma_{B\,max}$ nach Tabelle A10.1 einsetzen; beachte Gleichung (10.3).

b) Für die lineare Kennlinie gilt $F_{max}/f_{max} = F_1/f_1$, wenn $f_{max} = f_1 + \Delta f$ mit f_1 aus Gleichung (10.5).

10.5 a) Vgl. Abschnitt 10.6.3.2.

b) Zunächst aus Gleichung (10.8) $M_b = M_{b\,max} = F \cdot r$ mit $\sigma_b = \sigma_{b\,zul}$ für d nach Bild A10-3 ermitteln, vgl. Angaben für k unter Gleichung (10.11b).

10.6 a) Die Gleichungen (10.8) und (10.9) gelten streng nur für Schenkelfedern (Drehfedern) mit fest eingespannten, kreisförmig geführten Federenden bei Reibungsfreiheit und für ganzzahlige Werte $i_f \geqslant 2$ bei kurzen Schenkeln. Bei nicht fest eingespannten Schenkeln muß die Feder auf einem Bolzen geführt werden. Der wegen Durchbiegung der Schenkel entstehende Anteil des Verdrehwinkels wird vernachlässigt.

Die Berechnung des Drahtdurchmessers d aus Gleichung (10.8) kann nur durch Probieren (Schätzen, vgl. Abschnitt 10.9, Beispiel 10.3) durchgeführt werden, da $\sigma_{b\,zul}$ stark von d abhängig ist (siehe Bild A10-3).

Zur überschlägigen Ermittlung werden Näherungsgleichungen verwendet, z. B. für die Drahtsorten A, B, C nach DIN 17 223 (vgl. Abschnitt 10.7.2.1) $d \approx 0{,}22\,\sqrt[3]{F \cdot r}/(1-k_1)$, wenn $k_1 \approx 0{,}06 \cdot \sqrt[3]{F \cdot r}/D_i$ mit $F \cdot r = M_b$ und für F stets die größte Last eingesetzt wird. Der einschlägige Draht liegt nahe d nach DIN 2076.

$D_m = D_i + d = D_a - d$ wird zweckmäßig nach DIN 3, Tabelle A2.3 gewählt.

b) Vgl. Hinweise zu Aufgabe 10.5.

10.7 a) Es gilt bei linearem Kennlinienverlauf $\alpha_{max}/\Delta\alpha = F_2/(F_2 - F_1)$ und $\alpha_1 = \alpha_{max} - \Delta\alpha$.

b) Mit $D_i = 1{,}2 \cdot d_B$ wie Hinweis zu Aufgabe 10.6.

c) Mit den gewählten Federabmessungen α_{max} und α_1 errechnen, danach F_2 und F_1 aus Verhältnissen bestimmen und Abweichungen prüfen. Drahtsorte entsprechend σ_b nach Bild A10-3 kontrollieren.

10.8 a) Beachte Gewichtskraft $G \approx 10 \cdot m$, je Feder $G_1 = G/2$. Es gilt $\sin\Delta\alpha = l_2/250$, ferner $M_{b2} = G_1 \cdot l_2 = F_2 \cdot l$ und $M_{b\,max} = 0{,}75 \cdot G_1 \cdot 250 = F_3 \cdot l$, wenn $l \mathrel{\hat{=}} r$.

b) Es gilt $(M_{b\,max} - M_{b2})/M_{b2} = 60°/(\alpha_1 + \Delta\alpha)$ und $\alpha_{max} = \alpha_1 + 90°$.

c) Mit $D_i \approx 1{,}25 \cdot d_B$ überschlägig d, vgl. Hinweis zu Aufgabe 10.6a.

d) Es gilt $M_{b1} = F_1 \cdot l$, ferner $F_2/F_1 = (\alpha_1 + \Delta\alpha)/\alpha_1$ und $F_3/F_1 = \alpha_{max}/\alpha_1$.

e) Vgl. Hinweis zu Aufgabe 10.5.

10.9 Grundaufgabe für Tellerfedern, Gruppe 1 und 2, siehe Abschnitt 10.6.5.2; Werte nach DIN 2093, Tabelle A10.2, vgl. Abschnitt 10.6.5.3.

10.10 Grundaufgabe für Tellerfedern, Gruppe 3, siehe Abschnitt 10.6.5.2; Werte s', h' nach DIN 2093, Tabelle A10.2, vgl. Abschnitt 10.6.5.3.

10.11 a) Es ist zu überlegen, welche der drei Teilsäulen 1, 2, 3 für die Ermittlung von $F_{max} = h \cdot F_{0,75}$ maßgebend ist (siehe Bild 10-14).

b) Bei gerader Kennlinie gilt z. B. $F_{max}/f_2 = F_{2\,ges}/f_{2\,ges}$ für die 2. Teilsäule, wenn $F_{2\,ges} = n \cdot F_{0,75}$ usw. ferner $f_{ges} = f_1 + f_2 + f_3$.

c) Beachte $L_0 = L_{01} + L_{02} + L_{03}$; vgl. Abschnitt 10.6.5.3.

10.12 a) Beachte Tragkraft $F_1 \approx 10 \cdot m_1$, Gewichtskraft $G \approx 10 \cdot m$, Kranhaken durch 2 Säulen abgefedert.

b) Reibung bleibt unberücksichtigt. Bei Tellerfedern mit linearer Kennlinie verhalten sich die Federkräfte wie die Federwege (bzw. wie die Spannungen).

c) Nachweis $f_{ges} \leqslant f_{max}$ und $L_0 \leqslant 3 \cdot D_a$.

10.13 a) Tellerfeder der Reihe A, Gruppe 3, Feder mit Auflagefläche.
Dadurch entsteht eine Erhöhung der Federkraft durch Verkürzung des Hebelarmes für die Kraftangriffspunkte. Um $F_{0,75}$ bei $f \approx 0{,}75$ h zu erreichen, wird die Tellerdicke s auf s' reduziert. Die Bauhöhe l_0 bleibt unverändert. Für die Einfederungszustände zwischen $f = 0$ und $f = h$ ergeben sich entsprechende Abweichungen. Mit den Gleichungen (10.22) einschließlich (10.24) lassen sich solche Federn nicht richtig erfassen.

Auf die Berechnung mit erweiterten Gleichungen soll hier verzichtet werden (siehe Angaben der Hersteller). Da Tellerfedern der Reihe A eine angenähert lineare Kennlinie zeigen, kann allgemein gelten, daß sich die Federkräfte (bzw. Spannungen) wie die zugehörigen Federwege verhalten.

b) Für Tellerfedern der Reihe B, Gruppe 1 und 2 liefern die Gleichungen (10.22) einschließlich (10.24) ausreichend genaue Werte mit α, β, γ entsprechend D_a/D_i. Es gilt $f \approx 0{,}7 \cdot f_{0,75}$.

10.14 Vgl. Lösung nach Abschnitt 10.9, Beispiel 10.1 und Angaben unter Gleichung (10.17) für k (Reihe A $k = 0{,}03$ für $n = 1$, Reihe B $k = 0{,}025$ für $n = 2$).

10.15 a) Vgl. Lösung nach Abschnitt 10.9, Beispiel 10.2 und Abschnitt 10.6.5.3 zu Bild 10-16. Angenäherte Kennlinien z. B. mit Maßstab-Kraft 500 N $\hat{=}$ 25 mm, Federweg 0,1 mm $\hat{=}$ 10 mm, Spannung 100 $\frac{\text{N}}{\text{mm}^2}$ $\hat{=}$ 10 mm.

b) Siehe Abschnitt 10.6.5.3, Vorberechnung.

10.16 Vgl. Abschnitt 10.6.5.3, Nachprüfung unter Gleichung (10.22) für die Kraft je Einzelteller F_2 mit F_2/F_h und f_2/h (Kontrolliere für f_2 durch Rechnung F_2 nach Gleichung (10.22)).

Es gilt nach Gleichung (10.18) $\Delta f_{ges} = i \cdot \Delta f$, wenn $\Delta f = f_2 - f_1$. Dauerfestigkeit durch Rechnung mit $\sigma_{III} = \sigma_1 \hat{=} \sigma_U$ und $\sigma_O > \sigma_2$ prüfen (siehe Bild A10-2).

10

10.17 Abstreifkraft je Federsäule $F_2 = F_{ab}/4$; mit k entsprechend der Reihe und Gruppe und $F_{Rges} = F_2$ wird bei Berücksichtigung der Reibung $F_{ges} = F_{2\,ges} \hat{=} F_2' \leqslant F_{0,75}$ die Tellerfeder bestimmt. Da sich bei linearer Kennlinie die Federwege wie die Spannungen verhalten, ergibt sich f_1, wenn $\sigma_{dI} \hat{=} \sigma_1$ (vgl. Angaben zu Abschnitt 10.6.5.3 neben Bild 10.16) eingesetzt wird. Mit F_2'/F_h und f_2/h nach Bild A10-1 wird f_2 ermittelt, so daß mit Δf die Anzahl der Tellerfedern und die Säulenabmessungen L_0, L_1, L_2 errechenbar sind. Für die Dauerfestigkeit bei Z siehe Bild A10-2.

10.18 a) Siehe Tabelle A8.10, Zeile 1 bzw. 3 für Festigkeitsklassen 6.9 bis 12.9.

b) Beachte Verdrehwinkel $\alpha°$ beim Anziehen bzw. Lösen, vgl. Abschnitt 10.7.1.2.

c) Anzugsmoment $M_A = F_M \cdot L$ in Nmm.

10.19 a) und b) Grundaufgabe mit gegebenen Werten, vgl. Abschnitt 10.7.2.3 und 10.7.2.4, Druckfedern, zulässige Abweichungen nach Tabelle A10.4.

c) Drahtsorte nach Bild A10-4 (beachte Bildberichtigung!)

mit $\tau_{iBl} \approx \dfrac{F_{Bl} \cdot D_m}{0{,}4 \cdot d^3}$, siehe Angaben unter Gleichung (10.32).

d) Siehe Bild A10-11.

10.20 Grundaufgabe zur Werkstoffausnutzung (Drahtsorte), siehe Angaben unter Gleichung (10.32), vgl. Abschnitt 10.7.2.4, Druckfedern. Beachte Ergebnisse (i_f, i_g, L_0, Knicksicherheit) bei Änderung von d, wenn D_m = konst.

10.21 Zunächst d mit Mindest-Innendurchmesser D_i angenähert vorwählen, siehe Angaben unter Gleichung (10.36). Beachte für die Drahtsorten Abschnitt 10.7.2.1 (Maßgenauigkeitsklassen).

10.22 a) Für die Belastung je Feder F_2 mit Höchst-Außendurchmesser D_a wird d angenähert vorgewählt, siehe Angaben unter Gleichung (10.32), danach durch Ablesung τ_{i2} aus Bild A10-12 ermittelt und nach Bild A10-4 (beachte Bildberichtigung) für d die Drahtsorte mit τ_{izul} geschätzt. Zur Kontrolle wird mit D_m nach DIN 3 d aus Gleichung (10.32) mit τ_{izul} nachgerechnet. Die Wahl der Drahtsorte ist richtig, wenn für die Abmessungen L_0, L_2 bei i_f bzw. i_g nachgewiesen wird, daß $\tau_{iBl} \leqslant 1{,}12 \cdot \tau_{izul}$ ist, siehe Angaben unter Gleichung (10.32).

b) Knicksicherheit nach Bild A10-11.

10.23 a) Aus $M_t = F_u \cdot d_R/2$ mit $d_R = (d_a + d_i)/2$ werden die erforderliche Anpreßkraft $F_{ges} = F_u/\mu$ und die Kraft auf die Druckscheibe $F = F_{ges}/(n-1)$ ermittelt. Die Betriebskraft je Feder wird $F_2 = F/n$.

b) Wie bei Aufgabe 10.22a.

10.24 a) Beachte 1 bar $\approx 10 \frac{\text{N}}{\text{mm}^2}$; es gilt $F_1 = p'_ü \cdot d^2\pi/4$, wenn $p'_ü = 1{,}1 \cdot p_ü$ und $F_2 = c \cdot f_2$.

b) Ermittlung wie bei Aufgabe 10.22a, Hinweis.

c) Wie bei Aufgabe 10.22b, Hinweis.

10.25 a) Vorwiegend statisch belastete Feder aus warmgeformtem Federstahl, $\tau_{iBl} \leqslant \tau_{izul}$, siehe Angabe unter Gleichung (10.32).

b) Beachte Abschnitt 10.7.2.3 nach DIN 2096, Summe der Mindestabstände S_a.

c) Siehe Bild A10-11.

10.26 Lösung nach Abschnitt 10.9, Beispiel 10.4 (beachte darin Druckfehler bei Gleichung (10.33) und Berichtigung Bild 10-4).

10.27 Siehe Hinweis zu Aufgabe 10.26.

10.28 Rechne nach Gleichung (10.33) mit $\tau_k \mathrel{\hat{=}} \tau_{kh}$ und $F \mathrel{\hat{=}} F_h = \Delta F$, nach Gleichung (1034) mit $f \mathrel{\hat{=}} \Delta f = h$ und $F \mathrel{\hat{=}} F_h = \Delta F$ dsgl. nach Gleichung (10.36).

10.29 Beachte Bild 10-22 zur Ermittlung von f_1 und f_2, Bild A10-10 (siehe Berichtigung). F_{max} mit τ_{izul} aus Gleichung (10.32), die auch für Zugfedern gilt.

10.30 a) Überschlägig d wie bei Druckfedern (siehe Angaben unter Gleichung (10.36)); Drahtsorte entsprechend Bild A10-12 mit Bild A10-10 (siehe Berichtigung); Abmessungen nach Bild A10-22 bzw. A10-19.

b) Gleichung (10.32) gilt auch für Zugfedern.

10.31 Beachte $F_G \approx 10 \cdot m$.

a) Es gilt: $1{,}1 \cdot F_G(200 + 260) - F_1 \cdot 200 = 0$ (siehe Skizze der Belastungen im Bild).

b) Es gilt: $F_P \cdot 100 + F_G \cdot (200 + 260) - F_2 \cdot 200 = 0$ und $\Delta f/110 = 200/(200 + 260)$ aus ähnlichen Dreiecken.

c) Siehe Hinweis zu Aufgabe 10.30a. Es gilt: $c = F_2 - F_1/\Delta f = F_1 - F_0/f_1$; beachte Bild 10-22 für die Ermittlung von L_1.

10.32 a) Für beide Hebel gilt $2 \cdot F \cdot 1930 - F_G \cdot 990 = 0$ (beachte $F_G \approx 10 \cdot m$ und Abstände $2100 - (60 + 110)$ sowie $(2100/2 - 60)$), ferner $F \cdot 960 = F_y \cdot 160$ (Hebelgesetz) und $F_y = F_2 \cdot \cos\alpha$, wenn $\tan\alpha = \frac{160}{820}$ und F_1 laut Text bestimmt wird.

b) Es gilt: $L_2 = (660 + 160)/\cos\alpha$ und $f_2 = L_2 - L_1$.

c) Mit f_{max} (beachte Stellung Tor offen und geschlossen) gilt: $(F_{max} - F_1)/f_{max} = (F_2 - F_1) f_2$.

d) Siehe Hinweis zu Aufgabe 10.30 mit F_{max}.

10.33 a) Beachte $F_{ges} \approx 10 \cdot m$, je Feder F. Festigkeitswerte aus Tabelle A10.1.

b) Siehe Bild 10-25.

10.34 a) Ermittle τ aus c_S und τ_{zul} (statisch bzw. dynamisch) nach Tabelle A10.1.

b) Zahl der Federelemente $n = F_G/F$ (beachte $F_G \approx 10 \cdot m$).

c) Siehe Gleichung (10.46) und Bild 10-25.

11. Achsen, Wellen und Zapfen

11.1 Art der Beanspruchung und der Belastung des Bauteils feststellen. $M_{b\,max}$ allgemein $F \cdot l$, wobei $F = \frac{F_A}{2}$ und $l = 195$ mm. Kerbwirkung liegt vor durch Anbohren der Achse für Gewindestift; β_k schätzen. Oberflächenbeiwert für zu wählende Oberflächengüte nach Schaubild; Größenbeiwert für zunächst zu schätzenden Durchmesser nach Schaubild (Lehrbuch) wählen; Rechnung evtl. korrigieren. Rechnerisch ermittelter Durchmesser auf nächsten Normdurchmesser erhöhen unter Berücksichtigung der Schwächung durch das Anbohren. Nabenabmessung siehe Erfahrungswerte Lehrbuch-Anhang.

11.2 Art der Beanspruchung und der Belastung des Bauteils feststellen. Welche der Beanspruchungsarten kann erfahrungsgemäß vernachlässigt werden? Darstellung des M_b-Verlaufes. Ermittlung von $M_{b\,max}$ aus $\frac{F}{2} \cdot l$, wobei $l = 82$ mm. Wahl von b_1 und b_2 s. Hinweis zu 11.1. Den rechnerisch ermittelten Durchmesser entsprechend erhöhen, um Schwächung der Achse durch Querbohrung zu berücksichtigen, denn $W < 0{,}1 \cdot d^3$! (Querbohrung in der neutralen Zone geringere Beeinträchtigung als Querbohrung in der Biegezugzone! Konstruktiv berücksichtigen.)

11.3 Art der Beanspruchung und der Belastung des Bauteils feststellen. Schubspannungen können vernachlässigt werden. Sicherheit aus $\nu = \frac{\sigma_G}{\sigma_b}$. Wahl von b_1 wie bei 11.1. $M_{b\,max} = \frac{F}{2} \cdot l$, wobei $l = 175$ mm. Sicherheit ν sollte $\geqslant 1{,}5$ sein bei Annahme von 50 % Häufigkeit der Höchstlast für vorliegenden Fall.

11.4 Es liegen zwei gefährdete Querschnitte vor: 1. Übergangsstelle von d_1 auf d_2, 2. Übergangsstelle zur festsitzenden „Nabe". Für welchen Querschnitt ergibt sich die kleinere Gestaltfestigkeit? Für welchen Querschnitt ergibt sich die größere Biegespannung? Nachprüfen des Zapfens zweckmäßig durch Ermittlung der vorhandenen Sicherheit $\nu = \frac{\sigma_G}{\sigma_b}$. Bei 100 % Häufigkeit der Höchstlast muß sein $\nu \geqslant 2$.

11.5 Art der Beanspruchung und der Belastung des Zapfens feststellen. Ermittlung der den Zapfen belastenden Kraft als Resultierende aus den Riemenzugkräften. Nachprüfen des Zapfens kann erfolgen durch Spannungsnachweis. Der Zapfen ist dauerbruchsicher, wenn $\sigma_{b\,zul} \geqslant \sigma_{b\,vorh}$.

11.6 Art der Beanspruchung und der Belastung des Zapfens feststellen. Nachprüfen des Zapfens durch Spannungsvergleich (s. 11.5), Gegenüberstellung von d_{vorh} und d_{erf} oder durch Ermittlung der vorhandenen Sicherheit $\nu = \frac{\sigma_G}{\sigma_b}$. Bei Festlegung von β_k beachten, daß kein „normaler" Lagerzapfen im Sinne der Richtwerttabelle im Lehrbuch-Anhang vorliegt.

11.7 Art der Beanspruchung und der Belastung des Zapfens feststellen. Nachprüfung des Zapfens wie bei Hinweis von 11.6 möglich.

11.8 a) Art der Beanspruchung und der Belastung des Zapfens feststellen. Gefährdeter Querschnitt an der Übergangsstelle von d_1 auf d_2. Überlege, ob zur Bestimmung von $M_{b\,max}$ eine Zerlegung der Kraft F in F_1 und F_2 erforderlich ist.

b) Siehe Lehrbuch unter „Normzahlen und Passungen" (Erfahrungswerttabelle).

11.9 Art der Beanspruchung und der Belastung des Zapfens feststellen. $M_t = 9550 \frac{P}{n}$ (in Nm), wobei n die Drehzahl des Zapfens bedeutet. Es liegen zwei gefährdete Querschnitte vor, 1. Übergang von d_1 auf d, 2. Nutquerschnitt. Für welchen dieser Querschnitte ist Berechnung durchzuführen?

11.10 Art der Beanspruchung und der Belastung des Zapfens feststellen. Für welchen Querschnitt ist die Berechnung durchzuführen? Sicherheit $\nu = \frac{\sigma_G}{\sigma_b}$.

11.11 Art der Beanspruchung und der Belastung des Zapfens feststellen. Vorhandene Sicherheit $\nu = \frac{\sigma_G}{\sigma_v}$. $M_t = 9550 \cdot \frac{P}{n}$ (Nm), $M_b = F_A \cdot l$. (Zur Ermittlung der Achskraft F_A siehe Lehrbuch unter „Bemessung der Normalkeilriemen".) Die Vergleichsspannung aus $\sigma_v = \sqrt{\sigma_b^2 + 3\,(\alpha_0 \tau_t)^2}$.

11.12 Art der Beanspruchung und der Belastung des Zapfens für die gefährdeten Querschnitte feststellen.

a) Ermittle den erforderlichen Mindestdurchmesser und vergleiche mit dem vorhandenen Durchmesser, oder prüfe den Zapfen durch Spannungsvergleich;

b) s. u. a);

c) siehe Lehrbuch unter „Normzahlen und Passungen" (Erfahrungswerttabelle).

11.13 zu a) siehe Lehrbuch unter „Einfluß der Gestaltung auf die Kerbwirkung";
zu b) siehe Hinweis zu a);
zu c) und d) $\nu = \frac{\sigma_G}{\sigma_v}$; beachte, daß bei Ausführung nach Bild c) zwei Querschnitte gefährdet sind.

11.14 Zu a) und b) die Art der Beanspruchung und der Belastung feststellen. Kerndurchmesser über das Vergleichsmoment ermitteln. Bei Ermittlung von M_t Drehzahl der Welle zu Grunde legen. Die zu erwartende Häufigkeit der Höchstlast zweckmäßig mit 100% annehmen.

Zu b) Übergangs- und Nutquerschnitt sind gefährdet. Überlege, für welchen der beiden Querschnitte Nachrechnung erforderlich.

11.15 Zu a) und b) die Art der Beanspruchung und der Belastung feststellen.

Zu a) Ermittlung des Kerndurchmessers über das Vergleichsmoment. Überlege, von welcher prozentualen Häufigkeit der Höchstlast zweckmäßig auszugehen ist.

Zu b) überlege, ob beide Querschnitte nachgeprüft werden müssen.

Zu c) siehe Lehrbuch unter „Normzahlen und Passungen" (Erfahrungswerttabelle).

11.16 Zu a) Für angegebenen Motor nach Lehrbuch-Anhang Scheibendurchmesser ermitteln, entsprechend dem Übersetzungsverhältnis Scheibendurchmesser D_2 festlegen nach Normmaßreihe.

Zu b) Art der Beanspruchung und der Belastung der Welle feststellen. Für welchen Querschnitt ist die Berechnung durchzuführen?

Zu c) Wie wird der gefährdete Querschnitt beansprucht und belastet? Ist Biegung im Nutquerschnitt zu erwarten?

Hinweis: Die Festigkeitswerte für St 50 K liegen höher als die von St 50. Führe die Berechnungen jedoch mit den Werten für St 50 durch.

11.17 Zu a) Art der Beanspruchung und der Belastung des gefährdeten Querschnitts feststellen. Bei Ermittlung von M_t die Drehzahl des Kettenrades zugrunde legen.

Zu b) Art der Beanspruchung und der Belastung des gefährdeten Querschnitts feststellen. Ermittlung der vorhandenen Sicherheit.

Zu c) Nabenabmessung siehe Erfahrungswerttabelle Lehrbuch-Anhang.

Zu d) Siehe Lehrbuch unter „Paßfederverbindungen".

Hinweis: Die Festigkeitswerte für St 50 K liegen höher als die von St 50. Die Rechnungen sind sicherheitshalber mit den Werten von St 50 durchzuführen.

11.18 Ermittle den auftretenden Verdrehwinkel φ für 1 m Wellenlänge und stelle fest, ob dieser zulässig ist.

11.19 a) Bei der relativ langen Welle wird Berechnung unter Zugrundelegung der Formänderung maßgebend sein.

b) Festigkeitswerte der verschiedenen Stahlsorten haben keinen nennenswerten Einfluß, da der Werkstoff nur mit seinem Gleitmodul G in die Rechnung eingeht.

c) Beachte die Montage- und Demontagemöglichkeit bei der Kupplungswahl.

11.20 Überlege, an welchen Stellen die Welle gefährdet ist. Stelle fest, welche Beanspruchungsarten und Belastungsfälle für die Stellen vorliegen. Die Berechnung von $M_{b\,max}$ führe ähnlich dem Beispiel im Lehrbuch unter „Lagerkraft und Biegemomente" durch. Zunächst Ermittlung der Lagerkräfte F_{Ar} und F_{Br}, dann $M_{b1} = F_{Ar} \cdot l_1$; $M_{b2} = F_{Br} \cdot l_2$. Das größere dieser Momente maßgebend für die Folgerechnung. Ermittlung von d über M_v.

11.21 a) Stelle für den gefährdeten Querschnitt Beanspruchungsarten und Belastungsfälle fest. Ermittlung des „Kerndurchmessers" d_k über M_v, wobei für M_b der größere der Werte aus $F_{Ar} \cdot l_1$ bzw. $F_{Br} \cdot l_2$ einzusetzen ist. Zur Ermittlung der Lagerkräfte siehe entsprechendes Beispiel im Lehrbuch unter „Lagerkraft und Biegemomente";

b) siehe Lehrbuch unter „Paßfederverbindungen";

c) siehe Lehrbuch unter „Verwendungsbeispiele für Passungen".

11

11.22 a) Siehe Hinweis zu 11.21;

b) Ermittle den erforderlichen Mindestdurchmesser d_4 aus $d_4 = d_{k4} + t_1$. Anschließend für d_2 und d_4 entsprechende Normdurchmesser festlegen. Siehe Hinweis zu 11.16.

11.23 Stelle für die angegebenen Querschnitte Beanspruchungsarten und Belastungsfälle fest. Ermittle für Querschnitt E–F zweckmäßig den Mindestdurchmesser über M_v. Für Querschnitt A–B führe Spannungsnachweis bzw. stelle die vorhandene Sicherheit $\nu = \frac{\tau_G}{\tau_t}$ fest. Für Querschnitt C–D ergibt sich die vorhandene Sicherheit aus $\nu = \frac{\sigma_G}{\sigma_v}$. Überlege, ob Querschnitt G–H noch geprüft werden muß, wenn o. a. Querschnitte den Anforderungen genügen.

12. Elemente zum Verbinden von Welle und Nabe

12.1 Lösung der Aufgabe durch Vergleich der erforderlichen Montage-Vorspannkraft mit der von der Schraube maximal aufzubringenden Vorspannkraft nach Herstellerangabe. Sicherheitshalber mit kleinem Reibwert für Hebelnabe/Welle rechnen.

12.2 a) Ermittlung der erforderlichen Klemmkraft nach Gl. (12.4). Sicherheitshalber mit kleinem Reibwert für Hebelnabe/Welle rechnen. Unter Berücksichtigung des Anziehfaktors k_A ergibt sich die erforderliche Montage-Vorspannkraft F_{VM} nach Gl. (8.18). Nach Tabelle A8.10 wird für die Schraube M8 die entsprechende Festigkeitsklasse gewählt.

b) Nach der „Faustformel" Gl. (8.22) wird das erforderliche Anziehmoment ermittelt. Kontrolle, ob dieses Moment die Schraube ertragen kann.

12.3 a) Zunächst Ermittlung der erforderlichen Aufpreßkraft. Ermittlung der Montagevorspannkraft unter Berücksichtigung des Anziehfaktors k_A, wobei die Aufpreßkraft der Klemmkraft F_{Kl} gleichzusetzen ist. M_A dann nach Gl. (8.21). Um eine unbedingt rutschsichere Verbindung zu erhalten, ist mit einer Sicherheit von ca. 50 % zu rechnen.

b) Gewindezapfen wird bei Montage am stärksten belastet. Zugspannung durch Montagevorspannkraft (hierbei die unter a) angenommene Sicherheit berücksichtigen), Verdrehspannung durch Gewindereibmoment. Ermittlung des Spannungsdurchmessers aus Spannungsquerschnitt. Zulässige Spannung aus $\sigma_{zul} \approx 0{,}9 \cdot \sigma_S$.

12.4 a) Vergleiche die von der Schraube max. aufgebrachte Klemmkraft unter Berücksichtigung des Anziehfaktors mit der durch das zu übertragende Moment erforderlichen Klemmkraft, oder stelle das durch die Verbindung zu übertragende Moment dem vorhandenen Moment gegenüber.

b) Errechne die auftretende Flächenpressung nach Gl. (12.9) und vergleiche mit dem zulässigen Wert nach Tabelle A1.3.

12.5 Das maximal zu übertragende Drehmoment ist abhängig von der Größe der Spannverbindung, der Anzahl der hintereinander geschalteten Elemente und der Streckgrenze des „schwächsten" Werkstoffes.

12.6 a) Anzahl der Spannringe ist abhängig von deren Größe, von dem zu übertragenden Drehmoment und der Festigkeit des Werkstoffes der zu verbindenden Teile.

b) Überlege, welche Kraft erforderlich ist, um die Spannelemente so zu montieren, daß das Moment auch von ihnen übertragen werden kann. Welche Kraft müßte dann von 1 Schraube unter Berücksichtigung der Anziehverhältnisse aufgebracht werden und welcher Schraubenwerkstoff ist für die vorgegebene Größe M16 erforderlich?

c) Lese unter „Ringfeder-Spannverbindungen" im Lehrbuch Angaben über Passungen nach, wobei im vorliegenden Fall die Passung des Lagers zu berücksichtigen ist.

12.7 a) Überlege, ob bei der in der Aufgabe dargestellten Anordnung der Spannelemente 4 oder 2 in die Rechnung eingehen. Die Höhe des zu übertragenden Moments ist weiterhin abhängig von der Größe der Elemente und der Festigkeit der Werkstoffe der zu verbindenden Teile.

b) Welche Kraft ist erforderlich, um die Spannelemente anzuziehen und welche Kraft muß unter Berücksichtigung der Anziehverhältnisse von einer Schraube aufgebracht werden. Welcher Werkstoff erfüllt für die vorgewählte Schraubengröße M16 diese Bedingung?

c) Siehe unter „Ringfeder-Spannelemente" im Lehrbuch.

12.8 a) Anzahl ist abhängig vom zu übertragenden Drehmoment, von dem von einem Element übertragbaren Moment, der Festigkeit der Werkstoffe der zu verbindenden Teile.

b) Welche Kraft ist erforderlich, um die Verbindung anzuziehen und welche Kraft ist somit von einer Schraube unter Berücksichtigung der Anziehverhältnisse aufzubringen. Vergleiche diese Kraft mit der Kraft $F_{V(0,9)}$, die die Schraube aufbringen kann.

12.9 Ermittle zweckmäßig in folgender Reihenfolge: vorhandene größte Fugenpressung p'_g, p_g für das Außenteil und für das Innenteil (welcher Wert ist maßgebend?), das vorhandene Größtübermaß U'_g, das größte zulässige Haftmaß Z_g. Oberflächen-Rauhtiefenbereiche s. Tabelle A14.8.

12.10 a) Ermittle zweckmäßig in folgender Reihenfolge: die Rutschkraft in Längsrichtung unter Berücksichtigung der stoßartig auftretenden Belastung, die kleinste erforderliche Fugenpressung p_k, dann über das kleinste Haftmaß Z_k das kleinste erforderliche Übermaß U_k. Nach Ermittlung des größten Haftmaßes Z_g bestimme das größte Übermaß U_g, um so die Paßtoleranz $T_p = U_g - U_k$ bestimmen zu können. Nach Festlegung der Paßtoleranz für die Bohrung Wahl der Bohrungstoleranz; anschließend die Abmaße A_o und A_u für die Welle ermitteln und entsprechende Wellentoleranz festlegen.

b) Nach Festlegung der Passung hierfür das vorhandene größte Übermaß bestimmen. Damit wird die größte Fugenpressung ermittelt. Für den Einpreß-Haftbeiwert wähle zweckmäßig den größten Wert.

12.11 a) Ermittle zweckmäßig in folgender Reihenfolge: Umfangskraft am Zapfen F_u, Rutschkraft F_{Ru}, kleinste erforderliche Fugenpressung p_k, kleinstes Haftmaß Z_k, kleinstes erforderliches Übermaß U_k, größte zulässige Fugenpressung p_g, größtes zulässiges Haftmaß Z_g, größtes zulässiges Übermaß U_g, Paßtoleranz T_p, Aufteilung der Paßtoleranz in T_B und T_W, Abmaße für Welle und Bohrung, Passungen nach Tabelle.

b) Einpreßkraft nach Gl. (12.24).

12.12 Ermittle das durch die angegebene Passung vorhandene Größt- und Kleinstübermaß und vergleiche diese Werte mit dem zulässigen größten Übermaß und dem erforderlichen kleinsten Übermaß.

Hinweise: Der Außendurchmesser des Außenteiles (Zahnkranzes) kann gleich dem Teilkreisdurchmesser gesetzt werden; das Innenteil (der Radkörper) kann wegen der abstützenden Wirkung der Radscheibe als Vollwelle (aus GG!) betrachtet werden; hinsichtlich der Ermittlung der Hilfsgröße K_A kann an Stelle von Bronze ohne weiteres Gußeisen gesetzt werden. Für die Berechnung braucht nur die am Schneckenrad wirkende Umfangskraft F_u berücksichtigt zu werden, da die Axialkraft F_a durch den Zentrieransatz aufgenommen wird und die Radialkraft F_r ohnehin für die Auslegung der Preßverbindung keine Bedeutung hat. Beachte, daß die Radumfangskraft F_u nicht gleich der Umfangskraft an der Fuge ist.

12.13 Überlege, ob die auftretende Radialkraft für die Berechnung von Bedeutung ist. Die Fugenlänge ist wegen der Fasen an den Bohrungsenden zweckmäßig mit 70 mm anzunehmen. Setze für das Ritzel als Außendurchmesser den Fußkreisdurchmesser. Die „Kippwirkung" der Kraft F_a bleibt bei der Berechnung unberücksichtigt. Beachte, daß die Radumfangskraft F_u nicht gleich der Umfangskraft an der Fuge ist.

Lösungsgang siehe Hinweis zur Aufgabe 12.11 bzw. 12.14.

12.14 a) Siehe Hinweise zur Aufgabe 12.11,

b) Ermittlung von t_A nach Gl. (12.25).

Hinweis: Wie im Bild zur Aufgabe zu erkennen ist, sind in der Kupplung radiale Bohrungen vorgesehen, die auf die Preßfuge führen. Diese dienen zum hydraulischen Lösen des Preßverbandes beim Ausbau der Kupplung, indem durch diese Löcher Öl unter hohem Druck zwischen die Fuge gepreßt wird, wodurch die Nabe aufgeweitet wird und so verhältnismäßig leicht abgezogen werden kann. Dieses Verfahren wird auch zum *Einbau* von Preßverbindungen verwendet, wobei dann jedoch schwach kegelige Wellenenden verwendet werden, auf die das Außenteil ohne Erwärmung und zunächst ohne Drucköl aufgeschoben und dann unter hohem Öldruck in die vorbestimmte Pressungslage gedrückt wird.

12.15 a) Siehe Hinweise zur Aufgabe 12.11,
b) siehe Hinweis zur Aufgabe 12.14.

Hinweis: Die Kupplungen müssen bei jedem Walzenwechsel abgezogen und auf die neue Walze wieder aufgesetzt werden. Für diesen Aus- und Einbau werden heute vielfach elektrisch-induktive Anwärmvorrichtungen benutzt, die die Kupplungen schnell auf die erforderliche Fügetemperatur bringen. Dieses Verfahren ist wesentlich einfacher und schneller als das Hydraulikverfahren, bei dem Öl unter hohem Druck zwischen die Fugenfläche gepreßt und damit ein Lösen des Verbandes erreicht wird.

12.16 Vorhandene Sicherheit durch Vergleich der Gestaltfestigkeit mit der auftretenden Spannung ermitteln:

$$\nu = \frac{\tau_G}{\tau_t}; \qquad \tau_G = \frac{\tau_{tW} \cdot b_1 \cdot b_2}{\beta_k}; \qquad \tau_t = \frac{M_t}{W_p}.$$

Hinweis: In der Bezeichnung des Keilwellen-Profiles bedeuten A: im Wälzverfahren hergestelltes Profil, 28 g6: „Kerndurchmesser" von 28 mm mit Toleranz g 6 für beweglichen Sitz, 32: Außendurchmesser in mm, 10: Keilbreite in mm; nach DIN 5471 handelt es sich um ein Profil mit 4 Keilen für Werkzeugmaschinen.

12.17 a) Lösung nach Gl. (12.26),
b) Lösung nach Gl. (12.27).

Hinweis: In der Keilwellenbezeichnung bedeuten B: Keilwellen-Profil (zur Unterscheidung des Keilnaben-Profils mit Kennbuchstaben A), 26 und 30: Innen- und Außendurchmesser des Profiles; hierzu siehe auch die betreffende Tabelle im Lehrbuch-Anhang.

12.18 a) Zweckmäßigerweise wäre in folgender Reihenfolge zu prüfen bzw. zu ermitteln:

1. die bei einer zunächst vorgesehenen Paßfederverbindung in Frage kommende rundstirnige Paßfeder (Abmessungen und Normbezeichnung),
2. ob die unter 1. gewählte Paßfeder festigkeitsmäßig den Anforderungen genügt,
3. ob ggf. eine geradstirnige Paßfeder (Form B), die auf der ganzen Nabenlänge tragen soll, den Anforderungen genügt,
4. die zu wählende Keilform, die Abmessungen und die Normbezeichnung, falls eine Paßfederverbindung nicht genügt, und wenn die Verbindung von den Außenseiten der Kupplung nicht zugänglich ist.

b) Siehe Lehrbuch, Tabelle 2.3 „Allgemeine Verwendungsbeispiele für Passungen".

12.19 Stelle fest, wie hoch die auftretende Flächenpressung ist und vergleiche sie unter Berücksichtigung der stoßartigen Belastung mit der zulässigen Flächenpressung.

13. Kupplungen

13.1 Nach dem neuen Internationalen Einheitensystem soll das „Schwungmoment" GD^2 grundsätzlich durch das Massenträgheitsmoment J ersetzt werden. Denkt man sich die Masse m des Körpers punktförmig im Abstand $i = D/2$ (= Trägheitsradius) von der Drehachse konzentriert, so wird

$$J = m \cdot i^2 = m \frac{D^2}{4} = \frac{G \cdot D^2}{g \cdot 4} \approx \frac{G \cdot D^2}{40\ \mathrm{m/s^2}}\ (\mathrm{kgm^2\ bzw.\ Nms^2}).$$

Die Zahlenwerte für die Gewichtskraft G in kp und für die Masse m in kg sind für jeden Körper gleich. Denkt man sich GD^2 wegen seines gleichen Zahlenwertes durch $m \cdot D^2$ ersetzt, so läßt sich das Massenträgheitsmoment in kgm² errechnen, indem man das bekannte Schwungmoment durch 4 teilt. In älteren Unterlagen wird das „Schwungmoment" GD^2 auch in kgm² angegeben, mit „kg" als „Kraftkilogramm" (statt kp).

13.2 Das Massenträgheitsmoment J bezogen auf die Drehachse ist die Summe aller Produkte aus den Massenteilchen eines Körpers und dem Quadrat ihrer Abstände von der Drehachse. Der in der Technik eingeführte Trägheitsradius $i = D/2$ ist der Abstand desjenigen Punktes von der Drehachse, in dem man die punktförmig gedachte Masse m eines Körpers unterbringen muß, um dessen Massenträgheitsmoment J zu erhalten.

a) Vollzylinder: $J = m \frac{d^2}{8}$ mit $m = \rho \frac{d^2 \cdot \pi}{4} l$.

b) $J = m \cdot i^2$, also $i = \sqrt{\frac{J}{m}}$. Hier auch $i = \sqrt{\frac{d^2}{8}}$. $D = 2i$.

c) $GD^2 = 4gJ = 4gm \frac{d^2}{8} = \frac{1}{2} G \cdot d^2$. D ist nicht der Durchmesser d des Zylinders!

13.3 Für aus einfachen Teilkörpern zusammengesetzte Werkstücke, wie diese mehrfach abgesetzte Spindel, erhält man das Massenträgheitsmoment J des ganzen Körpers als Summe der auf dieselbe Achse bezogenen Massenträgheitsmomente J_1, J_2 usw. der Teilkörper,

also $J = J_1 + J_2 + J_3 + J_4 + J_5$.

Da die Welle gegenüber dem Schleifkörper ein kleines Massenträgheitsmoment hat ($J \sim d^2$), wäre eine aufwendige „genaue" Berechnung desselben ohne praktischen Wert. Es können deshalb folgende Vereinfachungen getroffen werden:

1. Die mit der Welle umlaufenden Wälzlagerinnenringe, Zwischenringe, Labyrinthringe und Nutmuttern werden bei der Berechnung der Teilkörper 2 und 4 durch Annahme eines größeren Außendurchmessers ≙ Ringdurchmesser berücksichtigt.
2. Die Gewindezapfen und Muttern an den Spindelenden werden bei den kegelstumpfförmigen Teilkörpern 1 und 5 berücksichtigt in dem man diese als Zylinder mit dem großen Durchmesser berechnet.

Das Massenträgheitsmoment der Baugruppe ergibt sich durch Addition der Einzelträgheitsmomente von Spindel, Schleifkörper und Keilriemenscheibe.

Schnell und bequem kann gerechnet werden, wenn man Teilkörper gleichen Durchmessers zusammenfaßt (z. B. Teilkörper 1 und 5 zu $\phi 85 \times 240$) und für die Berechnung der Massen Tabellen („Metergewichte") benutzt. Für alle Stahlarten gilt $\rho = 7850\,\text{kg/m}^3$!

13.4 1. Ermittlung des Motornennmoments M_n aus Motorleistung und Nenndrehzahl.

2. Anlauf ohne Lastmoment M_l: Beschleunigungsmoment M_a = „mittleres Hochlaufmoment" des Motors ≈ Anlauf-(Anzugs-)moment M_{an} als Vielfaches („Anzugsverhältnis") des Motornennmoments.

3. Reduktion der Massenträgheitsmomente auf die Motorwelle. Die Wirkung der Keilriemen kann dabei vernachlässigt werden. Da Motor- und Spindeldrehzahl gleich sind wird $J_{red} = J_0 + J_1$.

4. Berechnung der Anlaufzeit t_a durch Umstellen der Gleichung (13.3).

Beachte: $\text{kgm}^2/\text{s}^2 = \dfrac{\text{kgm}}{\text{s}^2} \cdot \text{m} = \text{Nm}.$

13.5 Die Laufkatze mit angehängter Last ist als mit der Fahrgeschwindigkeit geradlinig bewegte Masse zu betrachten. Nach dem Hinweis zu 13.2.3.1 kann diese wie eine gedachte umlaufende Masse gleicher Energie mit dem Ersatz-Massenträgheitsmoment J_e behandelt werden. Für das Anfahren unter Last kann das Kupplungsmoment nach Gleichung (13.7) ermittelt werden. Für die Berechnung der Anlaufzeit bleibe die Wirkung des Auspendelns der freihängenden Last unberücksichtigt.

13.6 a) Beschleunigungszeit t_a aus Gleichung (13.3) mit J als Massenträgheitsmoment des Läufers.

b) $\widehat{\varphi}_a = 0{,}5 \cdot \omega \cdot t_a$ in rad ($\hat{=}$ 57°18′) bzw. $\varphi_a = 3 \cdot n_s \cdot t_a$ in °.

13.7 Um die Schwingungen des Dieselmotors zu dämpfen und um montagebedingte Wellenverlagerungen auszugleichen, wird eine elastische Kupplung gewählt. Bauformen siehe Tabelle A13.3 und A13.4. Die Kupplungsgröße wird mit den Betriebsfaktoren nach Bild A15-4 über das fiktive Kupplungsmoment bestimmt. Derartige Antriebe mit Verbrennungsmotoren sind außerdem noch auf Schwingungen zu untersuchen (siehe auch Lehrbuch 11.4).

13.8 Siehe Berechnungsbeispiele 13.1 und 13.2 im Lehrbuch.

Zur Berücksichtigung von einmaligen, kurzzeitigen Drehmomentstößen beim Anfahren soll bei der Ermittlung des maximalen Kupplungsmomentes der unter Gleichung (13.7) angegebene Stoßfaktor 2 berücksichtigt werden.

Das Massenträgheitsmoment der Kupplung ist ohne Einfluß und wird vernachlässigt.

14. Lager

14.1 Grundaufgabe für rein radiale Belastung $P = F_r$; Berechnung nach Lebensdauergleichung (14.5).

14.2 Vgl. Hinweis zu Aufgabe 14.1.

14.3 Vgl. Hinweis zu Aufgabe 14.1.

14.4 Vgl. Hinweis zu Aufgabe 14.1, Hauptabmessungen nach Katalog bzw. Tabelle A14.1.

14.5 Berechnung von C nach Gleichung (14.5) oder einfacher nach Gleichung (14.6) mit Werten nach Bild A14-2 und A14-3 bzw. Katalog.

14.6 Vgl. Hinweis zu Aufgabe 14.5.

14.7 Beachte Tabelle A14.4, Berechnung siehe Abschnitt 14.2.6.3.

14.8
a) Beachte Abschnitte 14.2.2 bzw. 14.2.5;
b) siehe Abschnitte 14.2.6.4 und 14.2.6.5;
c) siehe Tabelle 2.3 bzw. Tabelle A14.5. Nachweis der Dauerhaltbarkeit (St50) mit $\sigma_v = M_v/W \leqslant \sigma_{b\,zul}$ beachte Abschnitte 3.4.6.2 und 11.3.5 für d_k mit t_1 nach Tabelle A12.4.

14.9
a) Feststellung nach Katalog bzw. Tabelle A14.2 mit $F_a/F_r \gtrless e$ treffen; da C_0 zunächst unbekannt, Axialfaktor y annehmen; C errechnen mit Werten aus Tabelle A14.4, Bild A14-2 und A14-3 bzw. Katalog. Nach Wahl der Lagergröße Untersuchung, ob die Faktoren x, y richtig sind und Lebensdauer prüfen. Ist eine naheliegende Lagergröße ausreichend?

b) Entsprechend dem Bild gelten für Rundungen und Schulterhöhen die Anschlußmaße nach DIN 5418:

1 Kantenabstand r am Lager[1]) Nennmaß	2 Halbmesser r_g für Hohlkehle an Welle und Gehäuse Größtmaß	3 Schulterhöhe h für Welle und Gehäuse Kleinstmaß Durchmesserreihe nach DIN 616 8, 9, 0	1, 2, 3	4
0,2	0,1	0,5	0,8	–
0,3	0,1	0,6	1	–
0,4	0,2	0,6	1	–
0,5	0,3	0,9	1,3	–
0,8	0,5	1,3	1,8	–
1	0,6	1,6	2,1	–
1,2	0,8	1,9	2,4	–
1,5	1	2,3	2,8	–
2	1	3	3,5	4,5
2,5	1,5	3,7	4,5	5,5
3	2	4,5	5,5	6,5
3,5	2	5,1	6	7
4	2,5	5,8	7	8
5	3	7,3	8,5	10
6	4	8,5	10	12
8	5	11,5	13	15
10	6	14	16	19
12	8	17	20	23
15	10	21	24	28
18	12	25	29	33

Spalte 2 für Radial und Axiallager.

Spalte 3 nur für Radiallager; bei Axiallagern soll die Schulter bis zur Mitte der Wellen- bzw Gehäusescheibe reichen.

Anschlußmaße für Zylinder- und Kegelrollenlager siehe DIN 5418.

1) Maße nach Katalog

14

14.10 a) Aus $v = \dfrac{D \cdot \pi \cdot n}{60}$ m/s wird n ermittelt; entsprechend $F_a/F_r \gtrless e$ ergibt sich mit P nach Katalog f_L und L_h; nach Bild A14-1, Anhang wird mit einem mittleren Verschleißfaktor f_V im mittleren Feld L_V als Mittelwert geschätzt und nach Abschnitt 14.2.6.5 die Gebrauchsdauer festgelegt.

b) Mit $M_b = F_r \left(\dfrac{b}{2} + 15\right)$ wird σ_b errechnet und mit $\sigma_{b\,zul}$ verglichen; β_k nach Bild A3-3 mit r/d, D/d (wegen Rundung beachte Abschnitt 3.4.6.2).

Merke: Anschlußmaße bei Lagern mit Hülsen nach DIN 5418; um Lager auf Hülsen in Achsrichtung genau festzulegen und gegen Verschieben zu sichern, wird der Innenring gegen einen festen Anschlag montiert.

Beachte im Katalog d und d_1 bei Spann- bzw. Abziehhülsen!

14.11 a) Zunächst gewählt schwerste Reihe der Rillenkugellager; ausreichend ist ein zweireihiges Schrägkugellager.

b) Maßreihe aus zwei bzw. drei Ziffern, wovon die letzte Ziffer die Durchmesserreihe angibt. Lager gleicher Durchmesserreihe haben gleiche Außendurchmesser, solche gleicher Maßreihe sind gegenseitig austauschbar.

c) Siehe Tabelle A14.5 und Hinweis b) zu Aufgabe 14.9.

14.12 Nach DIN 15264 sind Trogkettenförderer Schüttgurtförderer für vorwiegend waagrechte oder geneigte, auch senkrechte Förderung mit im Fördergut laufender Ketten mit Formstagen (DIN 15263) im geschlossenen Trog. Das Fördergut, das den Querschnitt ganz oder zu einem großen Teil ausfüllt, wird von Mitnehmern als durchgehende Schicht bewegt. Trogkettenförderer werden bei der Förderung von leichtbeweglichen körnigen, staubförmigen und kleinstückigen Schüttgütern (Mehl, Getreide, Zucker, Zement u.a.m.) eingesetzt.

a) Wähle nach Abschnitt 14.2.2 ein geeignetes Wälzlager, bei dem Verlagerungen ausgeglichen werden können. Anschlußmaße siehe Hinweis b) zu Aufgabe 14.9, ISO-Toleranzen nach Tabelle A14.5.

b) Beachte Tabellen A14.7 für h8 bzw. A14.8 Kaltziehen, normal; Prüfe Dauerhaltbarkeit (St37) Mitte Kettenradnabe.

14.13 a) Die ideellen Kräfte F und F_a sind wie ideelle Lagerbeanspruchungen F_i zu ermitteln, siehe Abschnitt 14.2.6.2.

$$F_{res\,1} = \frac{F \cdot \sqrt{2}}{2} \text{ und nach Bild b) gilt } F_1 \cdot 50 = F_a \cdot 400/2.$$

Aus den Kräfteplan mit $F_{res\,1}$ (45°) und F_1 ergibt sich als Resultierende max. F_r, aus der ideellen Lagerbeanspruchung F_a.

b) Mit F_a/C_0 wird e und mit $F_a/F_r < e$ festgestellt usw. für Rillenkugellager.

c) Siehe Tabelle A14.5.

14.14 a) Beachte Abschnitt 11.3.3.1, desgl. für überschlägige Berechnung Abschnitt 3.4.6.1 (siehe unter Gleichung (3.2) runden der Zahlenwerte); Festigkeitswerte entsprechend dem Lastfall wie St50; max. Sicherheit berücksichtigen.

Belastungsschema zur genaueren Berechnung: Oberflächen-R_t nach Tabelle A14.7 bzw. A14.8, Kerbwirkungszahl geschätzt nach Tabelle A3.5.

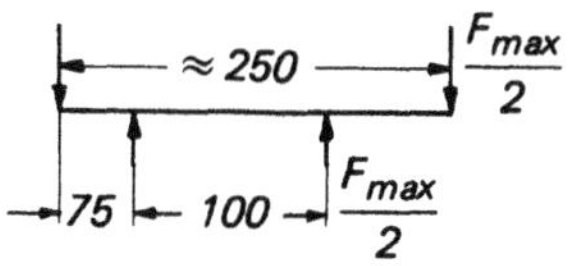

b) Entsprechend Abschnitt 14.2.6.2 wird $F_r = F_i/2$ und nach Tabelle A14.2 bzw. Katalog sind Faktoren für P zu ermitteln; beachte außerdem

$$v = \frac{d \cdot \pi \cdot n}{60} \text{ in m/s bei Bestimmung von } f_L \text{ bzw. } L_h.$$

c) Siehe Tabelle A14.5.

14.15 a) Beachte Abschnitt 14.2.4 bzw. Bezeichnung und Maße im Katalog.

b) Siehe Abschnitte 14.2.6.3 bis 14.2.6.5 bzw. Katalog.

14.16 Schrägkugellager der Reihe 72B und 73B sind selbsthaltend, einreihig, ohne Füllnut mit Berührungswinkel $\alpha = 40°$ (in Tabelle A14.1 nicht aufgeführt). Nachsetzzeichen UA bedeutet, daß sie beliebig zusammengesetzt werden können:

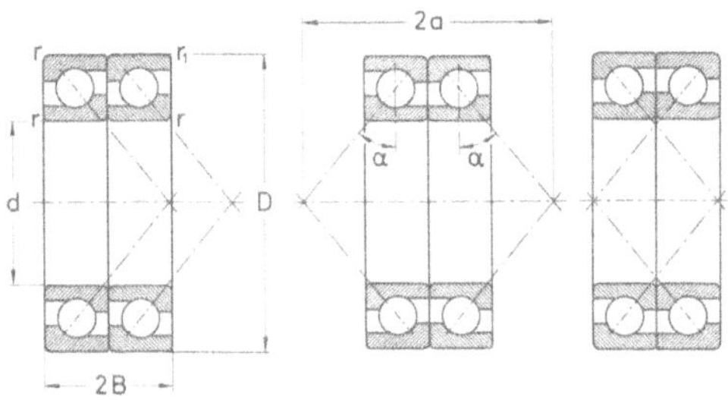

Tandem-Anordnung O-Anordnung X-Anordnung

Vorteile: Vereinfachter Einbau, größere axiale Starrheit sowie größere radiale und axiale Tragfähigkeit bei kleineren Lagerabmessungen.

Tandem-Anordnung für sehr große Axialbelastung ergibt gleichmäßige Lastaufteilung; gegen ein drittes Lager anzustellen, um die Welle in beiden Richtungen zu führen.

O-Anordnung, wenn für den Einbaufall die Welle wesentlich wärmer als das Lagergehäuse ist, und zwar durch Wärmezufuhr oder schlechtere Wärmeableitung oder *X-Anordnung* im umgekehrten Fall.

Das Spiel oder die Vorspannung der Lagerung wird beim Einbau durch Verschieben eines der Rollbahnringe eingestellt (Anstellen durch Wellenmuttern, Gewinderinge, Deckel oder Distanzscheiben). Je kleiner das Spiel bzw. je größer die Vorspannung, desto höher die Lauftemperatur.

Lagerabmessungen, dynamische Tragzahlen und äquivalente Belastung nach Katalog.

14.17 Nach Katalog gewählt für Lager 1: C_1, e_1, y_1, dsgl. Lager 2: C_2, e_2, y_2; danach Kraftverhältnisse nach Tabelle 14.2 im Buch bzw. Katalog klären; nominelle Lebensdauer nach Gleichung (14.6) für Lager 1: L_{h1} (P_1, f_{L1}, f_n),
Lager 2: $L_{h2}(P_1, f_{L1}, f_n)$.

14.18 Siehe Aufgabe 14.17.

14.19 a) Beachte Abschnitt 14.2.9.2, ferner die Abschnitte 14.2.2 bzw. 14.2.5 für die Lagerauswahl.

b) Da die Kräfte in verschiedenen Ebenen wirken, wird die Ermittlung der Auflagerkräfte zweckmäßig in zwei senkrecht aufeinanderstehenden Ebenen (horizontal x-Ebene, vertikal y-Ebene) durchgeführt; vgl. Abschnitt 11.3.2.2, Bild 11-4; aus der perspektivischen Skizze, Bild b ergibt sich schematisch:

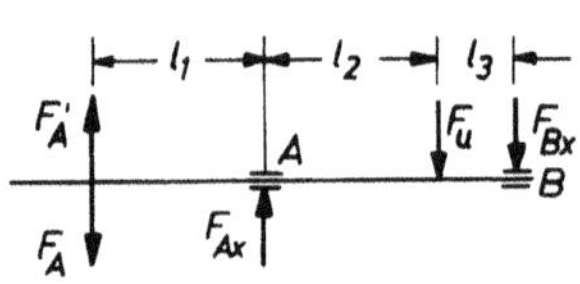

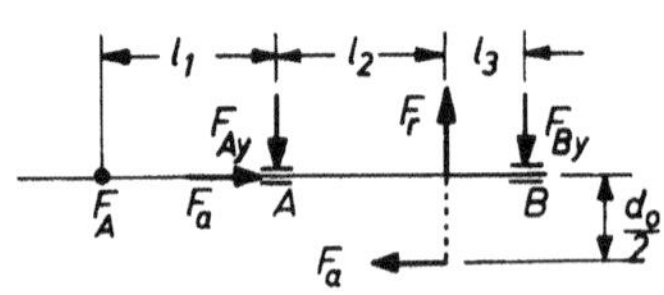

Beachte: Wellenbelastung in der x-Ebene einmal F_A in Richtung F_u, das andere Mal F'_A entgegen F_u gerichtet, d. h. Ermittlung von F_{Ax}, F_{Bx} bzw. F'_{Ax}, F'_{Bx}; in der y-Ebene wirken F_r mit F_a, d. h. Ermittlung von F_{Ay}, F_{By}; resultierende Auflagerkräfte $F_{Ar} = \sqrt{F_{Ax}^2 + F_{Ay}^2}$ bzw. $F'_{Ar} = \sqrt{F'^2_{Ax} + F_{Ay}^2}$ und $F_{Br} = \sqrt{F_{Bx}^2 + F_{By}^2}$ bzw. $F'_{Br} = \sqrt{F'^2_{Bx} + F_{By}^2}$.

Berechnung der geeigneten Wälzlager nach Abschnitt 14.2.6.3 mit 14.2.6.1 bzw. Katalog.

c) Siehe Abschnitte 14.2.6.4 und 14.2.6.5, ISO-Toleranzen Tabelle A14.5.

14.20 Beachte Abschnitt 14.2.6.2 Gleichung (14.4) mit $F_1 \mathrel{\hat{=}} F_{AN}$ bei $n_1 \mathrel{\hat{=}} n_N$ und $F_2 \mathrel{\hat{=}} F_{AV}$ bei $n_2 \mathrel{\hat{=}} n_V$; Lagerwahl nach Katalog, da Lager nicht in Tabelle A14.1 aufgeführt.

14.21 Die Wagen dienen zum Beschicken von Tunnelöfen; ihre Fahrgeschwindigkeit ist klein und damit die Achsendrehzahl gering, d. h. maßgebend Abschnitt 14.2.8.

Die hohe Betriebstemperatur wird sinngemäß wie bei Gleichung (14.6) dynamisch belasteter Lager berücksichtigt.

14.22 Radiale Lagerkräfte $F_{Ar} = F_{Br} \mathrel{\hat{=}} F_{ro} = F \cdot 60/30$; Axialkraft $F_a = F \mathrel{\hat{=}} F_{ao}$ nimmt Lager A auf; Prüfung nach Abschnitt 14.2.8, Gleichung (14.11).

14.23 Statisch belastetes Lager; etwaige Stöße sind mit der kleinsten Tragsicherheit zu berücksichtigen.

14

14.24 Vgl. Abschnitt 14.2.13, Beispiel 14.4 (beachte Kraft F und Gewichtskraft F_G). Auftretende Stöße sind mit der kleinsten Tragsicherheit ausreichend berücksichtigt.

14.25 a) Siehe Abschnitt 14.3.3.1; beachte die Länge b der Buchsen bzw. die Blechdicken.

b) Skizziere zweckmäßig die Querkraftfläche, wobei berücksichtigt werden soll, daß die Radkraft über die Buchsen als Streckenlast auf die Achse übertragen wird (vgl. Abschnitt 11.7, Beispiel 11.1). Die Stelle des maßgebenden größten Biegemomentes $M_{b\,max}$ läßt sich hieraus am einfachsten ableiten.

Beachte ferner, daß die Schmierlöcher (Querbohrungen) wohl nicht an der Stelle von $M_{b\,max}$ liegen, aber für die Lochstelle das Biegemoment etwas kleiner ist, so daß zweckmäßig dessen Einfluß durch einen an der unteren Grenze liegenden Wert für β_k bei der Festigkeitsnachprüfung berücksichtigt werden soll.

14.26 a) Siehe Abschnitte 14.3.2 und 14.3.5.

b) Siehe Abschnitt 14.3.3.1 mit $b/d_1 = 1 \dots 2$, sowie Tabelle A14.9 $p_{m\ zul}$ für St gehärtet aus Gleichung (14.12).

c) Siehe Abschnitte 11.5.2 und 11.5.4; beachte $\sigma_{B\min}$, Bild A3-7 sowie Tabelle A3.5 für abgesetzte Welle (Lagerzapfen); Tabelle A14.8; d_2 nach Abschnitt 14.3.7.1, Passungen siehe auch Tabelle 2.3 im Lehrbuch.

14.27 a) Siehe Abschnitt 14.3.3.1.

b) Siehe Abschnitt 11.5.2, Bild 11-14a; beachte Tabelle A14.8.
$\eta = 10\ \text{P} \hat{=} 1{,}0\ \text{P}$ Kommafehler usw. bis $\eta = 600\ \text{P} \hat{=} 60{,}0\ \text{P}$.)

14.28 Siehe Abschnitt 14.3.3.1 und beachte: $1\ \text{g/cm}^3 = 10^3\ \text{kg/m}^3$, dynamische Viskosität Einheit 1 P = 100 cP (Centipoise), kinematische Viskosität Einheit 1 St = 100 cSt (Centistokes). Dichte bei t °C: $\rho_{(t)} \approx \rho_{(20)} - 0{,}00065\,(t - 20)$, außerdem gilt nach Gleichung (14.19) $1\ \text{cSt} = 1\ \text{cP} \cdot \frac{1}{\rho}\ \text{cm}^3/\text{g} = 0{,}01\ \text{St}$.

14.29 Siehe Bild A14-7 nach Umrechnung mit Gleichung (14.20). Beachte bei Angabe $\eta = 10\ \text{P} \hat{=} 1{,}0\ \text{P}$ (Kommafehler) usw. bis $\eta = 600\ \text{P} \hat{=} 60{,}0\ \text{P}$.

14.30 Siehe Abschnitt 14.3.3.5.

a) Berechnungsgang Fall 1 etwa c) bis g); beachte Tabelle A14.8;

b) dsgl. i) bis l).

Beachte: Das auf Grund der gegebenen Passung festgestellte relative Lagerspiel aus Bild A14-5 ist ein mittleres Lagerspiel, das mit großer Wahrscheinlichkeit erwartet werden kann. Tatsächlich wird sich jedoch bei einem moglichen Größtspiel S_g bzw. Kleinstspiel S_k entsprechend ψ_{max} bzw. ψ_{min} ergeben, womit sich abweichende Lagerungsverhältnisse einstellen, die natürlich nicht vorauszusehen sind (vgl. unter Gleichung (14.14)).

14.31 a) Beachte Abschnitt 2.4.1 und Hinweis zu Aufgabe 14.30 zum relativen Lagerspiel.

b) Siehe Abschnitt 14.3.3.1 Sommerfeldzahl und Bild A14-6, wenn η für N 144 bei 75 °C entsprechend Bild A14-7 eingesetzt wird.

c) Siehe Abschnitt 14.3.3.1 Mindest-Schmierschichtdicke; überlege beim Ermitteln von h_0 aus der relativen Schmierschichtdicke welche Werte eingesetzt werden; beachte Tabelle A14.8.

14.32 Nach Bild A14-4 ist zunächst für p_m und v das mittlere relative Lagerspiel ψ zu ermitteln. Mit h_0 und δ kann für b/d nach Bild A14-6 *So* bestimmt werden.
Für t siehe Abschnitt 14.3.3.3; Normalschmieröl damit nach Bild A14-7.

14.33 a) Siehe Abschnitt 14.3.2, insbesondere Tabelle 14.4 im Buch bzw. Tabelle A14.10.
b) Siehe Abschnitt 14.3.3.1 relatives Lagerspiel, Passung.
c) Siehe Abschnitt 14.3.3.5, Fall 2a und b, wenn entsprechend η nach Gleichung (14.20) Normalschmieröl bei t einzusetzen ist.
d) Siehe Abschnitt 14.2.6; Lager aus Katalog wählen.

14.34 Siehe Abschnitt 14.3.3.1, Übergangsdrehzahl.

14.35 a) Das Schmieröl wird entsprechend dem Temperatur-Viskositäts-Schaubild für t ausgesucht.
Für normale Betriebsverhältnisse wird eine ausreichende Schmierung gegeben sein, wenn die Übergangsdrehzahl $n_{ü2}$ etwa zwischen 10 ... 20 % der Betriebsdrehzahl n liegt. Der kleinere Wert ist dem höher beanspruchten Lager zugeordnet; vgl. Abschnitt 14.3.3.1, Übergangsdrehzahl.
b) Beachte Bild A14-7.

14.36 Rohrmühlen sind zylindrische Trommeln aus Stahlblech und dienen zum Zerkleinern von Steinen, Schlacken u.dgl. Das dargestellte Lager trägt eine Trommel von etwa 2,5 m Durchmesser und 12 m Länge. Die Antriebsleistung beträgt etwa 750 kW.
a) Siehe Abschnitt 14.3.3.1, mittlere Flächenpressung, und für Ölviskosität Übergangsdrehzahl.
b) Mittels So wird μ bestimmt (vgl. Abschnitt 14.3.3.3), da gilt Reibungsleistung $P_R = F \cdot \mu \cdot v$ in Nm/s (W, kW) für v in m/s.

14.37 Reibungsleistung je Pleuellager P_{R1} wie Lösungshinweis zu Aufgabe 14.36b.
Im einzelnen sind zu ermitteln:
a) relatives Lagerspiel ψ entsprechend der Passung,
b) Viskosität η in P bei t,
c) mittels Sommerfeldzahl So die Lagerreibungszahl μ,
d) Gesamt-Reibungsleistung $P_R = 6 \cdot P_{R1}$; F aus Gleichung (14.12).

14.38 a) Siehe Abschnitt 14.3.3.1, Übergangsdrehzahl, beachte Gleichung (14.20).
b) Bestimme für die gewählte Passung das mittlere Lagerspiel $S_m = \frac{S_g + S_k}{2}$ und damit das mittlere relative Lagerspiel ψ. Danach beachte die Abschnitte 14.3.3.2 und 14.3.3.3 zur Ermittlung von Q und Q_R. Die erforderliche Kühlölmenge $Q_k \mathrel{\hat{=}} Q$ reicht nicht aus, wenn $(t_2 - t_1) > \Delta t$. Die notwendige Kühlwassermenge $Q_k \mathrel{\hat{=}} Q_{kW}$ ist mit $\Delta t = t_2 - t_1$ zu ermitteln.

14

14.39 a) Im einzelnen werden auf Grund der Gleitflächengüten ermittelt: Die geringste Schmierschichtdicke h_0, die relative Schmierschichtdicke δ mit ψ nach Passung; Grenzwerte prüfen und nach Bild A14-6 wird *So* abgelesen, woraus η in P errechnet und in cSt umzurechnen ist.

b) Mit der im Lager erzeugten Reibungswärme Q_R läßt sich t errechnen, womit aus dem Temperatur-Viskosität-Schaubild ein geeignetes Normalschmieröl bestimmt werden kann.

c) Siehe Abschnitt 14.3.3.1, Übergangsdrehzahl; beachte Hinweis zu Aufgabe 14.35.

14.40 Im einzelnen sind mit den Angaben nach Aufgabe 14.39 zu ermitteln:

a) Die Viskosität η des verwendeten Normalschmieröls bei t_{max}.

b) Die erforderliche Viskosität η_{erf} nach Abschnitt 14.3.3.3, die bei leicht bewegter Luft und der Raumtemperatur t_0 zur Lagertemperatur t_{max} führen würde.

Beachte: Druckfehler in Gleichung (14.27) $t \approx ... \sqrt{\eta} + t_0$, woraus η_{erf} errechnet wird.

Danach ist zu vergleichen, ob die Forderung $t < t_{max}$ im Betriebszustand erfüllt ist, weil mit zunehmender Viskosität die Lagertemperatur bei sonst gleichen Verhältnissen höher wird.

c) Die mit dem verwendeten Normalschmieröl sich tatsächlich einstellende ungefähre Lagertemperatur t ist durch Probieren zu bestimmen, in dem nach Einsetzen aller bekannten Daten, für t verschiedene Werte z. B. zwischen 50 °C und 60 °C eingesetzt werden und die zu t gehörigen Werte für η aus dem Temperatur-Viskositäts-Schaubild herausgelesen werden.

Die ungefähre Lagertemperatur t ist gefunden, wenn beide Seiten der Gleichung etwa den gleichen Wert ergeben. Danach ist die sich ergebende Viskosität η bei t festzustellen.

d) Die Übergangsdrehzahl $n_{ü2}$.

14.41 a) Siehe Abschnitte 14.3.2 und 14.3.3.1, mittlere Flächenpressung.

b) Siehe Abschnitt 14.3.3.5, Fall 2 etwa a) bis c) für η mit Gleichung (14.20) und Temperatur-Viskositäts-Schaubild bei t.

c) Siehe Abschnitt 14.3.3.2; $\Delta t = t_2 - t_1$ mit $Q \triangleq Q_K$ nach Abschnitt 14.3.3.3 feststellen und vergleichen; aus Gleichung (14.30) t_1 ermitteln.

d) Siehe Abschnitt 14.3.3.3, erforderliche Kühlölmenge und Abschnitt 14.3.3.4 nach Bild A14-8, Zuführ-Überdruck.

14.42 Nach Angaben von *G. Vogelpohl* von *K. Bauer* empfohlen und bei ca. 1/3 der Wälzlagerkosten ohne Beanspruchung in Betrieb genommen.

a) Siehe Abschnitt 14.3.3.1, Übergangsdrehzahl.

b) Siehe Abschnitt 14.3.3.3, Lagertemperatur; beachte Hinweise zu Aufgaben 14.29 und 14.40 (Druckfehler).

14.43 Für die Lösung a) bis c) siehe Abschnitt 14.3.4.2; beachte Bild A14-7, wenn η aus Gleichung (14.37) bei t ermittelt.

14.44 a) Trotz der Ergebnisse der Wälzlager-Berechnung wird die Lebensdauer wesentlich durch die Art des Betriebes beeinflußt z. B. statt gleichmäßiger Last plötzliche kurzzeitige und fortlaufende Stoßbelastung führt zu früheren Ermüdungsbruch; siehe Abschnitt 14.2.6.3 und 14.2.7.

b) Nach Abschnitt 14.3.4.2 $d_m = (D + d)/2$; $b = (D - d)/2$, $l \approx 0{,}9 \cdot d_m \cdot \pi/12$, günstige Verhältnisse vergleichen.

c) Siehe Abschnitt 14.3.4.2; Nachweis $F_{max} > F$ und $n_{ü2} < n$.

14.45 a) Siehe Abschnitt 14.3.9.2 mit Tabelle A14.10, es gilt $(p_m \cdot v) \leqslant (p_m \cdot v)_{zul}$.

b) Siehe Abschnitt 14.3.9.3 mit $\psi = S_{min}/d$ aus Bild A14-5.

14.46 a) Siehe Hinweis zu Aufgabe 14.45a).

b) Beachte Angabe nach Tabelle A14.10, Polyamid allgemeine Hinweise; siehe Hinweis zu Aufgabe 14.45b).

14.47 Eine schwimmende Buchse ist eine allseitig lose sitzende Buchse, die also sowohl gegen den Bolzen als auch gegen die äußere Metallhülse ein Spiel aufweist. Solche Lagerungen bewähren sich besonders bei Gelenken. Beachte Tabelle A14.10.

14.48 a) Siehe Abschnitte 14.3.9.4, Gestaltung und 14.3.9.2.

b) Mit dem vorhandenen Belastungswert ist aus Gleichung (14.40) $\Delta t = t' - t_0$ bzw. t' zu ermitteln.

c) Siehe Abschnitt 14.3.9.3 mit Tabelle 2.1 im Buch.

14.49 a) Siehe Hinweis zu Aufgabe 14.48a); beachte Fördergeschwindigkeit $v_F \neq$ Lager-Gleitgeschwindigkeit v.

b) Siehe Hinweis zu Aufgabe 14.48b).

14.50 Es handelt sich um ein im Spritzgußverfahren hergestelltes geteiltes Lager, dessen beide Hälften vollkommen gleich sind. Die Lagerschalen werden durch Schrauben zusammengehalten, die gleichzeitig die Befestigung mit der Fußplatte o. dgl. übernehmen. Stahlhülsen in den Polyamidschalen sollen ein Kriechen des Werkstoffes unter der Schrauben-Vorspannkraft verhindern.

a) und b) siehe Abschnitt 14.3.9.2;

c) siehe Hinweis zu Aufgabe 14.48c).

15. Zahnräder und Zahnradgetriebe

15.1 a) Siehe Abschnitt 15.4.
b) Siehe Abschnitt 15.3.

15.2 Vgl. Hinweise zu Aufgabe 15.1.

15.3 Vgl. Hinweise zu Aufgabe 15.1.

15.4 Siehe Abschnitt 15.8.6.

15.5 Siehe Abschnitt 15.6.4 und Bild A15-2.

15.6 a) Siehe Abschnitt 15.7.5, Punkt 2.
b) Siehe Abschnitt 15.7.3 mit 15.7.6 bzw. Tabelle 15.2.

15.7 a) Vgl. Hinweis zu Aufgabe 15.6; vgl. Beispiel 15.1 in Abschnitt 15.7.11.
b) Siehe Abschnitte 15.7.6 und 15.7.7 mit Tabelle A15.3

15.8 a) Siehe Abschnitte 15.7.3 und 15.7.8 mit Bild 15-23.
b) Siehe Abschnitte 15.7.6 V-Getriebe und 15.7.7 sowie Bild A15-1.
c) Abweichung für a_v nach Gleichung (15.22) und (15.18).

15.9 Siehe Abschnitte 15.7.3, 15.7.5 sowie 15.7.7 Gleichung (15.22), (15.23) und 15.7.8.

15.10 a) Siehe Abschnitt 15.7.8 mit Bild 15-23 sowie Abschnitte 15.7.6 und 15.7.7.
b) Siehe Abschnitt 15.7.10, Tabellen.

15.11 a) Siehe Abschnitt 15.7.7 mit 15.7.4.
b) Siehe Abschnitt 15.7.6 bzw. Tabelle 15.3 zu Abschnitt 15.7.10.

15.12 a) Vgl. Hinweis zu Aufgabe 15.11a.
b) Vgl. Hinweis zu Aufgabe 15.11b.

15.13 a) Siehe Abschnitt 15.8.3.
Beachte: Befinden sich mehrere Zahnräder auf einer Welle, so wirken die Zahnkräfte bzw. deren Komponenten F_u, F_r in verschiedenen Ebenen.

Für die Festlegung der Komponentenrichtung gelten folgende Richtlinien:

1. Die Umfangskraft F_{u2} am getriebenen Rad wirkt im Drehsinn, F_{u3} am treibenden Rad entgegen dem Drehsinn.
2. Die Radialkraft ist am jeweiligen Rad zum Mittelpunkt gerichtet.

b) Vgl. auch Abschnitte 11.3.1 und 11.3.2.2.
Äußere Kräfte sind Zahnkräfte bzw. deren Komponenten, die nach den Regeln der Statik (Kraft-Gegenkraft) auf die Radmitte (Wellenachse) zu verschieben sind, und die Lagerkräfte bzw. deren Komponenten $F_{Ax}, F_{Bx}, F_{Ay}, F_{By}$. Die Eigengewichtskräfte werden bei Bestimmung der Lagerkräfte meist vernachlässigt.

15.14 a) Siehe Abschnitt 15.8.4.1, Fall 1.
b) Die Zusammenhänge zwischen z_1, t_0 und L_z sind zweckmäßig anhand einer Skizze für einige Zähne zu überlegen.
c) Siehe Abschnitt 15.8.4.4 mit $F_u \mathrel{\hat{=}} F$.

15.15 a) Siehe Abschnitt 15.8.4.1, Fall 1, vergleiche mit d_{01} nach Gleichung (15.1).
b) Siehe Abschnitt 15.8.4.4.
c) Hebelgesetz nach Bild zur Aufgabe.

15.16 a) Siehe Abschnitt 15.8.4.4 aus Gleichung (15.31) mit $F_u \mathrel{\hat{=}} F$ bei Wechselbelastung für gegebenen Werkstoff aus Tabelle A15.2, m mit $b = 15 \cdot m$ errechnen und nach DIN 780 (Tabelle A15.1) festlegen. Beachte für die Zahnstange $z = \infty$.
b) Siehe Abschnitt 15.8.4.5; beachte p_D nach Tabelle A15.2 Änderung der Werkstoffe und Abschnitt 15.8.4.2; $z = \infty$ dsgl. $u = \infty$.
c) Arbeitsgeschwindigkeit gleich Umfangsgeschwindigkeit des Wälzkreises; beachte Drehzahl $n_R = 2\,n_A$.

15.17 a) Für $i = n/n_2$ zunächst n_2 aus der Fahrgeschwindigkeit v ermitteln; ferner gilt $\eta = P_1/P$.
b) Siehe Abschnitt 15.8.4.1, Fall 1 vergleiche mit d_{01} nach Gleichung (15.1).
c) Siehe Abschnitte 15.8.3, 15.8.4.4 und 15.8.4.5, vgl. auch Abschnitt 15.10. Beispiel 15.3 Lösung d) und e).

15.18 Zunächst untersuchen, ob d_{01} nach Gleichung (15.1) größer als d_{01} nach Gleichung (15.27).
Beachte Tragkraft $F_L \approx 10 \cdot m_L$; Lastmoment $M_L = F_L \cdot D_{ok}/2 = M_H \cdot i \cdot \eta_{ges}$, wenn das Kraftmoment $M_H = F_H \cdot D_{oH}/2$ für die Handzugkraft F_H und der (Gesamt-)Wirkungsgrad η_{ges} ist.

Für $c_S = 1$ wird nach Abschnitt 15.8.3 mit dem Drehmoment $M_{t1} \approx M_H \cdot \eta_1$ die Umfangskraft $F_{u1} = F_{u2}$ für die Nachprüfung der Tragfähigkeit nach den Abschnitten 15.8.4.4 (beachte σ_B nach Tabelle A15.2) und 15.8.4.5 ermittelt. Vgl. allgemein Abschnitt 15.10, Beispiel 15.3, insbesonders Lösung e).

15.19 a) Siehe Abschnitt 15.8.4.1, Fall 1 für kleine Umfangsgeschwindigkeit $v_u < 1$ m/s; beachte Wahl von ψ_d nach Bild 15-28 und etwa Mittelwert ψ_m für normale Wellenlagerung auf Gerüsten, ferner die Abschnitte 15.3 und 15.8.4.3 sowie 15.16.1.

b) Siehe Abschnitt 15.8.3 für $M_{t1} = F_H \cdot R \cdot \eta_L$ und $c_S = 1$ sowie Abschnitte 15.8.4.4 und 15.8.4.5; beachte Kurbelgeschwindigkeit v_K gleich Ritzelumfangsgeschwindigkeit am Teilkreis; vgl. Abschnitt 15.10, Beispiel 15.3, insbesonders Lösung e).

15.20 a) $F \approx 10 \cdot m$; mit dem Lastmoment M_L, dem Kraftmoment M_K und dem Wirkungsgrad η ist i zu errechnen, vgl. Abschnitt 15.10, Beispiel 15.3, Lösung a).

Nach Abschnitt 11.3.4.2 überschlägig mit M_K unter Berücksichtigung der Paßfederverbindung entsprechend Abschnitt 11.3.5 bzw. 12.3.5 vorzugsweise nach DIN 3 d_1 wählen und nach den Abschnitten 15.8.4.1, Fall 1 sowie 15.3 Hauptabmessungen und nach Abschnitt 15.8.4.3 mittlere Verzahnungsqualität festlegen.

b) Mit $M_{t1} = M_K \cdot \eta_L$ wird $F_{u1} = F_{u2}$ errechnet, womit für Ritzel aus St 50 und Rad aus GG-20 die Zulässigkeit der Zahnfuß-Tragfähigkeit nach Abschnitt 15.8.4.4 und die Flanken-Tragfähigkeit nach Abschnitt 15.8.4.5 für v_K nachzuweisen sind, vgl. Abschnitt 15.10, Beispiel 15.3.

c) Mit F_{n1} nach Abschnitt 15.8.3 sind die Lagerkräfte F_A, F_B zu errechnen, womit zunächst nach Abschnitt 14.3.3.1 einschließlich Abschnitt 14.3.7.2 die mittleren Flächenpressungen geprüft werden.

Nach Abschnitt 11.3.4.2 wird durch genauere Berechnung die Dauerhaltbarkeit geprüft, vgl. auch Abschnitt 11.7, Beispiel 11.3.

15.21 a) Beachte Abschnitt 15.4 zu i_{ges} mit Abschnitt 16.5.3 für Durchmesser der Keilriemenscheiben zu Übersetzung i_1.

Zur Vorwahl der Hauptabmessungen siehe Abschnitt 15.8.4.1, Fall 1 mit Abschnitt 15.3, Achsabstand-Abmaße siehe über Gleichung (15.4) mit Abschnitt 15.8.4.3.

b) Beachte zunächst Abschnitt 15.8.3 für $F_{u1} = F_{u2}$. Nachprüfung der Tragfähigkeiten nach Abschnitten 15.8.4.4 (Schwellbelastung) und 15.8.4.5 (Dauergetriebe) ggf. Werkstoffänderung nach Tabelle A15.2 entsprechend Abschnitt 15.8.4.2.

c) Beachte Abschnitt 15.8.3.1. Nachprüfung des Keilnutenquerschnitts auf Verdrehung siehe Abschnitt 11.3.4.1, vgl. Abschnitt 3.4.6.2, und des Übergangsquerschnittes auf Biegung und Verdrehung siehe Abschnitt 11.3.4.2 (Genauere Berechnung).

15.22 a) Beachte Abschnitt 15.4: $i_1 = n_1/n_2, i_2 = n_2/n_3$.
Hauptabmessungen nach Abschnitt 15.8.4.1, Fall 1 mit Abschnitt 15.3 und Abschnitt 15.8.4.3.
b) Siehe Abschnitte 15.8.4.4 und 15.8.4.5, Schmierung siehe Abschnitt 15.17.1 (geschlossenes Gehäuse-Tauchschmierung) Dauergetriebe.

15.23 a) Siehe Abschnitt 15.8.4.1, Fall 1 d_{01} grob vorwählen und damit v_u errechnen.
b) Es gilt $P = P/n_1 \cdot n_{1\,max}$, beachte Drehstrom-Norm-Motoren nach Tabelle A16.9; siehe Abschnitte 15.8.4.4 (Wechselbelastung) und 15.8.4.5.

Auf die Nachprüfung der Zahnfuß-Tragfähigkeit des innenverzahnten Rades wird hier verzichtet, da diese im Lehrbuch nicht behandelt ist. In den meisten Fällen wird sich auch eine Nachprüfung erübrigen, sofern der Werkstoff solcher Räder festigkeitsmäßig nicht sehr viel schwächer ist als der des Ritzels, da deren Zähne am Fuß erheblich stärker sind als bei vergleichbaren außenverzahnten Rädern. Eine etwaige überschlägige Kontrollrechnung könnte wie für die Zähne einer Zahnstange durchgeführt werden. Die tatsächliche Biegespannung am Fuß der Innenzähne würde dann noch kleiner sein als die der Zahnstange gleichen Moduls.

Auch die Nachprüfung der Flanken-Tragfähigkeit ergibt nur angenäherte Werte, denn auch hier sind die Verhältnisse tatsächlich günstiger, als das rechnerische Ergebnis zeigt. Die angewandte Gleichung gilt genau genommen nur für außengekrümmte Zahnflanken, also für Außenverzahnungen. Im vorliegenden Fall arbeiten aber außen- und innengekrümmte Flanken zusammen, so daß sich kleinere Flächenpressungen als die berechneten ergeben.

15.24 a) Siehe Abschnitt 15.9.2.3 mit Abschnitt 15.9.2.2.
b) Siehe Abschnitt 15.9.3 mit Abschnitte 15.9.2.1 und 15.9.2.2 sowie 15.9.4.1 für z_{v1}.
c) Abweichung $\epsilon_{ges} - \epsilon$ mittels Bild A15-2 (ϵ für entsprechendes Geradstirnradpaar).

15.25 a) Siehe Abschnitt 15.9.2.3 und beachte Gleichung (15.40).
b) Siehe Abschnitt 15.9.3 mit Abschnitte 15.9.4.1 und 15.9.2.1.

15.26 Siehe Abschnitt 15.9.4, insbesonders 15.9.4.3 für V-Null-Räder bzw. -Getriebe.

15.27 a) Siehe Abschnitt 15.9.4.3 mit Abschnitten 15.7.7 und 15.7.8.
b) wie a).

15.28 Beachte Abschnitt 15.4; in $a_{01} = a_{02}$ wird $z_4 = i_2 \cdot z_3$ eingesetzt und zuerst z_3 bestimmt.

V-Räder mit positiver Profilverschiebung erforderlich, da $a_{02} < a_{01}$.

15.29 a) Für die Richtungen der Umfangskraft F_{u2} (getriebenes Rad) und der Radialkraft F_{r2} gilt Lösungshinweis zu Aufgabe 15.13a). Die Richtung der Radialkraft F_{a2} ergibt sich nach Bild 15-39b); beachte die Lage des Wälzpunktes C.

b) Beachte, daß für die Wellenbelastung die Radialkraft F_{r2} und die Axialkraft F_{a2} im Abstand $d_{02}/2$ stets in der gleichen Ebene liegen; siehe auch Abschnitt 11.3.2.2, Bild 11-4.

c) Durch die Axialkraft F_{a2} entsteht in der horizontalen Ebene ein Sprung des Biegemomentes von M_b' auf $M_b \mathrel{\hat{=}} M_{b\,max}$ (Kippwirkung); vgl. Bild 11-4.

15.30 a) Siehe Abschnitt 15.9.6.1, Fall 1 mit den Abschnitten 15.8.4.1 und 15.8.4.2.

b) Siehe Abschnitte 15.9.6.2 Nachprüfung der Zahnfuß-Tragfähigkeit und 15.9.6.3, für Schmierung Abschnitt 15.17 und Bild A15-9.

15.31 a) Siehe zunächst Abschnitt 15.8.5; mit Abschnitt 15.8.4.1 grobe Wahl d_{01} und entsprechend v_u kleinste z_1 festlegen, beachte Abschnitt 15.9.6.1, Fall 1; Zahnbreiten auf Endziffer 0 bzw. 5 wählen.

b) Ausführung als Ritzelwelle; da als Nullräder $a_{02} < a_{01}$ positive Profilverschiebung nur für Ritzel (keine Spitzenbildung) ψ_d zwischen Kurve b und c wählen.

c) Zunächst siehe Abschnitt 15.9.5, danach Vorwahl der Werkstoffe nach Abschnitt 15.16.1 für 1. und 2. Stufe mit Abschnitte 15.9.6.2 und 15.9.6.3.

15.32 a) Siehe unter Kapitel 15.11.2.1 und 15.11.6.

b) d_{03} nach Gleichung (15.67) mit Belastungskennwert c_0 nach Tabelle 15.5.

c) Siehe unter 15.11.6; setze $b \approx 10 \cdot m_n$.

d) Für vorliegenden Achsenwinkel $\delta = 90°$ ist Gleichung (15.66) zweckmäßig. Zur Ermittlung der von der Welle II zu übertragenden Leistung ist der Gesamtwirkungsgrad maßgebend.

15.33 Führe im einzelnen folgende Rechnungen aus:

a) Die Teilkegelwinkel δ_{01} und δ_{02} für beide Räder sind zu ermitteln nach Gleichung (15.71).

b) Der mittlere, möglichst kleine Teilkreisdurchmesser d_{m2} des aufzusetzenden Ritzels ist vorzuwählen, und mit einer gewählten Zähnezahl $z_2 = 20$ sind die Zähnezahl z_1 des treibenden Rades, die Zahnbreite b, wobei ein für die Ritzelzähnezahl z_2 passendes Breitenverhältnis zu wählen und b gleichzeitig hinsichtlich des Bauverhältnisses zu prüfen ist, ferner ist der äußere Modul m zu ermitteln (siehe unter 15.12.6 Lehrbuch).

c) Die noch fehlenden endgültigen Abmessungen der Räder sind festzulegen: die äußeren Teilkreisdurchmesser d_{01} und d_{02}, die Spitzenentfernung R_a, wonach das Verhältnis zur Zahnbreite zu prüfen ist, ferner die Kopf- und Fußkegelwinkel δ_k und δ_f beider Räder und die Kopfkreisdurchmesser d_{k1} und d_{k2} (siehe unter 15.12.2.3 Lehrbuch).

d) Die Zahnfuß-Tragfähigkeit des Ritzels ist zu prüfen, d. h. die Biegespannung am Zahnfuß zu ermitteln und danach ein geeigneter Stahl vorzuwählen, wobei mit Wechsellast bei etwa mittlerer Sicherheit zu rechnen ist und extreme Betriebsverhältnisse nicht anzunehmen sind.

e) Die Zahnfuß-Tragfähigkeit des Rades ist zu prüfen und, wie vorher für das Ritzel, ein geeigneter Gußwerkstoff zu wählen.

f) Die Flanken-Tragfähigkeit der Räder ist zu prüfen und, falls erforderlich, die Werkstoffe zu ändern und erneut zu prüfen sind.

Hinweis: Beachte, daß das Ritzel das kleinere der beiden Räder ist, jedoch hier nicht das treibende und somit den Index 2 erhält.

15.34 Im einzelnen sind folgende Rechnungen durchzuführen:

a) Der mittlere, möglichst kleine Teilkreisdurchmesser d_{m1} des auf die Motorwelle mit $d = 38$ mm Durchmesser aufzusetzenden Ritzels ist etwa zu bestimmen.

b) Die Zähnezahlen z_1 und z_2 des Ritzels und des Rades sind festzulegen, und zwar so, daß die geforderte Übersetzung genau eingehalten wird.

c) Die Breite b der Zähne ist zu bestimmen, wobei der Wert auf Endziffer 0 bzw. 5 zu runden ist und die übliche Kontrolle hinsichtlich eines günstigen Bauverhältnisses durchzuführen ist.

d) Der auf volle Grade gerundete Schrägungswinkel β_m und der zum nächstkleineren Norm-Modul nach DIN 780, Reihe 1, gerundete äußere Normalmodul m_n sind festzulegen.

e) Mit den bisher ermittelten, festliegenden Daten sind die genauen Abmessungen der Räder festzulegen: Teilkegelwinkel δ_{01} und δ_{02}, äußere Teilkreisdurchmesser d_{01} und d_{02}, Spitzenentfernung R_a, Kopf- und Fußwinkel κ_k und κ_f, Kopfkreisdurchmesser d_{k1} und d_{k2}, mittlere Teilkreisdurchmesser d_{m1} und d_{m2} und mittlerer Normalmodul m_{nm}.

15.35 Zweckmäßig ist in nachstehend aufgeführter Reihenfolge für das Kegelradpaar festzulegen bzw. zu prüfen:

a) ein erfahrungsgemäß für Universal-Getriebe geeigneter Baustahl für das Ritzel und ein Gußwerkstoff für das Rad, wobei von den in Frage kommenden Werkstoffen zunächst die festigkeitsmäßig schwächeren zu wählen sind;

b) die Zahnfuß-Tragfähigkeit des Ritzels, wenn sicherheitshalber mit Wechselbelastung bei möglichst hoher Sicherheit zu rechnen ist und folgende Betriebsbedingungen anzunehmen sind: Anlauf „mittel“, Vollast mäßige Stöße und 8 h tägliche Laufzeit;

c) die Zahnfuß-Tragfähigkeit des Rades;

d) die Flanken-Tragfähigkeit der Räder und ob danach und nach den Ergebnissen zu b) und c) die vorgewählten Werkstoffe zu ändern sind oder auch schwächere Werkstoffe ausreichen würden. Siehe umseitige Hinweise.

15

Hinweise: Zu b), c) und d) können wegen der verhältnismäßig geringen Belastungen der Überdeckungsfaktor und Zahnlängenfaktor ohne Berechnung gleich 1 gesetzt werden.

15.36 Im einzelnen sind folgende Rechnungen durchzuführen:

a) Die Übersetzung i des Kegelradpaares ist zu ermitteln.

b) Der möglichst kleine mittlere Teilkreisdurchmesser d_{m1} des auf die Motorwelle zu setzenden Ritzels und die Zähnezahlen z_1 und z_2 sind vorzuwählen, wobei z_1 aus dem in Frage kommenden Bereich so zu wählen ist, daß mit i die Zähnezahl z_2 möglichst genau eine ganze Zahl wird.

c) Die Zahnbreite b und der mittlere Schrägungswinkel β_m sind festzulegen, wobei der übliche Größtwert für β_m nicht überschritten werden soll.

d) Die Teilkegelwinkel δ_{01} und δ_{02} und der äußere Normalmodul m_n sind zu bestimmen, wobei für m_n der zum berechneten nächstliegenden Norm-Modul nach DIN 780 der Reihe 1 festzulegen ist.

e) Mit den bisher ermittelten Daten sind die genauen Radabmessungen festzulegen: die äußeren Teilkreisdurchmesser d_{01} und d_{02}, die Spitzenentfernung R_a, die Kopfkegelwinkel δ_{k1} und δ_{k2}, der Fußwinkel κ_f und die Kopfkreisdurchmesser d_{k1} und d_{k2}.

15.37 Für beide Räder muß sichergestellt sein, daß

a) $\sigma_b = \dfrac{F_u}{b \cdot m_{nm}} \cdot q_k \cdot q_{\varepsilon r} \leqslant \sigma_{b\,zul} = \dfrac{\sigma_{bSch}}{\nu}$ und

b) $p_C = \sqrt{\dfrac{F_u}{b \cdot d_{r1}} \cdot \dfrac{u_r + 1}{u_r}} \cdot y_W \cdot y_C \cdot y_L \leqslant p_{zul} = \dfrac{p \cdot y}{\nu}$ ist.

Stellt man diese Gleichungen für Rad 1 und 2 jeweils um nach

a) $\sigma_{bSch} \geqslant \nu \cdot \dfrac{F_u}{b \cdot m_{nm}} \cdot q_k \cdot q_{\varepsilon r}$ und

b) $p \mathrel{\hat{=}} p_D \geqslant \dfrac{\nu}{y} \cdot \sqrt{\dfrac{F_u}{b \cdot d_{r1}} \cdot \dfrac{u_r + 1}{u_r}} \cdot y_W \cdot y_C \cdot y_L$, so kann durch Gegenüberstellung

mit den Zahlenwerten der Tabelle A15.2 kontrolliert werden, ob die vorgesehenen Werkstoffe ausreichen, anderenfalls läßt sich so ein geeigneter Werkstoff schnell ermitteln.

15.38 Führe die Rechnung zweckmäßig wie folgt durch:

a) Es ist zu entscheiden und zu begründen, ob gerad- oder schrägverzahnte Räder im vorliegenden Fall günstiger sind.

b) Die Hauptabmessungen der Räder sind vorzuwählen, und zwar zunächst der möglichst kleine mittlere Teilkreisdurchmesser d_{m1} des Ritzels, die Zähnezahlen z_1 und z_2 vom Ritzel und Rad, wobei die Übersetzung genau einzuhalten ist, und die auf Endziffer 5 bzw. 0 aufgerundete Zahnbreite b, für die das Verhältnis zur Spitzenentfernung zu prüfen ist.

c) Der mittlere Schrägungswinkel β_m der Zähne (auf volle Grade gerundet) und der äußere Normalmodul m_n sind festzulegen.

d) Mit den bisher ermittelten Daten sind die endgültigen Abmessungen festzulegen: die äußeren Teilkreisdurchmesser d_{01} und d_{02}, die Teilkegelwinkel δ_{01} und δ_{02}, die Spitzenentfernung R_a, der Kopf- und Fußwinkel κ_k und κ_f und die Kopfkreisdurchmesser d_{k1} und d_{k2}.

15.39 Führe die Rechnung wie folgt durch:

a) Eine dem Verwendungsgebiet und betrieblichen Anforderungen entsprechende, etwa mittlere Verzahnungsqualität ist festzulegen. Zur Festlegung der Verzahnungsqualität nach Bild 15-29 (Lehrbuch) ist u. a. zu überlegen, welche Drehzahl hierbei mitentscheidend ist.

b) Die Zahnfuß-Tragfähigkeit des Ritzels ist zu prüfen und danach ein geeigneter Stahl vorzuwählen, wobei folgende Betriebsverhältnisse anzunehmen sind: Antrieb durch El.-Motor, Anlauf „mittel", mäßige Stöße, 6 h tägliche Laufzeit. Es ist die Drehzahl maßgebend, bei der die größte Beanspruchung am Zahnfuß auftritt. Der Einfachheit halber setze den Überdeckungsfaktor $q_{\epsilon r} = 1$.

c) Die Zahnfuß-Tragfähigkeit des Rades ist zu prüfen und danach ein geeigneter Gußwerkstoff vorzuwählen.

d) Die Flanken-Tragfähigkeit ist zu prüfen, und danach sind ggf. die Werkstoffe neu zu wählen und evtl. nochmals zu prüfen, wobei auch auf deren Schwellfestigkeit zu achten ist. Setze auch hier $y_L = 1$.

15

15.40 Für die Auslegung des Getriebes ist folgendes zu berechnen und festzustellen:

a) Die ungefähre Übersetzung i' ist zunächst ohne Berücksichtigung von Wirkungsgraden zu ermitteln und danach die zweckmäßige Zähnezahl z_1 der Schnecke festzulegen (s. Tabelle 15.7 Lehrbuch).

b) Die genauere Übersetzung i ist bei Berücksichtigung des Gesamtwirkungsgrades η_{ges} (aus den Wirkungsgraden des Getriebes und der Kettenräder) zu bestimmen, wenn für den Getriebewirkungsgrad zunächst ein Erfahrungswert und je Kettenrad $\eta \approx 0{,}95$ angenommen wird.

c) Für Schnecke und Schneckenrad sind geeignete Werkstoffe entsprechend den Anforderungen erfahrungsgemäß festzulegen, wobei mit Rücksicht auf die Kettennuß, die mit dem Schneckenrad ein Teil bildet, für dieses ein möglichst festes Gußeisen (Grauguß) zu wählen ist (s. Tabellen 15.10 und 15.11).

d) Die Zähnezahl z_2 des Schneckenrades ist festzulegen und dessen Teilkreisdurchmesser d_{02} vorzuwählen nach Gleichung (15.126).

e) Der Stirnmodul m_s gleich Achsmodul m_a ist zu ermitteln, wobei der zum berechneten nächst höhere Norm-Modul festzulegen ist.

f) Der Mittenkreisdurchmesser d_{m1} der Schnecke ist bei Ausführung als Schneckenwelle zu ermitteln und auf volle Millimeter aufzurunden, wobei der Schneckenwellendurchmesser zunächst überschlägig zu ermitteln ist.

g) Mit den bisher festgelegten Daten sind die restlichen Abmessungen zu bestimmen: der Steigungswinkel γ_m der Schnecke gleich Schrägungswinkel β_0 des Schneckenrades, der genaue Teilkreisdurchmesser d_{02} des Schneckenrades, die Breite b des Schneckenrades, die auf Endziffer 0 aufzurundende Länge L der Schnecke und der Achsabstand a_0.

15.41 a) Selbsthemmung liegt vor, wenn $\gamma_m < \rho'$, Ermittlung von ρ' siehe Tabelle 15.8 (Lehrbuch).

b) Wirkungsgrade für Kettenräder siehe Angabe zur Aufgabe 15.40.

c) M_{t1} aus Gl. (15.101).

15.42 a) Nach Gl. (15.119).

b) Nach Gl. (15.118).

c) Hinsichtlich der Lebensdauer siehe Hinweise zur Gl. (15.128).

15.43 Im einzelnen sind folgende Rechnungen durchzuführen:

a) die ungefähr erforderliche Übersetzung i' des Schneckengetriebes ist zu bestimmen, wenn zunächst ein Gesamtwirkungsgrad $\eta_g' \approx 0{,}5$ (Selbsthemmung!) angenommen wird;

b) die Zähnezahlen z_1 und z_2 von Schnecke und Schneckenrad sind festzulegen (s. Tabelle 15.7 Lehrbuch);

c) für Schnecke und Schneckenrad sind erfahrungsgemäß auf Grund der betrieblichen Anforderungen geeignete Werkstoffe zu wählen, und zwar für das Rad eine etwa mittlere Graugußsorte (s. Tabellen 15.10 und 15.11);

d) der ungefähre Teilkreisdurchmesser d_{02} des Schneckenrades ist zu bestimmen und danach der Stirnmodul m_s gleich Achsmodul m_a festzulegen;

e) der Mittenkreisdurchmesser d_{m1} der Schnecke ist festzulegen, wenn eine Ausführung als Schneckenwelle vorgesehen ist und die Welle an der Schnecke mit $d = 35$ mm angeführt ist (d_{m1} ist auf Endziffer 0 bzw. 5 zu runden);

f) die restlichen, genauen Abmessungen des Schneckengetriebes sind festzulegen: Steigungswinkel γ_m, Kopf- und Fußkreisdurchmesser d_{k1} und d_{f1} und Länge L der Schnecke, Teilkreis-, Kopfkreis- und ungefährer Außendurchmesser d_{02}, d_{k2} und d_{a2} des Schneckenrades und dessen auf Endziffer 0 bzw. 5 zu rundende Breite b_2 und der Achsabstand a_0.

15.44 a) Siehe Hinweise zu 15.41.

b) F_H aus $\dfrac{M_{t1}}{R}$.

c) Siehe Kapitel 15.14.6.2 (Lehrbuch).

15.45 Im einzelnen sind folgende Daten zu ermitteln:

a) die günstigsten Zähnezahlen z_1 und z_2 für Schnecke und Schneckenrad;

b) die für die vorliegenden Betriebsverhältnisse zweckmäßigen Werkstoffe nach 15.14.7 für Schnecke und Schneckenrad, wobei die relativ hohe Schneckendrehzahl bei mittlerer Belastung zu beachten ist;

c) der etwa zu erwartende Teilkreisdurchmesser d_{02} des Schneckenrades auf Grund der zu übertragenden Leistung nach Gl. (15.126) Lehrbuch;

d) der Stirnmodul m_s des Rades gleich Achsmodul m_a der Schnecke;

e) der Mittenkreisdurchmesser d_{m1} der Schnecke bei Ausführung als Schneckenwelle, deren überschlägig zu ermittelnder Durchmesser auf Endziffer 0 oder 5 aufzurunden ist, der Steigungswinkel γ_m der Schnecke gleich Schrägungswinkel β_0 der Schneckenradzähne und die auf Endziffer 0 bzw. 5 aufzurundende Schneckenlänge L;

f) der genaue Teilkreisdurchmesser d_{02} des Schneckenrades, dessen ungefährer Außendurchmesser d_{a2} und die Breite b (auf Endziffer 0 oder 5 aufrunden);

g) der Achsabstand a_0.

15.46 a) Stelle auftretende und zulässige Flankentragfähigkeit gegenüber.

b) Vergleiche die von der Maschinenspindel zu übertragende Leistung mit der Grenzleistung, Gl. (15.129). (Beachte Korrektur der Gl. (15.129)!)

15.47 a) Siehe unter 15.18.2 Lehrbuch.

b) Stelle die übertragbare Leistung (nach Gl. (15.132)) der zu übertragenden Leistung gegenüber.

15.48 Im einzelnen sind zu ermitteln:

a) der Teilkreisdurchmesser d_0 der Räder und der kleinstmögliche Modul m und die Zähnezahl z, wenn anzunehmen ist, daß ein Modul $m < 4$ mm aus Festigkeitsgründen nicht mehr ausreicht;

b) die erforderliche, auf ein Maß mit Endziffer 0 bzw. 5 aufzurundende Breite b der Räder, wobei durch Vergleich mit dem üblichen Modul-Breitenverhältnis festzustellen ist, ob die Breite in einem „normalen“ Verhältnis zum Raddurchmesser steht.

15.49 Im einzelnen sind zu ermitteln bzw. festzustellen:

a) die Zähnezahlen z_1 und z_2 des Ritzels und Rades, um den vorgesehenen Achsenabstand schon möglichst genau zu erreichen, wenn zunächst ein Schrägungswinkel der Zähne $\beta_0 = 15^\circ$ angenommen wird;

b) der erforderliche genaue Schrägungswinkel β_0, um mit den ermittelten Zähnezahlen den geforderten Achsabstand genau zu erreichen, und die Teilkreisdurchmesser d_{01} und d_{02};

c) die vom Rad übertragbare Leistung P in kW, wenn hierfür eine Zahnbreite $b_2 = b_1 = 30$ mm gewählt wird, und ob das Rad damit ausreichend bemessen ist;

d) ob nicht auch ein Preßschichtholzrad verwendet werden könnte, da dessen Festigkeit doppelt so hoch wie die eines Hartgeweberades ist, wobei die Antwort zu begründen ist.

Hinweis: Zu c) setze man zur Ermittlung der Leistung $m_n = m$.

15.50 a) Ermittle zunächst die zu erwartende Flankentemperatur und prüfe, ob diese für *Dauerbetrieb* zulässig ist.

b) Stelle anschließend die auftretende Flankenpressung fest.

c) Aus Bild A15-15 ist für die entsprechende Schmierungsart und für p_D aus Gl. (15.135) $p_D \geqslant \nu \cdot p_C$ die zugehörige Lastwechselzahl zu ermitteln. L_h aus $L_W = L_h \cdot n \cdot 60$ (L_h gesuchte Lebensdauer in Stunden, n Drehzahl des betreffenden Rades in min^{-1}).

15.51 Im einzelnen sind zu ermitteln bzw. festzustellen:

a) welche Kunststoffsorte für die beiden Räder in Frage kommt;

b) der möglichst kleine Teilkreisdurchmesser des Ritzels;

c) die Zähnezahlen z_1 und z_2 für genaue Einhaltung von i;

d) der aus dem vorgewählten Teilkreisdurchmesser und der Zähnezahl sich ergebende Modul m des Radpaares, wobei der zum berechneten Wert nächst größere Norm-Modul nach DIN 780, Reihe 1, zu wählen ist;

e) der endgültige Teilkreisdurchmesser d_{01} des Ritzels, der Teilkreisdurchmesser d_{02}, die Breite b der Räder, wofür aus dem in Frage kommenden Bereich mehr ein kleinerer, auf Endziffer 0 bzw. 5 zu rundender Wert zu wählen ist, und der Achsabstand a_0;

f) die vom Radpaar übertragbare Leistung durch überschlägige Berechnung und ob danach die Räder festigkeitsmäßig ggf. ausreichen;

g) durch genauere Berechnung die zu erwartende Zahnflankentemperatur, wenn mit Trockenlauf gerechnet werden muß, das Radpaar „offen" läuft und in dem den ganzen Antrieb umgebenden Kasten durch Sonneneinstrahlung eine Temperatur $t_0 \approx 70\,°\text{C}$ auftreten kann, wobei festzustellen ist, ob die Flankentemperatur noch zulässig ist;

h) die Flankenpressung der Räder und die daraus sich ergebende Lastwechselzahl L_W, wenn stoßartige Belastung und häufiges Schalten anzunehmen sind;

i) die mit Sicherheit zu erwartende Lebensdauer L_h in Betriebsstunden und die Lebensdauer in Jahren, wenn je Tag mit etwa 10 min Einsatz bei 300 Arbeitstagen gerechnet wird.

16. Riemengetriebe

Flachriemen-Getriebe

16.1 Siehe Lehrbuch unter „Riemenlänge, Achsabstand, Spannweg".

16.2 Siehe Hinweis zu Aufgabe 16.1.

16.3 F_1 und F_2 aus Gl. (16.6) und (16.2). Für die vorliegende Umfangsgeschwindigkeit die Reibungszahl μ nach Tabelle 16.1. Umschlingungswinkel β_1, s. Hinweis zur Aufgabe 16.1.

16.4
a) $F_N = F_u$.
b) Zunächst für die vorliegende Umfangsgeschwindigkeit die Reibungszahl μ nach Tabelle A16.1. Ermittlung des Umschlingungswinkels β_1, siehe unter Aufgabe 16.1.

16.5
a) Ermittle den Motor und die Abmessungen der zugehörigen Scheibe nach DIN 42673 (Tabelle A16.9).
b) Erfahrungswerte für l_a und s_{Sp} siehe Lehrbuch unter Abschnitt „Riemenlänge, Achsabstand, Spannweg"; wähle mittleren Wert.
c) Riemenbreite nach Gl. (16.16), Kranzbreite nach DIN 111 für gewählte Riemenbreite, Riemendicke s siehe Hinweis zu Gl. (16.16).
d) Siehe Lehrbuch unter „Bemessung der Leder-Flachriemen".

16.6
a) Stelle fest, welcher Scheibendurchmesser d_1 und welche Scheibenbreite B für den vorgesehenen Motor nach DIN 42673 üblich ist. Nach Gl. (16.5) ermittle den Durchmesser d_2 und lege anschließend nach DIN 111 endgültig d_2 fest.
b) Führe die Rechnung in Anlehnung an die Berechnung nach AWF durch (siehe Lehrbuch unter „Bemessung der Lederflachriemen").
c) Siehe Hinweis zur Aufgabe 16.2.

16.7
a) Ermittle die Durchmesser aus $v = d \cdot \pi \cdot n$. Bei Mehrschichtriemen können die in Tabelle A16.9 angegebenen Werte unterschritten werden.
b) Riementype nach Bild A16-1. Für die Festlegung der Riemenbreite gehe für den vorliegenden Fall von den Voraussetzungen aus: mittelschwerer Anlauf, Vollast bei mäßigen Stößen und ca. 8 h tägliche Laufzeit.
c) Werte nach DIN 111 (siehe Lehrbuch unter „Flachriemenscheiben").

16.8 a) Ermittle den erforderlichen Motor sowie die Abmessungen der zugehörigen Scheibe nach DIN 42673 (Tabelle A16.9).

b) Riementype nach Bild A16-1. Zur Bestimmung des Betriebsfaktors c_S gehe von leichten Anlaufverhältnissen sowie Vollast bei mäßigen Stößen aus.

c) Siehe Lehrbuch unter Abschnitt „Riemenlänge, Achsabstand, Spannweg".

16.9 a) d_1 nach DIN 42673 (Tabelle A16.9), wobei zweckmäßigerweise der nächst kleinere Durchmesser gewählt werden sollte (siehe Fußnote 7 der o. a. Tabelle).

b) Ermittle für die vorliegende Biegehäufigkeit die Riementype nach Bild A16-1; Riemenbreite b nach Gl. (16.17), zugehörige Kranzbreite B nach DIN 111 (siehe Lehrbuch unter Abschnitt „Hauptabmessungen der Riemenscheiben"). Für den gegebenen Einsatzzweck rechne mit „mittelschwerem Anlauf" sowie „Vollast bei mäßigen Stößen".

c) Siehe Lehrbuch unter „Riemenlänge, Achsabstand, Spannweg".

16.10 Im einzelnen ist zu berechnen bzw. festzustellen:

a) der erforderliche genormte Durchmesser d_2 der großen Scheibe und die damit sich ergebende tatsächliche Drehzahl n_2;

b) die aufgrund der Biegehäufigkeit B_z geeignete Riementype (Sieglingriemen);

c) die erforderliche genormte Riemenbreite b, wobei mit „mittlerem" Anlauf, Vollast bei starken Stößen und 8 h täglicher Laufzeit zu rechnen ist; ferner die zugehörige Scheibenkranzbreite B und die etwaige Balligkeit h der Scheiben (ist diese überhaupt notwendig und warum?);

d) der mit der Riemenlänge L sich tatsächlich ergebende Achsabstand l_a nach Gl. (16.23) und der vorzusehene Spannweg s_{Sp}.

16.11 a) Motorscheibendurchmesser wähle nach Tabelle A16.9; Pumpenscheibendurchmesser entsprechend dem Übersetzungsverhältnis n_1/n_2 vorwählen und nach DIN 2217 (Tabelle A16.5) festlegen. Tatsächliche Drehzahl n_2 der Pumpenwelle ermitteln.

b) Bei der Ermittlung des maximalen Achsabstandes ist der Mindest-Spannweg s_{Sp} zu berücksichtigen (siehe unter Abschnitt 16.5.5.2, Lehrbuch).

c) Stelle durch Vergleich der übertragbaren Nutzleistung mit der Motorleistung fest, ob 6 Keilriemen ausreichen.

16.12 a) Keilriemenbreite b nach DIN 2217 (Tabelle A16.5), Riemenanzahl siehe unter Abschnitt „Bemessung der Normalkeilriemen".

b) Innenlänge zunächst überschlägig ermitteln, anschließend nach DIN 323 R20 (Tabelle A2.1) festlegen; bei der Ermittlung des maximalen Achsabstandes den Mindestspannweg berücksichtigen. Kontrolle, ob $B_z \leqslant B_{z\,max}$.

16.13 a) d_{m2} unter Berücksichtigung von i errechnen und nach DIN 2217 (Tabelle A16.5) wählen, Breite b für d_{m1} ebenso nach Tabelle A16.5 festlegen.

b) Betriebsfaktor c_S nach Bild A15-4.

c) Innenlänge L_i ist maßgebend für Bestellung. L_i zunächst ungefähr ermitteln nach Gl. (16.20) bzw. (16.21) (siehe Hinweis unter Abschnitt 16.5.5.2) und anschließend nach DIN 2215 (Tabelle A16.5) festlegen. Kontrolle auf zulässige Biegehäufigkeit.

d) Bei der Ermittlung des maximalen Achsabstandes ist der Mindest-Spannweg zu berücksichtigen.

16.14 a) d_{w2} unter Berücksichtigung von i errechnen und nach DIN 2211 (Tabelle A16.8) festlegen. Wahl und Abmessungen der zugehörigen Schmalkeilriemen siehe DIN 7753 (Tabelle A16.8) bzw. Bild A16-3.

b) Wirklängen L_w sind nach DIN 323 Reihe R20 gestuft (siehe Tabelle A2.1). L_w zunächst überschlägig ermitteln nach Gl. (16.21), anschließend Normlänge festlegen.

c) Beachte die Hinweise zur Gl. (16.19).

d) Siehe unter Abschnitt 16.5.5.3; bei Festlegung von $l_{a\,max}$ ist der Mindestspannweg zu berücksichtigen.

16.15 a) Wähle Motorscheibendurchmesser nach Tabelle A16.9, Gatterscheibendurchmesser entsprechend i nach DIN 323 R20 festlegen. Riemenbreite b nach kleinem Scheibendurchmesser nach DIN 2217 (Tabelle A16.5) wählen, wobei eine Unterschreitung des Mindestdurchmessers bei der Ermittlung der Riemenanzahl zu berücksichtigen ist.

b) Gehe im vorliegenden Fall von „mittelschwerem Anlauf" sowie „Vollast bei mäßigen Stößen" aus.

c) Innenlängen nach DIN 323 R20 (Tabelle A2.1) festlegen, siehe auch Lösungshinweis zur Aufgabe 16.13.

d) Siehe Lösungshinweis zur Aufgabe 16.13.

16.16 Im einzelnen sind zu ermitteln:

a) der für den vorgesehenen Motor übliche Scheibendurchmesser sowie der Durchmesser d_{m2} der Gegenscheibe; die Keilriemengröße für die gewählte kleine Scheibe;

b) die Anzahl der Keilriemen, wobei mit „mittlerem Anlauf, Vollast mit mäßigen Stößen" zu rechnen ist und eine Überbeanspruchung nicht anzunehmen ist;

c) die für die Bestellung der Keilriemen erforderliche Innenlänge sowie der sich damit ergebende maximale Achsabstand.

16.17 Siehe Lösungshinweise zu den Aufgaben 16.14 und 16.16.

16.18 Im einzelnen sind folgende Rechnungen durchzuführen:

a) Bestimmung der Motorgröße sowie des zugehörigen üblichen Scheibendurchmessers nach Tabelle A16.9. Ermittlung des Scheibendurchmessers d_{m2} unter Zugrundelegung des Übersetzungsverhältnis. Die Keilriemenbreite richtet sich nach dem Durchmesser der kleinen Scheibe.

b) Ermittlung der Anzahl der Keilriemen; gehe für den vorliegenden Fall von „mittlerem Anlauf, stoßfreier Vollast“ aus.

c) Innere Riemenlänge zunächst rechnerisch ermitteln und anschließend nach DIN 323, R20, festlegen; maximalen Achsabstand unter Berücksichtigung des Spannweges ermitteln. Kontrolle, ob $B_z \leqslant B_{z\,max}$.

16.19 Führe im einzelnen folgende Rechnungen durch:

a) Ermittlung des Norm-Motors sowie den zugehörigen Scheibendurchmesser d_{m1} nach DIN 42673 (Tabelle A16.9); d_{m2} unter Berücksichtigung von i; die Keilriemenbreite nach DIN 2217 für den kleinen Scheibendurchmesser;

b) die Anzahl der Keilriemen, wobei für den vorliegenden Fall mit „leichtem Anlauf und stoßfreier Vollast“ zu rechnen ist, eine Überbeanspruchung wird nicht zu erwarten sein;

c) die erforderliche, genormte Innenlänge der Keilriemen sowie den maximalen Achsabstand unter Berücksichtigung des Spannweges. Kontrolle, ob $B_z \leqslant$ zul. B_z.

16.20 Im einzelnen sind folgende Rechnungsschritte durchzuführen:

a) Bestimmung der Scheibendurchmesser zweckmäßig unter Zugrundelegung des Wertes nach DIN 42673 (Tabelle A16.9) und Wahl des für die kleine Scheibe größtmöglichen Riemenprofils nach DIN 2215 bzw. DIN 2217 (Tabelle A16.5).

b) Ermittlung der Riemenanzahl. Es liegen erschwerte Betriebsbedingungen vor („mittelschwerer Anlauf, Vollast bei starken Stößen“), ebenso kann von einer kurzzeitigen Überbeanspruchung von ca. 25 % gegenüber der Normalbeanspruchung ausgegangen werden.

c) Die erforderliche genormte Innenlänge des Keilriemens sowie der Achsabstand und der erforderliche Spannweg sind zu ermitteln. Kontrolle, ob $B_z \leqslant$ zul. B_z!

16.21 a) Wähle nach Tabelle A16.9 den für den in Frage kommenden Motor vorgesehenen Scheibenwirkdurchmesser d_{w1}; d_{w2} ermittle über das Übersetzungsverhältnis des Keilriemengetriebes. Das geeignete Riemenprofil wähle man nach Bild A16.3 auf Grund der Nutzleistung und der Drehzahl der kleinen Scheibe.

Bei der Ermittlung der Riemenanzahl gehe für den vorliegenden Fall von folgenden Betriebsbedingungen aus: „mittlerer Anlauf, Vollast bei mäßigen Stößen und 8 h täglicher Laufzeit“.

b) Wirklänge zunächst rechnerisch ermitteln, anschließend nach DIN 323, Reihe R20 festlegen. Bei der Ermittlung des maximalen Achsabstandes den Spannweg berücksichtigen.

17. Kettengetriebe

17.1 a) Haupt-Profilabmessungen der Kettenräder siehe Tabelle A17.2; ISO-Toleranzen für den Fußkreisdurchmesser siehe Lehrbuch unter Abschnitt „Ausführung der Verzahnung".

b) Nabenabmessungen nach Erfahrungswerten Tabelle A12.5.

c) Paßfederabmessungen abhängig vom Zapfendurchmesser, Werte siehe Tabelle A12.4, Normbezeichnung siehe Lehrbuch unter „Paßfederverbindungen".

17.2 Fliehzug der Kette ist abhängig von der Masse der Kette sowie der Kettengeschwindigkeit. Richtwerte für Gelenkflächenpressung nach DIN 8195 (Tabelle A17.5).

17.3 a) Siehe Lehrbuch unter „Gliederzahl, Achsabstand"; gerade Gliederzahl vorsehen.

b) Siehe Lehrbuch unter „Durchhang, Trummlänge".

17.4 a) Abhängig von der Lage des Leertrumms ergeben sich unterschiedliche Achskräfte (s. Gl. (17.7)). Die Umfangskraft $F_u = \frac{M_t}{d_o/2}$; der Betriebsfaktor für den vorliegenden Fall ist mit 1 anzunehmen. Zur Ermittlung des Stützzuges F_{so}, F_{su} bzw. F_s siehe Hinweise zu Gl. (17.4) bis Gl. (17.6) des Abschnitts „Nachprüfung der Kette".

b) $\nu_B = \frac{F_B}{F_{ges}}$ nach DIN 8195. Bruchlast der Kette siehe DIN 8187 (Tabelle A17.1).

17.5 Die Vorwahl der Rollenketten erfolgt mit Hilfe des Leistungsdiagramms nach DIN 8195 (Bild A17-2). Bei der Ermittlung der übertragbaren Leistung ist aufgrund der mangelhaften Schmierung sowie der Verschmutzungsgefahr die Diagrammleistung entsprechend zu erhöhen (s. unter Abschnitt „Vorwahl der Kette" und „Schmierung der Kettengetriebe"). Die Drehzahl des kleinen Kettenrades ist gleich der Abtriebsdrehzahl des Zahnradgetriebes.

Nach dem Leistungsdiagramm sind für den vorliegenden Fall mehrere Kettengrößen möglich, z. B. eine 1fach–2fach- und 3fach Rollenkette, wobei letztlich die Abmessungen der Ketten einerseits und die Kosten andererseits für den Einsatz der Ketten ausschlaggebend sind. Die entsprechende Normbezeichnung der Ketten siehe Hinweis zur Tabelle A17.1.

17.6 Aus Leistungsdiagramm nach DIN 8195 für Rollenketten (Bild A17-2) Kettengröße bestimmen; die maßgebende Leistung P unter Berücksichtigung des Betriebsbeiwertes c_1 (Bild A17-1) nach Gl. (17.1). Zur Ermittlung des günstigsten Achsabstandes siehe unter Abschnitt „Gliederzahl, Achsabstand" im Lehrbuch. Beispiel der normgerechten Bezeichnung siehe Hinweis unter Tabelle A17.1; auf gerade Anzahl der Kettenglieder achten.

17

17.7 Vorwahl der Kette nach Leistungsdiagramm (Bild A17-2). Die hierfür maßgebende Leistung unter Berücksichtigung des Leistungs- und Betriebsfaktors nach Gl. (17.1) bestimmen. Mit den vorgewählten Kettenabmessungen zweckmäßig schon jetzt prüfen, ob mit dem angegebenen Achsabstand ein „normales" Verhältnis l_a/t vorliegt. Bei der Ermittlung der vorliegenden Sicherheit gegen Bruch ist zu überlegen, ob „statischer" oder „dynamischer" Betrieb vorliegt. Für die Ermittlung des Stützzuges F_s kann bei Errechnung von l_T mit l_a' gerechnet werden, da die geringe Differenz gegenüber l_a ohne Einfluß sein wird. Bei Festlegung der Kettengliederanzahl auf gerade Werte achten. Beispiele für die Normbezeichnung der Rollenkette siehe Fußnote zur Tabelle A17.1. Art der vorzusehenden Schmierung ist abhängig von der Kettengeschwindigkeit, siehe Lehrbuch unter „Schmierung der Kettengetriebe".

17.8 a) Vorwahl der Rollenkette nach Leistungsdiagramm nach DIN 8195 (Bild A17-2). Bei der Ermittlung der Diagrammleistung P die Leistungsminderung durch die mangelhafte Schmierung berücksichtigen (s. Lehrbuch unter „Schmierung der Kettengetriebe"). Im vorliegenden Fall $P = \frac{P_1}{k \cdot c_1 \cdot 0{,}6}$. Zur Bestimmung des Betriebsfaktors mit ca. 8h täglicher Laufzeit rechnen. Die vorgewählte Kette muß anschließend nachgeprüft werden hinsichtlich der Bruchfestigkeit (ν_B; ν_D) und der zulässigen Gelenkflächenpressung. Bei der Ermittlung der Gesamtzugkraft ist abzuwägen, ob aufgrund der geringen Kettengeschwindigkeit der Fliehzug vernachlässigt werden kann. Aufgrund der mangelhaften Schmierung wird die zulässige Gelenkflächenpressung $p_{zul} \approx 0{,}6 \cdot p_{o\,zul}$. Zur Angabe der Normbezeichnung Anzahl der Kettenglieder ermitteln; auf gerade Gliederanzahl achten.

b) Für die waagerechte Anordnung des Leertrumms ergibt sich F_A nach Gl. (17.7).

17.9 Es ist sicherzustellen, daß $\nu_D > 5$ und $p_r < p_{zul}$ ist. Bei der Ermittlung der Gesamtzugkraft ist zu überlegen, ob die Fliehzugkraft nicht vernachlässigt werden kann. Aufgrund der mangelhaften Schmierung ist mit einer entsprechend kleineren zulässigen Gelenkflächenpressung zu rechnen (s. Hinweis zu Gl. (17.12) und Gl. (17.13)).

17.10 Siehe Hinweise zur Aufgabe 17.8.

17

Ergebnisse

2. Normzahlen und Passungen

2.1 a) 140 200 280 400 560 800 1120 1600; $f_{20/3} \approx 1,4$
b) 200 315 500 800 1250 2000; $f_{10/2} \approx 1,6$
c) 0,16 1,0 6,3 40 250; $f_{5/4} \approx 6,3$
d) 11,8 14,0 17,0 20,0 23,6 28; $f_{40/3} \approx 1,18$
e) 1600 1250 1000 800 630 500; $f_{20/-2} = f_{20}^{-2} \approx \frac{1}{1,25}$
f) 400 200 100 50; $f_{10/-3} = \frac{1}{2}$

2.2 a) $h = 3$ 4 5 6 8 10 12 16 20 25 mm
b) $R = 0,4$ 0,6 1,0 1,6 2,5 4 6 10 16 mm

2.3 a) R 20/4 (bzw. R 10/2); $f_{20/4}$ (bzw. $f_{10/2}$) $\approx 1,6$
b) R 40/5; $f_{40/5} = 1,06^5 \approx 1,32$
c) R 5/4 (bzw. R 10/8, R 20/16); $f_{5/4}$ (bzw. $f_{10/8}, f_{20/16}$) $\approx 6,3$
d) R 20/– 3 (bzw. R 40/– 6); $f_{20/-3}$ (bzw. $f_{40/-6}$) $\approx \frac{1}{1,4}$
e) $R_a 20/3$; $f_{20/3} \approx 1,4$
f) $R_a 20/-2$ (bzw. $R_a 40/-4$); $f_{20/-2}$ (bzw. $f_{40/-4}$) $= f_{20}^{-2} \approx \frac{1}{1,25}$

2.4 $d = 20$ 28 40 56 80 120 mm nach R 20/3 mit $f_{20/3} \approx 1,4$
$A = 3,15$ 6,3 12,5 25 50 100 cm² nach R 20/6 = R 10/3 mit $f_{20/6} = f_{10/3} = 2$

2.5 $V = 2$ 4 8 16 l nach $R_{n/3p} = R\,10/3$ ($p = 1$)
$d = 125$ 160 200 250 mm nach $R_{n/p} = R\,10$ (Grundreihe mit $f_{10} \approx 1,25$)
$h = 160$ 200 250 315 (320) mm nach $R_{n/p} = R\,10$ ($R_a 10$)

2.6 $f_l = \frac{1}{5}$ somit $f_P = \frac{P_1}{P_2} = f_l^2 = \frac{1}{25}$ daraus $P_2 = 25\,P_1 = 100$ kW

$$f_n = \frac{n_1}{n_2} = \frac{1}{f_2} = 5 \text{ daraus } n_2 = \frac{n_1}{5} = 250 \text{ min}^{-1}$$

2.7

nach $R_{n/2p} = R_a 20/4$	$P =$ 5	8	12	20	32 kW ($p = 2$)
nach $R_{n/p} = R\,20/2$	$D =$ 900	1120	140	1800	2240 mm
nach $R_{n/-p} = R\,20/-2$	$n =$ 560	450	355	280	224 min⁻¹

$v_1 \approx 26,4$ m/s $\approx v_4 \approx 26,4$ m/s

2.8 Kräfte nach $R_{n/2p} = R_a 20/2$ ($p = 1$)
Abstände und Abmessungen nach $R_{n/p} = R\,20$; W_x nach $R_{n/3p} = R\,20/3 = R\,40/6$, weil $W_x \approx 600\ cm^3$ für $F = 2$ kN

F	= 2	2,5	3,2	4 kN	
l_1	= 1400	1600	1800	2000 mm	
l_2	= 900	1000	1120	1250 mm	
b_1	= 125	140	160	180 mm	
h_1	= 200	224	250	280 mm	
b_2	= 100	112	125	140 mm	
h_2	= 140	160	180	200 mm	
W_x	= 600	850	1180	1700 cm^3	

2.9 a) H7/r6, b) H7/m6, c) H7/n6, d) H7/h6, e) H7/d9.

2.10 a) H7/f7, b) $N = 30$ mm, $l_g = 29{,}7$ mm, $l_k = 29{,}6$ mm, $30^{-0,3}_{-0,4}$.

2.11 a) Hebelbohrung E8 (F8), Rollenbohrung N7 (R7);
b) $N = 10$ mm, $L_g = 10{,}3$ mm, $l_k = 10{,}2$ mm, $10^{+0,3}_{+0,2}$.

2.12 a) H7/f7 (H7/e8), b) $N = 17$ mm, $a_g = 17{,}28$ mm, $a_k = 17{,}22$ mm, $17^{+0,28}_{+0,22}$.

2.13 $N = 29$ mm, $a_g = 29{,}05$ mm, $a_k = 29$ mm, $29^{+0,05}$.

2.14 $N = 26$ mm, $l_g = 26{,}5$ mm, $l_k = 26{,}4$ mm, $26^{+0,5}_{+0,4}$.

2.15 $N = 45$ mm, $l_g = 44{,}75$ mm, $l_k = 44{,}55$ mm, $45^{-0,25}_{-0,45}$.

2.16 $N = 7$ mm, $l_g = 7{,}2$ mm, $l_k = 7{,}1$ mm, $7^{+0,2}_{+0,1}$.

2.17 $S_k = 40\ \mu m$, $S_g = 106\ \mu m$, $A_{oB} = 108\ \mu m$, $A_{uB} = 55\ \mu m$, D9 ($A_o = 117\ \mu m$, $A_u = 65\ \mu m$).

2.18 $N = 102$ mm, $D_g = 102{,}079$ mm, $D_k = 101{,}564$ mm, $102^{+0,08}_{-0,44}$.

2.19 $N = 40$ mm, $D_{gW} = 39{,}95$ mm, $D_{kW} = 39{,}925$ mm, $A_{oW} = -0{,}05$ mm, $A_{uW} = -0{,}075$ mm, e8 ($A_{oW} = -0{,}05$ mm, $A_{uW} = -0{,}089$ mm).

2.20 $N = 10$ mm, $d_{1g} = 10{,}086$ mm, $d_{1k} = 10{,}035$ mm, $10^{+0,086}_{+0,035}$, D9 ($A_o = 98\ \mu m$, $A_u = 40\ \mu m$).

2.21 $A_u = A_o = 0{,}15$ mm; $60 \pm 0{,}15$.

2.22 $N = 16$ mm, $d_g = 15{,}9$ mm, $d_k = 15{,}727$ mm, $16^{-0{,}1}_{-0{,}23}$.

3. Festigkeit und zulässige Spannung

3.1

	St 37	St 50	St 60	GS-45	GS-52	GS-60
a) σ_S $\left(\frac{N}{mm^2}\right)$	240	300	340	230	260	300
b) σ_{bF} $\left(\frac{N}{mm^2}\right)$	340	420	470	300	350	400
c) τ_{tF} $\left(\frac{N}{mm^2}\right)$	170	210	230	130	160	180

3.2

	St 42	St 60	St 70	Ck 45	40 Mn 4	50 CrMo 4
a) $\sigma_{z\,Sch}$ $\left(\frac{N}{mm^2}\right)$	260	340	370	490	650	860
b) σ_{bW} $\left(\frac{N}{mm^2}\right)$	220	300	340	370	440	540
c) $\tau_{t\,Sch}$ $\left(\frac{N}{mm^2}\right)$	180	230	260	340	450	630

3.3

	St 37	GGG-42	GS-38	C 22*	25 CrMo 4**	Ck 15
a) σ_B $\left(\frac{N}{mm^2}\right)$	370	420	380	500	700	600
b) $\sigma_{b\,Sch}$ $\left(\frac{N}{mm^2}\right)$	340	310	250	480	750	420
c) σ_{bW} $\left(\frac{N}{mm^2}\right)$	200	180	150	280	440	300
d) $\tau_{t\,Sch}$ $\left(\frac{N}{mm^2}\right)$	170	160	110	250	450	210
e) τ_{tW} $\left(\frac{N}{mm^2}\right)$	140	100	85	190	300	180

* C22 ≙ Ck 22; ** 25 CrMo 4 ≙ 40 Mn 4

3.4 $\sigma_A = 180 \frac{N}{mm^2}$.

3.5 a) $\sigma_{bD} = 220 \frac{N}{mm^2}$, b) $\sigma_{bA} = 150 \frac{N}{mm^2}$, c) $\sigma_o = +220 \frac{N}{mm^2}$, $\sigma_u = -80 \frac{N}{mm^2}$.

3.6 a) $\sigma_{zD} = 300 \frac{N}{mm^2}$, b) $\sigma_m = 210 \frac{N}{mm^2}$, c) $\sigma_{zA} = 90 \frac{N}{mm^2}$.

3.7 a) $\sigma_o = 1120 \frac{N}{mm^2}$, $\sigma_u = 280 \frac{N}{mm^2}$, b) $\sigma_{zA} = 200 \frac{N}{mm^2}$.

3.8 a) $\sigma_B = 535 \frac{N}{mm^2}$, b) St 50 mit $\sigma_{Bmin} = 500 \frac{N}{mm^2}$.

3.9 $\sigma_{zul} \approx 65 \frac{N}{mm^2}$; $(\sigma_{0,2} = 100 \frac{N}{mm^2}, \nu \approx 1{,}5)$.

3.10 $\tau_{zul} \approx 70 \frac{N}{mm^2}$; $(\tau_F = 130 \frac{N}{mm^2}, \nu \approx 1{,}8)$.

3.11 $\sigma_{b\,zul} \approx 118 \frac{N}{mm^2}$; $(\sigma_{bW} = 540 \frac{N}{mm^2}, \beta_k = 2, b_1 \approx 0{,}84, b_2 \approx 0{,}78, \nu = 1{,}5)$.

3.12 $\beta_k \approx 2{,}6$; $(\sigma_{b\,Sch} = 980 \frac{N}{mm^2}, b_1 \approx 0{,}8, b_2 \approx 0{,}8)$.

3.13 $\beta_k \approx 1{,}5$; $(\tau_{tW} = 180 \frac{N}{mm^2}, b_1 \approx 0{,}85, b_2 \approx 0{,}88)$.

3.14

		d	D	r	r/d	$\approx \sigma_B$	$\beta_{k(2,0)}$	D/d	c_b	$\beta_k = 1 + c_b(\beta_{k(2,0)} - 1)$
		mm	mm	mm	–	N/mm²	–	–	–	–
St 50	I	10	12	0,3	0,03	500	1,8	1,2	0,45	1,36
	II	30	35	1	0,033	530	1,75	1,17	0,35	1,26
	III	50	55	1	0,02	550	2	1,1	0,3	1,3
Ck 22	I	10	12	0,3	0,03	500	1,8	1,2	0,45	1,36
	II	30	35	1	0,033	560	1,75	1,17	0,35	1,26
	III	50	55	1	0,02	600	2	1,1	0,3	1,3
50 CrMo 4	I	10	12	0,3	0,03	900	2,4	1,2	0,45	1,63
	II	30	35	1	0,033	1000	2,5	1,17	0,35	1,53
	III	50	55	1	0,02	1100	3	1,1	0,3	1,6

Nach Tabelle A3.5 (Lehrbuch-Anhang) wird für vorliegenden Belastungsfall mit $\beta_k \approx 1{,}5 \dots 2{,}0$ angegeben. Gegenüber den ermittelten Werten liegen die Erfahrungswerte auf der „sicheren Seite".

3.15 a) $\beta_k \approx 1{,}6$ für „abgesetzte" und „hinterdrehte" Welle.

b) $\beta_k \approx 1{,}27$ für „abgesetzte" Welle $(c_b \approx 0{,}9, \beta_{k(2,0)} \approx 1{,}3)$, $\beta_k \approx 1{,}4$ für „hinterdrehte" Welle $(\eta_k \approx 0{,}5, D/d = 0{,}6, r/t = 0{,}5, \alpha_k \approx 1{,}8)$.

c) $\beta_k \approx 1{,}4$ für beide Fälle,

d) $\beta_k \approx 1{,}2$ für „abgesetzte" Welle $(\beta_{k(1,4)} \approx 1{,}2, c_t \approx 1)$,
$\beta_k \approx 1{,}25$ für „hinterdrehte" Welle $(\eta_k \approx 0{,}5, \alpha_k \approx 1{,}5)$.

3.16 40 Mn 4, 16 MnCr 5; ($\tau_{tSch} \approx 396 \frac{N}{mm^2}$, $M_t = 752 \cdot 10^3$ Nmm, $W_p \approx 5400$ mm³, $\beta_k \approx 1{,}5$, $\nu \approx 1{,}5$, $b_1 \approx 0{,}9$, $b_2 \approx 0{,}88$).

3.17 $\sigma_{b\,zul} \approx 200 \frac{N}{mm^2}$; ($\sigma_{b\,Sch} = 470 \frac{N}{mm^2}$, $\beta_k \approx 1{,}5$, $\nu \approx 1{,}25$, $b_1 \approx 0{,}95$, $b_2 \approx 0{,}85$).

3.18 $\sigma_{z\,zul} \approx 120 \frac{N}{mm^2}$; ($\sigma_{z/d\,Sch} = 240 \frac{N}{mm^2}$, $\beta_k \approx 1$, $\nu \approx 1{,}5$, $b_1 \approx 0{,}75$, $b_2 \approx 1$).

3.19 $\sigma_{z\,vorh} = 48 \frac{N}{mm^2}$; ($A \approx 177$ mm²), $\sigma_{z\,zul} \approx 78 \frac{N}{mm^2}$ ($\sigma_{z/dW} = 175 \frac{N}{mm^2}$, $\beta_k = 1$, $\nu \approx 1{,}5$, $b_1 \approx 0{,}7$, $b_2 \approx 0{,}96$) somit $\sigma_{z\,zul} > \sigma_{z\,vorh}$.

3.20 $\nu \approx 3{,}25$, $\tau_{tG} \approx 52 \frac{N}{mm^2}$; ($\tau_{tW} = 210 \frac{N}{mm^2}$, $\beta_k = 3$, $b_1 \approx 0{,}88$, $b_2 \approx 0{,}85$) $\tau_{t\,vorh} \approx 16{,}2 \frac{N}{mm^2}$; ($M_t \approx 171$ Nm, $W_p \approx 10{,}5 \cdot 10^3$ mm³).

4. Klebverbindungen

4.1 $\tau'_B \approx 26 \frac{N}{mm^2}$; ($A_{Kl} = 200$ mm²).

4.2 $\sigma'_{zB} \approx 52 \frac{N}{mm^2}$; ($A_{Kl} = 707$ mm²).

4.3 $\tau'_{tB} \approx 26 \frac{N}{mm^2}$; ($M_t = 185 \cdot 10^3$ Nmm, $W_p \approx 7{,}15 \cdot 10^3$ mm³).

4.4 a) $\sigma'_{abs} = 15 \frac{N}{mm}$; b) $\sigma'_{rel} = 6 \frac{N}{mm}$.

4.5 $\tau'_B = 23 \frac{N}{mm^2}$; $\tau'_{B(15)} = 20{,}3 \frac{N}{mm^2}$; $\tau'_{B(20)} = 17{,}5 \frac{N}{mm^2}$; $\tau'_{B(25)} = 14{,}4 \frac{N}{mm^2}$; $\tau'_{B(30)} = 12{,}2 \frac{N}{mm^2}$; prozentuale Abnahme $\frac{23 - 20{,}3}{23} \cdot 100\,\% \approx 11{,}7\,\%$, $\frac{20{,}3 - 17{,}5}{20{,}3} \cdot 100\,\%$ $\approx 13{,}8\,\%$ bzw. $17{,}7\,\%$, $15{,}3\,\%$; im Mittel $\approx 14{,}6\,\%$.

4.6 a) $\nu_1 = 4$; b) $\nu_2 \approx 10$; ($\tau'_{B(60)} = 24 \frac{N}{mm^2}$).

4.7 $F = 12$ kN; ($\tau'_{dyn} = 12 \frac{N}{mm^2}$, $\nu = 5$).

4.8 $\nu \approx 31$; ($A_{Kl} = 3{,}96 \cdot 10^3$ mm³, $F_{max} = 31{,}67$ kN, $F = 1{,}02$ kN).

4.9 $F \approx 80 \ldots 100$ kN; ($l_ü \approx 0{,}1 \cdot \sigma_{0,2} \cdot s = 0{,}1 \cdot (250 \ldots 320 \frac{N}{mm^2}) \cdot 2$ mm $= 50 \ldots 64$ mm, $\tau'_{zul} \approx 10 \frac{N}{mm^2}$, $A_{Kl} = 7850 \ldots 10200$ mm²).

4.10 $P = 1{,}85$ kW; ($A_{Kl} = 1885$ mm², $F = 14{,}14$ kN, $M_t = 141 \cdot 10^3$ Nmm).

4.11 $\nu \approx 12$; ($\tau'_{dyn} \approx 0{,}3 \cdot 12 \frac{N}{mm^2} = 3{,}6 \frac{N}{mm^2}$, $M_t = 7{,}16 \cdot 10^3$ Nmm, $F = 573$ N, $A_{Kl} = 1964$ mm², $\tau' = 0{,}3 \frac{N}{mm^2}$).

4.12 $\tau' \approx 1{,}4 \frac{N}{mm^2}$; ($F = 25$ kN, $A_{Kl} = 18\,000$ mm²). Bruchgefahr besteht nicht, da erfahrungsgemäß $\tau'_B \gg \tau'$.

4.13 $\nu \approx 7$; $\nu_{Pr} \approx 4{,}3$; ($F = 11{,}3$ kN, $F_{Pr} = 18{,}1$ kN, $A_{Kl} = 7854$ mm², $\tau' = 1{,}44 \frac{N}{mm^2}$, $\tau'_{Pr} = 2{,}3 \frac{N}{mm^2}$).

5. Lötverbindungen

5.1 $\tau_{a\,zul} = 6{,}67 \frac{N}{mm^2} > \tau_{a\,vorh} = 0{,}315 \frac{N}{mm^2}$; ($F \approx 1247$ N, $A = 3958$ mm²).

5.2 Konstruktiv festgelegt: $l_ü = 5$ mm; ($l_{ü\,erf} = 2{,}16$ mm aus $A_{Löt} \cdot \tau_{aB} = A_{Rohr} \cdot \sigma_{zB}$; $d_a \cdot \pi \cdot l_ü \cdot \tau_{aB} = \frac{\pi}{4}(d_a^2 - d_i^2) \cdot \sigma_{zB}$).

5.3 $M_{t\,max} \approx 17$ Nm $> M_t = 12$ Nm; ($F \approx 5662$ N, $A = 151$ mm², $\tau_{azul} = 37{,}5 \frac{N}{mm^2}$).

5.4 $P_{max} \approx 11{,}8$ kW $> P = 3$ kW; ($M_t \approx 942$ Nm, $F = 94\,250$ N, $A = 1885$ mm², $\tau_{azul} = 50 \frac{N}{mm^2}$).

6. Schweißverbindungen

6.1

Verfahren	Schweißnahtvorbereitung Fugenform im Schnitt	Sinnbild	Lagenzahl	Erläuterung
E	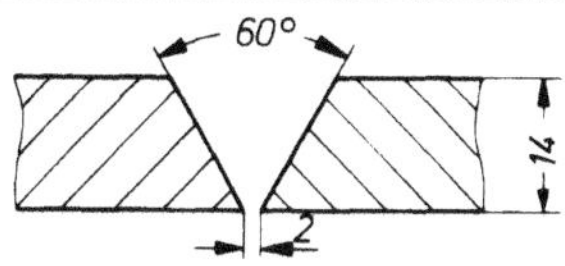	V	6	Unterlage zweckmäßig, großer Nahtquerschnitt, große Winkelschrumpfung
G	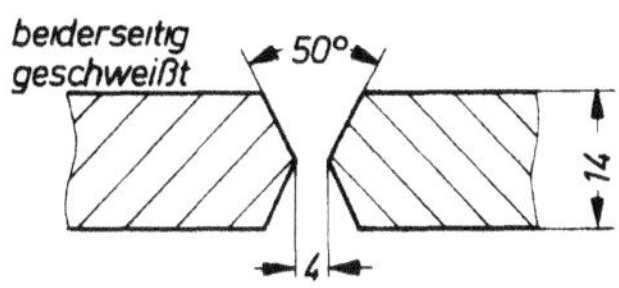	X	2	G für dicke Querschnitte unwirtschaftlich, nur halber Querschnitt der V-Naht, bei abwechselnd beiderseitigem Schweißen keine Winkelschrumpfung
UP	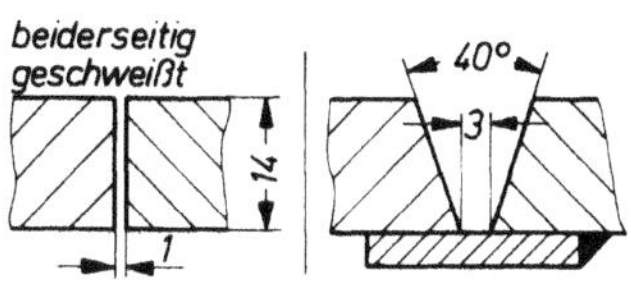	II V	2 3	I-Naht ergibt einfachste Nahtvorbereitung, UP wegen hoher Abschmelzleistung bei dicken Blechen und langen Nähten, gute Festigkeitswerte, für V-Naht Unterlage erforderlich
SG	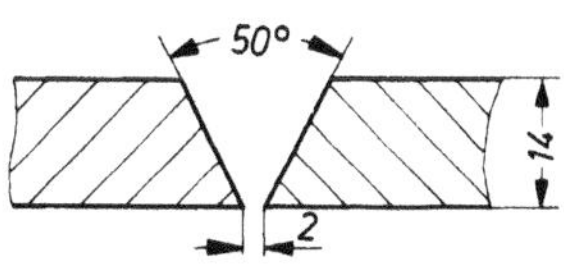	V	3	höchste Gütewerte des Schweißgutes, großer Nahtquerschnitt, Winkelschrumpfung

6.2 a) ca. 460 (195) Stabelektroden.
b) ca. 250 (105) Stabelektroden.
c) ca. 500 (210) Stabelektroden.
d) ca. 525 (220) Stabelektroden.
(Kernstabgewicht 29,2 (69,3) g pro Elektrode)

6.3

Schweißstoß	Nahtart	Anordnung der Teile und Nähte: besondere Bezeichnung	Anordnung der Teile und Nähte: Darstellung mit Kraftflußverlauf	Anschlußmoment $F \cdot s$	Kraftfluß (Kerbwirkung)	Eignung
Stumpfstoß	Stumpfnaht		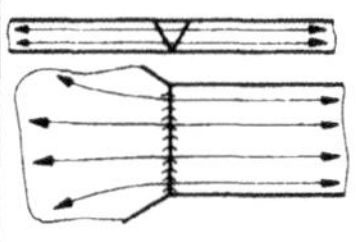	0	ungestört (geringe Kerbwirkung)	dynamische Beanspruchung (Maschinenbau, Krantragwerke) sicherste Verbindung, wirtschaftlich, keine Spaltkorrosion
Überlappstoß	Kehlnaht	Stirnkehlnähte	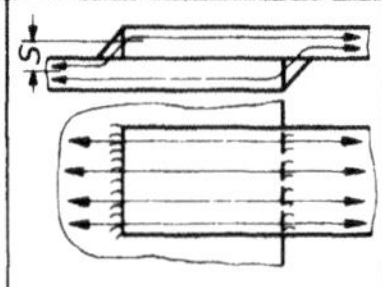	vorhanden	stark umgelenkt (große Kerbwirkung, mehrachsige Spannungszustände)	im Stahlhochbau üblich: ungleichschenklige Nähte vorteilhaft
		Flankenkehlnähte	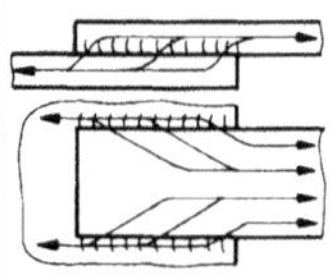			im Stahlhochbau üblich: ungleichmäßige Verteilung der Nahtschubspannung, deshalb Begrenzung der Nahtlänge: max $l = 100\,a$, min $l = 15\,(10)\,a$
		Flankenkehlnähte und Stirnkehlnaht bzw. ringsumlaufende Kehlnaht	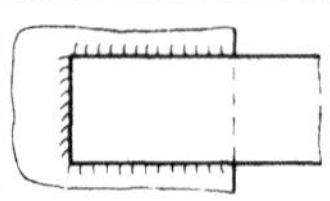			im Stahlhochbau üblich: Stirn- und Flankenkehlnähte werden als gleichwertig belastbar eingesetzt
		Schlitz- bzw. Lochschweißung	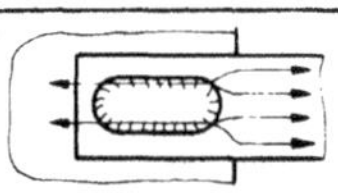			ungeeignet: im Brückenbau verboten, im Stahlhochbau nicht vorgesehen
		Laschenverbindung	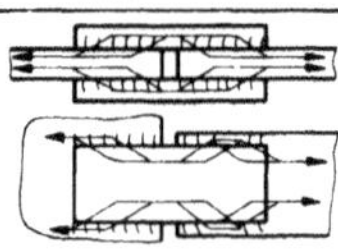	0		ungeeignet: unwirtschaftlich „Nietkonstruktion"
Kreuzstoß			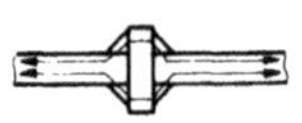	0		ungeeignet: zu vermeiden, bei Dopplungen reißt Stoßplatte auf

6.4 Bauteil: $\sigma = 78\ \text{N/mm}^2 < \sigma_{zul} = 160\ \text{N/mm}^2$,
Naht: $\sigma_w = 78\ \text{N/mm}^2 < \sigma_{w\,zul} = 135\ \text{N/mm}^2$.

6.5 a) $\sigma_{w\,zul} = 240\ \text{N/mm}^2$, $F_{max} = 115{,}2\ \text{kN}$.
b) $\sigma_{w\,zul} = 170\ \text{N/mm}^2$, $F_{max} = 81{,}6\ \text{kN}$.

6.6 $b = 45$ ($\sigma_{w\,zul} = 135\ \text{N/mm}^2$, $A_{erf} = 333\ \text{mm}^2$, $b = 41{,}7\ \text{mm}$).

6.7 a) $F_{max} = 1030$ kN ($\sigma_{zul} = 160$ N/mm², $A = 2 \cdot 3220 = 6440$ mm²).
b) $a_{max} = 9\,(9{,}5)$ mm ($t_2 = 14{,}5$ mm, $a \leqslant 0{,}7 \cdot 14 = 9{,}8$ mm).
c) $l \approx 215$ mm ($a = 9$ mm, $\tau_{w\,zul} = 135$ N/mm², $A_w = 7{,}63 \cdot 10^3$ mm²).

6.8 a) $F_{max} = 226{,}8$ kN ($\sigma_{zul} = 180$ N/mm², $A = 2 \cdot 630 = 1260$ mm²).
b) $\tau_{w1} = 90$ N/mm², $\tau_{w2} = 109$ N/mm² ($e_1 = 51{,}9$ mm, $e_2 = 23{,}1$ mm, $A_{w1} = 780$ mm², $A_{w2} = 1{,}44 \cdot 10^3$ mm², $F_1 = 69{,}9$ kN, $F_2 = 156{,}9$ kN).
c) $l_1' \approx 110$ mm $\left(\tau_{w1} = \tau_{w2},\ l_1' = \dfrac{l_1 \cdot \tau_{w1}}{\tau_{w2}}\right)$.
d) $l \approx 190$ mm (T 80: $s = 9$ mm, Knotenblech $s = 8$ mm, $a = 8$ mm, $\sigma_{zul} = 150$ N/mm²).

6.9 $\sigma_{wv} = 62$ N/mm² $< \sigma_{w\,zul} = 135$ N/mm² ($\sigma_w = 27$ N/mm², $\tau_w = 56$ N/mm², $e = 14{,}5$ mm, $M_b = 1{,}45 \cdot 10^6$ Nmm, $A_w = 1{,}8 \cdot 10^3$ mm², $W_w = 54 \cdot 10^3$ mm³).

6.10 a) Ohne Nachweis der zusätzlichen Biegespannung: Aus Bedingung $\sigma_z \leqslant 0{,}8 \cdot \sigma_{zul}$ mit $\sigma_{zul} = 270$ N/mm² ergibt sich $A \geqslant 759$ mm², aus Tabelle A1.6 z. B. L 80 X 65 X 6, L 90 X 60 X 6 u. a. Mit Nachweis der zusätzlichen Biegebeanspruchung: Vorausberechnung mit $\nu = 0{,}7$ ergibt $A \geqslant 868$ mm², aus Tabelle A1.6 L 100 X 65 X 7 ($A = 11{,}2$ cm², $I_y = 37{,}6$ cm⁴, $e_y = 1{,}51$ cm). $\sigma_z = 146$ N/mm², $\sigma_{bz} = 99$ N/mm²; $\sigma_{max} = 245$ N/mm² < 270 N/mm². Bauteil ausreichend bemessen!
b) $a_1 = 0{,}5 \cdot 7$ mm $= 3{,}5$ mm, $a_2 = 0{,}7 \cdot 7$ mm $= 4{,}9$ mm, ausgeführt $a_1 = a_2 = 3{,}5$ mm.
c) $l_1 \approx 80$ mm, $l_2 \approx 165$ mm ($\tau_{w\,zul} = 191$ N/mm², $A_w = 857$ mm², $e_1 = 67{,}7$ mm, $e_2 = 32{,}3$ mm, $A_{w1} = 277$ mm², $A_{w2} = 580$ mm²).

6.11 a) $\sigma = 116$ N/mm² $< \sigma_{zul} = 0{,}8 \cdot 160 = 128$ N/mm² ($A = 691$ mm²). Der Stab ist ausreichend bemessen.
b) $a_1 = a_2 = 3$mm, $l \approx 100$ mm ($\tau_{w\,zul} = 135$ N/mm², $A_w = 593$ mm², $l/a = 33$).

6.12 $l \approx 70$ mm ($a = 3$ mm, $A_w = \Sigma\,(a \cdot l) = 593$ mm², $\Sigma l = 60 + 2l = 198$ mm, $l/a = 20$ bzw. 23).

6.13 $\Sigma l = l_1 + l_2 + 2b \geqslant 200$ mm, $l_1 + l_2 \geqslant 80$ mm, $l_1 \geqslant 10\,a = 30$ mm, $l_2 - l_1 = b/\tan\alpha = 42$ mm, ausgeführt: $l_1 = 30$ mm, damit $l_2 = 30 + 42 = 72$ mm. Nachprüfung: $\Sigma l = 222$ mm, $A_w = 666$ mm², $\tau_w = 120$ N/mm $< \tau_{w\,zul}$.

6.14 $\sigma_w = 53$ N/mm² $< \sigma_{w\,zul} = 135$ N/mm² ($A_{ws} = 720$ mm², $A_{wk} = 8 \cdot 90 \cdot 5 = 3600$ mm², $A_w = 4320$ mm²).

6.15 = 7 – 53, 2 △ 4 – 40 (Stumpfnaht: $a = 7$ mm, $A_{ws} = (60 - 7)\,7 = 371$ mm², Kehlnähte: gewählt $a = 4$ mm, $l_{min} = 10 \cdot 4 = 40$ mm, $A_{wk} = 4 \cdot 4 \cdot 40 = 640$ mm², $A_w = 1011$ mm², $\sigma_w = 111$ N/mm² $< \sigma_{w\,zul} = 135$ N/mm²).

6.16 a) Stäbe (Rohre): $F_1 = F/\tan 35° = +\,53{,}6$ kN, $F_2 = F/\sin 35° = -\,65{,}4$ kN
$A = \pi\,(D^2 - d^2)/4 = 611$ mm².
Zugstab: $\sigma_z = 88$ N/mm² $< \sigma_{zul} = 160$ N/mm², ausreichend!
Druckstab: $\sigma_\omega = 122$ N/mm² $< \sigma_{zul} = 140$ N/mm², ausreichend!
$J = \pi\,(D^4 - d^4)/64 = 0{,}345 \cdot 10^6$ mm⁴, $i = \sqrt{J/A} = 23{,}7$ mm
$l_0 = l_k = 800$ mm$/\cos 35° = 977$ mm (Knoten seitlich unverschiebbar)
$\lambda = 41$, aus Tabelle A7.4: $\omega = 1{,}14$.

Druckstab: Nach DIN 4114 *dürfen* Druckstäbe, sofern der Stab aus einem Rundrohr oder einem Halbprofil mit Rechteckquerschnitt besteht, nach günstigeren Knickzahlen bemessen werden. Danach ist für diese Aufgabe $\omega = 1{,}07$ (statt 1,14) und $\sigma_\omega = 115$ N/mm².

Naht A: $\sigma_{wz} = 94$ N/mm² $< \sigma_{w\,zul} = 135$ N/mm² ($A_w = 570$ mm²).

Naht B: $\sigma_w = 94$ N/mm², $\tau_w = 66$ N/mm², $\sigma_{wv} = 115$ N/mm² $< \sigma_{w\,zul} = 135$ N/mm²

b) Rohrwanddicke kleiner als Mindestwanddicke 4 mm.
Nahtdicke kleiner als 3 mm.
Nach DIN 4115 (Stahlleichtbau und Stahlrohrbau im Hochbau) sowie DIN 15 018 (Krane) ist eine derartige Ausführung möglich.

6.17 a) Zugstab U_1: $\sigma_z = 153$ N/mm² $< \sigma_{z\,zul} = 160$ N/mm² ($A = 2{,}4 \cdot 10^3$ mm²)
Druckstab D_1: $\sigma_\omega = 106$ N/mm² $< \sigma_{zul} = 140$ N/mm² ($l_k = 80$ cm, $i_y = i_{min} = 1{,}03$ cm, $\lambda = 78$, $\omega = 1{,}52$, $A = 566$ mm²)
Zugstab D_2: $\sigma_z = 73$ N/mm² $< \sigma_{z\,zul} = 160$ N/mm² ($A = 794$ mm²)

b) Knoten 1:

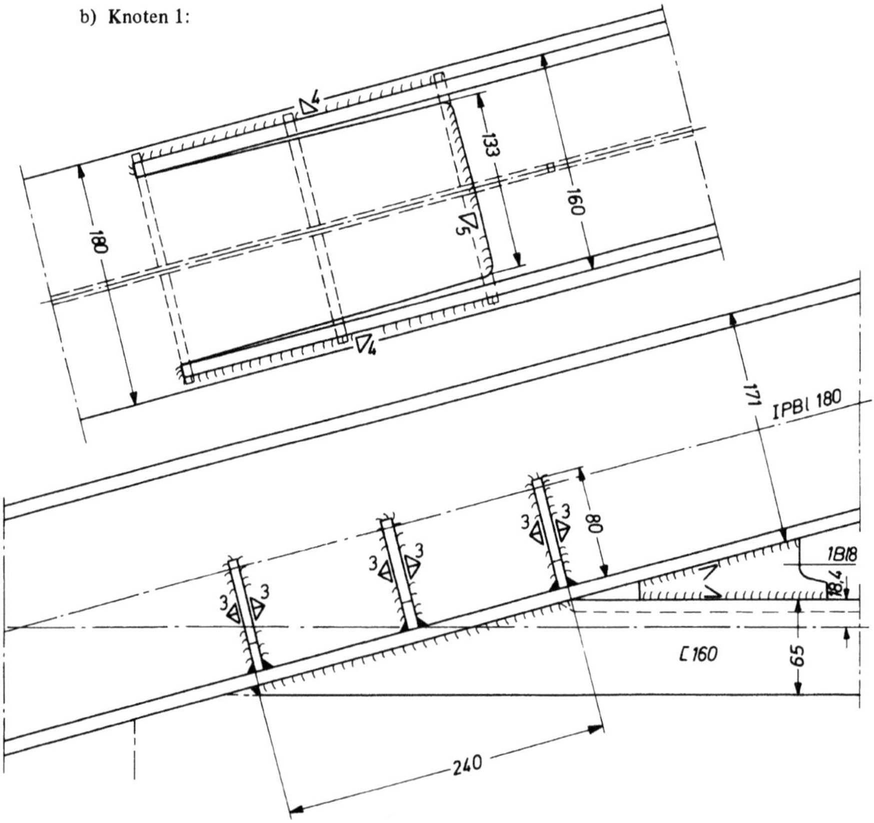

6

Knoten 5:

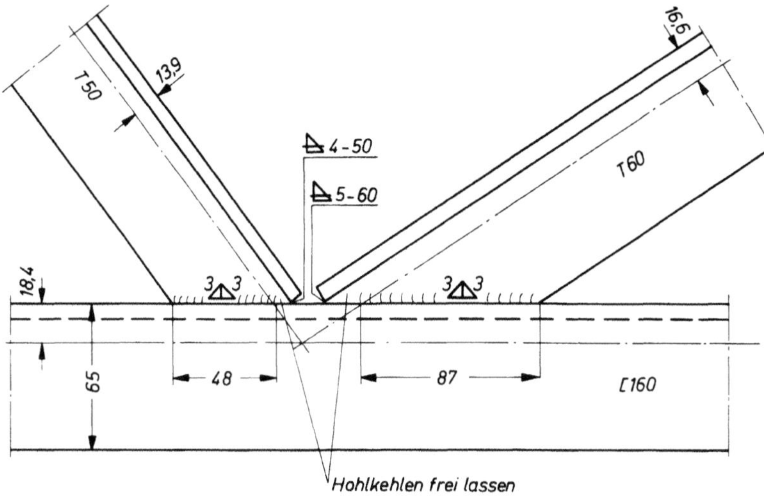

c)

Knoten			1	5	5
Stab			U_1	D_1	D_2
Stabkraft F		kN	+ 367	- 39,3	+ 57,6
Profil			U 160	T 50	T 60
Querschnittsfläche A		mm²	2400	566	794
Stegfläche A_s		mm²	≈ 1000	≈ 264	≈ 371
Flanschfläche A_F		mm²	≈ 1400	≈ 302	≈ 423
Kraftanteilsteg $F_s = F \frac{A_s}{A}$		kN	+ 153	- 18,3	+ 26,9
Kraftanteil Flansch $F_F = F \frac{A_F}{A}$		kN	+ 214	- 21	+ 30,7
Stirnkehlnaht:	Abmessungen		△5–133	△4–50	△5–60
	Nahtfläche A_w	mm²	665	200	300
	Vergleichswert $\sigma_{wv} = \frac{F}{A_w}$	$\frac{N}{mm^2}$	(115)[1]	105	102
Flankenkehlnaht:	Abmessungen		2△4–240	▲3–48	▲3–87
	Nahtfläche A_w	mm²	1920	288	522
	Vergleichswert $\sigma_{wv} = \frac{F}{A_w}$	$\frac{N}{mm^2}$	111	64	52
zulässige Spannung σ_v(H)		$\frac{N}{mm^2}$	135	135	135

[1]) *Annahme:* Kraftanteil des Steges wird je zur Hälfte von der Stirnkehlnaht und dem eingeschweißten Blech übertragen.
(Die tatsächliche Kraftverteilung ist schwer bestimmbar und von der Steifheit der Anschlußquerschnitte abhängig.)

Wenn der Knoten 1 ohne das eingeschweißte Blech ausgeführt wird, müssen wesentlich größere Profile für den Untergurt und folglich auch für den Obergurt gewählt werden. Zur Sicherheit können auch Bleche eingeschweißt werden, welche so bemessen sind, daß sie den gesamten Steg-Kraftanteil übertragen können.

6.18 $\sigma_{wv} = 57\ N/mm^2 < \sigma_{w\,zul} = 135\ N/mm^2$ ($A_w = 3 \cdot 10^3\ mm^2$, $W_w = 1{,}25 \cdot 10^5\ mm^3$, $M_b = 6{,}84 \cdot 10^6\ Nmm$, $\sigma_{wb} = 55\ N/mm^2$, $\tau_w = 13\ N/mm^2$).

6.19 $\sigma_{wv} = 82\ N/mm^2 < \sigma_{w\,zul} = 135\ N/mm^2$ ($A_w = 800\ mm^2$, $I_w \approx 2{,}82 \cdot 10^6\ mm^4$, $M_b = 0{,}975 \cdot 10^6\ Nmm$, $\sigma_{wb} = 14\ N/mm^2$, $\tau_w = 81\ N/mm^2$).

6.20 a) An Hohlkehlen von Walzstählen sollen Schweißnähte wegen der ungünstigen Walzeigenspannungen allgemein vermieden werden. Bei unberuhigten Stählen wie hier, sind sie überhaupt nicht zulässig (Seigerung, Sprödbruchgefahr).

b) Gewählt Flansch: $a = 6\ mm < 0{,}7 \cdot 13$
Steg: $a = 3{,}5\ mm < 0{,}7 \cdot 8$

$Q = 76\ kN$, $M_b = 29{,}26 \cdot 10^6\ Nmm$

Steg: $A_w = 700\ mm^2$

$$\begin{aligned} I_w = {} & 2 \cdot 16 \cdot 0{,}6 \cdot 8^2 && = 1229 \\ & + 4 \cdot 1{,}3 \cdot 0{,}6 \cdot 7{,}35^2 && = 169 \\ & + 4 \cdot 6 \cdot 0{,}6 \cdot 6{,}7^2 && = 646 \\ & + 2 \cdot 0{,}35 \cdot 10^3/12 && = \underline{58} \\ & && 2102\ cm^4 = 21{,}02 \cdot 10^6\ mm^4 \end{aligned}$$

Randfaser: $\sigma_{wb} = 111\ N/mm^2 < \sigma_{w\,zul} = 135\ N/mm^2$

Stegnaht: $\sigma_{wb} = 70\ N/mm^2$, $\tau_w = 76\,000\ N/700\ mm^2 = 109\ N/mm^2$, $\sigma_{wv} = 130\ N/mm^2 < \sigma_{zul} = 135\ N/mm^2$.

6.21 $\sigma_{wv} = 80\ N/mm^2 < \sigma_{w\,zul} = 135\ N/mm^2$ (Steg $A_w = 1{,}28 \cdot 10^3\ mm^2$, $I_w = 2 \cdot 4 \cdot 160^3/12 + 2 \cdot 90 \cdot 6 \cdot 100^2 = 13{,}53 \cdot 10^6\ mm^4$, $W_w = 135{,}3 \cdot 10^3\ mm^3$, $M_b = 9{,}36 \cdot 10^6\ Nmm$, $\sigma_w = 69\ N/mm^2$, $\tau_w = 41\ N/mm^2$).

6.22 $F_{By} = F = 100\ kN$, $F_{Bx} = F_c = 75\ kN$

Naht A: $A_w = 2240\ mm^2$, $\sigma_{wd} \approx 45\ N/mm^2$, $\tau_w = 33\ N/mm^2$, $\sigma_{wv} = 56\ N/mm^2 < \sigma_{w\,zul} = 135\ N/mm^2$.

Naht B: $A_w = 1800\ mm^2$, $\sigma_{wd} = 42\ N/mm^2$, $\tau_w = 56\ N/mm^2$, $\sigma_{wv} = 70\ N/mm^2 < \sigma_{w\,zul} = 135\ N/mm^2$.

Naht C: $A_w = 1000\ mm^2$, $\sigma_{wz} = 75\ N/mm^2 < \sigma_{w\,zul} = 135\ N/mm^2$.

6.23 Senkrechte Nähte: $\tau_w = 36\ N/mm^2 < \tau_{w\,zul} = 135\ N/mm^2$ ($A_w = 2 \cdot 10^3\ mm^2$).

Waagerechte Nähte: $\tau_w = 90\ N/mm^2 < \tau_{w\,zul} = 135\ N/mm^2$ ($F_x = F_y \frac{a}{b} = 90\ kN$, $A_w = 10^3\ mm^2$).

6.24

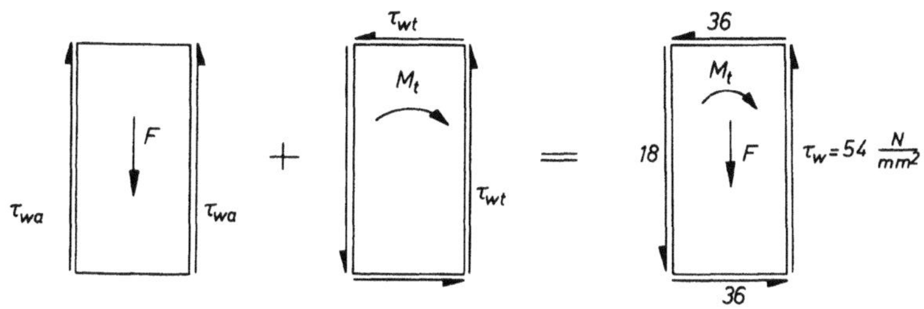

$$\tau_{wa} = \frac{F}{2 \cdot a \cdot h} = \frac{36 \cdot 10^3 \text{ N}}{2 \cdot 5 \text{ mm} \cdot 200 \text{ mm}} = 18 \frac{\text{N}}{\text{mm}^2}$$

$$\tau_{wt} = \frac{M_t}{2abh} = \frac{36 \cdot 10^3 \text{ N} \cdot 200 \text{ mm}}{2 \cdot 5 \text{ mm} \cdot 100 \text{ mm} \cdot 200 \text{ mm}} = 36 \frac{\text{N}}{\text{mm}^2}$$

$$\tau_w = \tau_{wa} + \tau_{wt}$$

6.25 Berechnungstemperatur $t = 320 + 20 = 340$ °C. Bei $t = 300$ °C: $K = 230$ N/mm², bei $t = 350$ °C: $K = 210$ N/mm², bei $t = 340$ °C: $K \approx 214$ N/mm², Sicherheitsbeiwert $\nu = 1{,}5$, Wertigkeit der Schweißnaht $v = 0{,}8$ (Regelfall), $c_1 = 0$, $s = 79$ mm > 30 mm, Zuschlag c_2 entfällt, ausgeführt $s = 80$ mm; $D_a : D_i = 1{,}11 < 1{,}2$, Geltungsbereich ist erfüllt.

6.26 $K \approx 255$ N/mm², Sicherheitsbeiwert $\nu = 1{,}8$, Wertigkeit der Schweißnaht $v = 0{,}8$ (Regelfall), $c_1 = 0$; $s = 17{,}2$ mm (ohne c_2) < 30 mm, also $c_2 = 1$, s ist mindestens 18,2 dick auszuführen, vorhanden $s = 20$ mm, Wanddicke reicht aus. $D_a : D_i = 1{,}03 < 1{,}2$, Geltungsbereich ist erfüllt.

6.27 $\sigma_w = \pm 11$ N/mm² $< \sigma_{w\,zul} = 40$ N/mm². Die Schweißverbindung ist reichlich bemessen! (Kolbenfläche $A = 491$ cm², 1 bar ≈ 10 N/cm², Kolbenkraft $F = 29{,}46$ kN, $A_w = 2640$ mm², $\sigma_{z\,dw} = 230$ N/mm², $b_1 = 0{,}55$, $b_2 = 0{,}8$, $\nu = 2{,}5$).

6.28 $\tau_{wt} = 29$ N/mm² $< \tau_{w\,zul} \approx 35$ N/mm². Die Nähte sind dauerfest.
($M_t = 9550 \frac{P}{n} = 287$ Nm, $W_{wp} = 10^4$ mm³, $\tau_{tw} \approx 185$ N/mm², $b_1 = 0{,}5$, $b_2 = 0{,}8$, $\nu = 2$).

6.29 $\tau_{wt} = 37$ N/mm² $< \tau_{w\,zul} = 55$ N/mm² (1. $M_t = 2{,}3 \cdot 10^6$ Nmm, $W_{wp} \approx 62 \cdot 10^3$ mm³ oder 2. $F_u = 76{,}8$ kN, $A_w = 2040$ mm², $\tau_{tSch} = 210$ N/mm², $b_1 = 0{,}65$, $b_2 = 0{,}8$ für normale Ausführung, $\nu \approx 2$). Nähte ausreichend bemessen.

6.30 Kranznaht: $\tau_{wt} = 0{,}6$ N/mm² $\ll \tau_{w\,zul} = 35$ N/mm² ($W_{wp} = 2{,}05 \cdot 10^6$ mm³)
Nabennaht: $\tau_{wt} = 7$ N/mm² $< \tau_{w\,zul} = 35$ N/mm² ($W_{wp} = 160 \cdot 10^3$ mm³).
($M_t = 1{,}14 \cdot 10^6$ Nmm, $\tau_{tSch} = 170$ N/mm², $b_1 = 0{,}65$, $b_2 = 0{,}8$, $\nu = 2{,}5$.) Nähte sind dauerbruchsicher. Auf die Nachprüfung der Kranznaht kann meist verzichtet werden.

6.31 $\sigma_w = 39$ N/mm² $< \sigma_{w\,zul} \approx 95$ N/mm² ($A_w = 490$ mm², $W_{wb} = 4{,}38 \cdot 10^3$ mm³, $M_b = 150 \cdot 10^3$ Nmm, $\sigma_{wd} = 5$ N/mm², $\sigma_{wb} = 34$ N/mm², $\sigma_{bSch} = 420$ N/mm², $b_1 = 0{,}7$, $b_2 = 0{,}5$, $\nu = 1{,}5$). Naht ausreichend bemessen.

6.32 $\sigma_{wv} = 60\ N/mm^2 < \sigma_{w\,zul} \approx 125\ N/mm^2$ ($2F = 12{,}6$ kN, $M_b = 1{,}39 \cdot 10^6$ Nmm, $A_w = 1296\ mm^2$, $W_{wb} = 23{,}3 \cdot 10^3\ mm^3$, $\sigma_{wb} = 59\ N/mm^2$, $\tau_w = 10\ N/mm^2$, $\sigma_{bSch} = 340\ N/mm^2$, $b_1 = 0{,}7$, $b_2 = 0{,}8$, $\nu = 1{,}5$). Nähte ausreichend bemessen.

6.33 Naht A: $\sigma_{wv} = 32\ N/mm^2 < \sigma_{w\,zul} = 45\ N/mm^2$ (Steg $A_w = 650\ mm^2$, $W_{wb} = 13{,}3 \cdot 10^3 mm^3$, $M_b = 380 \cdot 10^3$ Nmm, $\sigma_{wb} = 29\ N/mm^2$, $\tau_w = 15\ N/mm^2$).
Naht B: $\sigma_w = 47\ N/mm^2 < \sigma_{w\,zul} = 45\ N/mm^2$ ($A_w = 1368\ mm^2$, $W_{wb} = 27{,}3 \cdot 10^3\ mm^3$, $M_b = 1{,}09 \cdot 10^6$ Nmm, $\sigma_{wzd} = 7\ N/mm^2$, $\sigma_{wb} = 40\ N/mm^2$; $\sigma_{bw} = 200\ N/mm^2$, $b_1 = 0{,}7$, $b_2 = 0{,}8$, $\nu = 2{,}5$). Nähte ausreichend bemessen.

6.34 $\sigma_w = 75\ N/mm^2 < \sigma_{w\,zul} = 125\ N/mm^2$ ($M_b = 625 \cdot 10^3$ Nmm, $A_w = 786\ mm^2$, $W_{wb} = 9 \cdot 10^3\ mm^3$, $\sigma_{wz} = 6\ N/mm^2$, $\sigma_{wb} = 69\ N/mm^2$, $\tau_w = 6\ N/mm^2$; $\sigma_{bSch} = 340\ N/mm^2$, $b_1 = 0{,}7$, $b_2 = 0{,}8$, $\nu = 1{,}5$). Naht ausreichend bemessen.

6.35 Naht A: $\sigma_{wv} = 31\ N/mm^2 < \sigma_{w\,zul} \approx 55\ N/mm^2$ ($F_{zd} = 1607$ N, $Q = 1915$ N, $M_b = 96 \cdot 10^3$ Nmm, $A_w = 416\ mm^2$, $W_{wb} = 3{,}6 \cdot 10^3\ mm^3$, $\sigma_{wzd} = 4\ N/mm^2$, $\tau_w = 5\ N/mm^2$).
Naht B: $\sigma_w = 31\ N/mm^2 < \sigma_{w\,zul} \approx 55\ N/mm^2$ ($M_b = 306 \cdot 10^3$ Nmm, $A_w = 780\ mm^2$, $W_{wb} = 10{,}58 \cdot 10^3\ mm^3$, $\sigma_{wzd} = 2\ N/mm^2$, $\sigma_{wb} = 29\ N/mm^2$).
Naht C: $\sigma_{wb} = 24\ N/mm^2 < \sigma_{w\,zul} \approx 55\ N/mm^2$ ($F_2 = 3{,}19$ kN, $M_b = 255 \cdot 10^3$ Nmm, $\sigma_{bw} = 200\ N/mm^2$, $b_1 = 0{,}7$, $b_2 = 1$, $\nu = 2{,}5$).
Nähte ausreichend bemessen.

6.36 $\tau_w = 38\ N/mm^2 < \tau_{w\,zul} = 52\ N/mm^2$ ($d_1 < 5 \cdot \sqrt{1{,}5}$ mm $= 6{,}1$ mm), $\sigma_{wl} = 150\ N/mm^2 < \sigma_{wl\,zul} = 200\ N/mm^2$.

6.37 $s_{max}/s_{min} = 2$, $\varphi = 1{,}2$, $s' = 3{,}6$, gewählt $d = 8$ mm, ($d_1 \leqslant 5\sqrt{3}$ mm $= 8{,}6$ mm), $n = 2$, $\tau_w = 90\ N/mm^2 = \tau_{w\,zul}$, $\sigma_{wl} = 188\ N/mm^2 < \sigma_{wl\,zul} = 350\ N/mm^2$, $a_1 \approx 45$ mm, $e \approx 15$ mm, $b = 75$ mm.

6.38 $s_{max}/s_{min} = 2{,}8$, $\varphi \approx 1{,}28$, $s' = 3{,}2$ mm, gewählt $d = 8$ mm, ($d_1 \leqslant 5\sqrt{2{,}5}$ mm ≈ 8), $\tau_w = 40\ N/mm^2 < \tau_{w\,zul} = 104\ N/mm^2$, $\sigma_{wl} = 100\ N/mm^2 < \sigma_{wl\,zul} = 288\ N/mm^2$.

6.39 $F_u = 1250$ N, $\tau_w = 11\ N/mm^2 < \tau_{w\,zul} = 52\ N/mm^2$, $\sigma_{wl} = 7\ N/mm^2 < \sigma_{wlzul} = 144\ N/mm^2$. Die Verbindung ist sehr reichlich bemessen!

6.40 a) $\Delta l = 4{,}94$ mm ($l = 1000$ mm, $\Delta\vartheta = 380$ K).

b) $\sigma_z > \sigma_s$. Die Spannung hat die Streckgrenze von 240 N/mm² und somit auch den Gültigkeitsbereich des Hookeschen Gesetzes überschritten. Der Stab erfährt eine bleibende Längung von ca. 3,8 mm.

c)

Temperatur	Stab frei aufliegend oder an einem Ende eingespannt	Stab frei aufliegend, Ausdehnung behindert	Stab beidseitig fest eingespannt
20 °C (Ausgangszustand)			
400 °C (erwärmt)			
20 °C (abgekühlt)			

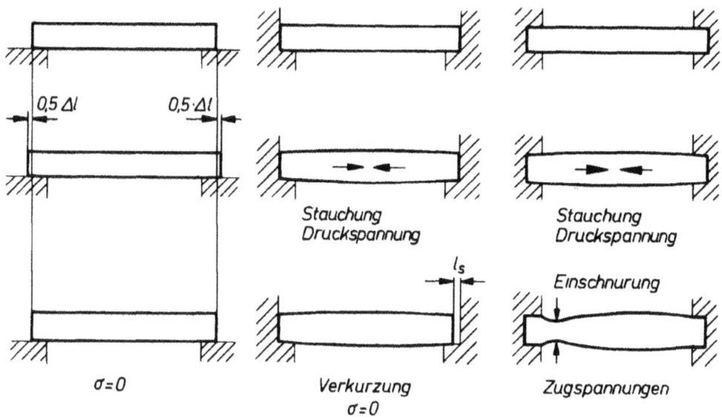

freie Wärmeausdehnung freie Schrumpfung Stab spannungslos	behinderte Wärmeausdehnung freie Schrumpfung Stab spannungslos	Wärmeausdehnung und Schrumpfung behindert entspricht Spannungszustand in Schweißverbindungen

d) Wenig Wärme in das Werkstück einbringen, also geringe Nahtquerschnitte und -längen, wenig Nähte.

Schrumpfung nicht behindern (große Dehnlängen schaffen), richtige Schweißfolge.

6.41

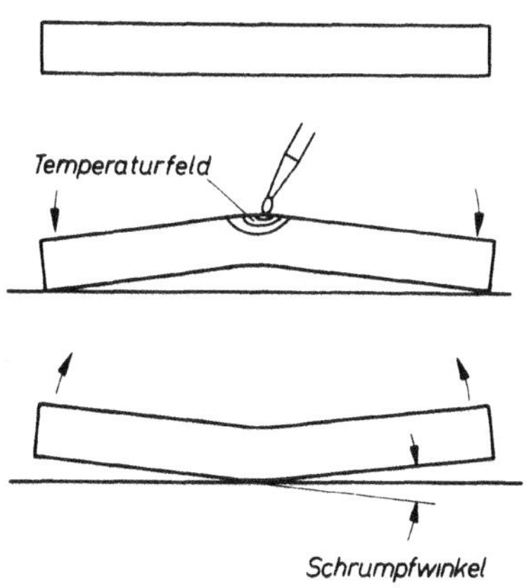

Ausgangszustand

Stab einseitig von oben erwärmt:
Der erwärmte Oberflächenstreifen dehnt sich aus und wölbt den Stab. Da die nicht erwärmten Zonen aber wie eine Einspannung wirken, also die Wärmeausdehnung behindern, wird er zugleich gestaucht.

Stab abgekühlt:
Die Stauchung des erwärmten Streifens führt zu dessen Verkürzung und verursacht eine bleibende Winkelschrumpfung.

6.42 $\Delta l \approx 0{,}16$ mm.

6.43 a) $F = 294$ kN (Schweißnahtquerschnitt $A_w \approx 4 \cdot 3{,}5^2$ mm² = 49 mm²)

b) $\Delta l \approx 1$ mm ($A = 7{,}2 \cdot 10^3$ mm², $E = 210 \cdot 10^3$ N/mm²)

c) Dünne und/oder unterbrochene Kehlnähte.

6.44 a) Die längs des Trägers wandernde Wärmequelle (Lichtbogen, Schweißflamme) verursacht eine örtliche Wärmeausdehnung, welche durch die kalt gebliebenen Querschnittsteile behindert wird. Dies führt zu einer Stauchung der erhitzten Schweißzone. Nach dem Abkühlen ist die Nahtzone (= beidseitig eingespannter Stab) kürzer als ihre Umgebung. Die entstehenden Zugspannungen äußern sich als Längsschrumpfkraft. Man kann sich die längs des Trägers verlaufende Nahtzone als ein mit dem übrigen Querschnitt verbundenes, elastisch vorgespanntes Zugband vorstellen.

Die Längsschrumpfkraft greift mit dem Hebelarm a am Träger an und verursacht ein über die Trägerlänge konstantes Biegemoment $F \cdot a$. Der Träger biegt sich nach unten durch.

Außer dem für die Trägerkrümmung verantwortlichen Längsschrumpfen tritt noch Quer- und Winkelschrumpfen des Flanschbleches auf.

b) $F = 600$ kN (Schweißnahtquerschnitt $A_w \approx 4 \cdot 5^2$ mm² = 100 mm²).

c) $f = 8$ mm, $r \approx 140$ m ($A = 5{,}88 \cdot 10^3$ mm², $e = 40{,}6$ mm, $I = 10{,}2 \cdot 10^6$ mm⁴).

7. Nietverbindungen

7.1 a) $F_{max} = A_1 \cdot m \cdot \tau_{a\,zul} = d_1 \cdot s \cdot \sigma_{l\,zul}$; $\dfrac{d_1^2 \cdot \pi}{4} m \cdot \tau_{a\,zul} = d_1 \cdot s \cdot \dfrac{\sigma_{l\,zul}}{\tau_{a\,zul}} \tau_{a\,zul}$;

$$s = \frac{d_1 \cdot \pi \cdot m}{4 \dfrac{\sigma_{l\,zul}}{\tau_{a\,zul}}}$$

	$\dfrac{\sigma_{l\,zul}}{\tau_{a\,zul}}$	einschnittig	zweischnittig
Stahlbau DIN 1050	2	$s = 0{,}393 \cdot d_1 \approx 0{,}4 \cdot d_1$	$s = 0{,}785 \cdot d_1 \approx 0{,}8 \cdot d_1$
Kranbau DIN 15018 Leichtmetallbau DIN 4113	2,5	$s = 0{,}314 \cdot d_1 \approx 0{,}3 \cdot d_1$	$s = 0{,}628 \cdot d_1 \approx 0{,}6\, d_1$

b) Es läßt sich keine feste Regel aufstellen. Meist sind jedoch fertigungstechnische Belange ausschlaggebend. In den Profiltabellen für Form- und Stabstähle sind die größtmöglichen Nietlochdurchmesser angegeben (Tabelle A7.5, DIN 997, 998 und 999). Allgemein erfolgt die Wahl des Nietdurchmessers d in Abhängigkeit von den Bauteildicken s nach Erfahrungswerten:

	einschnittig	zweischnittig
Stahl- und Kranbau	$d \approx \sqrt{50\, s} - 2$ (Tab. A 7.1)	
Leichtmetallbau	$d \approx 2\, s + 2$	$d \approx s + 2$

c) Gleichzeitig auf Lochleibung und Abscheren optimal ausgenutzte Niete im Stahlbau.

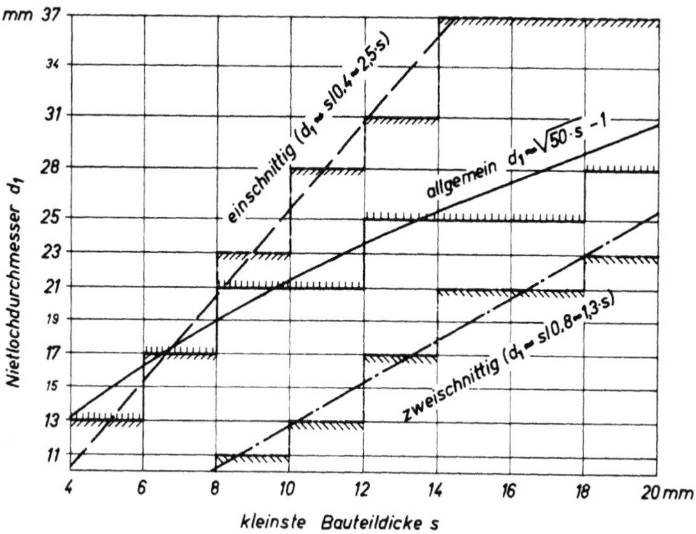

Die mit der Kurve $d_1 \approx \sqrt{50\,s} - 1$ gemittelte Treppenlinie stimmt mit der in einschlägigen Handbüchern angegebenen Zuordnung von d_1 zu s überein (Tabelle A7.1). Bei der üblichen Nietwahl ist also bei zweischnittigen Verbindungen stets $\tau_{a\,zul}$ nicht ausgenutzt.

d) Das Schaubild zeigt, daß bei der üblichen Zuordnung von d_1 zu s einschnittige Verbindungen im Stahlbau ab $s \approx 7$ mm nur auf Abscheren, zweischnittige für alle Blechdicken nur auf Lochleibungsdruck zu berechnen sind.

Die obere und die untere Treppenlinie gibt für ein- und zweischnittige Verbindungen zugehörige Werte von d_1 und s, bei welchen beide Festigkeitsbedingungen (τ_a und σ_l) zugleich bis zur zulässigen Grenze erfüllt sind. Sie stellen die wirtschaftlich ideale Lösung dar.

7.2 a) $d = 16$ mm, $l = 42$ mm ($d \approx \sqrt{50 \cdot 8} - 2 = 18$ mm, soll vermieden werden, deshalb gewählt $d = 16$ mm. $l = 12$ mm + 8 mm + $1{,}4 \cdot 16$ mm = 42,4 mm).

b) Halbrundniet 16 X 42 DIN 124 USt 36-1.

c) $F = 31{,}78$ kN ($s/d_1 = 0{,}47 > 0{,}393$, daher Abscheren maßgebende Beanspruchung; $\tau_{a\,zul} = 140$ N/mm², $A_1 = 227$ mm²).

7.3 a) $d = 22$ mm, $l = 60$ mm ($d \approx \sqrt{50 \cdot 12} - 2 = 22{,}5$ mm, $l = 2 \cdot 8$ mm + 12 mm + $1{,}4 \cdot 22$ mm = 58,8 mm).

b) Halbrundniet 22 X 60 DIN 124 USt 36-1.

c) H: $F = 231{,}8$ kN, HZ: $F = 265$ kN ($s/d_1 = 0{,}52 < 0{,}628$, daher Lochleibungsdruck maßgebende Beanspruchung. H: $\sigma_{l\,zul} = 280$ N/mm², HZ: $\sigma_{l\,zul} = 320$ N/mm²).

7.4

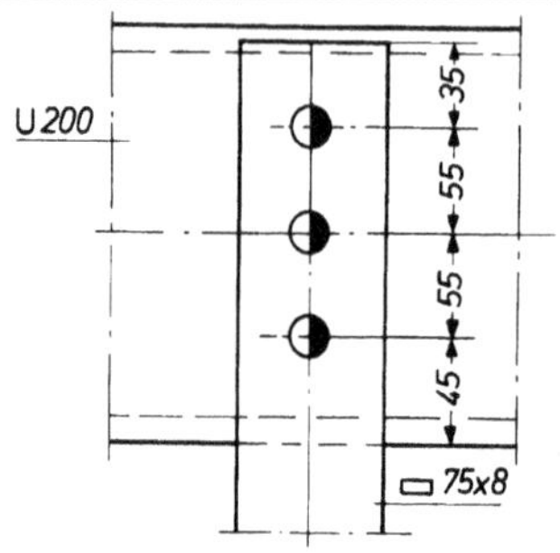

Zugstab: $\nu = 0{,}8$, $\sigma_{zul} = 160$ N/mm², $A \approx 530$ mm², gewählt Fl 75 X 8.

Nietverbindung: $d \approx \sqrt{50 \cdot 8} - 2 = 18$ mm, gewählt $d = 16$ mm; $\tau_{a\,zul} = 140$ N/mm², $s/d_1 = 0{,}47 > 0{,}393$, also Abscheren maßgebend:

$$n_a = \frac{68\,000 \text{ Nmm}^2}{227 \text{ mm}^2 \cdot 140 \text{ N} \cdot 1} = 2{,}13, \text{ gewählt 3 Niete.}$$

Zugstab: nutzbare Stabquerschnittsfläche $A_n = 464$ mm², $\sigma_z = 147$ N/mm² $< \sigma_{z\,zul} =$ 160 N/mm², Fl 75 X 8 also ausreichend.

Rand- und Lochabstände (nach DIN 1050):

$a = 3 \cdot 17 \ldots (8 \cdot 17)\ 15 \cdot 8 = 51 \ldots 120$ mm

$e_1 = e_2 = 2 \cdot 17 \ldots 3 \cdot 17 (9 \cdot 8{,}5) = 34 \ldots 51$ mm

gewählt: $a = 55$ mm, $e_1 = 35$ mm, $e_2 = 45$ mm.

7.5

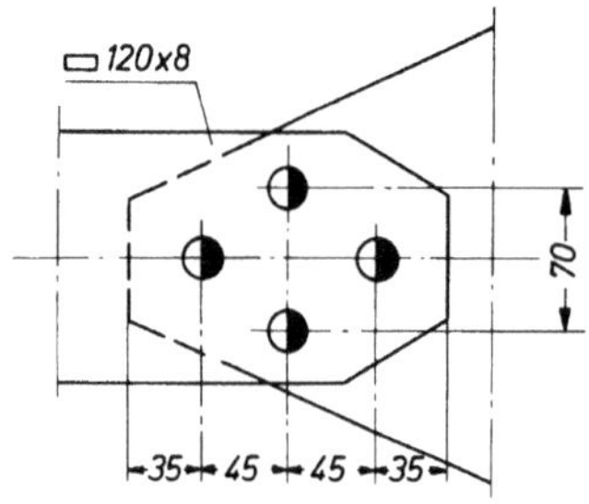

$d = 16$, $s/d_1 = 0{,}47 > 0{,}393$, $\tau_{a\,zul} = 140$ N/mm², $A_1 = 227$ mm², $n_a = 3{,}96$, ausgeführt $n = 4$.

Nietanordnung *a*: $A_n = 120 \text{ mm} \cdot 8 \text{ mm} - 2 \cdot 17 \text{ mm} \cdot 8 \text{ mm} = 688$ mm², $\sigma_z = 183$ N/mm² $> \sigma_{z\,zul} = 160$ N/mm², nicht ausführbar.

Nietanordnung *b*: $A_n = 120 \text{ mm} \cdot 8 \text{ mm} - 17 \text{ mm} \cdot 8 \text{ mm} = 824$ mm², $\sigma_z = 153$ N/mm² $< \sigma_{z\,zul} = 160$ N/mm², wird ausgeführt.

Rand- und Lochabstände: $e_1 = 35$ mm, $e_2 = 25$ mm ($a \approx 55$ mm), $a' = \sqrt{55^2 - 35^2} = 43$ mm, ausgeführt 45 mm.

7.6 Stab: $\sigma_{z\,zul} = 240$ N/mm², $\upsilon = 0{,}6$, $A \approx \dfrac{85\,000 \text{ Nmm}^2}{0{,}6 \cdot 240 \text{ N}} = 590$ mm², gewählt L 80 X 40 X 6 mit $A = 689$ mm², $e_y = 0{,}88$ cm, $I_y = 7{,}59$ cm⁴.

Niete: $d = 16$ mm, $s/d_1 = 0{,}35 < 0{,}393$, $\sigma_{l\,zul} = 420$ N/mm², $n_l = 1{,}9$, gewählt 2 Halbrundniete 16 X 34 DIN 124 RSt44-2.

Nachprüfung des Stabes (breiter Schenkel angeschlossen):

$$\sigma_{max} = \frac{85\,000 \text{ N}}{(689 - 17 \cdot 6) \text{ mm}^2} + \frac{85\,000 \text{ N} \cdot 8{,}8^2 \text{ mm}^2}{75\,900 \text{ mm}^4} = 145 + 87 = 232 \text{ N/mm}^2 < \sigma_{z\,zul} =$$

240 N/mm² oder $\sigma_z = 145$ N/mm² $< 0{,}8 \cdot 240 = 192$ N/mm².

Abstände: $a = 55$ mm, $e_1 = 35$ mm, $w = 45$ mm ($e = 28{,}5$ mm).

7.7 a) $l_k = l_0 = 1850$ mm, $i_y = 1{,}89$ cm, $I_y = 85{,}3$ cm⁴, $e_y = 1{,}84$ cm, $A = 24$ cm², $\lambda_y = 98$, $\omega_y = 1{,}86$, $\sigma_\omega = 97$ N/mm², $M_b = 2300$ Nm, $\sigma_{bd} = 50$ N/mm², $\sigma_{bz} = 126$ N/mm², $\sigma_{max\,d} = 97 + 0{,}9 \cdot 50 = 142$ N/mm² $< \sigma_{zul} = 160$ N/mm²,

$$\sigma_{max\,z} = 97 + \frac{150 + 98}{500} 126 = 159 \text{ N/mm}^2 < \sigma_{zul} = 160 \text{ N/mm}^2.$$

b) $\tau_a = 138$ N/mm² $< \tau_{a\,zul} = 160$ N/mm², $\sigma_l = 245$ N/mm² $< \sigma_{l\,zul} = 320$ N/mm².
c) $\tau_{w\,zul} = 150$ N/mm², $l = 83$ mm, ausgeführt $l = 85$ mm.
d) Der Schweißanschluß benötigt nur 1/3 der Länge des Nietanschlusses.

7.8 a) Vorwahl: $k = 6$, $A \approx \frac{125}{14} + 0{,}58 \cdot 6 \cdot 1{,}85^2 = 20{,}8$ cm².
Gewählt ∟ 100 × 10 mit $A = 19{,}2$ cm², $e = 2{,}82$ cm, $I_y = 177$ cm⁴, $i_y = 3{,}04$ cm.

$\lambda_y = 61$, $\omega = 1{,}31$, $\sigma_\omega = 85$ N/mm², $\sigma_{bd} = \frac{125\,000 \text{ N} \cdot 28{,}2^2 \text{ mm}^2}{1\,770\,000 \text{ mm}^4} = 56$ N/mm²,

$\sigma_{bz} = \frac{125\,000 \text{ N} \cdot 28{,}2 \text{ mm}}{24\,700 \text{ mm}^3} = 145$ N/mm²,

$\sigma_{max\,d} = 85 + 0{,}9 \cdot 56 = 135$ N/mm² $< \sigma_{zul} = 160$ N/mm²,

$\sigma_{max\,z} = 85 + \frac{150 + 61}{500}\, 145 = 146$ N/mm² $< \sigma_{zul} = 160$ N/mm².

(Knicken senkrecht zur η-Achse: $i_\eta = 1{,}95$ cm, $\lambda_\eta = 95$, $\omega = 1{,}80$,
$\sigma_\omega = 117$ N/mm² $< \sigma_{zul} = 160$ N/mm².)

b) Vorwahl: $k \approx 8$, $A \approx \frac{125}{14} + 0{,}58 \cdot 8 \cdot 1{,}85^2 = 24{,}8$ cm².
Gewählt ∟ 130 × 90 × 10 mit $A = 21{,}2$ cm², $e_y = 2{,}18$ cm, $I_y = 141$ cm⁴.
$i_y = 2{,}58$ cm. $\lambda_y = 72$, $\omega = 1{,}44$, $\sigma_\omega = 85$ N/mm²,
$\sigma_{bd} = 42$ N/mm², $M_b = 2725$ Nm, $\sigma_{bz} = 132$ N/mm²,
$\sigma_{max\,d} = 85 + 0{,}9 \cdot 42 = 123$ N/mm² $< \sigma_{zul} = 160$ N/mm²,

$\sigma_{max\,z} = 85 + \frac{150 + 72}{500}\, 132 = 144$ N/mm² $< \sigma_{zul} = 160$ N/mm².

(Knicken senkrecht zur η-Achse: $i_\eta = 1{,}93$ cm, $\lambda_\eta = 96$, $\omega = 1{,}82$,
$\sigma_\omega = 107$ N/mm² $< \sigma_{zul} = 160$ N/mm².)

c) Vorwahl: $k \approx 4{,}6$, $A \approx 18$ cm².
Gewählt ∟ 80 × 65 × 6 mit $A = 8{,}41$ cm², $i_x = 2{,}51$ cm, $i_y = 1{,}93$ cm.
Ausknicken rechtwinklig zur „Stoffachse" x–x: $l_k = l_s \approx 1550$ mm (geschätzt),

$\lambda_x = 62$, $\omega = 1{,}32$, $\sigma_{\omega x} = \frac{125\,000 \text{ N} \cdot 1{,}32}{2 \cdot 841 \text{ mm}^2} = 98$ N/mm² $< \sigma_{zul} = 160$ N/mm².

Ausknicken rechtwinklig zur „stofffreien" Achse y–y: $l_k = l_0 = 1850$ mm, $\lambda_y \approx 96$,

$\omega_y = 1{,}82$, $\sigma_{\omega y} = \frac{125\,000 \text{ N} \cdot 1{,}82}{2 \cdot 841 \text{ mm}^2} = 135$ N/mm² $< \sigma_{zul} = 160$ N/mm².

In den Drittelspunkten des Stabes sind Futterbleche vorzusehen.

Gewichtsvergleich:

Profil	⅃∟ 80 × 65 × 6	∟ 100 × 10	∟ 130 × 90 × 10	U 160
Metergewicht in da N/m	13,20	15,1	16,60	18,80

7.9 $d \approx 6 + 2 = 8$ mm, $d_1 \approx 8{,}2$ mm, Halbrundniet 8 X 25 DIN 660 AlCuMg 1 F40,
$\tau_{a\,zul} = 105$ N/mm², $\sigma_{l\,zul} = 264$ N/mm², $n_a = 4{,}9$, $n_l = 4{,}1$, ausgeführt $n = 6$.
Band: $A_n = 80$ mm · 6 mm − (8,2 · 6 · 2) mm² = 381 mm²
$\sigma_z = 136$ N/mm² $< \sigma_{z\,zul} = 150$ N/mm²

Abstände:
$a = 3 \cdot 8 \ldots 6 \cdot 8 = 24 \ldots 48$ mm, $e \geqslant 2 \cdot 8$ oder $4 \cdot 4 = 16$ mm.

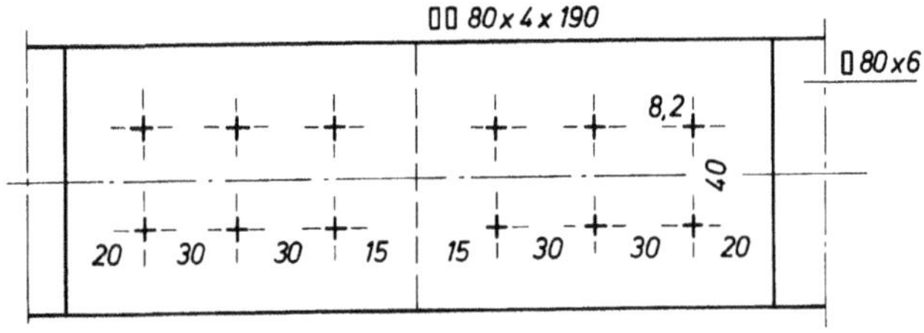

7.10 a) $d_1 = 23$ mm, $d = 22$ mm,
b) $F_{max} = 334{,}7$ kN ($\sigma_{z\,zul} = 160$ N/mm²,
$A_n = 2(12{,}3 - 2{,}3 \cdot 0{,}8) = 20{,}92$ cm² = 2092 mm²),
c) $n = 5$ ($m = 2$, $\tau_{a\,zul} = 112$ N/mm², $\sigma_{l\,zul} = 280$ N/mm², $n_a = 3{,}6$, $n_l = 4{,}3$)
d) $l = 2 \cdot 8 + 12 + 22 \cdot 1{,}4 = 59$ mm, Halbrundniet 22 X 60 DIN 124 USt 36-1
e) $a = 70$ mm, $e_1 = 50$ mm, $w = 45$ mm.

Durch Beiwinkel könnte ein kürzerer Anschluß erreicht werden.

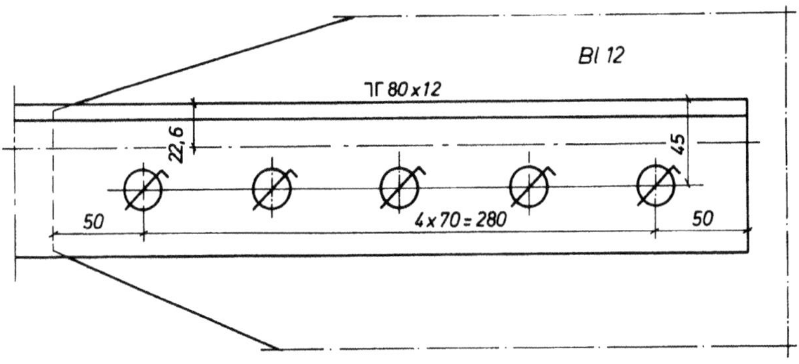

7.11 $\sigma_{z\,zul} = 180$ N/mm², $\tau_{a\,zul} = 128$ N/mm², $\sigma_{l\,zul} = 320$ N/mm².
Stab S_2: $d = 12$ mm, $d_1 = 13$ mm, $n_a = 2{,}6$, $n_l = 2{,}1$, 3 Niete erforderlich.
$A_n = 2(4{,}3 - 1{,}3 \cdot 0{,}5)$ cm² = 7,3 cm² = 730 mm², $\sigma_z = 122$ N/mm² <
$\sigma_{z\,zul} = 180$ N/mm².
Stab S_3: $d = 12$ mm, $d_1 = 13$ mm, $n_a = 1{,}5$, $n_l = 1{,}3$, 2 Niete erforderlich.
Stab S_1–S_4: $F = 85$ kN − 14,5 kN = 70,5 kN, $d = 16$ mm, $d_1 = 17$ mm, $n_a = 1{,}2$, $n_l = 1{,}3$,
2 Niete + 1 oder 2 Füllniete erforderlich.

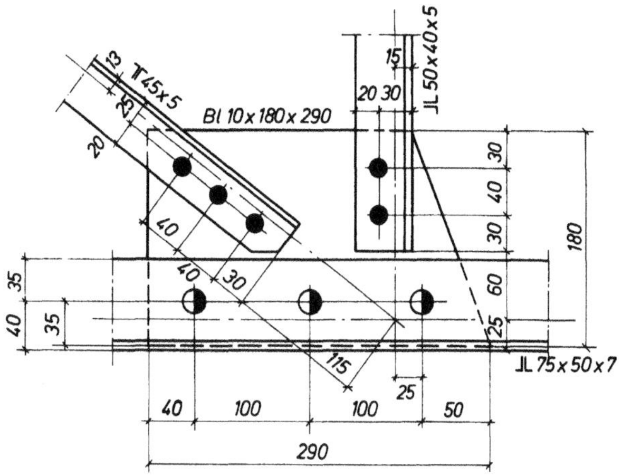

7.12 $n_a = 3{,}5$, $n_l = 5{,}7$.

6 Niete erforderlich. Da nicht mehr als 5 Niete hintereinandergesetzt werden dürfen, sind Beiwinkel erforderlich!

Beiwinkel und Stabwinkel erhalten je 3 der erforderlichen Niete. Lastanteil der Beiwinkel: $F_B = 335 \text{ kN}/2 = 167{,}5 \text{ kN}$.

Mit einen Zuschlag von 50 % wird für den einschnittigen Anschluß von Bei- und Stabwinkel

$$n_a = \frac{1{,}5 \cdot 167\,500 \text{ Nmm}^2}{140 \text{ N} \cdot 346 \text{ mm}^2 \cdot 1} = 5{,}2$$

$$n_l = \frac{1{,}5 \cdot 167\,500 \text{ Nmm}^2}{280 \text{ N} \cdot 21 \text{ mm} \cdot 8 \text{ mm}} = 5{,}3$$

Ausgeführt: 2 X 3 Niete ϕ 20 mm.

Abstände: $a = 65$ mm, $e_1 = 45$ mm, $w = 50$ mm.

Stab: $\sigma_z = 153 \text{ N/mm}^2 < \sigma_{z\,zul} = 160 \text{ N/mm}^2$
$(0{,}5\,A_n = 1390 + 8(105 - 100) - 2 \cdot 21 \cdot 8 = 1094 \text{ mm}^2)$.

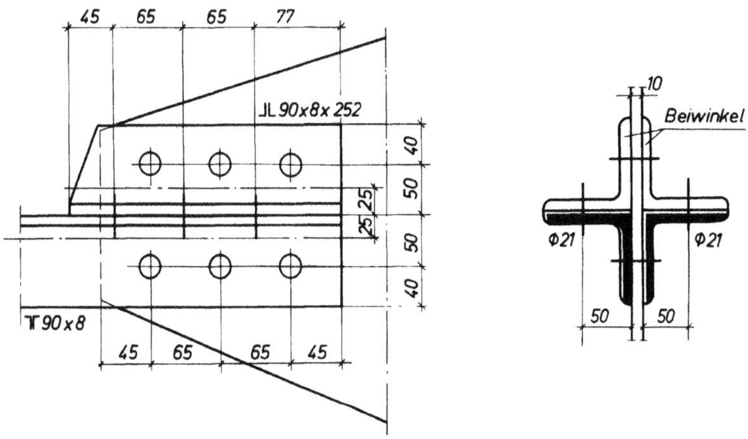

7.13

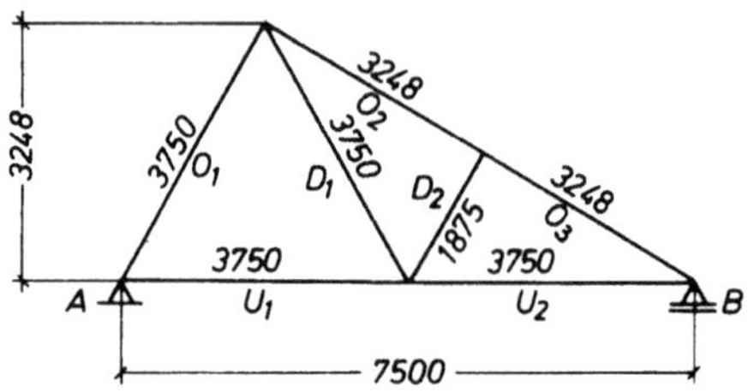

1. Fachwerknetz (Stabschwerlinien)

O = Obergurtstäbe
U = Untergurtstäbe
D = Diagonalstäbe (Streben)

Stablängen:

$O_2 = O_3 = 0{,}5 \cdot 7500 \cdot \cos 30° =$
$= 3248$ mm
$D_2 = 3750 \cdot \sin 30° = 1875$ mm

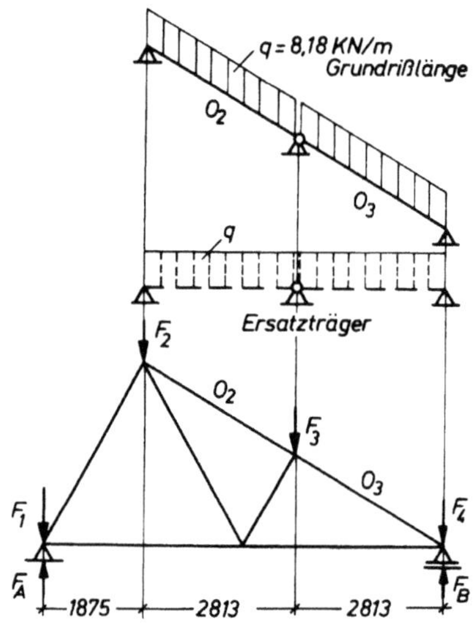

2. Knotenpunktlasten

a) Hauptlasten (H): ständige Last + Schneelast

Die Stäbe O_2 und O_3 werden durch die unmittelbar aufliegende Dacheindeckung auf Biegung beansprucht.

$q = 2180 \text{ N/m}^2 \cdot 3{,}75 \text{ m} = 8175 \text{ N/m}$
$M_{b\,max} = 8175 \text{ N/m} \cdot 2{,}813^2 \text{ m}^2/8$
$= 8086 \text{ Nm}$

Belastung für 1 m² Grundrißfläche:

Blechdach (Neigung 30°)

Warmdacheindeckung $= \dfrac{500}{\cos 30°} = \dfrac{500}{0{,}866}$	≈ 577 N/m²
Bindereigenlast	≈ 100 N/m²
Schneelast	≈ 1500 N/m²
	≈ 2180 N/m²

Glasdach (Neigung 60°)

Glaseindeckung $= \dfrac{400}{\cos 60°} = \dfrac{400}{0{,}5}$	≈ 800 N/m²
Bindereigenlast	≈ 100 N/m²
Schneelast	≈ 1500 N/m²
	≈ 2400 N/m²

Knotenpunktlasten = Grundflächenbelastung X anteilige Grundriß-Feldbreite X Binderabstand

$F_1 = 2{,}4 \frac{1{,}875}{2} 3{,}75$ $\approx$ 8,44 kN

$F_2 = 2{,}4 \frac{1{,}875}{2} 3{,}75 + 2{,}18 \frac{2{,}813}{2} 3{,}75$ $\approx$ 19,94 kN

$F_3 = 2{,}18 \cdot 2{,}813 \cdot 3{,}75$ $\approx$ 23,00 kN

$F_4 = 2{,}18 \frac{2{,}813}{2} \cdot 3{,}75$ $\approx$ 11,50 kN

Binderlast (H) $\approx$ 62,88 kN

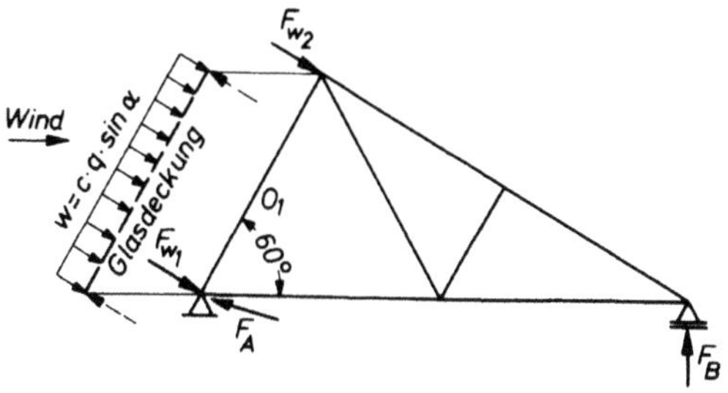

b) Zusatzlast (Z): Windlast
Wind auf das feste Lager:

$w = c \cdot q \cdot \sin\alpha$
$= 1{,}2 \cdot 500\ \text{N/m}^2 \cdot \sin 60°$
$= 520\ \text{N/m}^2$

$F_{w1} = F_{w2} = 0{,}5 \cdot 520\ \text{N/m}^2 \cdot 3{,}75\ \text{m} \cdot 3{,}75\ \text{m} = 3660\ \text{N}$

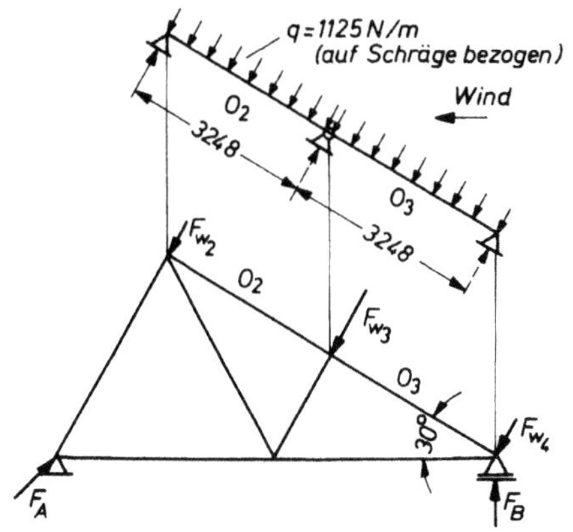

Wind auf das bewegliche Lager:
Die Stäbe O_2 und O_3 werden durch die von der unmittelbar aufliegenden Dacheindeckung übertragenen Windlast auf Biegung beansprucht.

$w = 1{,}2 \cdot 500\ \text{N/m}^2 \cdot \sin 30° = 300\ \text{N/m}^2$

$q = 300\ \text{N/m}^2 \cdot 3{,}75\ \text{m} = 1125\ \text{N/m}$

$M_{b\,max} = \frac{q \cdot l^2}{8}$
$= 1125\ \text{N/m} \cdot 3{,}248^2\ \text{m}^2/8$
$= 1483\ \text{Nm}$

$F_{w2} = F_{w4} = 0{,}5 \cdot 1125\ \text{N/m} \cdot 3{,}248\ \text{m}$
$= 1825\ \text{N}$

$F_{w3} = 1125\ \text{N/m} \cdot 3{,}248\ \text{m}$
$= 3650\ \text{N}$

3. Zeichnerische Bestimmung der Stabkräfte

Hauptlasten (H): ständige Last + Schneelast

Lageplan

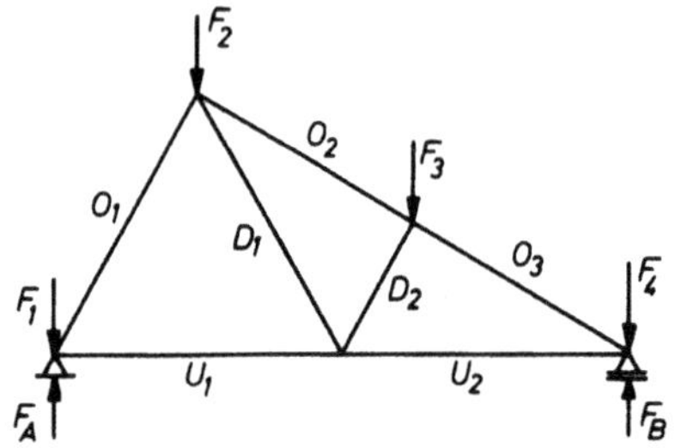

Cremonaplan

Kräftemaßstab: 1 mm ≙ 1 kN

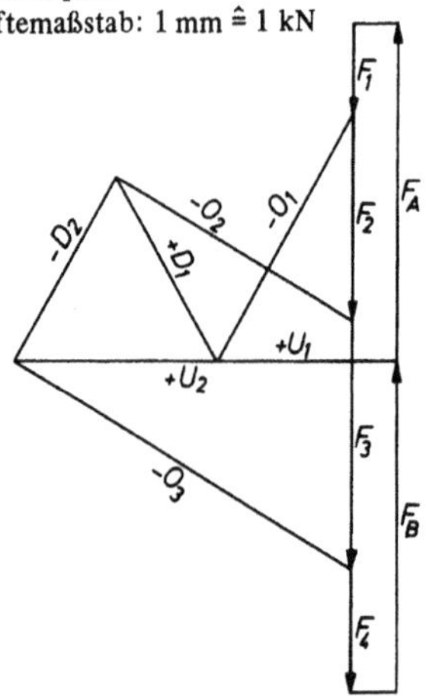

Auflagerkräfte:

$$F_A = \frac{23 \cdot 2{,}813 + 19{,}94 \cdot 5{,}625}{7{,}5} + 8{,}44 = 32{,}02 \text{ kN}$$

$F_B = 62{,}88 - 32{,}02 = 30{,}86$ kN

Zusatzlast (Z): Windlast

Wind auf das feste Lager

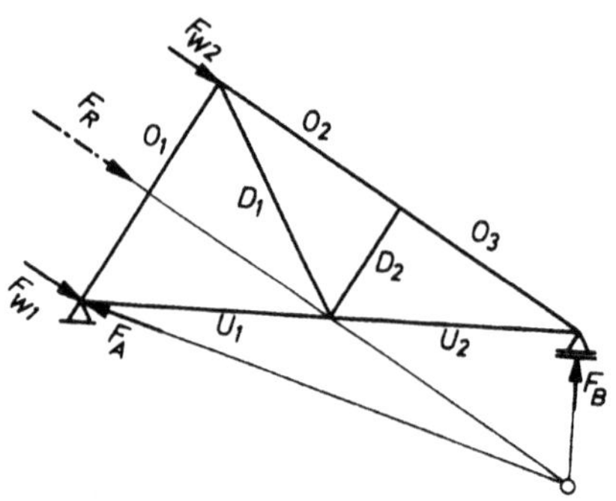

Kräftemaßstab: 1 mm ≙ 0,2 kN

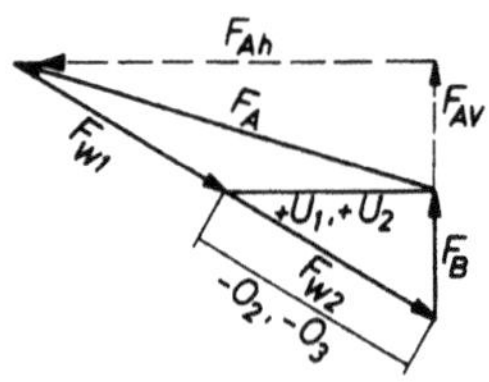

Auflagerkräfte: F_A = 6,6 kN

(F_{AV} = 1,8 kN, F_{Ah} = 6,3 kN)

F_B = 1,8 kN

Wind auf das bewegliche Lager

Kräftemaßstab: 1 mm ≙ 0,2 kN

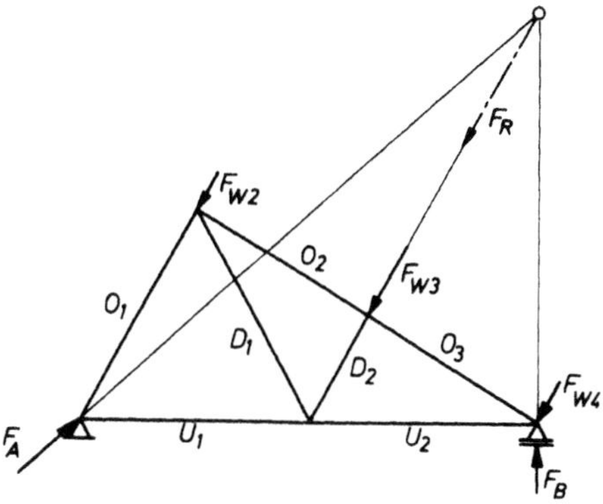

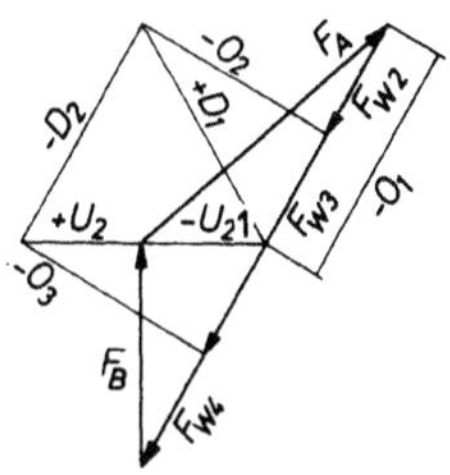

Auflagerkräfte: F_A = 4,8 kN
(F_{AV} = 3,2 kN, F_{Ah} = 3,7 kN)
F_B = 3,2 kN

4. Zusammenstellen der Stabkräfte und Biegemomente

Stab	Lastfall H (Eigenlast + Schneelast)		Zusatzlast (Z) Wind auf festes Lager		Wind auf bewegliches Lager		Lastfall HZ		Maßgebender Lastfall
	Stabkraft kN	Biegemoment Nm	Stabkraft kN	Biegemoment Nm	Stabkraft kN	Biegemoment Nm	Stabkraft kN	Biegemoment Nm	
O_1	- 27,2		0		- 3,7		- 30,9		H, das $27{,}2 \frac{160}{140} > 30{,}9$
O_2	- 26,9	8086	- 3,7		- 3,2	1483	- 30,1	9569	ungewiß, aber wegen dominierendem Biegemoment vermutlich HZ
O_3	- 38,7	8086	- 3,7		- 3,2	1483	- 41,9	9569	
U_1	+ 13,1		+ 3,2		- 1,8		+ 16,3		HZ, da $13{,}1 \frac{180}{160} < 16{,}3$
U_2	+ 33,5		+ 3,2		+ 1,8		+ 36,7		H, da $33{,}5 \frac{180}{160} > 36{,}7$
D_1	+ 20,5		0		+ 3,7		+ 24,2		HZ, da $20{,}5 \frac{180}{160} < 24{,}2$
D_2	- 20,5		0		- 3,7		- 24,2		HZ, da $20{,}5 \frac{160}{140} < 24{,}2$

5. Bemessen der Stabquerschnitte

Stab	Größtwerte Stabkraft kN	Größtwerte Biegemomente Nm	Maßgebender Lastfall	Knicklänge l_k cm	$A \approx F/14 + 0{,}58 \cdot k \cdot l_k^2$ bzw. $I \approx 0{,}12 \cdot F \cdot l_k^2$ cm² bzw. cm⁴	$A \approx \frac{F}{\nu \cdot \sigma_{z\,zul}}$ cm²	Gewählter Querschnitt (Mindestdicke 4 mm)	Querschnittsfläche A cm²	Querschnittsfläche A_n cm²	Trägheitsradius i cm	Schlankheitsgrad λ	Knickzahl ω	vorhandene Spannungen N/mm²
O_1	− 27,2		H	375	$I = 45{,}9$ cm⁴		⫪ 60 × 6 (2 Bindebleche)	13,82		1,82	206	7,17	$\frac{27\,200 \cdot 7{,}17}{1382} = 141 \approx \sigma_{zul}$
O_2 O_3	− 30,1 − 41,9	9569 9569	HZ HZ	324,8			][100 (2 Bindebleche)	27		3,91	83	1,59	$\frac{41\,900 \cdot 1{,}59}{2700} + 0{,}9\,\frac{9{,}57 \cdot 10^6}{8{,}24 \cdot 10^4} = 129 < 160$
U_1 U_2	+ 16,3 + 33,5		HZ H			2,6	⅃L 45 × 4 (ϕ 13)	6,98	5,94				$\frac{33\,500}{594} = 56 < 160$
D_1	+ 24,2		HZ			1,7	L 45 × 4 (ϕ 13)	3,49	2,97				$\frac{24\,200}{297} = 81 < 0{,}8 \cdot 180$
D_2	− 24,2		HZ	187,5	$I = 10{,}2$ cm⁴		L 60 × 6	6,91		1,82	103	1,96	$\sigma_{max\,d} = 72 < 160$ $\sigma_{max\,z} = 73 < 180$

Zu D_2: $M_b = 24\,200 \cdot 1{,}69 = 40\,900$ Nmm, $W_d = \frac{22{,}8}{1{,}69} = 13{,}5$ cm³, $W_z = W_y = 5{,}29$ cm³

$$\sigma_\omega = \frac{24\,200}{691}\,1{,}96 = 69 \text{ N/mm}^2, \quad \sigma_{bd} = \frac{40\,900}{13\,500} = 3 \text{ N/mm}^2, \quad \sigma_{bz} = \frac{40\,900}{5290} = 8 \text{ N/mm}^2$$

6. Berechnen der Stabanschlüsse

Die für jeden Anschluß geforderte Mindestnietzahl ($n = 2, d_1 = \phi\,13$) reicht in allen Fällen aus!

Anschluß Stab O_3 (Auflager B)

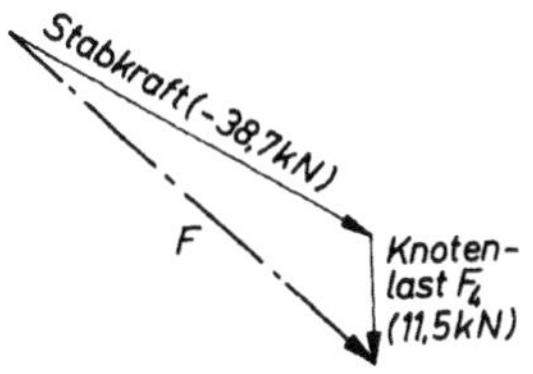

Für den Lastfall H wird mit Hilfe des Kraftecks die Anschlußkraft $F = 45{,}5$ kN gefunden.

Bei Ausführung mit 2 Niete ϕ 13 und einer Knotenblechdicke von 10 mm ergeben sich

$$\tau_a = \frac{45\,500}{133 \cdot 2 \cdot 2} = 86\ \text{N/mm}^2 < 140\ \text{N/mm}^2,$$

$$\sigma_l = \frac{45\,500}{13 \cdot 10 \cdot 2} = 175\ \text{N/mm}^2 < 280\ \text{N/mm}^2$$

Anschluß Stab D_1

Stabkraft + 24,2 kN (HZ)

Für $d_1 = 13$ mm und $n = 2$ ergeben sich

$$\tau_a = \frac{24\,200}{133 \cdot 2 \cdot 1} = 91\ \text{N/mm}^2 < 160\ \text{N/mm}^2$$

$$\sigma_l = \frac{24\,200}{13 \cdot 4 \cdot 2} = 233\ \text{N/mm}^2 < 320\ \text{N/mm}^2$$

7.14 a) $F_{max} = \dfrac{12\ \text{kN}}{2} + \dfrac{12\ \text{kN} \cdot 120\ \text{mm}}{60\ \text{mm}} = 30\ \text{kN},$

$\tau_a = 132\ \text{N/mm}^2 < \tau_{a\,zul} = 140\ \text{N/mm}^2,\ \sigma_l = 220\ \text{N/mm}^2 < \sigma_{l\,zul} = 280\ \text{N/mm}^2$

b) $F_1 = \dfrac{12\ \text{kN} \cdot 100\ \text{mm}}{60\ \text{mm}} = 20\ \text{kN},\ F_2 = 12\ \text{kN}/2 = 6\ \text{kN},\ F_{res} = \sqrt{20^2 + 6^2} = 20{,}88\ \text{kN},$

$\tau_a = 92\ \text{N/mm}^2 < \tau_{a\,zul} = 140\ \text{N/mm}^2,\ \sigma_l = 153\ \text{N/mm}^2 < \sigma_{l\,zul} = 280\ \text{N/mm}^2$

c) Anordnung nach Bild b) ergibt kleinere Spannungen.

7.15 a) Kraftwirkungen an einem Lagerblech:

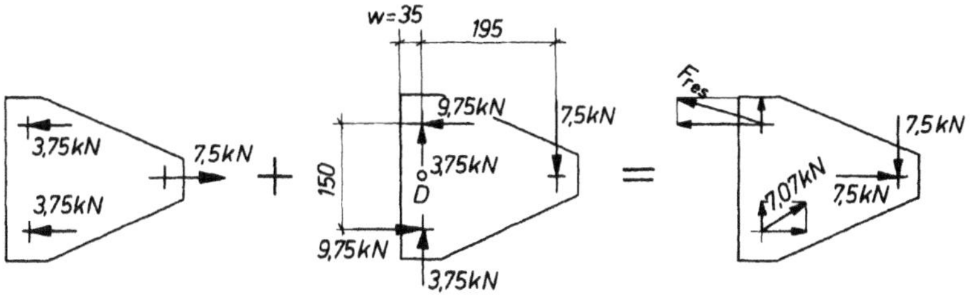

$\Sigma M_{(D)} = 0$:

$$F_1 = \frac{7{,}5\ \text{kN} \cdot 195\ \text{mm}}{150\ \text{mm}} = 9{,}75\ \text{kN}$$

$F_{res} = \sqrt{13{,}5^2 + 3{,}75^2} \approx 14\ \text{kN}$

Niete: $\tau_a = 62\ \text{N/mm}^2 < \tau_{a\,zul} = 84\ \text{N/mm}^2$

$\sigma_l = 137\ \text{N/mm}^2 < \sigma_{l\,zul} = 210\ \text{N/mm}^2$

b) $\sigma_{wv} = 29\ \text{N/mm}^2 < \sigma_{w\,zul} = 160\ \text{N/mm}^2$ (1 Stumpfnaht: $F = Q = 7{,}5$ kN, $M_b = 1275$ Nm, $A_w = 1380\ \text{mm}^2$, $W_w = 52{,}9 \cdot 10^3\ \text{mm}^3$, $\sigma_{wb} = 24\ \text{N/mm}^2$, $\sigma_{wz} = 5\ \text{N/mm}^2$, $\sigma_{w\,max} = 29\ \text{N/mm}^2$, $\tau_w = 5\ \text{N/mm}^2$).

7.16 a)

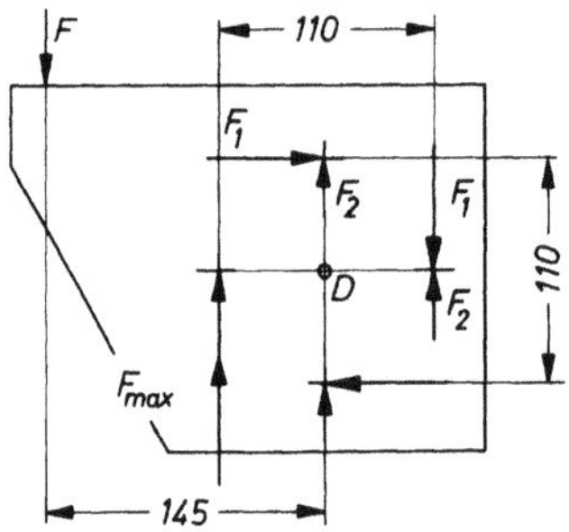

$$F_1 = \frac{35\ \text{kN} \cdot 145\ \text{mm}}{4 \cdot 55\ \text{mm}} = 23{,}07\ \text{kN}$$

$$F_2 = \frac{35\ \text{kN}}{4} = 8{,}75\ \text{kN}$$

$F_{max} = 23{,}07\ \text{kN} + 8{,}75\ \text{kN} = 31{,}82\ \text{kN}$

Niete: $\tau_a = 140\ \text{N/mm}^2 = \tau_{a\,zul}$

$\sigma_l = 234\ \text{N/mm}^2 < \sigma_{l\,zul} = 280\ \text{N/mm}^2$

Der linke äußere Niet ist am höchsten beansprucht.

b)

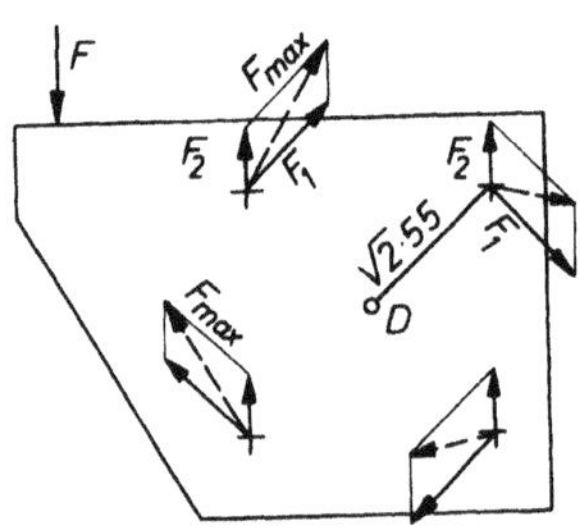

$$F_1 = \frac{35\ \text{kN} \cdot 145\ \text{mm}}{4 \cdot \sqrt{2} \cdot 55\ \text{mm}} = 16{,}31\ \text{kN}$$

$F_1/\sqrt{2} = 11{,}53\ \text{kN}$

$$F_2 = \frac{35\ \text{kN}}{4} = 8{,}75\ \text{kN}$$

$F_{max} = \sqrt{(8{,}75 + 11{,}53)^2 + 11{,}53^2} = 23{,}3\ \text{kN}$

Niete: $\tau_a = 103\ \text{N/mm}^2 < \tau_{a\,zul} = 140\ \text{N/mm}^2$

$\sigma_l = 171\ \text{N/mm}^2 < \sigma_{l\,zul} = 280\ \text{N/mm}^2$

Die beiden linken Niete sind am höchsten beansprucht.

c) Anordnung nach Bild b ergibt kleinere Spannungen.

7.17 a) Konsolanschluß mit 2 Seitenblechen, deshalb wird mit $\frac{F}{2} = 36$ kN gerechnet.

Aus Momentwirkung: $F_M = \dfrac{36\ \text{kN} \cdot 420\ \text{mm} \cdot 120\ \text{mm}}{2(40^2 + 120^2)\ \text{mm}^2} = 56{,}7\ \text{kN}$

aus Schubwirkung: $F_s = 36\ \text{kN}/4 = 9\ \text{kN}$

größte Nietkraft: $F_{res} = \sqrt{56{,}7^2 + 9^2} = 57{,}4\ \text{kN}$

$\tau_a = 166\ \text{N/mm}^2 > \tau_{a\,zul} = 140\ \text{N/mm}^2$, $\sigma_l = 322\ \text{N/mm}^2 > \sigma_{l\,zul} = 280\ \text{N/mm}^2$.
Ausführung A nicht möglich.

b) Aus Momentwirkung: $F_M \approx \dfrac{36\ \text{kN} \cdot 420\ \text{mm}}{2 \cdot 240\ \text{mm}} = 31{,}5\ \text{kN}$

aus Schubwirkung: $F_s = 36\ \text{kN}/6 = 6\ \text{kN}$

größte Nietkraft: $F_{res} = \sqrt{31{,}5^2 + 6^2} \approx 32\ \text{kN}$

$\tau_a = 92\ \text{N/mm}^2 < \tau_{a\,zul} = 140\ \text{N/mm}^2$, $\sigma_l = 179\ \text{N/mm}^2 < \sigma_{l\,zul} = 280\ \text{N/mm}^2$.

7.18 Aus Momentwirkung: $F_M = \dfrac{250\ \text{kN} \cdot 70\ \text{mm} \cdot 120\ \text{mm}}{2(40^2 + 120^2)\ \text{mm}^2} = 65{,}63\ \text{kN}$

aus Schubwirkung: $F_s = 250\ \text{kN}/4 = 62{,}5\ \text{kN}$

größte Nietkraft: $F_{res} = \sqrt{65{,}63^2 + 62{,}5^2} = 90{,}6\ \text{kN}$

$\tau_a = 109\ \text{N/mm}^2 < \tau_{a\,zul} = 140\ \text{N/mm}^2$, $\sigma_l = 274\ \text{N/mm}^2 < \sigma_{l\,zul} = 280\ \text{N/mm}^2$.
Verbindung ist ausreichend bemessen.

7.19 $\tau_a = 44\ \text{N/mm}^2 < 84\ \text{N/mm}^2$, $\sigma_l = 98\ \text{N/mm}^2 < 210\ \text{N/mm}^2$

(größte Lagerblechbelastung: $F = \dfrac{2 \cdot 6{,}5\ \text{kN} \cdot 280\ \text{mm}}{500\ \text{mm}} = 7{,}28\ \text{kN}$,

$F_1 = \dfrac{7280\ \text{N} \cdot 160\ \text{mm}}{2 \cdot 60\ \text{mm}} = 9707\ \text{N}$, $F_2 = 7280\ \text{N}/3 = 2427\ \text{N}$,

$F_{res} = \sqrt{9707^2 + 2427^2} \approx 10000\ \text{N}$).

7.20

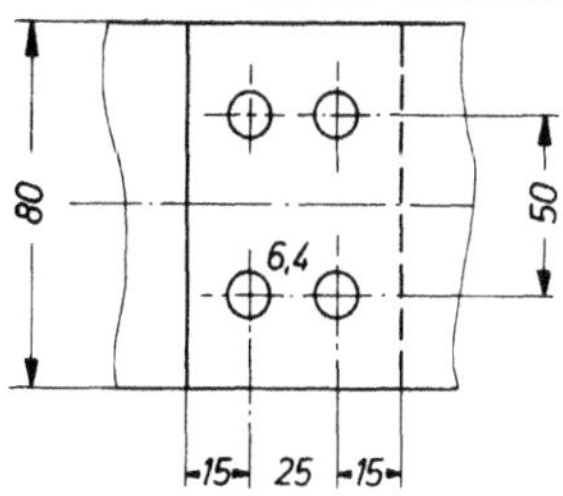

4 Halbrundniete 6 X 12 DIN 660 MUSt 34
($d_1 = 6{,}4$ mm, $A_1 = 32{,}2\ \text{mm}^2$,
$\sigma_{l\,zul} \approx 0{,}5 \cdot 280\ \text{N/mm}^2$,
$\tau_{a\,zul} \approx 0{,}5 \cdot 112\ \text{N/mm}^2$, $n_l = 3{,}3$).
Bremsband: $A_n = 80\ \text{mm} \cdot 2\ \text{mm} - (6{,}4 \cdot 2 \cdot 2)\ \text{mm}^2 = 134\ \text{mm}^2$,
$\sigma_z = 45\ \text{N/mm}^2 < \sigma_{z\,zul} = 0{,}5 \cdot 160\ \text{N/mm}^2$.
Abstände: $e_1 = 15$ mm, $e_2 = 15$ mm,
$a = 25$ mm bzw. 50 mm.

7.21 $\tau_a = 11\ \text{N/mm}^2 < 50\ \text{N/mm}^2$, $\sigma_l = 7\ \text{N/mm}^2 < 65\ \text{N/mm}^2$

($F_u = \dfrac{50000\ \text{Nmm}}{6 \cdot 40\ \text{mm}} = 208$ N/Niet, $\tau_{a\,zul} = 0{,}8 \cdot 64\ \text{N/mm}^2 \approx 50\ \text{N/mm}^2$,

$\sigma_{l\,zul} = 0{,}8 \cdot 84\ \text{N/mm}^2 \approx 65\ \text{N/mm}^2$).

7.22 12 Halbrundniete 3 X l DIN 660 MUSt 34 ($F_u = \dfrac{40000\ \text{Nmm}}{12 \cdot 45\ \text{mm}} = 74$ N/Niet, $d_1 = 3{,}2$ mm,

$A_1 = 8\ \text{mm}^2$, $\tau_a = 9\ \text{N/mm} < 0{,}5 \cdot 84 = 42\ \text{N/mm}^2$, $\sigma_l = 77\ \text{N/mm}^2 < 0{,}5 \cdot 210 = 105\ \text{N/mm}^2$,
Lochabstand $a = 23{,}5\ \text{mm} = 7{,}3\, d_1$).

7.23

a) Meist schnellere Lieferung, Austauschbarkeit der Kettenradscheibe und dadurch Änderung des Übersetzungsverhältnisses, Kettenradscheibe kann auf beiden Seiten der Anbaunabe angebracht werden, oft wirtschaftlicher.

b) Rohniet $d = 8$ mm ($M_t = 9550\,\dfrac{0{,}45}{8} = 537$ Nm, $F_u = 1660$ N/Niet,

Lochdurchmesser $d_1 = 8{,}2$ mm, $\tau_a = 31\ \text{N/mm}^2 < 50\ \text{N/mm}^2$,
$\sigma_l = 17\ \text{N/mm}^2 < 125\ \text{N/mm}^2$).

7.24 $\tau_a = 21\ \text{N/mm}^2$, $\sigma_l = 54\ \text{N/mm}^2$ ($F_{ua} = 6{,}68$ kN, $F = 1{,}11$ kN/Niet, $A_1 = 52{,}8\ \text{mm}^2$,
$s = 2{,}5$ mm, $m = 1$).

7.25 $d = d_1 = 4$ mm ($\tau_a = 5{,}6\ \text{N/mm}^2 < 8\ \text{N/mm}^2$, $\sigma_l = 4{,}4\ \text{N/mm}^2 < 20\ \text{N/mm}^2$).

8. Schraubenverbindungen

8.1 Augenschraube M16 X l DIN 444-5.6 ($\sigma_S = 300$ N/mm², $\nu = 1{,}25$, $A_S \geqslant 112{,}5$ mm²).

8.2 a) Ja, $\sigma_a = 15$ N/mm² $< \sigma_A = 30$ N/mm² ($A_S = 2680$ mm², $\sigma_A \approx 30$ N/mm², $F_a = F/2 = 40$ kN).

b) Stulpmutter (Eindrehen einer Entlastungskerbe in die Mutter), übergreifendes Muttergewinde, Rundgewinde (kerbfrei), Nachdrücken des Gewindegrundes u. a.

8.3 M16 ($\sigma_S = 200$ N/mm², $\nu = 1{,}5$, $A_S \geqslant 120$ mm²).

8.4 $C_S = 409 \cdot 10^3$ N/mm ($\Sigma l/A = 0{,}513$ mm/mm², $l' \approx 4{,}8$ mm, $l_1 = 25$ mm, $l_2 = 15$ mm, $A' = A_2 = A_s = 84{,}3$ mm², $A_1 = 113$ mm²).

8.5 $f_S \approx 0{,}15$ mm ($\Sigma \frac{l}{A} = 2 \frac{4{,}8}{84{,}3} + \frac{10}{84{,}3} + \frac{40}{113} + \frac{115}{63{,}6} = 2{,}39$ mm/mm², $\sigma_S = 300$ N/mm², $F_V = 13\,360$ N, $C_S \approx 87\,900$ N/mm).

8.6 a) $F_{S\,ges} = 0{,}8 \cdot 300$ N/mm² $\cdot\, 63{,}62$ mm² $= 15\,270$ N, $F_{BS} = 1910$ N.

b) $F_B = 1910$ N/0,25 = 7640 N ($\Phi = 0{,}25$).

c) $\sigma_{red} = 269$ N/mm² $\approx \sigma_{z\,zul} = 0{,}9 \cdot 300$ N/mm² = 270 N/mm² ($\sigma_{VM} = 210$ N/mm², $\varphi \approx 3°$, $\rho' = 8°$, $M_{RG} = 14{,}1$ Nm, $\tau_t = 97$ N/mm²).

d) $\sigma_a = 11$ N/mm² $< \sigma_A = 45$ N/mm² ($F_A = 955$ N, $A_S = 84{,}3$ mm²).

8.7 a) $f_S \approx 0{,}14$ mm ($\Sigma \frac{l}{A} = 2 \frac{3{,}2}{36{,}6} + \frac{2}{36{,}6} + \frac{8}{52{,}9} + \frac{40}{24{,}6} = 2{,}0$ mm/mm², $\sigma_{0,2} = 900$ N/mm², $F_V = 14\,760$ N, $C_S \approx 105\,000$ N/mm).

b) $\sigma_{red} = 792$ N/mm² $< \sigma_{z\,zul} = 0{,}9 \cdot 900 = 810$ N/mm² ($\sigma_{VM} = 600$ N/mm², $\varphi \approx 3{,}17°$, $\rho' = 8°$, $M_{RG} = 10{,}47$ Nm, $\tau_t = 298$ N/mm²).

c) $\sigma_a = 14$ N/mm² $< \sigma_A = 70$ N/mm² ($\Phi = 0{,}2$, $F_{BS} = 1000$ N, $F_A = 500$ N).

8.8 Schraube: $C_S = 1{,}94 \cdot 10^5$ N/mm, $f_S = 0{,}19$ mm ($F_{V0.9} = 36{,}9$ kN, $\Sigma \frac{l}{A} \approx 2 \frac{4}{58} + \frac{15}{58} + \frac{54}{78{,}5} = 1{,}08$ mm/mm²).

Flansche: $C_T = 1{,}02 \cdot 10^6$ N/mm, $f_T = 0{,}036$ mm ($d_a = 16$ bzw. 17 mm $\approx 16{,}5$ mm, $l_k = 69$ mm, $D_B = 11$ mm, $A_2 = 335$ mm²).

8.9 Vorwahl nach Tabelle 8.5: M12
$F_{VM} = 9{,}68$ kN $< F_{V0,2} = 18$ kN, M12 unwirtschaftlich ($k_A = 1{,}4$, $k_L = 1{,}2$, $l_k/d = 2{,}5$, $\Phi' = 0{,}48$, $q \approx 0{,}75$, $\Phi = 0{,}36$)

Korrektur des Schraubendurchmessers: M10
$F_{VM} = 9{,}9$ kN $< F_{V0,2} = 12{,}3$ kN, M10 reicht aus ($l_k/d = 3$, $\Phi' = 0{,}46$, $\Phi = 0{,}345$)
$M_A \approx 0{,}2 \cdot 9900$ N $\cdot$ 0,009 m $\approx$ 18 Nm, $l = 30$ mm + 10,2 mm = 40,2 mm $\approx$ 40 mm
Stiftschraube M10 X 40 DIN 939-5.6
Innengewinde: $b = 12$ mm, Gewindeauslauf $x + e = 3 + 2{,}5 = 5{,}5$ mm,
Gewindelochtiefe $t = 12 + 5{,}5 = 17{,}5 \approx 18$ mm.

8.10 Vorwahl nach Tabelle 8.5: M16
$F_{VM} = 29{,}2$ kN $< F_{V0,2} = 73$ kN ($\mu_{ges} = 0{,}14$!), M16 unwirtschaftlich ($l_k/d = 3{,}75$, $k_A = 1{,}4$, $k_L = 1{,}4$, $\Phi' = 0{,}43$, $q = 0{,}75$, $\Phi = 0{,}323$
Korrektur des Schraubendurchmessers: M12
$F_{VM} = 30{,}8$ kN $< F_{V0,2} = 38{,}3$ kN ($l_k/d = 5$, $\Phi' = 0{,}38$, $\Phi = 0{,}285$)
$M_A \approx 0{,}9 \cdot M_{A0,2} = 77{,}4$ Nm, $F_{S\,max} = 44{,}6$ kN $< F_{0,2} = 54$ N/mm²
($F_{V0,9} = 38{,}3$ kN, $F_{BS} = 6{,}27$ kN, $A_S = 84{,}3$ mm², $\sigma_{0,2} = 640$ N/mm²)
$\sigma_a = 37$ N/mm² $< \sigma_A = 50$ N/mm² ($F_a = 3{,}14$ kN)
$p = 595$ N/mm² $< p_G = 750$ N/mm² ($A_P = 75$ mm²)
Sechskantschraube M12 X 75 DIN 931-8.8 ($l \approx 60 + 12 = 72$ mm) $D_B = 14$ mm.

8.11 Sechskantschraube M6 X 20 DIN 931-5.6, $F_{VM} = 1{,}66$ kN $< F_{V0,2} = 4{,}2$ kN
($F_B = 1{,}383$ kN, $k_A = 3$, $k_L = 1{,}2$, ungünstige Annahme $C_S = 2\,C_T$ also $\Phi = \frac{2}{3}$)
Schraube auf $M_A \approx 0{,}9 \cdot M_{A0,9} = 4{,}2$ Nm angezogen.
$F_{S\,max} = 5{,}12$ kN $< F_{0,2} = 6$ kN ($F_{BS} = 0{,}92$ kN, $A_S = 20{,}1$ mm², $\sigma_{0,2} = 300$ N/mm²)
Dünnere Schrauben würden festigkeitsmäßig ausreichen, sie sind aber wenig starr (Lagerung!) und kleine Gewinde sind herstellungsmäßig auch ungünstig.

8.12
a) $F = 6{,}15$ kN ($A = 2463$ mm²).
b) M5 ($F_{VM} = 4{,}49$ kN $< 5{,}35$ kN; $l_k/d = 5$, $\Phi' = 0{,}38$, $q = 0{,}5$, $\Phi = 0{,}19$, $k_A = 3$, $k_L = 1{,}2$, $F_B = 1025$ N).
c) Zylinderschraube M5 X 35 DIN 912-6.9, $l_e \geqslant 8$ mm (10 mm), $t_B \approx 14$ mm.

8.13 M16, $F_{VM} = 57{,}4$ kN $< F_{V0,2} = 73$ kN ($l_k/d = 3{,}125$, $\Phi' = 0{,}3$, $q = 0{,}75$, $\Phi = 0{,}225$, $k_A = 1{,}4$, $k_L = 1{,}6$)
$F_{S\,ges} = 63$ kN ($F_{BS} = 5{,}6$ kN)
$M_A \approx 0{,}2 \cdot 57400$ N $\cdot$ 14,7 mm = 168800 Nmm $\approx$ 170 Nm
$p = 504$ N/mm² $\approx p_G$ ($A_P = 125$ mm² für Schraube mit Telleransatz)
$\sigma_a = \pm 14$ N/mm² $< \sigma_A = 50$ N/mm² ($F_a = \pm 2250$ N, $A_S = 157$ mm²)
Sechskantschraube M16 X 70 DIN 931-8.8 ($v \geqslant 16$ mm, $l \geqslant 66$ mm, $b = 38$ mm, $l_ü = 18$ mm, $D_B = 18$ mm).

8.14
a) $M_A \approx 270$ Nm ($F_{VM} = 56$ kN, $k_A = 1{,}4$, $d_2 = 29{,}026$ mm, $\varphi = 57'$, $d_a = 43$ mm, $D_B = 30$ mm, $\mu_A \approx 0{,}14$, $r_A = 18{,}25$ mm).
b) $\sigma_{red} = 99$ N/mm² $< \sigma_{z\,zul} = 270$ N/mm² ($\sigma_{VM} = 87$ N/mm², $\tau_t = 27$ N/mm², $M_{RG} = 128$ Nm, $A_S = 642$ mm², $d_S = 28{,}6$ mm, $W_p = 4679$ mm³).

8.15
a) 6 Sechskantschrauben M12 X l DIN 921-10.9, $M_A = 108$ Nm ($F_{VM} = 46{,}2$ kN, $F_{a1} = 33$ kN, $k_A = 1{,}4$, $F_{V0,9} = 54$ kN $> F_{VM}$; $M_{A0,9} = 120$ Nm, $M_A \approx 0{,}9 \cdot M_{A0,9}$, Mindesteinschraublänge $l_e \geqslant 15 \ldots 18$ mm in GG-25 vertretbar).

b) C45, St70 (p = 720 N/mm² $< p_G$ = 900 N/mm², $F_{S\,max} = F_{V0,9}$ = 54 kN, A_p = 75 mm²).

c) 1. Stufe: Anziehen von Hand. Verbindung ausrichten und einstellen.
2. Stufe: Anziehen auf halbes Anzugsmoment.
3. Stufe: Anziehen auf volles Anzugsmoment mit Drehmomentschlüssel.
4. Stufe: Kontrolle des Anzugsmomentes aller Schrauben.

8.16 a) $M_A \approx$ 22,5 Nm, $F_{V0,9}$ = 16,5 kN ($M_{A0,9}$ = 25 Nm, $M_A \approx 0,9 \cdot M_{A0,9}$).
b) $p_K < p$ = 21 N/mm² $< p_{max}$. Einwandfreies Abdichten gewährleistet.

8.17 Mindestens 8 mit M_A = 62 Nm auf $F_{VM} \approx F_{V0,9}$ vorgespannte Schrauben erforderlich. Auf der Zahnkranzseite (G-CuSn 12) sind zur Vermeidung zu hoher Flächenpressung (Folge: Fließvorgänge, Setzen, Lösen) vergütete Scheiben ausreichender Dicke (ca. 3 mm) unter die Schraubenköpfe (Muttern) zu legen. Muttern Festigkeitsklasse 10 verwenden.

(n = 7,9, $F_{Q\,ges}$ = 7857 N, k_A = 1,4 bei geöltem Gewinde und Anziehen mit dem Drehmomentschlüssel, k_L = 4 bei $l_k/d > 1 \ldots 3$ und wegen Scheibe 4 rauhen Trennfugen, Gleitreibungszahl trocken $\mu \approx$ 0,15, $F_{V0,9}$ = 36,9 kN, $M_{A0,9}$ = 69 Nm; p = 444 N/mm², am Radkörper noch zulässig, am Zahnkranz harte Scheibe, A_p = 83,2 mm².)

8.18 P = 2,2 kW ($F_{Kl} = F_n$ = 3214 N, F_{Qges} = 3857 N, M_t = 424,3 Nm, $F_{V0,9}$ = 18 kN, $M_{A0,9}$ = 40 Nm, M_A = 36 Nm, k_A = 1,4 bei Anziehen mit Drehmomentschlüssel und geschmiertem Gewinde, k_L = 4 bei $l_k/d = 1 \ldots 3$ und 3 rauhen Trennfugen, Gleitreibungszahl trocken $\mu \approx$ 0,15, n = 8; p = 240 N/mm², für GG-20 und G-CuSn 12 zulässig, A_p = 75 mm²).

8.19 8.8 (F_B = 3857 N, k_A = 1,4 für Anziehen mit Drehmomentschlüssel und geschmiertem Gewinde, k_L = 2 für $l_k/d > 3 \ldots 4$ und 3 rauhe Trennfugen, μ = 0,2 oberer Wert für trockene Gleitreibung, $F_{VM} \approx F_{V0,9} \approx$ 73 kN, $M_{A0,9}$ = 210 Nm, M_A = 189 Nm.)

Nachweis von σ_{red} erübrigt sich, da die Schrauben mit $M_A = 0,9 \cdot M_{A0,9}$ angezogen werden.

σ_a = 6 N/mm² $< \sigma_A$ = 50 N/mm² ($\Phi \approx$ 0,47, $F_a \approx$ 900 N, A_s = 157 mm²).

$F_{S\,max}$ = 73 kN + 3,86 kN · 0,47 ≈ 74,8 kN $< F_{0,2}$ = 100 kN ($\sigma_{0,2}$ = 640 N/mm²),
p = 598 N/mm², für GG zulässig (A_p = 125 mm²).

8.20 6.9 ($F_h = F_V$ = 6364 N, F_B = 6364 N (60 + 70) mm/140 mm = 5909 N, k_A = 1,4, k_L = 2, μ = 0,2, $F_{VM} \approx$ 61 kN, $F_{V0,9}$ = 61,5 kN, $M_{A0,9}$ = 180 Nm, M_A = 162 Nm.)

8.21 a) 6 Sechskantschraube M 27 X 80 Mu DIN 7990, 6 Scheibe A 29 DIN 7989 (n_a = 5,8, n_l = 5,8, $\tau_{a\,zul}$ = 112 N/mm², $\sigma_{l\,zul}$ = 240 N/mm², A = 573 mm², m = 2, Schaftlänge y = 43 mm).

w_1 = 50 mm, w_2 = 105 mm, a = 60 mm, e = 130 mm ($\sqrt{65^2 + 55^2}$ = 85 > 3 · 28).

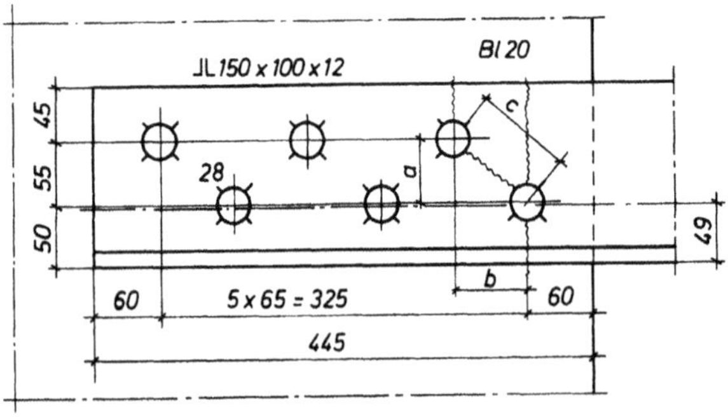

Kürzerer Anschluß durch Beiwinkel möglich!

Stab: $\sigma_z = 148\ \text{N/mm}^2 < \sigma_{z\,zul} = 160\ \text{N/mm}^2$ (Nutzquerschnittermittlung:
1. Schnitt durch 1 Loch: $A_n = 5068\ \text{mm}^2$, maßgebend;
2. Schnitt durch 2 Löcher: $A_n = 2A + 2s\,(c - a) - 4 \cdot d_1 \cdot s = 2 \cdot 2870 + 2 \cdot 12(85 - 55)$
$- 4 \cdot 28 \cdot 12 = 5116\ \text{mm}^2$).

b) 5 Sechskant-Paßschraube M 27 X 80 Mu DIN 7968-4.6, 5 Scheibe B 29 DIN 7989
($n_a = 4{,}3$, $n_l = 4{,}8$, $\tau_{a\,zul} = 140\ \text{N/mm}^2$, $\sigma_{l\,zul} = 280\ \text{N/mm}^2$, $A = 616\ \text{mm}^2$, $m = 2$,
Paßschaftlänge $y = 43$ mm).
Stab: $\sigma_z = 148\ \text{N/mm}^2 < \sigma_{z\,zul} = 160\ \text{N/mm}^2$ ($A_n = 5068\ \text{mm}^2$).

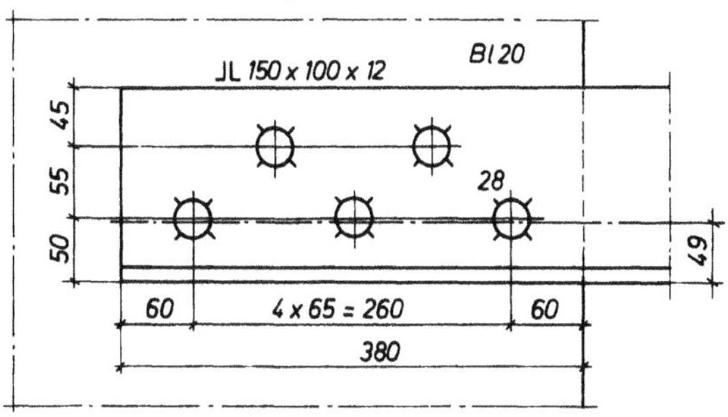

c) Für GV-Verbindung bzw. SL-Verbindung mit Vorspannung:
4 Sechskantschraube M 27 X 85 DIN 6914, 4 Sechskantmutter M 27 DIN 6915,
8 Scheibe 28 DIN 6916 (Gewindelänge 37 mm, Scheibendicke 5 mm).

Verbindungsart	zul. Spannungen $\tau_{a\,zul}$ N/mm²	$\sigma_{l\,zul}$ N/mm²	Vorspannkraft F_V kN	Schaftdurchmesser mm	F_{zul} je Schraube und je Scher- bzw. Reibfläche N	Erforderliche Schraubenzahl n_a n_R	n_l	n
SL-Verbindung mit Vorspannung	240	380	⩾ 145	27	$F_{SL\,zul} = 240 \cdot 573 = 137{,}5 \cdot 10^3$ N	2,7	3,7	4
ohne Vorspannung		280	–				5	5
SLP-Verbindung mit Vorspannung	280	420	⩾ 145	28	$F_{SLP\,zul} = 280 \cdot 616 = 172{,}5 \cdot 10^3$ N	2,2	3,2	4
ohne Vorspannung		320	–				4,2	5
GV-Verbindung	–	480	290	27	$F_{GV\,zul} = \frac{0{,}5}{1{,}25}\,290 \cdot 10^3 = 116 \cdot 10^3$ N	3,2	2,9	4
GVP-Verbindung	–	480	290	28	$F_{GVP\,zul} = 0{,}5 \cdot 172{,}5 \cdot 10^3 + 116 \cdot 10^3 = 202 \cdot 10^3$ N	1,9	2,8	3

Die Verbindungen sind zweischnittig.

Nachweis der Zugspannung im geschwächten Stabquerschnitt bei gleitfester Verbindung (GV): Vor Beginn der Lochschwächung sind $2 \cdot 0{,}4 \cdot F_{GV\,zul} = 2 \cdot 0{,}4 \cdot 116$ kN $= 92{,}8$ kN der Stabkraft durch Reibungsschluß angeschlossen. Das sind weniger als 20 % der anzuschließenden Gesamtkraft ($92{,}8\ \text{kN} < 0{,}2 \cdot 750 = 150$ kN). Die maßgebende Stabkraft im geschwächten Querschnitt beträgt also nur $F = 750\ \text{kN} - 92{,}8\ \text{kN} = 657{,}2$ kN. Mit $A_n = 5068\ \text{mm}^2$ wird $\sigma_z = 130\ \text{N/mm}^2 < \sigma_{z\,zul} = 160\ \text{N/mm}^2$. Bei SL-Verbindungen σ_z wie unter a) und b).

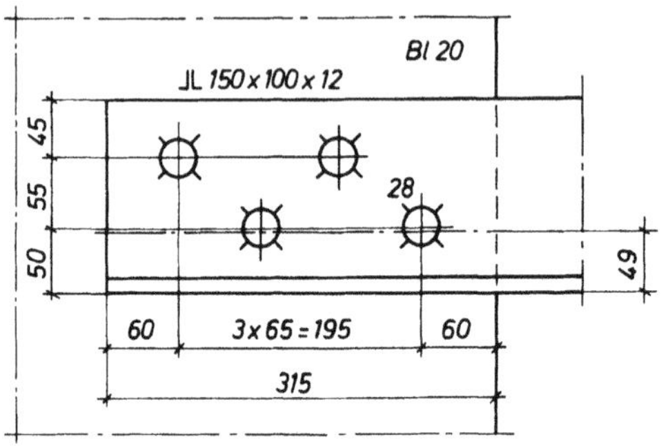

8.22 a) $F \approx 200$ kN (maßgebend Beanspruchung auf Lochleibungsdruck, $\sigma_{l\,zul} = 280$ N/mm²).

b) $F \approx 336$ kN (maßgebend Zugspannung im geschwächten Stabquerschnitt, $\sigma_{z\,zul} = 160$ N/mm², $A_n = 1780$ mm², $F_{GV\,zul} = \frac{0{,}50}{1{,}25} \cdot 160$ kN $= 64$ kN je Schraube und je Reibfläche; vor Beginn der Lochschwächung sind $2 \cdot 0{,}4 \cdot 64$ kN $= 51{,}2$ kN der Stabkraft durch Reibungsschluß angeschlossen, $F = \sigma_{z\,zul} \cdot A_n + 2 \cdot 0{,}4 \cdot F_{GV\,zul}$).

8.23 8 Sechskantschraube M 20 X 70 Mu DIN 7990 (Festigkeitsklasse: 4.6 für Schrauben, 5 für Sechskantmuttern DIN 555; Schaftlänge $y = 40$ mm).

8 I-Scheibe 23 DIN 435 (mittlere Dicke 6 mm);

$w = 82$, besser 85 ... 90 wegen großer Stegausrundung des IPB 240;

$\sigma_z = 107$ N/mm² $< \sigma_{z\,zul} = 112$ N/mm² ($a = h/4 = 90$ mm, $M_b = 16{,}8 \cdot 10^6$ Nmm, $A_3 = 225$ mm², $F_{max} \approx 24$ kN);

$\tau_a = 56$ N/mm² $< \tau_{a\,zul} = 112$ N/mm² (Schaftquerschnittsfläche $A = 314$ mm²);

$\sigma_l = 51$ N/mm² $< \sigma_{l\,zul} = 240$ N/mm² ($s = 17$ mm);

Lochabstände entsprechen DIN 1050.

8.24 a) $\sigma_{max} = 143$ N/mm² $< \sigma_{zul} = 160$ N/mm² ($M_b = 0{,}45 \cdot 10^6$ Nmm, $F = 10$ kN, $A_n = 1960$ mm², $W_n = 3267$ mm³, $\sigma_d = 5$ N/mm², $\sigma_b = 138$ N/mm²).

b) $\sigma_z = 50$ N/mm² $< \sigma_{z\,zul} = 112$ N/mm² ($F_{max} = 7143$ N, $A_3 = 144$ mm²);
$\tau_a = 25$ N/mm² $< \tau_{a\,zul} = 112$ N/mm² (Schaftquerschnittsfläche $A = 201$ mm²);
$\sigma_l = 31$ N/mm² $< \sigma_{l\,zul} = 240$ N/mm².

8.25 4 Sechskant-Paßschraube M 16 X 45 Mu DIN 7968-4.6 (Paßschaftlänge $y = 19$ mm);
4 U-Scheibe 18 DIN 434 (mittlere Dicke 4,5 mm), $w = 35$ mm;

$\sigma_z = 109$ N/mm² $< \sigma_{z\,zul} = 112$ N/mm² ($F_{max} = 15{,}65$ kN, $l_1 = 115$ mm, $l_1' = 10$ mm);

$\tau_a = 9$ N/mm² $< \tau_{a\,zul} = 140$ N/mm² ($F_S = 2065$ N, Schaftquerschnittsfläche $A = 227$ mm²);

$\sigma_l = 12$ N/mm² $< \sigma_{l\,zul} = 280$ N/mm².

8.26 a) $\tau_t = 26$ N/mm² $< \tau_{t\,zul} = 115$ N/mm², $\sigma_d = 42$ N/mm² $< \sigma_{d\,zul} = 170$ N/mm², $\nu = 4{,}3 \approx \nu_{erf}$ ($M_t = 312{,}3 \cdot 10^3$ Nmm, $\varphi = 9{,}85°$, $W_p = 11\,864$ mm³, $\tau_{tSch} = 230$ N/mm²; $A_3 = 1195$ mm², $\sigma_{zSch} = 340$ N/mm²; $\lambda = 108 > \lambda_0 = 89$ elastische Knickung, $\sigma_k = 180$ N/mm²).

b) $p = 7$ N/mm² $< p_{zul} = 10$ N/mm².

c) Gewinde nicht selbsthemmend, da $\varphi = 9{,}85° > \rho' = 6°$ ($\eta = 0{,}6 > 0{,}5$).

8.27 1. Vorwahl des Gewindedurchmessers Tr40 X 10 DIN 103 ($d_3 \approx 29{,}6$ mm, $d_2 = d - 0{,}5\,P = 35$ mm, $d_3 = d - 2\,h_3 = 29$ mm, $H_1 = 0{,}5\,P = 5$ mm, $A_3 = 660$ mm²).

2. Nachprüfung auf Festigkeit (Beanspruchungsfall 1, Schwellbelastung) $M_t \approx 150 \cdot 10^3$ Nmm ($\varphi = 5{,}2°$, Mutter aus CuSn-Legierung, $\rho' \approx 10°$).
„Verdrehteil": $\tau_t = 31$ N/mm² $< \tau_{t\,zul} = 90$ N/mm² ($W_p \approx 4878$ mm³, $\tau_{tSch} = 180$ N/mm²).
„Druckteil": $\sigma_d = 48$ N/mm² $< \sigma_{dSch} = 130$ N/mm² ($\sigma_{zSch} = 260$ N/mm²).
Gewinde selbsthemmend, da $\varphi = 5{,}2° < \rho' \approx 6°$ (geschmiert, $\eta \approx 0{,}46 < 0{,}5$).

3. Nachprüfung auf Knickung $\nu = 4{,}6 > \nu_{erf} \approx 3$ ($\lambda = 77$, unelastischer Bereich, $\sigma_k = 222$ N/mm²).

4. Mutterlänge $l_1 \geqslant 60$ mm (G-CuSn12 oder GZ-CuSn10Zn).

5. Hebel $l_H \approx 750$ mm, $d_H \approx 18$ mm ($M_b \approx 75 \cdot 10^3$ Nmm, $\sigma_{b\,zul} \approx \sigma_{bSch}/2 = 170$ N/mm²).

8.28 Tr 28 X 5 DIN 103 ($M_{t\,max} \approx 140 \cdot 10^3$ Nmm, $\tau_{t\,zul} = 140$ N/mm², $d_{3\,erf} \approx 17$ mm);
M 24 X 1,5 im „Druckteil" nicht ausreichend; Selbsthemmung da $\varphi = 3{,}57° < \rho' = 6°$;
Reibungsmoment am Auflager $M_{tA} \approx 28 \cdot 10^3$ Nmm, $F_{max} \approx 52{,}1$ kN;
„Druckteil": $\sigma_d = 131$ N/mm², $\tau \approx 12$ N/mm², $\sigma_V = 133$ N/mm² < 200 N/mm²;
Knickung: $\nu \approx 2{,}2$, ist noch vertretbar ($\lambda = 71$, $\sigma_K = 291$ N/mm²);
M16 ($F \approx 26$ kN, sicherheitshalber $\nu = 1{,}5$).

8.29 Tr 52 X 8 DIN 103 ($l_k = 1200$ mm, $d_3 \approx 49$ mm, Tr 60 X 9 nicht ausgelastet;
Selbsthemmung da $\varphi \approx 3° < \rho' \approx 6°$; $M_{RG} \approx 190 \cdot 10^3$ Nmm, $M_{RL} \approx 95 \cdot 10^3$ Nmm,
$\sigma_V = 40$ N/mm² $< \sigma_{d\,zul} \approx 175$ N/mm², $\tau_t = 12$ N/mm², $\sigma_d = 34$ N/mm²;
$\nu = 4{,}2 > 3$, $\lambda = 112$, $\sigma_K = 167$ N/mm²); $l_1 = 120$ mm ($p \approx 5{,}5$ N/mm² $\approx p_{zul}$);
Heben: $F_H = 400$ N (zwei Arbeitskräfte erforderlich),
Senken: $F_H \approx -220$ N, Gesamtwirkungsgrad $\eta = 0{,}22$.

9. Bolzen-, Stiftverbindungen und Sicherungselemente

9.1 a)

	Einbaufall	1	2	3
Streckenlast	Belastungsfall	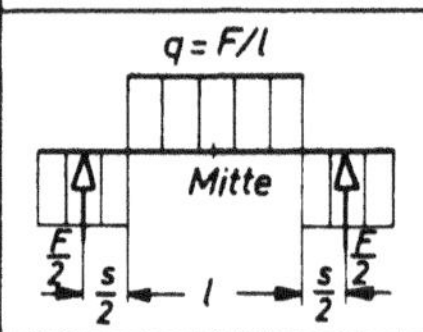		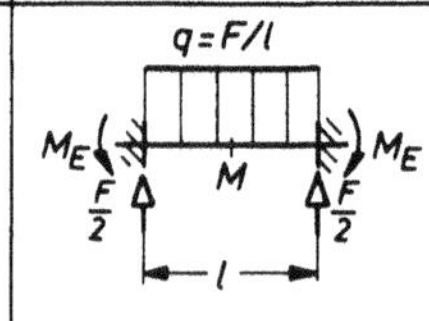
	Querkraft	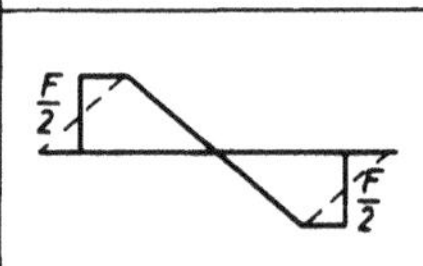		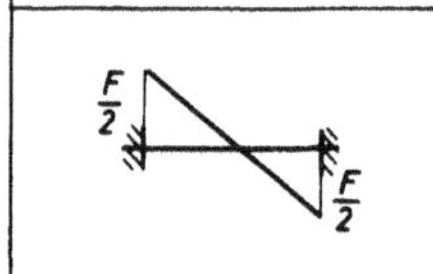
	Biegemoment			
	1. Formel	$M_M = \frac{F}{2}\left(\frac{l}{4} + \frac{s}{2}\right)$		$M_E = -\frac{F \cdot l}{12}$ $M_M = \frac{F \cdot l}{24}$
	2. Zahlenwert (Nm)	$M_M = 50$		$M_E = -16,\overline{6}$ $M_M = 8,\overline{3}$
	3. Verlauf	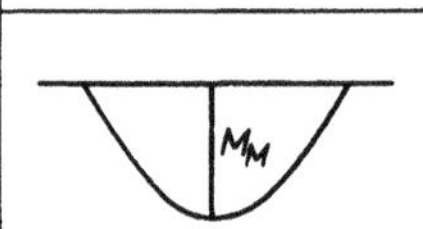		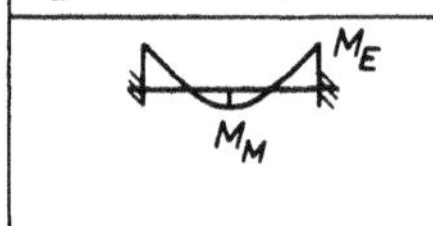
Einzellast	Belastungsfall	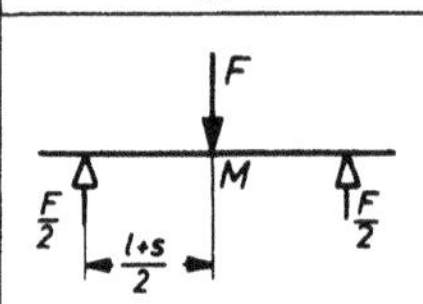	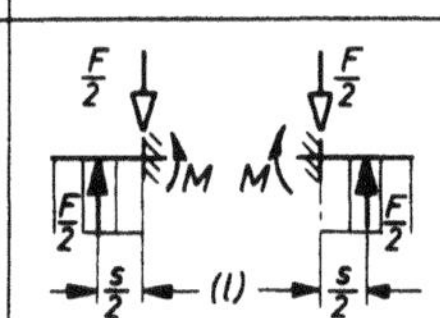	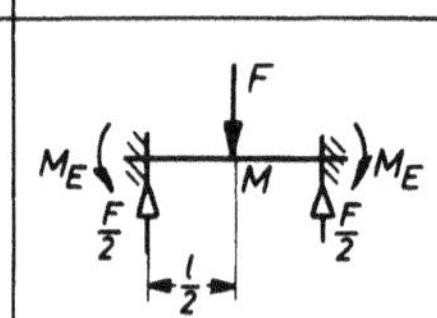
	Querkraft	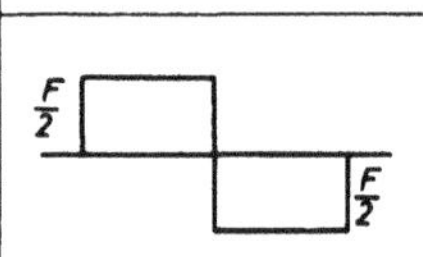	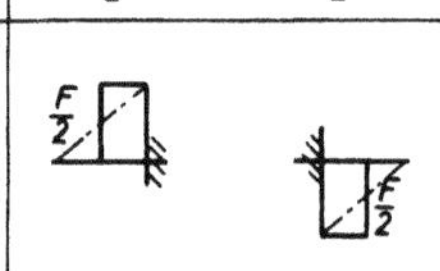	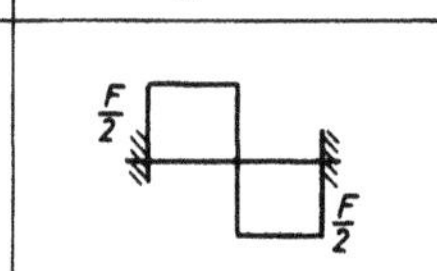
	Biegemoment			
	1. Formel	$M_M = \frac{F}{2}\left(\frac{l}{2} + \frac{s}{2}\right)$	$M = \frac{F}{2} \cdot \frac{s}{2}$	$M_M = -M_E = \frac{F \cdot l}{8}$
	2. Zahlenwert (Nm)	$M_M = 75$	$M = 25$	$M_M = 25$ $M_E = -25$
	3. Verlauf	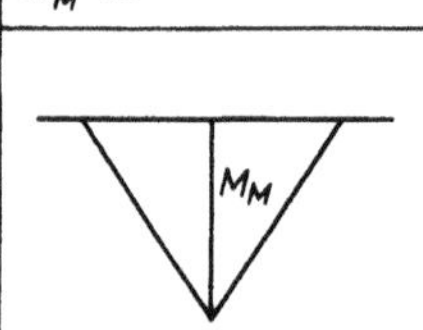	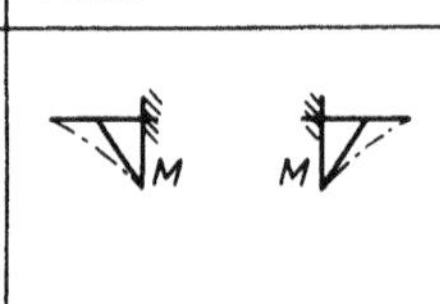	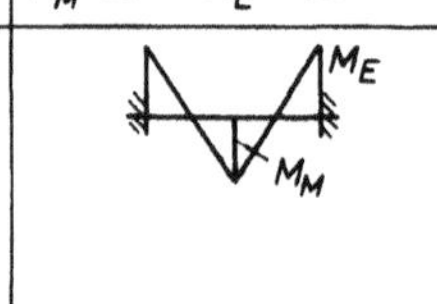

b)

Einbaufall		1	2	3
Biegelinie (elastische Linie)		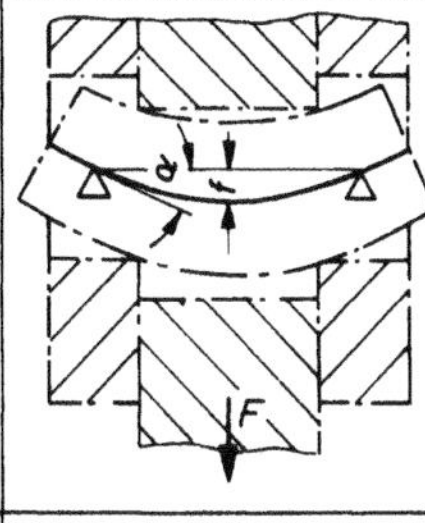	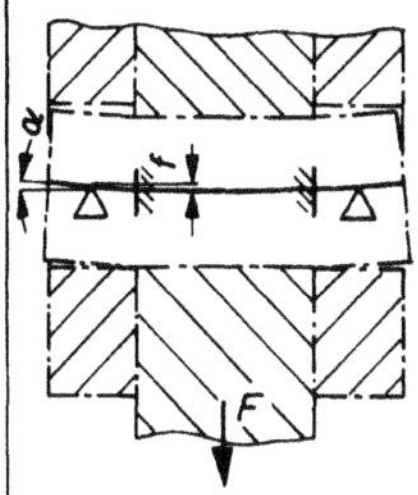	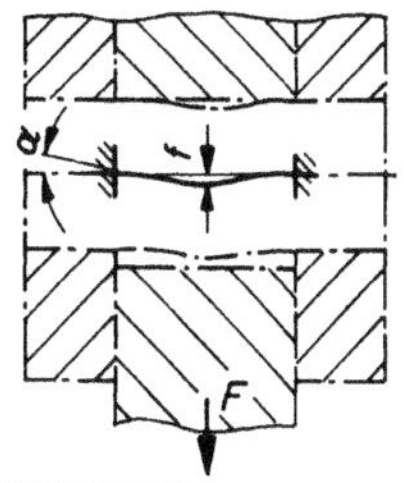
errechnet für Einzellast	Durch-biegung f (mm)	0,0083	0,0003	0,0006
	Neigungs-winkel α (Gradsek.)	172''	19''	19''

Die Durchbiegung verursacht eine Schiefstellung des Bolzens (Neigungswinkel α) und dadurch eine ungleichmäßige Verteilung der Pressung zwischen Bolzen und Bohrungswandung („Kantenpressung"). Die Hebelarme der Biegekräfte werden also kleiner.

c) Je nach Belastungsfall liegen die max. Biegemomente zwischen den Extremwerten 75 Nm und $16,\overline{6}$ Nm. Die wirkliche Beanspruchung liegt zwischen diesen Werten, da die Annahme einer mittigen Einzellast meist zu ungünstig, eine vollkommen starre Einspannung des Bolzens wegen der elastischen Nachgiebigkeit der Gabelwangen aber nicht realisierbar ist.

Grundsätze:

1. Beim Rechnen mit Einzellasten befindet man sich stets auf der sicheren Seite (z. B. ungewisse Lastverteilung, Fertigungsungenauigkeiten).
2. Durch Einspannen des Bolzens kann die Biegebeanspruchung stark reduziert werden. Dies setzt allerdings starre Bauteile und einen festen Bolzensitz voraus.

d) Einbaufall 1: Bolzenverbindung an Bremsgestängen: C11/h11
Einbaufall 2: Laufrollenlagerung (Laufrolle ≙ Stange)
Laufrolle: R7/h6 (meist nur N7/h6), Gabel: F8/h6
Einbaufall 3: Kreuzkopfbolzen
Stange: F8/h6, Gabel: N7/h6 (meist Kegelsitze)

9.2 a) Zul. Spannungen nach Tabelle 9.1, Lehrbuch:

Bolzen: $\sigma_{b\,zul} \approx 0{,}7 \cdot 180 \frac{N}{mm^2} \approx 125 \frac{N}{mm^2}$

$\tau_{zul} \approx 0{,}7 \cdot 130 \frac{N}{mm^2} \approx 90 \frac{N}{mm^2}$

Stangennabe: $p_{zul} \approx 0{,}7 \cdot 160 \frac{N}{mm^2} \approx 110 \frac{N}{mm^2}$

Gabel: $p_{zul} \approx 0{,}7 \cdot 150 \frac{N}{mm^2} \approx 105 \frac{N}{mm^2}$

Bolzen (1): $d_1 = 16$ mm, $l_1 = 25$ mm, $s_1 = 10$ mm; ($M_b = 4 \cdot 10^4$ Nmm, $Q = 8$ kN, $W = 402$ mm^3, $\sigma_b = 100 \frac{N}{mm^2} < 125 \frac{N}{mm^2}$, $\tau_s = 53 \frac{N}{mm^2} < 90 \frac{N}{mm^2}$ tritt in der Schwerachse auf, in der Randfaser, wo σ_b ihren Höchstwert erreicht, ist τ_s Null!
Gabel: $p = 50 \frac{N}{mm^2} < 105 \frac{N}{mm^2}$).

Bolzen (2): $d_2 = 20$ mm, $l_2 = 25$ mm, $s_2 = 10$ mm; ($M_b = 9 \cdot 10^4$ Nmm, $Q = 8$ kN, $W = 785$ mm³, $\sigma_b = 115 \frac{N}{mm^2} < 125 \frac{N}{mm^2}$, $\tau_s = 34 \frac{N}{mm^2} < 90 \frac{N}{mm^2}$,

Gabel: $p = 40 \frac{N}{mm^2} < 105 \frac{N}{mm^2}$).

b)

Bolzen	Stangensitz	Gabelsitz
(1)	R 7/h 6*) (N 7/h6)	D10/h6
(2)	D10/h9	D10/h9

*) Preßsitz erlaubt kleineren Bolzendurchmesser, erfordert aber engere Toleranzen. Bei höheren Anforderungen werden derartige Bolzen im Durchmesser abgesetzt, weil beim Pressen durch die Stangennabe eine Lauffläche beschädigt werden könnte (Freßriefen!).

c) Splint 5 X 30 DIN 94 mit Scheibe 20 DIN 1440.

9.3 Knebelkerbstift 10 X 60 DIN 1475, $l = 20$ mm, $s = 20$ mm, Bohrungstoleranzen: Laufrad H11, Gabel D10 (Stift h11); (zul. Spannungen:

Bolzen: $\sigma_{bzul} \approx 0{,}7 \cdot 240 \frac{N}{mm^2} \approx 165 \frac{N}{mm^2}$

$\tau_{zul} \approx 0{,}7 \cdot 170 \frac{N}{mm^2} \approx 120 \frac{N}{mm^2}$

Laufrad: $p_{zul} \approx 0{,}7 \cdot 90 \frac{N}{mm^2} \approx 60 \frac{N}{mm^2}$

Gabel: $p_{mzul} \approx 5 \frac{N}{mm^2}$ (Gleitlager!)

$M_b = 10^4$ Nmm, $Q = 1$ kN, $W = 98$ mm³, $\sigma_b = 102 \frac{N}{mm^2} < 165 \frac{N}{mm^2}$,

$\tau_s = 17 \frac{N}{mm^2} < 120 \frac{N}{mm^2}$, Gabel: $p_m = 5 \frac{N}{mm^2} = p_{m\,zul}$).

9.4 $\sigma_{b\,max} = 77 \frac{N}{mm^2} < 0{,}5 \cdot 160 = 80 \frac{N}{mm^2}$, $\tau_{max} = 22 \frac{N}{mm^2} < 0{,}5 \cdot 115 \approx 55 \frac{N}{mm^2}$,

Nabe: $p_{max} = 15 \frac{N}{mm^2} > 8 \frac{N}{mm^2}$ (kurzfristig zulässig), Gabel: $p_{max} = 39 \frac{N}{mm^2} < 0{,}5 \cdot 160$ $= 80 \frac{N}{mm^2}$; ($M_{b\,max} = 3{,}17 \cdot 10^6$ Nmm, $Q_{max} = 72{,}5$ kN, $W = 41\,417$ mm³).

9.5 $d = 14$ mm, $\sigma_b = 195 \frac{N}{mm^2} < 200 \frac{N}{mm^2}$, $\tau_{max} \approx 2 \cdot 11\,000$ N/226 mm² $= 97 \frac{N}{mm^2} < 140 \frac{N}{mm^2}$,

$p = 36 \frac{N}{mm^2} < 40 \frac{N}{mm^2}$; ($M_b = 0{,}5 \cdot 22\,000\,N \cdot (\frac{45}{2} - \frac{28}{4})$ mm $= 1{,}7 \cdot 10^5$ Nmm, $A = 226$ mm², $W = 874$ mm³).

9.6 $\sigma_{b\,zul} \approx 95 \frac{N}{mm^2}$, $\sigma_b = 23 \frac{N}{mm^2} < 95 \frac{N}{mm^2}$, $p = 4 \frac{N}{mm^2} < 0{,}5 \cdot 150 = 75 \frac{N}{mm^2}$;

($\sigma_{bW} = 350 \frac{N}{mm^2}$, $b_1 \approx 0{,}87$, $b_2 \approx 0{,}88$, $\beta_k \approx 1{,}4$, $\nu = 2$, $M_b = 0{,}5 \cdot 5000$ N $(30 - 5{,}5)$ mm $= 6{,}12 \cdot 10^4$ Nmm, $W = 2651$ mm³, $A_{proj} = 600$ mm², vorhandene Sicherheit gegen Dauerbruch: $\nu \approx 8{,}3$).

9.7 $\sigma_{b\,zul} \approx 60\,\frac{N}{mm^2}$, $\sigma_b = 47\,\frac{N}{mm^2} < 60\,\frac{N}{mm^2}$; ($\sigma_{bW} = 260\,\frac{N}{mm^2}$, $b_1 \approx 0{,}9$, $b_2 \approx 0{,}76$, $\beta_k \approx 1{,}4$, $\nu = 2$, $M_b = 0{,}5 \cdot 60\,000$ N $(65 - 12{,}25)$ mm $= 1{,}58 \cdot 10^6$ Nmm, $W = 33\,674$ mm³, vorhandene Sicherheit gegen Dauerbruch: $\nu \approx 2{,}7$).

9.8 1. Grenzfall: Mutter nicht angezogen, direkte Belastung des Bolzens durch 2 Einzelkräfte $F/2$.
$\sigma_{b\,zul} = 155\,\frac{N}{mm^2}$, $\sigma_b = 51\,\frac{N}{mm^2} < 155\,\frac{N}{mm^2}$; ($\sigma_{bSch} = 420\,\frac{N}{mm^2}$, $b_1 \approx 0{,}85$, $b_2 \approx 0{,}93$, $\beta_k \approx 1{,}4$, $\nu = 1{,}5$, $M_b = 0{,}5 \cdot 3000\,\text{N} \cdot 26{,}5\,\text{mm} = 39\,750$ Nmm, $W = 785$ mm³, vorhandene Sicherheit gegen Dauerbruch: $\nu \approx 4{,}6$).

2. Grenzfall: Mutter auf 90 % der Streckgrenze angezogen. Hülse überträgt die Belastung durch stirnseitige Reibkräfte auf die Tragbleche.

Nach Tabelle A8.10, Anhang: Vorspannkraft $F_{0,9} = 34$ kN (St 50 ≙ 5.6).
Reibkräfte $F_r \approx 2 \cdot 0{,}1 \cdot 34\,\text{kN} = 6{,}8\,\text{kN} > F = 3$ kN!
Hülse ϕ 20/ϕ 30 mm: $W = 2127$ mm³, $A = 393$ mm², $M_b \approx 39\,750$ Nmm, $F_d = 34$ kN.
$\sigma_{ges} = -19 - 87 = -106\,\frac{N}{mm^2} <$ ca. $160\,\frac{N}{mm^2}$ (ohne Berücksichtigung der kleinen Schmier-Ringnut).

Bolzen: $\sigma_z = 34\,000\,\text{N}/314\,\text{mm}^2 = 108\,\frac{N}{mm^2} <$ ca. $160\,\frac{N}{mm^2}$
Biegespannung abhängig von:

1. Biegesteifigkeitsverhältnis Hülse/Bolzen (hier $\frac{I_H}{I_B} \approx 4$).
2. Passung zwischen Hülse und Bolzen.

σ_b hier vernachlässigbar klein.

9.9 a) $\nu \approx 14$.

b) Bei Annahme einer Streckenlast auf der Hülsenlänge: $\sigma_b = 470\,\frac{N}{mm^2}$;
($M_b = 3{,}16 \cdot 10^5$ Nmm, $W = 673$ mm³). Bolzen und Hülse biegenachgiebig, Laschenkräfte als Einzellasten: $\sigma_b = 238\,\frac{N}{mm^2}$; ($M_b = 1{,}6 \cdot 10^5$ Nmm, $W = 673$ mm³).

Laschen: $p = 89\,\frac{N}{mm^2}$ ($A_{proj} = 361$ mm²)

Hülse: $p = 29\,\frac{N}{mm^2}$ ($A_{proj} = 1121$ mm²)

Schwerachse: $\tau_{max} = 75\,\frac{N}{mm^2}$($A = 283$ mm²).

c) Biegespannungen schon bei $F_B/14$ zu hoch! Wegen elastischer Verformung (Durchbiegung) des Bolzens ist die Annahme einer Streckenlast bei großer Kettenkraft unzutreffend (siehe auch Aufgabe 9.1). Die Belastungsannahmen und Richtwerte im Lehrbuch liegen auf der sicheren Seite. Gelenkflächenpressung $p_{zul} \approx 30\,\frac{N}{mm^2}$ bei ausreichender Schmierung.

9.10 a) $d = 5{,}8$ mm; ($F_u = 8000$ N/Bolzen, $\sigma_B = 370 \ldots 450\,\frac{N}{mm^2}$ für geglühten St 37,
$\tau_B \approx 0{,}8 \cdot \sigma_B = 296 \ldots 360\,\frac{N}{mm^2}$, $A_{erf} = 27 \ldots 22{,}2$ mm²).

b) 1. Brechmoment nicht genau berechenbar.
2. Anlage muß zum Auswechseln der zerstörten Bolzen stillgesetzt werden.
3. Schwierigkeiten beim Ausbau der verformten Bolzen.

9.11 a) Sechskantschraube M 16 X 45 Mu DIN 7990 mit Scheibe A 17,5 DIN 7989 oder Bolzen nach DIN 1435 mit Scheibe nach DIN 1441 und Splint nach DIN 94; ($F_G \approx 0{,}5 \cdot 8$ kN/m $\cdot$ 4,375 m = 17,5 kN, s = 6,9 mm, $\sigma_l = 159 \frac{N}{mm^2} < 210 \frac{N}{mm^2}$).

b) 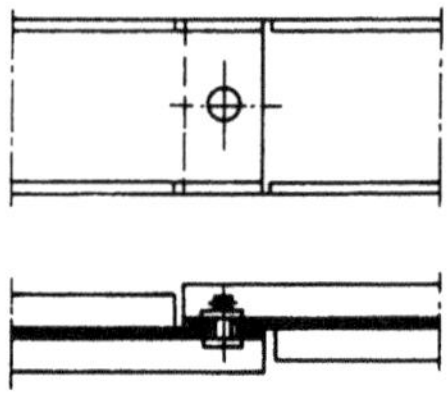

I-Träger einseitig abgeflanscht und durch Bolzen mit Scheibe und Splint verbunden. (Wegen Außenmittigkeit der Trägerachsen nur für mäßige Gelenkdrücke geeignet.)

9.12 a) Leichte Herstellbarkeit und kleine Kerbwirkung.

b) Kegelstifte mit Innengewinde DIN 7978. Diese können mit einer Schraube (Festigkeitsklasse ⩾ 8.8) – unter Zuhilfenahme eines kurzen Rohres – herausgezogen werden.

c) Z. B. 3 Kegelstifte 12 X 80 DIN 7978 (St 50 K) gleichmäßig am Umfang; (F_u = 112 kN,
$p = 1{,}12 \cdot 10^5$ N/3 $\cdot$ 0,5 $\cdot$ 12 mm $\cdot$ 80 mm = $78 \frac{N}{mm^2} < 0{,}5 \cdot 160 = 80 \frac{N}{mm^2}$,
$\tau_a = 1{,}12 \cdot 10^5$ N/3 $\cdot$ 12 mm $\cdot$ 80 mm = $39 \frac{N}{mm^2} < 0{,}5 \cdot 130 = 65 \frac{N}{mm^2}$).

9.13 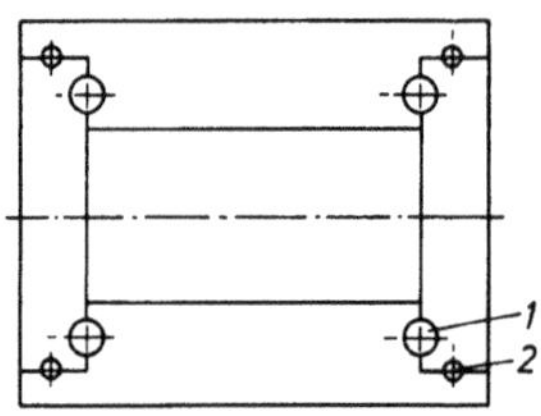

Nr. 1: Zylinderstift 10 m6 X 45 DIN 7 – 6.8;
($F = 0{,}5 \cdot 45$ mm $\cdot$ 100 mm $\cdot$ $20 \frac{N}{mm^2}$ = 45 kN,
$\tau_a = 100 \frac{N}{mm^2} < 0{,}7 \cdot 150 \approx 105 \frac{N}{mm^2}$,
$p = 200 \frac{N}{mm^2} \approx p_{zul}$).

Nr. 2: Zylinderstift 6 m6 X 45 DIN 7 – 6.8;
(F = 22,5 kN,
$\tau_a = 83 \frac{N}{mm^2} < 105 \frac{N}{mm^2}$,
$p = 167 \frac{N}{mm^2} < 200 \frac{N}{mm^2}$).

Es können auch Zylinderkerbstifte DIN 1473 verwendet werden.

9.14 d = 6 mm; ($p_N = 36 \frac{N}{mm^2} < 0{,}7\,(90 \ldots 120) \approx 70 \frac{N}{mm^2}$, $p_W = 113 \frac{N}{mm^2} < 0{,}7 \cdot 220 \approx 155 \frac{N}{mm^2}$,
$\tau_a = 80 \frac{N}{mm^2} < 0{,}7\,(140 \ldots 170) \approx 105 \frac{N}{mm^2}$).

9.15 Kupferstift d = 6 mm; ($\sigma_B = 210 \ldots 250 \frac{N}{mm^2}$ für weiches Kupfer,
$\tau = 177 \frac{N}{mm^2} \approx \tau_B = 0{,}8 \cdot \sigma_B = 170 \ldots 200 \frac{N}{mm^2}$).

9.16 a) Kegelstifte verfügen über
leichte Lösbarkeit,
unbegrenzte Füge- und Lösemöglichkeit,
absolut spielfrei Lagefixierung.

b) Kegelstift B 10 X 50 DIN 1. Form B mit gedrehter Mantelfläche. Werkstoff St 50 K oder 9 S 20 K nach Wahl des Herstellers; (M_t = 119,4 Nm, $p_N = 25 \frac{N}{mm^2} < 0{,}5 \cdot 220 = 110 \frac{N}{mm^2}$, $p_W = 115 \frac{N}{mm^2} \approx p_{zul}$, $\tau_a = 61 \frac{N}{mm^2} < 0{,}5 \cdot 130 = 65 \frac{N}{mm^2}$). Nach DIN 1 wäre dem Zapfendurchmesser 25 mm ein Stift mit d = 6 mm zuzuordnen!

9.17 $F_a \approx 8$ kN bei ruhender Belastung.

9.18 Paßkerbstift mit d = 10 mm erforderlich; (d = 8: M_b = 15,64 Nm, $\sigma_b = 305 \frac{N}{mm^2}$ $> 0{,}7\,(200 \ldots 240) \approx 140 \ldots 165 \frac{N}{mm^2}$, Stiftdurchmesser zu klein!
$d = 10$: $\sigma_b = 156 \frac{N}{mm^2} \approx 140 \ldots 165 \frac{N}{mm^2}$, $p_1 = 37 \frac{N}{mm^2}$, $p_2 = 5 \frac{N}{mm^2}$,
$p_{max} = 42 \frac{N}{mm^2} < 0{,}7 \cdot 160 \approx 110 \frac{N}{mm^2}$).

9.19 Paßkerbstift 8 X 50 DIN 1472; (F = 396 N, M_b = 5,55 Nm, $\sigma_b = 108 \frac{N}{mm^2} < 200 \ldots 240 \frac{N}{mm^2}$, $p = 13 + 2 = 15 \frac{N}{mm^2} < 90 \ldots 120 \frac{N}{mm^2}$).

9.20 d = 8 mm; (F_u = 333 N, M_b = 3,33 Nm, $\sigma_b = 65 \frac{N}{mm^2} < 0{,}5\,(200 \ldots 240) \approx 100 \ldots 120 \frac{N}{mm^2}$, $p = 18 + 3 = 21 \frac{N}{mm^2} < 0{,}5\,(90 \ldots 120) \approx 45 \ldots 60 \frac{N}{mm^2}$).

10. Elastische Federn

10.1 $f \approx 63{,}5$ mm; $\sigma_b = 400\ N/mm^2 < \sigma_{b\,zul} = 910\ N/mm^2$ ($\sigma_{B\,min} = 1300\ N/mm^2$).

10.2 a) l = 440 mm, b = 53 mm, b' = 16 mm.
b) Trapezfeder um 60 mm kürzer, an der Einspannstelle um 7 mm schmäler und um 49,5 % leichter als Rechteckfeder.

10.3 a) h = 0,6 mm, b = 15 mm ($\sigma_B = 1400\ N/mm^2$).
b) $f_{max} \approx 33$ mm $<$ 35 mm.

10.4 a) h = 0,5 mm.
b) $\sigma_b \approx 1085\ N/mm^2 < 1{,}1 \cdot \sigma_{b\,zul}$; ($f_1 \approx 39$ mm, f_{max} = 44 mm, $F_{max} \approx 11{,}3$ N).

10.5 a) L_K = 14 mm.
b) $\alpha_{max} \approx 31°$; ($M_{b\,max} \approx 5630$ Nmm, $W \approx 6{,}4\ mm^3$, $\sigma_{b\,zul} \approx 880\ N/mm^2$).

10.6 a) Gewählt d = 3,6 mm (siehe Lösungshinweis nach Näherungsgleichung mit M_b = 4000 Nmm, $d \approx 3{,}7$ mm); D_m = 30 mm; i_f = 15; $L_K \approx 58$ mm.

b) Drahtsorte B; ($\sigma_b \approx 942\ \text{N/mm}^2 < \sigma_{b\,zul} = 1080\ \text{N/mm}^2$, $w \approx 8{,}3$, $k \approx 1{,}1$).

10.7 a) $\alpha_{max} \approx 38°$; $\alpha_1 \approx 23°$.

b) Gewählt d = 0,63 mm (siehe Lösungshinweis 10.6 nach Näherungsgleichung $d \approx 0{,}66$ mm); D_m = 8 mm; i_f = 2; $L_K \approx 1{,}9$ mm.

c) $F_1 \approx 1{,}7$ N, $F_2 \approx 2{,}55$ N; ($\alpha_{max} \approx 45°$, $\alpha_1 \approx 30°$, Abweichung < 25 %); $\sigma_b \approx 1120\ \text{N/mm}^2 < \sigma_{b\,zul} \approx 1400\ \text{N/mm}^2$ ($k \approx 1{,}1$).

10.8 a) M_{b2} = 2500 Nmm; ($G_1 \approx 20$ N, l_2 = 125 mm, $r \mathrel{\hat{=}} l$ = 40 mm), $F_2 \approx 63$ N; $M_{b\,max}$ = 3750 Nmm, $F_3 \approx 94$ N.

b) $\alpha_1 = 90°$, $\alpha_{max} = 180°$.

c) Gewählt d = 3,6 mm (D_i = 20 mm, siehe Lösungshinweis 10.6); D_m = 24 mm; i_f = 19; $L_K \approx 72$ mm.

d) $F_1 \approx 47$ N ($M_{b1} \approx 1882$ Nmm); $F_2 \approx 63$ N; $F_3 \approx 94$ N.

e) $\sigma_b \approx 918\ \text{N/mm}^2 < \sigma_{b\,zul} \approx 1080\ \text{N/mm}^2$; ($w \approx 6{,}7$; $k \approx 1{,}14$).

10.9 a) f_{ges} = 5,88 mm; F_{ges} = 8,7 kN.

b) L_0 = 61,8 mm; L = 55,92 mm.

10.10 L = 47 mm (L_0 = 52,8 mm).

10.11 a) F_{max} = 7900 N.

b) f_{ges} = 2,75 mm; (f_1 = 1,5 mm, $f_2 \mathrel{\hat{=}} f_1/2$ = 0,75 mm, $f_3 = f_1/3$ = 0,5 mm).

c) L = 15,25 mm; (L_0 = 36 mm).

10.12 a) Geeignete Tellerfeder A 90 DIN 2093 (Gruppe 3) mit d = 45 mm; F_{max} = (50 000 + 400)/2 = 25 200 N < $F_{0,75}$ = 3200 N, Ausnutzung rd. 79 %.

b) Gewählt i = 22 (gerade Tellerzahl, f_1 = 1,18 mm).

c) $f_{ges} \approx 26$ mm < f_{max}; L_0 = 154 mm < $3 \cdot D_a$.

10.13 a) $f \approx 0{,}91$ mm; $F \approx 24{,}5$ kN.

b) $f \approx 0{,}67$ mm; $F \approx 2{,}83$ kN ($D_a/D_i \approx 2$, $\alpha \approx 0{,}75 \cdot 10^{-6}$).

10.14 Gewählt Tellerfeder A 40 DIN 2093 mit d = 20 mm ($D_a/D_i \approx 1{,}96$; $\alpha = 0{,}74 \cdot 10^{-6}$; bei k = 0,025 wird $F_{ges} \approx 4760$ N; $F' = F_{ges}/2$; $F_h \approx 3270$ N; $F'/F_h \approx 0{,}73$; $f/h \approx 0{,}64$; i = 14; wirklich f' = 0,5 mm < $f_{0,75}$; f_{1ges} = 10 mm); L_1 = 48 mm.

Dagegen Tellerfeder B 40 DIN 2093 (bei k = 0,03 wird $F' \mathrel{\hat{=}} F_{ges} \approx 4850$ N; $F_h \approx 8660$ N; $F'/F_h \approx 0{,}56$; $f/h \approx 0{,}53$; i = 20; wirklich $f' \approx 0{,}71$ mm < $f_{0,75}$; f_{1ges} = 9,94 mm); L_0 = 58,1 mm; $L \approx 48{,}16$ mm.

Endgültig gewählt: Tellerfeder B 40 DIN 2093, da Säule kürzer und Einzelteller besser ausgenutzt.

10.15 a) Siehe Annahme – Ablesung und Rechnung: $F_1 = 1800$ N, $f_1 \approx 0{,}37$ mm; $F_2 = 3400$ N, $f_2 \approx 0{,}81$ mm; $\sigma_1 \approx 400$ N/mm² $\mathrel{\hat=} \sigma_U$, $\sigma_O \approx 1000$ N/mm² $> \sigma_2 \approx 800$ N/mm² ($D_a/D_i \approx 2$).

b) $L_0 = 28{,}8$ mm; $L_1 \approx 25{,}84$ mm; $L_2 = 22{,}32$ mm.

10.16 $\Delta f_{ges} = 3$ mm; ($F_2 = 2500$ N, $F_2/F_h \approx 0{,}55$, $f_2/h \approx 0{,}43$; $f_2 \approx 0{,}56$ mm, $f_1 = 0{,}26$ mm); $\sigma_1 \mathrel{\hat=} \sigma_U \approx 360$ N/mm², $\sigma_O \approx 1100$ N/mm² $> \sigma_2 \approx 730$ N/mm².

10.17 Tellerfeder A 20 DIN 2093 mit $d = 10$ mm; ($F_{ab} \approx 5600$ N, $F_2 = 1400$ N; $F_{0{,}75} = 1550$ N $> F_2' \mathrel{\hat=} F_{2ges} \approx 1360$ N mit $k = 0{,}03$) gewählt $i = 14$ ($F_2'/F_h \approx 0{,}67$; $f_2/h \approx 0{,}64$; $f_2 \approx 0{,}3$ mm; wirklich $\Delta f_{ges} = 1{,}96 \approx 2$ mm); $L_0 = 21{,}7$ mm; $L_1 \approx 19{,}5$ mm; $L_2 = 17{,}5$ mm; $1{,}1 \cdot \sigma_O \approx 1400$ N/mm² $> \sigma_2 \approx 1160$ N/mm².

10.18 a) M18 (6.9), M16 (8.8), M14 (10.9 und 12.9).

b) $d = 14$ mm ($\tau_{B\,max} = 1000$ N/mm²); $l = 650$ mm ($\alpha = 30°$).

c) $L = 500$ mm.

10.19 a) $F \approx 120$ N $\pm$ 11 N (zul. Abweichung 9 %); $c = 5$ N/mm ($D_m = 14$ mm $\pm$ 0,3 mm).

b) $L_{Bl} = 27$ mm, $L_0 = 57$ mm $\pm$ 1 mm (gewählt $S_a = 6$ mm).

c) Dr 2 A DIN 2076 – A mit $\tau_{i\,zul} \approx 730$ N/mm² ($F_{Bl} = 150$ N, $\tau_{i\,Bl} \approx 656$ N/mm²).

d) Knicksicher mit geführten Einspannenden (Federung ≈ 42 %, Schlankheitsgrad ≈ 4).

10.20 Mit $d = 2$ mm, $D_m = 10$ mm, gewählt $i_f = 33$, $i_g = 34{,}5$ ($w = 5$; $S_a = 6$ mm); $L_0 = 69$ mm; Dr 2 A DIN 2076 – A mit $\tau_{i\,zul} \approx 730$ N/mm² $\gg \tau_{i\,Bl} \approx 469$ N/mm² Werkstoff nicht ausgenutzt; Feder nicht knicksicher.

Daher mit $d = 1{,}6$ mm, $D_m = 10$ mm, gewählt $i_f = 14$, $i_g = 15{,}5$ ($w = 6{,}25$; $S_a = 4$ mm); $L_0 \approx 53$ mm; Dr 1,6 A DIN 2076 – B mit $\tau_{i\,zul} = 900$ N/mm² $> \tau_{i\,Bl} \approx 854$ N/mm² Werkstoff ausreichend genutzt; Feder knicksicher mit geführten Einspannenden.

10.21 Gewählt $d = 10$ mm, $D_m = 88$ mm ($\tau_{i2} \approx 528$ N/mm² $< \tau_{i\,zul} \approx 670$ N/mm²); gewählt $i_f = 3$, $i_g = 4{,}5$, $L_0 = 105$ mm ($L_{Bl} = 45$ mm, $S_a = 10$ mm, $\tau_{i\,Bl} < \tau_{i\,zul}$).

10.22 a) Aus angenäherter Vorwahl $d = 8$ mm, $D_m = 62$ mm (je Feder $F_2 = 1850$ N bei $f_2 = 90$ mm; Nachrechnung $d \approx 7{,}7$ mm mit $\tau_{i\,zul} \approx 620$ N/mm²); $i_f = 8{,}5$; $i_g = 10{,}5$; $L_0 = 186$ mm, $L_2 = 96$ mm ($S_a = 12$ mm). Dr 8 B DIN 2076 – B ($\tau_{i\,Bl} < 1{,}12 \cdot \tau_{i\,zul}$).

b) Knicksicher mit geführten Einspannenden.

10.23 a) $F_2 \approx 1100$ N ($F_{ges} \approx 176{,}1$ kN; $d_R = 220$ mm, $F \approx 11$ kN).

b) Aus angenäherter Vorwahl $d = 4{,}5$ mm, $D_m = 20$ mm (Nachrechnung $d \approx 4{,}22$ mm mit $\tau_{i\,zul} \approx 730$ N/mm²); gewählt $i_f = 3$, $i_g = 4{,}5$ ($S_a = 2$ mm); $L_0 = 28$ mm; $\tau_{i\,Bl} \approx 805$ N/mm² $< 1{,}12 \cdot \tau_{i\,zul}$ ($F_{Bl} \approx 1470$ N).

10.24 a) Aus angenäherter Vorwahl $d = 4{,}5$ mm, $D_m = 30$ mm ($F_1 \approx 553$ N bei f_1, $c = 27{,}7$ N/mm, $F_2 \approx 692$ N bei $f_2 = f_1 + \Delta f$; Nachrechnung $d \approx 4{,}4$ mm mit $\tau_{i\,zul} \approx 620$ N/mm² entsprechend $\tau_{i2} \approx 580$ N/mm² nach Leitertafel) $i_f = 6$, $i_g = 7{,}5$, $L_0 \approx 64$ mm ($S_a = 5$ mm); Dr 4,5 A DIN 2076 – A ($\tau_{i\,Bl} \approx 684$ N/mm² $< 1{,}12 \cdot \tau_{i\,zul}$).

b) Ja, denn knicksicher mit veränderlichen Auflagebedingungen.

10.25 a) $\tau_{iBl} \approx 716$ N/mm² $< \tau_{izul} \approx 740$ N/mm² ($S_a = 30$ mm, $c \approx 221$ N/mm).

b) $L_0 = 355$ mm, $L_2 = 235$ mm ($D_m = 135$ mm; $i_f = 7$; $i_g = 8{,}5$, $L_{Bl} \approx 205$ mm).

c) Knicksicher.

10.26 a) Aus angenäherter Vorwahl $d = 4{,}5$ mm, $D_m = 32$ mm ($\tau_{izul} \approx 700$ N/mm²); gewählt $i_f = 5{,}5$; $i_g = 7{,}5$; $L_0 \approx 65$ mm ($S_a = 5$ mm); Dr 4,5 C DIN 2076 – VD.

b) $\tau_{kh} = \tau_{k2} - \tau_{k1} \approx 360$ N/mm² $< \tau_{kH} \approx 410$ N/mm² ($w \approx 7{,}1$; $k \approx 1{,}19$); $\tau_{kO} \approx 720$ N/mm² $> \tau_{k2} \approx 670$ N/mm²; knicksicher.

10.27 a) Aus angenäherter Vorwahl $d = 4$ mm, $D_m = 25$ mm; Dr 4 C DIN 2076 – C; $i_f = 10$; $i_g = 11{,}5$ ($f_2 = 39$ mm, $f_1 = 26$ mm), $L_0 = 93$ mm, $L_2 = 54$ mm > 50 mm, $L_1 = 67$ mm ($S_a = 8$ mm); $\tau_{iBl} \approx 776$ N/mm² $< \tau_{izul} \approx 870$ N/mm²; $\tau_{k1} \approx 529$ N/mm², $\tau_{k2} \approx 793$ N/mm² ($w = 6{,}25$; $k = 1{,}23$).

b) $\tau_{k2} < \tau_{kO} \approx 890$ N/mm²; $\tau_{kh} = 264$ N/mm² $< \tau_{kH} \approx 360$ N/mm².

10.28 $W \approx 48$ Nmm ($F_h \approx 16{,}8$ N, $h \approx 5{,}7$ *mm;* $w = 7{,}3$; $k \approx 1{,}19$).

10.29 $\tau_{i0} \approx 71$ N/mm² $< \tau_{i0\,zul} = 140$ N/mm² ($F_0 \approx 81$ N; $D_m = 32$ mm, $f_1 = 30$ mm), $F_{max} \approx 638$ N $> F_2 = 550$ N ($\tau_{izul} \approx 560$ N/mm²), also ohne Schaden aufzunehmen.

10.30 a) Aus angenäherter Vorwahl $d = 2{,}5$ mm, $D_m = 22$ mm; $L_0 = 80$ mm, $L_K = 48{,}8$ mm, gewählt $i_g = 18$; Dr 2,5 A DIN 2076 – A mit $\tau_{izul} \approx 650$ N/mm².

b) $\tau_{i0} \approx 81$ N/mm² $< \tau_{i0\,zul} \approx 91$ N/mm² ($F_0 \approx 23$ N); $\tau_{i2} = 528$ N/mm² $< \tau_{izul}$.

10.31 a) $F_1 = 250$ N.

b) $F_2 = 330$ N; $\Delta f = 48$ mm.

c) Aus angenäherter Vorwahl $d = 3{,}2$ mm, $D_m = 25$ mm (Nachrechnung mit $\tau_{izul} = 700$ N/mm² $> \tau_{i2}$ ergibt $d \approx 3$ mm); $L_K \approx 138$ mm, gewählt $i_g = 42$; $L_0 \approx 173$ mm ($c = 1{,}67$ N/mm, $f_1 \approx 100$ mm), $L_1 = 273$ mm.

10.32 a) $F_2 \approx 941$ N ($F = 154$ N, $F_y = 924$ N, $\alpha \approx 11°$).

b) $L_2 \approx 835$ N, $f_2 = 175$ mm.

c) $f_{max} = 320$ mm, $F_{max} = 1330$ N.

d) Aus angenäherter Vorwahl $d = 6{,}3$ mm; $D_m = 45$ mm; $i_g = 67$; $L_0 \approx 490$ mm ($L_K \approx 428$ mm); Dr 6,3 A DIN 2076 – B ($\tau_{imax} = 598$ N/mm² $\approx \tau_{izul} \approx 600$ N/mm²).

10.33 a) Gewählt $d = 50$ mm, $h = 41$ mm ($\sigma_d = 4$ N/mm², $A = 1375$ mm²).

b) $\sigma_d = 2{,}8$ N/mm² $< \sigma_{d\,zul} = 3 \ldots 5$ N/mm² (statisch); $f = 15{,}95$ mm $\gg 0{,}2 \cdot 41 = 8{,}2$ mm nicht brauchbar, daher neu gewählt: $d = 70$ mm, $h = 41$ mm; $\sigma_d = 1{,}43$ N/mm² $< \sigma_{d\,zul} = 1 \ldots 1{,}5$ N/mm² (dynamisch) und $\sigma_{d\,zul} = 3 \ldots 5$ N/mm² (statisch); $f \approx 8{,}1$ mm $< 8{,}2$ mm.

10.34 a) $\tau = 0{,}4$ N/mm² $< \tau_{zul} = 1 \ldots 2$ N/mm² (statisch; dynamisch $\tau_{zul} = 0{,}3 \ldots 0{,}8$ N/mm²).

b) $n = 10$ ($F \approx 603$ N, wenn $A_i = d \cdot \pi \cdot h$).

c) Shore-Härte 40 ($G \approx 0{,}42$ N/mm²).

11. Achsen, Wellen und Zapfen

11.1 $d = 50$ mm; ($M_b = 975$ Nm, $\sigma_{bzul} \approx 100 \frac{N}{mm^2}$, $\sigma_{bW} = 260 \frac{N}{mm^2}$, $\beta_k \approx 1{,}2$, $\nu = 1{,}5$, $b_1 \approx 0{,}92$ bei $R_t \approx 6{,}3\ \mu$m, $b_2 \approx 0{,}8$) $D = 85$ mm, $L = 85$ mm.

11.2 $d = 70$ mm; ($d_k \approx 60$ mm, $M_b = 2870$ Nm, $\sigma_{bzul} \approx 130 \frac{N}{mm^2}$, $\sigma_{bSch} = 420 \frac{N}{mm^2}$, $\beta_k = 1{,}6$, $\nu = 1{,}5$, $b_1 \approx 0{,}92$ bei $R_t \approx 6{,}3\ \mu$m, $b_2 \approx 0{,}78$).

11.3 $\nu \approx 1{,}1$; ($\sigma_G \approx 118 \frac{N}{mm^2}$, $\sigma_{bW} = 220 \frac{N}{mm^2}$, $\beta_k = 1{,}54$, $b_1 \approx 0{,}95$ bei $R_t \approx 6{,}3\ \mu$m, $b_2 = 0{,}87$; $\sigma_b = 105 \frac{N}{mm^2}$, $M_b = 1312{,}5$ Nm, $W \approx 12{,}5 \cdot 10^3$ mm^3). Achse ist nicht ausreichend bemessen!

11.4 $\nu \approx 2{,}4$; ($\sigma_G \approx 84 \frac{N}{mm^2}$, $\sigma_{bW} = 260 \frac{N}{mm^2}$, $\beta_k \approx 2$, $b_1 \approx 0{,}92$ bei $R_t \approx 6{,}3\ \mu$m, $b_2 = 0{,}72$; $\sigma_b = 34{,}7 \frac{N}{mm^2}$, $M_b = 6 \cdot 10^6$ Nmm, $W \approx 0{,}173 \cdot 10^6$ mm^3).

11.5 $\sigma_{bzul} > \sigma_{bvorh}$; ($F_{res} = 3500$ N, $\sigma_b = 25{,}2 \frac{N}{mm^2}$, $M_b = 315 \cdot 10^3$ Nmm, $W \approx 12{,}5 \cdot 10^3$ mm^3; $\sigma_{bzul} \approx 50 \frac{N}{mm^2}$, $\sigma_{bSch} = 360 \frac{N}{mm^2}$, $\beta_k \approx 1{,}7$, $\nu = 3$, $b_1 \approx 0{,}89$ bei $R_t \approx 10\ \mu$m, $b_2 \approx 0{,}81$).

11.6 $\nu \approx 5$; ($\sigma_G = 344 \frac{N}{mm^2}$, $\sigma_{bSch} = 900 \frac{N}{mm^2}$, $\beta_k \approx 2$, $b_1 \approx 0{,}9$ bei $R_t \approx 3\ \mu$m, $b_2 \approx 0{,}85$; $\sigma_b = 70 \frac{N}{mm^2}$, $M_b = 450 \cdot 10^3$ Nmm, $W \approx 6{,}4 \cdot 10^3$ mm^3).

11.7 $\nu = 1{,}76$; ($\sigma_G \approx 104 \frac{N}{mm^2}$, $\sigma_{bW} = 260 \frac{N}{mm^2}$, $\beta_k \approx 1{,}8$, $b_1 \approx 0{,}92$ bei $R_t \approx 6{,}3\ \mu$m, $b_2 \approx 0{,}78$; $\sigma_b = 59 \frac{N}{mm^2}$, $M_b = 1{,}275 \cdot 10^6$ Nmm, $W \approx 21{,}6 \cdot 10^6$ mm^3).

11.8 a) $d = 15$ mm; ($M_b = 25 \cdot 10^3$ Nmm, $\sigma_{bzul} \approx 136 \frac{N}{mm^2}$, $\sigma_{bSch} = 340 \frac{N}{mm^2}$, $\beta_k \approx 1{,}5$, $\nu = 1{,}5$, $b_1 \approx 0{,}95$ bei $R_t \approx 6{,}3\ \mu$m, $b_2 \approx 0{,}95$ geschätzt).
b) H7/r6.

11.9 $d = 55$ mm; ($d_k = 45{,}7$ mm, $M_t \approx 860 \cdot 10^3$ Nmm, $n = 83{,}8$ min^{-1}, $\tau_{tzul} \approx 45 \frac{N}{mm^2}$, $\tau_{tSch} = 210 \frac{N}{mm^2}$, $\beta_k \approx 1{,}6$, $\nu = 2$, $b_1 \approx 0{,}85$ bei $R_t \approx 16\ \mu$m, $b_2 \approx 0{,}8$ geschätzt).

11.10. $\nu = 1{,}89$; ($\tau_G \approx 100 \frac{N}{mm^2}$, $\tau_{tSch} = 230 \frac{N}{mm^2}$, $\beta_k \approx 1{,}6$, $b_1 \approx 0{,}83$ bei $R_t \approx 16\ \mu m$, $b_2 = 0{,}83$; $\tau_t \approx 53 \frac{N}{mm^2}$, $M_t = 650 \cdot 10^3$ Nmm, $W_p \approx 12{,}33 \cdot 10^3\ mm^3$, $d_k = 39{,}5$ mm, $t_1 = 5{,}5$ mm).

11.11 $\nu \approx 5{,}6$; ($\sigma_G \approx 89 \frac{N}{mm^2}$, $\sigma_{bW} = 280 \frac{N}{mm^2}$, $\beta_k \approx 2$, $b_1 \approx 0{,}85$ bei $R_t \approx 6{,}3\ \mu m$, $b_2 \approx 0{,}75$; $\sigma_v \approx 16 \frac{N}{mm^2}$, $\sigma_b = 13{,}6 \frac{N}{mm^2}$, $M_b = 710 \cdot 10^3$ Nmm, $F = 2 \cdot F_u = 3550$ N, $M_t = 710 \cdot 10^3$ Nmm, $W \approx 51{,}2 \cdot 10^3\ mm^3$, $\alpha_0 \approx 0{,}7$, $\tau_t \approx 7 \frac{N}{mm^2}$, $W_p \approx 102{,}4 \cdot 10^3 mm^3$).

11.12 a) $d_{vorh} > d_{erf} = 18$ mm; ($M_t = 42 \cdot 10^3$ Nmm, $\tau_{tzul} \approx 70 \frac{N}{mm^2}$, $\tau_{tSch} = 210 \frac{N}{mm^2}$, $\beta_k \approx 1{,}6$, $b_1 \approx 0{,}9$ bei $R_t \approx 6{,}3\ \mu m$, $b_2 \approx 0{,}88$, $\nu = 1{,}5$).

b) $\nu_{vorh} = 1{,}78$; ($\sigma_G = 114 \frac{N}{mm^2}$, $\sigma_{bW} = 260 \frac{N}{mm^2}$, $\beta_k \approx 1{,}8$, $b_1 \approx 0{,}9$ bei $R_t \approx 6{,}3\ \mu m$, $b_2 \approx 0{,}88$; $\sigma_v \approx 64 \frac{N}{mm^2}$, $\sigma_b \approx 63 \frac{N}{mm^2}$, $M_b = 270 \cdot 10^3$ Nmm, $F_A \approx 3{,}5 \cdot F_u = 3265$ N, $M_t = 42 \cdot 10^3$ Nmm, $W \approx 4{,}29 \cdot 10^3\ mm^3$, $\tau_t \approx 5 \frac{N}{mm^2}$, $W_p \approx 8{,}58 \cdot 10^3\ mm^3$).

c) Zapfen: m6 oder k6; Bohrung: H7.

11.13 a) Ausführung c), da keine Überlagerung der Kerbebenen eintritt und somit β_k kleiner ist gegenüber der Ausführung nach Bild b).

b) Durch entsprechende Entlastungskerben entweder am Wellenabsatz oder an der Nabe.

c) $\nu_1 = 0{,}94$ (!); ($\sigma_G \approx 66 \frac{N}{mm^2}$, $\sigma_D = 300 \frac{N}{mm^2}$, $\beta_k \approx \beta_{k1} + \beta_{k2} = 1{,}6 + 2 = 3{,}6$, $b_1 \approx 0{,}9$ bei $R_t \approx 6{,}3\ \mu m$, $b_2 = 0{,}88$; $\sigma_v = 70{,}3 \frac{N}{mm^2}$, $M_b = 151 \cdot 10^3$ Nmm, $W \approx 2{,}7 \cdot 10^3\ mm^3$, $\alpha_0 \approx 0{,}7$, $\tau_t \approx 35 \frac{N}{mm^2}$, $M_t = 191 \cdot 10^3$ Nmm, $W_p \approx 5{,}4 \cdot 10^3 mm^3$).

d) $\nu_2 = 1{,}65$; ($\sigma_G \approx 119 \frac{N}{mm^2}$, $\beta_k \approx 2$, $\sigma_v \approx 72 \frac{N}{mm^2}$, $M_b = 156 \cdot 10^3$ Nmm).

11.14 a) $d = 70$ mm; ($d_k = 60$ mm, $M_v = 1{,}18 \cdot 10^6$ Nmm, $M_b = 1{,}054 \cdot 10^6$ Nmm, $F_A \approx 3{,}5 \cdot F_u = 7525$ N, $M_t \approx 860 \cdot 10^3$ Nmm, $n = 83{,}3\ min^{-1}$, $\sigma_{bSch} = 260 \frac{N}{mm^2}$, $\beta_k \approx 1{,}7$, $b_1 \approx 0{,}92$ für gezogenes Material, $b_2 \approx 0{,}78$ geschätzt, $\sigma_{bzul} \approx 55 \frac{N}{mm^2}$).

b) $\nu \approx 3$; ($\tau_G = 89 \frac{N}{mm^2}$, $\tau_{tSch} = 210 \frac{N}{mm^2}$, $\beta_k \approx 1{,}6$, $b_1 \approx 0{,}85$ bei $R_t \approx 16\ \mu m$, $b_2 \approx 0{,}78$; $\tau_t \approx 29{,}2 \frac{N}{mm^2}$, $M_t = 860 \cdot 10^3$ Nmm, $W_p \approx 29{,}8 \cdot 10^3\ mm^3$, $d_k = 53$ mm).

11.15 a) $d = 80$ mm; ($d_k = 70{,}6$ mm, $M_v = 1620 \cdot 10^3$ Nmm, $M_b = 1526 \cdot 10^3$ Nmm, $F = 8{,}03$ kN, $M_t = 895 \cdot 10^3$ Nmm, $\alpha_0 \approx 0{,}7$; $\sigma_{bzul} \approx 46 \frac{N}{mm^2}$, $\sigma_{bW} = 220 \frac{N}{mm^2}$, $\beta_k \approx 1{,}7$, $\nu = 2$, $b_1 \approx 0{,}95$ – gezogenes Material –, $b_2 \approx 0{,}78$ geschätzt).

b) $\nu = 3{,}8$; ($\tau_G \approx 70 \frac{N}{mm^2}$, $\tau_{tSch} = 180 \frac{N}{mm^2}$, $\beta_k \approx 1{,}6$, $b_1 \approx 0{,}9$ bei $R_t \approx 10\ \mu m$, $b_2 \approx 0{,}74$; $\tau_t = 18{,}3 \frac{N}{mm^2}$, $M_t = 895 \cdot 10^3$ Nmm, $W_p \approx 48{,}8 \cdot 10^3\ mm^3$, $d_k = 62{,}5$ mm).

c) Nabenbohrungen: K7 oder J7, Wellenzapfen: k6.

11.16 a) $D_1 = 250$ mm, $D_2 = 450$ mm.

b) $d = 40$ mm; ($d_k = 32{,}7$ mm, $t_1 = 5$ mm, $M_v \approx 210 \cdot 10^3$ Nmm, $M_b \approx 195 \cdot 10^3$ Nmm, $F_A \approx 2050$ N, $F_u = 584$ N, $M_t = 131{,}3 \cdot 10^3$ Nmm, $\alpha_0 \approx 0{,}7$; $\sigma_{bzul} \approx 60 \frac{N}{mm^2}$, $\sigma_{bW} = 260 \frac{N}{mm^2}$, $\beta_k \approx 1{,}7$, $\nu = 2$, $b_1 \approx 0{,}92$ für gezogenes Material, $b_2 \approx 0{,}85$ vorerst geschätzt).

c) $\nu \approx 4$; ($\tau_G \approx 99 \frac{N}{mm^2}$; $\tau_{tSch} = 210 \frac{N}{mm^2}$; $\beta_k \approx 1{,}6$, $b_1 \approx 0{,}87$ bei $R_t \approx 10\,\mu$m, $b_2 \approx 0{,}87$; $\tau_t = 24{,}3 \frac{N}{mm^2}$, $W_p \approx 5{,}4 \cdot 10^3$ mm^3, $d_k = 30$ mm).

11.17 a) $d = 80$ mm; ($d_k = 73{,}24$ mm, $t_1 = 9$ mm, $M_v = 2750 \cdot 10^3$ Nmm, $M_b = 2233 \cdot 10^3$ Nmm, $F_A \approx 25{,}52 \cdot 10^3$ N, $M_t = 2650 \cdot 10^3$ Nmm, $n = 27{,}6$ min^{-1}, gewähltes Getriebe mit $i = 35{,}5$; $\sigma_{bzul} \approx 70 \frac{N}{mm^2}$, $\alpha_0 \approx 0{,}7$, $\sigma_{bW} = 260 \frac{N}{mm^2}$, $\beta_k \approx 1{,}7$, $\nu = 1{,}5$, $b_1 \approx 0{,}92$ für gezogenes Material, $b_2 \approx 0{,}75$ vorerst geschätzt).

b) $\nu \approx 1{,}6$; ($\tau_G = 88 \frac{N}{mm^2}$, $\tau_{tSch} = 210 \frac{N}{mm^2}$, $\beta_k \approx 1{,}6$, $b_1 \approx 0{,}88$, $b_2 \approx 0{,}76$; $\tau_t = 54{,}3 \frac{N}{mm^2}$, $M_t = 2650 \cdot 10^3$ Nmm, $W_p \approx 48{,}83$ mm^3, $d_k = 62{,}5$ mm, $t_1 = 7{,}5$ mm).

c) $D = 140$ mm, $L = 140$ mm.

d) Paßfeder A22 X 14 X 140 DIN 6885.

11.18 $\varphi_{vorh} = 0{,}145\ °/\text{m} < \varphi_{zul} = \frac{1}{4} \dots \frac{1}{2}\ °/\text{m}$; ($M_t = 263 \cdot 10^3$ Nmm, $G = 80 \cdot 10^3 \frac{N}{mm^2}$, $J_p \approx 1296 \cdot 10^3$ mm^4).

11.19 a) $d = 50$ mm auf Grund der Formänderung, Spannungsnachweis für St 37 ergibt $\tau_t = 8{,}7 \frac{N}{mm^2} < \tau_{tzul}$.

b) Stahl geringerer Festigkeit preiswerter.

c) Schalenkupplung A50 DIN 115.

11.20 $d = 80$ mm; ($M_v \approx 3976 \cdot 10^3$ Nmm, $M_b \approx 3535{,}2 \cdot 10^3$ Nmm, $\alpha_0 \approx 0{,}7$; $\sigma_{bzul} \approx 80 \frac{N}{mm^2}$, $\sigma_{bW} = 480 \frac{N}{mm^2}$, $\beta_k = 2$, $\nu = 2$, $b_1 \approx 0{,}88$ für $R_t \approx 4\,\mu$m, $b_2 \approx 0{,}75$; Lagerkräfte: $F_{Ar} = 15{,}63$ kN, $F_{Ax} = 15{,}53$ kN, $F_{Ay} = 1{,}74$ kN; $F_{Br} = 29{,}46$ kN, $F_{Bx} = 28{,}1$ kN, $F_{By} = 8{,}84$ kN).

11.21 a) $d = 25$ mm; ($d_k \approx 21{,}2$ mm, $t_1 = 4$ mm, $M_v \approx 78 \cdot 10^3$ Nmm, $\alpha_0 \approx 0{,}7$, $M_t \approx 94{,}74 \cdot 10^3$ Nmm; $\sigma_{bzul} \approx 82 \frac{N}{mm^2}$, $\sigma_{bW} = 260 \frac{N}{mm^2}$, $\beta_k = 1{,}7$, $\nu = 1{,}5$, $b_1 \approx 0{,}92$ für $R_t \approx 6{,}3\,\mu$m, $b_2 \approx 0{,}88$; Lagerkräfte: $F_{Ar} \approx 710$ N, $F_{Ax} \approx 700$ N, $F_{Ay} \approx 102$ N; $F_{Br} \approx 527$ N, $F_{Bx} \approx 420$ N, $F_{By} \approx 318$ N.

b) Paßfeder A 8 X 7 X 45 DIN 6885.

c) H7/j6 oder H7/k6.

11.22 a) $d_2 = 40$ mm; ($d_k \approx 29{,}9$ mm, $t_1 = 5$ mm, $M_v \approx 214{,}5 \cdot 10^3$ Nmm, $M_b \approx 130{,}4 \cdot 10^3$Nmm, $\alpha_0 \approx 0{,}7$, $M_t \approx 281 \cdot 10^3$ Nmm; $\sigma_{bzul} \approx 80 \frac{N}{mm^2}$, $\sigma_{bW} = 260 \frac{N}{mm^2}$, $\beta_k \approx 1{,}7$, $\nu \approx 1{,}5$, $b_1 \approx 0{,}92$ für $R_t \approx 6{,}3$ µm, $b_2 \approx 0{,}85$; Lagerkräfte: $F_{Ar} \approx 1{,}63$ kN, $F_{Ax} \approx 1{,}28$ kN, $F_{Ay} \approx 1{,}01$ kN; $F_{Br} \approx 0{,}59$ kN, $F_{Bx} \approx 0{,}57$ kN, $F_{By} \approx 0{,}16$ kN).

b) $d_4 = 32$ mm; ($M_t \approx 281 \cdot 10^3$ Nmm, $\tau_{tzul} \approx 70 \frac{N}{mm^2}$, $\tau_{tSch} = 210 \frac{N}{mm^2}$, $b_1 \approx 0{,}92$ für $R_t \approx 6{,}3$ µm, $b_2 \approx 0{,}88$).

11.23 *Querschnitt E–F:* $d = 45$ mm; ($M_v \approx 447 \cdot 10^3$ Nmm, $M_b \approx 367 \cdot 10^3$ Nmm, $F_A \approx 11{,}7$ kN, $F_u \approx 3{,}33$ kN, $M_t = 420$ Nm, $\sigma_{bzul} \approx 50 \frac{N}{mm^2}$, $\sigma_{bW} = 260 \frac{N}{mm^2}$, $\beta_k \approx 2$, $\nu = 2$, $b_1 \approx 0{,}92$ für $R_t \approx 6{,}3$ µm, $b_2 \approx 0{,}85$).

Querschnitt A–B: $\nu_{vorh} \approx 2$; ($d_1 = d - 5$ mm $= 45$ mm $- 5$ mm $= 40$ mm, $\tau_G \approx 100 \frac{N}{mm^2}$, $\tau_{Sch} = 210 \frac{N}{mm^2}$, $\beta_k \approx 1{,}6$, $b_1 \approx 0{,}92$, $b_2 \approx 0{,}88$, $\tau_t \approx 49 \frac{N}{mm^2}$, M_t s. o., $W_p \approx 8575$ mm³, $d_k = 35$ mm).

Querschnitt C–D: $\nu_{vorh} \approx 3{,}25$; ($\sigma_G \approx 117 \frac{N}{mm^2}$, $\beta_k \approx 1{,}8$, $b_1 \approx 0{,}92$, $b_2 \approx 0{,}88$, $\sigma_{bW} = 260 \frac{N}{mm^2}$, $\sigma_v \approx 36 \frac{N}{mm^2}$, $\sigma_b \approx 28 \frac{N}{mm^2}$, $M_b \approx 177{,}4 \cdot 10^3$ Nmm, $W \approx 6400$ mm³. $\tau_t \approx 33 \frac{N}{mm^2}$, $W_p \approx 12\,800$ mm³).

Querschnitt G–H: ausreichend, wenn *A–B* ausreichend ist (gleiches M_t, größerer Kern-ϕ).

12. Elemente zum Verbinden von Welle und Nabe

12.1 $F_{VM} = 17{,}36$ kN; ($F_{Kl} = 9{,}643$ kN, $M_t = 67{,}5 \cdot 10^3$ Nmm, $l_1 = 22{,}5$ mm, $l_2 = 52{,}5$ mm, $\mu = 0{,}1$, $k_A = 1{,}8$); $F_{V0,9} = 18$ kN.

12.2 a) 6.9; ($M_t = 50 \cdot 10^3$ Nmm, $l_1 = 25$ mm, $l_2 = 52$ mm, $\mu \approx 0{,}1$, $F_{Kl} \approx 6000$ N, $F_{VM} \approx 8500$ N, $k_A \approx 1{,}4$, $F_{V0,9} = 13\,900$ N).

b) $M_{A\,erf} \approx 12{,}1 \cdot 10^3$ Nmm $< M_{A0,9} = 21 \cdot 10^3$ Nmm; ($d_2 = 7{,}188$ mm).

12.3 a) $M_A \approx 600$ Nm; ($\nu = 1{,}5$, $M_t = 723$ Nm, $\alpha = 11{,}42°$, $\mu = 0{,}15$, $\rho \approx 8{,}5°$, $r_m = 31{,}5$ mm, $F_a \approx 37{,}5$ kN, $F_{VM} = 67{,}5$ kN, $k_A = 1{,}8$, $\mu_{ges} = 0{,}14$, $d_a \approx 1{,}5 \cdot d = 54$ mm, $D_B = 37$ mm, $\varphi = 1{,}051°$).

b) $\sigma_{red} \approx 130 \frac{N}{mm^2} < \sigma_{zul} \approx 270 \ldots 325 \frac{N}{mm^2}$; ($F_{VM} = 101{,}25$ kN, $A_S = 915$ mm², $\sigma_{VM} \approx 111 \frac{N}{mm^2}$, $M_{RG} \approx 312$ Nm, $d_2 = 34{,}701$ mm, $\varphi = 1{,}051°$, $\rho' \approx 9°$, $W_p \approx 7950$ mm³, $d_S \approx 34{,}13$ mm, $\tau_t \approx 39 \frac{N}{mm^2}$, $\sigma_S \approx 300 \ldots 360 \frac{N}{mm^2}$).

12.4 a) $M_{t\,max} \approx 296$ Nm $> M_{t\,vorh} \approx 72{,}5$ Nm; ($F_{V0,9} = 34$ kN, $F_{Kl} \approx 18{,}9$ kN, $k_A = 1{,}8$, $d_2 = 44$ mm, $r_m = 23{,}5$ mm).

b) $p_{vorh} \approx 10{,}5 \frac{N}{mm^2} < p_{zul} \approx 80 \ldots 100 \frac{N}{mm^2}$; ($F_a \mathrel{\hat{=}} F_{Kl} = 18{,}9$ kN, $\frac{\alpha}{2} = 3°$, $\mu = 0{,}15$, $\rho \approx 8{,}5°$, $F_r \approx 92{,}9$ kN).

12.5 $M_{t\,max} \approx 2466$ Nm; ($M_{t(100)} = 405$ Nm, für St 60 $p \approx 0{,}9 \cdot \sigma_S = 300 \frac{N}{mm^2}$, $f_p = 3$, $f_n = 2{,}03$ für $n = 4$).

12.6 a) $n = 2$; ($M_t = 2100$ Nm, $M_{t(100)} = 705$ Nm, $p \approx 0{,}9 \cdot \sigma_S \approx 234 \frac{N}{mm^2}$, $f_p = 2{,}34$, $f_n \approx 1{,}27$).

b) M16–6.9 mit $F_{V0,9} = 61{,}5$ kN; ($F_{ax(100)} = 23{,}5$ kN, $f_p = 2{,}34$, $f_n = 1{,}55$, $F_{ax\,ges} \approx 85$ kN, $k_A = 1{,}4$, $F_{VM} \approx 40$ kN).

c) Welle: ϕ 60 h6; Bohrung D_1: ϕ 68 H8, Bohrung D_2: ϕ 60 H7.

12.7 a) $M_t \approx 5800$ Nm; ($M_{t(100)} = 1810$ Nm, $p \approx 0{,}9 \cdot \sigma_S = 207 \frac{N}{mm^2}$, $f_p = 2{,}07$, $f_n = 1{,}55$ für $n = 2$).

b) M16–5.6 mit $F_{V(0,9)} = 34$ kN; ($F_{ax(100)} = 45$ kN, $f_p = 2{,}07$, $f_n = 1{,}55$, $F_{ax} = 144{,}4$ kN, $F_{VM} = 33{,}7$ kN, $k_A = 1{,}4$).

c) Welle: ϕ 80 h6, Bohrung: ϕ 91 H7.

12.8 a) $n = 3$; ($M_{t(100)} = 90$ Nm, $p \approx 0{,}9 \cdot \sigma_S \approx 340 \ldots 440 \frac{N}{mm^2}$, $f_p \approx 4$, $f_n = 1{,}67$).

b) $F_{VM} = 15{,}54$ kN $< F_{V(0,9)} = 36{,}9$ kN; ($F_{ax(100)} = 6$ kN, $f_p = 4$, $f_n = 1{,}85$, $F_{ax} = 44{,}4$ kN, $k_A = 1{,}4$).

12.9 $F_e \approx 21$ kN; ($p'_g \approx 14 \frac{N}{mm^2}$, $\Delta U \approx 8\ \mu m$, $R_{tI} \approx 4\ \mu m$, $R_{tA} \approx 2{,}5\ \mu m$, $Q_A = 0{,}625$, $Q_I = 0{,}8$, $\sigma_{SA} = 240 \frac{N}{mm^2}$, $\sigma_{SI} = 140 \frac{N}{mm^2}$, für Außenteil $p_g \approx 105 \frac{N}{mm^2}$, für Innenteil $p_g \approx 25{,}2 \frac{N}{mm^2}$, $K_I \approx 0{,}43 \cdot 10^{-4} \frac{mm^2}{N}$, $K_A \approx 0{,}13 \cdot 10^{-4} \frac{mm^2}{N}$, $Z_g \approx 100\ \mu m$, $A_F = 14\,850\ mm^2$, $\nu_e = 0{,}1$).

12.10 a) Passung H9/u9; ($F_{RI} = 12{,}5$ kN, $\nu_H \approx 2{,}5$, $p_k \approx 7{,}2 \frac{N}{mm^2}$, $A_F = 15\,700\ mm^2$, $\nu_l \approx 0{,}11$, $Q_A = 0{,}715$, $K_A \approx 0{,}17 \cdot 10^{-4} \frac{mm^2}{N}$, $Q_I = 0{,}6$, $K_I \approx 0{,}09 \cdot 10^{-4} \frac{mm^2}{N}$, $Z_k \approx 19\ \mu m$, $\Delta U = 38\ \mu m$, $U_k = 57\ \mu m$, $Z_g = 203\ \mu m$, für Außenteil $p_g \approx 78 \frac{N}{mm^2}$, für Innenteil $p_g \approx 109 \frac{N}{mm^2}$, $U_g = 241\ \mu m$, $T_p = 184\ \mu m$, $T_B \approx 92\ \mu m$, gewählt H9 mit $T_B = 87\ \mu m$, $A_{uW} = 144\ \mu m$, $A_{oW} = 236\ \mu m$).

b) $F_e \approx 230$ kN; ($U'_g \mathrel{\hat{=}} A_{oW} = 211\ \mu m$, $p'_g = 66{,}5 \frac{N}{mm^2}$, $\nu_e = 0{,}22$).

12.11 a) Bohrung: ϕ 30 H6, Welle: ϕ 30 x5; ($F_u = 1600$ N, $F_{Ru} \approx 2400$ N, $\nu_H = 1{,}5$, $p_k \approx 7{,}7 \frac{N}{mm^2}$, $A_F \approx 3300$ mm², $\nu_u = 0{,}095$, $Z_k \approx 5{,}2$ µm, $K_A \approx 0{,}19 \cdot 10^{-4} \frac{mm^2}{N}$, $Q_A = 0{,}5$, $K_I = 0{,}035 \cdot 10^{-4} \frac{mm^2}{N}$, $U_k \approx 44$ µm, $\Delta U \approx 38{,}4$ µm, $R_{Ai} = R_{Ia} = 16$ µm, $p_g \approx 45 \frac{N}{mm^2}$, $\sigma_B = 150 \frac{N}{mm^2}$, $Z_g \approx 30{,}4$ µm, $U_g \approx 69$ µm, $T_p = 25$ µm, $T_B \approx 15$ µm, $T_W \approx 10$ µm); vorhandene Werte für die gewählte Passung: Bohrung H6 mit $A_{uB} = 0$, $A_{oB} = T_B = 13$ µm; Welle x5 mit $A_{uW} = 57$ µm, $A_{oW} = 67$ µm.

b) $F_e \approx 16{,}8$ kN; ($A_F \approx 3300$ mm², $p'_g \approx 51$ µm, $U'_g = 73$ µm, $\nu_e \approx 0{,}1$).

12.12 Die Passung H7/r6 ist nicht ausreichend, da $U_k > U'_k$; ($U'_g = 90$ µm, $U'_k = 25$ µm, $Z_g \approx 260$ µm, $p_g \approx 24 \frac{N}{mm^2}$, $\sigma_{SA} = 140 \frac{N}{mm^2}$, $Q_A = 0{,}84$, $K_A \approx 0{,}6 \cdot 10^{-4} \frac{mm^2}{N}$, $K_I \approx 0{,}075 \cdot 10^{-4} \frac{mm^2}{N}$, $U_g = 284$ µm, $\Delta U \approx 24$ µm, $R_{Ai} = R_{Ia} = 10$ µm, $F_u = 7{,}75$ kN, $M_t \approx 620$ Nm, $\nu_H \approx 2$, F_{Ru} am Fugenumfang $\approx 18{,}4$ kN, $p_k \approx 10{,}5 \frac{N}{mm^2}$, $A_F \approx 17600$ mm², $\nu_u \approx 0{,}1$, $Z_k \approx 113$ µm, $U_k \approx 137$ µm).

12.13 a) H7/u6; (am Fugenumfang $F_u \approx 23{,}9$ kN, $F_{res} \approx 24$ kN, $F_{Rres} \approx 48$ kN, $\nu_H = 2$, $p_k \approx 27{,}2 \frac{N}{mm^2}$, $A_F \approx 11 \cdot 10^3$ mm², $\nu_{res} \approx 0{,}16$, $Z_k \approx 21$ µm, $Q_A \approx 0{,}59$, $K_A \approx 0{,}12 \cdot 10^{-4} \frac{mm^2}{N}$, $K_I = 0{,}035 \cdot 10^{-4} \frac{mm^2}{N}$, $\Delta U \approx 25$ µm, $R_{Ai} = 14$ µm, $R_{Ia} = 7$ µm, $U_k = 46$ µm, $p_g \approx 145 \frac{N}{mm^2}$, $\sigma_{SA} = 300 \frac{N}{mm^2}$, $Z_g \approx 68$ µm, $U_g = 93$ µm, $T_p = 47$ µm, $T_B \approx 28$ µm; gewählt H7 mit $A_{oB} = 25$ µm, $T_W = 22$ µm, $A_{uW} = 71$ µm, $A_{oW} = 93$ µm; gewählt u6 mit $A_{oW} = 86$ µm und $A_{uW} = 70$ µm).

b) $t_A \approx 270$ °C; ($U'_g = 86$ µm, $d_F = 50$ mm, $S_k \approx 50$ µm, $\alpha_A \approx 11 \cdot 10^{-6} \frac{1}{°C}$).

12.14 a) Bohrung: ϕ 135 H11, Welle: ϕ 135 $^{+0{,}53}_{+0{,}29}$; ($F_{Ru} \approx 111$ kN, $\nu_H \approx 2$, $M_t \approx 3750$ Nm, $p_k \approx 10{,}5 \frac{N}{mm^2}$, $A_F = 68\,000$ mm², $U_k \approx 35$ µm, $\Delta U = 9{,}6$ µm, $Z_k \approx 26$ µm, $K_A \approx 0{,}15$, $K_I \approx 0{,}035$, $U_g \approx 522$ µm, $Z_g \approx 512$ µm, $p_g \approx 205 \frac{N}{mm^2}$, $T_P = 487$ µm, $T_B \approx 0{,}5 \cdot T_P = 244$ µm; gewählt Bohrung: H11 ($A_{oB} = 250$ µm), $A_{uW} = 285$ µm, $A_{oW} = 529$ µm; Welle: $^{+0{,}53}_{+0{,}29}$).

b) $t_A \approx 465$ °C; ($U'_g \mathrel{\hat{=}} A_{oW} = 530$ µm, $S_k = 135$ µm, $\alpha_A = 11 \cdot 10^{-6} \frac{1}{°C}$).

12.15 a) Bohrung: H8, Welle: x8; ($F_u = 960$ kN, $F_{Ru} = 2400$ kN, $\nu_H \approx 2{,}5$, $p_k \approx 102 \frac{N}{mm^2}$, $A_F = 157\,000$ mm², $\nu_u \approx 0{,}15$, $Z_k \approx 370$ µm, $Q_A = 0{,}56$, $Q_I = 0$, $K_A = 0{,}11 \cdot 10^{-4} \frac{mm^2}{N}$, $K_I \approx 0{,}035 \cdot 10^{-4} \frac{mm^2}{N}$, $U_k \approx 380$ µm, $\Delta U \approx 10$ µm, $p_g \approx 190 \frac{N}{mm^2}$, $\sigma_{SA} = 360 \frac{N}{mm^2}$, $Z_g \approx 690$ µm, $U_g \approx 700$ µm, $T_P = 320$ µm, $T_B \approx 160$ µm, $A_{uW} = 495$ µm, $A_{oW} = 655$ µm).

b) $t_A \approx 272$ °C; ($U'_g \mathrel{\hat{=}} A_{oW} = 497$ µm, $S_k \approx 250$ µm, $\alpha_A \approx 11 \cdot 10^{-6} \frac{1}{°C}$).

12.16 $\nu \approx 1{,}5$; ($M_t \approx 127{,}3$ Nm, $W_P \approx 4400\ \text{mm}^3$, $d_k \approx 28$ mm, $\tau_t \approx 29\ \frac{\text{N}}{\text{mm}^2}$, $\tau_{tW} = 180\ \frac{\text{N}}{\text{mm}^2}$, $b_1 \approx 0{,}96$, $b_2 \approx 0{,}89$, $\tau_G \approx 44\ \frac{\text{N}}{\text{mm}^2}$).

12.17 a) $L = 20$ mm; ($M_t \approx 70$ Nm, $p_{zul} \approx 40\ \frac{\text{N}}{\text{mm}^2}$, $d_m = 28$ mm, $h = \frac{30\ \text{mm} - 26\ \text{mm}}{2} - 0{,}6\ \text{mm} = 1{,}4\ \text{mm}$, $n = 6$).

b) $l_1 = 60$ mm gewählt, rechnerischer Wert $l_1 \approx 56$ mm.

12.18 a) Einlegekeil A18 X 11 X 80 DIN 6886 St 60 ($b = 18$ mm, $h = 11$ mm, $l_1 = 80$ mm); Paßfeder für den vorliegenden Fall nicht ausreichend, da $p_{vorh} \approx 98\ \frac{\text{N}}{\text{mm}^2}$ bzw. $68\ \frac{\text{N}}{\text{mm}^2} > p_{zul} \approx 40 \ldots 80\ \frac{\text{N}}{\text{mm}^2}$.

b) H7/m6 bzw. H7/k6.

12.19 Paßfeder ist ausreichend, $p \approx 9\ \frac{\text{N}}{\text{mm}^2} < p_{zul} \approx 40 \ldots 80\ \frac{\text{N}}{\text{mm}^2}$ ($M_t = 13{,}4$ Nm).

13. Kupplungen

13.1 $J = \frac{23\ \text{kgm}^2}{4} = 5{,}75\ \text{kgm}^2$ oder $J \approx \frac{23\ \text{kpm}^2 \cdot \text{s}^2}{10\ \text{m} \cdot 4} = 0{,}575\ \text{kpm s}^2$, mit $1\ \text{kp} \approx 10\ \frac{\text{kgm}}{\text{s}^2}$, folgt $J \approx 5{,}75\ \text{kgm}^2$.

13.2 a) $J = 0{,}069\ \text{kgm}^2$ ($m = 55{,}46$ kg, $\rho = 7850\ \text{kg/m}^3$).

b) $i = 0{,}0354$ m, $D = 0{,}0707$ m.

c) $GD^2 = 0{,}2773\ \text{kpm}^2$ ($G = 55{,}46$ kp, $\gamma = 7850\ \text{kp/m}^3$).

13.3 Massenträgheitsmoment der Spindel:

Teilkörper Nr.	Abmessungen mm	Masse kg ($\rho = 7850\ \text{kg/m}^3$)	Durchmesser d m	Massenträgheitsmoment in kgm^2 $J = \frac{1}{8} m d^2$
1	ϕ 85 X 125	5,57	0,085	0,0050
2	ϕ 105 X 190	12,91	0,105	0,0178
3	ϕ 120 X 410	36,40	0,12	0,0655
4	ϕ 105 X 140	9,52	0,105	0,0131
5	ϕ 85 X 115	5,12	0,085	0,0046
		69,52 kg		0,106 kgm^2

$J_{ges} = (0{,}106 + 0{,}07 + 4{,}7)\ \text{kgm}^2 = 4{,}876\ \text{kgm}^2 \approx 4{,}9\ \text{kgm}^2$

13.4

Aufgabe	Motornenn-moment M_n in Nm	Beschleunigungs-moment M_a in Nm (kgm²/s²)	J_{red} in kgm²	Beschleuni-gungszeit t_a in s
a	120,6	241,2	5,16	3,3
b	60,1	138,2		11,5

13.5 a) $M_{Ku} = 105$ Nm ($M_n = 54{,}7$ Nm, $M_{an} = 120{,}4$ Nm, $J_I = 0{,}13$ kgm², $J_{II} = J_e = 0{,}671$ kgm², $v = 0{,}33$ m/s).

b) $t_a \approx 0{,}84$ s ($J = 0{,}801$ kgm², $M_a = 95{,}4$ Nm).

c) $s_a = v \cdot t_a/2 = 0{,}33$ m/s $\cdot$ 0,84 s/2 = 0,14 m. Die Katze erreicht nach 0,14 m ihre Beharrungsgeschwindigkeit von 20 m/min.

13.6 a) $t_a \approx 0{,}043$ s ($J = 0{,}05$ kgm², $n = 1000$ min^{-1}, $M_a = M_{an} = 120{,}4$ Nm).

b) $\varphi_a \approx 130° \mathrel{\hat=} 0{,}36$ Umdrehungen.

13.7 Wahlweise z. B. Radaflex-Kuppl. 30-4, Periflex-Kuppl. 10-1 oder Kegelflex-Kuppl. 0016 ($M_{tn} = 38{,}2$ Nm, Antrieb Verbrennungsmotor 1 Zylinder – Anlauf selten – Belastung Vollast, stoßfrei – Kupplung – tägliche Laufzeit 8 h: $c_S = 2{,}4$, $M_{Ku} = 91{,}7$ Nm).

13.8 a) Z. B. Periflex-Kupplung 22-1 mit $M_{t\,max} = 1750$ Nm ($M_{tn} = 785$ Nm, Antrieb E-Motor – Anlauf selten – Belastung Vollast, stoßfrei – Kupplung – tägliche Laufzeit 24 h: $c_S \approx 1{,}4$, $M_{Ku} = 1100$ Nm).

b) Z. B. Periflex-Kupplung 25-1 mit $M_{t\,max} = 3500$ Nm erforderlich ($M_{max} = M_k = 3 \cdot 785$ Nm $= 2355$ Nm, $M_{Ku} = 3236$ Nm, unter a) gewählte Kupplung nicht ausreichend).

14. Lager

14.1 a) $L = 11{,}85 \cdot 10^6$ Umdrehungen ($C = 22{,}8$ kN).

b) $F_{r\,zul} = P \approx 12{,}6$ kN. Die Belastbarkeit nimmt im Verhältnis zur Abnahme der Lebensdauer nur wenig zu!

14.2 a) $C \geqslant 39{,}15$ kN gewählt.

Rillenkugellager 6017 $C = 39{,}00$ kN (Abweichung gering)
$d = 85$ mm, $D = 130$ mm, $b = 22$ mm

6212 $C = 41{,}50$ kN
$d = 60$ mm, $D = 95$ mm, $b = 18$ mm

6309 $C = 41{,}50$ kN
$d = 45$ mm, $D = 100$ mm, $b = 25$ mm

6407 $C = 43{,}00$ kN
$d = 35$ mm, $D = 100$ mm, $b = 25$ mm.

b) $C \geqslant 34{,}15$ kN gewählt.

Zylinderrollenlager	NU 1012	$C = 34{,}50$ kN
		$d = 60$ mm, $D = 95$ mm, $b = 18$ mm
bzw.	NU 1011	$C = 34{,}00$ kN (Abweichung gering)
		$d = 55$ mm, $D = 90$ mm, $b = 18$ mm
	NU 208	$C = 40{,}5$ kN
		$d = 40$ mm, $D = 68$ mm, $b = 15$ mm
	NU 306	$C = 36{,}50$ kN
		$d = 30$ mm, $D = 72$ mm, $b = 19$ mm.

14.3 a) $P = F_r$, $L_h \approx 1900$ Betriebsstunden ($C = 48$ kN).

b) $P = F_{r\,zul} \approx 7{,}9$ kN ($L_h = 3800$ Betriebsstunden). Die Lagerkraft nimmt im Verhältnis zur Zunahme der Lebensdauer nur wenig ab.

14.4 a) $L_h \approx 2500$ Betriebsstunden (NU 210, $C = 45$ kN)
Rillenkugellager 6310: $d = 50$ mm, $D = 110$ mm, $b = 27$ mm
Zylinderrollenlager NU 210: $D = 90$ mm, $b = 20$ mm.

b) Maßreihe 03, Zylinderrollenlager NU 310 mit $C = 81{,}5$ kN, $L_h \approx 18\,000$ Betriebsstunden. Die Hauptabmessungen des Rillenkugellagers und des Zylinderrollenlagers sind gleich, d. h. Lager austauschbar.

14.5 $C \approx 28{,}6$ kN, gewählt Rillenkugellager 6210 mit $C = 28{,}5$ kN, $D = 80$ mm, $b = 16$ mm ($f_L = 2{,}52$; $f_n = 0{,}406$); Pendelkugellager 1310 mit $C = 32{,}5$ kN, $D = 110$ mm, $b = 27$ mm. $C \approx 23{,}8$ kN, gewählt Zylinderrollenlager NU 1010 mit $C = 29$ kN, $D = 80$ mm, $b = 16$ mm ($f_L = 2{,}30$; $f_n = 0{,}444$).

Geringster Einbauraum mit Rillenkugellager oder Zylinderrollenlager; preiswertetes und somit günstigstes Lager Rillenkugellager 6210.

14.6 $P = 3{,}5$ kN ($F_a/C_0 \approx 0{,}5$; $e \approx 0{,}25 < F_a/F_r = 0{,}48$), $L_h \approx 23\,000$ Betriebsstunden ($f_L \approx 3{,}6$).

14.7 $P \approx 4{,}53$ kN ($F_a/F_r = 0{,}2 < 0{,}95$), $L_h \approx 15\,000$ Betriebsstunden ($f_n = 0{,}283$; $f_L \approx 3{,}12$); nach Tabelle A14.4: $L_h = 15\,000 \ldots 25\,000$ h, also ausreichend.

14.8 a) Pendelkugellager mit Spannhülse (in Stehlagergehäuse Fettschmierung siehe Abschnitt 14.2.10); $P = F_r = F/2 = 6$ kN, $C \approx 25$ kN ($L_h = 15\,000$ h, $f_L = 3{,}11$, $f_n = 0{,}747$).

Gewählt nach Katalog für $d = 70$ mm: Spannhülse H 216, zugehörig Pendelkugellager 1216 K mit $C = 31$ kN (in Stehlagergehäuse für Wälzlager-Maßreihe 02-Durchmesserreihe 2 mit kegeliger Bohrung und Spannhülse).

b) Nach Tabelle A14.4: $f_V \approx 15$, Felder h ... k, angenommen i nach Bild A14-1: Gebrauchsdauer $L_V \approx 5500$ bis 10000 h bei sorgfältiger Wartung, geschätzt.

c) Nabenbohrung H8; $\sigma_V \approx 72$ N/mm² ($M_b = 1680 \cdot 10^3$ Nmm, $M_t \approx 850 \cdot 10^3$ Nmm mit η, $M_V \approx 1760 \cdot 10^3$ Nmm, $W \approx 24{,}4$ mm³ mit d_k); $\sigma_{b\,zul} \approx 75$ N/mm² ($\sigma_{bW} = 260$ N/mm²; $b_1 = 1{,}0$; $b_2 \approx 0{,}76$; $\beta_k = 1{,}7$; $\nu = 1{,}5$; sicherheitshalber Abrundung).

14.9 a) $F_a/F_r = 0{,}55 > e_{max} = 0{,}44$, d. h. F_a berücksichtigen; zunächst mit $y = 1{,}8$: $P = 6{,}2$ kN und $f_L \approx 2{,}7$ ($L_h = 10000$ h), $C \approx 52{,}3$ kN, gewählt Rillenkugellager 6311 ($C = 60$ kN). Mit $F_a/C_0 \approx 0{,}048$, $y \approx 1{,}7$, $e \approx 0{,}25 < 0{,}55$, $P \approx 5{,}98$ kN wird $f_L \approx 3{,}2$, $L_h \approx 17000$ h. Nach Prüfung mit nächstkleineren Rillenkugellager 6310 L_h nicht ausreichend.

b) Größtmaß $r_g = 2$ mm für $r = 3$ mm. Maßreihe 03, also Durchmesserreihe 3 Kleinstmaß $h = 5{,}5$ mm, gewählt nach DIN 3: $d_1 = 68$ mm, $h = 6{,}5$ mm.

14.10 a) $v \approx 40$ km/h $\approx 11{,}1$ m/s, $n \approx 470$ U/min; $L_h \approx 35000$ h ($C = 280$ kN, $P = 35{,}4$ kN, $f_L \approx 3{,}58$); $L_V \approx 22000$ h Gebrauchsdauer ($f_V \approx 14$, Feld g mittel).

b) $\sigma_b \approx 44$ N/mm² ($M_b = 1215 \cdot 10^3$ Nmm, $W \approx 27{,}5 \cdot 10^3$ mm³); $< \sigma_{b\,zul} \approx 60$ N/mm² ($r/d = 0{,}06$, $\beta_{k(2,0)} \approx 1{,}7$, $D/d \approx 1{,}23$, $c_b \approx 0{,}5$; $\sigma_{bW} = 260$ N/mm², $b_1 \approx 0{,}9$, $b_2 \approx 0{,}77$, $\beta_k \approx 1{,}4$, $\nu = 2$; sicherheitshalber Abrundung).

14.11 a) Rillenkugellager 6409, $L_h \approx 9400$ h ($F_a/F_r \approx 0{,}51 > e \approx 0{,}25$ für $F_a/C_0 \approx 0{,}05$, $y \approx 1{,}7$, $C = 60$ kN, $P \approx 6{,}43$ kN, $f_n \approx 0{,}285$, $f_L \approx 2{,}66$) nicht ausreichend, daher gewählt zweireihiges Schrägkugellager 3309, $L_h \approx 15000$ h ausreichend ($F_a/F_r = 0{,}51 < 0{,}95$, $P \approx 6$ kN, $C = 65{,}5$ kN, $f_L \approx 3{,}1$).

b) Maßreihe 33 war Durchmesserreihe 3, daher gewählt Rillenkugellager 6309 ($C = 41{,}5$ kN, $C_0 = 30{,}5$ kN), $L_h \approx 21\,000$ h ($P = F_r$).

c) Nach Tabelle A14.5 Welle k6, Bohrungen H7, für beide Lager $r = 2{,}5$ mm, Größtmaß $r_g = 1{,}5$ mm, Kleinstmaß $h = 5{,}5$ mm.

14.12 a) Geeignet Pendelkugellager 1208 ($P \,\hat{=}\, F_r = F_a/2$, $n \approx 28$ U/min, $f_n \approx 1{,}06$, $L_h = 15000$ h, $C \approx 14{,}7$ kN) mit $C = 15$ kN; $b = 18$ mm, $d_1 = 40$ mm, $r = 2$ mm, Größtmaß $r_g = 1$ mm, Durchmesserreihe 2, Kleinstmaß $h = 3{,}5$ mm $< h_{wirkl.} = 5$ mm, Achszapfen k6(5), Gehäusebohrung H7.

b) $R_t \approx 4$ µm, $\sigma_b \approx 45$ N/mm² $< \sigma_{b\,zul} \approx 100$ N/mm² ($M_b = 975 \cdot 10^3$ Nmm, $W \approx 21{,}6 \cdot 10^3$ mm³; $\sigma_{bW} = 200$ N/mm²; $b_1 \approx 0{,}96$; $b_2 \approx 0{,}81$; $\nu = 1{,}5$).

14.13 a) $F = 10$ kN, $F_a = 1{,}2$ kN, $F_{res1} \approx 7{,}1$ kN, $F_1 = 4{,}8$ kN aus Kräfteplan $F_r \approx 11$ kN; $F_a = 1{,}2$ kN als Lagerkräfte.

b) Rillenkugellager 6310 ($C = 48$ kN, $C_0 = 36{,}5$ kN), $F_a/C_0 \approx 0{,}033$, $e \approx 0{,}23$; $F_a/F_r \approx 0{,}1 < e$; $P = F_r$, $f_n \approx 0{,}82$, $f_L \approx 3{,}58$, $L_h \approx 23000$ h $> 10\,000 ... 15\,000$ h ausreichend.

c) Anhalt für Entwurf siehe Bild-Lösung, Achse h6, Bohrung N7 (M7).

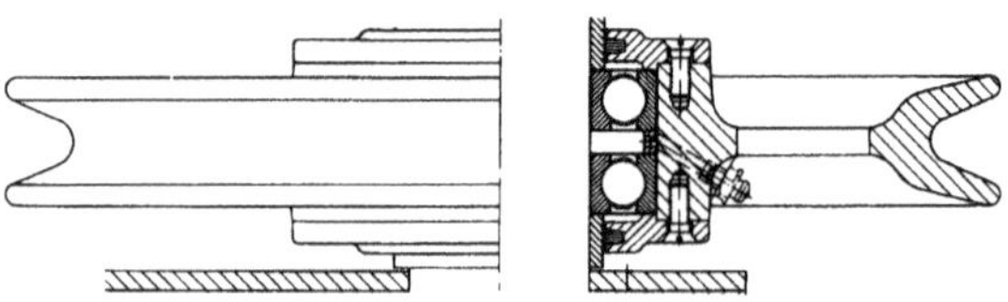

14.14 a) Überschlägig $d \approx 63$ mm, gewählt $d = 65$ mm entsprechend Lager ($M_b = F_{max}/2 \cdot 120$, $\sigma_{b\,zul} \approx \sigma_{b\,Sch}/\nu$, $\sigma_{b\,Sch} = 420$ N/mm²; $\nu = 2{,}5$), genauer mit $M_b = F_{max}/2 \cdot 75$ und mit $\sigma_{b\,zul} \approx 135$ N/mm² ($b_1 \approx 0{,}94$, $b_2 \approx 0{,}78$, $\beta_k \approx 1{,}5$, $\nu = 1{,}5$), $d \approx 58$ mm, gewählt $d = 60$ mm.

b) $F_r = 30{,}5$ kN ($F_i \approx 61$ kN), $F_a \approx 5$ kN, Pendelrollenlager 22214 HL, $L_h \approx 14000$ h genügt nach Tabelle A14.4 ($F_a/F_r \approx 0{,}16 < e = 0{,}26$; $P = 43{,}5$ kN, $C = 134$ kN, $f_n \approx 0{,}88$ für $n \approx 51$ U/min); Pendelrollenlager 22314 HL, $L_h > 100\,000$ h.

c) g6 (h6), N7.

14.15 a) Pendelrollenlager 22317 HLK DIN 635 mit Abziehhülse AHX 2317 DIN 5416 nach Katalog, $d = 85$ mm.

b) Gebrauchsdauer $L_V \approx 15000$ h $< L_h \approx 17000$ h, wenn gewählt $f_V = 5$, rechte Grenzkurve e und $f_L \approx 2{,}88$ ($C = 380$ kN, $P = F_r = 70$ kN, $f_n \approx 0{,}53$).

14.16 $L_V \approx 25\,000$ h $< L_h \approx 32\,000$ h ($F_a/F_r \approx 1{,}3 > e = 1{,}14$; $C = 146$ kN; $P \approx 10{,}3$ kN; $f_h = 0{,}284$; $f_L \approx 4$, $f_V = 5$, rechte Grenzkurve d).

14.17 Nach Katalog für Kegelrollenlager 30210: $C_1 = 69{,}5$ kN, $e_1 = 0{,}42$, $y_1 = 1{,}4$
Kegelrollenlager 30207: $C_2 = 46{,}5$ kN, $e_2 = 0{,}37$, $y_2 = 1{,}6$.

Für $F_{r1}/y_1 \approx 4{,}86$ kN $> F_{r2}/y_2 \approx 3{,}25$ kN gilt Voraussetzung 2:

Lager 1: $F_{a1} \approx 3{,}23$ kN und, da $F_{a1}/F_{r1} \approx 0{,}48 > e_1$, $P_1 = 7{,}24$ kN mit $f_n = 0{,}341$ wird $f_{L1} \approx 3{,}27$, also $L_{h1} \approx 26\,000$ h.

Lager 2: $F_{a2} = 0{,}5\,F_{r2}/y_2 \approx 1{,}63$ kN und, da $F_{a2}/F_{r2} \approx 0{,}31 < e_2$, $P_2 = F_{r2}$ wird $f_{L2} \approx 3{,}05$, also $L_{h2} \approx 21\,000$ h.

14.18 $F_{r1}/y_1 \approx 4{,}86$ kN $> F_{r2}/y_2 \approx 0{,}94$, $F_a' = 0$ gilt Voraussetzung 3 $F_{a1} = F_{a2} = 0{,}5\,F_{r1}/y_1 \approx 2{,}43$ kN; Lager 1: $F_{a1}/F_{r1} \approx 0{,}36 < e_1$, $P_1 = F_{r1} = 6{,}8$ kN, $f_{L1} \approx 3{,}49$, also $L_{h1} \approx 32000$ h; Lager 2: $F_{a2}/F_{r2} \approx 1{,}62 > e_2$, $P_2 \approx 5{,}97$ kN, $f_{L2} \approx 2{,}66$, also $L_{h2} \approx 13000$ h.

14.19 a) Lagerstelle A – Festlager: Rillenkugellager DIN 625 oder Schrägkugellager, zweireihig DIN 628

Lagerstelle B – Loslager: Rillenkugellager DIN 625 oder Zylinderrollenlager DIN 5412.

b) F_A in Richtung F_u: $F_{Ar} \approx 15{,}23$ kN ($F_{Ax} \approx 15{,}18$ kN, $F_{Ay} \approx 1{,}2$ kN)
$F_{Br} \approx 2{,}73$ kN ($F_{Bx} = 2{,}78$ kN, $F_{By} = 0{,}45$ kN)

F_A' entgegen F_u: $F_{Ar}' \approx 12{,}31$ kN ($F_{Ax}' \approx 12{,}25$ kN)
$F_{Br}' \approx 8{,}66$ kN ($F_{Bx}' \approx 8{,}65$ kN)

radiale Lagerkräfte für Lagerstelle A: $F_{Ar} \mathrel{\hat{=}} F_r$ siehe Gleichung (14.1)
für Lagerstelle B: $F_{Br}' \mathrel{\hat{=}} F_r$

axiale Lagerkraft (Festlager) $F_a = 1{,}2$ kN.

Lager A: Rillenkugellager 6410, $L_h \approx 12000$ h, üblich $L_h = 10000 \ldots 25000$ h ($F_a/F_r \approx 0{,}079 < e \approx 0{,}22$ aus $F_a/C_0 \approx 0{,}023$, $P = F_r = 15{,}23$ kN, $C = 68$ kN, $f_n = 0{,}644$, $f_L \approx 2{,}88$);

zweireihiges Schrägkugellager 3310 mit $C = 80$ kN errechnet $C \approx 79{,}6$ kN ($f_L \approx 3{,}2$ für $L_h \approx 17000$ h etwa mittel $F_a/F_r \approx 0{,}079 < 0{,}95$, $P \approx 16{,}02$ kN).

Lager B: Rillenkugellager 6309 mit $C = 41{,}5$ kN (errechnet $C \approx 43$ kN, $f_L \approx 3{,}2$); Zylinderrollenlager NU 209 mit $C \approx 43$ kN (errechnet $C \approx 41$ kN).

Gewählt Lager *A*: zweireihiges Schrägkugellager 3310
Lager *B*: Zylinderrollenlager NU 209.

c) Gebrauchsdauer gleich Lebensdauer ($f_V \approx 6$, Feld *d*, $L_V \approx 20000 \ldots 25000$ h) Welle k6, Gehäusebohrung H7.

14.20 $C \approx 410$ kN ($F_i \approx 103$ kN $= P$, $f_L = 3{,}98$, $f_n = 1$) geeignet Axial-Pendelrollenlager 29328 mit $C = 670$ kN.

14.21 $C_0 = 12{,}5$ kN geeignet Rillenkugellager 6207 mit $C_0 = 14$ kN (je Lager $F_{r0} = P_0 = 7{,}5$ kN, $C_0 = P_0$, f_s/f_t), beachte $F \approx 10 \cdot m$.

14.22 $F_{Ar} = F_{Br} = F_{r0} = 5$ kN, $F_{a0} = 2{,}5$ kN, Lager *A*: $P_0 = 5$ kN $< P_{0\,max} = 7{,}2$ kN, dsgl. Lager *B* ($F_{a0}/F_{r0} = 0{,}5 < e = 0{,}8$, $y_0 = 0$).

14.23 Axial-Rillenkugellager 51210 DIN 711 bei kleinster Tragsicherheit mit etwaigen Stößen ausreichend ($F \approx 10 \cdot m$); Lagersitzstellen j6, E8 (H7).

14.24 Halslager *A*: Tonnenlager 20312 ($P_0 = F_{Ar} \approx 31$ kN bei kleinster Tragsicherheit mit etwaigen Stößen ausreichend);
Spurlager *B*: Axial-Pendelrollenlager 29414 ($F_{r0}/F_{a0} \mathrel{\hat=} F_{Br}/F_a \approx 0{,}36 < 0{,}55$, $P_0 \approx 171$ kN; $F_a = F_{a0} = F + F_G + F/2$, $F_{Br} = F_{Ar}$).
Beachte: $F \approx 10 \cdot m_{max}$, $F_G \approx 10 \cdot m$.

14.25 a) $p_{m1} \approx 5{,}1$ N/mm² $< p_{m\,zul} = 8$ N/mm²; $p_{m2} \approx 33$ N/mm² $< p_{m\,zul} = 70 \ldots 150$ N/mm².
b) $\sigma_b \approx 86$ N/mm² $< \sigma_{b\,zul} \approx 135$ N/mm² ($M_{b\,max} = 165 \cdot 10^4$ Nmm, $W = 2{,}16 \cdot 10^4$ mm³, $\sigma_{b\,Sch} = 420$ N/mm²; $b_1 = 0{,}93$; $b_2 = 0{,}78$; $\beta_k = 1{,}5$; $\nu = 1{,}5$).

14.26 a) G-CuSn 12 Pb wegen stoßartiger dynamischer Belastung, kleine Drehzahl; Fettschmierung; Zuführung von oben durch Stangenkopf oder Exzenterzapfen in obere, weniger belastete Hälfte; Fettbüchse, Staufferbüchse, Schmiernippel.
b) Gewählt $d_1 = 32$ mm ($b/d_1 \approx 1{,}5$; $p_{m\,zul} = 10$ N/mm²), $b = 50$ mm.
c) 1. $\sigma_b \approx 114$ N/mm² $> \sigma_{b\,zul} \approx 85$ N/mm² ($M_b = 375 \cdot 10^3$ Nmm, $W \approx 3277$ mm³; $\sigma_{bW} = 440$ N/mm², bei $R_t = 4$ µm, $b_1 = 0{,}91$; $b_2 = 0{,}88$; $\beta_k = 2$, $\nu = 2$);
2. gewählt $d_1 = 36$ mm; $\sigma_b \approx 80$ N/mm² ($W \approx 4666$ mm³) $< \sigma_{b\,zul}$, $d_2 = 45$ mm; Buchse/Stangenkopf H7/r6; Buchsenbohrung/Zapfen H7/f7 (e8).

14.27 a) $p_m = 4{,}25$ N/mm², $p_{max} = 25{,}5$ N/mm² $\ll \sigma_{dB} \approx 800 \ldots 900$ N/mm².
b) $\sigma_b \approx 59$ N/mm² $< \sigma_{b\,zul} \approx 80$ N/mm² ($M_b = 1275 \cdot 10^3$ Nmm, $W = 21{,}6 \cdot 10^3$ mm³; $\sigma_{bW} = 260$ N/mm², bei $R_t = 4$ µm, $b_1 = 0{,}94$; $b_2 = 0{,}78$; $\beta_k \approx 1{,}8$; $\nu = 1{,}25$).

14.28 $\eta_{(50)} \approx 1{,}4$ P ($\rho_{(50)} \approx 0{,}876$ g/cm³); $\eta_{(150)} \approx 0{,}058$ P ($\rho_{(150)} \approx 0{,}810$ g/cm³).

14.29 N68 ($\eta \approx 0{,}6$ P); bei 70 °C $\nu \approx 0{,}28$ St ($\eta \approx 0{,}25$ P).

14.30 a) $\eta \approx 1{,}6$ P ($\psi \approx 1{,}2/1000$; $h_0 \approx 10$ µm; $\Sigma R_t = 8$ µm; $\delta \approx 0{,}28$, $b/d = 1{,}67$, $So \approx 3{,}2$).
b) N49 für $t \approx 26$ °C, $\eta \approx 1{,}6$ P ($Q_R \approx 1{,}154$ kJ/min, $v \approx 0{,}377$ m/s, $\mu \approx 0{,}002$; $\alpha \approx 1{,}25$ kJ/min · m² · °C, $t_0 \approx 20$ °C).

14.31 a) $\psi_{max} \approx 0{,}003$; $\psi_{min} = 0{,}001$ ($S_g = 151\ \mu m$, $S_k = 50\ \mu m$; $\Sigma R_t = 8\ \mu m$).

b) $\delta_{max} \approx 0{,}28 < 0{,}3$; $\delta_{min} \approx 0{,}07 > 0{,}04$ ($p_m = 4\ N/mm^2$, $\eta = 0{,}4$ P; $b/d = 0{,}5$; $So_{max} \approx 9$; $So_{min} \approx 1$).

c) $h_0 = 7\ \mu m$, somit $h_{min} = 5{,}6\ \mu m > \Sigma R_t = 3{,}2\ \mu m$ sicherer Betrieb (für $\delta_{max} = 0{,}28$; $\psi_{min} = 0{,}001$; $R_t = 1{,}6\ \mu m$).

14.32 N16 entsprechend $\eta \approx 0{,}184$ P bei $t \approx 45$ °C ($p_m \approx 2{,}2\ N/mm^2$, $v \approx 2{,}4$ m/s, $\psi \approx 0{,}0012$; $h_0 \approx 10{,}3\ \mu m$, $\delta \approx 0{,}286$, $So \approx 2{,}3$; $Q_R \approx 2{,}76$ kJ/min, $\mu \approx 0{,}0024$, $A = 0{,}1125\ m^2$).

14.33 a) G-CuSn12Pb (Guß-Zinnbronze).

b) Gewählt H8/d9 ($p_m = 2\ N/mm^2$, $v \approx 4{,}7$ m/s, $\psi \approx 0{,}0015$).

c) $R_t \approx 10\ \mu m$ (entsprechend H8/d9 $\psi \approx 0{,}0012$; N92 für $\eta \approx 0{,}81$ P; bei $t \approx 80$ °C, $\eta \approx 0{,}23$ P; $So \approx 2{,}78$; $h_0 = 28\ \mu m$; $h_{min} \approx 22\ \mu m$).

d) Axial-Rillenkugellager 51240 ($C = 265$ kN > 148 kN).

14.34 $n_ü \approx 220\ min^{-1}$.

14.35 a) N16 ($p_m \approx 1{,}12\ N/mm^2$, $\eta_2 \approx 0{,}1$ P, $n_{ü2} = 150\ min^{-1}$).

b) $n_{ü1} \approx 35\ min^{-1}$ ($\eta_1 \approx 0{,}42$ P bei t_0).

14.36 a) $p_m \approx 1{,}43\ N/mm^2 \ll p_{zul} \mathrel{\hat{=}} \sigma_{dF} \approx 60\ N/mm^2$; N36 ($\eta \approx 0{,}25$ P für $n_ü \approx 6{,}7\ min^{-1}$ bei t).

b) $P_R \approx 0{,}71$ kW ($\psi \approx 0{,}00091$, $So \approx 23{,}7$; $\mu \approx 0{,}00056$; $v \approx 1{,}15$ m/s).

14.37 $P_R = 1{,}26$ kW ($\psi \approx 0{,}0012$; $\eta \approx 0{,}08$ P bei t; $So \approx 5{,}3 > 1$, $\mu \approx 0{,}00157$, $F = 15$ kN, $v \approx 8{,}9$ m/s).

14.38 a) $n_{ü2} \approx 2{,}44\ min^{-1} < n$ bzw. $n/n_{ü2} \approx 2{,}5$ reicht aus ($p_m \approx 10{,}9\ N/mm^2$, $\eta \approx 14{,}9$ P).

b) $t_2 - t_1 \approx 105$ °C $\gg \Delta t = 15$ °C, Ölmenge Q reicht nicht, daher Wasserkühlung erforderlich ($S_m = 214\ \mu m$, $\psi = 0{,}00055$; $So \approx 3{,}7$; $\mu \approx 0{,}00086$; $v \approx 0{,}123$ m/s; $Q_R \approx 12{,}7$ kJ/min; $Q \approx 0{,}071$ l/min); $Q_{kW} \approx 0{,}15$ l/min mit $c \cdot \rho$ für Wasser und $t_2 - t_1 = \Delta t$.

14.39 a) $\nu \approx 3{,}7$ cSt ($\Sigma R_t = 12\ \mu m$, $h_0 = 15\ \mu m$, $\psi \approx 0{,}0013$; $\delta \approx 0{,}29 > 0{,}04$ bzw. $< 0{,}4$; $p_m \approx 0{,}55\ N/mm^2$, $So \approx 2{,}2$; $\eta \approx 0{,}034$ P).

b) Gewählt N4 mit $\eta \approx 0{,}06$ P ($\mu \approx 0{,}0026$; $v \approx 5{,}24$ m/s; $Q_R \approx 2{,}9$ kJ/min; bei $t \approx 37$ °C wird $\eta \approx 0{,}034$ P).

c) $n_{ü2} \approx 149\ min^{-1}$.

14.40 Für N49 bei $t_{max} = 70$ °C wird $\eta \approx 0{,}2$ P; aus Gleichung (14.27) $\sqrt{\eta} \approx 0{,}7$, $\eta_{erf} \approx 0{,}49$ P, verwendet $\eta \approx 0{,}2$ P, also wird t_{max} nicht überschritten. Es gilt $(t - t_0)/64{,}3 = \sqrt{\eta}$; für $t = 60$ °C wird $\eta \approx 0{,}296 > \eta \approx 0{,}29$ P; für $t = 59$ °C wird $\eta \approx 0{,}28$ P $< \eta \approx 0{,}30$ P, also ist die Betriebstemperatur $t \approx 59 \ldots 60$ °C.

$n_{ü2} \approx 31\ min^{-1}$ für $p_m = 0{,}55\ N/mm^2$.

14.41 a) Sehr gute Gleiteigenschaften, hohe Gleitgeschwindigkeit, unempfindlich gegen Kantenpressung, gute Bettungsfähigkeit $p_m \approx 0{,}29\ \text{N/mm}^2$, $p_{max} = 1{,}74\ \text{N/mm}^2 \ll \sigma_{dF} \approx 70\ \text{N/mm}^2$.

b) $\eta = 0{,}27$ P/50 °C; für Öl h bei $t = 70$ °C $\eta \approx 0{,}12$ P; $\psi \approx 0{,}0017$, $So \approx 0{,}233$; $h_0 \approx 80\ \mu\text{m}$; $\Sigma R_t = 8\ \mu\text{m} \ll h_{min} = 64\ \mu\text{m}$ Gleitflächen sicher getrennt; $n/n_{ü2} \approx 115 \gg 3$.

c) $Q \approx 2{,}64\ l/\text{min}$; $t_2 - t_1 \approx 23$ °C > 20 °C ($Q_R \approx 104{,}5\ l/\text{min}$, $\mu \approx 0{,}022$; $v \approx 18{,}85$ m/s) $t_1 = 47$ °C, Kühlöl erforderlich.

d) $Q_K \approx 3{,}07\ l/\text{min}$; $p_{2ü} \approx 0{,}04$ bar.

14.42 a) $\eta \approx 10$ P ($p_m \approx 3{,}4\ \text{N/mm}^2$, $n_{ü2} = 2\ \text{min}^{-1}$).

b) N 144 für η bei $t \approx 21$ °C ($v \approx 0{,}075$ m/s).

14.43 a) N 114 für $\eta \approx 0{,}62$ P bei $t \approx 58$ °C ($b = l = 60$ mm, $d_m = 260$ mm, $n_{ü2} = 86\ \text{min}^{-1}$).

b) $t \approx 32\ \mu\text{m}$ ($p_m \approx 2{,}04\ \text{N/mm}^2$, $h_0 = 25{,}7\ \mu\text{m} > h_{min} = 20\ \mu\text{m}$).

c) $Q \approx 4{,}55\ l/\text{min}$ ($v \approx 5{,}85$ m/s).

14.44 a) $L_h > 50\,000$ h ($C = 305$ kN, $f_h \approx 0{,}35$), $n_g \approx 760\ \text{min}^{-1}$ (nach Katalog $n_g \approx 870\ \text{min}^{-1}$), Begründung siehe Lösungshinweis.

b) $d_m = 220$ mm, $b = 50$ mm, $l \approx 52$ mm; $b/d_m \approx 0{,}24$ und $b \approx l$ ausreichend.

c) $t \approx 34\ \mu\text{m}$ ($p_m \approx 0{,}8\ \text{N/mm}^2$, $h_0 = 27{,}1\ \mu\text{m} > h_{min} \approx 18\ \mu\text{m}$); $F_{max} = 145\ \text{kN} \gg F_a$; $n_{ü2} \approx 119\ \text{min}^{-1} < n$ (rd. 15 % von n).

14.45 a) $(p_m \cdot v) = 0{,}314 < (p_m \cdot v)_{zul} \approx 0{,}45\ \text{N/mm}^2 \cdot \text{m/s}$ ($p_m = 0{,}4\ \text{N/mm}^2$, $v = 0{,}785$ m/s).

b) $\psi = 0{,}004$ ($s_{min} = 0{,}06$) gewählt H7/e8.

14.46 a) $(p_m \cdot v) \approx 0{,}3 < (p_m \cdot v)_{zul} \approx 0{,}7\ \text{N/mm}^2 \cdot \text{m/s}$ ($p_m = 0{,}162\ \text{N/mm}^2$, $v \approx 1{,}85$ m/s).

b) Gewählt H8/e8 ($S = 0{,}5\,d/100 = 0{,}06$ mm, $\psi = 0{,}005$).

14.47 $F = 20$ kN ($p_{m\,zul} \approx 25\ \text{N/mm}^3$).

14.48 a) $S \approx 3$ mm; $(p \cdot v)_{zul} \approx 0{,}1\ \text{N/mm}^2 \cdot \text{m/s} > (p_m \cdot v) \approx 0{,}07\ \text{N/mm}^2 \cdot \text{m/s}$ Lager ausreichend bemessen ($p_m = 0{,}15\ \text{N/mm}^2 \ll p_{m\,zul} \approx 25\ \text{N/mm}^2$; $v \approx 0{,}47$ m/s).

b) $t' \approx 62$ °C.

c) $S_k \approx 0{,}31$ mm; $d_k \approx 50{,}31$ mm, $d_g \approx 50{,}35$ mm; $D_k = 56{,}35$ mm, $D_g \approx 56{,}40$ mm.

14.49 a) $(p_m \cdot v) \approx 0{,}035 < (p \cdot v)_{zul} \approx 0{,}043\ \text{N/mm}^2 \cdot \text{m/s}$ ausreichend ($n \approx 0{,}1\ \text{min}^{-1}$; $v \approx 0{,}0008$ m/s; $p_m = 0{,}44\ \text{N/mm}^2$; $s \approx 2$ mm).

b) $S_k = 0{,}12$ mm; $d_k = 16{,}12$ mm, $d_g = 16{,}15$ mm; $D_k = 20{,}11$ mm, $D_g = 20{,}13$ mm.

14.50 a) 1. $(p \cdot v)_{zul} \approx 0{,}3\ \text{N/mm}^2 \cdot \text{m/s}$;
2. $(p \cdot v)_{zul} \approx 0{,}09\ \text{N/mm}^2 \cdot \text{m/s}$.

b) 1. $F \approx 70$ N;
2. $F \approx 200$ N.

c) $d_k = 25{,}25$ mm, $d_g = 25{,}28$ mm ($S'_k = 0{,}338$ mm, $S_k = 0{,}25$ mm).

15. Zahnräder und Zahnradgetriebe

15.1 a) $n_2 \approx 167\ \text{min}^{-1}$; $z_2 = 85$.

b) $d_{01} = 120$ mm, $d_{k1} = 132$ mm, $d_{f1} \approx 105{,}6$ mm, $h_k = 6$ mm, $h_f = 7{,}2$ mm;
$d_{02} = 510$ mm, $d_{k2} = 522$ mm, $d_{f2} \approx 495{,}6$ mm, $S_k \approx 1{,}2$ mm; $a_0 = 315$ mm.

15.2 a) $z_1 = 18$, $z_2 = 63$.

b) $n_2 = 260\ \text{min}^{-1}$.

15.3 a) $z_2 = 81$, $z_4 = 72$, $z_6 = 64$, $z_5 = 23$ ($d_{06} = d_{04} = 288$ mm, $i_{ges} = 45$, $i_3 = 2{,}78$);
$a_{01} = 173{,}25$ mm, $a_{02} = 184$ mm, $a_{03} = 195{,}75$ mm.

b) $n_2 = 160\ \text{min}^{-1}$, $n_3 \approx 44\ \text{min}^{-1}$.

c) Ausführung möglich.

15.4 $P_2 \approx 4{,}9$ kW ($\eta_{ges} \approx 0{,}89$).

15.5 $\epsilon \approx 1{,}67 > 1{,}25$ (durch Ablesung $\epsilon \approx 1{,}68$).

15.6 a) Ausführung möglich.

b) $d_{01} = 96$ mm, $d_{kv1} = 113{,}822$ mm, $d_{fv1} \approx 78{,}682$ mm ($x_1 = 0{,}1176$, $v_1 = +\,0{,}941$ mm);
$d_{02} = 240$ mm, $d_{kv2} = 254{,}118$ mm, $d_{fv2} \approx 218{,}918$ mm ($v_2 = -\,0{,}941$ mm);
$s_{v1} \approx 13{,}25$ mm, $s_{v2} \approx 11{,}88$ mm, $a_0 = 168$ mm.

15.7 a) $z_1 = 11$, $z_2 = 54$; $d_{kv1} = 133{,}54$ mm, $d_{fv1} \approx 89{,}54$ mm ($x_1 \approx 0{,}177$, $v_1 = 1{,}77$ mm);
$r \approx \dfrac{d_{fv1} - d}{2} \approx 4{,}77$ nach DIN 250 gewählt $r = 4$ mm.

b) $a_v \approx 326{,}74$ mm, keine Abweichung ($x_2 = 0$, $a_0 = 325$ mm, ev $\alpha_b \approx 0{,}01688$,
$\alpha_b = 20°49' \approx 20{,}82°$).

15.8 a) $x_1 = 0{,}42$, $x_2 = 0{,}38$ ($z_m = 35$, $x_1 + x_2 = 0{,}8$).

b) $a_v = 178{,}72$ mm (ev $\alpha_b = 0{,}02322$, $\alpha_b \approx 23°3' \approx 23{,}05°$, graphisch $\alpha_b \approx 23{,}1°$);
$a_v \approx 178{,}75$ mm.

c) Abweichung 0,03; 0,017 %.

15.9 $a_0 = 142$ mm < 145 mm positive Profilverschiebung; $v_1 = 1{,}8$ mm, $v_2 = 1{,}42$ mm
($x_1 + x_2 = 0{,}805$, $x_1 = 0{,}45$; $x_2 = 0{,}355$).

15.10 a) $d_{01} = 72$ mm, $d_{kv1} = 77{,}7$ mm, $d_{fv1} = 64{,}5$ mm ($x_1 = -\,0{,}05$, $v_1 = -\,0{,}15$ mm);
$d_{02} = 108$ mm, $d_{kv2} = 112{,}5$ mm, $d_{fv2} = 99{,}3$ mm ($x_2 = -\,0{,}25$, $v_2 = -\,0{,}75$ mm);
$a_v = 89{,}06$ mm ($a_0 = 90$ mm, ev $\alpha_b = 0{,}01126$, $\alpha_b = 18°16' \approx 18{,}27°$).

b) $\epsilon_v = 1{,}75$, $\epsilon \approx 1{,}65$, Erhöhung 6 %.

15.11 a) $v_1 = +\,3{,}352$ mm, $v_2 = +\,2{,}344$ mm ($\alpha_b \approx 25{,}56°$, $x_1 + x_2 = 1{,}4242$, $x_1 = +\,0{,}838$,
$x_2 = 0{,}586$); $v_{1\,max} = +\,4$ mm $> v_1$ keine Spitzenbildung.

b) $d_{01} = 64$ mm, $d_{kv1} = 78{,}7$ mm, $d_{fv1} \approx 61{,}1$ mm;
$d_{02} = 176$ mm, d_{kv2} 188,68 mm, $d_{fv2} \approx 171{,}08$ mm.

15.12 a) $v_1 = +5{,}15$ mm ($x_1 + x_2 = 1{,}715 \mathrel{\hat=} x_1$, $a_{01} = 102$ mm, $a_{02} \mathrel{\hat=} a_v = 106{,}5$ mm, $\alpha_b \approx 25{,}84° \approx 25°50'$) $v_{1max} \approx +1{,}1 < x_1$ Spitzenbildung, daher $v_1 = +3{,}087$ mm, $v_2 = +2{,}058$ mm, $x_{1max} = 1{,}1 > x_1 = 1{,}029$ keine Spitzenbildung, $x_2 = 0{,}686$.

b) $d_{01} = 54$ mm, $d_{kv1} \approx 66{,}17$ mm, $d_{fv1} \approx 59{,}97$ mm;
$d_{02} = 150$ mm, $d_{kv2} \approx 160{,}12$ mm, $d_{fv2} \approx 146{,}92$ mm;
$d_{03} = 87$ mm, $d_{k3} = 93$ mm, $d_{f3} = 79{,}8$ mm;
$d_{04} = 126$ mm, $d_{k4} = 132$ mm, $d_{f4} = 118{,}8$ mm.

15.13 a) $F_{u2} \approx 2100$ N, $F_{u3} \approx 7450$ N; $F_{r2} \approx 765$ N, $F_{r3} \approx 2710$ N ($M_{t2} \approx 298$ Nm).

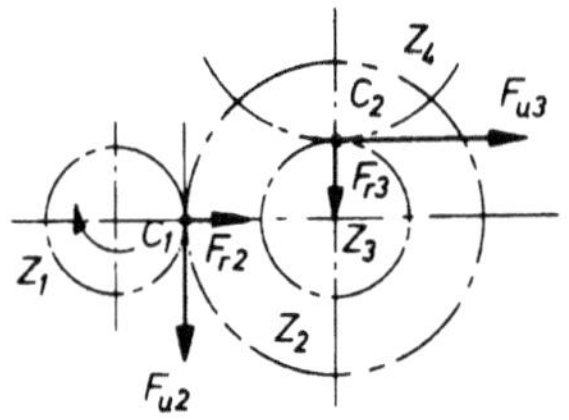

b) Skizze:

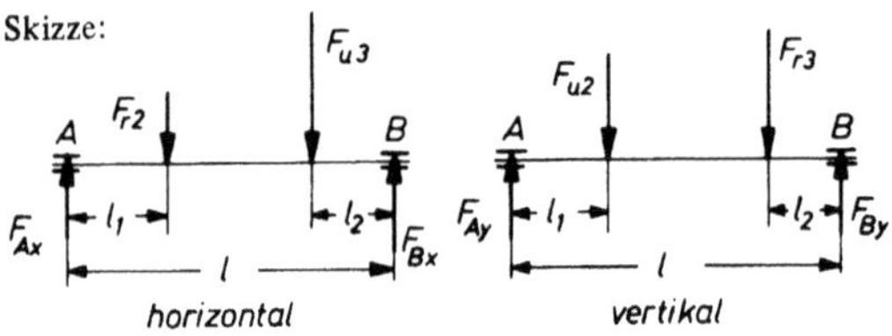

15.14 a) $m = 3{,}5$ mm, $b = 35$ mm, $b_1 = 40$ mm.

b) $z_1 = 26$, $L_z = 280{,}5$ mm ($z_1 = s/t_0 + 1 = 23{,}7$, $L_z = (z_1 - 1) \cdot t_0 + t_0/2$).

c) $\sigma_b = 32{,}3$ N/mm² $< \sigma_{b\,zul} = 220$ N/mm².

15.15 a) $d_0 = 54$ mm $> d_0 \approx 42$ mm ausreichend.

b) Ritzel $\sigma_b \approx 67$ N/mm² $< \sigma_{b\,zul} = 220$ N/mm² ($q_k = 3$);
Zahnstange $\sigma_{b1} \approx 46$ N/mm² $< \sigma_{b\,zul} = 100$ N/mm² ($q_{k1} = 2{,}06$ für z_∞).

c) $l = 270$ mm.

15.16 a) $m = 6$ mm (errechnet $m \approx 5{,}86$ mm; $\sigma_{b\,zul} = 60$ N/mm²); $d_0 = 318$ mm, $b = b_1 = 90$ mm.

b) $\sigma_{b1} \approx 65{,}3$ N/mm² $< \sigma_{b\,zul} \approx 75$ N/mm² für GGG-60 ($\sigma_{bW} = 155$ N/mm²);
$p_C \approx 325$ N/mm² $\approx p_{zul} \approx 325$ N/mm² für Rad
$< p_{zul} \approx 280$ N/mm² für Zahnstange aus GS-60,
daher Zahnstange dsgl. aus GGG-60: $p_C \approx 319$ N/mm² $< p_{zul}$.

c) $n_A = 20$ min⁻¹, $n_R = 40$ min⁻¹.

15.17 a) $n_2 \approx 51$ min⁻¹, $i = 4{,}6$, $P_1 = 2{,}85$ kW.

b) $d_{01} = 100$ mm $> d_{01} \approx 82{,}3$ mm ausreichend.

c) $\sigma_{b1} = 46{,}4$ N/mm² $< \sigma_{b\,zul} \approx 70$ N/mm² ($M_{t1} \approx 11{,}6$ Nm, $F_{u1} = F_{u2} = 4400$ N, $c_S \approx 1{,}9$); $\sigma_{b2} = 39{,}2$ N/mm² $< \sigma_{b\,zul} \approx 60$ N/mm² ($z_2 = 92$). $p_C \approx 494$ N/mm²; Werkstoffe beibehalten, da $L_h \approx 294$ h > 200 h selten unter Vollast (Zeitgetriebe).

15.18 $d_{01} = 63$ mm $> d_{01} \approx 52$ mm genügt; $M_L = 220 \cdot 10^3$ Nmm, $M_H \approx 44{,}4 \cdot 10^3$ Nmm ($\eta_{ges} \approx 0{,}9$, $i = 5{,}5$).

Ritzel $\sigma_{b1} \approx 28{,}7$ N/mm² $\ll \sigma_{b\,zul} = 220$ N/mm² für St 50 ($M_{t1} \approx 42{,}2 \cdot 10^3$ Nmm, $F_{u1} = F_{u2} \approx 1340$ N, $c_S = 1$).

Rad $\sigma_{b2} \approx 24$ N/mm² $\ll \sigma_{b\,zul} = 100$ N/mm².

$p_C \approx 350$ N/mm², Dauergetriebe nicht gegeben; für GG-25 ($p_D = 310$ N/mm²) Lastwechselzahl $L_w \approx 10^6$, somit $L_h \approx 330$ h $> L_h \approx 20 \dots 100$ h für Handhebezeuge, die vorgewählten Werkstoffe können beibehalten werden.

15.19 a) Gewählt $z_1 = 18$ ($v_K < 1$ m/s), $z_2 = 86$, $m = 3$ mm, $d_{01} = 54$ mm, $d_{k1} = 60$ mm; $d_{02} = 258$ mm, $d_{k2} = 264$ mm. Gewählt $b_1 = 35$ mm, $b_2 = 30$ mm (Kurve a) $\psi_d \approx 0{,}55$, $\psi_m \approx 12$), Qualität 11; z. B. Ritzel aus St 42, Rad GG-20.

b) $\sigma_{b1} = 53{,}4$ N/mm² $< \sigma_{b\,zul} = 180$ N/mm² ($M_{t1} = 54{,}4$ Nm, $F_{u1} = F_{u2} \approx 1870$ N, $c_S = 1$); $\sigma_{b2} = 46{,}3$ N/mm² $< \sigma_{b\,zul} = 80$ N/mm². $p_C \approx 478$ N/mm², Dauergetriebe nicht gegeben; für GG-20 ($p_D = 270$ N/mm²) Lastwechselzahl $L_w \approx 3 \cdot 10^5$, somit $L_h \approx 1720$ h $\gg L_h \approx 20 \dots 100$ h für Handhebezeuge, die Werkstoffe werden beibehalten (mit v_K Ritzel-$n_K \approx 14$ min⁻¹, Rad-gleich Trommel-$n_T \approx 2{,}9$ min⁻¹).

15.20 a) $i = 5{,}25$ ($F = 2500$ N, $M_L = 312{,}5 \cdot 10^3$ Nmm, $M_K = 70 \cdot 10^3$ Nmm), gewählt $d_1 = 32$ mm wegen Paßfedernut ($d_1' \approx 26$ mm), $z_1 = 20$, $z_2 = 105$, $m = 3$ mm ($d_{01} \approx 62$ mm überschlägig), $d_{01} = 60$ mm, $d_{k1} = 66$ mm; $d_{02} = 315$ mm, $d_{k2} = 321$ mm, gewählt $b_1 = 35$ mm, $b_2 = 30$ mm (Kurve a) $\psi_d \approx 0{,}6$, $\psi_m \approx 12$), $a_0 = 187{,}5$ mm, Qualität 11.

b) z. B. Ritzel St 50, Rad GG-20;
$\sigma_{b1} \approx 62$ N/mm² $\ll \sigma_{b\,zul} = 220$ N/mm² ($M_{t1} \approx 67{,}2$ Nm, $F_{u1} = 2240$ N, $c_S = 1$);
$\sigma_{b2} \approx 55$ N/mm² $< \sigma_{b\,zul} = 80$ N/mm²;
$p_C \approx 494$ N/mm², Dauergetriebe nicht gegeben; für GG-20 ($p_D = 270$ N/mm²) Lastwechselzahl $L_w \approx 2{,}5 \cdot 10^5$ (mit v_K Ritzel-$n_K \approx 33$ min⁻¹, Rad- gleich Trommel-$n_T \approx 6{,}3$ min⁻¹), $L_h \approx 660$ h $> L_h \approx 20 \dots 100$ h für Handhebezeuge, die Werkstoffe werden beibehalten.

c) $p_{mA} \approx 1{,}05$ N/mm² und $p_{mB} \approx 0{,}28$ N/mm² $< p_{m\,zul} = 8$ N/mm² ($F_{n1} \approx 2386$ N, Lagerkräfte $F_A \approx 1889$ N, $F_B = 497$ N);
$\sigma_v \approx 122$ N/mm² ($M_b \approx 236{,}1 \cdot 10^3$ Nmm, $M_t \mathrel{\hat=} M_K$, $W \approx 1968$ mm³, $d_k = 27$ mm);
$\sigma_{b\,zul} \approx 120$ N/mm² ($b_1 \approx 0{,}96$, $b_2 \approx 0{,}88$, $\beta_k = 1{,}7$, $\nu = 1{,}25$ mit $d_1 = 32$ mm);
Paßfeder A10 X 8 X 32 DIN 6885 – St 60.

15.21 a) $i_2 = 4{,}8$ ($i_{ges} = 19{,}2$, $i_1 = 4$); $m = 5$ mm (Vorwahl $d_{01} \approx 103$ mm), $z_2 = 96$, $d_{01} = 100$ mm, $d_{02} = 480$ mm.
$b_1 = 60$ mm (Kurve a) $\psi_d \approx 0{,}55$, $\psi_m = 12{,}5$), $b_2 = 55$ mm;
Qualität 10 ($v_u \approx 1{,}25$ m/s); $a_0 = 290 \pm 0{,}25$ mm.

b) $\sigma_{b1} \approx 114$ N/mm² $< \sigma_{b\,zul} = 135$ N/mm² für Ck 45 ($M_t \approx 219$ Nm bei $n_2 = 240$ min⁻¹, $F_{u1} = F_{u2} = 11830$ N;
$\sigma_{b2} \approx 96$ N/mm² $< \sigma_{b\,zul} = 105$ N/mm² für GGG-50; $p_C \approx 738$ N/mm²; Werkstoffe nicht ausreichend, daher Ritzel z. B. 16 MnCr 15 $p_C = 760$ N/mm² $< p_{zul} \approx 1090$ N/mm²; Radkörper GG-25 mit Bandage 16 MnCr 15 $p_C < p_{zul} \approx 850$ N/mm².

c) Keilnutquerschnitt Beanspruchung auf Verdrehung schwellend $\tau_t \approx 12$ N/mm² $< \tau_{t\,zul} \approx 45$ N/mm² ($d_k = 44{,}5$ mm, $W_p \approx 17620$ mm³; $\tau_{tSch} = 210$ N/mm², $b_1 \approx 0{,}87$, $b_2 \approx 0{,}81$, $\beta_k = 1{,}6$, $\nu = 2$).
Übergangsquerschnitt Beanspruchung auf Biegung und Verdrehung $\sigma_v \approx 22$ N/mm² $< \sigma_{b\,zul} \approx 45$ N/mm² ($M_b \approx 140$ Nm, $F_{n1} \approx 4665$ N, $M_v \approx 193$ Nm).

15.22 a) $z_2 = 124$, $m = 3$ mm ($i_2 \approx 7{,}3$, $n_2 \approx 302$ min^{-1}, $n_3 \approx 41{,}4$ min^{-1}); $d_{01} = 51$ mm, $d_{k1} = 57$ mm; $d_{02} = 372$ mm, $d_{k2} = 378$ mm; $b_1 = 60$ mm (Kurve b) $\psi_d \approx 1{,}04$, $\psi_m = 22$), $b_2 = 55$ mm; $a_0 = 211{,}5$ mm, Qualität 10 ($v_u \approx 0{,}8$ m/s). $d_{01} > d_{01} \approx 45$ mm ausreichend.

b) $\sigma_{b1} \approx 62$ N/mm² $< \sigma_{b\,zul} = 85$ N/mm² ($\sigma_{bSch} = 170$ N/mm² für St42, $M_{t1} \approx 95$ Nm, $F_{u1} = F_{u2} \approx 3725$ N).
$\sigma_{b2} \approx 45$ N/mm² $< \sigma_{b\,zul} \approx 45$ N/mm² ($\sigma_{bSch} = 130$ N/mm² für GS-45)
$p_C \approx 584$ N/mm² $> p_{zul1,2} \approx 800$ N/mm² für Ck45 (Radbandage).

15.23 a) $z_1 = 20$ (grob $d_{01} \approx 56$ mm, $v_u \approx 4{,}2$ m/s), $z_2 = 63$; gewählt $m = 3$ mm $d_{01} \approx 58$ mm mit z_1), $d_{01} = 60$ mm, $d_{02} = 189$ mm; $b_1 = 45$ mm (Kurve b $\psi_d = 0{,}7$; $\psi_m = 15$), $b_2 = 50$ mm; Qualität 8 ($v_u \approx 4{,}5$ m/s).

b) Errechnet $P = 7{,}2$ kW, gewählt Drehstrommotor 132 M mit $P = 7{,}5$ kW bei $n_s = 1500$ U/min.
$\sigma_{b1} \approx 75$ N/mm² $< \sigma_{b\,zul} = 95$ N/mm² ($M_{t1} \approx 50$ Nm, $F_u = 3500$ N, $c_S \approx 2{,}1$);
$p_C \approx 618$ N/mm² $< p_{zul} \approx 730$ N/mm² (siehe Lösungshinweis).

15.24 a) $d_{01} = 107{,}67$ mm, $d_{k1} = 115{,}67$ mm, $d_{f1} \approx 98{,}07$ mm; $d_{02} = 356{,}14$ mm, $d_{k2} = 364{,}14$ mm, $d_{f2} \approx 346{,}54$ mm; $a_0 \approx 231{,}91$ mm.

b) $\epsilon_{ges} = 2{,}68$ ($\epsilon_S \mathrel{\hat=} \epsilon \approx 1{,}65$; $t_{So} \approx 13$ mm, $\alpha_{So} \approx 20{,}67° \mathrel{\hat=} 20°40'$; $\epsilon_{Sp} \approx 1{,}03$), mittels Schaubild $\epsilon_{ges} \approx 2{,}66$ ($\epsilon_S \approx 1{,}61$; $\epsilon_{Sp} \approx 1{,}03$).

c) Abweichung ≈ 53 % (Geradstirnrad $z_1 = 26$, $z_{v1} \approx 28{,}86$; $u = 3{,}3$; $\epsilon \approx 1{,}74$).

15.25 a) $d_{01} \approx 39{,}18$ mm, $d_{k1} \approx 43{,}18$ mm, $d_{f1} \approx 34{,}34$ mm; $d_{02} \approx 160{,}82$ mm, $d_{k2} \approx 164{,}82$ mm, $d_{f2} \approx 156{,}02$ mm ($\cos\beta_0 \approx 0{,}97$; $\beta_0 \approx 14°4' \mathrel{\hat=} 14{,}07°$).

b) $\epsilon_{ges} \approx 2{,}86$ ($z_{v1} = 20{,}81$, $u \approx 4{,}1$, $\epsilon_S \approx 1{,}7$; $\epsilon_{Sp} \approx 1{,}16$).

15.26 $d_{01} \approx 50{,}26$ mm, $d_{kv1} \approx 60{,}57$ mm, $d_{fv1} \approx 40{,}77$ mm; $d_{02} \approx 205{,}63$ mm, $d_{kv2} \approx 213{,}32$ mm, $d_{fv2} \approx 193{,}52$ mm ($z_{v1} \approx 11{,}52$; $x_1 = +0{,}146$; $x_2 = -x_1$; $v_1 = 0{,}657$ mm); $a_0 \approx 127{,}95$ mm.

15.27 a) $x_1 = +0{,}51$; $x_2 = +0{,}49$ ($z_{v1} \approx 21{,}39$; $z_2 = 37$, $z_{v2} \approx 41{,}65$; $x_m = 0{,}5$, $z_m = 31{,}52$); $v_1 = 2{,}04$ mm, $v_2 = 1{,}96$ mm; $a_v = 120{,}15$ mm ($a_0 = 116{,}51$ mm, $\alpha_{So} = 20{,}74° \mathrel{\hat=} 20°44'$; $\alpha_{Sb} = 24°55' \mathrel{\hat=} 24{,}92°$).

b) $x_3 + x_4 \approx 0{,}407$ ($z_4 = 41$, $a_0 = 118{,}59$ mm, $\alpha_{Sb} \approx 22{,}62° \mathrel{\hat=} 22°37'$); $x_3 = +0{,}3$; $x_4 = +0{,}107$ ($x_m = 0{,}204$, $z_{v1} = 18{,}01$; $z_{v2} = 46{,}16$; $z_m = 32{,}09$); $v_3 = 1{,}2$ mm, $v_4 = 0{,}428$ mm.

15.28 $i_{ges} = 7{,}937$, $i_1 = 3{,}167$, $i_2 = 2{,}506$; $a_{01} = 194{,}12$ mm $> a_{02} = 192{,}5$ mm, wenn $z_3 = 22$, $z_4 = 55$, somit $x_3 + x_4 = 0{,}332$ ($\alpha_b \approx 21{,}27° \approx 21°16'$) aufgeteilt $x_3 = +0{,}21$; $x_4 = +0{,}122$ und $v_3 = 1{,}05$ mm, $v_4 = 0{,}61$ mm.

15.29 a) $F_{u2} \approx 1103$ N ($M_t \approx 94{,}74$ kN, $d_{02} \approx 171{,}84$ mm, $c_S = 1$) $F_{r2} \approx 416$ N, $F_{a2} \approx 295$ N.

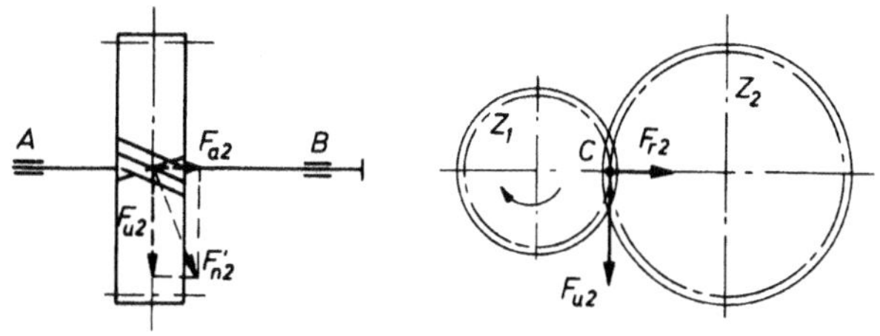

b) $F_{Ar} \approx 700$ N ($F_{Ax} \approx 102$ N, $F_{Ay} \approx 689$ N)
$F_{Br} \approx 520$ N ($F_{Bx} \approx 314$ N, $F_{By} \approx 414$ N)
Beachte: $F_{Ax} - F_{r2} + F_{Bx} = 0$
$F_{Ay} - F_{u2} + F_{By} = 0$

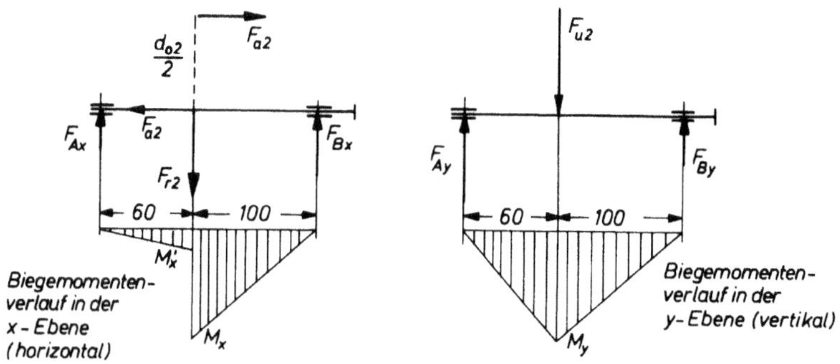

c) $M'_b \approx 42 \cdot 10^3$ Nmm, $M_{b\,max} = M_b \approx 52 \cdot 10^3$ Nmm.

15.30 a) $z_1 = 20$ ($d_{01} \approx 44$ mm, $v_u \approx 3{,}4$ m/s), $z_2 = 100$, Ausführung als Ritzelwelle $d_{01} \approx 44$ mm; $m_s = 2{,}2$ mm; gewählt $b_1 = 50$ mm ($\psi_d \approx 1$ zwischen Kurve b/c, $\psi_m \approx 23$); $b_2 = 45$ mm, $m_n = 2{,}5$ mm ($\beta_0 \approx 9°$, rechnerisch $m_n = 2{,}17$ mm); $d_{01} \approx 50{,}62$ mm, $d_{k1} \approx 55{,}62$ mm, $d_{f1} \approx 44{,}62$ mm; $d_{02} \approx 253{,}11$ mm, $d_{k2} \approx 258{,}11$ mm, $d_{f2} \approx 247{,}11$ mm; $a_0 \approx 151{,}87$ mm; Qualität 8.

b) $\sigma_{b1} \approx 288$ N/mm² ($M_t \approx 121$ Nm, $F_{u1} = F_{u2} \approx 12{,}43 \cdot 10^3$ N, $c_S \approx 2{,}6$, für $z_{v1} = 20{,}76$, $q_{k1} = 2{,}9$); $\sigma_{b2} \approx 243$ N/mm² (für $z_{v2} \approx 103{,}8$ $q_{k2} = 2{,}2$); $\sigma_{b\,zul} = 250$ N/mm² noch ausreichend für z. B. 15 CrNi6; $p_C \approx 1200$ N/mm² $< p_{zul\,1,2} \approx 1300$ N/mm² ($p_D = 1630$ N/mm², $y = 1{,}2$).

15.31 a) $i_{ges} = 11{,}52$; $i_1 = 3{,}6$; $i_2 = 3{,}2$; $z_1 = 20$ ($v_u \approx 5{,}7$ m/s für $d_{01} \approx 76$ mm), $z_2 = 72$; $m_n = 4$ mm, $d_{01} = 82{,}45$ mm $> d_{01} \approx 78$ mm; $b_1 = 55$ mm ($m_s = 3{,}9$; $\psi_d \approx 0{,}75$, $\psi_m = 15$, $\beta_0 \approx 14°$), $a_{01} = 189{,}64$ mm, Qualität 8.

b) $m = 4{,}5$ mm; $z_3 = 20$, $z_4 = 64$; Ritzelwelle, $d_a\, d_{03} \approx 63$ mm $< d_{03} = 90$ mm; positive Profilverschiebung für Ritzel, da $a_{02} = 189$ mm $< a_{01} \mathrel{\hat{=}} a_v = 189{,}64$ mm; $x_3 = +0{,}1465$ ($x_4 = 0$, $x_{max} > 1$ keine Spitzenbildung); $v_3 = 0{,}66$ mm; $d_{03} = 90$ mm; $d_{kv3} = 100{,}32$ mm; $d_{04} = 288$ mm, $d_{k4} = 297$ mm; $b_3 = 90$ mm ($\psi_d \approx 0{,}85$, $\psi_m \approx 23$).

c) *1. Stufe:* Ritzel St42, Rad GG-35.
$\sigma_{b1} \approx 44$ N/mm² $< \sigma_{b\,zul} = 85$ N/mm² ($F_{u1} = F_{u2} \approx 3420$ N, $c_S \approx 2{,}5$; $q_{k1} \approx 2{,}8$ für $z_{v1} \approx 21{,}9$); $\sigma_{b2} \approx 38$ N/mm² $< \sigma_{b\,zul} = 40$ N/mm² ($q_{k2} = 2{,}25$ für $z_{v2} = 78{,}8$); $p_C \approx 419$ N/mm² (gewählt y_W wie für GG-25, $y_C \approx 1{,}73$); $p_{zul\,1,2} = 430$ N/mm² für z. B. Vergütungsstahl 34 Cr 4.

2. Stufe: Zunächst Ritzel St42, Rad GS-52.
$\sigma_{b3} \approx 75$ N/mm² $< \sigma_{b\,zul} = 85$ N/mm² ($q_{k3} \approx 2{,}7$ für x_3, $F_{u3} = F_{u4} = 11\,280$ N); $\sigma_{b4} \approx 68$ N/mm² $< \sigma_{b\,zul} = 75$ N/mm² ($q_{k4} \approx 2{,}29$); $p_C \approx 638$ N/mm² $< p_{zul\,1,2} = 1065$ N/mm² für Einsatzstahl C15 (y_C für x_3, $z_3 + z_4$).

15.32 a) $z_4 = 15$; ($i_2 = 0{,}83$, $n_2 = 365$ min⁻¹); $\beta_{03} = 48°$; $\beta_{04} = 42°$; ($\rho' \approx 5°$, $\delta = 90°$); beide Räder rechts (oder links-) steigend.

b) $d_{03} \approx 68$ mm; ($c_0 \approx 4$ N/mm², $P_1 \approx 0{,}37$ kW).

c) $m_n = 2{,}5$ mm; $d_{03} = 67{,}25$ mm, $d_{04} = 50{,}46$ mm, $b \approx 10 \cdot m_n = 25$ mm, $a_0 = 58{,}89$ mm.

d) $\eta_Z \approx 0{,}84$, $P_2 \approx 0{,}3$ kW.

15.33 a) $\delta_{01} = 46{,}21°$; ($i = 0{,}667$, $\delta_A = 75°$), $\delta_{02} = 28{,}79°$.

b) $d_{m2} \approx 2{,}4 \cdot d_2 \approx 120$ mm; $z_1 = 30$; $b \approx 30$ mm; ($\psi_d \approx 0{,}25$, $R_m \approx 124{,}6$ mm); $m = 7$ mm; ($d_{02} \approx 134$ mm).

c) $d_{01} = 210$ mm; $d_{02} = 140$ mm; $R_a = 145{,}3$ mm $> 3 \cdot b = 90$ mm, $\delta_{k1} = 48{,}95°$; $\delta_{k2} = 31{,}55°$, $\delta_{f1} = 42{,}88°$, $\delta_{f2} = 25{,}48°$ ($\kappa_k = 2{,}75°$, $\kappa_f = 3{,}32°$), $d_{k1} \approx 219{,}7$ mm, $d_{k2} \approx 152{,}3$ mm.

d) Ritzel: St50; ($\sigma_{b2} = 73$ N/mm², $F_{u2} \approx 5070$ N, $M_t = 318$ Nm, $d_{m2} = 125{,}55$ mm, $m_m = 6{,}478$ mm, $q_{k2} = 2{,}8$, $q_{er} = 1$, $z_{r2} = 22{,}8$, $\sigma_{b\,zul} \approx 110$ N/mm² $> \sigma_{b2}$, $\nu \approx 1{,}75$).

e) Rad: GGG-60; ($\sigma_{b1} = 60$ N/mm², $z_{r1} = 43{,}3$, $q_{k1} \approx 2{,}4$, $\sigma_{b\,zul} \approx 125$ N/mm² $> \sigma_{b1}$, $\nu \approx 1{,}75$).

f) $p_C \approx 600$ N/mm²; ($F_u = 5070$ N, $u_r = 2{,}25$, $b = 30$ mm, $y_W = 260\sqrt{\text{N/mm}^2}$, $d_{r2} = 143$ mm) $p_C > p_{zul} \approx 225$ N/mm² ($p_D = 340$ N/mm², $\nu = 1{,}5$, $y = 1$).
Neu gewählt: Ritzel: 37 Cr4 (umlaufgehärtet), Rad Ck45.

$$\text{Kontrolle: } \sigma_{b2\,zul} = \frac{\sigma_{b2\,Sch}}{\nu} \approx \frac{310\ \text{N/mm}^2}{1{,}75} = 177\ \text{N/mm}^2 > \sigma_{b2};$$

$\sigma_{b1\,zul} \approx 155$ N/mm² $> \sigma_{b1}$; $p_{2\,zul} \approx 850$ N/mm² $> p_C$; $p_{1\,zul} \approx 730$ N/mm² $> p_C$.

15.34 a) $d_{m1} \approx 2{,}4 \cdot d \approx 91$ mm.

b) $z_1 = 14$, $z_2 = 63$ (s. Tabelle 15.6 Lehrbuch).

c) $b = 65$ mm; ($\psi_d \approx 0{,}7$).

d) $\beta_m = 19°$; ($m_{sm} \approx 6{,}5$ mm), $m_n = 8$ mm; ($R_m \approx 210$ mm, $m_{nm} \approx 6{,}15$ mm).

e) $\delta_{01} = 12{,}53°$; $\delta_{02} = 77{,}47°$; $d_{01} = 118{,}44$ mm, $d_{02} = 532{,}98$ mm, $d_{k1} = 134{,}07$ mm, $d_{k2} = 536{,}45$ mm, $d_{m1} = 104{,}32$ mm, $d_{m2} = 473{,}20$ mm, $m_{sm} = 7{,}45$ mm, $m_{nm} = 7{,}04$ mm, $R_a = 272{,}8$ mm, $\kappa_k = 1{,}68°$, $\kappa_f = 2{,}02°$.

15.35 a) Nach Tabelle 15.12 (Lehrbuch) für Universalgetriebe: Ritzel St60; Rad GG-35.

b) $\sigma_{b1} \approx 14{,}5$ N/mm²; ($M_{t1} = 54{,}7$ Nm, $F_u = 2200$ N, $c_S \approx 2{,}1$, $d_{m1} = 104{,}32$ mm, $m_{nm} = 7{,}04$ mm, $z_{v1} = 17{,}1$, $q_{k1} \approx 3$, $q_{\epsilon r} = 1$); $\sigma_{b\,zul} = 100$ N/mm²; ($\sigma_{b\,Sch} = 200$ N/mm², $\nu = 2$).

c) $\sigma_{b2} \approx 10$ N/mm²; ($F_{u2} = 2200$ N, $z_{v2} = 447$, $q_{k2} \approx 2{,}1$, $q_{\epsilon r} = 1$) $\sigma_{b\,zul} \approx 40$ N/mm²; ($\sigma_{b\,Sch} = 80$ N/mm², $\nu = 2$).

d) $p_C \approx 230$ N/mm²; ($d_{r1} = 106{,}87$ mm, $u_r = 20{,}25$, $y_W = 235\sqrt{\text{N/mm}^2}$, $y_C = 1{,}68$, $y_L = 1$), für St60 $p_{zul} \approx 260$ N/mm²; ($p_D = 400$ N/mm²), für GG-35 $p_{zul} \approx 240$ N/mm²; ($p_D = 360$ N/mm²).

15.36 a) $i = 1{,}775$; ($n_2 = 1590$ min⁻¹).

b) $d_{m1} \approx 60$ mm; $z_1 = 20$; $z_2 = 39$.

c) $b = 15$ mm; ($\psi_d \approx 0{,}25$); $\beta_m = 30°$.

d) $\delta_{01} = 29{,}4°$; $\delta_{02} = 60{,}6°$; $m_n = 2{,}5$ mm; ($R_m = 122$ mm, $m_{sm} = 2{,}725$ mm, $m_{nm} = 2{,}36$ mm).

e) $d_{01} = 63{,}52$ mm, $d_{02} = 112{,}59$ mm, $R_a = 64{,}7$ mm, $\delta_{k1} = 31{,}62°$, $\delta_{k2} = 62{,}82°$; ($\kappa_k = 2{,}22°$), $\kappa_f = 2{,}65°$, $d_{k1} = 67{,}88$ mm, $d_{k2} = 115{,}04$ mm.

15.37 $\sigma_{b1\,Sch} \geqslant 51$ N/mm²; ($M_t \approx 5{,}1$ Nm, $F_u \approx 345$ N, $c_S \approx 1{,}9$, $d_{m1} = 56{,}16$ mm, $m_{nm} = 2{,}21$ mm, $m_{sm} = 2{,}55$ mm, $q_{k1} \approx 2{,}45$, $q_{\epsilon r} = 1$, $\nu \approx 2$).
$\sigma_{b2\,Sch} \geqslant 45$ N/mm²; ($q_{k2} \approx 2{,}18$).
$p_1 = p_2 \geqslant 370$ N/mm²; ($p_C = 246$ N/mm², $d_{r1} = 64{,}46$ mm, $u_r = 3{,}14$, $y_W = 230\sqrt{\text{N/mm}^2}$ für St/GG, $y_C = 1{,}56$, $\nu = 1{,}5$).

St60: $\sigma_{b\,Sch} = 200$ N/mm² $> \sigma_{b1\,Sch}$
$p = 400$ N/mm² $> p_1$

GG-35: $\sigma_{b\,Sch} = 80$ N/mm² $> \sigma_{b2\,Sch}$
$p = 360$ N/mm² $\approx p_2$

Werkstoffe sind ausreichend.

15.38 a) Schrägverzahnte Kegelräder, da ruhiger Lauf verlangt wird bei höheren Drehzahlen.

b) $d_{m1} = 96$ mm; $z_1 = 20$, $z_2 = 41$, $b = 40$ mm; ($\psi_d = 0{,}4$); $R_m \approx 109$ mm.

c) $\beta_m = 23°$; ($m_{sm} = 4{,}8$ mm); $m_n = 6$ mm; ($m_{nm} = 4{,}417$ mm).

d) $d_{01} = 130{,}4$ mm; ($m_s = 6{,}52$ mm); $d_{02} = 267{,}32$ mm, $R_a = 148{,}72$ mm; $\delta_{01} = 26°$; $\delta_{02} = 64°$; $\kappa_k = 2{,}31°$; $\kappa_f = 2{,}77°$; $d_{k1} = 141{,}18$ mm; $d_{k2} = 272{,}58$ mm.

15.39 a) $n_{1\,max} = 2460$ min⁻¹; Qualität 7; ($v_u \approx 13$ m/s).

b) $\sigma_{b1} \approx 134$ N/mm²; ($M_{t1} = 302$ Nm, $n_1 = 104{,}5$ min⁻¹, $c_S \approx 2$, $d_{m1} \approx 112{,}87$ mm, $F_{u1} \approx 10{,}7$ kN, $q_{k1} \approx 2{,}6$, $z_{v1} \approx 28{,}6$, $q_{\epsilon r} = 1$, $m_{nm} = 5{,}19$ mm), vorgewählt Vergütungsstahl 42 CrMo4 mit $\sigma_{b\,zul} \approx 145$ N/mm²; ($\sigma_{b\,Sch} = 290$ N/mm², $\nu = 2$).

c) $\sigma_{b2} \approx 112$ N/mm²; ($q_{k2} \approx 2{,}18$, $z_{v2} \approx 120$), vorgewählt GGG-70 mit $\sigma_{b\,zul} \approx 115$ N/mm²; ($\sigma_{b\,Sch} = 230$ N/mm², $\nu = 2$).

d) $p_C \approx 885$ N/mm²; ($d_{r1} \approx 125{,}6$ mm, $u_r \approx 4{,}2$, $y_W = 260\sqrt{\text{N/mm}^2}$, $y_C \approx 1{,}66$, $y_L \approx 1$).
Für Ritzel 42 CrMo4: $p_{zul} \approx 450$ N/mm² $< p_C$,
für Rad GGG-70: $p_{zul} \approx 350$ N/mm² $< p_C$, neu gewählt für beide Räder: Einsatzstahl 16 MnCr5.
$p_C \approx 920$ N/mm²; ($y_W = 270\sqrt{\text{N/mm}^2}$).
$p_{zul} \approx 1080$ N/mm² $> p_C$; ($p_D = 1630$ N/mm², $\nu = 1{,}5$).

15.40 a) $i' \approx 10{,}25$, $z_1 = 3$; ($M_{t1} = 44{,}1 \cdot 10^3$ Nmm, $M_{t2} = 452{,}5 \cdot 10^3$ Nmm).

b) $i = 13{,}4$; ($\eta_{ges} \approx 0{,}767$).

c) Schnecke St60 gehärtet und vergütet; Schneckenrad GG-25.

d) $z_2 = 40$; $d_{02} \approx 185$ mm; ($k_0 = 4$ N/mm²).

e) $m_s = 4{,}6$ mm; gewählt $m_s = m_a = 5$ mm.

f) $d_{m1} \approx 48$ mm; ($d \approx 25$ mm).

g) $\gamma_m = 17{,}35° = \beta_0$; $d_{02} = 200$ mm; $b = 35$ mm; $L = 60$ mm, $a_0 = 124$ mm.

15.41 a) $\eta_Z \approx 0{,}725$; ($\gamma_m = 17{,}35°$, $\rho' \approx 6°$); nicht selbsthemmend, da $\gamma_m > \rho'$ und $\eta_Z > 0{,}5$, $\eta_g \approx 0{,}64$; ($\eta_{L1} = \eta_{L2} \approx 0{,}94$).

b) $\eta_{ges} \approx 0{,}58$; (für Kettenräder $\eta \approx 0{,}95$).

c) $F_H \approx 400$ N; ($M_{t1} \approx 58$ Nm).

15.42 a) $F_{a1} \approx 5{,}6$ kN; ($M_{t1} = 58$ Nm, $F_{u1} \approx 2420$ N, $c_S = 1$).

b) $F_{a2} = F_{u1} \approx 2{,}42$ kN; $F_{r1} = F_{r2} \approx 2{,}2$ kN.

c) $k \approx 1{,}6$ N/mm²; ($M_{t2} = 452{,}5$ Nm, $c_S = 1$, $d_{02} = 200$ mm, $b_2 = 35$ mm, $y_Z \approx 0{,}4$). $k_{zul} \approx 3{,}8$ N/mm² $> k$; ($k_0 = 4$ N/mm², $y_V \approx 0{,}95$ für $v_g \approx 0{,}1$ m/s, $y_L \approx 1{,}5$ für $L_h \approx 3000 \ldots 4000$ h, $\nu = 1{,}5$).
Keine Änderung der Daten erforderlich, da $k_{zul} > k$.

15.43 a) $i' \approx 44$; ($M_{t2} = 1330$ Nm, $\eta_g' = 0{,}5$, $M_{t1} = 60$ Nm).

b) $z_1 = 1$, $z_2 = 44$.

c) Schnecke St60 gehärtet und vergütet; Schneckenrad GG-20.

d) $d_{02} \approx 272$ mm; ($k_0 = 4$ N/mm²); $m_s = m_a = 6{,}3$ mm.

e) $d_{m1} = 65$ mm.

f) $\gamma_m = 5{,}54°$; $d_{k1} = 77{,}6$ mm; $d_{f1} = 49{,}88$ mm; $d_{02} = 277{,}2$ mm; $d_{k2} = 289{,}8$ mm; $d_{a2} \approx 296$ mm; $b_2 = 45$ mm, $L = 105$ mm; $a_0 = 171{,}1$ mm.

15.44 a) $\eta_Z \approx 0{,}473$; ($\gamma_m = 5{,}54°$, $\rho' = 6°$), $\eta_g = 0{,}42$; ($\eta_{L1} = \eta_{L2} = 0{,}94$), Getriebe ist selbsthemmend, da $\gamma_m < \rho'$ und auch $\eta_Z < 0{,}5$.

b) $F_H \approx 190$ N; ($M_{t2} = 1330$ Nm, $M_{t1} = 75{,}5$ Nm).

c) $k \approx 1{,}54$ N/mm²; ($y_Z \approx 0{,}5$, $c_S = 1$); $k_{zul} \approx 7$ N/mm²; ($k_0 = 4$ N/mm², $y_V \approx 0{,}95$, $y_L \approx 2{,}3$, $\nu = 1{,}25$), keine Änderung der Daten erforderlich, da $k_{zul} > k$.

15.45 a) $z_1 = 2$; $z_2 = 57$; ($i = 28{,}8$).

b) Schnecke Einsatzstahl C15 (gehärtet und geschliffen), Schneckenrad GZ-CuSn12.

c) $d_{02} \approx 205$ mm; ($P_2 \approx 4{,}4$ kW; $\eta_g \approx 0{,}8$, $k_0 \approx 8$ N/mm²).

d) $m_s = m_a = 4$ mm.

e) $d_{m1} = 45$ mm; ($d \approx 25$ mm), $\gamma_m = \beta_0 = 10{,}08°$, $L = 80$ mm.

f) $d_{02} = 228$ mm; $d_{a2} = 240$ mm; $b = 35$ mm.

g) $a_0 = 136{,}5$ mm.

15.46 $k \approx 2{,}1$ N/mm²; ($d_{02} = 228$ mm, $b_2 = 35$ mm, $P_2 \approx 4{,}46$ kW, $c_S = 1$, $\eta_g \approx 0{,}81$, $\rho' \approx 1{,}6°$ für $v_g = 3{,}45$ m/s, $y_Z \approx 0{,}45$, $n_2 = 50$ min⁻¹), $k_{zul} \approx 2{,}1$ N/mm²; ($k_0 \approx 8$ N/mm², $y_V \approx 0{,}4$ für $v_g = 3{,}45$ m/s, $y_L \approx 0{,}8$, $\nu = 1{,}25$); Werkstoffe werden nicht geändert. $P_{g2} \approx 3{,}7$ kW $< P_2 = 4{,}46$ kW, zusätzliche Kühlung erforderlich.

15.47 a) Schmierung mit Fett oder Trockenschmiermitteln.

b) Rad ausreichend, da $P \approx 0{,}6$ kW $> P_1 = 0{,}55$ kW; ($v_u = 1{,}485$ m/s, $P/b \approx 0{,}2$ kW/cm, $y = 1{,}53$).

15.48 a) $d_0 = D = 170$ mm; $m = 5$ mm gewählt; $z = 34$.

b) $b = 45$ mm; ($v_u = v = 0{,}667$ m/s, $P/b \approx 0{,}13$ kW/cm, $y = 1{,}32$).

15.49 a) $z_1 = 36$, $z_2 = 72$, $i = 2$.

b) $\beta_0 = 15{,}36°$; $d_{01} = 93{,}35$ mm; $d_{02} = 186{,}70$ mm.

c) Rad ausreichend bemessen, da $P \approx 3{,}2$ kW $> 1{,}8$ kW; ($v_u = 10{,}7$ m/s, $P/b \approx 0{,}66$ kW/cm, $y = 1{,}634$).

d) Nein, da Preßschichtholz-Räder nicht mit Öl geschmiert werden dürfen.

15.50 a) $t_{1,2} \approx 30° < t_{max} \approx 80°$; ($\mu \approx 0{,}04$; $i = 2{,}16$; $k_1 = 0$; $k_2 = 0{,}2$).

b) $p_C \approx 38{,}5$ N/mm²; ($F_u \approx 716$ N, $d_{01} = 100$ mm, $u = 2{,}16$, $f \approx 84$).

c) $L_h \approx 2700$ h; ($L_W \approx 3 \cdot 10^7$ h, $n \mathrel{\hat=} n_2 \approx 185$ min⁻¹).

15.51 a) Polyamid, da anspruchslos hinsichtlich Schmierung, auch für Trockenlauf geeignet.

b) $d_{01} \approx 44$ mm; (Motorwelle nach Tabelle A16.9 $d = 14$ mm, $v_u \approx 6{,}5$ m/s).

c) $z_1 = 25$, $z_2 = 180$.

d) $m = 2$ mm.

e) $d_{01} = 50$ mm, $d_{02} = 360$ mm, $b = 40$ mm; ($\psi_d \approx 0{,}8$), $a_0 = 205$ mm.

f) $P \approx 0{,}9$ kW $> 0{,}37$ kW; ($P/b \approx 0{,}2$ kW/cm, $y = 1{,}145$).

g) $t_{1,2} \approx 83$ °C $\approx t_{max} = 80$ °C, kurzzeitig zulässig; ($\mu \approx 0{,}2$, $k_1 = 15$, $k_2 = 0$, $v_u \approx 7{,}3$ m/s).

h) $p_C \approx 5{,}8$ N/mm²; ($F_u \approx 50{,}4$ N, $M_t \approx 1{,}26$ Nm, $f \approx 34$, $u = 7{,}2$).

i) $L_h \approx 476$ h $\hat=$ 9 ... 10 Jahre; ($p_D \approx 8{,}7$ N/mm², $L_W \approx 8 \cdot 10^7$, Trockenlauf).

16. Riemengetriebe

16.1 $\beta_1 = 157°$.

16.2 $L \approx 5555$ mm; ($\beta_1 \approx 160°$)

16.3 $F_1 \approx 3{,}6$ kN, $F_2 \approx 1{,}2$ kN; ($M_t \approx 484 \cdot 10^3$ Nmm, $F_u \approx 2{,}4$ kN, $m \approx 3$, $\beta_1 = 180°$, $\mu \approx 0{,}35$, $v \approx 31{,}4$ m/s).

16.4 a) $F_N \approx 400$ N; ($M_{t1} \approx 32 \cdot 10^3$ Nmm).
b) $F_A \approx 880$ N; ($F_1 \approx 640$ N, $F_2 \approx 240$ N, $m \approx 2{,}68$, $\beta_1 \approx 166°$, $\mu \approx 0{,}34$, $v \approx 10$ m/s).

16.5 a) Drehstrommotor, Baugröße 200 L mit $n_S = 1000$ min^{-1}; $d_1 = 315$ mm, $d_2 = 800$ mm.
b) $l_a \approx 1100$ mm, $L \approx 4004$ mm, $s_{Sp} \approx 200$ mm.
c) $b = 112$ mm, $s = 7$ mm; ($P = 22$ kW, $P_{R1} \approx 2{,}3$ kW/cm, $c_S \approx 1$, $k_1 = 1$, $k_2 \approx 0{,}9$, $k_3 = 1$), $B = 125$ mm.
d) $F_A \approx 4{,}8$ kN; ($M_t \approx 214$ Nm, $F_u \approx 1{,}36$ kN.

16.6 a) $n_2 = 240$ min^{-1}; ($d_1 = 200$ mm, $B = 125$ mm, $d_2 = 779$ mm gewählt nach DIN 111 $d_2 = 800$ mm, $i = 3{,}84$).
b) $P \approx 7{,}5$ kW; ($b = 112$ mm nach DIN 111, $P_{R1} = 0{,}97$ kW/cm, $k_1 = 0{,}9$, $k_2 = 1$, $k_3 = 1$, $k_4 = 0{,}85$, $k_7 = 0{,}9$, $B_z = 5{,}45 \frac{1}{s}$).
c) $L \approx 3660$ mm; ($\beta_1 \approx 145°$).

16.7 a) $d_1 = 355$ mm, $d_2 = 1120$ mm.
b) Riementype 28; ($B_z = 10{,}6 \frac{1}{s}$, $z = 2$, $v \approx 27{,}7$ m/s), $b = 280$ mm; ($c_S \approx 1{,}6$, $P_{R1} \approx 7{,}5$ kW/cm, $k_2 \approx 0{,}9$), $B = 315$ mm.
c) $h_1 = 1$ mm, $h_2 = 1{,}5$ mm (nach DIN 111).

16.8 a) Drehstrommotor, Baugröße 132 S mit $n_S = 3000$ min^{-1}, $d_1 = 200$ mm, $d_2 = 100$ mm, $n_2 = 5760$ min^{-1}; ($n_1 = 2880$ min^{-1}).
b) Riementype 10; ($v \approx 30$ m/s, $B_z \approx 36 \frac{1}{s}$, $z = 2$, $b = 25$ mm; ($c_S \approx 1{,}3$, $P_{R1} \approx 3$ kW/cm, $k_2 \approx 0{,}98$), $B = 32$ mm.
c) $s_{Sp} \approx 40$ mm; ($L_r \approx 1675$ mm), $l_{a\,max} \approx 640$ mm.

16.9 a) $d_1 = 450$ mm, $d_2 = 1400$ mm; (somit $n_2 = 308$ min^{-1} für $n_1 \approx 960$ min^{-1}).
b) Riementype 60; ($B_z \approx 4{,}8 \frac{1}{s}$, $L \approx 9375$ mm, $v \approx 22{,}6$ m/s), $b = 140$ mm, $B = 160$ mm; ($c_S \approx 1{,}6$, $P_{R1} \approx 11$ kW/cm, $k_2 \approx 0{,}96$).
c) $L \approx 9150$ mm; ($s_{Sp} \approx 225$ mm).

16.10 a) $d_2 = 2500$ mm, $n_2 \approx 237$ min^{-1}; ($i = 6{,}25$).
b) Riementype 40; ($B_z \approx 4{,}7 \frac{1}{s}$, $v \approx 31$ m/s, $L \approx 13200$ mm).
c) $b = 355$ mm, $B = 400$ mm, $h = 1{,}5$ mm; ($c_S \approx 2$, $P_{R1} \approx 10$ kW/cm, $k_2 \approx 0{,}92$).
d) $l_a = 3828$ mm, $s_{Sp} \approx 300$ mm; ($L \approx 13200$ mm, gewählt $L = 12500$ mm).

16.11 a) $d_{m1} = 224$ mm, $d_{m2} = 1120$ mm, $n_2 = 293$ min^{-1}.
b) $l_{a\,max} \approx 1260$ mm; ($l_a = 1125$ mm, $s_{Sp} \approx 135$ mm), $s_V \approx 68$ mm.
c) $P = 24{,}25$ kW $> P_{Motor} = 22$ kW; ($P_{180} \approx 4{,}7$ kW, $v \approx 17{,}2$ m/s, $\beta_1 \approx 132°$, $c_1 \approx 0{,}86$, $c_2 = 1$, $c_3 = 1$).

16.12 a) Keilriemen 40, $z = 9$; ($c_S = 1$, $P_{180} \approx 19{,}8$ kW, $v \approx 22$ m/s, $c_1 \approx 0{,}88$, $\beta_1 \approx 135°$, $c \approx 0{,}88$).
b) $L_i = 14000$ mm; (rechnerisch $L_i \approx 14930$ mm), $l_{a\,max} \approx 3920$ mm, $s_{Sp} \approx 420$ mm.

16.13 a) $d_{m2} = 315$ mm, $b = 20$ mm.
b) $z = 5$; ($c_S \approx 1{,}3$, $P \approx 20$ kW, $v \approx 23{,}5$ m/s, $P_{180} \approx 5$ kW, $\beta_1 \approx 174°$, $c_1 \approx 0{,}99$, $c_2 \approx 1{,}1$, $c_3 = 1$, $c \approx 0{,}9$).
c) $L_i = 2500$ mm; ($L_r \approx 2650$ mm, $L_{i\,rechn.} \approx 2610$ mm), $B_z \approx 18{,}5\,\frac{1}{s} < B_{z\,max} = 40\,\frac{1}{s}$.
d) $l_{a\,max} \approx 925$ mm, $s_{Sp} \approx 75$ mm, $s_V \approx 38$ mm; ($l_a \approx 850$ mm).

16.14 a) $d_{w2} = 315$ mm, Riemenprofil SPC.
b) $L_w = 2500$ mm (angenähert $L_w \approx 2650$ mm).
c) $z = 2$; ($v \approx 23{,}5$ m/s, $P_{180} \approx 14{,}2$ kW, $c_S \approx 1{,}3$, $P \approx 20$ kW, $c \approx 0{,}85$, $c_1 \approx 0{,}99$, $c_2 = 1$, $c_3 \approx 0{,}86$, $\beta_1 \approx 174°$).
d) $l_{a\,max} \approx 905$ mm ($l_a \approx 829$ mm), $s_{Sp} \approx 75$ mm, $s_V \approx 38$ mm.

16.15 a) $d_{m1} = 400$ mm, $d_{m2} = 1250$ mm; (somit $n_2 \approx 308$ min^{-1} bei $n_1 \approx 960$ min^{-1}), $b = 40$ mm.
b) $z = 10$; ($c_S \approx 1{,}6$, $P_1 = 90$ kW, $P_{180} \approx 19{,}8$ kW, $v \approx 20$ m/s, $c_1 \approx 0{,}99$, $c_2 = 1{,}1$, $c_3 \approx 0{,}8$, $c \approx 0{,}72$, $\beta_1 \approx 177°$).
c) $L_i = 10000$ mm (rechn. $L_i \approx 10640$ mm).
d) $l_{a\,max} \approx 4020$ mm ($l_a \approx 3720$ mm), $s_{Sp} \approx 300$ mm, $s_V \approx 150$ mm.

16.16 $d_{m1} = 315$ mm, $d_{m2} = 400$ mm; ($i_{ges} \approx 7{,}4$, $i_2 = 1{,}254$) Keilriemen 32 (Keilriemen 25 soll nach DIN 2217 für Neukonstruktionen nicht mehr vorgesehen werden); $z = 11$; ($c_S \approx 1{,}6$, $P_{180} \approx 12{,}5$ kW, $c \approx 0{,}88$, $\beta_1 \approx 175°$), $L_i = 3150$ mm (rechnerisch $L_{mr} \approx 3025$ mm), $l_{a\,max} \approx 1075$ mm ($l_a \approx 981$ mm), $s_{Sp} \approx 95$ mm.

16.17 $d_{w1} = 315$ mm, $d_{w2} = 400$ mm; ($i_{ges} \approx 7{,}4$, $i_2 = 1{,}254$, rechn. $d_{w2} = 395$ mm), Riemenprofil SPB (günstiger als SPC, da Anzahl der Riemen geringer), $z = 9$; ($c_S \approx 1{,}6$, $P \approx 120$ kW, $P_{180} \approx 6{,}8$ kW, $v \approx 24{,}4$ m/s, $c \approx 1{,}94$, $c_1 \approx 0{,}99$, $\beta_1 \approx 175°$, $c_2 \approx 2{,}25$, $c_3 \approx 0{,}56$), $L_w = 3150$ mm (rechn. $L_{wr} \approx 3025$ mm), $l_{a\,max} \approx 1112$ mm, $l_a \approx 1017$ mm, $s_{Sp} \approx 95$ mm.

16.18 a) Drehstrom-Norm-Motor, Baugröße 100 L, $d_{m1} = 112$ mm, $d_{m2} = 500$ mm (rechn. $d_{m2} = 518$ mm, $i \approx 4{,}62$), $b = 13$ mm.
b) $z = 3$; ($c_S \approx 1{,}3$, $P_{180} \approx 1{,}15$ kW, $v \approx 8{,}7$ m/s, $c_1 \approx 0{,}9$, $c_2 = 1$, $c_3 = 1$, $c = 0{,}9$, $\beta_1 \approx 145°$).
c) $L_i = 2240$ mm (rechn. $L_i \approx 2292$ mm), $l_a \approx 620$ mm, $s_{Sp} \approx 68$ mm, $l_{a\,max} \approx 688$ mm, $B_z = 7{,}7\,\frac{1}{s} <$ zul $B_z \approx 40\,\frac{1}{s}$.

16.19 a) Drehstrom-Norm-Motor Baugröße 132 S mit $P = 5{,}5$ kW und $n_S = 1500$ min^{-1}, $d_{m1} = 140$ mm, $d_{m2} = 280$ mm, $b = 17$ mm.
b) $z = 3$; ($c_S \approx 1{,}1$, $v \approx 10{,}6$ m/s, $P_{180} \approx 2{,}3$ kW, $\beta_1 \approx 161°$, $c_1 \approx 0{,}95$, $c_2 = 1$, $c_3 = 1$, $c \approx 0{,}95$).
c) $L_i = 1600$ mm (rechn. $L_i \approx 1536$ mm), $l_a \approx 482$ mm, $l_{a\,max} \approx 530$ mm, $s_{Sp} \approx 48$ mm, $B_z \approx 13\,\frac{1}{s} <$ zul. $B_z \approx 40\,\frac{1}{s}$.

16.20 a) $d_{m1} = 160$ mm, $d_{m2} = 630$ mm; ($i_{ges} \approx 19{,}2$, $i_1 \approx 4$, rechn. $d_{m2} = 640$ mm), Riemenprofil 17.

b) $z = 8$; ($c_S \approx 1{,}8$, $v \approx 8$ m/s, $P_{180} \approx 1{,}84$ kW, $c_1 \approx 0{,}8$, $c_2 = 1{,}1$, $c_3 = 1$, $\beta_1 \approx 117°$).

c) $L_i = 2240$ mm (rechn. $L_i = 2297$ mm), $l_a \approx 456$ mm, $s_{Sp} \approx 68$ mm, $l_{a\,max} \approx 524$ mm, $B_z \approx 7\,\frac{1}{s} <$ zul. $B_z \approx 40\,\frac{1}{s}$.

16.21 a) Drehstrom-Norm-Motor, Baugröße 112 M, $d_{w1} = 140$ mm, $d_{w2} = 180$ mm; ($i_{ges} \approx 24 \ldots 26$, $i_1 = 1{,}2 \ldots 1{,}3$), $n_3 \approx 56$ min^{-1}, Riemenprofil SPZ; ($c_S \approx 1{,}6$, $P_{180} \approx 1{,}5$ kW, $v \approx 10{,}6$ m/s $c_1 \approx 0{,}99$, $\beta_1 \approx 173°$, $c_2 \approx 2{,}22$, $c_3 \approx 0{,}94$ für $L_w = 1250$ mm).

b) $L_w = 1250$ mm (rechn. $L_w \approx 1204$ mm), $l_a \approx 376$ mm, $s_{Sp} \approx 38$ mm, $l_{a\,max} \approx 415$ mm.

17. Kettengetriebe

17.1 a) $r_1 = 13{,}1$ mm, $r_2 = 31$ mm, $u = 0{,}76$ mm, $h = 4{,}3$ mm, $k = 10{,}2$ mm, $B_1 = 23$ mm, $c = 3{,}5$ mm, $t = 38{,}1$ mm, $d_0 = 503{,}97$ mm; ($\alpha = 4{,}34°$), $d_K = 523$ mm.

b) $D \approx 1{,}6 \ldots 1{,}8 \cdot d = 1{,}6 \ldots 1{,}8 \cdot 55$ mm, gewählt $D = 90$ mm, $L = 115$ mm.

c) Paßfeder A16 X 10 X 100 DIN 6885, $t_2 = 4{,}3$ mm, $b = 16$ mm.

17.2 $p_r \approx 2{,}1$ N/mm² $\ll p = 14{,}7$ N/mm²; ($F_z \approx 58{,}5$ N, $G = 0{,}41$ kg/m, $v = 11{,}94$ m/s, $d_0 \approx 76$ mm, $A = 28$ mm²).

17.3 a) $x = 156$, $l_a = 1218{,}6$ mm; ($t = 25{,}4$ mm, $z_1 = 19$, $z_2 = 95$), $l_a/t = 48$ vorhanden, normal $l_a/t \approx 20 \ldots 80$. Einstellmöglichkeit $1{,}5 \cdot t \approx 38$ mm.

b) $f \approx 23{,}6$ mm; ($l_T \approx 1179$ mm, $\epsilon_0 \approx 14{,}6°$, $d_{01} = 154{,}32$ mm, $d_{02} = 768{,}28$ mm, $l_a = 1218{,}6$ mm).

17.4 a) $F_{Ao} \approx 36$ kN, $F_{Au} \approx 35{,}7$ kN, $F_A \approx 36{,}3$ kN; ($c_S = 1$, $F_u \approx 34 \cdot 10^3$ N, $F_{so} \approx 970$ N, $F'_{so} = 5{,}2$, $F_{su} \approx 840$ N, $F'_{su} = 4{,}5$, $F_s \approx 1{,}25 \dfrac{F_G \cdot l_T}{f_{rel}}$ (!) ≈ 1164 N, $F_G = 10{,}5$ kg/m, $l_T \approx 1774$ mm, $\epsilon_0 = 9{,}8°$).

b) $\nu_B \approx 7{,}4 > 7$, $\nu'_B \approx 7{,}43 > 7$; ($F_B = 260$ kN, $F_z = 0$, $F_{ges} = 35164$ N, $F'_{ges} = 34970$ N).

17.5 Rollenkette 32B-1 DIN 8187, Rollenkette 24B-2 DIN 8187; ($P \approx 39{,}2$ kW, $k \approx 1{,}17$, $c_1 \approx 0{,}8$, $i = 4$, $n_1 = 160$ min^{-1}, Faktor zur Erhöhung der Diagrammleistung $\frac{100}{30}$).

17.6 Rollenkette 16B-1 X 118 DIN 8187; ($P \approx 2{,}86$ kW, $k = 1$, $c_S \approx 1{,}7$, $c_1 \approx 0{,}77$, nach Bild A17-2 gewählt 25,4 X 17,02 DIN 8187, $l_a \approx 40 \cdot t = 1016$ mm, $x = 118$).

17.7 Vorwahl: Rollenkette 2 X 12,7 X 7,75 DIN 8187; ($P = 7{,}35$ kW, $k = 0{,}96$, $c_1 \approx 0{,}78$, $c_S \approx 1{,}6$); $l'_a/t \approx 47$, damit Achsabstand günstig.
$\nu_D \approx 21 > 5$; ($F_B = 39$ kN, $F_{ges} \approx 1075$ N, $F_u \approx 1056$ N, $M_t \approx 36{,}48$ Nm,
$d_{01} \approx 69{,}12$ mm, $F_Z \approx 8{,}15$ N, $G = 0{,}3$ kg/m, $v \approx 5{,}21$ m/s, $F_S \approx 1{,}25 \dfrac{F_G \cdot l_T}{f_{rel}} \approx 11$ N,
$F_G = 0{,}3$, $l_T \approx 0{,}584$ m, $\epsilon_0 \approx 13{,}23°$, $d_{02} \approx 343{,}7$ mm, $f_{rel} = 0{,}02$).
$x = 148$, Normbezeichnung: Rollenkette 08B-2 X 148 DIN 8187, Schmierung: Tauchschmierung im Ölbad.

17.8 a) Rollenkette 32B-2 X 58 DIN 8187; ($P \approx 46$ kW, $k \approx 0{,}83$, $c_1 \approx 81$, $c_S \approx 1{,}5$;
$\nu_B \approx 28{,}6 > 7$, $F_B = 495$ kN, $F_{ges} \approx 17\,312$ N, $F_u \approx 16\,000$ N, $M_t \approx 2468$ Nm,
$d_0 = 308{,}64$ mm, $F_S \approx 1312$ N, F_Z vernachlässigbar aufgrund der geringen Kettengeschwindigkeit, $\nu_D \approx 19 > 5$, $p_r \approx 10{,}5$ N/mm², $A = 1673$ mm², $p_{zul} \approx 8{,}7$ N/mm²,
$p_{0\,zul} \approx 14{,}5$ N/mm², $p \approx 26$ N/mm², $v \approx 1{,}16$ m/s, $\lambda \approx 0{,}69$, $l_a/t \approx 19{,}7$; $x = 58$.

b) $F_A \approx 28 \cdot 10^3$ N; ($F_u = 16\,000$ N, $F_S = 1312$ N, $c_S \approx 1{,}5$).

17.9 Kette ist ausreichend bemessen, da $\nu_D \approx 17{,}2 > 5$ und $p_r \approx 10{,}6$ N/mm² $< p_{zul} \approx 14{,}7$ N/mm²;
($F_B = 65$ kN, $F_u \approx 2050$ N, $M_{t1} \approx 141{,}5$ Nm, $d_{01} \approx 138{,}23$ mm, F_Z vernachlässigbar klein, da $v \approx 0{,}18$ m/s < 7 m/s, $F_S \approx 166$ N, $F_G = 2{,}7$ kg/m, $l_T \approx 987$ mm, $\epsilon_0 \approx 9{,}29°$,
$d_{02} \approx 461{,}1$ mm; $A = 210$ mm², $p_{zul} \approx 0{,}6 \cdot p_{0zul} \approx 14{,}7$ N/mm², $p \approx 31$ N/mm²,
$\lambda \approx 1{,}02$, $c_1 \approx 0{,}78$, $p_{0\,zul} \approx 24{,}7$ N/mm²).

17.10 Rollenkette 10B-1 X 118 DIN 8187; ($i = 3{,}6$, $z_1 = 21$, $z_2 = 76$; $P = 0{,}532$ kW, $k \approx 1{,}16$,
$c_1 \approx 0{,}81$, $c_S \approx 1{,}5$). $\nu_B \approx 43{,}8 > 7$, $\nu_D \approx 29 > 5$; ($F_{ges} \approx 570$ N, $F_u \approx 538$ N,
$M_{t1} \approx 28{,}65$ Nm, $d_{01} \approx 106{,}51$ mm, F_Z vernachlässigbar klein wegen geringer Kettengeschwindigkeit, $F_S \approx 30{,}4$ N, $F_G \approx 0{,}95$, $l_T \approx 512$ mm, $\epsilon_0 \approx 15{,}18°$, $d_{02} \approx 384{,}15$ mm);
$p_r \approx 8{,}51$ N/mm² $> p_{zul} \approx 7{,}5$ N/mm²; ($A = 67$ mm², $p_{zul} \approx 0{,}3 \cdot p_{0\,zul}$,
$p \approx 30{,}9$ N/mm², $\lambda \approx 1$, $\dfrac{l_a}{t} \approx 33$, $v \approx 0{,}3$ m/s, $p_{0\,zul} \approx 25$ N/mm²; vorgewählte Kette ist nicht verschleißfest, da $p_r > p_{zul}$; die zu erwartende Lebensdauer somit $< 10\,000$ h);
$x = 118$; $l_a \approx 534$ mm.

Viewegs Fachbücher der Technik

Mathematik	Elementarmathematik griffbereit Mathematische Tafeln und Formelsammlung, Schlömilch/Kemnitz/Engelhard Aufgabensammlung der höheren Mathematik, Minorski
Physik	Physik - Grundlagen/Versuche/Aufgaben/Lösungen, Böge Physik für Ingenieure, Lindner Physikalische Aufgaben, Lindner Elementarphysik griffbereit Technische Wärmelehre, Hohmann Übungsaufgaben aus der Wärmelehre, Berties
Elektrotechnik	Grundlagen der Elektrotechnik, Reth/Kruschwitz/Müllenborn Aufgabensammlung Elektrotechnik, Kruschwitz/Müllenborn Allgemeine Elektrotechnik, Band I + II, v. Weiss Elektroaufgaben, Band I + II, Lindner Elektronische Bauelemente der Nachrichtentechnik, Raschkowitsch
Datenverarbeitung	Digitale Datenverarbeitung für technische Berufe, Schumny Arbeitsbuch Digitale Datenverarbeitung, Schumny, Fiene, Wilke
Regelungstechnik	Regelungstechnik für Ingenieure, Reuter Pneumatische Steuerungen, Kriechbaum
Mechanik und Festigkeitslehre	Mechanik und Festigkeitslehre, Böge Aufgabensammlung zur Mechanik und Festigkeitslehre, Böge/Schlemmer Lösungen zur Aufgabensammlung, Böge/Schlemmer Formeln und Tabellen zur Mechanik und Festigkeitslehre, Böge
Maschinenelemente	Maschinenelemente, Roloff/Matek Aufgabensammlung Maschinenelemente, Roloff/Matek/Muhs/Wittel Arbeitstransparente Maschinenelemente
Fertigungstechnik	Umformtechnik, Grüning Galvanische Schichten und ihre Prüfung, Müller Oberflächenschutzschichten und Oberflächenvorbehandlung, Müller Meß- und Prüftechnik, Naumann Zerspantechnik, Preger Schweißtechnik, Puhrer Stanztechnik, Semlinger
Werkstoffkunde	Werkstoffkunde und Werkstoffprüfung, Weißbach Werkstoffkunde für Elektroingenieure, Guillery
Betriebs-wirtschaftslehre	Wirtschafts-, Rechts- und Sozialkunde, Ott/Wendlandt Grundzüge des Wirtschaftsrechts, Ott/Wendlandt Arbeitsvorbereitung und Kalkulation, Band I + II, Sonnenberg Bilanzen Lesen und Verstehen, Zimmermann Mitarbeiter Führen, Obst
Handbücher	Arbeitshilfen und Formeln für das technische Studium, Böge Das Techniker Handbuch, Böge

Arbeitstransparente Maschinenelemente

Ausgewählt und zusammengestellt
von Gerhard Werstein,
unter Mitarbeit von
Wilhelm Matek, Dieter Muhs und Herbert Wittel

50 Arbeitstransparente mit Darstellungen aus dem Lehrbuch,
2farbig (schwarz/rot), 26 × 26 cm, in Kassette, DM 395,–
Best.-Nr. 4032

Die „Arbeitstransparente Maschinenelemente" bieten folgende Vorteile:

- Unterstützung des Dozenten bei der Darstellung schwieriger Konstruktionszusammenhänge.
- Entlastung des Dozenten von zeitaufwendigen Zeichenarbeiten an der Tafel.
- Arbeitstransparente können ohne jede Mühe beliebig oft eingesetzt werden.
- Ausführungen des Dozenten können von den Studierenden direkt verfolgt werden, ohne daß ein Suchen im Lehrbuch erforderlich ist.
- Leichtes Nacharbeiten des Unterrichtsstoffes durch den Studierenden anhand des Lehrbuches, da die Darstellungen auf den Arbeitstransparenten mit den Abbildungen im Lehrbuch übereinstimmen.
- Praktische Handhabung der Transparente durch die Möglichkeit, jede Folie zu Unterrichtszwecken individuell zu beschriften bzw. diese Schrift wieder zu löschen.